CISCO

CISCO Networking Academy

思科网络技术学院教程

IT基础（第7版）

IT Essentials v7

Companion Guide

[美] 艾伦·约翰逊（Allan Johnson）
[美] 凯瑟琳·祖达-佩奇（Kathleen Czurda-Page） 著
[美] 大卫·霍尔辛格（David Holzinger）
思科系统公司 译

人民邮电出版社
北京

图书在版编目（CIP）数据

思科网络技术学院教程 : 第7版. IT基础 / (美) 艾伦·约翰逊 (Allan Johnson) , (美) 凯瑟琳·祖达-佩奇 (Kathleen Czurda-Page) , (美) 大卫·霍尔辛格 (David Holzinger) 著 ; 思科系统公司译. -- 北京 : 人民邮电出版社, 2022.9

ISBN 978-7-115-59667-3

Ⅰ. ①思… Ⅱ. ①艾… ②凯… ③大… ④思… Ⅲ. ①计算机网络－教材 Ⅳ. ①TP393

中国版本图书馆CIP数据核字(2022)第121769号

◆ 著　　[美] 艾伦·约翰逊（Allan Johnson）
　　　　[美] 凯瑟琳·祖达-佩奇（Kathleen Czurda-Page）
　　　　[美] 大卫·霍尔辛格（David Holzinger）
　译　　思科系统公司
　责任编辑　罗　芬
　责任印制　王　郁　胡　南

◆ 人民邮电出版社出版发行　　北京市丰台区成寿寺路 11 号
　邮编　100164　　电子邮件　315@ptpress.com.cn
　网址　https://www.ptpress.com.cn
　北京天宇星印刷厂印刷

◆ 开本：787×1092　1/16
　印张：34　　　　2022 年 9 月第 1 版
　字数：1008 千字　　2024 年 8 月北京第 3 次印刷

著作权合同登记号　图字：01-2020 -6622 号

定价：89.90 元

读者服务热线：(010)81055410　印装质量热线：(010)81055316

反盗版热线：(010)81055315

广告经营许可证：京东市监广登字 20170147 号

内容提要

思科网络技术学院项目是Cisco公司在全球范围内推出的一个主要面向初级网络工程技术人员的培训项目，旨在让更多的年轻人学习先进的网络技术知识，为互联网时代做好准备。

本书是思科网络技术学院IT基础知识的配套教材，主要内容包括个人计算机硬件，计算机组装，高级计算机硬件，预防性维护和故障排除，网络、应用网络，便携式计算机和其他移动设备，打印机，虚拟化和云计算，Windows操作系统的安装与配置，移动、Linux和macOS操作系统，安全，IT专业人员的职业能力与素养等。本书每章的最后还提供了复习题，并在附录中给出了答案和解释，以检验读者对每章知识的掌握情况。

本书适合作为IT基础课程的教材，还适合作为高等院校计算机基础课程的教材。

前言

本书是思科网络技术学院“IT 基础（第 7 版）”课程的教材，包含的内容有助于您学习有关计算机和移动设备运行方式的知识。本书涵盖了信息安全相关的主题，并提供了计算机工作流程、网络连接和故障排除等方面的实践经验。

本书的读者

本书针对的读者对象是在思科网络技术学院学习“IT 基础（第 7 版）”课程的学生。这些学生通常希望从事信息技术（IT）方面的工作，或者想要学习有关计算机工作原理、计算机组装以及对硬件和软件进行故障排除等方面的知识。

本书的特点

本书的特点是内容全面，每章后均附有复习题，以方便您充分理解教材内容。

内容全面

下面是每章都有的内容，这些内容让您对每章所涉及的主题有一个全面的概览，以便您能合理地利用您的学习时间。

- **学习目标**：每章的开头都列有学习目标，其中包含了该章所涉及的核心概念。这些目标与在线课程中相应章节的目标一致；但是其中的问题有助于您在阅读章节时更有针对性，并尽力寻找答案。
- **内容简介**：这部分是对每章内容的概括，突出重点，使您对所述内容有一个大致的了解。
- **总结**：每章的最后是对本章所涵盖概念的总结。该总结提供了本章的摘要，可以对您的学习起到辅助性作用。

附有复习题

本书为您提供了大量的机会，让您将所学知识付诸实践。下面的特点对加强您所接受的指导很有价值。

- **复习题和答案**：每章末尾都有复习题，作为您自我评估的工具。这些问题与您在线课程中看到的问题风格一致。另外，附录提供了所有问题的答案，并包括每个答案的解析。

本书的组织方式

本书对应于思科“IT 基础（第 7 版）”课程，共分为 14 章和 1 个附录。

- **第 1 章：** 本章为您介绍计算机机箱内的所有组件，让您了解一个计算机系统是由硬件和软件组成的。本章主要讨论了计算机系统中的硬件，以及您在使用计算机工作时应遵循的安全准则，以避免发生电气火灾等伤害性事故。您还将了解静电放电（ESD），以及如果静电放电不当会如何损坏计算机设备。
- **第 2 章：** 在本章中，您将了解 PC 电源以及它们为其他计算机组件提供的电压；您将了解安装在主板上的组件，包括 CPU、RAM 和各种适配器卡；您将了解不同的 CPU 架构以及如何选择与主板和芯片组兼容的 RAM；您还将了解各种类型的存储驱动器，以及选择合适的驱动器时需要考虑的因素。
- **第 3 章：** 本章内容包括计算机启动过程、如何保护计算机不受电源波动的影响、多核处理器、通过多个存储驱动器进行冗余，以及如何保护环境不受计算机组件中存在的有害物质的影响。
- **第 4 章：** 在本章中，您将了解创建预防性维护程序和故障排除程序的一般准则。这些准则是帮助您培养预防性维护和故障排除技能的起点。这里首先告知您故障排除是一个系统化的过程，用于查找计算机系统中的故障原因，并纠正相关的硬件和软件问题。
- **第 5 章：** 本章将讲述网络的原理、标准和用途。IT 专业人员必须熟悉网络概念，以满足客户和网络用户的期望和需求。
- **第 6 章：** 如今，几乎所有的计算机和移动设备都连接到了某种类型的网络和互联网上。这意味着配置并排除计算机网络的故障已成为 IT 专业人员应具有的重要技能。本章的重点是应用网络连接，讨论媒体访问控制（MAC）地址和互联网协议（IP）地址（包括 IPv4 和 IPv6）的格式和结构。这些地址用于将计算机连接到网络。本章还将教您如何在网络和 Internet 连接失败时排除故障。
- **第 7 章：** 本章主要介绍移动设备的诸多特性及功能，包括配置、同步和数据备份。随着人们对移动性需求的增加，移动设备的普及程度将不断提高。在您的职业生涯中，您将很有可能被要求了解如何配置、维修和维护这些设备。
- **第 8 章：** 本章将介绍有关打印机的基本知识和技能。您将了解打印机如何工作、购买打印机时需要考虑哪些因素，以及如何将打印机连接至一台计算机或一个网络。
- **第 9 章：** 在本章中，您将了解虚拟化和云计算。如今，大大小小的组织都在大力投资虚拟化和云计算。因此，IT 技术人员和专业人员必须了解这两种技术。虽然这两种技术确实有重叠，但事实上，它们是两种不同的技术。虚拟化软件允许一台物理服务器运行多个独立的计算环境。云计算是一个术语，用来描述共享计算资源（软件或数据）作为一种服务在互联网上的可用性。
- **第 10 章：** 本章将讨论 Windows 10、Windows 8.x 和 Windows 7 操作系统。作为技术人员，您将需要使用各种方法安装不同类型的操作系统。本章将探讨与每个操作系统相关的组件、功能、系统要求和术语，还详细介绍了安装 Windows 操作系统的步骤和 Windows 的启动顺序。
- **第 11 章：** 在本章中，您将了解安装 Windows 操作系统后的支持和维护工作。您将学习如何使用维护和优化 Windows 操作系统的各种工具。您还可以学习在网络、域和工作组中组织和管理 Windows 操作系统的方法，以及如何在网络上共享本地计算机资源，如文件、文件夹和打印机。本章还将探讨 CLI 和 PowerShell 命令行实用程序。
- **第 12 章：** 在本章中，您将了解 iOS、Android、OS X，以及 Ubuntu Linux 等操作系统及它们的特征。移动设备的便携性使其面临丢失的风险，因此本章将讨论移动安全问题。

- **第 13 章：**本章将介绍安全性如此重要的原因、安全威胁、安全规程、如何排除安全性问题，以及如何与客户共同协作确保实施了可能的最佳保护。技术人员需要理解并解决计算机和网络安全问题，不能实施正确的安全规程将会对用户和计算机本身造成不良影响。
- **第 14 章：**在本章中，您将学习如何像使用螺丝刀那样游刃有余地运用良好的沟通技巧。您还可以学习脚本，以在各种操作系统上实现流程和任务的自动化。作为计算机技术人员，您不仅应当能够修理计算机，还应当能够与人沟通交流。事实上，故障排除不仅是了解修理计算机的方法，也是加强与客户沟通的过程。
- **附录：**该附录将列出包含在每章末尾的“检查你的理解”复习题的答案。

关于特约作者

艾伦·约翰逊（Allan Johnson）在做了 10 年的企业管理者后，于 1999 年进入学术界，致力于发展他所热爱的教学事业。他同时拥有 MBA 和 MEd 学位。他曾教授了 7 年的 CCNA 课程，并在得克萨斯州科珀斯克里斯蒂的 Del Mar 学院教授 CCNA 和 CCNP 课程。2003 年，艾伦开始将他的大部分时间和精力投入 CCNA 教学支持团队，为全球的思科网络技术学院讲师提供服务并制作培训材料。现在，他作为课程负责人全职为思科网络技术学院工作。

凯瑟琳·祖达-佩奇（Kathleen Czurda-Page）自 2000 年以来一直担任思科网络技术学院项目的讲师。她拥有成人/组织学习和领导力方面的硕士和教育学学位。她还持有思科和 CompTIA 的认证。凯瑟琳多年来一直是思科出版社各种课程（包括 IT Essentials 和 CCNA）的作者和技术编辑。

大卫·霍尔辛格（David Holzinger）自 2001 年以来一直担任亚利桑那州凤凰城思科网络技术学院项目的课程开发人员、项目经理、作者和技术编辑。大卫曾帮助开发了许多在线课程，包括 IT Essentials、CCNA 和 CCNP。自 1981 年以来，他一直从事计算机硬件和软件相关的工作。大卫拥有思科、BICSI 和 CompTIA 的认证，包括 A+。

目　　录

第1章
个人计算机硬件

学习目标

通过完成本章的学习，您将能够回答下列问题。

- 计算机中有哪些组件？
- 什么是电气和静电放电（ESD）安全程序？
- 什么是计算机机箱和电源？
- 什么是主板？
- 什么是 CPU？
- 什么是记忆类型？
- 什么是适配器卡和扩展槽？
- 什么是硬盘驱动器和固态驱动器（SSD）？
- 什么是光存储设备？
- 什么是端口、电缆和适配器？
- 什么是输入设备？
- 什么是输出设备？
- 工具包中每一个组件的特点和功能是什么？
- 如何拆卸计算机？

内容简介

在本章中，您将首先从容纳所有内部组件的机箱开始来了解组成计算机的所有组件。计算机、计算机组件和计算机外围设备都有可能造成严重危害。因此，本章首先介绍使用计算机工作时应遵循的安全指南，以避免发生电气火灾等事故。您还将了解静电放电（ESD），以及未正确放电时，静电是如何损坏计算机设备的。

本章将从主板开始向您介绍计算机机箱内部的所有组件。您将了解连接到主板的所有内部组件，包括电源、中央处理器（CPU）、随机访问内存（RAM）、扩展卡和存储驱动器。您还将了解如何用物理方式将设备连接到主板的连接器、端口和电缆。

另外，不仅要了解计算机组件，还要培养实践技能。这一点非常重要。在本章中，您将拆解计算机，以便更加熟悉所有组件及其连接方式。

1.1 计算机

1.1.1 什么是计算机

计算机是一种基于一组指令执行计算的电子机器。第一台计算机是如同房间般大小的机器，需要人员来进行构建、管理和维护。如今计算机系统的速度是指数级的，并且其大小只是原始计算机的一小部分。计算机系统由硬件和软件组成。硬件是物理设备，包括机箱、键盘、显示器、电缆、存储驱动器、扬声器和打印机。软件包括操作系统和程序。操作系统管理计算机的操作，比如识别、访问和处理信息。程序或应用程序执行不同的功能，程序差别很大，具体差别取决于访问或生成的信息类型。例如，用于平衡个人预算的指令与用于在互联网上模拟现实世界的指令不同。

1.1.2 电气安全和静电放电

安全是日常生活中的一项重要话题。安全准则的制定有助于保护个人免受事故和伤害，同样也有助于保护设备免受损坏。

1. 电气安全

认真遵守电气安全指南可以避免发生电气火灾等事故。

一些打印机部件（如电源）包含高压，需要查看打印机手册来了解高压组件的位置。有些组件在打印机关闭后仍包含高压。

电气设备都有明确的功率要求。例如，不同型号的便携式计算机都有与之匹配的交流适配器。与不同类型的便携式计算机或设备互换交流适配器可能会损坏交流适配器和便携式计算机。

电气设备必须接地。如果发生故障导致设备的金属部分带有电流，将设备接地可以提供一个最小电阻作为电流流走的路径，而不会对人体产生伤害。计算机产品通常通过电源插头连接到地面。大型设备（如放置网络设备的服务器机架）也必须接地。

2. 静电放电

当存在电荷（静电）积聚的表面与另一个带有不同电荷的表面接触时，就会产生静电放电（ESD）。如未适当放电，静电就会损坏计算机设备。所以请遵守正确的处理指南，注意环境问题，并使用稳定功率的设备来防止设备损坏和数据丢失。

静电至少积聚到3000伏时人才会感觉到静电。例如，当您走过铺有地毯的地面时会积聚静电。当您接触另一个人时，你们双方都会受到“电击”。如果放电导致疼痛或制造了噪音，则该电荷可能在10000伏以上，而30伏以下的静电就能损坏计算机组件。在接触任何电子设备之前，通过触摸接地物体可以释放积聚的静电，这被称为自接地。

静电可对电子元件造成永久损坏。遵循以下建议可以帮助您避免静电带来的损坏。

- 在您进行安装之前，将所有组件放置在防静电袋中。
- 在工作台上使用接地桌垫。
- 在工作区域使用接地地垫。
- 使用计算机时，请使用防静电腕带。

1.2 个人计算机组件

个人计算机（PC）由必须考虑特定功能的硬件和软件组成。所有组件都必须兼容才能作为系统工作。PC是根据用户的工作方式和需要完成的工作而构建的。当无法满足工作需要时，可能需要对其进行升级。

1.2.1 机箱和电源

计算机机箱是容纳内部计算机组件的外壳。它们具有不同的大小，也被称为外形规格。您选择的机箱会影响可使用的主板和可安装的计算机组件。机箱、主板和电源的外形规格必须兼容。电源是至关重要的组件，用于将交流电源插座提供的电流转换为直流电，供计算机机箱内的许多部件使用。

1. 机箱

台式机的机箱可容纳内部组件，比如电源、主板、中央处理器（CPU）、内存、磁盘驱动器和各种各样的适配器卡。

机箱通常由塑料、钢铁或铝制成，提供对内部组件进行支撑、保护和散热的框架。

设备外形规格是指其物理设计和外观。台式机具有各种外形规格，包括卧式机箱、全塔式机箱、紧凑型塔式机箱、一体机。

此外，许多机箱制造商都有自己的命名风格，比如超塔、全塔、中塔、微塔、立方体机箱等。

计算机组件往往会产生大量热量，因此，计算机机箱内含有将机箱中空气排出的风扇。当空气流经发热的组件时会吸收热量，然后排出机箱。此过程可防止计算机组件过热。机箱还具有防止静电损坏的设计，计算机的内部组件通过与机箱的连接来接地。

注　意　计算机机箱也被称为计算机机壳、机柜、塔、外壳，或盒子。

- **卧式机箱**：这种计算机机箱水平放置于用户桌面上，显示器通常置于其顶部，如图 1-1 所示，常见于早期的计算机系统。此外形规格通常用于家庭影院 PC（HTPC）。
- **全塔式机箱**：这种立式机箱通常放置于工位或桌子的下方，或者地面上，如图 1-2 所示。它提供了扩展空间，可容纳附加组件（如磁盘驱动器、适配器卡等）。

图 1-1　卧式机箱

图 1-2　全塔式机箱

- **紧凑型塔式机箱**：图 1-3 显示的是全塔式机箱的较小版本，通常用于企业环境，它也被称为迷你塔式或小尺寸（SFF）型号机箱。它可以放置于用户的桌子或地面上。它提供的扩展空间有限。
- **一体机**：一体机是所有的计算机系统组件都集成到显示器中，如图 1-4 所示。一体机通常包括触摸屏输入以及内置的麦克风和扬声器。根据不同的型号，一体机提供很少的扩展功能或不提供扩展功能。

2. 电源

电源通常是计算机的外部设备。电源插座提供的是交流电（AC），但是，计算机内部的所有组件都需要直流电（DC）。要获得直流电，计算机需使用图 1-5 所示的电源将交流电转换成电压较低的直流电。

图1-3　紧凑型塔式机箱

图1-4　一体机

以下是随着时间推移不断发展的各种台式机电源的外形规格。

- **高级技术（AT）**：这是旧式计算机系统最初采用的电源，现在已过时。
- **AT扩展（ATX）**：这是AT的更新版本，但也被认为已过时。
- **ATX12V**：这是当今市场上最常见的电源。它包括专门为CUP供电的第二个主板连接器。ATX12V有多个版本。
- **EPS12V**：它最初专为网络服务器而设计，但现在在高端台式机型号中也很常用。

图1-5　电源

电源包括几个不同的连接器，如表1-1所示。这些连接器用于为各种内部组件（如主板和磁盘驱动器）供电，为"锁定"连接器，即它们被设计为仅从一个方向插入。

表1-1　连接器

类型	示例图片	描述
20引脚或24引脚插槽式连接器		■ 连接到主板 ■ 20引脚连接器有两排，每排10引脚 ■ 24引脚连接器有两排，每排12引脚
与Molex匹配的连接器		■ 连接硬盘驱动器、光盘驱动器或其他设备
与SATA匹配的连接器		■ 连接磁盘驱动器 ■ 此连接器比Molex连接器更宽、更薄
与Berg匹配的连接器		■ 连接旧版软盘驱动器 ■ 比Molex连接器小

续表

类型	示例图片	描述
4引脚至8引脚辅助电源连接器		■ 连接器有两排，每排 2~4 个引脚，可为主板的不同区域供电 ■ 辅助电源连接器的形状与主电源连接器的相同，但较小
6/8 引脚 PCIe 电源		■ 连接器有两排，每排 3~4 个引脚，为内部组件供电

不同的连接器可提供不同的电压。常见的供电电压有 3.3 伏、5 伏和 12 伏。3.3 伏和 5 伏电压通常用于数字电路，而 12 伏电压用于运行磁盘驱动器和风扇中的电机。

电源可能是单导轨、双导轨或多导轨。导轨是电源内部的印制电路板（PCB），与外部电缆连接。单导轨将所有的连接器连接至同一个印制电路板，双导轨将总电流分配到 4 个电路中，这可以实现更安全的操作，因为您不必通过单导轨强制施加负载，而多导轨印制电路板的每个连接器都有单独的印制电路板。

计算机能够承受电源的轻微波动，但是重大偏差可能会导致电源发生故障。

1.2.2 主板

主板是计算机系统中非常关键的部分，因为它包含关键的计算机组件。主板类型多种多样，具有不同的外形规格。它们被构造为与特定类型的内存（RAM）和处理器一起运行，因此所有组件都必须兼容。

1. 主板定义

主板也被称为系统板或主机板，是计算机的中枢。主板是一块包含总线（或电气通路）的印制电路板，与电子元件互相连接。这些元件可直接焊接到主板上或使用插座、扩展槽和端口进行添加。

2. 主板组件

主板上能够添加计算机组件的一些连接，可以在其中添加计算机组件，如图 1-6 所示，各个组件的介绍如下。

- **随机访问内存（RAM）**：这是存储数据和应用程序的临时位置。
- **芯片组**：由主板上的集成电路组成，可控制系统硬件与 CPU 和主板交互的方式。它还能确定添加到主板的内存数量以及主板上的连接器类型。
- **基本输入/输出系统（BIOS）芯片和统一可扩展固件接口（UEFI）芯片**：BIOS 用于帮助启动计算机与管理硬盘驱动器、显卡、键盘、鼠标等设备之间的数据流。最近，BIOS 已通过 UEFI 得以增强。UEFI 指定用于启动和运行时服务的不同软件接口，但仍然依赖传统 BIOS 进行系统配置、加电自检（POST）和设置。
- **中央处理单元（CPU）**：它被视为计算机的大脑。
- **扩展槽**：连接附加组件的位置。

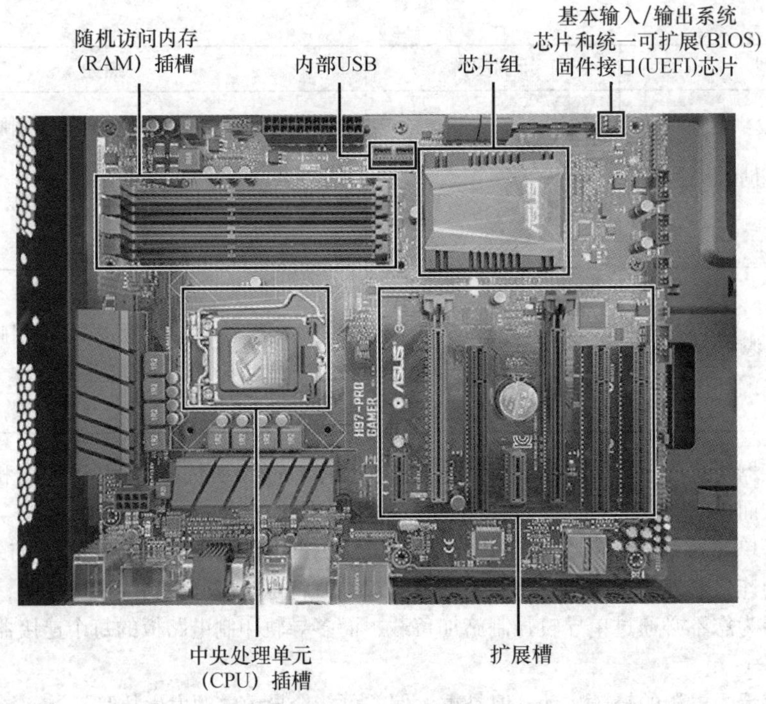

图 1-6 主板组件

串行高级技术附件（SATA）是将光驱、硬盘驱动器和固态驱动器连接到主板的磁盘驱动器接口，如图 1-7 所示。SATA 支持热插拔，即能够在不关闭计算机电源的情况下更换设备。

图 1-7 串行高级技术附件（SATA）

电子集成驱动器（IDE）是将磁盘驱动器连接到主板的老式标准接口，如图 1-8 所示。IDE 使用 40 针连接器。每个 IDE 接口最多支持两台设备。

内部USB使用19引脚连接器将计算机机箱上的外部USB 3接口连接到主板，如图 1-9 所示。USB 1.1 和 USB 2 连接器有 9 个引脚。

图 1-8 电子集成驱动器（IDE）

图 1-9 内部 USB

3. 主板芯片组

图 1-10 阐明了主板与各种组件的连接方式。大多数芯片组都包括以下两种类型。

- **北桥芯片**：控制内存和显卡的高速访问，还控制 CPU 与计算机中所有其他组件通信的速度。显示功能有时已集成在北桥芯片中。
- **南桥芯片**：可使 CPU 与速度较慢的设备，如硬盘驱动器、通用串行总线（USB）端口和扩展槽进行通信。

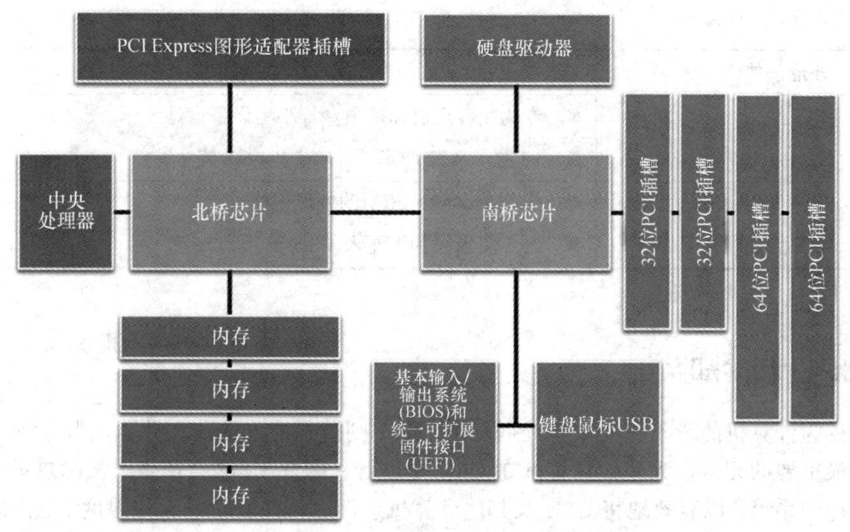

图 1-10　主板组件连接方式

4. 主板外形规格

主板的外形规格涉及主板的大小和形状。它还描述了主板上不同组件和设备的物理布局。多年来，主板已发展为多种类型。常见的主板外形规格有以下 3 种。

- **ATX 结构**：这是最常见的主板外形规格。ATX 机箱适用于标准 ATX 主板上的集成 I/O 端口。ATX 电源通过单个 20 引脚连接器连接到主板。
- **Micro-ATX 结构**：这是一个较小的外形规格，被设计为与 ATX 向后兼容。Micro-ATX 主板通常使用与全尺寸 ATX 主板相同的北桥芯片组和南桥芯片组以及电源插头，因此可使用许多相同组件。一般而言，Micro-ATX 主板适用于标准 ATX 机箱。但是，Micro-ATX 主板比 ATX 主板小很多，而且扩展槽比 ATX 主板的少。
- **ITX 结构**：由于非常小巧，ITX 外形规格大受欢迎。有许多类型的 ITX 主板，但是，Mini-ITX 是最受欢迎的一种。Mini-ITX 主板耗电量小，因此不需要使用风扇进行散热。Mini-ITX 主板只有一个用于适配器卡的 PCI 插槽。使用 Mini-ITX 外形规格的计算机可放置于不方便使用较大型或噪声大的计算机的地方。

表 1-2 介绍了这些外形规格的特点。

注　意　区分这些外形规格非常重要。主板外形规格的选择决定了各个组件与其连接的方式、所需的电源类型以及计算机机箱的形状。一些制造商拥有基于 ATX 设计的专有外形规格，这会使某些主板、电源和其他组件与标准 ATX 机箱不兼容。

表 1-2　主板外形规格

外形规格	描述
ATX	■ 扩展的先进技术 ■ 最受欢迎的规格 ■ 30.5 厘米 × 24.4 厘米（12 英寸 × 9.6 英寸）
Micro-ATX	■ 占地面积比 ATX 小 ■ 在台式机和小型计算机中很受欢迎 ■ 24.4 厘米 × 24.4 厘米（9.6 英寸 × 9.6 英寸）

续表

外形规格	描述
Mini-ITX	■ 专为瘦客户机和机顶盒等小型设备设计 ■ 17 厘米 × 17 厘米（6.7 英寸 × 6.7 英寸）
ITX	■ 与 Micro-ATX 相当的外形规格 ■ 21.5 厘米 × 19.1 厘米（8.5 英寸 × 7.5 英寸）

1.2.3 CPU 和冷却系统

主板被视为计算机的骨干，而中央处理器（CPU）则被视为大脑。在计算能力方面，CPU 是计算机系统中最重要的元素。大多数计算都在 CPU 中进行，因此 CPU 会产生大量的热量，所以要有一个适当的冷却系统，以有效地将 CPU 及其他计算机组件保持在安全的工作温度下，以防止损坏或性能下降。

1. CPU

CPU 负责解释和执行命令，处理来自计算机其他硬件（如键盘和软件）的指令。CPU 对指令进行解释，并将信息输出到显示器或执行请求的任务。

CPU 是一个位于 CPU 封装内的微型芯片。CPU 封装通常被称为 CPU。CPU 封装具有不同的外形规格，每种外形规格都要求主板上配备特定的插槽。常见的 CPU 制造商有 Intel 和 AMD。

CPU 插槽是主板与处理器之间的连接。现代 CPU 插槽和处理器封装围绕以下架构而构建。

- **引脚栅格阵列（PGA）**：PGA 如图 1-11 所示。在 PGA 架构中，引脚位于处理器封装的底部，使用零插力（ZIF）插入主板的 CPU 插槽。ZIF 是指将 CPU 安装到主板插座或插槽所需的力量。

图 1-11 引脚栅格阵列（PGA）

- **平面栅格阵列（LGA）**：LGA 如图 1-12 所示。在 LGA 架构中，引脚位于插槽而非处理器中。

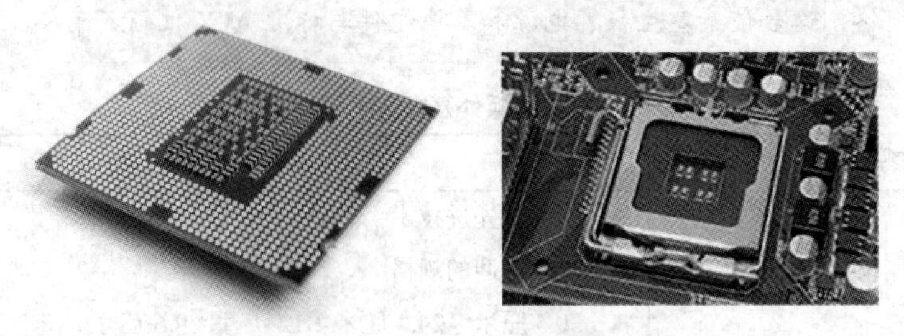

图 1-12 平面栅格阵列（LGA）

2. 冷却系统

电子元件之间的电流流动会产生热量。当保持凉爽时，计算机组件的性能更佳。因此如果不能排出热量，计算机的运行可能会非常缓慢。如果积聚了太多热量，计算机可能会崩溃或者组件受损。因此，必须使计算机保持凉爽。

计算机可使用主动散热和被动散热两种方式来散热。主动散热需要用电，而被动散热不需要用电。被动散热通常涉及降低组件的运行速度或增加计算机芯片的散热器。机箱风扇被视为主动散热。图 1-13 中显示的是被动散热和主动散热的示例。

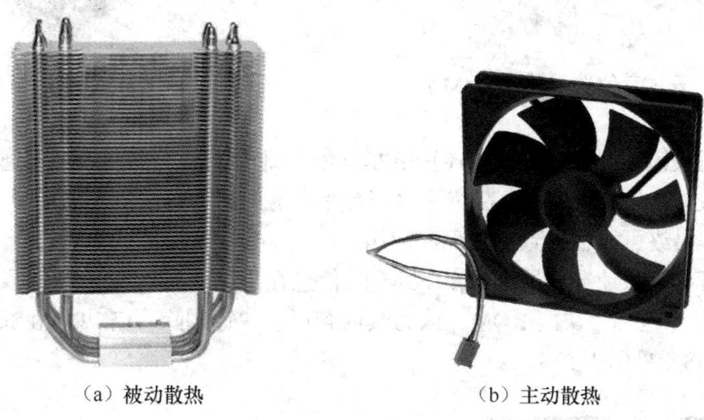

（a）被动散热　　（b）主动散热

图 1-13　冷却系统

1.2.4 内存

计算机具有不同类型的内存，这些内存具有不同的外形尺寸和芯片类型。计算机内存组件可以是易失性的，也可以是非易失性的，它可以像随机存取存储器（RAM）那样临时存储信息，也可以像只读存储器（ROM）那样永久存储信息。

1. 内存的类型

计算机可能使用不同类型的内存芯片。但是，所有内存芯片都以字节的形式存储数据。字节是一组数字信息，用于表示字母、数字和符号等信息。具体来说，1 字节就是一个 8 位二进制数据块，以 0 或 1 的形式存储于内存芯片中。

- **只读存储器：**ROM 芯片是一种基本的计算机芯片。ROM 芯片位于主板和其他电路板上，其中包含可由 CPU 直接访问的指令。ROM 中存储的指令包括基本的操作指令（如启动计算机和加载操作系统）。ROM 是非易失性存储器，也就是当计算机关闭时，内容不会被删除。
- **随机存取存储器（RAM）：**RAM 是 CPU 工作时访问的数据和程序的临时工作存储器。与 ROM 不同，RAM 是易失性存储器，也就是说，每次计算机断电时内容都将被删除。

在计算机中添加更多内存可提升系统性能。例如，更多的内存会增加计算机保留和处理程序及文件的内存容量。当内存不足时，计算机必须在内存和较慢的硬盘驱动器之间交换数据。可安装内存的最大数量取决于主板。

2. ROM 的类型

下面介绍 ROM 的类型。

- **只读存储器（ROM）：**信息在制造 ROM 芯片时被写入。ROM 芯片不可删除或重写，现已不再使用，但术语 ROM 仍用于指任何只读存储器芯片类型。ROM 如图 1-14 所示。
- **可编程只读存储器（PROM）：**信息在出厂后被写入。PROM 出厂时内容空白，可在需要时由 PROM 编程器完成编程。通常，这些芯片无法擦除数据，并且只能编程一次。PROM 如图 1-5 所示。

图 1-14 只读存储器芯片（ROM）

图 1-15 可编程只读存储器（PROM）

- **可擦可编程只读存储器（EPROM）**：EPROM 是非易失性存储器，但可通过暴露于强紫外线下来擦除数据。EPROM 通常在芯片顶部有一个透明的石英窗口，如图 1-16 所示。持续擦除和重新编程最终可能会导致芯片无法使用。
- **带电可擦可编程只读存储器（EEPROM）**：信息在出厂后被写入，而无须将其从设备中移除。EEPROM 芯片也称为快闪 ROM，因为其内容可以快速删除。EEPROM 通常用于存储计算机系统的 BIOS（见图 1-17）。

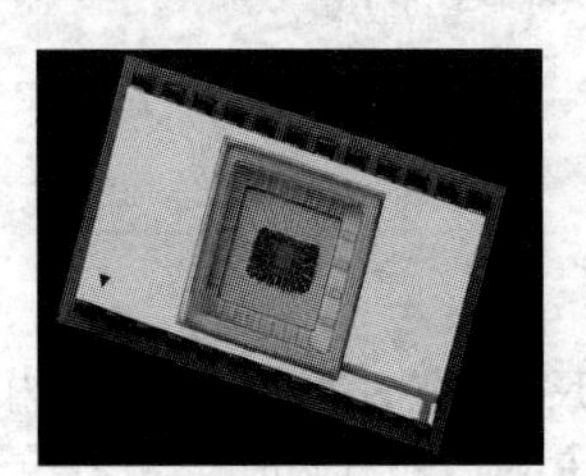

图 1-16 可擦可编程只读存储器（EPROM）

图 1-17 带电可擦可编程只读存储器（EEPROM）

3. RAM 的类型

表 1-3 列出了不同类型的 RAM。

表 1-3 RAM 的类型

类型	描述
动态 RAM（DRAM）	■ 较老的技术，一直流行到 20 世纪 90 年代中期 ■ 用于主存储器 ■ DRAM 会逐渐释放能量，因此必须不断用电脉冲对其进行刷新，以保持芯片中存储的数据
静态 RAM（SRAM）	■ 需要恒定的功率才能起作用 ■ 常用于高速缓存 ■ 使用更低的功耗 ■ 比 DRAM 快得多 ■ 比 DRAM 贵
同步 RAM（SDRAM）	■ 与内存总线同步运行的 DRAM ■ 能够并行处理重叠的指令（如可以在写入完成之前处理读取） ■ 更高的传输速率

续表

类型	描述
双倍数据速率 SDRAM（DDR SDRAM）	■ 传输数据的速度是 SDRAM 的两倍 ■ 每个 CPU 时钟周期都能够支持两次写入和两次读取动态 RAM ■ 连接器有 184 针和 1 个槽口 ■ 使用较低的标准电压（2.5V） ■ 系列：DDR2、DDR3、DDR4
第二代双倍数据速率 SDRAM（DDR2 SDRAM）	■ 传输数据的速度是 SDRAM 的两倍 ■ 以高于 DDR 的时钟速度运行（553 MHz 与 200 MHz 的 DDR 相比） ■ 通过减少信号线之间的噪声和串扰来提高性能 ■ 连接器有 240 针 ■ 使用较低的标准电压（1.8V）
第三代双倍数据速率 SDRAM（DDR3 SDRAM）	■ 通过将时钟速率提高一倍来扩展内存带宽 ■ 功耗比 DDR2（1.5V）的少 ■ 产生更少的热量 ■ 以更高的时钟速度运行（高达 800 MHz） ■ 连接器有 240 针
第四代双倍数据速率 SDRAM（DDR4 SDRAM）	■ 与 DDR3 相比，最大存储容量增加了 3 倍 ■ 功耗比 DDR3（1.2V）的少 ■ 以更高的时钟速度运行（高达 1600 MHz） ■ 连接器有 288 针 ■ 先进的纠错功能
GDDR 同步动态 RAM	■ G 代表图形 ■ 专为视频图形设计的 RAM ■ 与专用 GPU 结合使用 ■ 系列：GDDR、GDDR2、GDDR3、GDDR4、GDDR5 ■ 每个系列成员的性能都有所提高 ■ 每个系列成员的功耗都有所降低 ■ GDDR SDRAM 处理大量数据，但不一定以最快的速度处理

4. 内存模块

早期的计算机将内存作为单个芯片安装于主板上。单个内存芯片（被称为双列直插式封装芯片）不容易安装而且通常不牢固。为解决此问题，设计师将内存芯片焊接到电路板上，创建一个内存模块，然后将内存模块置于主板上的内存插槽中。

不同类型的内存模块如下。

- **双列直插式封装（DIP）**：单个内存芯片。DIP 有两排用来将其连接到主板的引脚，如图 1-18 所示。
- **单列直插式内存模块（SIMM）**：固定数个内存芯片的小电路板，如图 1-19 所示。SIMM 有 30 引脚配置及 72 引脚配置。
- **双列直插式内存模块（DIMM）**：固定 SDRAM、DDR SDRAM、DDR2 SDRAM、DDR3 SDRAM 和 DDR4 SDRAM 芯片的电路板，如图 1-20 所示。有 168 引脚的 SDRAM DIMM、184 引脚的 DDR DIMM、240 引脚的 DDR2 和 DDR3 DIMM，以及 288 引脚的 DDR4 DIMM。

图 1-18　双列直插式封装（DIP）

图 1-19　单列直插式内存模块（SIMM）

- **小型 DIMM（SODIMM）**：具备支持 32 位传输的 72 引脚和 100 引脚的配置，或者支持 64 位传输的 144 引脚、200 引脚、204 引脚和 260 引脚的配置。这个外形较小、压缩程度更高的 DIMM 版本提供随机访问数据存储，适用于需要节约空间的便携式计算机、打印机和其他设备。SODIMM 如图 1-21 所示。

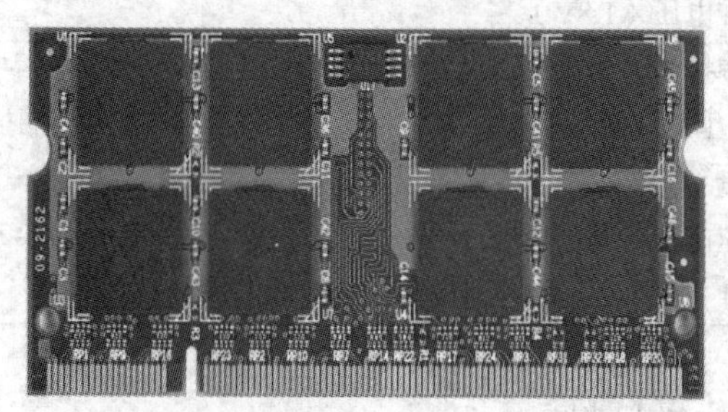

图 1-20　双列直插式内存模块（DIMM）

图 1-21　小型 DIMM（SODIMM）

注　意　内存模块可以是单面，也可以是双面。单面内存模块将 RAM 仅放置于模块的一个面上；双面内存模块的两个面上均包含 RAM。

内存的速度直接影响给定时间内处理器能够处理的数据量。随着处理器速度的提高，内存速度也必须提高。通过多通道技术可以增加内存吞吐量。标准的内存为单通道，这意味着所有的内存插槽都在同时寻址。双通道内存增加了第二条通道，可同时访问 2 个模块。三通道内存增加了第三条通道，可同时访问 3 个模块。

最快的内存通常是静态 RAM（SRAM），它是一种用于存储 CPU 最近使用的数据和指令的缓存内存。与较慢的动态 RAM（DRAM）或主内存相比，SRAM 在检索数据时为处理器提供了更快的数据访问速度。

缓存内存分为以下 3 种类型。

- L1 缓存是内部缓存并已集成到 CPU 中。CPU 可以具有各种型号，每种型号都具有不同容量的 L1 缓存。
- L2 缓存是外部缓存，最初安装在 CPU 旁的主板上。L2 缓存现在集成在 CPU 中。
- L3 缓存用于某些高端工作站和服务器 CPU。

当数据在芯片中未正确存储时，会出现内存错误。计算机使用不同的方法来检测和纠正内存中的数据错误。内存错误的检查和纠正有以下 3 种类型。

- 非奇偶校验内存不检查内存中的错误。非奇偶校验 RAM 是用于家庭和企业工作站中最常见的 RAM。
- 奇偶校验内存包含 8 个数据位和 1 个错误校验位。错误校验位被称为奇偶校验位。
- 纠错码（ECC）内存可检测内存中的多位错误并可纠正内存中的一位错误。在用于财务或数据分析的服务器上，可能需要 ECC 内存模块。

1.2.5 适配器卡和扩展槽

适配器卡是计算机中用于改善系统性能和兼容性的外围硬件。在主板上有各种扩展槽，可为各种类型的适配器卡提供到系统总线的连接，从而扩展系统性能。不同类型的适配器卡和扩展槽如下。

1. 适配器卡

适配器卡通过为特定设备添加控制器或更换故障端口来增强计算机的性能。适配器卡有很多种，可用于扩展和定制计算机的功能。

- **声卡**：提供音频功能。
- **网卡（NIC）**：使用网线将计算机连接到网络。
- **无线网卡**：使用射频将计算机连接到网络。
- **eSATA 卡**：通过单个 PCI Express 插槽，为计算机添加额外的内部和外部 SATA 端口。
- **采集卡**：将视频信号发送到计算机，以便通过视频采集软件将信号记录在存储驱动器中。
- **电视调谐卡**：通过连接有线电视、卫星或已安装调谐卡的天线提供观看和录制电视信号的功能。
- **通用串行总线（USB）控制器卡**：提供额外的 USB 端口，将计算机连接到外围设备。
- **显卡**：提供视频功能。

图 1-22 展示了其中的一些适配器卡。值得注意的是，有些适配器卡可以集成到主板上。

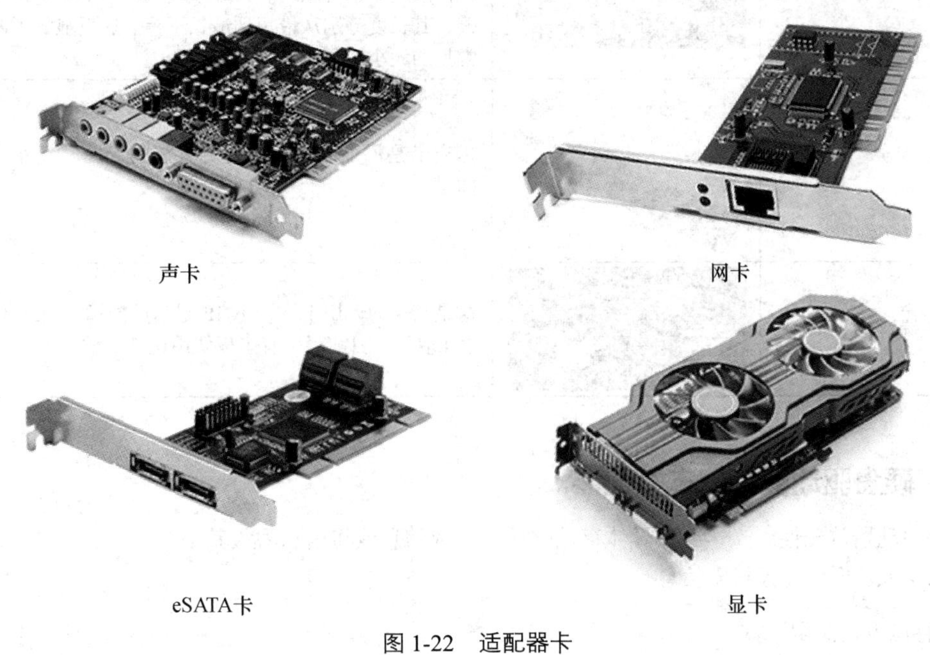

图 1-22 适配器卡

注 意 较旧的计算机也可能配备调制解调器适配器、加速图形端口（AGP）、小型计算机系统接口（SCSI）适配器等。

2. 扩展槽

计算机的主板上有安装适配器卡的扩展槽。适配器卡的连接器类型必须与扩展槽的类型相匹配。表 1-4 展示了有关扩展槽的更多信息。

表 1-4 扩展槽

类型	示例图片	描述
外围组件互联（PCI）		这是32位或64位扩展槽，目前很少有计算机使用，PCI已经过时
Mini-PCI		Mini-PCI 是一种在便携式计算机中使用的更小版本的PCI。Mini-PCI有3种不同的规格：Type Ⅰ、Type Ⅱ和Type Ⅲ
PCI-X		这是标准PCI的更新版本。它使用比PCI总线带宽更高的32位总线。PCI-X的运行速度几乎比PCI的快4倍。PCI-X扩展槽已经基本过时
PCIe		与较旧的扩展槽相比，它使用了具有更高吞吐量和许多其他改进的串行总线。PCIe具有x1、x4、x8和x16插槽，其长度分别从最短到最长不等。这里显示了两个最常见的大小：顶部x1和底部x16
扩充卡		扩充卡是添加到计算机为更多扩展卡提供额外的扩展插槽
加速图形端口（AGP）		这是高速的、用于连接AGP显卡的插槽，AGP已经被PCI取代，目前很少有主板使用这种插槽

1.2.6 硬盘驱动器和固态驱动器

存储驱动器从磁性、光学或半导体存储介质中读取信息或将信息写入其中。这些驱动器可用于永久存储数据或从介质磁盘检索信息。

1. 存储设备类型

有许多类型的设备可用于PC上的数据存储。数据驱动器可实现数据的非易失性存储，这意味着当驱动器断电时，数据会保留下来，并在下次驱动器通电时仍然可用。某些驱动器具有不可移动介质，而其他驱动器具有可移动介质。有些提供数据读取和写入功能，有些则只可读取数据，而不可写入数据。根据存储数据介质的不同，可以将数据存储设备分为以下几种：磁盘驱动器（如HDD和磁带机）、固态驱动器和光驱，如图1-23所示。

2. 存储设备接口

内部存储设备使用串行ATA（SATA）连接到主板。SATA标准定义了数据的传输方式、传输速率以及电缆和连接器的物理特征。

硬盘驱动器

固态驱动器

光驱

图 1-23 数据存储设备

SATA 标准有 3 个主要版本：SATA 1、SATA 2 和 SATA 3。这 3 个版本的电缆和连接器相同，但是数据传输速率不同。SATA 1 可实现 1.5 Gbit/s 的数据传输速率，SATA 2 的数据传输速率可达到 3 Gbit/s，而 SATA 3 的数据传输速率最快，可高达 6 Gbit/s，如表 1-5 所示。

表 1-5 存储设备接口

ATA	平行（PATA）	电子集成驱动器（IDE）	8.3 Mbit/s
		增强型电子集成驱动器（EIDE）	16.6 Mbit/s
	串行（SATA）	SATA 1	1.5 Gbit/s
		SATA 2	3.0 Gbit/s
		SATA 3	6.0 Gbit/s

注 意 传统内部驱动器的连接方式包括被称作电子集成驱动器（IDE）和增强型电子集成驱动器（EIDE）的并行 ATA 标准。

小型计算机系统接口（SCSI）是主板和数据存储设备之间的另一个接口。这是一种较老的标准，最初使用并行数据传输，而非串行数据传输。现已开发出新版本的 SCSI，被称作串行连接 SCSI（SAS）。SAS 是用于服务器存储的常用接口。

3. 磁介质存储

有一种存储方式是将二进制值表示为磁介质的磁化或非磁化物理区域，使用机械系统定位和读取介质，这种存储方式便是磁介质存储。以下是磁介质存储驱动器的常见类型。

- **硬盘驱动器（HDD）**：HDD 是多年来一直被使用的传统磁盘设备。其存储容量的范围从数千兆字节（GB）到太字节（TB）不等。其速度以每分钟的转数（RPMG r/min）来测量，该速度表示主轴带动保存数据的盘片旋转的速度。主轴的速度越快，硬盘驱动器可在盘片上查找数据的速度就越快。这可以对应于更快的传输速度。常见硬盘驱动器的主轴速度值包括 5400、

7200、10000 和 15000。HDD 具有 4.6 厘米、6.4 厘米和 8.9 厘米的外形规格。8.9 厘米是个人计算机的标准外形规格。6.4 厘米的 HDD 通常用于移动设备。4.6 厘米的 HDD 用于便携式媒体播放器和其他移动应用程序，但在新型设备中很少使用。

- **磁带驱动器**：磁带最常用于存档数据。它们曾经在 PC 备份的时候很有用处，但随着 HDD 的价格越来越便宜，如今经常使用外置 HDD 驱动器进行 PC 备份。但是，企业网络中仍使用磁带备份。磁带机使用读/写磁头和可拆卸磁带盒。尽管使用磁带驱动器进行数据检索非常快，但是查找特定数据却很慢，因为查找数据时磁带是缠绕在转轴上的。常见的磁带存储容量从几 GB 到数 TB 不等。

注 意 较旧的计算机仍可能包含传统存储设备，如软盘驱动器。

4. 半导体存储

固态驱动器（SSD）将数据作为电荷存储在半导体闪存中。这使 SSD 的速度比磁性 HDD 的速度快得多。SSD 存储容量从约 120 GB 到数 TB 不等。SSD 无活动部件，无噪音，更节能，而且比 HDD 产热更少。由于 SSD 没有会发生故障的运动部件，因此被认为比 HDD 更可靠。

SSD 有 3 种外形规格。

- **磁盘驱动器外形规格**：类似于 HDD，其中半导体内存位于可像 HDD 一样安装在计算机机箱内的密闭封装中，其大小可以是 4.6 厘米、6.4 厘米和 8.9 厘米，但 4.6 厘米的情况很少见，图 1-24（a）所示为 6.4 厘米的磁盘驱动器。
- **扩展卡**：像其他扩展卡一样直接插入主板并安装在计算机机箱中，如图 1-24（b）所示。
- **mSata 或 M.2 模块**：这些封装可能使用特殊的插槽。M.2 是计算机扩展卡的标准，如图 1-24（c）所示。它是指定扩展卡物理方面（如连接器和尺寸）的一系列标准。

固态硬盘6.4厘米驱动器
（a）

固态驱动器扩展卡
（b）

固态硬盘M.2驱动器
（c）

图 1-24 SSD 外形规格

图 1-25 显示的是与 8.9 厘米磁性 HDD 相比之下的 6.4 厘米和 M.2 外形规格。

非易失性快速存储器（NVMe）规范是专门为允许计算机提供 SSD、PCIe 总线和操作系统之间的标准接口来更好地利用 SSD 的功能而开发的。NVMe 允许合规的 SSD 驱动器无须特殊驱动程序即可连接到 PCIe 总线，就像 USB 闪存驱动器无须在多台计算机中安装即可用于各台计算机中一样。

图 1-25 数据存储设备规格

最后，固态混合硬盘（SSHD）是磁性 HDD 和 SSD 之间的一个折中，SSHD 驱动器比 HDD 快，但是比 SSD 便宜。它将磁性 HDD 与用作非易失性缓存的板载闪存相结合。SSHD 驱动器会自动缓存频繁访问的数据，这可以加快特定操作的速度，比如操作系统的启动。

1.2.7 光存储设备

光存储设备是一种能够读取的外围计算机部件，它可以使用激光读取 CD-ROM 或其他光盘来存储和检索保存的数据。

光驱是一种使用激光在光介质上读写数据的可移动介质存储设备，其被开发的目的是克服可移动磁介质（如软盘和盒式磁性存储设备）的存储容量限制。图 1-26 显示的是内置光驱。

图 1-26 内置光驱

光驱的类型有以下 3 种。

- **光盘（CD）**：音频和数据。
- **数字通用光盘（DVD）**：数字视频和数据。
- **蓝光光盘（BD）**：高清数字视频和数据。

CD、DVD 和 BD 介质可以是预录制（只读）、可录制（写入一次）或可重新录制（多次读取和写入）类型。此外，DVD 和 BD 介质可以是单层（SL），也可以是双层（DL）。DL 介质的容量大约是单张光盘容量的两倍。

表 1-6 描述的是各种类型的光介质及其大致存储容量。

表 1-6 光介质类型

<table>
<tr><th>光介质</th><th>描述</th><th>存储容量</th></tr>
<tr><td>CD-ROM</td><td>预录制的 CD 只读存储介质</td><td rowspan="3">700MB</td></tr>
<tr><td>CD-R</td><td>可以录制一次的 CD 可录介质</td></tr>
<tr><td>CD-RW</td><td>可录制、擦除和重新录制的 CD 可重写介质</td></tr>
<tr><td>DVD-ROM</td><td>预录制的 DVD 只读存储介质</td><td rowspan="4">4.7GB（SL）
8.5GB（DL）</td></tr>
<tr><td>DVD-RAM</td><td>可录制、擦除和重新录制的 DVD 可重写介质</td></tr>
<tr><td>DVD+/-R</td><td>可以录制一次的 DVD 可录介质</td></tr>
<tr><td>DVD+/-RW</td><td>可录制、擦除和重新录制的 DVD 可重写介质</td></tr>
<tr><td>BD-ROM</td><td>预录制电影、游戏或软件的蓝光只读存储介质</td><td rowspan="3">25GB（SL）
50GB（DL）</td></tr>
<tr><td>BD-R</td><td>可以录制一次的蓝光可录介质</td></tr>
<tr><td>BD-RE</td><td>可录制、擦除和重新录制的蓝光可重写介质</td></tr>
</table>

1.2.8 端口、电缆和适配器

本小节将描述并标识用于在计算机内部和外部连接外围设备的通用电缆和端口。

1. 视频接口和电缆

视频接口将显示器电缆连接到计算机，传输模拟信号、数字信号或两者都传输。计算机创建的是数字信号。数字信号发送到显卡上，然后通过电缆传输到显示器。

（1）数字视频接口

数字视频接口（DVI）通常为白色，如图 1-27 所示，此适配器包括用于数字信号的多达 24 个引脚（3 排，每排 8 个），用于模拟信号的多达 4 个引脚，以及 1 个名为接地排的平引脚。

（2）显示端口

显示端口是一种专门用于连接高端图形 PC、显示器以及家庭影院设备的端口技术，如图 1-28 所示。

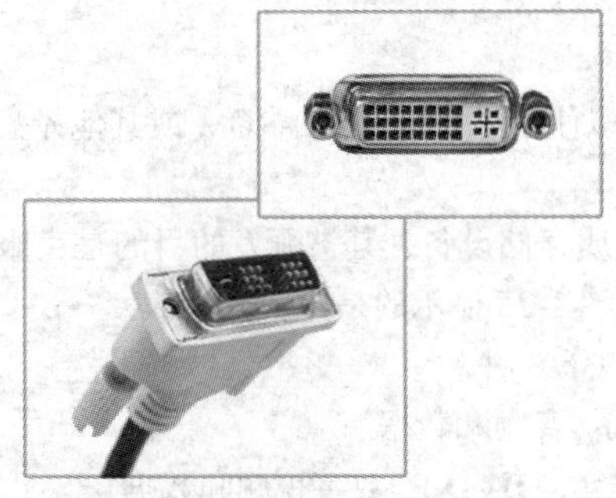

图 1-27 数字视频接口（DVI）

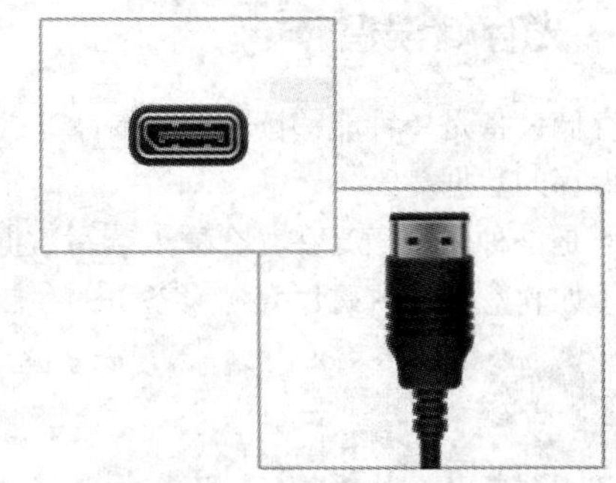

图 1-28 显示端口

（3）高清多媒体接口

高清多媒体接口（HDMI）专为高清电视开发，但其数字功能使其成为计算机的良好候选接口。HDMI 如图 1-29 所示。

（4）Thunderbolt 1 或者 2

Thunderbolt 支持高速连接外围设备，比如硬盘驱动器、RAID 阵列和网络接口，可以使用 DisplayPort 协议传输高清视频。Thunderbolt 1 或者 2 如图 1-30 所示。

图 1-29 高清多媒体接口（HDMI）

图 1-30 Thunderbolt 1 或者 2

（5）Thunderbolt 3

Thunderbolt 3 与 USB-C 使用相同的适配器。它的带宽是 Thunderbolt 2 的两倍，功耗更低，并且可以为两个 4K 显示器提供视频。Thunderbolt 3 如图 1-31 所示。

（6）视频图形阵列

视频图形阵列（VGA）是一种适配器，此适配器用于模拟视频。其具有 3 排共 15 个引脚，也被称为 DE-15 或 HD-15 适配器。VGA 适配器如图 1-32 所示。

图 1-31 Thunderbolt 3

图 1-32 视频图形阵列（VGA）适配器

（7）美国无线电公司

美国无线电公司（RCA）适配器的中间有一个插头，周围有环，用于传输音频或视频。RCA 适配器通常为 3 个一组，其中黄色适配器传输视频，红色和白色适配器传输左、右声道。RCA 适配器如图 1-33 所示。

2. 其他端口和电缆

计算机上的输入/输出（I/O）端口连接外围设备（如打印机、扫描仪和便携式驱动器）。除之前讨论过的端口和接口外，计算机还可能有其他端口。

（1）PS/2 端口

个人系统 2（PS/2）端口用于将键盘或鼠标连接到计算机。PS/2 端口是 6 针 Mini-DIN 凹式适配器，如图 1-34 所示，其用于键盘和鼠标的端口通常为不同颜色。如果端口未进行颜色标记，请查找端口旁边的鼠标或键盘小图标。

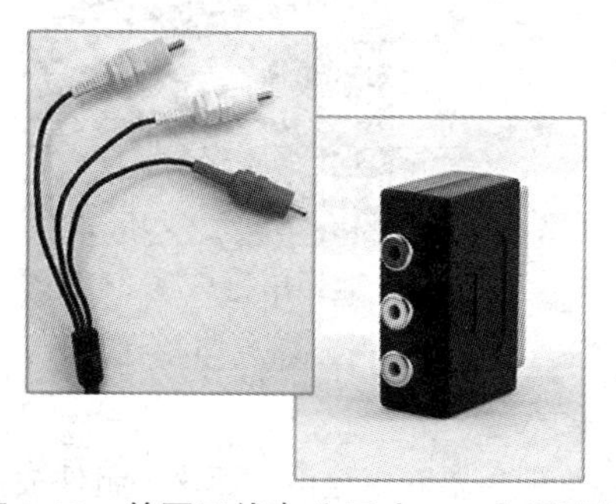

图 1-33 美国无线电公司（RCA）适配器

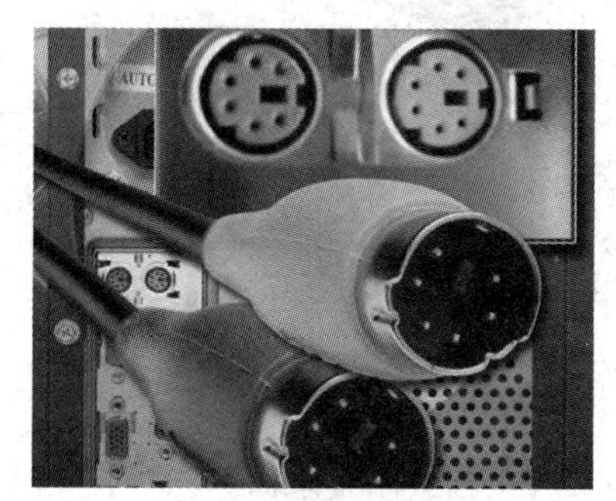

图 1-34 PS/2 端口

（2）音频和游戏端口

图 1-35 显示了音频和游戏端口。音频端口将音频设备连接到计算机。模拟端口通常包括一个连接到外部音频源（如立体声系统）的输入端口、一个麦克风端口以及一个连接到扬声器或耳机的输出端口。游戏端口可连接到操纵杆或 MIDI 端口设备。

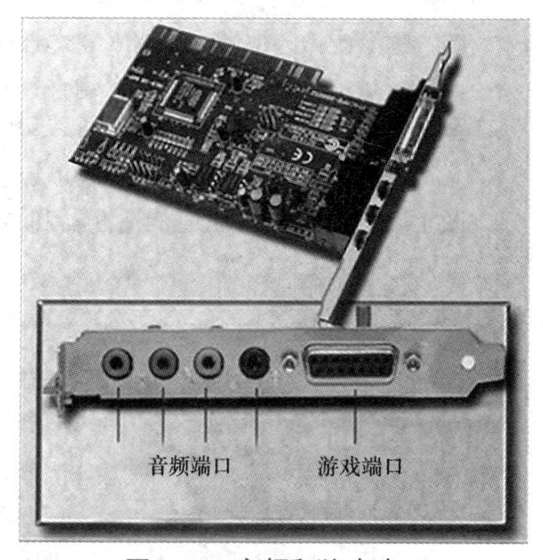

图 1-35 音频和游戏端口

（3）网口

图 1-36 显示了网口。网口（也被称为 RJ-45 或 8P8C 端口）有 8 个引脚，用于将设备连接到网络，其连接速度取决于网口的类型。以太网网络电缆的最大长度为 100 米（328 英尺）。

（4）SATA

图 1-37 显示了驱动器电源电缆和串行 ATA。串行 ATA

（SATA）电缆使用 7 引脚数据线将 SATA 设备连接到 SATA 接口。SATA 适配器配备 L 形插槽，因此电缆仅适合一个方向。此电缆不为 SATA 设备供电，有单独的电源电缆为驱动器供电。

图 1-36　网口

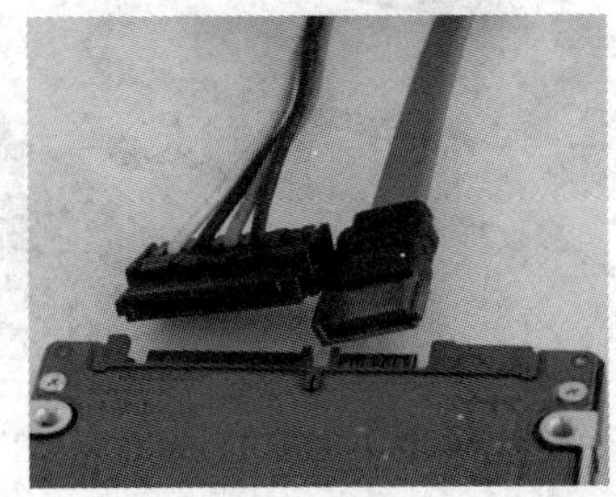

图 1-37　驱动器电源电缆和串行 ATA

（5）电子集成驱动器

电子集成驱动器（IDE）电缆是用于连接计算机内存储驱动器的扁平电缆。有两种常见的 IDE 扁平电缆，分别为用于软盘驱动器的 34 针电缆和用于硬盘驱动器及光驱的 40 针电缆。

图 1-38 所示显示了 IDE 电缆。IDE 电缆带有键，因此电缆只能以一种方式插入适配器。

（6）通用串行总线

通用串行总线（USB）是将外围设备连接到计算机的标准接口，如图 1-39 所示。USB 设备支持热插拔，也就是说，当计算机保持开机状态时，用户可以连接和断开设备。

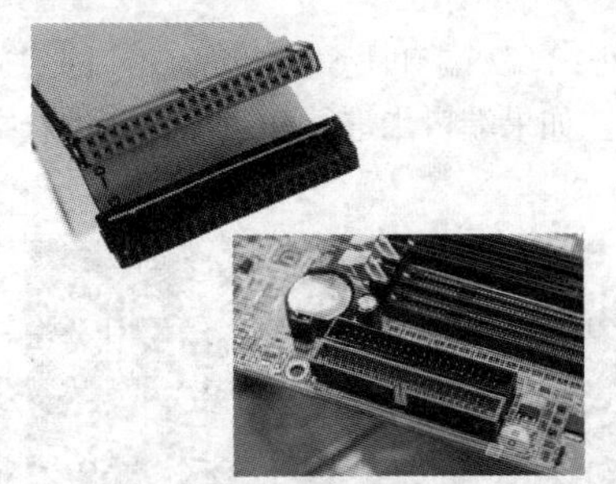

图 1-38　电子集成驱动器（IDE）

图 1-39　通用串行总线（USB）

3. 适配器和转换器

当前使用的连接标准有很多，这些标准具备互操作性，但需要专用组件，而这些组件被称为适配器和转换器。

- **适配器**：这是将一种技术物理连接到另一种技术的组件。例如，将 DVI 物理连接到 HDMI 适配器。适配器可以是一个组件，也可以是一条带有不同终端的电缆。
- **转换器**：转换器与适配器执行相同的功能，还能将信号从一种技术转换到另一种技术。例如，USB 3.0 到 SATA 的转换器可支持将硬盘驱动器用作闪存驱动器。

图 1-40 显示了一些常见的适配器和转换器。

DVI到VGA适配器

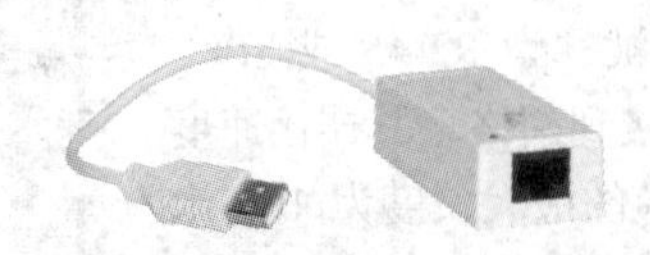

USB到以太网适配器

USB到PS/2适配器

图 1-40　适配器和转换器

DVI到HDMI适配器

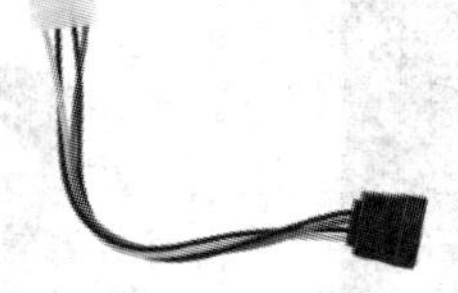

Molex到SATA适配器

HDMI到VGA转换器

图 1-40 适配器和转换器（续）

1.2.9 输入设备

输入设备是硬件设备（通常在计算机机箱外部），它们允许输入原始数据供计算机处理，从而允许用户与计算机交互并控制计算机。

1. 原始输入设备

输入设备允许用户与计算机通信。下面介绍的是一些早期输入设备。

- **键盘和鼠标**：这是两种常用的输入设备。键盘通常用于创建文本文档和邮件。鼠标用于导航图形用户界面（GUI）。便携式计算机还配备触摸板，以提供内置键盘和鼠标的功能。键盘是最早期的一种输入设备。
- **ADF/平板扫描仪**：图 1-41 显示了自动送纸器（ADF）/平板扫描仪的示例。这些设备将图像或文档数字化，使用原理是将照片或文档放置在光滑的玻璃表面上，然后扫描头在玻璃下方移动。图像被数字化后将存储为可以显示、打印、邮件发送或修改的文件。其中一些扫描仪具备自动送纸器，可支持多页输入。
- **操纵杆和游戏手柄**：图 1-42 显示了操纵杆和游戏手柄的示例。这些是用于玩游戏的输入设备，游戏手柄可使玩家通过小摇杆和多个按钮控制移动和视图。许多游戏手柄还配备了记录玩家在其上施加压力大小的触发器。摇杆通常用于玩飞行模拟游戏。

图 1-41 平板扫描仪

图 1-42 操纵杆和游戏手柄

- **KVM 切换器**：图 1-43 显示了 KVM 切换器的示例。KVM（keyboard,vedio,and mouse）切换器是一种硬件设备，可实现用一套键盘、显示器和鼠标控制多台计算机。对于企业而言，KVM 切换器可提供对多个服务器的经济高效访问。家庭用户可使用 KVM 切换器将多台计算机连接到一套键盘、显示器和鼠标上，从而节省空间。某些 KVM 切换器具备与多台计算机共享 USB 设备和扬声器的功能。

2. 新输入设备

一些新输入设备包括触摸屏、触控笔、磁条读取器和条码扫描器。

- **触摸屏**：图 1-44 显示了触摸屏的示例。触摸屏是具有触摸或压力感应屏幕的输入设备。计算机接收用户触摸屏幕上特定位置的指令。

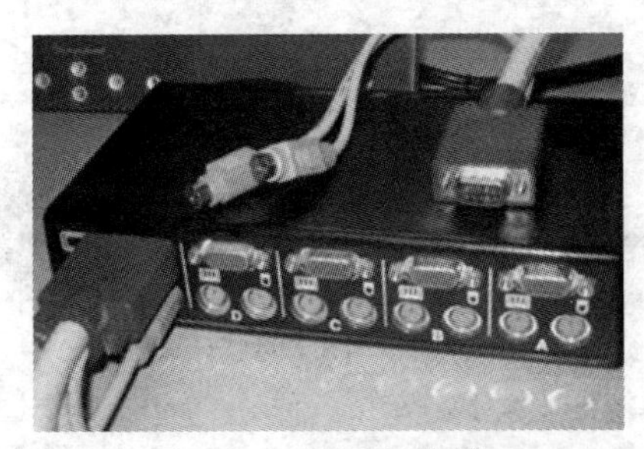

图 1-43 KVM 切换器

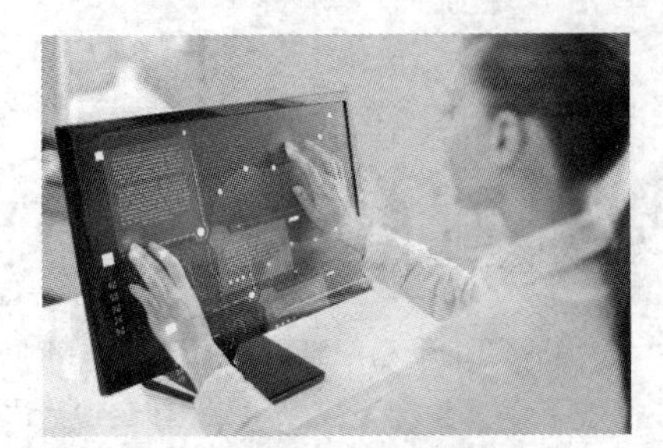

图 1-44 触摸屏

- **触控笔**：图 1-45 显示了触控笔的示例。此设备是一种数字转换器。设计师或艺术家可以通过在一个表面上（可感应笔尖接触的位置）使用一种名为触控笔（像钢笔一样）的工具来绘制蓝图、图像或其他艺术品。一些数字转换器具有多个表面或传感器，并可使用户通过用触控笔在半空执行操作来创造 3D 模型。
- **磁条读取器**：图 1-46 显示了磁条读取器的示例。磁条读取器用于读取塑料卡（如身份证或信用卡）背面的磁性编码信息。此外，设备顶部显示的是芯片阅读器。对于带芯片的卡片，将卡片插入设备后，设备会读取芯片数据。芯片读取给用户的数据提供更高的安全性，因为每笔交易都是唯一的代码，无法再次使用。

图 1-45 触控笔

图 1-46 磁条读取器

- **条码扫描器**：图 1-47 显示了条码扫描器的示例。这种类型的扫描器也被称为价格扫描器，可读取贴在大多数产品上的条形码中包含的信息。它们可以是手持的、无线的，也可以是固定的。扫描器上的光源捕获条形码图像，并将图像转换成计算机可读内容。这种设备通常用于商店收银或用于确定库存。条形码通常只是用于查找信息的数字。例如，图书馆将条形码粘贴到书上，这样当书被借出时，该数字就会被记录在图书馆中。制造工厂通常通过条形码来跟踪库存和设备。

3. 更多新输入设备

下面是其他一些更加新型的输入设备。

- **数码相机**：图 1-48 显示了数码相机的示例。数码相机用于捕获可以存储、显示、打印或修改的图像或视频。

图 1-47 条码扫描器

图 1-48 数码相机

- **网络摄像头**：图 1-49 显示了网络摄像头的示例。网络摄像头是可以集成到计算机中的视频摄像头，也可以是外部设备。它们通常用于召开视频会议或将直播视频上传至互联网。
- **签名板**：图 1-50 显示了签名板的示例。这是一种以电子方式捕获签名的设备，使用方式是用触控笔在屏幕上签名。由于电子签名是合法的，因此通常用于确认收货，或者签署协议或合同。

图 1-49 网络摄像头

图 1-50 签名板

- **智能卡读卡器**：图 1-51 显示了智能卡读卡器的示例。这种输入设备通常用于需要对用户进行身份验证的计算机上。智能卡可能像信用卡一样大，内置嵌入式集成电路，该集成电路通常位于智能卡金色接触片的下方。
- **麦克风**：图 1-52 显示了麦克风的示例。麦克风是一种数字转换器，允许用户对着计算机讲话并对其语音进行数字化处理。语音、音乐或声音可以存储在计算机上进行播放、上传或通过邮件发送。麦克风也可用作游戏和通信软件的输入。

图 1-51 智能卡读卡器

图 1-52 麦克风

4. 最新输入设备

最新输入设备包括 NFC 设备和终端、面部识别扫描仪、指纹扫描仪、语音识别器和虚拟现实头戴设备。下面对其一一介绍。

- **NFC 设备和终端**：图 1-53 显示了 NFC 设备和终端。近场通信（NFC）轻触支付设备（如信用卡或智能手机）能够读取和写入 NFC 芯片。这使得支持 NFC 的终端可以从卡的余额中扣钱。两台支持 NFC 的设备也可以相互传输数据，比如照片、链接或联系人。

图 1-53 NFC 设备和终端

- **面部识别扫描仪**：图 1-54 显示了面部识别扫描仪的示例。这种生物识别输入设备根据用户独一无二的面部特征来识别用户。许多便携式计算机和大多数智能手机都配备有面部识别扫描仪，用于自动登录设备。面部识别在许多智能手机，甚至某些计算机和平板电脑中变得越来越流行。Microsoft 提倡“Windows Hello”，因为它使用面部识别扫描仪或指纹读取器作为生物识别输入。这种设备通常用于确保对设备或位置的安全访问。

- **指纹扫描仪**：图 1-55 显示了指纹扫描仪的示例。这种生物识别输入设备根据用户独一无二的指纹特征来识别用户。许多便携式计算机和智能设备都具有指纹识别功能。这种设备通常用于确保对设备或位置的安全访问。

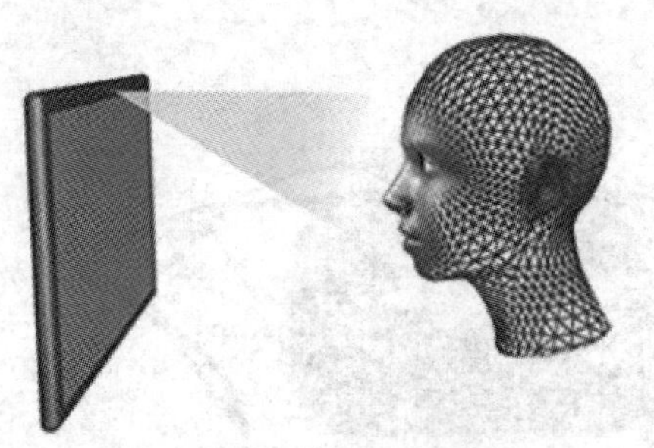

图 1-54　面部识别扫描仪

图 1-55　指纹扫描仪

- **语音识别器**：图 1-56 显示了语音识别器的示例。这种生物识别输入设备根据用户独一无二的语音来识别用户，通常用于确保对位置的安全访问。语音识别也被用于个人助理应用程序的输入，比如 Apple 的 Siri 和 Amazon 的 Alexa。
- **虚拟现实头戴设备**：图 1-57 显示了虚拟现实头戴设备的示例。这些设备通常用于电脑游戏、模拟器和训练应用程序。它们是头戴式设备，为每只眼睛提供单独的图像。大多数头戴设备都包含头部运动和眼球追踪传感器。这种设备也是将视频和音频传送给佩戴者的输出设备。

图 1-56　语音识别器

图 1-57　虚拟现实头戴设备

1.2.10　输出设备

输出设备是一种硬件设备，用于接收从输入中处理的数据，并传递信息以供使用。用户需要输出设备来获得可用格式的已处理数据。

输出设备从计算机中获取二进制信息（1 和 0），并将其转换为用户容易理解的形式。

图 1-58 显示了各种输出设备。其中，显示器和投影仪这两种输出设备可以为用户创建视觉和音频信号。虚拟现实（VR）和增强现实（AR）头戴设备是另一类输出设备。打印机是可以将计算机文件打印出来的一种视觉输出设备。扬声器和耳机是仅生成音频信号的输出设备。输出设备可以使用户与计算机交互。

1．显示器和投影仪

大多数显示器都使用 3 种技术中的一种：LCD、LED 或 OLED。液晶显示器（LCD）具有两个偏振滤波器，滤波器之间有液晶溶液。电子电流对液晶溶液进行排列，以便光线通过或受阻，从而成像。

发光二极管（LED）是一种使用 LED 背光的 LCD 显示器。与标准的 LCD 背光相比，LED 具有更低的功耗，面板更薄、更轻、更明亮，对比度也更好。有机发光二极管（OLED）是一种使用一层有机材料的 LED 显示器，该材料对电刺激作出反应，从而发光。每个像素单独发光，从而形成比 LED 更深的黑度水平。

图 1-58 输出设备

大多数投影仪都使用 LCD 或 DLP 技术。DLP 表示数字光处理。DLP 使用带有镜像阵列的旋转色轮。每个镜像对应一个像素，将光反射到投影仪光学器件或远离投影仪光学器件，从而生成具有 1024 个灰阶的图像。然后，色轮添加颜色数据，以形成投影的图像。不同的投影仪具有不同的流明数，这会影响投影图像的亮度。与 DLP 投影仪相比，LCD 投影仪通常具有更多流明（更亮）。ANSI 具有用于测试投影仪的标准化程序。使用此程序测试的投影仪会以“ANSI 流明”来描述。投影仪可以根据亮度规格来进行比较。亮度（白光输出）用于测量投射总的光量（单位：流明）。色彩亮度规格使用与测量亮度相同的方法来测量红色、绿色和蓝色。

2. VR 和 AR 头戴设备

VR 头戴设备可以具有特定的硬件和软件平台。它们可以拴在控制器上，既可以是独立的，也可以是移动的。它们可能具有各种传感器，包括运动、外部视觉定位、摄像头、运动跟踪、加速计、陀螺仪和磁力计。分辨率和刷新率各不相同。

AR 头戴设备和智能眼镜具有多种功能。大多数具有照相机、运动传感器、GPS、CPU、电池电源和控制器，许多还具有存储、蓝牙、扬声器和语音控制等功能。Microsoft HoloLens 是一款具有集成全息处理单元的头戴设备。

VR 使用计算机技术创造模拟的三维环境。用户感觉自己沉浸在“虚拟世界”中，并可对其进行操控。VR 头戴设备完全裹住用户脸部的上半部分，不允许四周的任何环境光射入。大多数 VR 体验都有三维图像，用户感觉其大小就跟实物一样。VR 体验还会跟踪用户的运动，并相应地调整用户显示器上的图像。

AR 使用类似的技术，不过是在现实世界中实时叠加图像和音频。AR 可向用户提供对真实环境信息的即时访问。图 1-59 显示了 AR 头戴设备的实例。AR 头戴设备通常不会对用户关闭环境光，以确保他们能够看到真实的生活环境。并非所有 AR 都需要头戴设备，有些 AR 就可以下载到智能手机上。Pokemon GO 是一款早期的 AR 游戏，利用玩家的智能手机在现实世界中“查看和捕获”虚拟对象。其他 AR 设备如智能眼镜，其重量要比头戴设备轻得多，通常专为特定受众而设计，比如自行车骑手。

图 1-59 AR 头戴设备

3. 打印机

打印机是一种生成文件硬复制的输出设备。硬复制可能以纸张的形式存在，也可能是 3D 打印机创建的塑性造型。

图 1-60 显示的是各种打印机类型。如今的打印机采用有线或无线的形式。它们使用不同的技术来生成用户所看到的图像。所有打印机都需要打印材料（如墨水、碳粉、液态塑料等），以及将材料准确置于纸上或拉伸到所需形状的方式。所有打印机都有必须维护的硬件。大多数打印机也都有驱动程序形式的软件，驱动程序必须保持更新。

喷墨打印机

击打式打印机

3D打印机

热敏打印机

图 1-60 打印机

4. 扬声器和耳机

扬声器是一种听觉输出设备。大多数计算机和移动设备的音频都支持集成在主板或适配器卡上。音频支持包括允许音频信号输入和输出的端口。声卡有一个用于驱动耳机和外置扬声器的放大器。耳机、耳塞和头戴式耳机都是听觉输出设备。它们可能是有线的，也可能是无线的，有些还支持 Wi-Fi 或蓝牙功能。

1.3 拆卸计算机

在本节中，您将大致了解技术人员工具包的作用以及拆卸计算机的步骤。

1.3.1 技术人员工具包

一个整齐且工具齐全的工具包将帮助技术人员以安全有效的方式完成工作。拥有合适的工具可以使工作更安全，并可以避免在维修过程中造成损坏。工具包是高效完成工作的重要组成部分。当您变得更有经验或身份发生变化时，您会发现您工具包中的工具会越来越多。

1.3.2 拆卸计算机的步骤

拆卸计算机是一项非常简单的任务。大致流程是收集文档（如果有的话）、规划流程、使用正确的工具拆卸。过程中请注意遵守安全措施，比如关闭计算机电源、拔下 PSU 的电源以及使用抗静电设备，这将有助于使拆卸成功进行。

1.4 总结

在本章开头，您了解了计算机的构成，以及进行计算机内部工作时，可避免发生电气火灾等伤害性事故的安全指南。您还了解了静电，以及未正确放电时，静电是如何损坏计算机设备的。

然后，从容纳所有内部组件的机箱开始，您了解了组成个人计算机的所有组件，还有机箱和电源的各种外形规格，以及它们如何随着时间而演变。其次，本章探讨了用于给各种内部组件（如主板和存储驱动器）供电的各类连接器（如 SATA、Molex 和 PCIe）以及连接器的电压。

您还了解了主板。主板是计算机的主干，包含连接电子组件的总线或电气通路。这些组件包括 CPU、RAM、扩展槽、芯片组、BIOS 和 UEFI 芯片。

本章还探讨了不同类型的存储设备（如硬盘驱动器、固态驱动器和光存储设备），以及将其连接到主板的不同版本的 PATA 和 SATA 接口。

在本章结尾，大致介绍了拆卸计算机的相关内容。

1.5 复习题

请您完成此处列出的所有复习题，以测试您对本章主题和概念的理解。答案请参考附录。

1. 哪两个 PC 组件通过南桥芯片组与 CPU 通信？（双选）

   A. 硬盘　　B. 64bit 千兆以太网适配器

   C. 显卡　　D. 内存

2. 技术人员想要更换高端游戏计算机上出现故障的电源，他应该寻找哪种尺寸？

   A. ATX 12V　　B. ATX　　C. EPS 12V　　D. AT

3. 下列哪种陈述描述了 AR 技术？

   A. 它始终需要头戴设备　　B. 它不能使用户立即访问有关其真实环境的信息

   C. 将图像和音频实时叠加在现实世界中　　D. 头戴设备关闭了用户的所有环境光

4. 哪种类型的输入设备可以根据用户的语音识别用户？

   A. 扫描仪　　B. KVM 切换器　　C. 数字化仪　　D. 生物特征识别

5. 在瘦客户机中，哪种主板尺寸最小？

   A. Micro - ATX　　B. ATX　　C. ITX　　D. Mini - ITX

6. PC 中如何使用 6/8 引脚 PCIe 电源连接器？

A. 连接磁盘驱动器
B. 连接光盘驱动器
C. 连接旧版软盘驱动器
D. 为各种内部组件供电

7. 哪个扩展槽符合 NVMe 的设备？

A. PCI
B. PCIe
C. SATA
D. USB-C

8. 技术人员如何保护计算机的内部组件免受 ESD 的影响？

A. 使用后拔掉计算机电源
B. 通过使用多个风扇使热空气通过机壳
C. 通过将内部组件接地连接到外壳
D. 使用由塑料或铝制成的计算机机箱

9. 网络管理员当前拥有 3 台服务器，需要添加第 4 台服务器，但没有足够的空间容纳其他显示器和键盘。管理员可以使用哪种设备将所有服务器连接到单个显示器和键盘？

A. 触摸屏显示器
B. 不间断电源
C. USB 开关
D. PS/2 适配器
E. 切换器

10. 哪种类型的连接器用于将数字信号转换为模拟信号？

A. Molex 到 SATA 适配器
B. USB 到 PS / 2 适配器
C. HDMI 到 VGA 转换器
D. DVI 转 HDMI 适配器

11. 在计算机设备上工作时，可以采取哪项措施来降低 ESD 损坏的风险？

A. 将无绳电话从工作区域移开
B. 将计算机插入浪涌保护器
C. 降低工作区域的湿度
D. 在接地的防静电垫上工作

12. 哪个端口允许使用 DisplayPort 协议传输高清视频？

A. DVI
B. VGA
C. Thunderbolt
D. RCA

13. 哪两个 PC 组件通过北桥芯片组与 CPU 通信？（双选）

A. 硬盘
B. 64 位千兆以太网适配器
C. 显卡
D. 内存

14. 哪 3 个设备被视为输出设备？（多选）

A. 耳机
B. 打印机
C. 鼠标
D. 指纹扫描仪
E. 键盘
F. 显示器

15. 哪种磁盘驱动器包含带有板载闪存的磁性 HDD 并用作非易失性缓存？

A. SSHD
B. NVMe
C. SCSI
D. SSD

16. 哪两个设备被认为是常见的输入设备？（双选）

A. 耳机
B. 打印机
C. 鼠标
D. 指纹扫描仪
E. 键盘
F. 显示器

第2章
计算机组装

学习目标

通过完成本章的学习，您将能够回答下列问题。

- 如何连接电源？
- 如何安装主板组件？
- 如何安装内部驱动器？
- 如何安装适配器卡？
- 如何选择附加存储？
- 如何用合适的电缆连接计算机组件？

内容简介

组装计算机通常是技术人员工作中的一个重要部分。在处理计算机组件时，您必须采用合乎逻辑且有条理的方式来处理。有时，您可能需要确定客户计算机的组件是否需要升级或更换，因此，培养您的安装技能、强化故障排除技术以及拥有自己的诊断方法非常重要。本章将讨论组件兼容的重要性。本章还将讨论高效运行客户计算机的硬件和软件需要具备充足的系统资源。计算机、计算机组件和计算机外围设备都有可能导致严重伤害。因此，本章首先介绍在操作计算机组件时，需要遵循的一般安全和消防安全准则。

在本章中，您将了解 PC 电源及其为其他计算机组件提供的电压。您将了解主板上安装的组件：CPU、RAM 和各种适配器卡。您将了解不同的 CPU 架构，以及如何选择与主板和芯片组兼容的 RAM。您还将了解各种类型的存储驱动器，以及在选择适当的驱动器时要考虑的因素。

2.1 组装计算机

组装计算机时，选择正确的计算机组件很重要，正确准备组装的工作区域也很重要。无论您是要组装具有所有新组件的计算机，还是要对计算机进行升级，遵循建议的安全步骤、准备好所需的工具以及了解如何在机箱内工作都是至关重要的。

2.1.1 一般安全和消防安全

组装计算机时，请遵循一般安全和消防安全准则，以防止割伤、烧伤、触电和视力受损等情况的发生。作为最佳实践，请确保拥有灭火器和急救箱。电缆放置不当或固定不牢固可能会导致网络安装时发生跳闸危险。使用安全的电缆管理技术，比如将电缆安装在导管或电缆槽中，有助于避免危险。

了解并使用这些安全技术和其他安全技术可以避免人员受伤和计算机设备损坏。

2.1.2 打开计算机机箱并安装电源

1. 安装电源

组装或修理计算机时，请务必在打开计算机机箱之前准备工作区。您需要有充足的照明、良好的通风和舒适的室温。工作台或桌子应可以从各个方向进入。避免使用工具和计算机组件弄乱工作区的表面。将防静电垫放在桌子上，以避免 ESD 损坏电子设备。在拆卸螺钉和其他零件时，最好使用小容器放置螺钉和其他零件。

另外，可能需要技术人员更换或安装电源。大多数电源只能以一种方式装入计算机机箱，请始终遵循机箱和电源手册中的电源安装说明。

2. 选择机箱和风扇

主板和外部组件的选择将影响机箱和电源的选择。主板外形规格必须与合适的计算机机箱和电源类型相匹配。例如，ATX 主板需要兼容 ATX 的机箱和电源。

您可以选择一个较大的计算机机箱，以容纳未来可能需要的附加组件，或者您也可以选择一个占用空间最小的机箱。一般来说，计算机机箱应耐用、便于维修并具备足够的扩展空间。

表 2-1 中描述了影响计算机机箱选择的各种因素。

表 2-1 影响计算机机箱选择的因素

因素	理论基础
型号	您选择的主板类型决定了可以使用的机箱类型。尺寸和形状必须完全匹配
尺寸	如果计算机有许多组件，则需要更多的气流空间来保持系统散热
电源	电源的额定功率和连接类型必须与选择的主板类型匹配
外形	对于一些人来说，机箱外形根本不重要。而对另一些人来说，机箱外形非常重要。如果需要一个引人注目的机箱，有许多机箱设计可供选择
状态显示	机箱内发生的情况会很重要。安装在机箱外部的 LED 指示灯可以告诉您系统是否通电、硬盘驱动器何时在运转，以及计算机何时处于睡眠或休眠模式
通风口	所有计算机机箱都有一个电源通风口，有些机箱背面还有另外一个通风口以帮助系统通风。有些机箱设计有多个通风口，以便在系统热量过高时用于散热。这种情况一般在机箱中紧密地安装有许多设备时发生

大多数情况下，机箱已预装了电源，这时您仍需要验证该电源是否能为即将安装到机箱内的所有组件提供足够电力。

计算机中有许多在计算机运行时产生热量的内部组件。因此，应安装机箱风扇以将凉爽的空气带入计算机机箱，同时将热量排出机箱。选择机箱风扇时，应考虑表 2-2 中描述的几个因素。

表 2-2 选择机箱风扇时考虑的因素

因素	考虑事项
机箱尺寸	较大的机箱通常需要较大的风扇，因为小风扇无法产生足够的气流
风速	大风扇比小风扇转得慢，可降低噪音
组件数量	计算机中的组件过多会产生额外的热量，这时需要更多、更大或更快的风扇

续表

因素	考虑事项
物理环境	机箱风扇必须能够驱散足够的热量以保持机箱内部散热良好
可用安装位置的数量	不同的机箱有不同数量的风扇安装位置
可用安装位置	不同的机箱有不同的风扇安装位置
电气连接	有些机箱风扇直接连接到主板，有些则直接连接到电源

注　意　机箱中所有风扇产生的气流方向必须一致，以便注入较冷的空气，排出较热的空气。反向安装风扇或使用尺寸或速度与机箱不匹配的风扇可能会导致气流相互抵消。

3. 选择电源

电源将交流输入电压转换为直流输出电压。电源通常提供 3.3V、5V 和 12V 的电压，并以瓦为单位测量。电源必须为安装的组件提供足够的电力并支持未来可能添加的其他组件。如果您选择的电源仅满足为当前组件供电，当其他组件升级时，您可能需要更换电源。

表 2-3 描述了选择电源时要考虑的各种因素。

表 2-3　　选择电源时考虑的因素

因素	考虑事项
主板类型	电源必须与主板兼容
功率要求	需添加每个组件的功率。如果组件上没有列出功率，请用其电压乘以电流进行计算。如果组件需要几种不同的功率级别，请使用最高要求
组件数量	确保电源提供的功率除足够支持组件的数量和类型外，至少还要多出 25%
组件类型	确保电源提供正确的电源连接器类型
机箱类型	确保电源可以安装在所需的机箱中

将电源电缆连接到其他组件时请务必小心。如果难以插入连接器，请尝试调整位置重新插入，或检查并确保没有弯曲的引脚或异物的阻挡。如果难以插入电缆或其他部件，则说明有故障。电缆、连接器和组件应紧密接合。不要强行插入连接器或组件。若连接器未正确插入，可能会损坏插头和连接器。请确保您连接了正确的硬件。

注　意　确保选择的电源所具有的连接器适用于待供电设备的类型。

2.1.3 安装主板组件

本小节将介绍直接安装在主板上的许多组件的安装以及主板本身在计算机机箱中的安装。正如您将在本小节中看到的那样，计算机中的所有组件都以某种方式连接到了主板上。

在将主板放入计算机机箱之前，应先将 CPU、散热器和风扇组合件安装在主板上。这样可以在安装过程中留出更多空间来查看和操纵组件。在主板上安装 CPU 之前，请确保它与 CPU 插槽兼容。

RAM 在计算机运行时为 CPU 提供快速的临时数据存储。RAM 是易失性内存，这意味着每次关闭计算机电源时，其内容都会丢失。

在将主板安装到计算机机箱上之前，可能需要先在主板上安装 RAM。在安装之前，请查阅主板说明文件或主板制造商的网站，以确保 RAM 与主板兼容。

与 CPU 一样，RAM 对 ESD 也高度敏感。因此，在安装和拆卸 RAM 时，请始终在防静电垫上工作并戴上腕带或防静电手套。

1. 选择主板

新主板通常具有可能与较旧的组件不兼容的新功能或标准。选择置换主板时，请确保其支持 CPU、内存、显卡和其他适配器卡。主板上的插槽和芯片组必须与 CPU 兼容。重新使用 CPU 时，主板还必须容纳现有的散热器和风扇组件。特别要注意扩展槽的数量和类型，确保扩展槽的数量和类型与现有的适配器卡相匹配并支持即将使用的新卡。现有的电源必须具有适合新主板的连接。最后，新主板在物理外形因素方面必须适合当前的计算机机箱。

组装计算机时，请选择能够为您提供所需功能的芯片组。例如，您可以购买支持多个 USB 端口、eSATA 连接、立体声和视频的芯片组的主板。

CPU 封装必须与 CPU 插槽类型相匹配。CPU 封装包括 CPU、连接点以及 CPU 周围的散热材料。

数据通过一组线缆（被称为总线）从计算机的一部分传输到另一部分。总线有两个部分。总线的数据部分被称为数据总线，用于在计算机组件之间传输数据。总线的地址部分被称为地址总线，用于传输 CPU 读取或写入数据的位置的内存地址。

总线规格决定了一次可传输的数据量。32 位总线一次将 32 位数据从处理器传输到内存或者其他主板组件中，而 64 位总线一次传输 64 位数据。数据通过总线的速度取决于时钟速度（以 MHz 或 GHz 为单位）。

PCI 扩展槽连接到并行总线，可以通过多条线缆同时发送多个位。PCI 扩展槽正被连接到串行总线的 PCIe 扩展槽取代，串行总线以更快的速率一次只发送一个位。

组装计算机时，请配备满足您当前和未来所需插槽的主板。

2. 选择 CPU 和 CPU 散热

购买 CPU 之前，请确保其与现有主板兼容。制造商的网站是研究 CPU 与其他设备之间兼容性的一个很好的资源。表 2-4 列出了各种可用的 Intel 插槽及其支持的处理器。

表 2-4 Intel 插槽

Intel 插槽	架构
775	LGA
1155	LGA
1156	LGA
1150	LGA
1366	LGA
2011	LGA

表 2-5 列出了各种可用的 AMD 插槽及其支持的处理器。

表 2-5 AMD 插槽

AMD 插槽	架构
AM3	PGA
AM3+	PGA
FM1	PGA
FM2	PGA
FM2+	PGA

现代处理器的速度以 GHz 为单位进行计算。额定速度是指处理器正常运行时的最大速度。以下两个因素可能会限制处理器的速度。

- **处理器芯片**：处理器芯片是由线路互联的晶体管的集合。通过晶体管和线路传输数据会造成延迟。晶体管的状态从开启更改为关闭或从关闭更改为开启时会产生少量的热量。随着处理器速度的提高，产生的热量也随之增加。当处理器过热时，它会开始出错。
- **前端总线**：前端总线（FSB）是 CPU 和北桥芯片之间的路径。它用于连接各种组件，比如芯片组、扩展卡和内存等。数据可在 FSB 中双向传输。总线的频率以 MHz 为单位来测量。CPU 运行的频率通过应用于 FSB 速度的时钟倍频来决定。例如，以 3200 MHz 运行的处理器可能使用 400 MHz 的 FSB。3200 MHz 除以 400 MHz 等于 8，因此 CPU 的速度是 FSB 速度的 8 倍。

处理器可分为 32 位处理器和 64 位处理器，其主要区别是处理器一次能够处理的指令数量。64 位处理器在每个时钟周期内能够比 32 位处理器处理更多的指令。64 位处理器还支持更大的内存。要利用 64 位处理器的功能，请确保安装的操作系统和应用程序支持 64 位处理器。

CPU 是计算机机箱中非常昂贵、敏感的组件。CPU 可能变得很热，因此大多数 CPU 需要风冷或液冷散热器以及散热风扇。

表 2-6 列出了选择 CPU 散热系统时要考虑的几个因素。

表 2-6　选择 CPU 散热系统考虑的因素

因素	考虑事项
插槽类型	散热器或风扇类型必须与主板的插槽类型相匹配
主板物理规格	散热器或风扇不得干扰连接到主板的任何组件
机箱尺寸	散热器或风扇尺寸必须适合机箱
物理环境	散热器或风扇必须能够驱散足够的热量以保持温暖环境中的 CUP 散热良好

3. 选择 RAM

当应用程序频繁锁死或计算机经常显示错误信息时，可能就需要新的内存。当选择新的内存时，必须确保其与当前主板兼容。内存模块通常以容量配对的方式购买，以支持可以同时访问的双通道 RAM。此外，芯片组必须支持新内存的运行速度。当您购买替换内存时，附带有关于原始内存模块的书面记录会对您有所帮助。

内存还可分为无缓冲内存和缓冲内存。

- **无缓冲内存**：这是计算机的常规内存。计算机直接从内存条读取数据，这使无缓冲内存比缓冲内存更快，但是可安装的内存量是有限制的。
- **缓冲内存**：这是使用大量内存的服务器和高端工作站的专用内存。这些内存芯片配备内置于模块中的控制芯片。控制芯片协助内存控制器管理大量的内存。避免将缓冲内存用于游戏计算机和普通工作站中，因为额外的控制器芯片会降低内存速度。

2.1.4 安装内部驱动器

在本小节中，您将学习在具有外部连接的内部托架中安装各种驱动器的步骤。这是一个非常简单的过程，安装的总体过程是类似的，但是具体步骤要因安装的驱动器类型而异。

1. 选择硬盘驱动器

当内部存储设备不能满足客户需求或发生故障时，您可能需要更换内部存储设备。内部存储设备发生故障的迹象可能是异常噪音、异常振动、错误消息，甚至是损坏数据或应用程序不能加载。

图 2-1 显示了一个硬盘驱动器。购买硬盘驱动器时，请考虑以下因素。

- 内部还是外部。
- 是 HDD 或 SSD 还是 SSHD。
- 是否可热插拔。
- 发热。
- 产生噪音。
- 功率要求。

内部驱动器通常通过 SATA 连接到主板，而外部驱动器通常借助 USB、eSATA 或 Thunderbolt 进行连接。传统主板可能仅提供 IDE 或 EIDE 接口。选择 HDD 时，必须选择一台与主板提供的接口兼容的设备。

大多数内部 HDD 都提供 8.9 厘米（3.5 英寸）的外形规格，但 6.4 厘米（2.5 英寸）的驱动器变得很普遍。SSD 通常提供 6.4 厘米（2.5 英寸）的外形规格。

注 意 SATA 电缆与 eSATA 电缆很相似，但它们不可互换。

2. 选择光驱

图 2-2 显示了一个光驱。购买光盘驱动器时，请考虑以下因素。

- 连接器类型。
- 阅读能力。
- 书写能力。
- 光学介质类型。

图 2-1 硬盘驱动器

图 2-2 光驱

表 2-7 总结了光学设备的功能。

表 2-7 光学设备的功能

光学设备	读 CD	写 CD	读 DVD	写 DVD	读 Blu-ray	写 Blu-ray	重写 Blu-ray
CD-ROM	是	否	否	否	否	否	否
CD-RW	是	是	否	否	否	否	否
DVD-ROM	是	否	是	否	否	否	否
DVD-RW	是	是	是	是	否	否	否
BD-ROM	是	否	是	否	是	否	否
BD-R	是	是	是	是	是	是	否
BD-RE	是	是	是	是	是	是	是

DVD 比 CD 存储的数据更多，而 BD 比 DVD 存储的数据更多。DVD 和 BD 也可双层记录数据，这实际上可将介质上能够存储的数据量增加了一倍。

3. 安装硬盘驱动器

可在计算机机箱中的驱动器槽位内安装驱动器。表 2-8 介绍了 3 种常见的驱动器槽位。

表 2-8 驱动器槽位

驱动器槽位宽度	描述
13.3 厘米（5.25 英寸）	■ 通常用于光驱 ■ 大多数全塔机箱有两个或多个槽位
8.9 厘米（3.5 英寸）	■ 常用于 8.9 厘米 HDD ■ 提供额外的 USB 端口或智能卡读卡器 ■ 大多数全塔机箱有两个或多个内部槽位
6.4 厘米（2.5 英寸）	■ 用于较小的 6.4 厘米 HDD 和 SSD ■ 槽位宽度较小 ■ 在新机箱中越来越普遍

如果要安装 HDD，请在机箱中找到与驱动器宽度相符的空硬盘驱动器槽位。对于较小的驱动器，通常可以使用特殊的托架或适配器将其安装在较宽的驱动器槽位中。

在机箱中安装多个驱动器时，建议在驱动器之间留出一些空间，便于空气流通，加快冷却速度。此外，安装驱动器时让驱动器的金属面朝上，如图 2-3 所示，此金属面有助于硬盘驱动器散热。

图 2-3 将硬盘驱动器插入托架

安装提示 用手轻轻地将所有螺钉拧紧，然后用螺丝刀拧紧这些螺钉，效果如图 2-4 所示。这样做便于拧紧最后两个螺钉。

4. 安装光驱

光驱安装在 13.3 厘米（5.25 英寸）的驱动器槽位中，可从机箱前面安装。该槽位可以在不打开机箱的情况下安装驱动器。第一次安装时，槽位带有塑料插件，防止灰尘进入机箱。在安装驱动器之前，请取下塑料盖。

请按照以下步骤安装光驱。

步骤 1 从机箱前面选择要放置驱动器的驱动器槽位。如有必要，从该槽位中取出面板。

步骤 2 放置好光驱，使其与机箱前面的 13.3 厘米（5.25 英寸）驱动器槽位开口对齐，如图 2-5 所示。

步骤 3 将光驱插入驱动器槽位，使光驱螺钉孔与机箱上的螺钉孔对齐。

步骤 4 使用合适的螺钉将光驱固定在机箱上。

图 2-4 固定硬盘驱动器

图 2-5 安装光驱

2.1.5 安装适配器卡

在本小节中，您将了解到将不同类型的适配器卡安装到主板上兼容的扩展槽中的步骤。

1. 选择适配器卡

计算机硬件的许多功能都集成在主板上，比如音频、USB 或网络连接。适配器卡也被称为扩展卡或扩充卡，专门用于特定任务以及为计算机添加额外功能。此外也可以在板载功能发生故障时进行安装。适配器卡有很多种，可用于扩展和定制计算机的功能。

以下是可进行升级的适配器卡。

- **显卡**：安装的显卡类型会影响计算机的整体性能。例如，需要支持大量图形的显卡可能是内存密集型、CPU 密集型或两者兼有。计算机必须有插槽、内存和 CPU，才能支持升级显卡的全部功能。根据客户当前和未来的需求选择合适的显卡。例如，如果客户要玩 3D 游戏，则显卡必须满足或超出最低要求。某些 GPU 已集成到 CPU。当 GPU 已集成到 CPU 时，则无须购买显卡，除非需要高级视频功能（如 3D 图形）或极高分辨率。
- **声卡**：安装的声卡类型决定计算机的音质。计算机系统必须配备高质量的扬声器和超低音音箱，以支持升级声卡的全部功能。根据客户当前和未来的需求选择合适的声卡。例如，如果客户希望听到特定类型的立体声，则该声卡必须拥有合适的硬件解码器来重现该声音。此外，客户可以借助拥有较高采样速率的声卡获得更好的音准。
- **存储控制器**：存储控制器可集成到主板或作为扩展卡进行添加，可实现计算机系统内部和外部驱动器的扩展。RAID 等存储控制器还可以提供容错功能或更快的速度。客户所需的数据量和数据保护级别会影响所需的存储控制器类型。根据客户当前和未来的需求选择合适的存储控制器。例如，如果客户希望制作 RAID 5 级别的磁盘阵列，则至少需要具备 3 个驱动器。
- **I/O 卡**：在计算机中安装 I/O 卡是添加 I/O 端口的一个快速、简便的方法。USB 是计算机上安装的最常见的接口。根据客户当前和未来的需求选择合适的 I/O 卡。例如，如果客户希望添加内部读卡器而主板未配备内部 USB 连接，则需要具备内部 USB 连接的 USB I/O 卡。
- **网卡**：客户通常通过升级网卡（NIC）来实现无线连接或增加带宽。
- **采集卡**：采集卡将视频导入计算机并记录在硬盘驱动器中。配备电视调谐器的采集卡让您能够观看并录制电视节目。计算机系统必须具备足够的 CPU 电源、内存和高速存储系统，以支持客户的采集、录制和编辑需求。根据客户当前和未来的需求选择合适的采集卡。例如，如果客户希望录制一个节目并同时观看另一个节目，则必须安装多个采集卡或配备多个电视调谐器的采集卡。

可将适配器卡插入主板上的以下两类扩展槽。

- **外围组件互联（PCI）**：PCI 通常用于支持较早的适配器卡。
- **PCI Express（PCIe）**：PCIe 有 4 种插槽——x1、x4、x8 和 x16。这些 PCIe 插槽从最短（x1）到最长（x16）长短不一。

图 2-6 中显示的是不同类型的扩展槽。

图 2-6　扩展槽类型

注　意　如果主板未配备兼容的扩展槽，可考虑使用外部设备。

2. 选择适配器卡考虑的其他因素

购买适配器卡之前，请考虑以下问题。

- 用户当前和未来的需求是什么？
- 是否有开放且兼容的扩展槽可用？
- 可能的配置选项有哪些？

图 2-7 显示了一张显卡。购买显卡时，请考虑以下因素。

- 插槽类型。
- 视频 RAM（VRAM）的数量和速度。
- 图形处理器单元（GPU）。
- 最大分辨率。

图 2-8 显示了一张声卡。购买声卡时，请考虑以下因素。

- 插槽类型。
- 数字信号处理器（DSP）。
- 端口和连接类型。
- 信噪比。

图 2-7 显卡

图 2-8 声卡

图 2-9 显示了一张存储控制器卡。购买存储控制器卡时，请考虑以下因素。

- 插槽类型。
- 连接器数量。
- 内部或外部连接器。
- 卡的大小。
- 控制器卡 RAM。
- 控制器卡处理器。
- RAID 类型。

图 2-10 显示了一张 I/O 卡。购买 I/O 卡时，请考虑以下因素。

- 槽位比。
- I/O 端口类型。
- I/O 端口数量。
- 额外功率要求。

图 2-9 存储控制器卡

图 2-10 I/O 卡

图 2-11 显示了一张网卡（NIC）。购买网卡时，请考虑以下因素。

- 插槽类型。
- 速度。
- 连接器类型。
- 有线或无线连接。
- 标准兼容性。

图 2-12 显示了一张视频采集卡。购买视频采集卡时，请考虑以下因素。

- 存储。
- 分辨率和帧速率。
- I/O 端口。
- 格式标准。

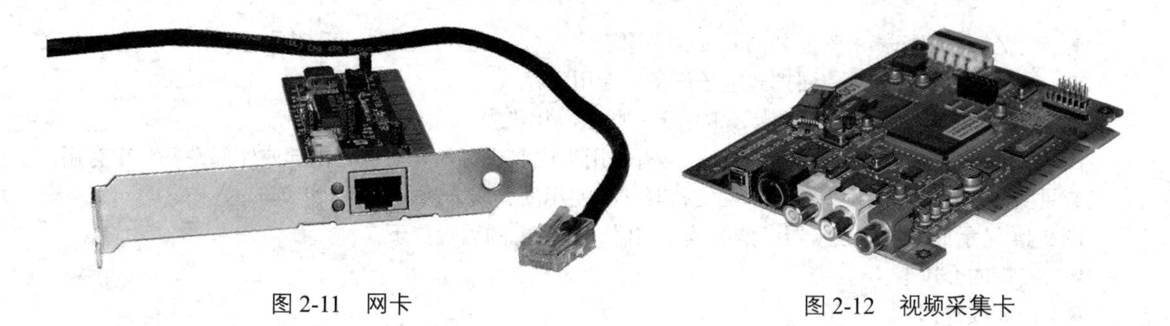

图 2-11 网卡

图 2-12 视频采集卡

3. 安装适配器卡

适配器卡安装在计算机主板上的相应空插槽中。例如，无线网卡可以使计算机连接到无线（Wi-Fi）网络。无线网卡可以集成到主板上，使用 USB 连接器进行连接，或者使用主板上的 PCI 或 PCIe 扩展槽进行安装。

许多显卡都需要使用 6 引脚或 8 引脚电源连接器，通过电源单独供电。某些卡可能需要两个连接器。如果可以，请在显卡和其他适配器卡之间留出一些空间。显卡会产生大量的热量，通常会通过风扇为该卡散热。

安装提示 在购买前要确定显卡（或其他适配器卡）的长度。较长的卡可能无法与特定主板兼容。尝试将适配器卡安装在扩展槽中时，芯片和其他电子元件可能让您无法放入适配器卡。某些机箱可能还会限制可安装的适配器卡的大小。一些适配器卡可能附带不同高度的固定架，以满足这些机箱的要求。

安装提示 在取下盖子后，有些机箱的孔底部有一些小插槽。将固定架的底部滑入此插槽，然后将卡放入。

2.1.6 选择附加存储

购买或组装计算机后发现存储空间不足的情况并不少见。数据的维护和处理对于用户和计算机操作都至关重要。计算机上没有足够的存储空间不仅会带来不便，还会影响计算机性能。因此，选择最佳的附加存储设备来存储数据并进行分发很重要。选择正确的外部存储类型以补充用户的数字需求。

1. 选择读卡器

许多数字设备（如摄像头、智能手机和平板电脑）都使用介质卡来存储信息、音乐、图片、视频和数据等。多年来已开发了多种介质卡格式，包括以下几种。

- **安全数字（SD）**：SD 卡通常用于各种便携式设备（如照相机、MP3 播放器和便携式计算机）中。SD 卡最高可存储 2 TB 数据。
- **MicroSD**：MicroSD 卡是 SD 卡的较小版本，通常用于智能手机和平板电脑。
- **MiniSD**：MiniSD 卡一个介于 SD 卡和 MicroSD 卡之间的 SD 卡。该卡专为移动电话而开发。
- **CompactFlash**：CompactFlash 是一种较旧的格式，由于其高速度和高容量（通常高达 128 GB），目前仍在被广泛应用。CompactFlash 通常用作摄像机的存储设备。

- **记忆棒**：记忆棒由索尼公司开发，是用于照相机、MP3 播放器、手持式电子游戏系统、移动电话、摄像机和其他便携式电子设备的专用闪存。
- **xD**：xD 卡也被称为图像卡，常用于一些数码相机中。

图 2-13 显示的是常见的一些介质卡。具有可用于读取或写入介质卡的内部或外部设备会很有用。购买或更换读卡器时，请确保该读卡器支持其即将使用的介质卡的类型。

图 2-14 显示的是外部读卡器。购买读卡器时，应考虑的因素如下。

- 支持的介质卡。
- 内部或外部。
- 大小。
- 连接器类型。

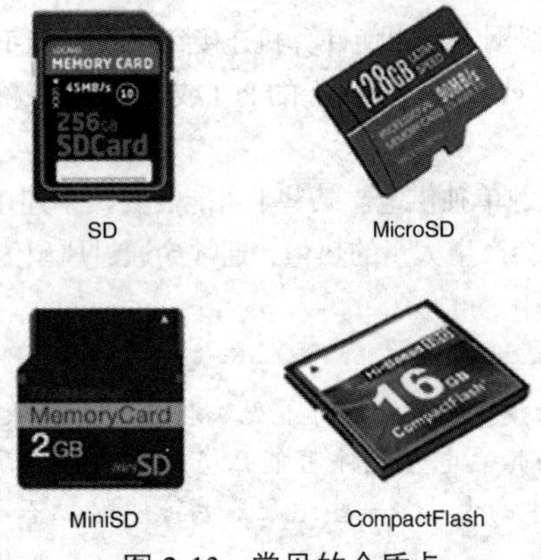

图 2-13 常见的介质卡

图 2-14 外部读卡器

根据客户当前和未来的需求选择合适的读卡器。例如，如果客户需要使用多种类型的读卡器，则需要多格式读卡器。

2. 选择外部存储

使用多台计算机时，外部存储提供了便携性和便利性。外部 USB 闪存驱动器（有时被称为拇指驱动器）通常用作可移动外部存储。外部存储设备使用 USB、eSATA 或 Thunderbolt 接口连接到外部接口。

图 2-15 显示了一个外部存储设备。购买外部存储设备时，应考虑的因素如下。

图 2-15 外部存储设备

- 端口类型。
- 存储容量。
- 速度。
- 便携性。
- 电源要求。

根据客户当前和未来的需求选择合适的外部存储设备。例如，如果客户需要传输少量数据（如单个演示文档），外部闪存驱动器就是一个不错的选择。如果客户需要备份或传输大量数据，则选择外部硬盘驱动器。

2.1.7 安装电缆

计算机使用电缆有不同的用途。计算机电缆主要有两种类型：数据电缆和电源电缆。数据电缆为两个设备间的通信提供了一种手段。SATA 数据电缆将诸如硬盘驱动器之类的存储设备连接至主板，并在驱动器和其他计算机组件之间进行数据传输。电源电缆是为设备供电的电缆。交流电源电缆是用于计算机的电源电缆的示例。电源使用此交流电源并将其转换为直流电源，来为主板提供运行所需的电源。在本节中，您将了解需要连接到母板才能为内部组件提供数据和电源的许多电缆和连接。

在计算机机箱前面通常有一个电源按钮和可见的活动指示灯。机箱包括前面板电缆，前面板电缆必须连接到主板上的通用系统面板连接器上，如图 2-16 所示。主板上系统面板连接器旁边的文字显示了每条电缆可连接到何处。

前面板连接器

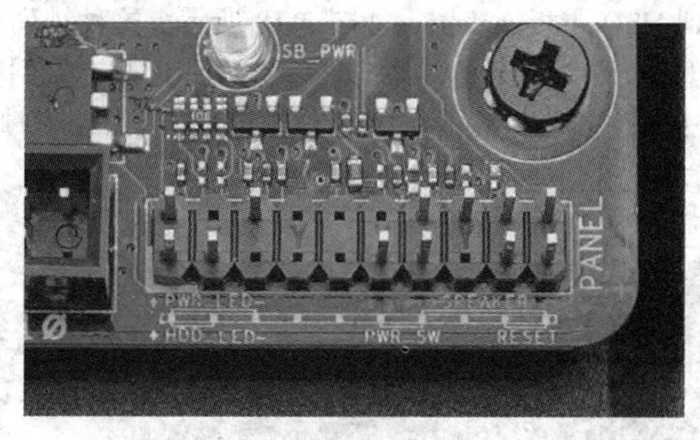

系统面板连接器

图 2-16　系统面板连接器

系统面板连接器包括以下几种。

- 电源按钮：电源按钮可打开/关闭计算机。如果电源按钮无法关闭计算机，请长按电源按钮数秒（5 秒或以上）。
- 重置按钮：重置按钮（如果有的话）可重新启动计算机，而不会关闭计算机。
- 电源 LED：当计算机打开时，电源 LED 保持亮起；当计算机处于睡眠模式时，电源 LED 将闪烁。
- 驱动器活动 LED：当系统正在对硬盘驱动器进行数据的读写操作时，驱动器活动 LED 保持亮起或闪烁。
- 系统扬声器：主板使用机箱扬声器（如果有的话）来指示计算机状态。例如，一次蜂鸣声表示计算机正常启动。如果存在硬件问题，则会发出一系列诊断的蜂鸣声来表示问题类型。请注意，系统扬声器不同于计算机用来播放音乐和其他音频的扬声器。系统扬声器电缆通常使用系统面板连接器上的 4 个引脚。
- 音频：某些机箱外面有音频端口和插孔，可连接麦克风、外部音频设备（如信号处理器、调音台和仪器）。另外，也可以购买特殊的音频面板并将其直接连接到主板。这些面板可以安装到一个或多个外部驱动器槽位中，也可作为独立的面板安装，如图 2-17 所示。

引脚1箭头指示器

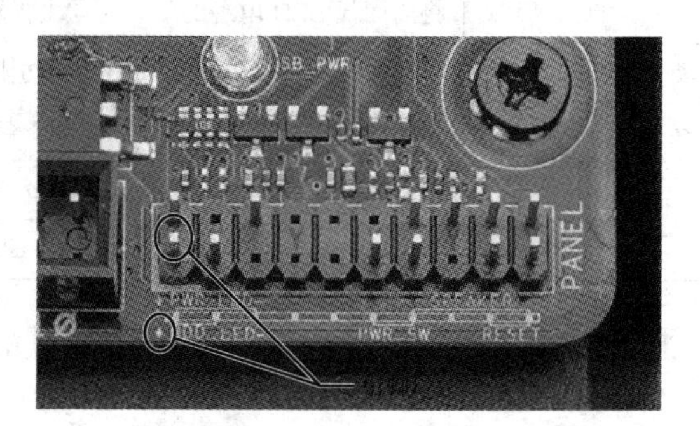

系统面板连接器引脚1指示器

图 2-17　系统面板连接器引脚 1 指示器

注 意 由于未定义标记机箱电缆和系统面板连接器的标准，因此前面板电缆和系统面板连接器上的标记可能与此处的显示有所差异。请务必通过主板手册查看有关连接前面板电缆的图表和其他信息。

新型机箱和主板支持 USB 3.0，甚至可能支持 USB 3.1 功能。USB 3.0 或 USB3.1 主板连接器在设计上与 USB 连接器相似，但是有更多的引脚。USB 连接器电缆通常有排成两行的 9 个或 10 个引脚。这些电缆连接到 USB 主板连接器，如图 2-18 所示。这种排列方式支持两个 USB 连接，因此 USB 连接器通常成对出现。有时两个连接器合在一起，并可以连接到整个 USB 主板连接器。USB 连接器也可能有 4 ~ 5 个引脚，或者独立的引脚组（每组 4 个或 5 个引脚）。大多数 USB 设备只需要连接 4 个引脚，第 5 个引脚用于将一些 USB 电缆的屏蔽套接地。

USB主板连接器

内部USB连接器

图 2-18

警 告 确保主板连接器上标记有 USB。火线连接器与 USB 连接器非常相似，将 USB 电缆连接到火线连接器将造成损坏。

表 2-9 提供了有关各种前面板电缆的连接说明。

表 2-9 前面板电缆的连接说明

前面板	连接细节
电源按钮	将引脚 2 前面板电源按钮电缆的引脚 1 与主板上的电源按钮引脚对齐
重置按钮	将引脚 2 前面板重置按钮电缆的引脚 1 与主板上的重置按钮引脚对齐
电源 LED	将前面板 LED 电缆的引脚 1 与主板上的电源 LED 引脚对齐
驱动器活动 LED	将前面板驱动器活动 LED 电缆的引脚 1 与主板上的驱动器活动 LED 引脚对齐
系统扬声器	将前面板系统扬声器电缆的引脚 1 与主板上的系统扬声器引脚对齐
音频	由于专业功能和硬件的差异，请查阅主板、机箱和音频面板的专业说明文档
USB	将 USB 电缆的引脚 1 与主板上的 USB 引脚对齐

通常，如果某个按钮或 LED 不起作用，则说明连接器方向不正确。要解决此问题，请关闭计算机并拔出连接器，打开机箱，然后反转不起作用的按钮或 LED 连接器的方向。为了避免接线不正确，有些制造商附带了一个可将多个前面板电缆（如电源和重置 LED）连接器组合成一个连接器的且带有防引脚插反装置的扩展器。

安装提示 面板连接器和机箱电缆两端均非常小。可以通过拍照来找到引脚1。由于在组装结束时机箱中的空间有限，因此可以使用零件捡拾器将电缆插入连接器。

2.2 总结

在本章中，您首先了解到组装计算机通常占到技术人员工作中的很大一部分，并且作为技术人员，在操作计算机组件时，工作方式必须有条有理。例如，主板和外部组件的选择会影响机箱和电源的选择，主板的外形规格必须与正确的计算机机箱和电源类型相匹配。

您了解到，电源将交流输入电压转换为直流输出电压。电源通常给计算机的各种内部组件提供3.3 V、5 V和12 V的供电电压，电源必须具备适用于主板以及其所供电的各种设备类型的合适连接器。

了解了电源后，您安装了电源以及其他内部组件，包括CPU和RAM。您了解到，选择主板时，主板必须支持CPU、RAM、显卡和其他适配器卡，而且主板上的插槽和芯片组必须与CPU兼容。主板插槽可能被设计为支持Intel CPU（支持LGA架构）或AMD CPU（支持PGA架构）。

除了解CPU架构外，您还了解到，选择新RAM时，RAM必须与主板兼容，RAM速度必须受芯片组的支持。

然后，您了解了各种类型的存储驱动器，比如内部驱动器、外部驱动器、硬盘驱动器、固态驱动器和光驱，以及在选择相应驱动器时要考虑的因素。然后，您将驱动器安装到了计算机机箱中。

最后，您了解了适配器卡也被称为扩展卡或扩充卡。适配器卡有许多种，每一种都专门用于特定任务以及为计算机添加额外功能。本章介绍了显卡、声卡、存储控制器卡、I/O卡、网卡和视频采集卡。这些适配器卡可插入主板上的两类扩展槽：PCI和PCIe。

2.3 复习题

请您完成此处列出的所有复习题，以测试您对本章主题和概念的理解。答案请参考附录。

1. 有人可能会升级NIC的两个原因是什么？（双选）

   A. 导入视频　B. 具有无线连接　C. 实现RAID　D. 具有更高的采样率
   E. 增加带宽

2. 以下零件是由个人计算机制造商订购的：

   AMD 3.7 GHz
   Gigawhiz GA-A239VM（不包括USB 3.1前面板连接器）
   HorseAir DDR3 8 GB
   带有多达3个8.9厘米驱动器托架的ATX
   东分1TB 7200 RPM
   佐尔兹550W
   请问，550W在最终产品（Zoltz 550W）中有什么意义？

   A. RAM速度　B. 主板速度　C. 输入功率　D. 输出功率

3. 塔式计算机中最常使用哪种SATA内部硬盘驱动器？

   A. 6.4厘米（2.5英寸）的　B. 13.3厘米（5.25英寸）的
   C. 8.9厘米（3.5英寸）的　D. 5.7厘米（2.25英寸）的

4. 要求技术人员移动重型工业打印机。在这种情况下，建议使用哪种安全技术？

A. 使用滑轮　　B. 移动前取出纸张和所有墨水

C. 抬起时弯曲膝盖　　D. 戴上护目镜

5. 技术人员在使用计算机之前应该做什么？

A. 确保计算机没有病毒　　B. 拔下除电源电缆以外的所有电缆

C. 取下所有手表和手饰　　D. 检查周围区域是否有绊倒危险

6. PC中的哪个适配器卡可以提供数据容错功能？

A. I/O卡　　B. SD卡　　C. 采集卡　　D. RAID卡

7. 总线是电线的集合，通过该电线，数据从计算机的一部分传输到另一部分。总线的两部分是什么？（双选）

A. 数据总线　　B. 控制总线　　C. 扩展总线　　D. 地址总线

8. 技术人员需要为部门的计算机购买替换适配器。下面哪种类型的适配器要求技术人员考虑使用DSP？

A. 声音　　B. 捕获　　C. 储存　　D. 图形

9. 下面哪种类型的媒体卡是较旧的格式，但仍在摄像机中使用？

A. xD　　B. CompactFlash　　C. MiniSD　　D. MicroSD

10. 选择电源之前，需要哪两项信息？（双选）

A. 所有组件的总功率　　B. 机箱的外型尺寸

C. 外围设备的电压要求　　D. CPU类型

E. 安装的操作系统

11. 在主板上安装RAM之前应该做什么？

A. 查阅主板说明文件或制造商的网站，以确保RAM与主板兼容

B. 在插入新的RAM之前，先填充中心内存插槽

C. 更改电压选择器以满足RAM的电压规格

D. 在插入RAM模块之前，请确保内存扩展槽卡处于锁定位置

12. 有哪些硬件升级可用于为现代智能手机添加更多存储空间？

A. USB内存驱动器　B. 硬盘　　C. MicroSD　　D. CompactFlash

13. 前端总线（FSB）是CPU与什么之间的路径？

A. 北桥　　B. 电源按钮　　C. 南桥　　D. 系统时钟

14. 专门用于带有大量RAM的服务器和高端工作站的模块中且内置控制芯片的专用存储芯片的名称是什么？

A. 无缓冲存储器　　B. 有缓冲存储器　　C. ECC存储器　　D. 非易失性存储器

15. 判断正误：安装硬盘驱动器时，建议在使用螺丝刀之前先用手拧紧驱动器的安装螺钉。

第3章

高级计算机硬件

学习目标

通过完成本章的学习，您将能够回答下列问题。

- 什么是一般安全和消防安全标准?
- 什么是安全的工作条件和程序?
- 哪些程序有助于保护设备和数据?
- 哪些程序可以用来正确处置危险计算机部件和相关材料?
- 哪些工具和软件与个人计算机组件一起使用，以及它们的目的是什么?
- 使用工具的正确方式是什么?
- 首次启动计算机时应该期待什么?
- 什么是 BIOS 设置程序?
- 如何使用蜂鸣声代码?

内容简介

除了解如何组装计算机外，技术人员必须具备更多的知识。您需要深入了解计算机系统架构、每个组件的运行方式及其与其他组件交互的方式。当必须使用与现有组件兼容的新组件来升级计算机，以及为非常专业的应用程序来组装计算机时，这种知识很有必要。本章将介绍计算机的启动过程、如何保护计算机免受功率波动影响、计算机的功能、如何通过多个存储驱动器实现冗余，以及如何保护环境免受计算机组件内有害材料的危害。

您将了解计算机的启动过程，包括 BIOS 执行的加电自检（POST），了解各种 BIOS 和 UEFI 设置及其对启动过程的影响。您将了解基本的电气理论和欧姆定律，并将计算电压、电流、电阻和功率。功率波动会损坏计算机组件，因此您将学习如何使用浪涌保护器、不间断电源（UPS）和备用电源（SPS）来降低功率波动的风险。您将学习如何使用独立磁盘冗余阵列（RAID）来实现存储冗余和负载均衡。您还将学习如何升级计算机组件和配置专用计算机。最后，在升级计算机后，技术人员必须正确处置旧部件。许多计算机组件都包含有害材料，比如电池中的汞和稀土金属，以及电源中致命的电压水平。您将了解这些组件带来的危害，以及如何正确处置这些组件。

3.1 启动计算机

启动计算机是指打开计算机并开始启动程序，验证硬件并加载操作系统软件。ROM BIOS 是启动过程的组成部分。给计算机供电后，将运行诊断程序，BIOS 将控制启动并搜索主启动加载程序（MBL）。主启动加载程序读取主启动记录（MBR）并运行代码。此时，BIOS 停止控制系统，然后将控制权传递给启动加载程序。所述启动加载程序被配置为从启动设备定位并加载操作系统。

3.1.1 POST、BIOS、CMOS 和 UEFI

开机自检（POST）是自诊断测试系统，其中计算机产生的代码来发出问题信号，以帮助识别计算机硬件的问题。生成的代码表明不同问题的原因。POST 程序存储在 BIOS 内存中。

基本输入/输出系统（BIOS）是内置于主板的固件，它在计算机启动时初始化计算机的硬件。BIOS 无法重写，是只读存储器（ROM）。BIOS 和 CMOS 可以一起工作，但是它们做的事情却不同。

互补金属氧化物半导体（CMOS）是作为易失性存储器的 RAM。为了在系统未通电或处于待机状态时使 CMOS 保持其设置，主板上装有 CMOS 电池。CMOS 电池为系统提供低电压，因此 CMOS 保持其设置。使用 CMOS 编辑器程序是因为无法重写 BIOS ROM 来访问和更改 BIOS 中存储的程序。在 BIOS 中配置的自定义设置（如日期和时间、启动顺序或硬件设置）已完成并存储在 CMOS 中。

统一可扩展固件接口（UEFI）是一种新型的 BIOS，其有许多优点，其中包括具有友好的图形用户界面、能够识别较大硬盘以及具有名为安全启动的内置功能。安全启动可以阻止所有未经数字签名的驱动程序的加载，还可以帮助阻止恶意软件。

1. POST

当启动计算机时，BIOS 可对计算机的主要组件执行硬件检查，此检查被称为开机自检（POST）。

例如，图 3-1 显示的是正在执行示例 POST 的屏幕截图。请注意计算机是如何检查计算机硬件是否正确运行的。

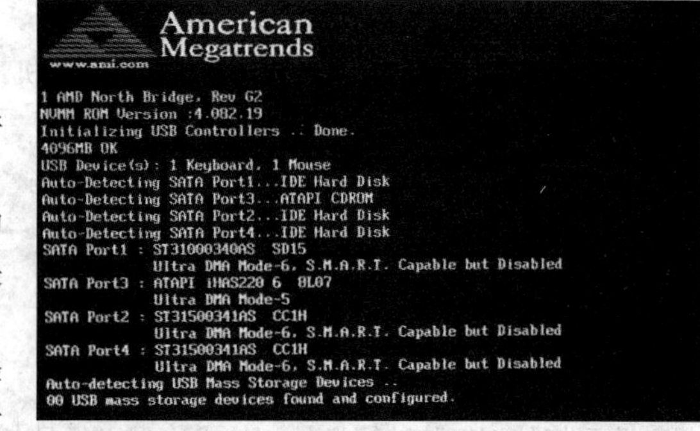

图 3-1 POST

如果设备出现故障，系统会通过错误代码或蜂鸣声来提示技术人员。如果有硬件问题，在启动时会显示空白屏幕，而且计算机将发出一系列蜂鸣声。

BIOS 制造商使用不同的代码表示硬件问题。表 3-1 显示的是常见的蜂鸣声代码及其含义和原因。但是，主板制造商可能使用不同的蜂鸣声代码。请务必查阅主板文档来获取计算机的蜂鸣声代码详细信息。

表 3-1 常见的蜂鸣声代码

蜂鸣声代码	含义	原因
1 声无视频蜂鸣	内存刷新失败	内存故障
2 声蜂鸣	内存奇偶校验错误	内存故障
3 声蜂鸣	Base 64 内存故障	内存故障
4 声蜂鸣	计时器无法运行	主板故障
5 声蜂鸣	处理器错误	处理器故障
6 声蜂鸣	8042 Gate A20 故障	CPU 或主板故障
7 声蜂鸣	处理器异常	处理器故障
8 声蜂鸣	显存错误	显卡或内存故障
9 声蜂鸣	ROM 校验和错误	BIOS 故障
10 声蜂鸣	CMOS 校验和错误	主板故障
11 声蜂鸣	缓存内存故障	CPU 或主板故障

安装提示 要判断 POST 是否正常工作，请从计算机中卸下所有 RAM 模块并启动计算机。如果计算机没有安装内存，计算机应该会发出蜂鸣声。这不会损坏计算机。

2. BIOS 和 CMOS

所有主板都需要 BIOS 才能运行。BIOS 是主板上内含一个小程序的 ROM 芯片。此程序可控制操作系统与硬件之间的通信。如果与 POST 结合使用，BIOS 还可确定以下几点。

- 哪些驱动器可用。
- 哪些驱动器可启动。
- 如何配置内存及何时使用内存。
- 如何配置 PCIe 和 PCI 扩展槽。
- 如何配置 SATA 和 USB 端口。
- 主板电源管理功能。

主板制造商在 CMOS 内存芯片中保存主板 BIOS 设置（见图 3-2）。

在计算机启动时，BIOS 软件读取 CMOS 中存储的配置设置，以确定如何配置硬件。CMOS 使用电池（见图 3-3）保存 BIOS 设置。但是，如果电池发生故障，可能会丢失重要设置。因此，建议您始终记录 BIOS 设置。

图 3-2 CMOS 芯片

图 3-3 CMOS 电池

注 意 记录这些设置的一种简便方法是为各个 BIOS 设置拍照。

安装提示 如果计算机的时间和日期不正确，可能意味着 CMOS 电池不佳或电量极低。

3. UEFI

如今的大多数计算机都运行统一可扩展固件接口（UEFI），图 3-4 显示了一个实例。

所有新型计算机均具备 UEFI，它用来提供额外的功能并解决旧版 BIOS 的安全问题。

注 意 此部分互换使用 BIOS、UEFI 和 BIOS/UEFI。此外，制造商可能会继续将 UEFI 程序标记为“BIOS”，以使用户知晓该程序支持相同的功能。

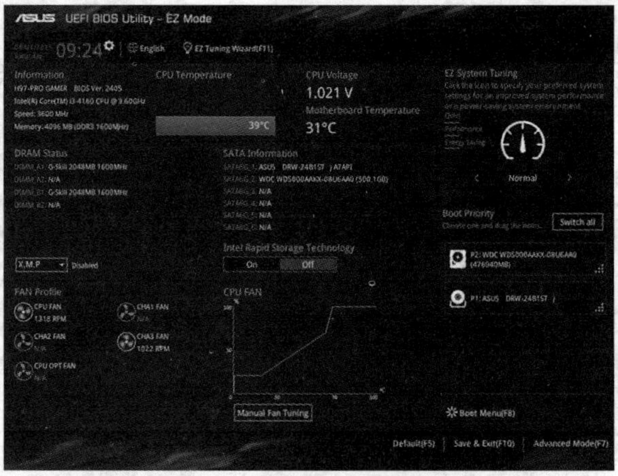

图 3-4 UEFI BIOS 实用程序

UEFI 配置的设置与传统的 BIOS 相同，但它提供了额外的选项。例如，UEFI 可提供一个支持鼠标操作的软件界面，而不是传统的 BIOS 屏幕。但是，大多数系统都与传统的 BIOS 系统类似，界面都是基于文本操作。

UEFI 可在 32 位和 64 位系统上运行，支持更大的启动驱动器，并且包括安全启动等其他功能。安全启动可确保计算机通过您指定的操作系统启动。这有助于防止 Rootkit 接管系统。有关详细信息，请在互联网上搜索“安全启动和 rootkit”。

注 意 本小节中的 UEFI 设置界面很有可能与您的设置界面不同，您可以将此界面作为参考，并参阅您的主板制造商的文档。

3.1.2 BIOS/UEFI 配置

BIOS 和 UEFI 都是低层次的软件，在启动操作系统前、启动计算机时启动，但 UEFI 拥有更现代的方法来访问设置——使用一个鼠标和图形。它也支持更大的硬盘驱动器、更快的启动时间、更多的安全功能和其他选项。

1. BIOS 和 UEFI 安全

为了保护 BIOS 设置，传统 BIOS 支持一些安全功能，UEFI 则添加了额外的安全功能。以下是 BIOS/UEFI 系统中提供的一些常见安全功能。

- **密码**：您可以使用密码对 BIOS 设置进行不同级别的访问。通常可以修改两个密码：管理员密码和用户密码。可以使用管理员密码访问所有用户访问密码、所有 BIOS 界面和设置。可以使用用户密码根据定义好的级别访问 BIOS 设置。表 3-2 显示了 BIOS 的常见用户访问级别及级别描述。必须先设置管理员密码，才能设置用户密码。

表 3-2 访问级别及级别描述

访问级别	级别描述
完全访问	除了管理员密码设置，可以访问所有界面和设置
受限访问	只能更改某些设置，比如时间和日期
仅限查看访问	可访问所有界面，但不能更改设置
无访问	禁止访问 BIOS 设置实用程序

- **驱动器加密（Drive encryption）**：驱动器加密可对硬盘驱动器进行加密，防止数据被窃。加密可将驱动器上的数据变为密文。没有正确的密码将无法启动计算机，并且无法理解从硬盘驱动器读取的数据。即使将该硬盘驱动器放入另一台计算机中，数据仍是加密的。
- **LoJack**：这项安全功能包括 Persistence Module 和 Application Agent 两个程序。Persistence Module 嵌入在 BIOS 中，而 Application Agent 则由用户自行安装。安装后，BIOS 中的 Persistence Module 将会被激活，并且无法关闭。Application Agent 通过互联网定期与监控中心通信，以报告设备信息和位置。所有者可以执行以下功能。
  - 使用 Wi-Fi 或 IP 地理位置找到设备，以查看最后一个位置。
  - 锁定装置远程阻止访问到的个人信息。在屏幕上显示自定义消息。
  - 删除设备上的所有文件以保护个人信息并防止身份被盗用。
- **受信任的平台模块（Trusted Platform Module，TPM）**：这种芯片旨在通过存储加密密钥、数字证书、密码和数据来保护硬件的安全。Windows 使用 TPM 来支持 BitLocker 全磁盘加密。
- **安全启动（Secure boot）**：安全启动是一项 UEFI 安全标准，可确保计算机只启动主板制造商所信任的操作系统。安全启动可防止在启动时加载未经授权的操作系统。

2. 更新固件

主板制造商可能会发布更新后的 BIOS 版本，以提供更高的系统稳定性和兼容性。但是，更新固件有一定的风险。版本说明（见图 3-5）介绍产品升级、兼容性改进和该版本解决的已知漏洞。一些新式设备只有安装更新后的 BIOS 才能正确运行。通常，您可以在 BIOS/UEFI 界面的主屏幕上找到当前版本。

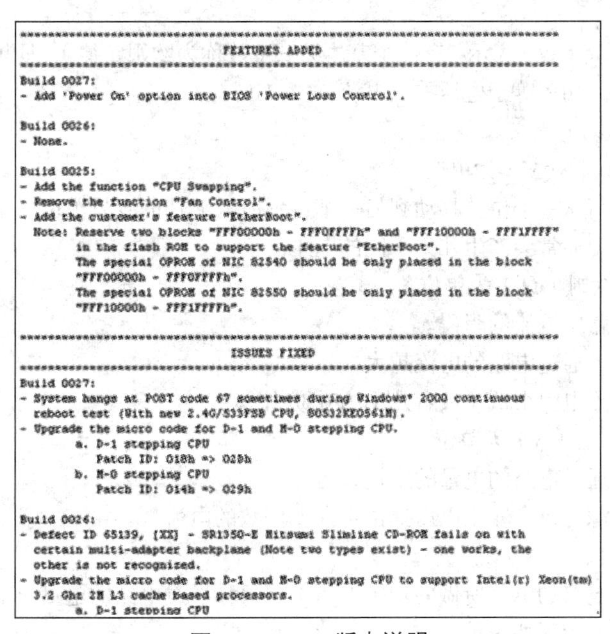

```
******************************************************************************
                              FEATURES ADDED
******************************************************************************
Build 0027:
- Add 'Power On' option into BIOS 'Power Loss Control'.

Build 0026:
- None.

Build 0025:
- Add the function "CPU Swapping".
- Remove the function "Fan Control".
- Add the customer's feature "EtherBoot".
  Note: Reserve two blocks "FFF00000h - FFF0FFFFh" and "FFF10000h - FFF1FFFF"
        in the flash ROM to support the feature "EtherBoot".
        The special OPROM of NIC 82540 should be only placed in the block
        "FFF00000h - FFF0FFFFh".
        The special OPROM of NIC 82550 should be only placed in the block
        "FFF10000h - FFF1FFFFh".

******************************************************************************
                               ISSUES FIXED
******************************************************************************
Build 0027:
- System hangs at POST code 67 sometimes during Windows* 2000 continuous
  reboot test (With new 2.4G/533FSB CPU, 80532KE0561M).
- Upgrade the micro code for D-1 and M-0 stepping CPU.
        a. D-1 stepping CPU
           Patch ID: 018h => 02Dh
        b. M-0 stepping CPU
           Patch ID: 014h => 029h

Build 0026:
- Defect ID 65139, [XX] - SR1350-E Mitsumi Slimline CD-ROM fails on with
  certain multi-adapter backplane (Note two types exist) - one works, the
  other is not recognised.
- Upgrade the micro code for D-1 and M-0 stepping CPU to support Intel(r) Xeon(tm)
  3.2 Ghz 2M L3 cache based processors.
        a. D-1 stepping CPU
```

图 3-5 BIOS 版本说明

在更新主板固件前，记录 BIOS 的制造商和主板型号。通过此信息来确定要从主板制造商网站下载的确切文件。只有在系统硬件存在问题或要向系统中添加功能时，才需更新固件。

ROM 芯片中包含之前的计算机 BIOS 信息。要想升级 BIOS 信息，必须通过物理方式更换 ROM 芯片，而这并非总是可行。现代 BIOS 芯片是电子可擦除可编程只读存储器（EEPROM），用户无须打开计算机机箱即可进行升级，这一过程被称为“刷新 BIOS”。

要下载新的 BIOS，请查询制造商的网站并按照其建议的安装步骤进行操作。在线安装 BIOS 软件可能需要下载新的 BIOS 文件，将文件复制或提取到可移动介质，然后从可移动介质启动系统。安装程序会提示用户输入信息来完成此过程。

现在许多主板制造商能够提供从操作系统内刷新 BIOS 的软件。例如，ASUS EZ 更新实用程序自动更新主板的软件、驱动程序和 BIOS 版本。系统进入 POST 过程时，它还支持用户手动更新已保存的 BIOS 和选择启动徽标。该实用程序包含在主板中，也可以从 ASUS 网站下载它。

警 告 安装错误或已废弃的 BIOS 更新可能导致计算机不能使用。

3.2 电力

电功率是电能传输的速率。

3.2.1 功率和电压

电功率是电压（电压力）和电流（电流力）的乘积，以瓦特为单位。

1. 功率和电压的介绍

电源规格通常以瓦特（W）表示。有一个基本公式（被称为欧姆定律），即电压等于电流乘以电阻：U = IR。在电气系统中，功率等于电压乘以电流：P = UI。

以下是功率相关术语的定义。

- 电压（U）以伏特（V）为单位。
  - 它是将电荷从一个位置移动到另一个位置所需的功的度量单位。
  - 计算机电源通常会产生几个不同的电压。
- 电阻（R）以欧姆（Ω）为单位。
  - 表示对电路中电流的阻碍。
  - 电阻越低，通过电路的电流越大。
  - 好的熔断器电阻很低（或者几乎为 0 欧姆）。
- 电流（I）以安培（A）为单位。
  - 表示每秒通过电路的电量的度量单位。
  - 计算机电源为每个输出电压提供不同安培数的电流。
- 功率（P）以瓦特（W）为单位。
  - 表示通过电路的电荷所做的功（电压）与每秒通过电路的电量（电流）的乘积。
  - 计算机功率用瓦特表示。

2. 电源电压设置

有些电源的背后有一个名为电压选择开关的小开关，该开关用于将电源的输入电压设置为 110V/115V 或 220V/230V，配备该开关的电源被称为双电压电源，如图 3-6（a）所示。具体的电压设置视不同国家/地区的情况而定。将电压开关设置为错误的输入电压可能会损坏电源及计算机其他组件。若电源未配备此开关，它将自动检测并设置合适的电压。

警 告 请勿拆开电源。位于电源内部的电容器可以长时间储存电量，如图 3-6（b）所示。

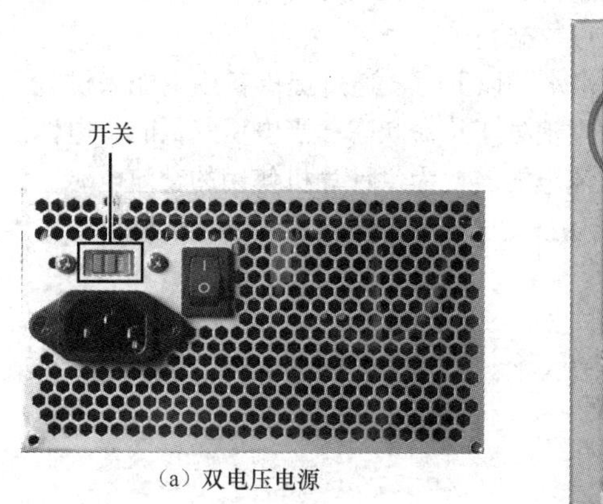

（a）双电压电源

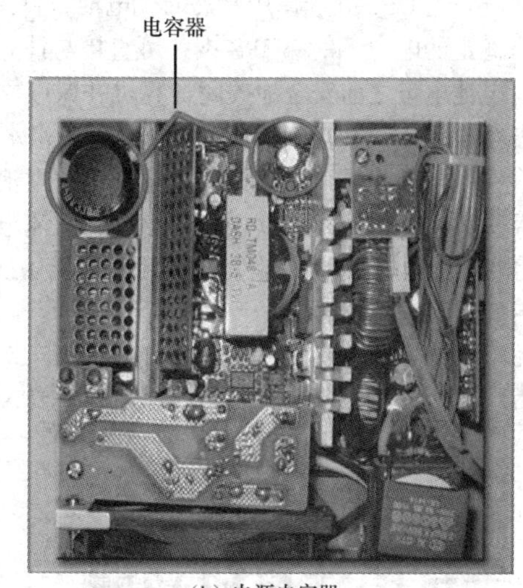

（b）电源电容器

图 3-6 电源电压设置和电容器

3.2.2 功率波动和保护

功率波动经常发生。雷电、电源电缆中断、电源中断以及简单的电源电压波动等事件都可能影响您的计算机。随着电子设备在商业和个人生活中的使用越来越多，采取措施来确保所有设备的安全变得尤为重要，以便在电源波动的情况下不会对其造成损坏。

1. 功率波动类型

电压是将电荷从一个位置移动到另一位置所需能量的度量单位。电子的移动被称为电流。计算机电路需要电压和电流才能运行电子元件。当计算机内的电压不正确或不稳定时，计算机组件可能无法正常运行。不稳定的电压被称为功率波动。

以下类型的交流电功率波动可能会导致数据丢失或硬件故障。

- **断电**：完全无交流电源。熔断的保险丝、受损的变压器或故障的电源电缆都可能导致断电。
- **低电压**：持续一段时间的交流电源电压降低。当电源电压低至正常电压水平的 80%以下或电路过载时，就会出现低电压。
- **噪音**：来自发电机和雷电的干扰。噪音会导致电源质量下降，进而使计算机系统出现错误。
- **尖峰电压**：电压在短时间内突然上升，并超过线路上正常电压的 100%。尖峰电压可能由雷电引起，但是当电气系统在恢复断电时也会发生。
- **电涌**：超出正常电流流量的电压剧增。电涌可持续几纳秒或十亿分之一秒。

2. 电源保护设备

为帮助防止功率波动问题的发生，可使用下列设备来保护数据和计算机装置。

- **浪涌保护器**：帮助防止电源浪涌和尖峰电压导致的损坏。浪涌保护器可将线路上的额外电压转移到接地装置。浪涌保护器提供的保护量以焦耳为单位。焦耳额定值越高，浪涌保护器可以吸收的能量就越多。达到一定的焦耳数，浪涌保护器将不再提供保护，需要进行更换。

- **不间断电源（UPS）**：通过为计算机或其他设备提供一致的功率水平来帮助避免潜在的电源问题。当UPS处于使用状态时，电池一直持续充电。当出现低电压或断电时，UPS会提供优质稳定的电力。许多UPS设备可直接与计算机操作系统进行通信。该通信可使UPS在损失所有电池电量之前安全地关闭计算机并保存数据。
- **备用电源（SPS）**：当输入电压降至正常水平以下时，通过提供备用电池来供电，帮助避免潜在的电源问题。在正常运行情况下，电池处于待命状态。当电压降低时，电池向功率逆变器提供直流电源，功率逆变器继而将直流电源转换为供计算机使用的交流电源。该设备的可靠性不及UPS，因为它需要花时间才能切换到电池。如果交换设备发生故障，电池就不能向计算机供电。

警 告 UPS制造商建议勿将激光打印机接入UPS，因为打印机会使UPS过载。

3.3 先进的计算机功能

一个技术人员的知识不能局限于只知道如何组装一台计算机。您需要深入了解计算机系统架构和各部件如何工作，并与其他组件进行交互。当您必须使用与现有组件兼容的新组件升级计算机时，以及当您为非常专业的应用程序组装计算机时，必须具备这种知识深度。本节将介绍CPU体系结构和操作、RAID、端口、连接器和电缆、显示器。

3.3.1 CPU体系结构和操作

CPU是进行计算和操作的计算机组件。它的引脚将其连接到主板上的总线，这就是如何在CPU和其他组件之间传输指令的方式。CPU遵循一组指令来执行某些操作或计算。构建CPU以基于指令集体系结构（ISA）来理解和执行指令。

1. CPU架构

程序是一系列存储信息的指令。CPU按照特定指令集执行这些指令。CPU可以使用以下两种截然不同的指令集。

- 精简指令集计算机（RISC）：此架构使用相对较小的指令集。RISC芯片旨在非常快速地执行这些指令。使用RISC的一些已知CPU包括PowerPC和ARM。
- 复杂指令集计算机（CISC）：此架构使用广泛的指令集，因此每个操作的步骤较少。使用CISC的一些已知CPU包括Intel x86和Motorola 68k。

当CPU执行程序的一个步骤时，剩余的指令和数据存储于附近的一个特殊的高速内存（被称为缓存）中。

2. 增强CPU性能

各个CPU制造商都使用增强性能的方式来完善其CPU。例如，Intel采用超线程技术来增强部分CPU的性能。借助超线程技术，多个代码片段（线程）同时在CPU中执行。对于操作系统而言，当有多个线程正在处理时，具备超线程技术的单个 CPU 就像两个 CPU 一样运行。AMD 处理器使用超传输技术来提升 CPU 性能。超传输是 CPU 和北桥芯片之间的高速连接。

CPU 的功能通过其处理数据的速度和数量来衡量。CPU 的速度为每秒的周期数，比如每秒数百万个周期（称为兆赫[MHz]）或每秒数十亿个周期（称为千兆赫[GHz]）。CPU 一次可处理的数据量取决于前端总线（FSB）的宽度。FSB 被也称为 CPU 总线或处理器数据总线。FSB 越宽，可以实现的性能越高，就像公路在有许多车道时就可以容纳更多汽车。FSB 的宽度以位为单位。位是计算机中的最小数据单位。当今的处理器使用 32 位或 64 位 FSB。

超频是使处理器的工作速度比其初始规格更快的一种技术，但不建议通过超频方式来提高计算机性能，因为它可能导致 CPU 损坏。与超频相对的是 CPU 降频。CPU 降频是一种处理器以低于额定速度运行时使用的技术，以达到节能或降低热量的目的。CPU 降频通常用于便携式计算机和其他移动设备中。

CPU 虚拟化是 AMD 和 Intel CPU 支持的一种硬件功能，可使单个处理器充当多个处理器。借助这种硬件虚拟化技术，操作系统可以提供比软件仿真更高效、更卓越的虚拟化支持。通过 CPU 虚拟化，多个操作系统可以在自身的虚拟机上并行运行，就像在完全独立的计算机上运行一样。有时候 CPU 虚拟化在 BIOS 中会默认禁用，需要另行启用。

3. 多核处理器

最新的处理器技术已促使 CPU 制造商寻求将多个 CPU 核心集成到单个芯片中的方法。多核处理器在同一个集成电路中有两个或多个处理器。在某些架构中，核心具有单独的 L2 和 L3 缓存资源，而在其他架构中，在不同核心之间共享缓存，以实现更好的性能和资源分配。表 3-3 描述了多核处理器的各种类型。

表 3-3　　多核处理器的类型

核心数量	描述
单核 CPU	一个 CPU 内有 1 个核心，用于处理所有进程。一个主板可以有多个单处理器插槽，从而可以组装功能强大的多处理器计算机
双核 CPU	一个 CPU 内有两个核心，且两个核心可以同时处理信息
三核 CPU	一个 CPU 内有 3 个核心。这是禁用了其中 1 个核心的四核处理器
四核 CPU	一个 CPU 内有 4 个核心
六核 CPU	一个 CPU 内有 6 个核心
八核 CPU	一个 CPU 内有 8 个核心

将多个处理器集成到同一芯片上可实现处理器之间的快速连接。多核处理器比单核处理器执行指令的速度更快。指令可同时分配给所有处理器。因为多个核心位于同一芯片上，内存可在处理器之间共享。建议将多核处理器用于视频编辑、游戏、照片处理等应用程序。

大功耗会在计算机机箱中产生更多热量。与多个单核处理器相比，多核处理器节省电力且产热较少，从而提高性能和效率。

某些 CPU 还具有另一个功能：集成图形处理单元（GPU）。GPU 是一种能够执行渲染图形所需的快速数学计算的芯片。GPU 可以是集成 GPU，也可以是专用 GPU。集成 GPU 通常直接嵌入在 CPU 上并依赖于系统 RAM，而专用 GPU 是一种独立的芯片，其自身的视频存储器专门用于图形处理。集成 GPU 的优势在于成本低、散热少，这样就可以组装更便宜的计算机和更小的外形规格，其缺点是性能不高。集成 GPU 非常适合处理不太复杂的任务，比如观看视频和处理图形文档，但不适合密集型游戏应用程序。

CPU 的性能也通过 NX 位（也被称为执行禁用位）的使用得以提升。若操作系统支持并启用该功能，则可以保护包含操作系统文件的内存区域免受恶意软件的攻击。

4. CPU 散热机制

下面几种机制可用于冷却计算机。

- **机箱风扇**：增加计算机机箱中的气流进而散去更多的热量。主动散热在计算机机箱内使用风扇将热空气吹出。为了增强空气流动，一些机箱配有多个风扇将冷气吸入，而另外一个风扇将热空气吹出。图 3-7 所示为机箱风扇的示例。
- **CPU 散热器**：CPU 在机箱内产生大量热量，为了将热量从 CPU 核心排出，在其顶部安装散热器。散热器有一个布满很多金属翅片的大型表面，可将热量散发到周围的空气中。这就是所谓的被动散热。散热器和 CPU 之间有一层特殊的导热硅脂，这种导热硅脂通过填充 CPU 和散热器之间的缝隙来提高从 CPU 到散热器之间的热传递效率。图 3-8 所示为 CPU 散热器的示例。

图 3-7 机箱风扇

图 3-8 CPU 散热器

- **CPU 风扇**：超频或运行多个核心的 CPU 往往会产生过多的热量。常规做法是在散热器顶部安装一个风扇，该风扇可将热量从散热器的金属翅片中排出，这就是所谓的主动散热。图 3-9 所示为 CPU 风扇的示例。
- **带有散热风扇的显卡**：计算机的其他组件也容易受到热损伤的影响，并且通常配备风扇。显卡有自己的程序，被称为图形处理单元（GPU），它也会产生过多热量。此外，显卡还配备了一个或多个风扇。图 3-10 所示为带有散热风扇的显卡示例。

图 3-9 CPU 风扇

图 3-10 带有散热风扇的显卡

- **水冷系统**：具有极速 CPU 和 GPU 的计算机可能会使用水冷系统（见图 3-11）。金属片被放置于处理器上，水被泵送到顶部，以吸收处理器产生的热量。水被泵送到散热器上，将热量分散到空气中，然后再进行循环。CPU 风扇会产生噪音，高速运转时的噪音可能会非常烦人。借助风扇对 CPU 进行散热的另一种方案是使用热导管。热导管中包含在工厂中永久密封的液体，并使用一个循环蒸发和冷凝的系统。

图 3-11 水冷系统

3.3.2 RAID

独立磁盘冗余阵列（RAID）可以帮助提高容错能力、存储管理能力和性能。不同的 RAID 级别代表不同配置的各种特性，这些特性旨在提供性能/容错能力的不同配置。

1. RAID 特性

RAID 的特性有以下几点。

- 可用性。
- 容量。
- 经济。
- 性能。
- 冗余。
- 可靠性。

看看您是否可以选择可以解决以下 6 个场景中描述的问题的 RAID 特性。

场景

场景 1：用户担心 HDD 故障会导致重要数据丢失。

场景 2：某经理希望确保员工可以在需要时访问所需的数据。

场景 3：HDD 数据传输速率被确定为工作延迟的原因。

场景 4：一家小型企业最近发展壮大，但数据存储空间不足。

场景 5：一家公司想要购买更大的 HDD，但发现太昂贵了。

场景 6：损坏的数据导致应用程序出现问题。

答案

场景 1：冗余。这涉及配备可快速替换故障设备和丢失的数据或连接的备份资源。

场景 2：可用性。这意味着 IT 资源可以在任何时候被需要它们的人访问。

场景 3：性能。这是指执行任务可以达到的速率。对于存储设备，它通常是以 Mbit/s 为单位的读取和写入速率。

场景 4：容量。这是指可以存储的数据量。

场景 5：经济。这是指解决方案的性价比。当提供的功能相同时，经济实惠的产品花费更低。

场景 6：可靠性。这是指设备在可预测时间内按照预期运行的情形。

2. RAID 概念

通过 RAID，可对存储设备进行分组和管理，以创建具有冗余的大型存储卷。RAID 提供一种跨多个存储设备存储数据从而实现可用性、可靠性、容量、冗余和性能提升的方式。此外，创建一个小型设备阵列可能比购买 RAID 提供的组合容量的单个设备更经济，对于超大型驱动器来说更是如此。对于操作系统而言，RAID 阵列看起来像一个驱动器。

以下术语描述 RAID 将数据存储到各种磁盘中的方式。

- **条带化**：此 RAID 类型使数据能够分布在多个驱动器中。这可以显著提升性能。但是，由于数据分布在多个驱动器中，因此单个驱动器发生故障意味着所有数据都将丢失。
- **镜像**：此 RAID 类型在一个或多个其他驱动器中存储重复数据。这可以提供冗余，因此驱动器故障不会导致数据丢失。可以通过更换驱动器并从正常驱动器恢复数据来重新创建镜像。
- **奇偶校验**：此 RAID 类型通过将校验和与数据分开存储来提供基本的错误检查和容错。像镜像一样，这使用户可以在不牺牲速度和容量的情况下重建丢失的数据。
- **双奇偶校验**：此 RAID 类型提供最多两个故障驱动器的容错。

大型驱动器机柜可以在实施一个或多个 RAID 的数据中心中使用。驱动器机箱是专用的机箱，旨在容纳磁盘驱动器并为其供电，同时允许其中的驱动器与一台或多台单独的计算机通信。驱动器机柜可以使用热插拔驱动器。这意味着可以在不关闭整个 RAID 的情况下更换故障驱动器。关闭 RAID 可能会使用户长时间无法使用 RAID 上的数据。并非所有驱动器和 RAID 类型都支持热插拔。

3. RAID 级别

有多个可用的 RAID 级别。这些级别的 RAID 以不同的方式通过条带化、镜像和奇偶校验来构建磁盘阵列。较高级别的 RAID（如 RAID 5 或 RAID 6）可结合使用条带化和奇偶校验来提供更高速度并创建大型存储卷。表 3-4 中显示了有关 RAID 级别的详细信息。高于 10 的 RAID 级别是对低级别 RIAD 的组合使用。例如，RAID 10 结合了 RAID 1 和 RAID 0 的功能。

表 3-4 RAID 级别

RAID 级别	驱动器最小数量	功能	优点	缺点
0	2	条带化	性能和容量	如果一个驱动器发生故障，所有数据都将丢失
1	2	镜像	性能和可靠性	容量是总驱动器大小的一半
5	3	带奇偶校验的条带化	性能、容量和可靠性	如果驱动器发生故障，需要一定时间重建阵列
6	3	带双奇偶校验的条带化	与 RAID 5 相同但可以容忍两个驱动器的丢失	如果一个或多个驱动器发生故障，需要一定时间重建阵列
10（0+1）	4	镜像和条带化	性能、容量和可靠性	容量是总驱动器大小的一半

3.3.3 端口、连接器和电缆

许多类型的端口、连接器和电缆都用于将设备连接到计算机，以便它们可以共享数据进行通信。计算机端口的主要功能是充当连接点，可以连接来自外围设备的电缆，以允许数据往返于设备。

1. 传统端口

计算机具有许多不同类型的端口，用于将计算机连接到外围设备。随着计算机技术的发展，用于连接外围设备的端口类型也在不断发展。传统端口通常用于旧式计算机上，并且大多数已被 USB 等新技术所取代。下面介绍各种旧式端口。

（1）串行端口

串行端口用于连接各种外围设备，如打印机、扫描仪和调制解调器。如今，串行端口有时用于与网络设备建立控制台连接，以执行初始配置。串行端口有两种外形规格：9 针 DB-9 端口和 25 针端口。图 3-12 显示了 9 针 DB-9 端口。

（2）并行端口

并行端口具有 25 针插座，用于连接各种外围设备。顾名思义，并行端口在并行通信中一次发送多位数据。由于这些端口通常用于连接打印机，因此也被称为打印机端口。图 3-13 显示了并行端口。

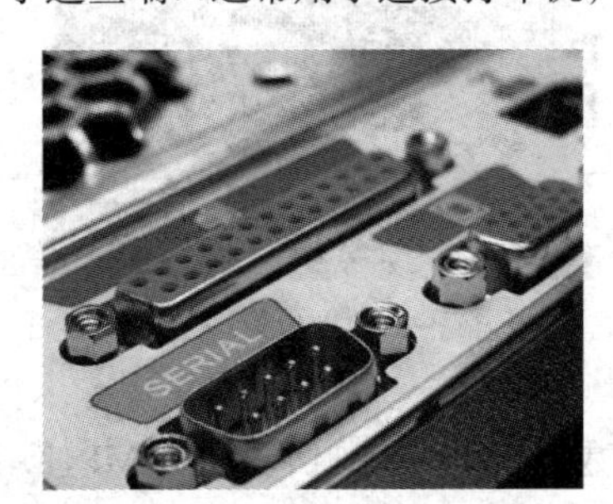

图 3-12 9 针 DB-9 端口

图 3-13 并行端口

（3）游戏端口

15 引脚游戏端口用作操纵杆输入的连接器。游戏端口最初位于专用游戏控制器扩展卡上，后来与声卡和 PC 主板集成。图 3-14 显示了游戏端口。

（4）PS/2 端口

PS/2 是用于连接键盘和鼠标的 6 引脚 DIN 连接器。图 3-15 显示了两种颜色编码的 PS/2，键盘为紫色，鼠标为绿色。

图 3-14 游戏端口

图 3-15 PS/2 端口

（5）音频端口

音频端口将音频设备连接到计算机。模拟端口通常包括一个连接到外部音频源（如立体声系统）的输入端口、一个麦克风端口以及一个连接到扬声器或耳机的输出端口。图 3-16 显示了音频端口。

2. 视频和图形端口

图形端口用于将显示器和外部视频显示器连接到台式机和便携式计算机中。各种旧式端口的描述如下。

（1）VGA 端口

VGA 是模拟端口，并且可能是某些 PC 上仍在使用的最旧的图形端口，但会被逐渐弃用。VGA 端口为蓝色，可支持 15 针连接器，针脚排列成 3 行。图 3-17 显示了 VGA 端口。

（2）DVI 端口

数字显示器（如 LCD 显示器和电视）的出现带动了用于传输未压缩数字视频的 DVI 的发展。可配置 DVI 端口的各种变体，用于支持多种传输模式。DVI-A（模拟）仅支持模拟模式，DVI-D（数字）仅支持数字模式，而 DVI-I（集成）支持模拟和数字两种模式。图 3-18 显示了 DVI 端口。此外，还有两种形式的 DVI 连接。

- 使用单个最小化传输差分信号（TMDS）发送器的单链路连接。
- 使用两个 TMDS 发送器为更大的显示器提供更高分辨率的双链路连接。

图 3-16 音频端口

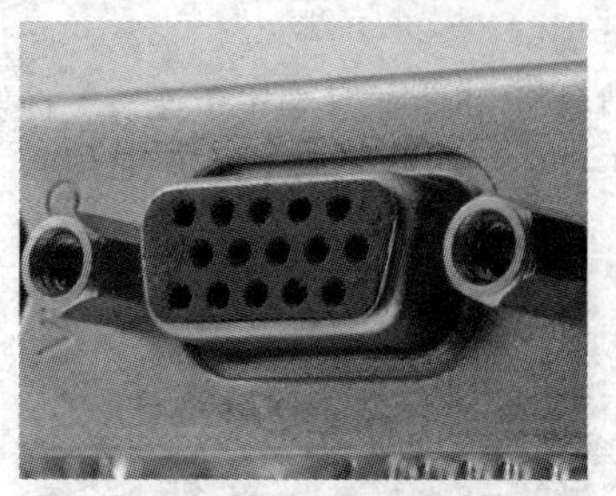

图 3-17 VGA 端口

（3）HDMI 端口

HDMI 与 DVI 传输相同的视频信息，但也能够提供数字音频和控制信号。HDMI 使用 19 针连接器。便携式电子设备具有较小的 19 针 Mini-HDMI 端口。图 3-19 显示了 HDMI 端口。

图 3-18 DVI 端口

图 3-19 HDMI 端口

（4）显示端口

显示端口（DisplayPort）是一种新技术，旨在取代 VGA 和 DVI 以连接计算机显示器。显示端口使用 20 针连接器来传输高带宽视频和音频信号。与 HDMI 一样，显示端口有一个小型版本，被称为 Mini DisplayPort，主要用于 Apple 计算机。图 3-20 显示了显示端口。

3. USB 电缆和连接器

多年来，USB 协议在不断发展，标准繁多，可能会令人困惑。USB 1.0 为键盘和鼠标提供 1.5 Mbit/s 的低速传输速率和 12 Mbit/s 的全速通道。USB 2.0 实现了重大飞跃，将传输速率提高到 480 Mbit/s 的高速传输。USB 3.0 将传输速率提高到 5 Gbit/s 的超级速度，而最新的 USB-C 规格——USB 3.2，支持高达 20 Gbit/s 的超级速度。以下各节描述并显示了各种 USB 电缆和连接器。

（1）USB A 型连接器

USB A 型连接器是一种矩形连接器，如图 3-21 所示，几乎在每个台式 PC 和便携式计算机以及电视、游戏控制台和媒体播放器上都能找到。USB 1.1、USB2.0 和 USB3.0 A 型连接器与插座在物理外形规格上兼容。

图 3-20 显示端口

图 3-21 USB A 型连接器

（2）USB Mini-B 连接器

USB Mini-B 连接器为矩形，如图 3-22 所示，每侧有一个小凹口。USB Mini-B 也被称为 Mini-USB，其外形规格已经被逐步淘汰并被 Micro-USBl 连接器所取代。

（3）Micro-USB 连接器

Micro-USB 连接器常见于智能手机、平板电脑和其他设备上，如图 3-23 所示。除 Apple 系列外，大多数制造商都采用 Micro-USB 连接器。USB 2.0 Micro-B 连接器有两个以一定角度推入的圆角。

图 3-22　Mini-B 连接器

图 3-23　Micro-USB 连接器

（4）USB B 型连接器

USB B 型连接器通常用于连接打印机和外部硬盘驱动器，如图 3-24 所示。它的形状为正方形，具有斜面的外圆角，顶部有额外槽口。

（5）USB C 型连接器

USB C 型连接器是最新的 USB 端口，如图 3-25 所示。它比 A 型连接器小，形状为矩形，带有 4 个圆角。

图 3-24　USB B 型连接器

图 3-25　USB C 型连接器

（6）Lightning 连接器

Lightning 连接器是 Apple 移动设备（如 iPhone、iPads 和 iPods）使用的小型专有 8 针连接器，用于充电和数据传输。它的外观与 USB C 型连接器的类似。图 3-26 显示了 Lightning 连接器。

4. SATA 电缆和连接器

SATA 是一种端口类型，用于将 SATA 硬盘驱动器和其他存储设备连接到计算机内部的主板上。SATA 电缆为细长型（最长 1 米），两端有一个扁平薄型 7 引脚的连接器。下面介绍 SATA 电缆和连接器的特性和类型。

（1）SATA 电缆和连接器

SATA 电缆一端插入主板上的 SATA 端口，另一端插入内部存储设备（如 SATA 硬盘驱动器）的背面。图 3-27 显示了 SATA 电缆。SATA 连接器有一个“L”形键，因此只能通过一种方式安装。

（2）SATA 数据电缆

SATA 电缆不提供电源，因此需要额外的电缆来为 SATA 驱动器供电。图 3-28 显示了 SATA 数据电缆。

（3）eSATA 电缆

eSATA 电缆用于连接外部 SATA 驱动器。eSATA 连接器没有类似于 SATA 连接器的“L”形键。但是，eSATA 端口具有一项关键功能，可防止意外插入尺寸和形状类似的 USB 连接器。图 3-29 显示了 eSATA 电缆。

图 3-26 Lightning 连接器

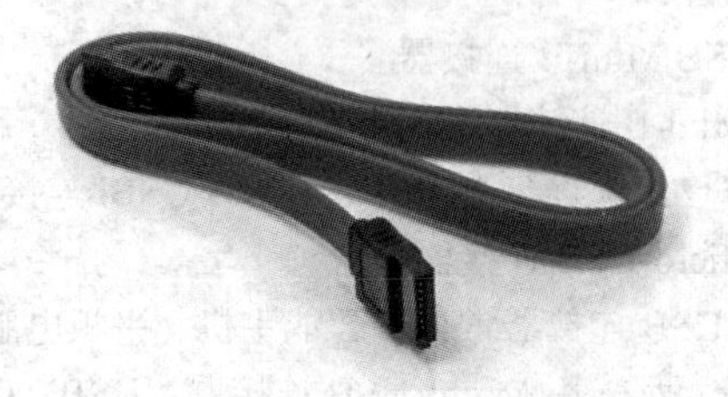

图 3-27 SATA 电缆

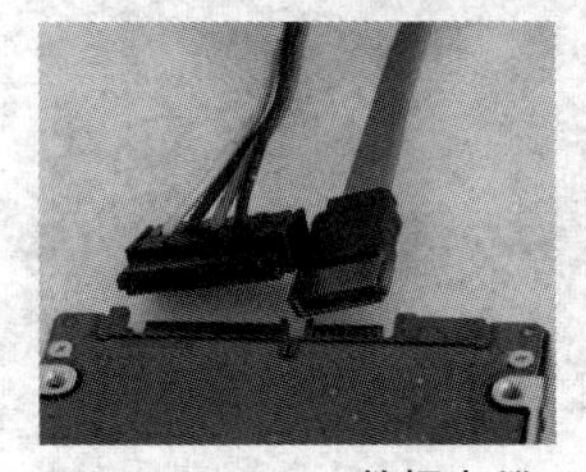

图 3-28 SATA 数据电缆

图 3-29 eSATA 电缆

（4）eSATA 适配器卡

通常计算机中安装有适配器卡以提供 eSATA 端口。图 3-30 显示了 eSATA 适配器卡。

5. 双绞线电缆和连接器

双绞线电缆用于有线以太网网络和早期的电话网络。之所以称为双绞线电缆，是因为电缆内的线对是绞合在一起的。绞合的线对有助于降低串扰和电磁感应。下面介绍双绞线电缆和连接器的特性和类型。

（1）RJ-45 连接器

UTP 电缆的两端都必须使用连接器来连接。在以太网网络中，它是一种 RJ-45 连接器，用于连接电缆并插入以太网端口。图 3-31 显示了 RJ-45 连接器。

图 3-30 eSATA 适配器卡

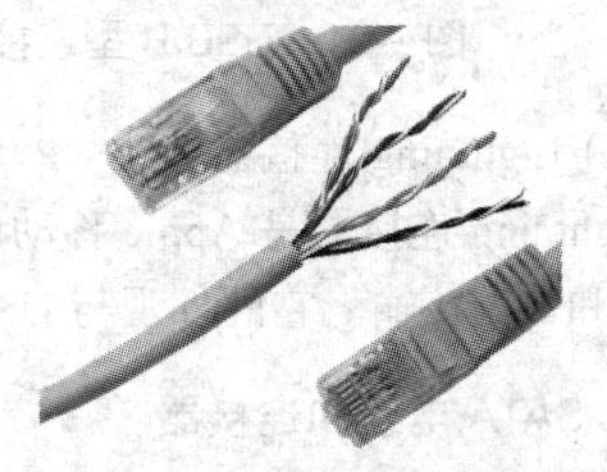

图 3-31 RJ-45 连接器

（2）双绞线

双绞线电缆的类型有两种：非屏蔽双绞线（UTP）电缆和屏蔽双绞线（STP）电缆。最常用的双绞线电缆形式是 UTP。它包含颜色编码的绝缘铜线，没有 STP 中的箔或编织物。

（3）RJ-11 连接器

早期的电话网络使用四线 UTP 电缆，两个线对采用 6 针 RJ-11 连接器连接。RJ-11 连接器看起来与 RJ-45 连接器非常相似，但体积更小。图 3-32 显示了 RJ-11 连接器。

6. 同轴电缆和连接器

同轴电缆具有内部中心导线，通常由铜或包铜钢制成，导线外面包覆着非导电介电绝缘材料。介电层外面包覆着一个锡箔屏蔽层，形成外部导线并屏蔽电磁干扰（EMI）。外部导线/屏蔽层包裹在 PVC 外层护套中。下面介绍同轴电缆和连接器的特性和类型。

（1）同轴电缆构造

同轴电缆的外层护套已掀开，以显示编织屏蔽层和铜芯导线。图 3-33 显示了同轴电缆。

图 3-32　RJ-11 连接器

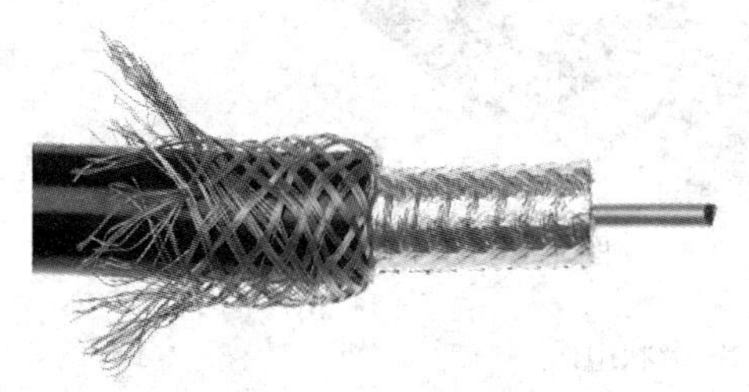

图 3-33　同轴电缆

（2）RG 6 电缆

RG-6 电缆是重型电缆，绝缘和屏蔽设计针对高带宽、高频应用（如互联网、有线电视和卫星电视信号）进行了调整。图 3-34 显示了 RG 6 电缆。

（3）RG-59 电缆

RG-59 电缆更细，建议用于低带宽和低频应用（如模拟视频和 CCTV 应用）中，比如图 3-35 中的摄像头。

图 3-34　RG 6 电缆

图 3-35　RG-59 电缆

（4）BNC 连接器

BNC 连接器使用直角回转连接方案将同轴电缆连接到设备。BNC 用于数字或模拟音频或视频。图 3-36 显示了 BNC 连接器。

7. SCSI 和 IDE 电缆和连接器

小型计算机系统接口（SCSI）是连接外围设备和存储设备的标准。SCSI 是一种总线技术，所有设备都连接到中央总线并通过“菊花链”的方式连接在一起。电缆/连接器的要求取决于 SCSI 总线的位置。电子集成驱动器（IDE）是一种标准类型的接口，用于将一些硬盘驱动器和光驱相互连接并连接到主板上。下面介绍 SCSI 和 IDE 电缆和连接器的特性和类型。

（1）外部 SCSI 电缆

并口连接器用于连接旧式的外部 SCSI 设备，如扫描仪和打印机。此连接器采用 36 针和 50 针两种版本。针脚排列成两行，中间有一个固定触点针脚的塑料杆。位于连接器侧面的挤压闩锁或锁扣用于将其固定到位。图 3-37 显示了外部 SCSI 电缆。

（2）内部 SCSI 电缆

内部硬盘驱动器的常用 SCSI 连接器是内部 50 引脚 SCSI 连接器，其中 50 个引脚排成两排并连接到带状电缆。图 3-38 显示了内部 SCSI 电缆。

图 3-36 BNC 连接器

图 3-37 外部 SCSI 电缆

（3）IDE 带状电缆

IDE 带状电缆的外形与内部 SCSI 电缆的非常相似，但 IDE 使用 40 针连接器。电缆上通常有 3 个连接器。一个连接器用于连接主板上的 IDE 端口，另外两个连接器用于连接 IDE 驱动器。图 3-39 显示了 IDE 带状电缆。

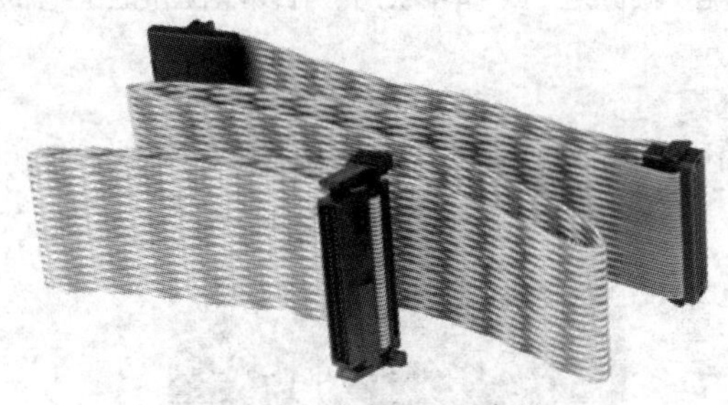

图 3-38 内部 SCSI 电缆

图 3-39 IDE 带状电缆

3.3.4 显示器

显示器是通过电缆连接到图形卡上的端口的输出设备。它显示用户输入的结果。显示器主要的两种类型是阴极射线管（CRT）和液晶显示器（LCD）。

1. 显示器特点

计算机显示器的可用类型有很多。有些专为日常使用而设计，有些针对特定要求而设计，比如建筑师、平面设计师甚至游戏玩家使用的显示器。

显示器因用途、尺寸、质量、清晰度、亮度等而异。因此，有必要了解讨论显示器时使用的各种术语。计算机显示器通常通过以下方式来描述。

- **屏幕大小**：这是屏幕的对角线测量值（从左上到右下），以厘米为单位。常见的大小范围为 48 ~ 60 厘米，还包括宽度为 76 厘米或更宽的显示器。越大的显示器通常越好，但也更贵，需要更多的桌面空间。
- **分辨率**：分辨率通过水平和垂直像素量来测定。例如，1920 × 1080（1080p）是常见分辨率。这意味着它具有 1920 水平像素和 1080 垂直像素。
- **显示器分辨率**：这与可在屏幕上显示的信息量有关。分辨率较高的显示器在屏幕上显示的信息比分辨率较低的显示器要多，即使屏幕大小相同的显示器也是如此。
- **原始分辨率**：这标识特定显示器的最佳显示器分辨率。在 Windows 10 中，使用显示器分辨率旁边的关键字（推荐）来标识显示器的原始分辨率。例如，在图 3-40 中，显示器的原始分辨率为 1920 × 1080。

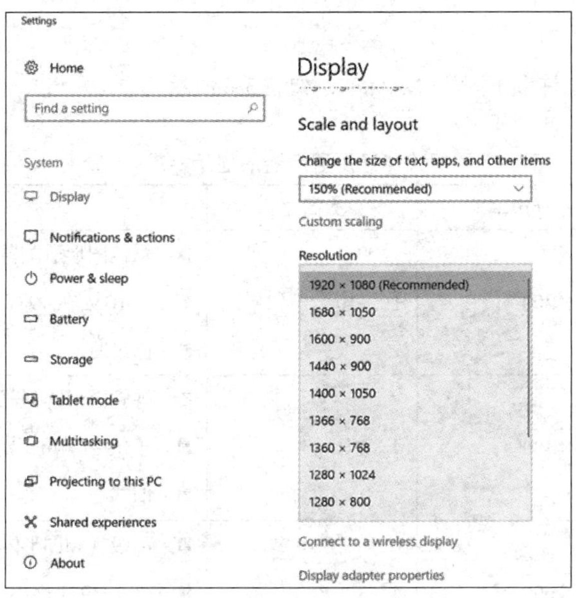

图 3-40 本机分辨率

- **本机模式**：此术语描述了显卡发送到显示器的图像与显示器原始分辨率相匹配的情况。
- **连接**：旧式显示器使用 VGA 或 DVI 连接器，而新式显示器则支持 HDMI 端口和显示端口。显示端口是新式显示器上常用的连接。它支持更高的分辨率和较高的刷新频率。

注 意 如果要在屏幕上显示更多内容，请选择分辨率更高的显示器。如果只是希望显示内容看起来更大，请选择更大的屏幕尺寸。

2. 显示器术语

表 3-5 列出了与显示器相关的常见术语。

表 3-5 与显示器相关的常见术语

监控术语	描述
像素	“图像元素”的简称，是一个能够显示红色、绿色和蓝色（RGB）的小点。高像素意味着显示器可以显示更多详细信息
点距	屏幕上像素之间的距离。点距越小（点之间的距离越小），生成的图像越好
亮度	以每平方米烛光（cd/m^2）度量的显示器亮度。通常建议使用 250 cd/m^2 以内的亮度，但在光线充足的房间，可使用 350 cd/m^2 以内的亮度。注意：亮度过大可能会导致眼睛疲劳
对比度	一种测量显示器如何获得白色和黑色的度量。与 4500：1 相比，1000：1 的对比度显示的白色更暗，黑色更白
宽高比	显示器可视区的水平尺寸与垂直尺寸的比率。例如，QSXGA 在水平方向上测量 2560 像素，在垂直方向上测量 2048 像素，形成 5：4 的宽高比。如可视区宽 40 厘米，高 30 厘米，则其宽高比为 4：3。60 厘米宽、45 厘米高的可视区的宽高比也是 4：3
刷新频率	以赫兹（Hz）表示，是指每秒成像的频率。刷新频率越高，生成的图像越好，建议游戏玩家使用
响应时间	像素更改属性（颜色或亮度）的时间。显示快速操作时，较快的响应时间将显示流畅的图像
隔行/逐行显示器	隔行显示器通过将屏幕扫描两次来生成图像。第一次扫描奇数行（自上而下），第二次扫描偶数行。逐行显示器通过将屏幕每行扫描一次（自上而下）来生成图像

3. 显示标准

多年来，已经开发了许多不同的显示标准，如表 3-6 所示。

表 3-6 旧式和通用显示器的显示标准

显示标准	分辨率	宽高比	注释
CGA	320×200	16∶10	■ 彩色图形适配器 ■ 由 IBM 在 1981 年推出 ■ 已过时
VGA	640×480	4∶3	■ 视频图形阵列 ■ 于 1987 年推出 ■ 旧式
SVGA	800×600	4∶3	■ 高级视频图形阵列 ■ 于 1989 年推出 ■ 在一些平台上仍受支持
HD	1280×720	16∶9	■ 高清 ■ 也被称为 720p
FHD	1920×1080	16∶9	■ 全高清 ■ 也被称为 1080p ■ 适用于典型用户的良好设置
QHD	2560×1440	16∶9	■ 四倍高清 ■ 也被称为 1440p ■ 建议高端用户和游戏玩家使用的分辨率
UHD	3840×2160	16∶9	■ 超高清 ■ 也被称为 4K

4. 添加显示器

添加显示器可以增加可视桌面区域并提高工作效率。添加的显示器可扩大显示器的尺寸或复制桌面，以便能够查看更多窗口。例如，图 3-41 中的女性正在使用多台显示器。她正在使用右侧显示器对网站进行更改，并使用左侧显示器来显示由此产生的变化。她还在使用便携式计算机显示她正考虑纳入网站中的图片库。

许多计算机具有针对多台显示器的内置支持。要将多台显示器连接到计算机，需要有支持的电缆。然后，需要启用计算机以支持多台显示器。

例如，在 Windows 10 主机上，右键单击桌面上的任意位置，然后选择显示设置。系统应打开“显示”窗口，如图 3-42 所示。在本例中，用户在所显示的配置中连接了 2 台显示器。所选的当前显示器为蓝色，分辨率为 1920×1080。它也是主显示器。单击显示器 1 或 2 将显示各自的分辨率。

图 3-41 使用多台显示器

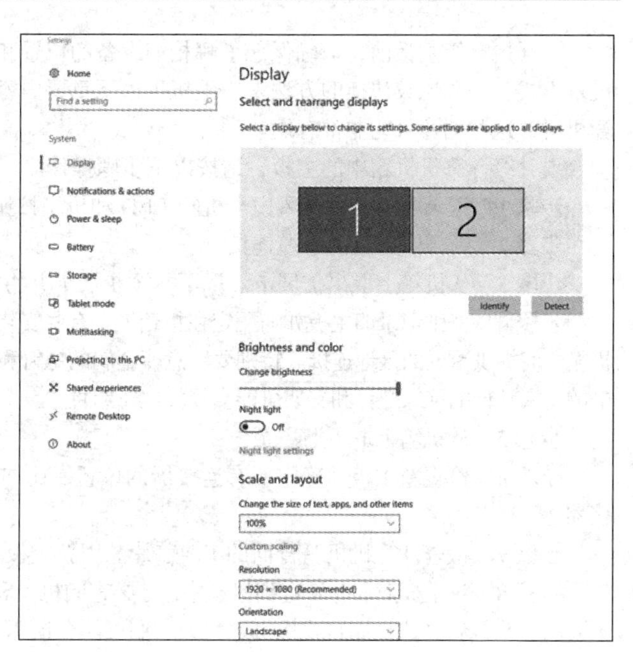

图 3-42 在 Windows 主机上启用双显示器

3.4 计算机配置

作为一名技术人员，了解系统的使用情况和用户需求，以及计算机组件如何协同工作，以正确目的升级或组装可运行的 PC 至关重要。

3.4.1 升级计算机硬件

升级计算机时，组件兼容性很重要。在将新组件或其他组件添加到现有版本时，为确保系统在升级后继续有效运行，需要选择正确的组件。软件升级兼容性与硬件兼容性一样重要。

1. 主板升级

当出现下面的情况时需要升级计算机。

- 用户需求发生变化。
- 升级后的软件包需要新的硬件。
- 新的硬件提供更高的性能。

对计算机的更改可能导致您需要升级或更换组件和外围设备，研究升级和更换的效率与成本。

如果要升级或更换主板，请根据情况决定是否有必要更换其他组件，包括 CPU、散热器和风扇组件及内存。新的主板还必须与旧计算机机箱相符，并且电源必须支持新主板。

升级主板时，如果要重复利用，可将 CPU、散热器和风扇组件移到新主板上。将这些组件放在机箱外部会更容易操作。请在防静电垫上操作，并佩戴防静电手套或防静电腕带，以免损坏 CPU。如果新主板需要不同的 CPU 和内存，可在此时进行安装。清理 CPU 和散热器上的散热膏。切记在 CPU 和散热器之间重新涂抹散热膏。

在开始升级主板前，请确保您了解相连设备的位置和连接方式。始终在日志中记录当前计算机的设置方式。一种比较快捷的方法是用手机拍摄下重要内容，比如组件与主板的连接方式。重新组装计算机时，这些图片可能非常有用。

要升级计算机机箱中的主板，请按以下步骤操作。

步骤1 记录电源、机箱风扇、机箱LED和机箱按钮与旧主板的连接方式。

步骤2 断开旧主板的电缆连接。

步骤3 从机箱上取出扩展卡。取下每个扩展卡并将它们放在防静电袋中或防静电垫上。

步骤4 仔细记录旧主板如何固定在机箱上。有些安装螺钉起支撑作用，而有些安装螺钉可在主板和机箱之间提供重要的接地连接。特别要注意非金属的螺钉和支架，因为这些可能是绝缘体。换用带有可导电的金属硬件的绝缘螺钉和支架可能会损坏电子组件。

步骤5 从机箱上取下旧主板。

步骤6 检查新主板并确定所有连接器的位置，比如电源、SATA、风扇、USB、音频、前面板连接器等。

步骤7 检查计算机机箱背面的I/O盖片。用新主板附带的I/O盖片替换旧的I/O盖片。

步骤8 将主板插入并固定到机箱中。务必查阅机箱和主板制造商用户指南。使用合适的螺钉类型。不要将平头螺钉换成金属自攻螺钉，因为它们可能会损坏平头螺钉孔，并且可能不安全。确保平头螺钉的长度正确无误，并且每厘米的螺纹数量相同。如果螺纹正确，那么安装起来很轻松。如果强行安装螺钉，可能会损坏螺纹孔，而且无法安全固定主板。使用错误的螺钉还可能产生会导致短路的金属削片。

步骤9 连接电源、机箱风扇、机箱LED、前面板和所有其他所需的电缆。如果ATX电源连接器大小不同（有些连接器的引脚要比其他连接器的引脚多），可能要使用适配器。这些连接的布局图请参阅主板文档。

步骤10 在新主板安置妥当并且连接了电缆之后，应安装并固定扩展卡。

现在是时候检查您的工作了。确保没有松动的零件或未连接的电缆。连接键盘、鼠标、显示器和电源。如果检测到问题，应立即关闭电源。

2. CPU升级

提升计算机性能的一种方法是提高处理速度。升级CPU即可达到这一目的（见图3-43），但是CPU必须满足以下要求。

- 新的CPU必须适合现有的CPU插槽。
- 新的CPU必须与主板芯片组兼容。
- 新的CPU必须与现有的主板和电源一起使用。

图3-43 安装新CPU

新的CPU可能需要不同的散热器和风扇组件。该组件必须符合CPU的物理外形并与CPU插槽兼容。它还必须足以驱散速度更快的CPU所散发的热量。

警　告　您必须在新的CPU与散热器和风扇组件之间涂抹散热膏。

查看BIOS中的散热设置，确定CPU与散热器和风扇组件是否存在有问题。第三方软件应用程序还会以方便阅读的格式报告CPU温度信息。请参阅主板或CPU用户文档，确定芯片是否在正确的温度范围内运行。

要在机箱中安装额外的风扇来帮助散热，请按以下步骤操作。

步骤 1 调整风扇，使其面向正确的吸气或出气方向。

步骤 2 使用机箱上预先钻好的孔安装风扇。通常将风扇安装在机箱顶部用于吹出热气，而将风扇安装在机箱底部用于吸入空气。避免将两个空气流动方向相反的风扇安装在一起。

步骤 3 将风扇的电源电缆连接到电源或主板上，具体取决于机箱风扇插头类型。

3. 存储设备升级

您可以考虑添加另外一个硬盘驱动器，而无须购买一台新计算机来获得更快的速度和更多的存储空间，如图 3-44 所示。

图 3-44 安装新驱动器

安装附加驱动器的原因有很多，其中包括以下几种。

- 增加存储空间。
- 提高硬盘速度。
- 安装第二个操作系统。
- 存储系统交换文件。
- 提供容错能力。
- 备份原始硬盘驱动器。

为计算机选择适当的硬盘驱动器后，请在安装时遵循以下原则。

- 将硬盘驱动器放在空的驱动器槽位中，拧紧螺钉以固定硬盘驱动器。
- 使用正确的电缆将驱动器连接至主板。
- 将电源电缆连接到驱动器。

4. 外围设备升级

外围设备需要定期升级。例如，如果设备停止运行，或者您希望提高性能和工作效率，可能需要进行升级。

升级键盘和鼠标的几个原因如下。

- 将键盘和鼠标改为符合人体工程学设计的设备，如图 3-45 所示。人体工程学设备可提高舒适度并帮助预防反复性动作损伤。
- 重新配置键盘以满足特定的任务要求，比如输入具有其他字符的第二种语言。
- 满足残障人士的需求。

然而，有时使用现有扩展槽或插槽无法进行升级。在这种情况下，可以使用 USB 连接完成升级工作。如果计算机没有额外的 USB 连接，则必须安装 USB 适配器卡或购买 USB 集线器，如图 3-46 所示。

图 3-45 符合人体工程学的键盘和鼠标

图 3-46 USB 集线器

5. 电源升级

升级计算机硬件很可能也会改变其电源需求。如果是这种情况，则可能需要升级电源。您可以在互联网上查找计算器，以帮助您确定是否需要升级电源。

3.4.2 专用计算机的配置

大多数计算机都是用于处理各种任务和操作的通用计算机。专用计算机是指为执行特定任务而组装的计算机。

1. 配置 CAx 工作站

CAx 工作站是一种专用计算机工作站，用于运行计算机辅助设计（CAD）或计算机辅助制造（CAM）软件。CAD 或 CAM（统称 CAx）工作站用于设计产品并控制制造流程。CAx 工作站用于创建蓝图，设计住宅、汽车、飞机、计算机以及许多日常使用产品中的部件。用于运行 CAx 软件的计算机必须满足用户设计和制造产品所需的软件和 I/O 设备的需求。CAx 软件通常较为复杂且需要稳健的硬件。

关于配置 CAx 工作站，您已经知道了什么？

（1）显卡

您会为 CAx 工作站选择什么类型的显卡？

a. 板载

b. 基本

c. 高端

d. 功能强大

答案：高端。高分辨率显卡使用专用 GPU 快速执行 2D 和 3D 图形渲染。此外，最好甚至是必须使用多台显示器，以便用户可以同时使用代码、2D 图形渲染以及 3D 模型。其他答案不适合的原因如下。

- 板载：板载适用于非常基本的任务（如网页浏览和桌面应用程序），但是即使在可以执行 CAx 应用程序的情况下，也难以保证它可以正常执行 CAx 应用程序。
- 基本：基本的显卡也许能够运行某些 CAx 应用程序，但速度缓慢且分辨率很可能较低。
- 功能强大：功能强大的显卡可以运行大多数 CAx 应用程序，但现在可用非常高的分辨率执行程序或提供足够高的分辨率。

（2）RAM

您会为 CAx 工作站选择什么类型的 RAM？

a. 最大

b. 标准

c. 最小

答案：最大。因为 CAx 工作站要处理大量信息，因此 RAM 非常重要。安装的 RAM 越多，处理器可以计算的数据就越多，以避免从较慢的硬盘驱动器上读取更多数据。请安装主板和操作系统支持的最大内存数量。内存的数量和速度应该超过 CAx 应用程序推荐的最小值。其他答案不适合的原因如下。

- 标准：标准内存无法让应用程序充分发挥潜能。应用程序通常需要从较慢的存储设备中读取数据。
- 最小：最小内存仅提供基本功能。

（3）存储器

您会为 CAx 工作站选择什么类型的存储器？

a. 基本

b. SSD

c. RAID

d. 大容量快速

答案：SSD。其他答案不适合的原因如下。

- 基本：CAx 工作站通常处理非常大的文件。基本的硬盘驱动器无法满足这一需求。
- RAID：某些类型的 RAID 配置会提高读取和写入性能，但成本可能非常昂贵。
- 大容量快速：使用这种类型的存储器，从技术方面来说可以运行，但是会浪费大量读取和写入的时间。

2. 配置音频和视频编辑工作站

音频编辑工作站用于录制音乐、制作音乐 CD 和 CD 标签。视频编辑工作站可用于制作电视广告、黄金时段节目，以及影院电影或家庭电影。专用的硬件和软件协同工作，以组装执行音频和视频编辑的计算机。音频编辑工作站上的音频软件用于录制音频、处理音频的混音和特殊效果，以及完成录制进行发布。视频软件用于剪切、复制、合并和修改视频，也可使用视频软件在视频中添加特效。

关于配置音频和视频编辑工作站，您已经知道了什么？

（1）显卡

您将为音频和视频编辑工作站选择哪种类型的显卡？

a. 板载

b. 基本

c. 功能强大

d. 专用

答案：专用。能够处理高分辨率和多个显示器的显卡，对于实时合并和编辑不同视频源和特效是必需的。您必须了解客户的需求并研究显卡，以确保安装的显卡能处理来自现代照相机和特效装置的大量信息。其他选项不适合的原因如下。

- 板载：板载显卡适用于非常基本的任务，例如网页浏览和桌面应用程序，但很难处理视频输入和特效。
- 基本：基本显卡也许能够处理多个视频源，但速度缓慢，且分辨率很可能较低。
- 功能强大：功能强大的显卡可以处理许多视频源和一些特效，但可能无法很好地运行或提供足够高的分辨率。

（2）声卡

您将为音频和视频编辑工作站选择哪种类型的声卡？

a. 板载

b. 基本

c. 专用

答案：专用。将音乐录制到工作室的计算机中时，可能需要源自麦克风的多个输入以及到音效设备的多个输出。因此需要一张能够处理所有这些输入和输出的声卡。研究不同的声卡制造商并了解客户的需求，以安装可满足现代录制或母带后期处理所有需求的声卡。其他选项不适合的原因如下。

- 板载：板载声卡可以提供麦克风输入和环绕立体声等功能，但是不提供录制音乐等时所需的输入和输出。
- 基本：基本声卡的声音比机载声音更佳，并且可以提供一些输入和输出，但无法满足此类计算机的需求。

（3）存储器

您将为音频和视频编辑工作站选择哪种类型的存储器？

a. 基本

b. 大容量快速

c. RAID

d. SSD

答案：大容量快速。现代的摄像机以高分辨率、快速的帧率进行录制。这会生成大量数据。硬盘驱动器太小会很快被填满，缓慢的硬盘驱动器无法满足需求，甚至有时会丢弃帧。建议使用大容量快速硬盘驱动器（如 SSD 或 SSHD）录制高端视频，以避免错误且不丢失帧。其他选项不适合的原因如下。

- 基本：CAx 工作站通常处理非常大的文件。基本的硬盘驱动器无法满足这一需求。
- PAID：采用条带化技术的 RAID 级别（如 0 或 5）有助于提高读写速度，但想要提高读写速度，仅使用 RAID 还不够。
- SSD：SSD、音频和视频文件会占用大量空间。在显著降低价格之前，此解决方案的成本太高。

（4）显示器

您将为音频和视频编辑工作站选择哪种类型的显示器？

a. 基本

b. 多台

c. 宽屏

答案：多台。处理音频和视频时，2 台、3 台甚至多台显示器可能非常有用，能够跟踪多个曲目、场景、设备和软件的情况。建议使用 HDMI、DisplayPort 和 Thunderbolt 卡，也可使用 DVI。如果需要多台显示器，则组装音频或视频工作站时就必须使用专用显卡。其他选项不适合的原因如下。

- 基本：编辑视频时，基本显示器无法显示所需的所有内容。
- 宽屏：宽屏显示器显示的内容比基本显示器多，但不足以执行视频编辑和特效所需的所有任务。

3. 配置虚拟化工作站

您可能需要为一位使用虚拟化技术的客户组装计算机。在一台计算机上运行两个或多个操作系统的技术被称为虚拟化。通常来说，一个操作系统已经安装，而虚拟化软件用于安装并管理其他操作系统的额外安装。可以使用来自多家软件公司的不同操作系统，还有另一种名为虚拟桌面基础设施（VDI）的虚拟化类型。VDI 允许用户登录到服务器以访问虚拟计算机。鼠标和键盘的输入将发送到服务器以操纵虚拟计算机。声音和视频等输出将发回至访问虚拟计算机的客户端的扬声器和显示器。低处理能力的瘦客户端使用功能更强大的服务器来执行复杂计算。便携式计算机、智能手机和平板电脑也可访问 VDI 以使用虚拟计算机。以下是虚拟计算的一些其他功能。

- 在一个不损害当前操作系统的环境中测试软件或进行软件升级。
- 在一台计算机上使用多种类型的操作系统（如 Linux 或 macOS）。
- 浏览互联网时避免有害软件损坏系统安装。
- 运行与操作系统不兼容的旧应用程序。

虚拟计算需要更强大的硬件配置，因为每次安装都需要使用其自身的资源。一种或两种虚拟环境可在配备普通硬件的现代计算机上运行，但是完整的 VDI 安装可能需要快速、昂贵的硬件，以支持处于不同环境中的多个用户。

关于配置虚拟化工作站，您已经知道了什么？

（1）处理器

您将为虚拟化工作站选择哪种类型的处理器？

a. 基本

b. 快速

c. 多核

答案：多核。虽然单核 CPU 可以执行虚拟计算，但是托管多个用户和虚拟机时，拥有多个核心的 CPU 可提高速度和响应能力。一些 VDI 安装使用的计算机配备很多的多核心 CPU。其他选项不适合的原因如下。

- 基本：基本处理器也许能够运行虚拟计算机，但它无法处理多个 VDI。

■ 快速：快速处理器也许能够处理多个虚拟计算机或许多 VDI，但是会限制它们的性能。

（2）RAM

您将为虚拟化工作站选择哪种类型的 RAM？

a. 最小

b. 标准

c. 最大

答案：最大。您需要足够的 RAM 以满足每个虚拟环境和主计算机的要求。仅使用几台虚拟机的标准安装只需 1 GB RAM 就可支持操作系统（如 Windows 8）。对于多个用户，为支持每个用户的多台虚拟计算机，您可能需要安装 64 GB RAM 或更多。其他选项不适合的原因如下。

■ 最小：应用程序所需的最小 RAM 将提供一台或提供几台虚拟计算机。

■ 标准：标准 RAM 无法让虚拟计算机充分发挥其潜力。此外，它也不允许很多虚拟计算机同时运行。

4. 配置游戏 PC

许多人都喜欢玩计算机游戏。近年来，游戏变得越来越先进并且需要更高的硬件资源、新的硬件类型以及其他资源，以确保获得流畅、愉悦的游戏体验。

关于配置游戏 PC，您已经知道了什么？

（1）显卡

您将为游戏 PC 选择哪种类型的显卡？

a. 板载

b. 基本

c. 功能强大

d. 高端

答案：高端。现代游戏使用高分辨率并具有复杂细节，因此配备拥有快速、专用 GPU 以及大量快速视频内存的显卡，对于确保显示器上显示的图像优质、清晰、流畅十分必要。一些游戏计算机使用多个显卡，以实现高帧率或使用多台显示器成为可能。其他选项不适合的原因如下。

■ 板载：板载显卡适用于非常基本的任务，比如网页浏览和桌面应用程序，但很难以较低的帧速率显示游戏。

■ 基本：基本显卡也许能够运行一些游戏，但速度缓慢，且分辨率很可能较低。功能强大的显卡可以运行大多数游戏，但可能无法很好地运行或提供足够高的分辨率。

（2）声卡

您将为游戏 PC 选择哪种类型的声卡？

a. 板载

b. 基本

c. 专用

答案：专用。电子游戏使用多个优质声道使玩家沉浸于游戏中。优质声卡可提高计算机中内置声音的质量。专用声卡可通过将某些需求从处理器中剔除来提高整体性能。游戏玩家通常使用专用耳机和麦克风与其他在线游戏玩家互动。其他选项不适合的原因如下。

■ 板载：板载声卡可以提供麦克风输入和环绕立体声等功能，但通常质量较差。

■ 基本：基本声卡的声音比机载声卡更佳，并且可以提供一些输入和输出，但游戏玩家希望沉浸于游戏中。

（3）存储器

您会为游戏 PC 选择哪种存储类型？

a. 基本

b. 大容量快速

c. RAID

d. SSD

答案：SSD。SSD驱动器没有移动部件，可显著提高计算机的性能。随着时间的推移，SSD驱动器具有更高的存储容量并且更加经济实惠。SSD驱动器比较昂贵，但是它们能够显著提升游戏性能。其他选项不适合的原因如下。

- 基本：游戏计算机需要跟上游戏的快节奏。基本的驱动器无法满足这一需求。
- 大容量快速：这种类型的存储器可以正常工作，但使用这种类型的存储器会浪费大量读取和写入的时间。
- RAID：RAID配置会增加读取和写入性能，但仅使用RAID还不够。

（4）散热

您将为游戏PC选择哪种散热方式？

a. 被动

b. 高端

c. 主动

答案：高端。高端组件通常比标准组件产生更多热量。一般需要较强大的散热硬件，以确保计算机在进行高级游戏的重负荷情况下保持凉爽。通常使用大尺寸风扇、散热器和液冷装置来使CPU、GPU和RAM保持凉爽。其他选项不适合的原因如下。

- 被动：被动散热用于使家庭影院PC等计算机尽可能降低噪音。游戏PC会因使用被动散热而出现过热现象。
- 主动：主动散热可能适用于某些游戏PC，但高端计算机可能会产生更多热量，超出标准主动散热的处理能力范围。

5. 胖客户端和瘦客户端

计算机有时分为以下几种。

- 胖客户端：有时被称为厚客户端，这是在本小节中讨论的标准计算机。计算机有自己的操作系统、应用程序和本地存储。这些计算机是独立系统，运行时无须网络连接。所有处理均在本地计算机上执行。
- 瘦客户端：这通常是依赖远程服务器执行所有数据处理的低端网络计算机。瘦客户端需要与服务器建立网络连接，通常使用Web浏览器访问资源。但是，该客户端可以是运行瘦客户端软件的计算机，也可以是由显示器、键盘和鼠标组成的小型专用终端。通常瘦客户端不具备任何内部存储且几乎没有本地资源。

表3-7显示了胖客户端和瘦客户端之间的差异。

表3-7 胖客户端和瘦客户端

特性	胖客户端	瘦客户端
所需资源	显示器、鼠标、键盘、塔式机箱（含CPU和内存）、内部存储器	显示器、鼠标、键盘、小型计算机
占用空间	大	小
网络接入层	可选	必备
执行的数据处理	在本地计算机上执行	在服务器上远程执行

续表

特性	胖客户端	瘦客户端
协同部署所需工作量	高	低
协同部署的成本	高	低
应用程序	在本地安装桌面应用程序	不在本地安装，与服务器上运行的应用程序连接
硬件要求	建议的要求或者更适合安装 Windows 和任何软件应用的要求	仅安装 Windows 的最低要求

除了胖客户端和瘦客户端，还有针对特定用途而组装的计算机。计算机技术人员的部分职责是评估、选择适当的组件以及升级或组装特殊计算机以满足客户的需求。

6. NAS

网络连接存储设备是通过连接到网络来向客户端提供文件及数据存储的服务器。图 3-47 显示了一台 NAS 设备。这种专用计算机的用途有时是单一的——运行精简版操作系统，仅执行文件服务功能。有时此设备可以提供其他功能，比如媒体流、网络服务、自动备份、网站托管和许多其他服务。

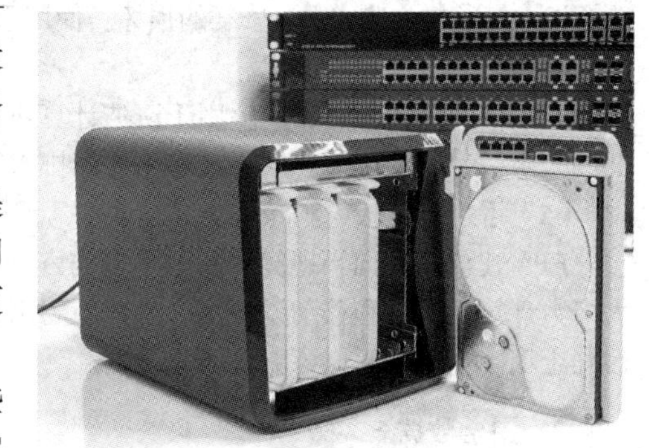

图 3-47 NAS 设备

通常情况下，NAS 将通过使用千兆网卡（NIC）来提供高速网络，该接口允许同时以非常高的速度连接到网络。某些 NAS 设备将具有多个千兆 NIC，以允许建立更多连接。

建议在部署 NAS 设备时使用特殊硬盘驱动器。这些驱动器的构建可以使 NAS 系统保持不间断地工作。NAS 中有多个驱动器的情况很常见，这不仅可以提供额外的存储空间，还可以通过使用 RAID 提供更高的速度或冗余。

3.5 保护环境

作为计算机技术人员，您需要通过多种方式来保护自己的环境，比如遵守当地的政策，以避免受到重罚，并有助于防止对生态系统的破坏。

安全处置设备和用品

正确处置设备和用品对保护环境来说至关重要。寻找信誉良好的回收商，但请确保在回收设备之前先清除设备上的数据，然后研究处理所有设备的最佳方法。因为处置不当不仅会危害环境，还会对您的业务造成其他严重后果。

1. 安全处理方法

升级计算机或更换损坏的设备后，您是怎么处理剩余部件的？如果部件仍然完好，可以捐赠或出售。如果是无法再使用的部件，也必须以负责任的方式进行处置。

有害的计算机组件的正确处理或回收再利用是一个全球性问题。需遵守特定物品处置方式的相关法规，违反这些法规的组织可能受到罚款或面临代价高昂的官司。下文中介绍的物品处置法规因地区不同而不同。详细情况请咨询您当地的环境监管机构。

（1）电池

电池通常含有可能对环境有害的稀土金属。这些金属不会腐烂，会在环境中保留多年。汞通常用于制造电池，且对人类极为有害。回收再利用电池应该是一种标准做法。所有电池的处置必须遵守当地相关环保法规。

（2）显示器

谨慎处理 CRT 显示器。CRT 显示器中可能存储了极高的电压，甚至是在断电之后电压仍然存在。显示器含有玻璃、金属、塑料、铅、钡以及稀土金属。根据美国环保署（EPA）的数据，显示器可能含有大约 1.8 千克的铅。因此必须遵守相关环保法规处置显示器。

（3）硒鼓、墨盒和显影剂

用过的打印机硒鼓和打印机墨盒必须根据环境法规正确处理。它们可回收再利用。一些硒鼓供应商和制造商利用空硒鼓进行重新加粉。有重新填充喷墨打印机墨盒的工具包，但不建议使用，因为墨水可能会渗入打印机，造成无法修复的损坏。使用重新填充的喷墨打印机墨盒可能使喷墨打印机保修失效。

（4）化学溶剂和喷雾罐

联系当地保洁公司，了解用于清洁计算机的化学品和溶剂的处置地点和方式。请勿将化学品或溶剂倒入水槽，或利用与公共下水道相连的排水管进行处置。

（5）手机和平板电脑

EPA 建议个人向当地健康和卫生机构咨询手机、平板电脑和计算机等电子设备的首选处置方式。大多数计算机设备和移动设备都含有危险材料，比如重金属，这些材料不能放入垃圾填埋场，否则会污染土壤。当地社区也可能有回收计划。

2. 安全数据表

有害物质有时被称为有毒废品。这些物质可能含有高浓度的重金属，比如镉、铅或汞。有害物质的处理法规因地区的不同而不同。请联系您所在社区的本地回收或垃圾处理站了解有关处理流程和服务的信息。

安全数据表（SDS），也曾被称为物料安全数据表（MSDS），是一个情况说明书，汇总了与材料标识有关的信息，包括可能影响个人健康的有害成分、火灾隐患和急救要求。SDS 包括化学反应和不相容性信息。它还包括物质的安全处理和存储的保护性措施，以及溢出、泄漏和处置流程。要确定某种材料是否属于危险品，请参考制造商的 SDS。在美国，职业安全与健康管理局（OSHA）要求在将材料转交给新的所有者时需要提供 SDS。

SDS 对如何安全处置潜在的有害材料做出了说明。处理任何电子设备之前，请始终查看有关合理处置方法的地方法规。

欧盟法规 *Registration, Evaluation, Authorization and Restriction of Chemicals*（REACH）于 2007 年 6 月 1 日起生效，以一种制度取代了各种条令和法规。

3.6 总结

在本章中，您了解了计算机启动过程，以及在计算机主要组件上执行 POST 时 BIOS 所发挥的作用。您还了解到主板 BIOS 设置保存在 CMOS 内存芯片中。在计算机启动时，BIOS 软件读取 CMOS

中存储的配置设置，以确定如何配置硬件。

安装 Windows 操作系统后，您了解了功率和电压以及欧姆定律的基本公式，它表示电压等于电流乘以电阻：U = IR，功率等于电压乘以电流：P = UI。您了解了可能导致数据丢失或硬件故障的交流功率波动类型，比如断电、暂时低压、噪音、尖峰电压和电涌。您还了解了有助于防止功率波动问题并保护数据和计算机装置的设备。这些设备包括浪涌保护器、UPS 和 SPS。

接下来，您了解了多核处理器，从单个 CPU 内有 2 个核心的双核 CPU 到单个 CPU 内有 8 个核心的八核 CPU，以及不同类型的 CPU 散热机制（如风扇、散热器和水冷系统）。除多核 CPU 外，您还了解了如何使用 RAID 技术对多个驱动器进行逻辑分组和管理，以创建具有冗余的大型存储卷，包括 RAID 的条带化、镜像、奇偶校验和双奇偶校验类型。

您了解了许多不同类型的计算机端口和连接器，首先从传统端口开始，这些端口通常用于旧式计算机中，比如串行、并行、游戏，PS/2 和音频端口，其中大多数已被 USB 等新技术所取代。您还了解了各种视频和游戏端口，比如 VGA、DVI、HDMI 以及用于连接显示器和外部视频显示器的显示器端口。此外，还介绍了 USB 端口的演变，包括 USB A 型、Mini-USB、Micro-USB、USB B 型、USB C 型和 Lightning 转接器的比较。

本章介绍了用来定义计算机显示器的指标。您了解到显示器因用途、尺寸、质量、清晰度和亮度而异。您还了解到可通过以下方式描述显示器：以沿对角线测量的屏幕大小以及以像素数量衡量的屏幕分辨率。此外，还定义了 CGA、VGA、SVGA、HD、FHD、QHD 和 CV-UHD 等显示标准。

本章最后讨论了通过计算机组件的安全处理方法来保护环境。您了解到许多组件（如电池、碳粉、打印机墨盒、手机和平板电脑）的处置法规。您还了解了 SDS，它对如何安全处置潜在的有害材料做出了说明。处理任何电子设备之前，请始终查看有关合理处置方法的地方法规。

3.7 复习题

请您完成此处列出的所有复习题，以测试您对本章主题和概念的理解。答案请参考附录。

1. 哪种设备可以通过提供一致的电源质量来保护计算机设备免受电力不足的影响？
   A. SPS　B. 浪涌保护器　C. 交流适配器　D. 不间断电源
2. 什么单位来测量电流对电流的阻值？
   A. 欧姆　B. 伏特　C. 瓦特　D. 安培
3. 如果是保存 BIOS 配置数据存储在哪里？
   A. CMOS　B. 硬盘驱动器　C. 缓存　D. 内存
4. 网络管理员正在为小型广告办公室设置 Web 服务器，并担心数据的可用性。管理员希望使用最少数量的磁盘来实现磁盘容错功能。管理员应该选择哪个 RAID 级别？
   A. RAID 0　B. RAID 6　C. RAID 5　D. RAID 1
5. 以下哪项是瘦客户端的特征？
   A. 它需要网络连接才能访问存储和处理器资源
   B. 它能够同时运行多个操作系统
   C. 它需要大量的快速 RAM
   D. 它在内部执行所有处理任务
6. 对于为音频和视频编辑构建的工作站，哪个专业计算机组件最重要？
   A. 高速无线适配器　B. 液体 CPU 冷却系统　C. 电视调谐卡　D. 专用显卡

7. 哪个术语是指与制造商规定的值相比提高处理器速度的技术？

A. 多任务　B. 超频　C. 节流　D. 超线程

8. 当超线程一个双核 CPU 功能被安装在一个主板上，CPU 可以同时处理多少条指令？

A. 4　B. 8　C. 6　D. 2

9. 哪些硬件升级允许游戏中的处理器提供最佳的游戏性能？

A. 大量的快速 RAM　B. 大容量外置硬盘驱动器

C. 液体冷却　D. 快速 EIDE 驱动器

10. 可以在 BIOS 设置程序中修改以下哪两项？（双选）

A. 启动顺序　B. 驱动器分区大小　C. 交换文件大小　D. 设备驱动程序

E. 启用和禁用设备

11. 一名技术人员不小心将清洁溶液溅到地板的车间。技术人员在哪里可以找到如何正确地清理和处置的说明？

A. 该保险政策公司　B. 安全数据表

C. 当地职业卫生和安全办公室规定的条例　D. 当地有害物质小组

12. 以下哪一项表示 CMOS 电池的电量可能变低？

A. 访问硬盘驱动器上的文件时性能很慢　B. 开机自检期间出现蜂鸣错误代码

C. 该计算机无法启动　D. 该计算机的时间和日期不正确

13. 技术人员应该访问哪个网站来找到更新计算机 BIOS 的说明？

A. CPU 制造商的网站　B. 操作系统开发人员的网站

C. 外壳制造商的网站　D. 主板制造商的网站

14. 哪个术语描述特定显示器的最佳显示器分辨率？

A. 纯模式　B. 屏幕分辨率　C. 显示器分辨率　D. 本机分辨率

15. 升级 CPU 时，替换 CPU 必须满足以下哪两个条件？（双选）

A. 新的 CPU 必须与主板芯片组兼容。

B. 新的 CPU 必须使用新电缆进行连接。

C. 新的 CPU 必须有一个不同的散热器和风扇组件。

D. 新的 CPU 必须与现有主板和电源一起使用。

16. 哪个连接器是 Apple 移动设备（如 iPhone、iPads 和 iPods）用于充电和数据传输的小型专有 8 针连接器？

A. Type-C　B. DisplayPort　C. Thunderbolt　D. Lightning

第4章 预防性维护和故障排除

学习目标

通过完成本章的学习，您将能够回答下列问题。

- 预防性维护有什么好处？
- 最常见的预防性维护任务是什么？
- 故障排除过程的要素是什么？
- 对 PC 进行故障排除时，常见的问题和解决方案是什么？

内容简介

预防性维护经常会被忽视，但 IT 专业人员应该非常了解定期系统性地检测、清理和更换磨损零件、材料和系统的重要性。有效的预防性维护可减少零件、材料和系统故障，并使硬件和软件保持良好的运行状态。

预防性维护不仅适用于硬件，执行基本任务，比如检查启动时运行的程序、扫描恶意软件以及删除未使用的程序，都有助于计算机更有效地运行，并且可以防止运行速度变慢。IT 专业人员同样也很了解故障排除的重要性，对于计算机和其他组件故障，需要有一种有序且合乎逻辑的方法。

在本章中，您将了解制定预防性维护计划和故障排除程序的一般原则。这些原则是帮助您培养预防性维护和故障排除技能的一个起点。您还将了解保持计算机系统的最佳运行环境的重要性，该环境需干净、不存在潜在污染物且符合制造商规定的温度和湿度范围。

在本章最后，您将了解六步故障排除流程以及针对不同计算机组件的常见问题和解决方案。

4.1 预防性维护

预防性维护可能是防止计算机系统遭受严重问题（如数据丢失和硬件故障）的关键，并且还可以帮助系统延长使用寿命。在本节中，您将研究预防性维护计算机系统的需求。遵循良好的预防性维护计划可以防止计算机问题严重化。

PC 预防性维护概述

预防性维护是对磨损部件、材料和系统进行定期和系统的检查、清洁和更换。有效的预防性维护可减少零件、材料和系统故障，并使硬件和软件保持良好的工作状态。

1. 预防性维护的好处

制订预防性维护计划时至少要依据两个因素。

- **计算机位置或环境**：与办公室环境相比，需更加注意多尘环境（如施工现场）。
- **计算机的使用情况**：高流量网络（如学校网络）可能需要额外的扫描并删除恶意软件和不需要的文件。

定期预防性维护可以减少潜在的硬件和软件问题，缩短计算机停机时间，降低修复成本以及减少设备的故障数量。改善数据保护，提高设备寿命和稳定性，并节省成本。

2. 预防性维护——灰尘

下面是防止灰尘损坏计算机组件的注意事项。

- 定期清理/更换建筑物空气过滤器，以减少空气中的灰尘量。
- 使用抹布或除尘器清理计算机机箱外部。如果使用清洁产品，请将少量产品倒在清洁布上，然后擦拭机箱外部。
- 计算机外部的灰尘可能会通过散热风扇进入计算机内部。
- 灰尘积聚会阻碍空气流通并降低组件的散热速度。
- 发热的计算机组件更容易发生故障。
- 使用压缩空气、低气流 ESD 吸尘器和小块无绒布来除去计算机内部的灰尘。
- 将压缩空气罐保持直立，以防液体漏到计算机组件上。
- 使压缩空气罐与敏感设备和组件保持安全距离。
- 使用无绒布除去组件上残留的所有灰尘。

警　告　使用压缩空气清洁风扇时，请将风扇叶片固定到位。这可以防止转子转速过快或风扇转动方向错误。

3. 预防性维护——内部组件

下面是需要检查是否有灰尘或损坏的基本组件。

- **CPU 散热器和风扇组件**：风扇应自由旋转，风扇电源电缆应该是安全的，风扇应在电源打开时转动。
- **内存模块**：模块必须牢固地安装在内存插槽中，确保固定夹没有松动。
- **存储设备**：应牢固地连接所有电缆。检查跳线是否有松动、缺少或设置不正确的现象。驱动器不能发出咔嗒声、震动声或研磨声。
- **螺钉**：机箱中的松动螺钉可能会导致短路。
- **适配器卡**：确保其放置到位并使用固定螺钉固定在其扩展槽中。适配器卡松动可能导致短路。扩展槽盖丢失可能会导致灰尘、污垢或生活害虫进入计算机。
- **电缆**：检查所有电缆连接，确保引脚未断裂和弯曲，并且电缆没有压接、挤压或严重弯曲现象。固定螺钉应用手指拧紧。
- **电源设备**：检查接线板、浪涌抑制器（浪涌保护器）和 UPS 设备，确保设备正常运行且通风顺畅。
- **键盘和鼠标**：使用压缩空气清洁键盘、鼠标和鼠标传感器。

4. 预防性维护——环境问题

计算机的最佳运行环境要干净、不存在潜在的污染物，并且符合制造商规定的温度和湿度范围，如图 4-1 所示。

遵循以下指导原则可帮助您确保计算机实现最佳的操作性能。

- 不要堵塞通风孔或阻碍气流进入内部组件。
- 室温应保持在 7 摄氏度 ~ 32 摄氏度（45 华氏度 ~ 90 华氏度）。
- 湿度应保持在 10% ~ 80%。
- 温度和湿度因计算机制造商而异。研究极端条件下使用的计算机的推荐值。

图 4-1　温度和湿度

5. 预防性维护——软件

在安装安全更新、操作系统和程序更新时，验证已安装的软件为最新版本，并遵循企业政策。制订以下软件维护计划。

- 查看并安装适当的安全、软件和驱动程序更新。
- 更新病毒库定义文件并扫描病毒和间谍软件。
- 删除不需要的或未使用的程序。
- 扫描硬盘驱动器是否存在错误并对硬盘驱动器进行碎片整理。

4.2 故障排除

故障排除是一个系统的过程，用于查出计算机系统中的故障原因并纠正相关的硬件和软件问题。使用逻辑和系统的方法对于成功解决问题至关重要。尽管经验对于解决问题也非常有用，但是遵循故障排除模型将提高有效性和速度。

4.2.1 故障排除的介绍及流程

在本小节中，您将学到快速有效地解决问题的方法，您需要了解如何解决问题。故障排除是一种发现导致问题的原因并加以解决的方法。

1. 故障排除介绍

故障排除需要一种有序且合乎逻辑的方法来解决计算机和其他组件的问题。在预防性维护期间，有时会出现一些问题。在其他时间，客户可能会就某个问题与您联系。合乎逻辑的故障排除方法可以让您按系统性的顺序消除可变因素并确定问题起因。通过提出适宜的问题、测试正确的硬件并检查正确的数据，有助于您了解问题并提出合理的解决方案。

故障排除是一项随着时间推移而不断完善的技能。每当您解决了一个问题，就会获得更多经验，您的故障排除技能也会提升。您将学习如何及何时结合各个步骤或跳过哪些步骤，从而快速得到解决方案。故障排除流程是一种指南，对其进行修改后可满足您的需求。

本小节将介绍一种适用于硬件和软件问题的解决方法。

注　意　本书中使用的术语“客户”是指需要计算机技术协助的所有用户。

开始排除故障前，请始终遵循必要措施来保护计算机上的数据。某些维修（如更换硬盘驱动器或重新安装操作系统）可能会给计算机上的数据带来风险。尝试维修时，确保尽一切努力防止数据丢失。如果您的工作导致客户的数据丢失，您或您的公司可能都需要承担责任。

数据备份是指将计算机硬盘驱动器上保存的数据复制到另一个存储设备或云存储上。云存储是通过互联网访问的在线存储。在企业中，可以按天、周或月执行备份。

如果您不确定是否已备份了数据，请不要尝试任何故障排除活动，直到您向客户确认。要确认是否已进行备份，需要向客户确认以下几个事项。

- 上次备份日期。
- 备份的内容。
- 备份数据的完整性。
- 所有备份介质能否用来还原数据。

如果客户没有最新的备份，并且您无法创建备份，请让客户签署一份免责书。免责书至少应包含以下信息。

- 允许在没有最新备份的情况下操作计算机。
- 如果数据丢失或损坏，应豁免其责任。
- 要执行的工作说明。

2. 故障排除流程

故障排除的6个步骤如下所示。

步骤1 确定问题。

步骤2 推测潜在原因。

步骤3 验证推测以确定原因。

步骤4 制定解决方案并实施方案。

步骤5 验证全部系统功能并实施预防措施（如果适用）。

步骤6 记录发现、行为和结果。

确定问题

故障排除流程的第一步是确定问题。在此步骤中，应从客户和计算机处收集尽可能多的信息。

（1）谈话礼仪

与客户交谈时，应遵循以下原则。

- 直接提出问题来收集信息。
- 不要使用行话。
- 不要居高临下地与客户交谈。
- 不要侮辱客户。
- 不要指责是客户导致了问题。

表4-1列出了应从客户处收集的一些信息。

表4-1 从客户处收集的信息

客户信息	■ 公司名称 ■ 联系人姓名 ■ 地址 ■ 电话号码

续表

计算机配置	■ 制造商和型号 ■ 操作系统 ■ 网络环境 ■ 连接类型
问题说明	■ 开放式问题 ■ 封闭式问题
错误消息	
连串蜂序列	
LED	
POST	

（2）开放式和封闭式问题

开放式问题可以让客户用自己的语言说出问题的详细信息。使用开放式问题可获取一般信息。根据客户提供的信息，您可以继续提出封闭式问题。封闭式问题通常只需要回答是或否。

（3）记录回答

在工单、维修日志和维修日记中记录客户提供的信息，写下您认为可能对您或其他技术人员非常重要的任何内容。关注小细节通常有助于解决困难或复杂的问题。

（4）蜂鸣声代码

每个 BIOS 制造商都用唯一的连续蜂鸣声来表示硬件故障，这种连续蜂鸣声是不同长蜂鸣声和短蜂鸣声的组合。进行故障排除时，请启动计算机并听声音。系统继续执行 POST 过程时，大多数计算机都会发出一个蜂鸣声，表示系统正常启动。如果出现错误，您可能会听到多个蜂鸣声。记录蜂鸣声代码序列，并研究代码以确定具体问题。

（5）BIOS 信息

如果计算机正常启动但在完成 POST 后停止，此时应检查 BIOS 设置。可能是由于未检测到某个设备或设备配置错误而导致的。请参阅主板文档，确保 BIOS 设置准确无误。

（6）事件查看器

当计算机上出现系统、用户或软件错误时，事件查看器中会更新有关错误的信息。事件查看器应用程序（见图 4-2）记录了关于问题的以下信息。

■ 已出现的问题。
■ 问题出现的日期和时间。
■ 问题的严重程度。
■ 问题的来源。
■ 事件 ID 编号。
■ 问题出现时哪个用户已登录。

虽然事件查看器会列出关于错误的详细信息，但是您可能需要进一步研究问题才能确定解决方案。

（7）设备管理器

设备管理器显示了计算机上已配置的所有设备，如图 4-3 所示。操作系统会在未正确运行的设备上标记错误图标。带感叹号的黄色三角形表示设备有问题。红色的 X 表示设备已被禁用、删除或 Windows 无法找到此设备。向下箭头表示设备已被禁用。黄色问号表示系统不知道为该硬件安装哪个驱动程序。

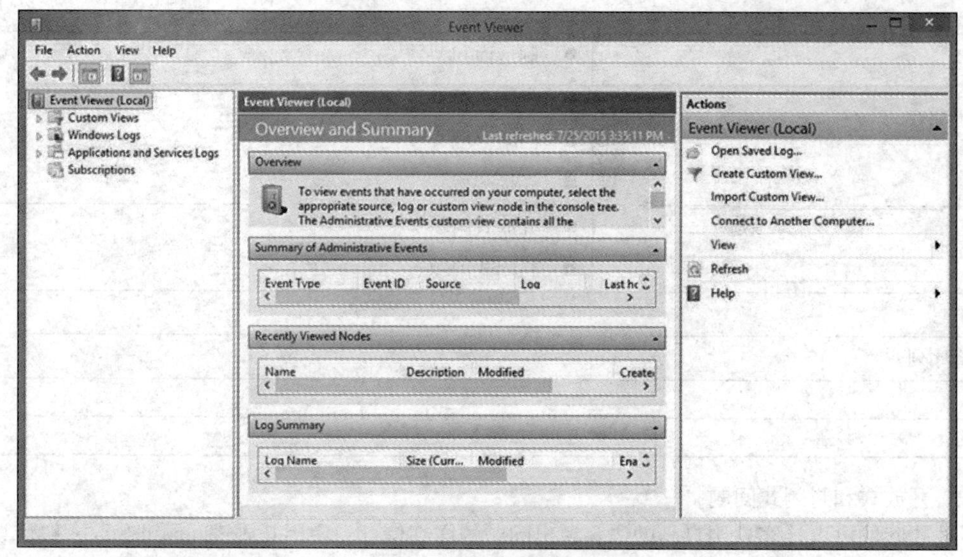

图 4-2 事件查看器

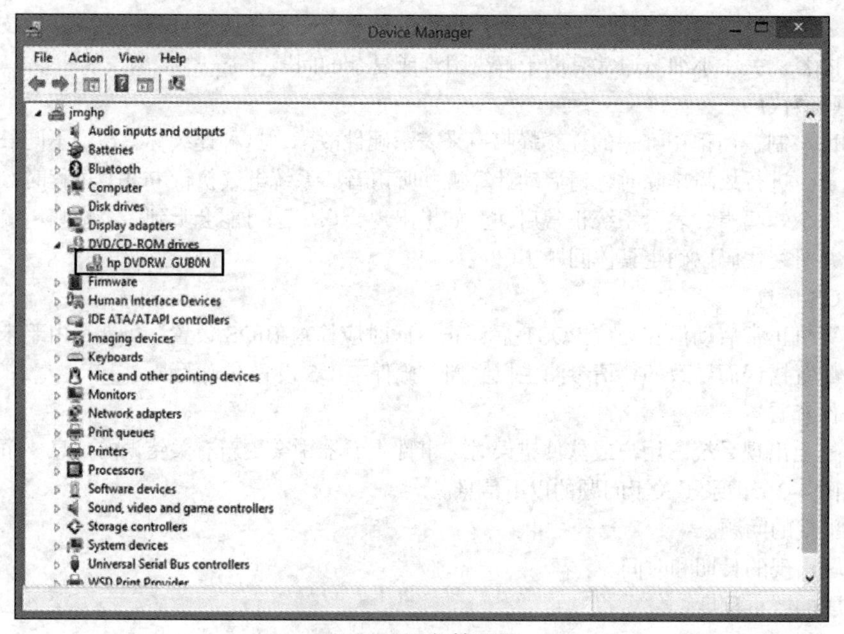

图 4-3 设备管理器

（8）任务管理器

任务管理器显示了当前正在运行的应用程序和后台进程，如图 4-4 所示。使用任务管理器可以结束已停止响应的应用程序。您还可以监控 CPU 和虚拟存储器的性能，查看当前正在运行的所有进程，并查看网络连接信息。

（9）诊断工具

通过调查来确定哪个软件可帮助您诊断和解决问题。许多程序都可以帮助您排除硬件故障。系统硬件制造商通常会提供他们自己的诊断工具。例如，硬盘驱动器制造商可能会提供一种工具来启动计算机，并诊断硬盘驱动器为何不能启动操作系统。

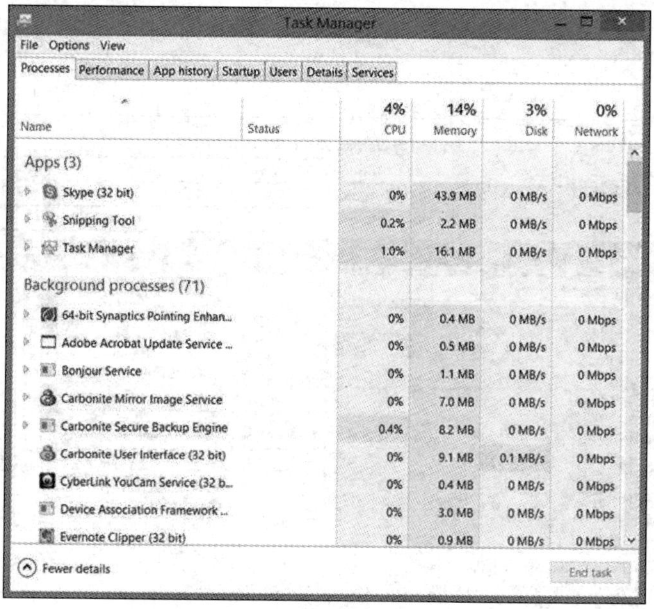

图 4-4 任务管理器

推测潜在原因

故障排除流程的第二步是推测潜在原因。首先，列出错误的最常见原因（即使客户可能认为有重大问题，也要先从明显的问题开始），然后再进行更复杂的诊断。具体操作如下所示。

1. 确保设备已开机。
2. 确保插座的电源开关已打开。
3. 确保浪涌保护器已打开。
4. 确保外部电缆连接牢固。
5. 确保指定的引导驱动器是可引导的。
6. 在 BIOS 设置程序中验证引导顺序。

在最上面列出最简单或最明显的原因，在最下面列出较为复杂的原因。如有需要，请根据问题的类型进行内部（日志、日记）或外部（互联网）研究。故障排除流程的后续步骤是测试每个潜在原因。

验证推测以确定原因

您可以从最快速和最简单的原因开始，逐个测试您对潜在原因的推测，从而确定确切的问题原因。确定问题原因的常见步骤如下。

1. 确保设备已开机。
2. 确保插座的电源开关已打开。
3. 确保浪涌保护器已打开。
4. 确保外部电缆连接牢固。
5. 确保指定的引导驱动器是可引导的。
6. 在 BIOS 设置程序中验证引导顺序。

确认推测后，即可确定解决问题的步骤。随着您在排除计算机故障方面的经验越来越多，您完成这一过程中的步骤也会更快。现在请练习每个步骤，以便更好地了解故障排除流程。

如果您在测试所有推测后仍无法确定问题的确切原因，请重新推测潜在原因并进行测试。如果需要，请将问题上报给更有经验的技术人员。在上报之前，请在图 4-5 所示的工单中记录您尝试过的每个测试。

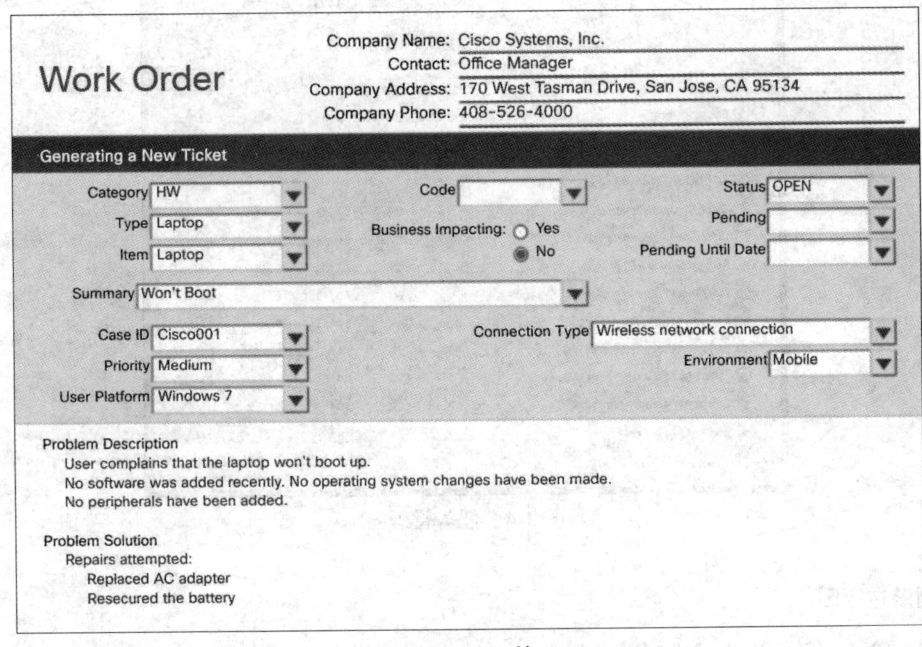
Work Order

Company Name: Cisco Systems, Inc.
Contact: Office Manager
Company Address: 170 West Tasman Drive, San Jose, CA 95134
Company Phone: 408-526-4000

Generating a New Ticket

Category: HW
Type: Laptop
Item: Laptop
Code:
Business Impacting: Yes / No (selected: No)
Status: OPEN
Pending:
Pending Until Date:
Summary: Won't Boot
Case ID: Cisco001
Priority: Medium
User Platform: Windows 7
Connection Type: Wireless network connection
Environment: Mobile

Problem Description
User complains that the laptop won't boot up.
No software was added recently. No operating system changes have been made.
No peripherals have been added.

Problem Solution
Repairs attempted:
Replaced AC adapter
Rescecured the battery

图 4-5　工单

制定解决方案并实施方案

确定了问题的确切原因后，可制定行动计划来解决问题并实施解决方案。下面列出了一些可用于收集其他信息以解决问题的信息来源。

- 维修人员工作日志。
- 其他技术人员。
- 制造商常见问题解答网站。
- 技术网站。
- 新闻组。
- 计算机手册。
- 设备手册。
- 在线论坛。
- 互联网搜索。

将大问题分成可以逐个分析和解决的多个小问题。确定解决方案的优先顺序，首先从最简单和最快速的解决方案开始。列出可能的解决方案，然后逐个实施解决方案。如果您实施了一个可能的解决方案后没有解决问题，请取消您刚执行的操作，然后尝试另一个解决方案。请继续此过程，直至您找到合适的解决方案。

验证全部系统功能并实施预防措施（如果适用）

完成对计算机的维修工作后，请继续完成故障排除流程，即验证全部系统功能并实施下列必要的预防措施。

1. 重新启动计算机。

2. 确保多个应用程序正常运行。
3. 验证网络和 Internet 的连接。
4. 从一个应用程序中打印文档。
5. 确保所有连接的设备正常工作。
6. 确保没有收到错误信息。

验证全部系统功能可确认您解决了最初的问题，并可确保您在维修计算机时没有引起其他问题。尽可能让客户验证解决方案和系统功能。

记录发现、行为和结果

完成对计算机的维修工作后，请与客户一起完成故障排除流程，以口头形式和书面形式向客户阐述问题和解决方案。完成维修后要采取的步骤如下。

1. 与客户讨论实施的解决方案。
2. 让客户确认问题已解决。
3. 为客户提供所有文书工作。
4. 在工作订单和技术人员日记中记录解决问题的步骤。
5. 记录维修中使用的所有组件。
6. 记录解决问题所花费的时间。

与客户一起验证解决方案。如果客户有时间，请演示解决方案是如何解决的计算机问题，让客户测试解决方案并试着重现问题。客户验证问题已经得到解决后，您可以在工单和日记中记录维修工作。文档中应包括以下信息。

- 问题描述。
- 解决问题的步骤。
- 维修时使用的组件。

4.2.2 PC 的常见问题和解决方案

作为一名技术人员，您会在日常工作中遇到需要注意的技术问题。当出现问题时，请花点时间更好地了解问题的原因，并通过可能的措施进行解决，还要确保记录所有操作。本小节将讨论几个 PC 的常见问题和建议的解决方案。

计算机问题可归因于硬件、软件、网络，或者这 3 种原因的任意组合。以下是一些常见的硬件问题。

- **存储设备**：存储设备问题通常是由电缆连接松动或连接错误、驱动器和介质格式错误以及跳线和 BIOS 设置错误等原因引起的。
- **主板和内部组件**：主板和内部组件问题通常是由电缆连接松动或连接错误、组件发生故障、驱动程序错误及更新损坏等原因引起的。
- **电源**：电源问题通常是由电源发生故障、连接松动及功率不足等原因引起的。
- **CPU 和存储器**：CPU 和存储器问题通常是由安装故障、BIOS 设置错误、散热和通风不良以及兼容性问题等原因引起的。
- **显示器**：显示器问题通常是由设置错误、连接松动及驱动程序错误或损坏等原因引起的。

1. 存储设备的常见问题和解决方案

表 4-2 显示了存储设备的常见问题和可能的解决方案。

表 4-2 存储设备的常见问题和解决方案

常见问题	可能原因	可能的解决方案
计算机无法识别存储设备	电源电缆松动	固定电源电缆
	数据电缆松动	固定数据电缆
	跳线设置不正确	重置跳线
	存储设备故障	更换存储设备
	BIOS 中的存储设备设置不正确	重置 BIOS 中的存储设备
计算机无法识别光盘	光盘倒置插入	正确插入光盘
	驱动器中插入了多张光盘	确保驱动器中仅插入一张光盘
	光盘已损坏	更换光盘
	光盘格式错误	使用正确格式的光盘
	光盘驱动器故障	装回光盘驱动器
计算机将不会弹出光盘	光盘驱动器被卡住	将销钉插入驱动器上弹出按钮旁边的小孔中，以打开驱动器
	光盘驱动器已被软件锁定	重新启动计算机
	光盘驱动器故障	装回光盘驱动器
计算机无法识别可移动外部驱动器	可移动外部驱动器电缆未正确就位	拆卸并重新插入驱动器电缆
	在 BIOS 设置中禁用了外部端口	在 BIOS 设置中启用端口
	可移动外部驱动器出现故障	装回可移动外部驱动器
媒体读取器无法读取可以正常工作的存储卡	媒体读取器不支持存储卡类型	使用其他类型的存储卡
	媒体读取器未正确连接	确保媒体读取器在计算机中正确连接
	在 BIOS 设置中未正确配置媒体读取器	在 BIOS 设置中重新配置媒体读取器
	介质读取器有故障	安装已知的优质媒体读取器
从 USB 闪存驱动器检索或保存数据很慢	主板不支持 USB 3.0 或 3.1	用支持 USB 3.0 的主板替换主板，或添加 USB 3.0 扩展卡
	USB 闪存驱动器可能连接到额定速度较慢的 USB 端口，或者配置不正确	在 BIOS 设置中，端口已设置为全速

2. 主板和内部组件的常见问题和解决方案

表 4-3 显示了主板和内部组件的常见问题和解决方案。

表 4-3 主板和内部组件的常见问题和解决方案

常见问题	可能原因	可能的解决方案
计算机上的时钟不再保持正确，重启计算机时，BIOS 时间或 BIOS 设置正在更改	CMOS 电池可能松动	固定电池
	CMOS 电池可能已耗尽	更换电池
更新 BIOS 固件后，计算机将无法启动	BIOS 固件更新未正确安装	请与主板制造商联系以获得新的 BIOS 芯片（如果主板有两个 BIOS 芯片，则可以使用第二个 BIOS 芯片）

续表

常见问题	可能原因	可能的解决方案
计算机启动时显示不正确的CPU信息	在高级BIOS设置中，CPU设置不正确	为CPU正确设置高级BIOS设置
	BIOS无法正确识别CPU	更新BIOS
计算机正面的硬盘驱动器LED不亮	硬盘驱动器LED电缆未连接或松动	将硬盘驱动器LED电缆重新连接至主板
	硬盘驱动器LED电缆未正确对准前面板连接	将硬盘驱动器LED电缆正确地对准前面板连接，然后重新连接
内置NIC已停止工作	NIC硬件出现故障	将新的NIC添加到打开的扩展槽中
安装新的PCIe显卡后，计算机不显示任何视频	BIOS设置被设置为使用内置视频	在BIOS设置中禁用内置视频
	显示器电缆仍连接到内置视频	将显示器电缆连接到新的显卡
	新显卡需要辅助电源	将任何所需的电源连接器连接到显卡上
	新显卡发生故障	安装已知好的显卡
新的声卡无法正常工作	扬声器未连接到正确的插孔	将扬声器连接到正确的插孔
	音频被静音	取消音频静音
	声卡故障	安装已知良好的声卡
	BIOS设置被设置为使用板载音频设备	在BIOS设置中禁用板载音频设备
系统尝试启动到不正确的设备	介质保留在可移动驱动器中	检查可移动驱动器是否不包含干扰启动过程的介质，并确保正确配置了启动顺序
	启动顺序配置不正确	
用户可以听到风扇旋转的声音，但是计算机无法启动，并且扬声器没有蜂鸣声	POST过程未执行	电缆故障，CPU或其他主板组件损坏或安装不当，需要更换
主板电容器膨胀、肿胀、有残渣或凸起	由于热量、ESP、电涌或尖峰而导致损坏	更换主板

3. 电源的常见问题和解决方案

表4-4列出了电源的常见问题和解决方案。

表4-4 电源的常见问题和解决方案

常见问题	可能原因	可能的解决方案
计算机无法开机	笔记本计算机未插入交流电源插座	将计算机插入已知良好的交流电源插座
	交流电源插座有故障	将计算机插入已知良好的交流电源插座
	电源电缆故障	使用已知的优质电源电缆
	电源开关未打开	打开电源开关
	电源开关设置为错误的电压	将电源开关设置为正确的电压
	电源按钮未正确连接至前面板连接器	将电源按钮正确对准前面板连接器，然后重新连接
	电源故障	安装已知良好的电源
计算机重新启动并意外关闭；有烟雾或有燃烧的电子设备的气味	电源开始出现故障	更换电源

4. CPU和RAM常见问题和解决方案

表4-5列出了CPU和RAM的常见问题和解决方案。

表4-5 CPU和RAM的常见问题和解决方案

常见问题	可能原因	可能的解决方案
计算机无法启动或锁定	CPU过热	重新安装CPU
	CPU风扇出现故障	更换CPU风扇
	CPU故障	更换CPU
CPU风扇发出异常声音	CPU风扇出现故障	更换CPU风扇
计算机在没有警告、锁定或显示错误消息的情况下重新启动	前端总线设置得太高	重置为主板的出厂默认设置
		降低前端总线设置
	CPU倍增器设置得太高	降低倍增器设置
	CPU电压设置过高	降低CPU电压设置
从单核CPU升级到双核CPU之后，计算机运行速度会变慢，并且在任务管理器中仅显示一个CPU图形	BIOS无法识别双核CPU	更新BIOS固件以支持双核CPU
CPU未安装到主板上	CPU类型错误	用与主板插槽类型匹配的CPU替换CPU
计算机无法识别已添加的RAM	新的RAM出现故障	更换RAM
	添加的RAM与已安装的RAM类型不同	安装正确类型的RAM
	新的RAM在内存插槽中松动	将RAM固定在内存插槽中
升级Windows操作系统后，计算机运行非常缓慢	计算机没有足够的RAM	安装额外的RAM
	显卡没有足够的内存	安装具有更多内存的显卡

5. 显示器的常见问题和解决方案

表4-6列出了显示器的常见问题和解决方案。

表4-6 显示器的常见问题和解决方案

常见问题	可能原因	可能的解决方案
显示器带电，但屏幕上没有图像	视频电缆松动或损坏	重新连接或更换视频电缆
	计算机未将视频信号发送到外接显示器	使用Fn键和多功能键可以切换到外部显示器
显示器闪烁	屏幕上的图像刷新速度不够快	调整屏幕刷新率
	显示逆变器已损坏或发生故障	拆卸显示单元并更换逆变器
显示器上的图像看起来暗淡	LCD背光灯调整不正确	查看维修手册，了解有关校准LCD背光灯的说明，适当调整LCD背光
屏幕上的像素坏了或没有产生颜色	像素的电源已被切断	与制造商联系
屏幕上的图像显示为闪烁的线条或不同颜色和大小（伪影）的图案	显示器未正确连接	拆卸显示器并检查连接
	GPU过热	拆卸并清洁计算机，检查是否有灰尘和碎屑
	GPU故障	更换GPU

续表

常见问题	可能原因	可能的解决方案
屏幕上的颜色模式不正确	显示器未正确连接	拆卸显示器并检查连接
	GPU 过热	拆卸并清洁计算机，检查是否有灰尘和碎屑
	GPU 有故障	更换 GPU
显示器上的图像失真	显示设置已更改	将显示设置恢复为出厂设置
	显示器未正确连接	将显示器拆卸到可以检查显示器连接的位置
	GPU 过热	拆卸并清洁计算机，检查是否有灰尘和碎屑
	GPU 故障	更换 GPU
显示器上有“鬼影”图像	显示器正在老化	关闭显示器电源，然后将其从电源上断开几小时
		使用消磁功能（如果可用）
		更换显示器
显示器上的图像扭曲了几何形状	驱动程序已损坏	以安全模式更新或重新安装驱动程序
	显示器设置不正确	使用显示器的设置操作来校正图形显示
显示器有超大图片和图标	驱动程序已损坏	以安全模式更新或重新安装驱动程序
	显示器设置不正确	使用显示器的设置操作来校正图形显示
投影机过热然后关闭	风扇出现故障	更换风扇
	通风孔堵塞	清洁通风孔
	投影机在外壳中	卸下外壳或确保适当的通风
在多台显示器设置中，显示器未对齐或方向错误	多台显示器的设置不正确	使用显示器的控制面板来设定每台显示器的对齐方式以及方向
	驱动程序已损坏	以安全模式更新或重新安装驱动程序
显示为 VGA 模式	计算机处于安全模式	重新启动计算机
	驱动程序已损坏	以安全模式更新或重新安装驱动程序

4.2.3 将故障排除应用于计算机组件和外围设备

故障排除要求您始终有一个计划。对于内部和外围组件来说，提出正确的问题、缩小原因范围、重新提出问题并尝试根据您的计划解决问题是一个很好的过程。一旦开始进行故障排除，就请写下您采取的每个步骤，以供您和其他技术人员将来使用。

1. 个人参考工具

良好的客户服务包括为客户提供问题和解决方案的详细说明。技术人员必须记录所有服务和维修，并将该文档提供给其他所有技术人员。该文档可用作类似问题的参考资料。

个人参考工具包括故障排除指南、制造商手册、快速参考指南以及维修记录。除了发票之外，技术人员还应记录有关升级和维修的情况。

- **笔记**：进行故障排除和维修时，请做好笔记。参阅这些笔记，以避免重复操作并以此确定后续操作。
- **日志**：日志包括问题描述、已尝试纠正的问题的可能解决方案以及修复问题所采取的步骤。注意记录对设备进行的任何配置更改以及维修中使用的任何更换部件。您的日志及笔记在您未来遇到类似情况时会非常有用。

- **维修历史记录**：详细列出有关问题和维修的清单，包括日期、更换部件和客户信息。该历史记录可让技术人员确定该计算机上之前已执行的操作。

2. 互联网参考工具

使用互联网查找有关硬盘问题和可能的解决方案是一种非常好的方式，请访问以下内容以获取有用的信息。

- 互联网搜索引擎。
- 新闻组。
- 制造商常见问题解答。
- 在线计算机手册。
- 在线论坛和聊天。
- 技术网站。

3. 硬件方面的高级问题和解决方案

表 4-7 列出了硬件的高级问题和解决方案。

表 4-7　硬件的高级问题和解决方案

<table>
<tr><th>高级问题</th><th>可能原因</th><th>可能的解决方案</th></tr>
<tr><td rowspan="3">找不到 RAID</td><td>外部 RAID 控制器未通电</td><td>检查与 RAID 控制器的电源连接</td></tr>
<tr><td>BIOS 设置不正确</td><td>重新配置 RAID 控制器的 BIOS 设置</td></tr>
<tr><td>RAID 控制器发生故障</td><td>更换 RAID 控制器</td></tr>
<tr><td rowspan="2">RAID 停止工作</td><td>外部 RAID 控制器未通电</td><td>检查与 RAID 控制器的电源连接</td></tr>
<tr><td>RAID 控制器发生故障</td><td>更换 RAID 控制器</td></tr>
<tr><td rowspan="2">计算机性能下降</td><td>计算机没有足够的 RAM</td><td>安装额外的 RAM</td></tr>
<tr><td>计算机过热</td><td>清洁风扇或安装其他风扇</td></tr>
<tr><td rowspan="2">计算机无法识别可移动外部驱动器</td><td>操作系统没有适用于可移动外部驱动器的正确驱动程序</td><td>为驱动器下载正确的驱动器</td></tr>
<tr><td>USB 端口连接的设备过多，无法提供足够的电源</td><td>将外部电源连接到设备或拆卸某些 USB 设备</td></tr>
<tr><td rowspan="3">更新 BIOS 固件后，计算机无法启动</td><td rowspan="3">BIOS 固件更新未正确安装</td><td>如果有，请从机载备份中还原原始固件</td></tr>
<tr><td>如果主板有两个 BIOS 芯片，则可以使用第二个 BIOS 芯片</td></tr>
<tr><td>请与主板制造商联系以获得新的 BIOS 芯片</td></tr>
<tr><td rowspan="5">计算机在没有警告、锁定或显示错误消息或出现蓝屏的情况下重新启动</td><td>RAM 出现故障</td><td>测试每个 RAM 模块，以确定它们是否正常运行</td></tr>
<tr><td rowspan="2">设置了前端总线</td><td>重置为主板的出厂默认设置</td></tr>
<tr><td>降低 FSB 设置</td></tr>
<tr><td rowspan="2">设置了 CPU 倍增器</td><td>降低倍增器设置</td></tr>
<tr><td>降低 CPU 电压设置</td></tr>
<tr><td>从单核 CPU 升级到多核 CPU 之后，计算机运行速度会变慢，并且在任务管理器中仅显示一个 CPU 图形</td><td>BIOS 无法识别多核 CPU</td><td>更新 BIOS 固件以支持多核 CPU</td></tr>
</table>

4.3 总结

在本章中，您了解了预防性维护的许多好处，比如，减少潜在的硬件和软件问题，缩短计算机停机时间，降低修复成本和设备故障频率。您了解到如何通过下列方式防止灰尘损坏计算机组件：定期清理建筑物空气过滤器，清理计算机机箱外部，使用压缩空气清除计算机内部的灰尘。

接下来，您了解到有些组件应定期检查是否有灰尘和损坏，这些组件包括 CPU 散热器和风扇、内存模块、存储设备、适配器卡、电缆和电源设备以及键盘和鼠标。确保计算机运行的原则，比如，保持通风孔或气流畅通并维持适当的室内温度和湿度。

除了了解如何维护计算机的硬件外，您还了解到，定期维护计算机的软件非常重要。这最好通过软件维护计划来实现，涵盖了安全软件、病毒定义文件，不需要的或未使用的程序以及硬盘驱动器的碎片整理。

此外，您还了解了与预防性维护相关的故障排除的 6 个步骤。

4.4 复习题

请您完成此处列出的所有复习题，以测试您对本章主题和概念的理解。答案请参考附录。

1. 用户注意到计算机正面的硬盘驱动器 LED 指示灯停止工作。但是，计算机似乎可以正常运行。最有可能的原因是什么？

   A. 主板 BIOS 需要更新
   B. 电源没有为主板提供足够的电压
   C. 硬盘驱动器 LED 电缆已从主板上松脱
   D. 硬盘驱动器数据电缆出现故障

2. 确定问题后，故障排除流程的下一步是什么？

   A. 记录发现
   B. 推测潜在原因
   C. 实施解决方案
   D. 验证解决方案
   E. 验证推测以确定原因

3. 确定 CPU 风扇是否正常旋转的最佳方法是什么？

   A. 打开电源后，目视检查风扇，以确保风扇旋转
   B. 用手指快速旋转风扇的叶片
   C. 在风扇上喷压缩空气以使叶片旋转
   D. 接通电源后，听听风扇旋转的声音

4. 以下哪一项是电源故障的征兆？

   A. 电源电缆不能正确连接到电源、墙上插座或两者都不能连接
   B. 计算机有时无法打开
   C. 计算机显示 POST 错误代码
   D. 显示器上只有一个闪烁的光标

5. 进行到故障排除过程的哪一步，技术人员必须在互联网上或使用计算机手册进行更多研究才能解决问题？

   A. 记录发现、行动和结果
   B. 确定问题
   C. 确定解决方案并实施方案
   D. 验证全部系统功能，并实施预防措施
   E. 验测推测以确定原因

6. 用户打开了一个票证，该票证表明计算机时钟不再保持正确。最可能的原因是什么？

A. 操作系统需要打补丁　　B. CPU 需要超频

C. CMOS 电池松动或出现故障　　D. 主板时钟晶体损坏

7. 科学考察队的成员正在使用便携式计算机进行工作。科学家工作的温度范围为-25 摄氏度（-13 华氏度）~27 摄氏度（80 华氏度），湿度约为 40%。噪音水平低，但地形崎岖，风速可达每小时 72 公里（每小时 45 英里）。必要时，科学家们需要停止走动，并使用便携式计算机输入数据。哪种情况最有可能对该环境中使用的便携式计算机产生不利影响？

A. 风　　B. 湿度　　C. 崎岖的地形　　D. 温度

8. 公司确保完成计算机预防性维护最重要的原因是什么？

A. 预防性维护使 IT 经理可以检查计算机资产的位置和状态

B. 预防性维护允许 IT 部门定期监视用户硬盘驱动器的内容，以确保遵循计算机使用规则

C. 预防性维护有助于使计算机设备将来出现问题的概率降低

D. 预防性维护为初级技术人员提供了在非威胁性或问题环境中获得更多经验的机会

9. 应该使用哪种清洁工具清除机箱内部的灰尘？

A. 压缩空气　　B. 湿布　　C. 棉签　　D. 除尘器

10. 在将问题上报给高级技术人员之前应完成什么任务？

A. 重做每个测试以确保结果的准确性　　B. 记录每个尝试过的测试

C. 要求客户打开一个新的支持请求　　D. 用已知有效的组件替换所有硬件组件

11. 没有为用户和组织制定预防性维护计划的两个原因是什么？（双选）

A. 定期更新的数量增加　　B. 增加管理任务

C. 停机时间增加　　D. 增加维修费用

E. 增加文件需求

12. 清洁计算机内部时，建议采取以下哪种方法？

A. 用干净的棉签清洁硬盘的磁头　　B. 握住 CPU 风扇以防止其旋转，并用压缩空气吹

C. 喷涂时倒转压缩空气罐　　D. 清洁前请拆卸 CPU

13. 作为预防性维护计划的一部分，应在硬盘驱动器上执行哪一项任务？

A. 用压缩空气吹驱动器内部以除去灰尘　　B. 确保磁盘自由旋转

C. 确保电缆连接牢固　　D. 用棉签清洁读写头

14. 客户反馈最近无法访问多个文件，技术人员决定检查硬盘状态和文件系统结构。技术人员询问客户是否已在磁盘上执行了备份，客户答复说备份是在一周前完成的，并且已将其存储到磁盘上的另一个逻辑分区中。在磁盘上执行诊断程序之前，技术人员应该做什么？

A. 从逻辑分区上的现有备份副本执行文件还原

B. 安装一个新的硬盘作为主磁盘，然后将当前磁盘作为从磁盘

C. 运行 CHKDSK 实用程序

D. 将用户数据备份到可移动驱动器

15. 下列任务中的哪一项属于硬件维护例行程序？

A. 查看安全更新　　B. 更新病毒定义文件

C. 清除硬盘驱动器内部的灰尘　　D. 检查并固定所有松动的电缆

E. 调整显示器以获得最佳分辨率

16. 在故障排除过程的哪个步骤中，技术人员会向客户演示解决方案是如何解决问题的？

A. 记录发现、行动和结果　　B. 推测潜在原因

C. 验证全部系统功能　　D. 制定解决方案

第5章 网络

学习目标

通过完成本章的学习，您将能够回答下列问题。

- 网络传输有哪些不同类型？
- 网络中使用了哪些 Wi-Fi 网络标准？
- 有哪些不同类型的网络？
- 有哪些不同的网络类型和设备？它们的特点有哪些？
- 一些常用通信是什么？
- 什么是 TCP / IP 服务？什么是协议和标准？
- 最常见的 TCP / IP 端口是什么？
- 什么是 TCP / IP 模型？
- 什么是 ISP 宽带技术？
- 什么是TCP和UDP协议？有哪些端口？
- 什么是云计算技术？它们使用的目的是什么？

内容简介

通过计算机网络，用户可以共享资源并进行通信。想象一下，如果世界上没有邮件、网络报纸、博客、网站和互联网提供的其他服务，那会怎样？网络还可以让用户共享打印机、应用程序、文件、目录和存储驱动器等资源。本章将介绍网络的原理、标准和用途。IT 专业人员必须熟悉网络概念，以满足客户和网络用户的期望与需求。

在本章中，您将学习网络设计基础知识，以及设备如何影响数据流。这些设备包括集线器、交换机、无线接入点、路由器和防火墙。此外，本章还将介绍不同的互联网连接类型，比如 DSL、电缆、移动电话和卫星。您将了解 TCP/IP 模型的 4 个层以及与每层关联的功能和协议。您还将了解多种无线网络和协议，包括 IEEE 802.11 无线 LAN 协议、用于近距离的无线协议（如射频识别[RFID]、近场通信[NFC]）以及智能家居协议标准（如 ZigBee 和 Z-Wave）。这些知识可帮助您成功设计、实施网络并进行网络故障排除。本章最后将讨论网络电缆类型：同轴、双绞线和光纤电缆。您将了解每种类型的电缆是如何构造的，它们如何传输数据信号，以及每种电缆的适当使用案例。

5.1 网络组件和类型

计算机网络使计算机和其他设备能够进行通信，并且它们共享资源、数据和应用程序。不同的网络类型共享相同的组件、功能和特性。基于其范围或规模是对不同计算机网络类型进行分类的一种方法。

5.1.1 网络类型

网络以许多不同的方式进行分类，比如规模、地理范围和目的。本小节将分析各种网络类型以及用于表示它们的图标。

1. 网络图标

网络是由各种链路形成的系统。计算机网络将设备和用户彼此连接。各种网络图标用于表示计算机网络的不同部分。

（1）主机设备

人们最熟悉的网络设备是终端设备或主机设备（见图 5-1）。它们之所以被称为终端设备，是因为它们位于网络的末端或边缘；它们又被称为主机设备，因为它们通常托管使用网络向用户提供服务的网络应用程序，比如 Web 浏览器和邮件客户端。

（2）中间设备

计算机网络包含许多存在于主机设备之间的设备，这些中间设备确保数据可从一台主机设备传输到另一台主机设备。常见的中间设备如图 5-2 所示。

- **交换机**：将多台设备连接到网络。
- **路由器**：在网络之间转发流量。
- **无线接入点（AP）**：连接到无线路由器，用于扩大无线网络的覆盖范围。
- **无线路由器**：将多台有线设备连接到网络，并且可能包括用于连接有线主机的交换机。
- **调制解调器**：将一个家庭或小型办公室连接到互联网。

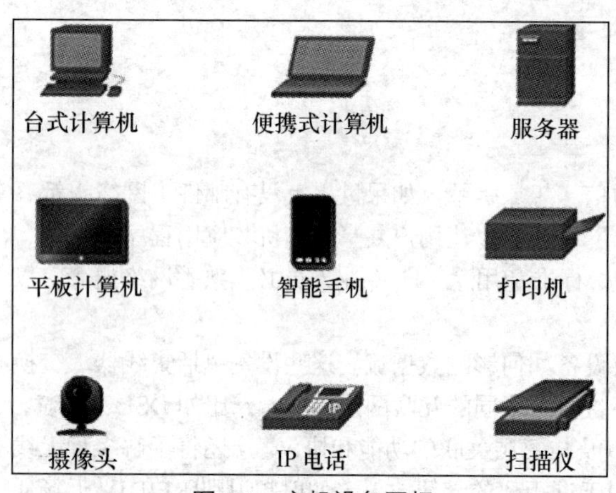

图 5-1 主机设备图标

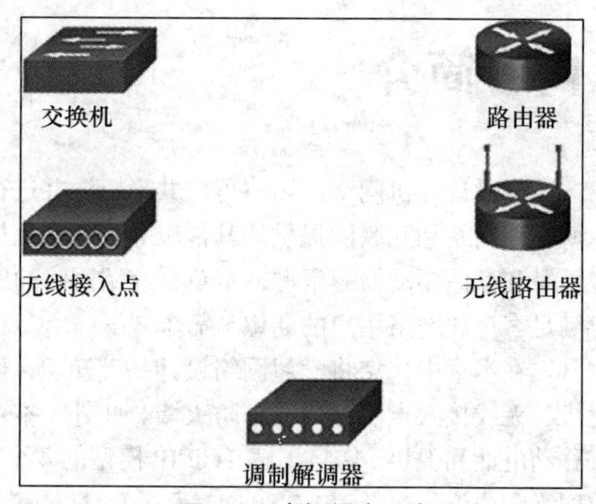

图 5-2 中间设备图标

（3）网络介质

网络中的通信都在介质上传输。介质为消息从源设备传输到目的设备提供了通道。介质（medium）的复数形式是 media。图 5-3 中的图标代表不同类型的网络介质。这里将进一步讨论局域网（LAN）、广域网（WAN）和无线网络。云通常用于网络拓扑中，代表与互联网的连接。互联网通常是一个网络与另一个网络之间的通信介质。

2. 网络拓扑和描述

网络可以采用多种配置表示，比如下面介绍的拓扑。

（1）个人区域网

个人区域网（PAN）是一个网络连接装置，如个人范围内的鼠标、键盘、打印机、智能电话和平板电脑，如图 5-4 所示。这些设备通常使用蓝牙技术进行连接。蓝牙是一种无线技术，可使设备进行短距离通信。

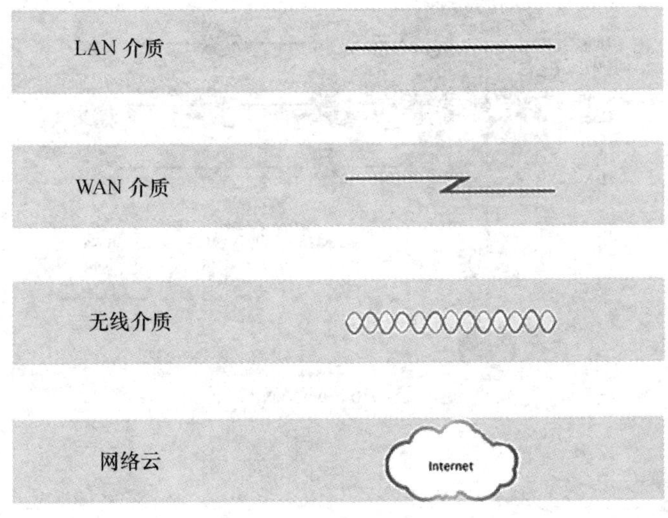

图 5-3 网络介质图标

（2）局域网

传统意义上，局域网（LAN）被定义为使用有线电缆在较小地理区域内连接设备的网络，如图 5-5 所示。但是，如今 LAN 的显著特征是它们通常由个人拥有，或者在家庭和小型企业中，或者由 IT 部门完全管理，或者在学校和公司中。

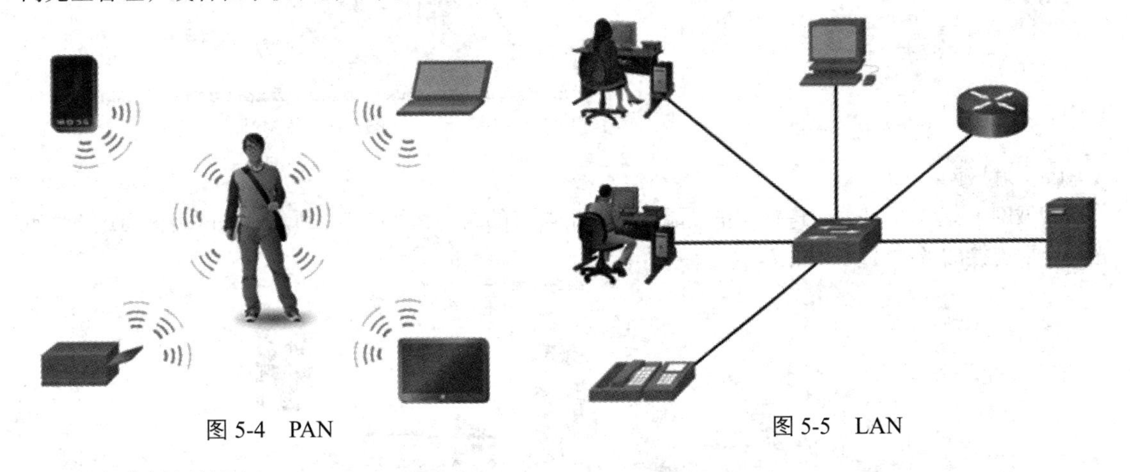

图 5-4 PAN

图 5-5 LAN

（3）虚拟局域网

虚拟局域网（VLAN）允许管理员将单个交换机上的端口划分为多个交换机，如图 5-6 所示。通过只将流量隔离到需要的端口中，可以提供更有效的数据转发。VLAN 还允许将终端设备组合在一起进行管理。在图 5-6 中，VLAN 2 为计算机创建了一个虚拟 LAN，即使位于不同楼层，其网络权限也可能与其他 VLAN 的网络权限不同。

（4）无线局域网

无线局域网（WLAN）类似于局域网，只是在一个小的地理区域内使用无线方式连接用户和设备，而不是使用有线连接，如图 5-7 所示。WLAN 使用无线电波在无线设备之间传输数据。

（5）无线网状网络

无线网状网络（WMN）使用多个接入点来扩展 WLAN。图 5-8 所示的拓扑显示了无线路由器。两个无线 AP 扩展了家庭内 WLAN 的范围。同样，企业和市政当局也可以使用 WMN 快速添加新的覆盖范围。

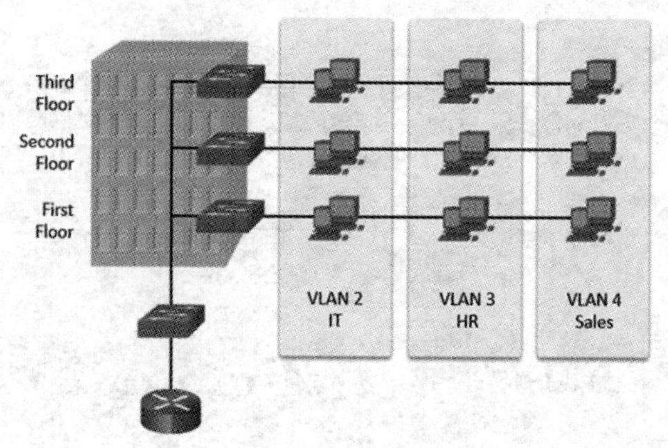

图 5-6 VLAN

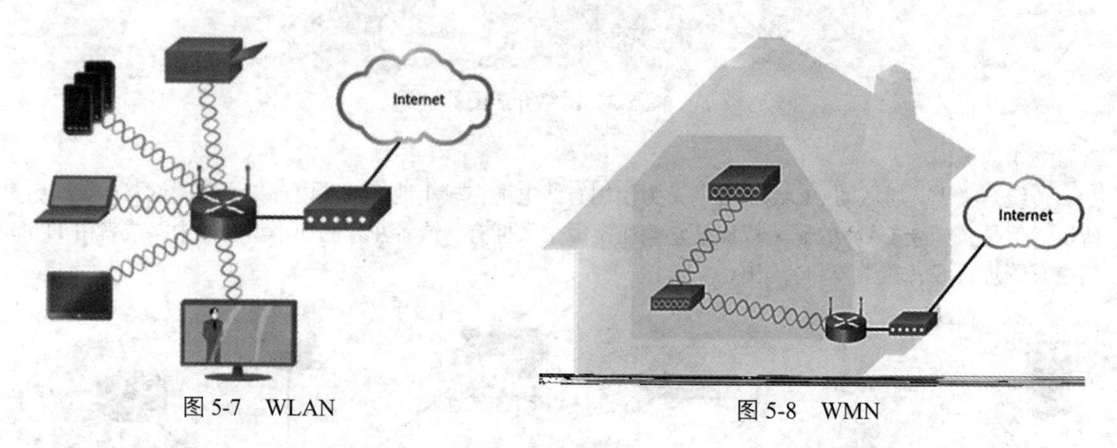

图 5-7 WLAN

图 5-8 WMN

（6）城域网

城域网（MAN）是一个跨越大量校园或一整个城市的网络，如图 5-9 所示。该网络由通过无线或光纤介质连接的各种建筑物组成。

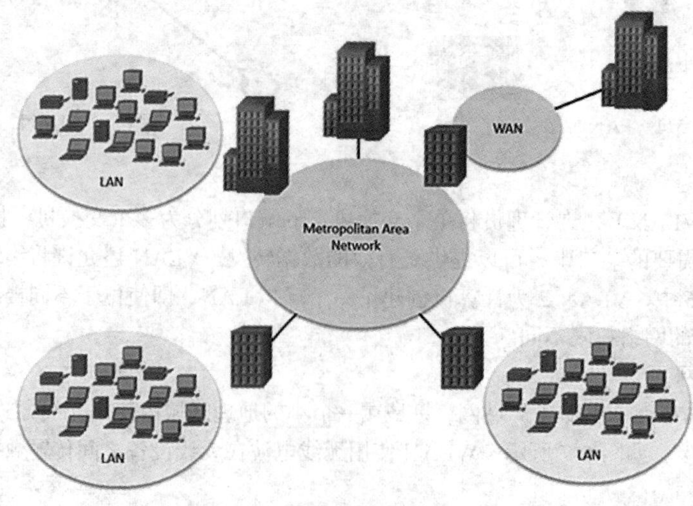

图 5-9 MAN

（7）广域网

广域网（WAN）连接位于不同位置的多个网络。个人和组织与服务提供商签订 WAN 访问合同，您的家庭或移动设备服务提供商就会为您连接到最大的 WAN，即 Internet。在图 5-10 中，东京和莫斯科的网络通过 Internet 连接。

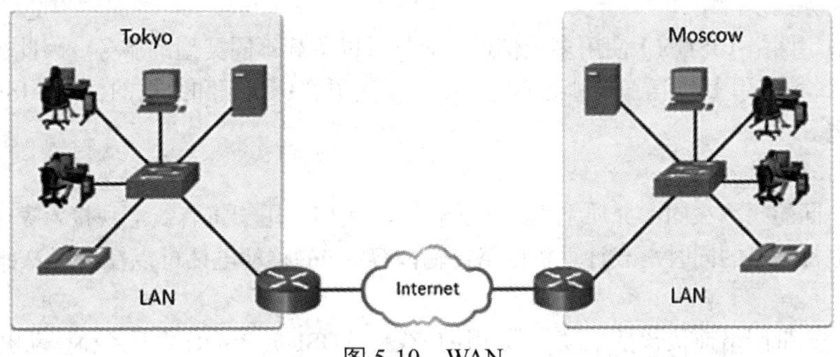

图 5-10 WAN

（8）虚拟专用网

虚拟专用网络（VPN）通过不安全的网络（如因特网）安全地连接到另一个网络。远程工作人员（异地或远程的网络用户）使用最常见的 VPN 访问公司专用网络。在图 5-11 中，Teleworker 1 和公司总部路由器之间的粗线表示 VPN 连接。Teleworker 1 使用 VPN 软件安全登录公司的网络。Teleworker 2 未安全连接，将无法访问公司内部资源。

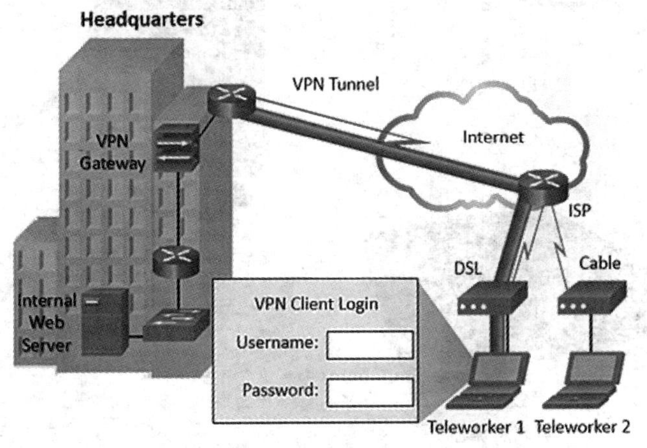

图 5-11 VPN

5.1.2 Internet 连接类型

有几种 WAN 解决方案用于站点之间的连接或 Internet 的连接。WAN 连接服务提供不同的速度和服务级别。您应该了解用户如何连接到 Internet 以及不同连接类型的优、缺点。

1. 连接技术简史

20 世纪 90 年代，互联网的速度非常缓慢，而现在可以使用带宽来传输语音、视频以及数据。拨号连接需要使用安装在计算机上的内部调制解调器或由 USB 连接的外部调制解调器。调制解调器拨号端口使用 RJ-11 连接器连接到电话插座。通过物理方式安装调制解调器后，必须将其连接到计算机的其中一个软件 COM 端口。此外，还必须为调制解调器配置本地拨号属性，比如外线前缀和区号。

设置连接或网络向导来配置到 ISP 服务器的链路。互联网连接已从模拟电话发展到宽带。

（1）模拟电话

模拟电话互联网接入可以通过标准语音电话线路传输数据，此类服务使用模拟调制解调器将电话呼叫置于远程站点的另一台调制解调器上。这种连接方法被称为拨号。

（2）综合业务数字网络

综合业务数字网络（ISDN）使用多个信道，而且可以承载不同类型的服务，因此被视为一种宽带类型。ISDN 是一种使用多个信道通过普通电话线路发送语音、视频和数据的标准。ISDN 的带宽大于传统拨号的带宽。

（3）宽带

宽带使用不同的频率在同一介质上发送多个信号。例如，用于将有线电视接入家中的同轴电缆可在传输数百个电视频道的同时承载计算机网络传输内容。您的移动电话可以在使用 Web 浏览器的同时接听语音电话。

一些常见的宽带网络连接包括电缆、数字用户线路（DSL）、ISDN、卫星和移动电话。图 5-12 显示了用于连接或传输宽带信号的设备。

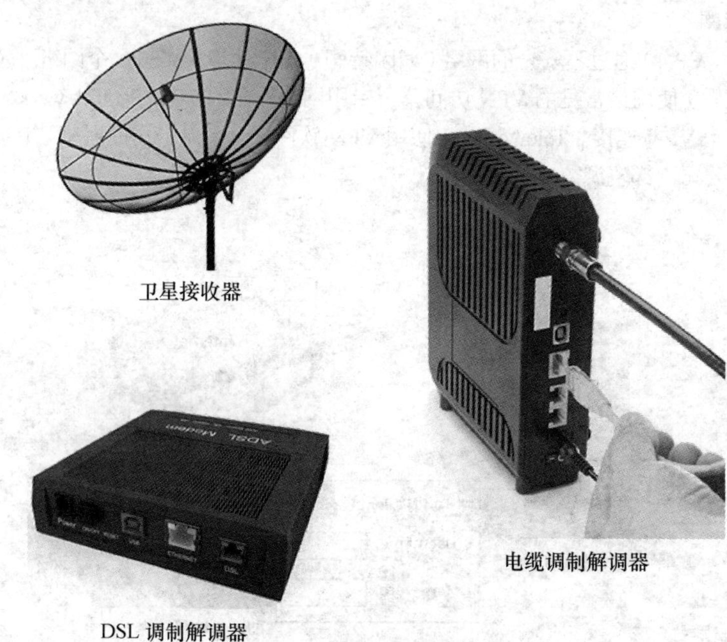

图 5-12 宽带设备

2. DSL、有线和光纤

DSL 和电缆都使用调制解调器通过互联网服务提供商（ISP）连接到互联网，如图 5-13 所示。DSL 调制解调器将用户的网络直接连接到电话公司的全数字化基础设施中。电缆调制解调器将用户的网络连接到有线服务提供商。

（1）DSL

DSL 是一种始终在线服务，这意味着您无须在每次连接互联网时都进行拨号。语音和数据信号在铜质电话线上以不同频率传输。过滤器会阻止 DSL 信号干扰电话信号。

（2）有线

有线互联网连接不使用电话线。电缆连接方式使用最初用于承载有线电视而设计的同轴电缆。电缆调制解调器用于将您的计算机连接到有线电视公司。您可以将计算机直接插入电缆调制解调器，但是，将路由设备连接到调制解调器后，将允许多台计算机共享互联网连接。

（3）光纤

光纤电缆由玻璃或塑料制成，使用光来传输数据。光纤的带宽很高，因此可承载大量的数据。在连接到互联网的某个时刻，您的数据将通过光纤网络。光纤用于主干网络、大型企业环境以及大型数据中心。靠近家庭和企业的原有铜缆布线基础设施逐渐被光纤取代。例如，在图 5-13 中，电缆连接包括混合同轴光纤（HFC）网络，其中光纤在距离用户住所的最后 1.6 千米处使用。在用户家中，网络切换回同轴铜缆。

连接选项取决于地理位置和运营商的可用性。

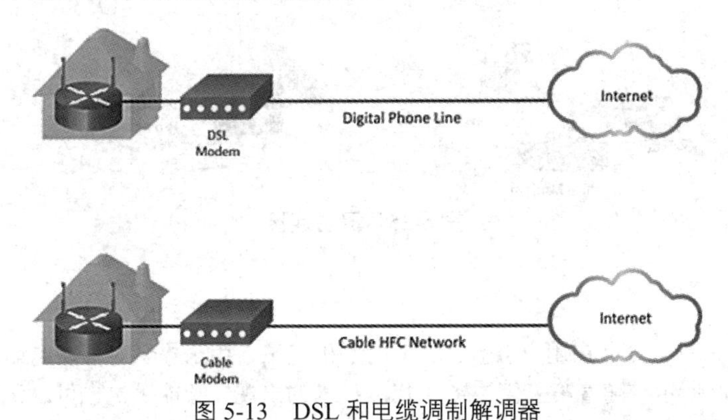

图 5-13　DSL 和电缆调制解调器

3. 视距无线互联网服务

视距无线互联网是一种使用无线电信号进行互联网访问的始终在线服务，如图 5-14 所示。无线电信号从基站发送到接收方，客户在此连接到计算机或网络设备。信号发射塔与客户之间需要有清晰的路径。此塔可能会连接其他基站，或者直接连接到互联网骨干。无线电信号可以传输且信号仍然强大，足以提供清晰信号的距离，这些都取决于信号的频率。900 MHz 的较低频率可最多传输 64.4 千米（40 英里），而 5.7 GHz 的较高频率只能传输 3.2 千米（2 英里）。极端天气、树木和高大建筑物都会影响信号的强度和传输性能。

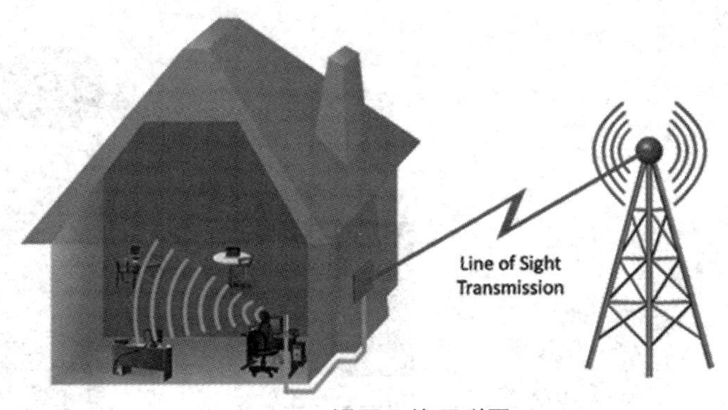

图 5-14　视距无线互联网

4. 卫星

宽带卫星是为无法获得电缆或 DSL 连接的客户提供的替代方案。卫星连接不需要电话线或电缆，而是用碟形卫星天线实现双向通信。碟形卫星天线通过卫星发送和接收信号，由卫星将这些信号传送回服务提供商，如图 5-15 所示。下载速度可达 10Mbit/s 或更高，而上传速度大约是下载速度的十分之一。信号从碟形卫星天线通过绕地球轨道运行的卫星传送到您的 ISP 需要一些时间，由于存在这种延迟，因此对时间很敏感的应用程序很难使用这种连接，比如视频游戏、IP 语音（VoIP）和视频会议。

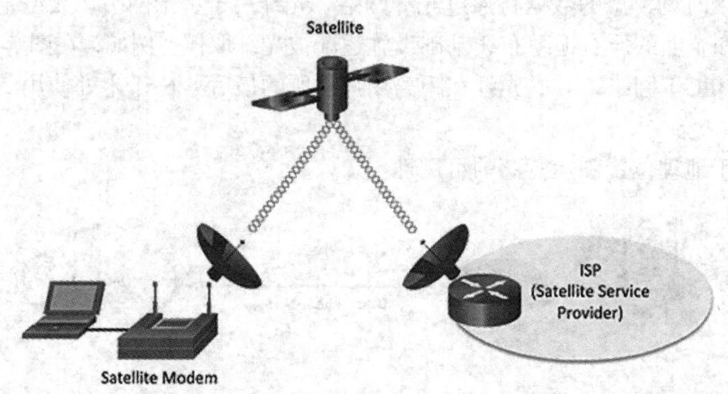

图 5-15 卫星连接

5. 蜂窝技术

移动电话技术依赖于分布在用户覆盖区域内的手机基站，用来提供对移动电话服务和互联网的无缝访问，如图 5-16 所示。随着第三代（3G）蜂窝技术的出现，智能手机也可以访问互联网。随着移动电话技术的更新换代，下载和上传速度都在不断提高。

在世界上的一些地区，智能手机是用户访问互联网的唯一途径。在美国，用户越来越依赖智能手机访问互联网。根据皮尤研究中心的调查，2018 年美国有 20%的成人在家不使用宽带（18～29 岁成人所占比率为 28%），而是使用智能手机进行个人互联网的访问。

6. 移动热点和网络共享

许多移动电话都提供连接其他设备的功能，这种连接被称为“网络共享”，可通过 Wi-Fi、蓝牙或 USB 电缆来建立这种连接。一旦设备连接上，它使用移动电话的蜂窝网连接来访问互联网。当移动电话允许其他 Wi-Fi 设备连接并使用自己的移动数据网络时，就被称为移动热点，如图 5-17 所示。

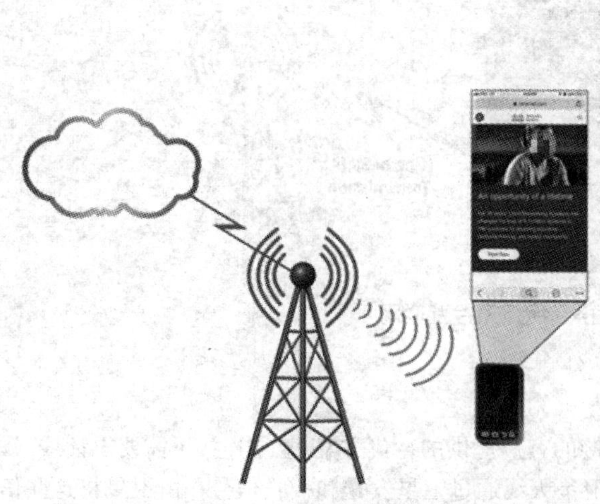

图 5-16 用于互联网访问的蜂窝技术

图 5-17 移动热点

5.2 网络协议、标准和服务

目前已经开发了数百种计算机网络协议，每种协议都是针对特定目的和环境而设计的。协议定义网络上的两个设备如何相互通信，它们通过这些规则就如何发送和接收数据达成一致，这样就可以有效地联网。标准化的网络协议为网络设备提供了一种通用语言。标准是特定协议应如何操作的指南。每个人都知道通用标准并遵守协议，即使设备运行不同的操作系统，也可以在提供商之间建立互操作性并建立通信，网络终端用户依靠网络协议进行连接，并依靠服务提高生产率。

5.2.1 传输层协议

网络中使用端口和协议来允许设备、应用程序和网络之间的通信。协议定义了这种通信的发生方式，并且端口用于跟踪各种通信。本小节将说明数据网络中使用的常见的传输层协议和端口。传输层负责在两个应用程序之间建立临时通信会话，并在它们之间传输数据。传输层是应用程序层与较低层之间的链接，负责网络传输。

1. TCP/IP 模型

TCP/IP 模型由执行必要功能的层组成，以准备在网络上传输的数据。TCP/IP 代表模型中的两个重要协议：传输控制协议（TCP）和网际协议（IP）。TCP 负责跟踪用户设备与多个目的地之间的所有网络连接。IP 负责添加寻址，以便将数据路由到预期目的地。

在传输层运行的两个协议是 TCP 和用户数据报协议（UDP），如图 5-18 所示。TCP 被认为是可靠且功能齐全的传输层协议，用于确保所有数据到达目的设备。相反，UDP 是不提供任何可靠性的一个非常简单的传输层协议。

图 5-19 强调了 TCP 和 UDP 属性。

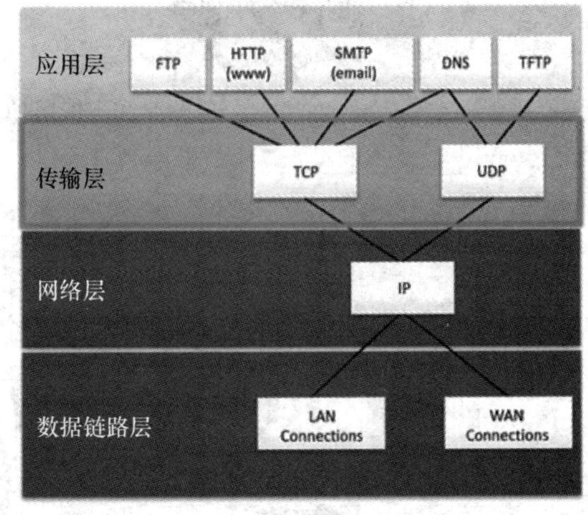

图 5-18 两个传输层的协议

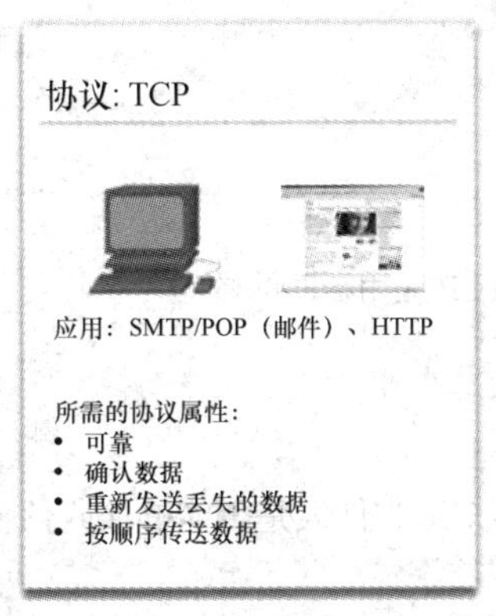

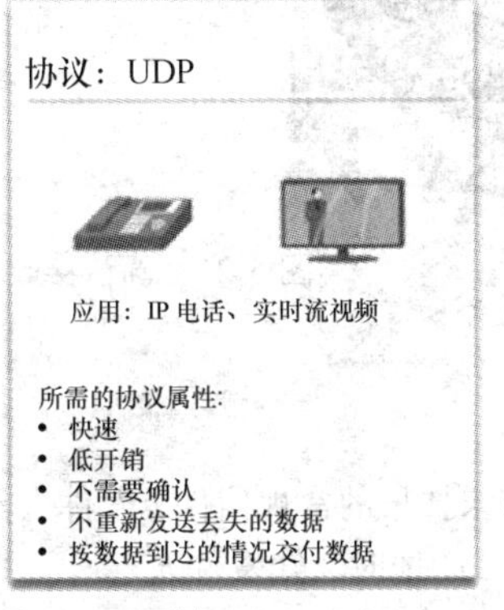

图 5-19 TCP 和 UDP 属性

2. TCP

TCP 传输类似于从源到目的地跟踪发送的数据包。如果快递订单分多个数据包，客户可以在线查看发货顺序。使用 TCP 的 3 项基本的可靠性操作如下。

- 对从特定应用程序传输到特定设备的数据段进行编号和跟踪。
- 确认收到数据。
- 在一定时间段后重新传输未确认的数据。

图 5-20 ~ 图 5-23 演示了 TCP 数据段和确认信息从发送方传输到接收方的过程。

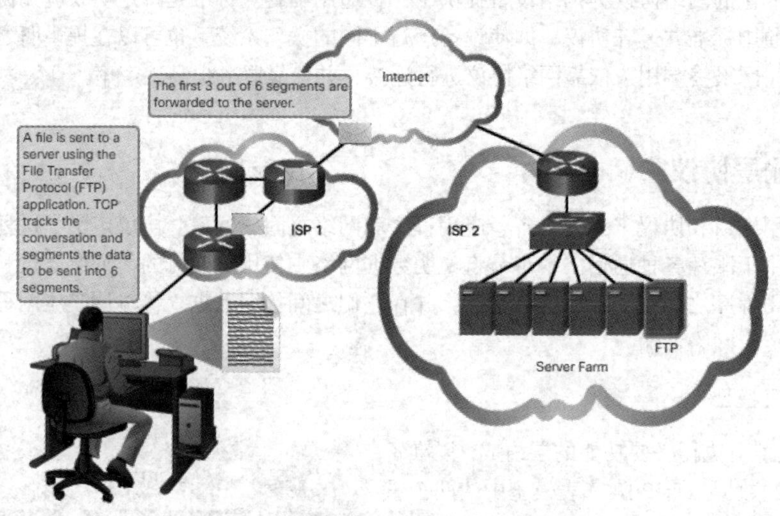

图 5-20　使用 TCP 应用程序发送数据

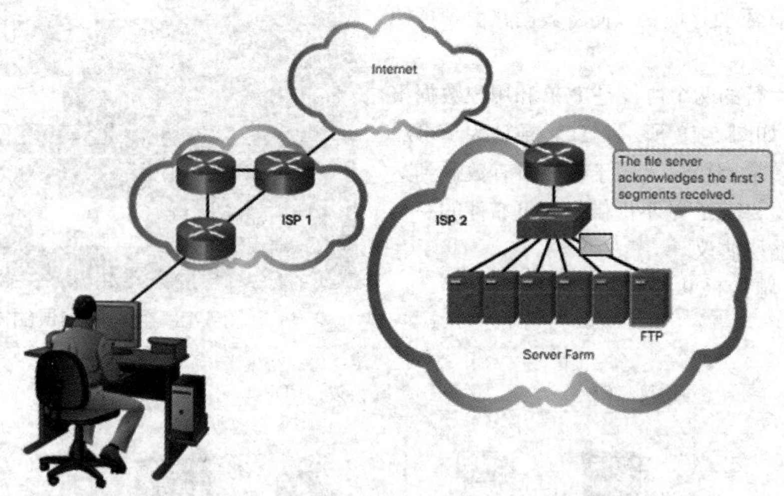

图 5-21　确认接收 TCP 应用程序的数据

3. UDP

UDP 类似于邮寄未挂号的常规信件，发件人不知道收件人是否能够接收信件，邮局也不负责跟踪信件或在信件未到达目的地时通知发件人。

UDP 仅提供在相应应用程序之间传输数据分段的基本功能，需要很少的开销和数据检查。UDP 是一种尽力传输协议。在网络环境中，尽力传输被称为不可靠传输，因为它缺乏目的设备对所收到数据的确认机制。

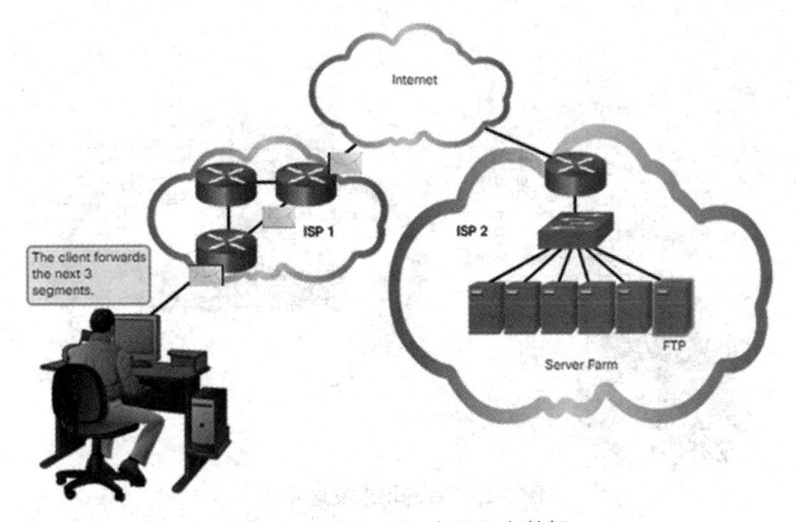

图 5-22 使用 TCP 发送更多数据

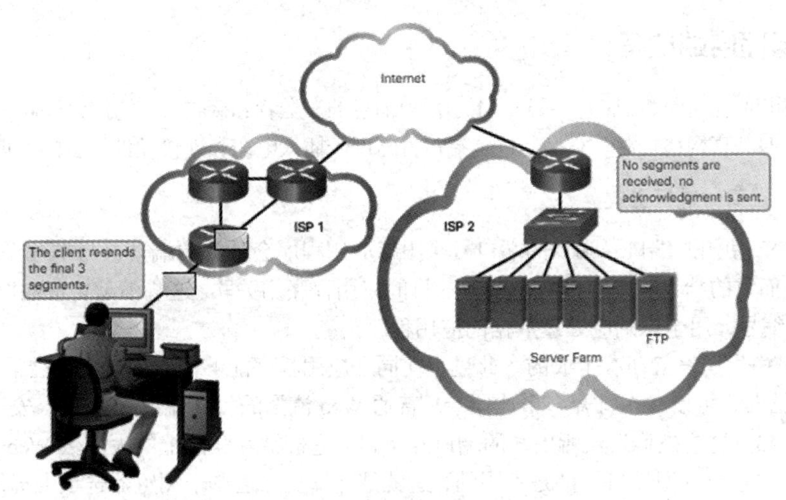

图 5-23 目的地未接收到段

图 5-24 和图 5-25 演示了 UDP 数据段从发送方传输到接收方的过程。

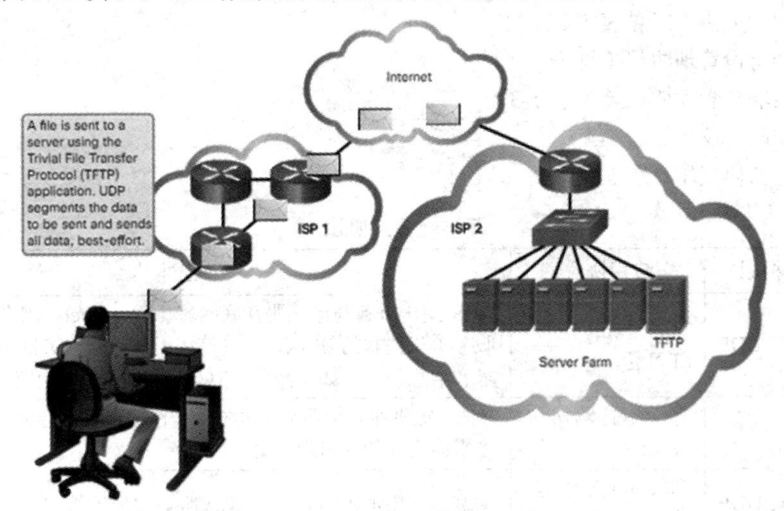

图 5-24 使用 UDP 应用程序发送数据：TFTP

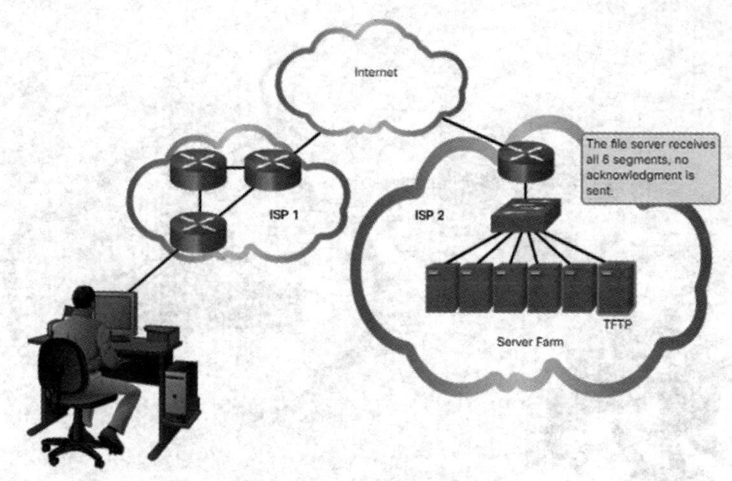

图 5-25　目的地未发送确认

5.2.2　应用程序端口号

应用程序端口号是寻址信息的一部分，用于标识消息的发送者和接收者。它们允许同一台计算机上的不同应用程序同时共享网络资源。它们是逻辑端口，与用于插入电缆和连接硬件设备的物理端口不同。

对应用程序端口号进行分类

TCP 和 UDP 使用源端口号和目的端口号来跟踪应用程序会话。源端口号与本地设备上的始发应用程序相关联，而目的端口号则与远程设备上的目的应用程序相关联。这些不是物理端口，它们是 TCP 和 UDP 使用的编号，用于识别应处理数据的应用程序。

源端口号是由发送设备动态生成的，此过程使同一应用程序能够同时进行多个会话。例如，当您使用 Web 浏览器时，可以一次打开多个选项卡。普通 Web 流量的目的端口号为 80，安全 Web 流量的目的端口号为 443，这些被称为众所周知的端口号，因为它们被互联网上的大多数 Web 服务器一致使用。打开的每个选项卡的源端口号都是不同的，这就是计算机知道哪个浏览器选项卡提供哪些 Web 内容的原因。同样，邮件和文件传输等其他网络应用程序也有其自己所分配的端口号。

应用层协议的类型有很多，通过传输层的 TCP 或 UDP 端口号标识。

- 万维网相关协议（见表 5-1）。
- 邮件和身份管理协议（见表 5-2）。
- 文件传输和管理协议（见表 5-3）。
- 远程访问协议（见表 5-4）。
- 网络运营协议（见表 5-5）。

表 5-1　万维网相关协议

端口号	传输协议	应用协议	描述
53	TCP、UDP	域名系统（DNS）	DNS 用于查找与已注册互联网域（用于 Web、邮件和其他互联网服务）相关联的 IP 地址，它使用 UDP 进行 DNS 服务器之间的请求和信息传输。如有需要，TCP 将用于 DNS 响应
80	TCP	超文本传输协议（HTTP）	HTTP 提供在万维网上交换文本、图形图像、音频、视频以及其他多媒体文件的一组规则集
443	TCP、UDP	超文本传输安全协议（HTTPS）	浏览器使用加密并验证与 Web 服务器的连接

表 5-2 邮件和身份管理协议

端口号	传输协议	应用协议	描述
25	TCP	简单邮件传输协议（SMTP）	SMTP 用于将邮件从客户端发送到邮件服务器，它还可用于将邮件从源邮件服务器转发到目的邮件服务器
110	TCP	邮局协议版本 3（POP3）	POP3 用于邮件客户端从邮件服务器检索邮件
143	TCP	互联网消息访问协议（IMAP）	IMAP 用于从服务器中检索邮件，它比 POP3 更先进，可以提供许多优势
389	TCP、UDP	轻量级目录访问协议（LDAP）	LDAP 用于维护可跨网络和系统共享的用户身份目录信息，它可用于管理有关用户和网络资源的信息，还可用于对多台计算机上的用户进行身份验证

表 5-3 文件传输和管理协议

端口号	传输协议	应用协议	描述
20	TCP	文件传输协议（FTP）	FTP 用于在计算机之间传输文件，它被视为不安全的协议，应使用 SSH 文件传输协议（SFTP，TCP 端口 22）
21	TCP	文件传输协议（FTP）	FTP 使用 TCP 端口 21 在客户端和 FTP 服务器之间建立连接，以便开始数据传输会话
69	UDP	简单文件传输协议（TFTP）	TFTP 使用的开销比 FTP 的更少
445	TCP	服务器消息块或通用互联网文件系统（SMB/CIFS）	SMB/CIFS 允许在网络上的节点之间共享文件、打印机和其他资源
548	TCP、UDP	苹果文件协议（AFP）	AFP 是由 Apple 公司开发的专有协议，用于为 macOS 和经典 Mac OS 启用文件服务

表 5-4 远程访问协议

端口号	传输协议	应用协议	描述
22	TCP	安全外壳协议（SSH）	SSH 在客户端和远程计算机之间提供强大的身份验证和加密数据传输。与 Telnet 一样，它在远程计算机上提供命令行
23	TCP	远程终端协议（Telnet）	Telnet 是一种不安全的远程访问协议，它在远程计算机上提供命令行。出于安全原因，首选 SSH
3389	TCP、UDP	远程桌面协议（RDP)	RDP 由微软开发，用于提供对远程计算机图形桌面的远程访问。这对技术支持情况非常有用，但应谨慎使用，因为它为远程用户提供了对目的计算机的全面控制

表 5-5 网络运营协议

端口号	传输协议	应用协议	描述
67/68	UDP	动态主机配置协议（DHCP）	DHCP 自动为网络主机提供 IP 地址，并提供管理这些地址的方式。DHCP 服务器使用 UDP 端口 67，而客户端主机使用 UDP 端口 68
137~139	UDP、TCP	网上基本输入输出系统（NetBIOS）（NetBT）	TCP/IP 上的 NetBIOS 提供一种系统，使旧式计算机应用程序可以通过大型 TCP/IP 网络进行通信。不同的 NetBT 功能在此范围内使用不同的协议和端口
161/162	UDP	简单网络管理协议（SNMP）	SNMP 使网络管理员可以从集中监控站监控网络操作
427	UDP、TCP	服务定位协议（SLP）	SLP 允许计算机和其他设备在事先没有配置的情况下，在 LAN 上查找服务。通常使用 UDP，但也可以使用 TCP

表5-6按端口号顺序列出了所有应用协议。

表5-6 按端口号顺序比较应用协议

端口号	传输协议	应用协议
20	TCP	FTP（数据）
21	TCP	FTP（控制）
22	TCP	SSH
23	TCP	Telnet
25	TCP	SMTP
53	TCP、UDP	DNS
67	UDP	DHCP（服务器）
68	UDP	DHCP（客户端）
69	UDP	TFTP
80	TCP	HTTP
110	TCP	POP3
137~139	TCP、UDP	NetBIOS（NetBT）
143	TCP	IMAP
161/162	UDP	SNMP
389	TCP、UDP	LDAP
427	TCP、UDP	SLP
443	TCP	HTTPS
445	TCP	SMB/CIFS
548	TCP	AFP
3389	TCP、UDP	RDP

5.2.3 无线协议

无线信号是被广泛使用的通信选项之一。网络支持不同的协议，因为没有一个协议可以为所有不同的无线技术都提供最佳解决方案。无线协议在速度、距离、可靠性和针对移动设备的优化方面有所不同，以支持不同的用户需求。无线协议和技术在不断变化并影响我们的通信方式。

1. WLAN协议

电气和电子工程师协会（IEEE）的Wi-Fi标准在802.11集合标准组中指定了WLAN的射频、速度和其他功能。IEEE 802.11标准已经开发了多年，802.11a、802.11b和802.11g标准已被视为过时，新的WLAN应该实施802.11ac标准。在购买新设备时，现有的WLAN实施应升级到802.11ac。表5-7对比了各种802.11标准。

表5-7 IEEE 802.11标准比较

IEEE标准	最高速度	最大室内范围	频率	向后兼容
802.11a	54 Mbit/s	35米（115英尺）	5 GHz	无
802.11b	11 Mbit/s	35米（115英尺）	2.4 GHz	无
802.11g	54 Mbit/s	38米（125英尺）	2.4 GHz	802.11b
802.11n	600 Mbit/s	70米（230英尺）	2.4 GHz和5 GHz	802.11a/b/g
802.11ac	1.3 Gbit/s（1300 Mbit/s）	35米（115英尺）	5 GHz	802.11a/n

2. 蓝牙、RFID 和 NFC

用于近距离连接的无线协议包括蓝牙、射频识别（RFID）和近场通信（NFC）。

（1）蓝牙

一个蓝牙设备最多可连接 7 个其他蓝牙设备，如图 5-26 所示。如 IEEE 标准 802.15.1 所述，蓝牙设备在 2.4 GHz ~ 2.485 GHz 的射频范围内运行，通常用于 PAN。蓝牙标准中融入了自适应跳频（AFH）技术。AFH 允许信号在 2.4 GHz ~ 2.485 GHz 范围内使用不同频率进行“跳转”，从而降低了有多个蓝牙设备时发生干扰的可能性。

（2）RFID

RFID 使用 125 MHz ~ 960 MHz 范围内的频率唯一地识别项目，比如用于交通，如图 5-27 所示。包含电池的有源 RFID 标签可以将其 ID 传播长达 100 米，无源 RFID 标签依靠 RFID 读取器使用无线电波来激活和读取标签。无源 RFID 标签通常用于近距离扫描，但最远可达 25 米。

（3）NFC

NFC 使用 13.56 MHz 的频率，是 RFID 标准的子集。NFC 旨在成为一种用于完成交易的安全方法。例如，消费者通过在支付系统旁边挥动一下手机来支付费用，如图 5-28 所示。根据其唯一的 ID，系统会直接从预付账户或银行账户收取其支付金额。NFC 还用于公共交通服务、公共停车服务和更多消费领域。

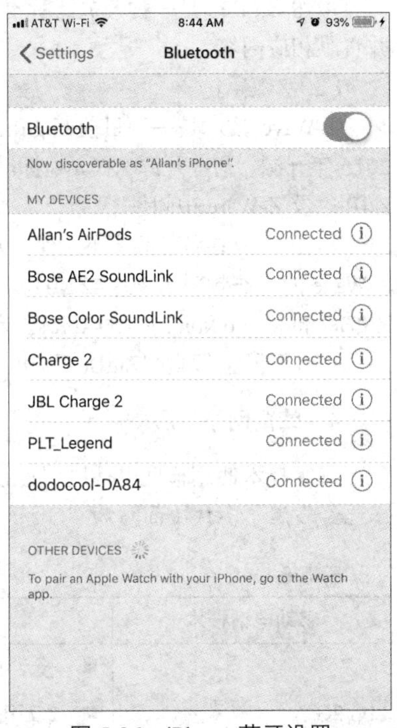

图 5-26 iPhone 蓝牙设置

图 5-27 RFID 条形码阅读器

图 5-28 NFC 支付

3. ZigBee 和 Z-Wave

ZigBee 和 Z-Wave 是两种智能家庭标准，允许用户连接无线网状网络中的多个设备。通常可从智能手机应用程序中对设备进行管理。

（1）ZigBee

ZigBee 使用基于 IEEE 802.15.4 低速无线个域网（LR-WPAN）无线标准的低功耗数字无线电，旨在供低成本、低速设备使用。ZigBee 在 868 MHz ~ 2.4 GHz 的频率范围内运行，距离限制为 10 ~ 20 米。ZigBee 的数据速率为 40 kbit/s ~ 250 kbit/s，可支持约 65000 台设备。

ZigBee 规范依赖于被称为 ZigBee 协调器的主要设备。ZigBee 协调器不仅负责管理所有 ZigBee 客户端设备，还负责创建和维护 ZigBee 网络。

虽然 ZigBee 是一种开放式标准，但软件开发人员必须是 ZigBee 联盟的付费会员才能使用此标准并贡献相应内容。

（2）Z-Wave

Z-Wave 技术是一种目前归 Silicon Labs 所有的专有标准。然而，Z-Wave 互通层的公开版本已于 2016 年开源。这些开源 Z-Wave 标准包括 Z-Wave 的 S2 安全性，用于通过 IP 网络传输 Z-Wave 信号的 Z/IP 以及 Z-Ware 中间件。

Z-Wave 可在各种频率下工作，从印度的 865.2 MHz 到日本的 922 MHz ~ 926 MHz 均可。在北美，Z-Wave 的工作频率为 908.42 MHz。Z-Wave 可以在长达 100 米的距离内传输数据，但数据传输速率比 ZigBee 的低 9.6 kbit/s ~ 100 kbit/s。Z-Wave 可在一个无线网状网络中支持多达 232 台设备。

在互联网上搜索“ZigBee”和“Z-Wave”，可了解有关这两种智能家居标准的最新信息。

4. 蜂窝网络发展

蜂窝技术使用移动电话网络连接到互联网，其性能可能会受手机功能和手机基站的限制。蜂窝技术已经发展了多代（简写为“G”），如表 5-8 所示。

表 5-8 蜂窝网络发展

移动电话技术	描述
1G/2G	■ 移动电话的第一代（1G）只有模拟语音通话 ■ 2G 引入了数字语音、会议呼叫和主叫方 ID ■ 速率：低于 9.6 kbit/s
2.5 G	■ 2.5G 支持网页浏览，短音频和视频片段、游戏以及应用程序和铃声的下载 ■ 速率：9.6 kbit/s~237 kbit/s
3G	■ 3G 支持全动态视频、流媒体音乐、3D 游戏和更快的网页浏览 ■ 速率：144 kbit/s~2 Mbit/s
3.5 G	■ 3.5G 支持高质量流视频、高质量视频会议和 VoIP ■ VoIP 是一种将互联网寻址应用于语音数据的技术 ■ 速率：400 kbit/s ~ 16 Mbit/s
4G	■ 4G 支持基于 IP 的语音、游戏服务、高质量的流媒体和互联网协议第 6 版（IPv6）。IPv6 是互联网寻址的最新版本 ■ 2008 年首次发布时，没有手机运营商可以满足 4G 速度标准 ■ 速率：5.8 Mbit/s ~ 672 Mbit/s
LTE	■ 长期演进（LTE）是一种符合 4G 速度标准的 4G 技术的名称 ■ 当用户高速移动时，比如在高速公路上行驶的汽车中，高级版本的 LTE 可以显著提高速度 ■ 速率：移动时为 50 Mbit/s ~ 100 Mbit/s，静止时高达 1 Gbit/s
5G	■ 5G 标准于 2018 年 6 月获得批准，目前正在部分市场中实施 ■ 5G 支持各种应用程序，包括 AR、VR、智能家居、智能汽车以及在设备之间进行数据传输的任何场景 ■ 速率：400 Mbit/s ~ 3 Gbit/s（下载）；500 Mbit/s ~ 1.5 Gbit/s（上传）

5.2.4 网络服务

网络服务器是为客户端提供所需服务的组件。网络服务是根据请求的服务类型使用协议提供的服务。根据用户的要求，可以提供许多类型的网络服务，比如访问 Internet、电子邮件、文件共享等。

1. 客户端和服务器角色

所有连接到网络并直接参与网络通信的计算机都属于主机。主机也被称为终端设备。网络中的主机会扮演某种角色，其中有些主机执行安全任务，而有些则提供 Web 服务，还有许多执行文件或打印服务等特定任务的传统或嵌入式系统。提供服务的主机被称为服务器，使用这些服务的主机被称为客户端。

每项服务都需要单独的服务器软件。例如，服务器必须安装 Web 服务器软件才能为网络提供 Web 服务。安装有服务器软件的计算机可以同时向一个或多个客户端提供服务。一台计算机也可以运行多种类型的服务器软件。在家庭或小型企业中，一台计算机可能要同时充当文件服务器、Web 服务器和邮件服务器等多个角色。

客户端需要安装软件，以向服务器请求信息并显示所获取的信息。Web 浏览器（如 Chrome 或 FireFox）是典型的客户端软件。一台计算机也可以运行多种类型的客户端软件。例如，用户在收发即时消息和收听互联网广播的同时，可以查收邮件和浏览网页。

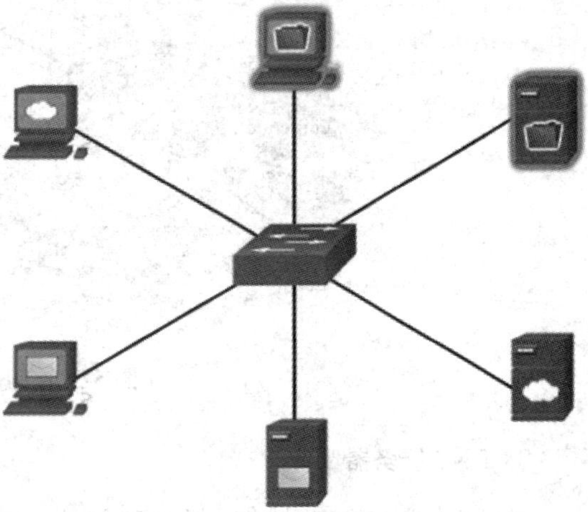

图 5-29 文件客户端和服务器

常见的客户端和服务器角色有以下几种。

- 文件客户端和服务器（见图 5-29）：文件服务器将公司和用户文件存储在中央位置，客户端设备使用客户端软件（如 Windows 资源管理器）访问这些文件。
- Web 客户端和服务器（见图 5-30）：Web 服务器运行 Web 服务器软件，并且客户端使用其浏览器软件（如 Windows Internet Explorer）访问服务器上的网页。
- 电子邮件客户端和服务器（见图 5-31）：电子邮件服务器运行电子邮件服务器软件，并且客户端使用其邮件客户端软件（如 Microsoft Outlook）访问服务器上的电子邮件。

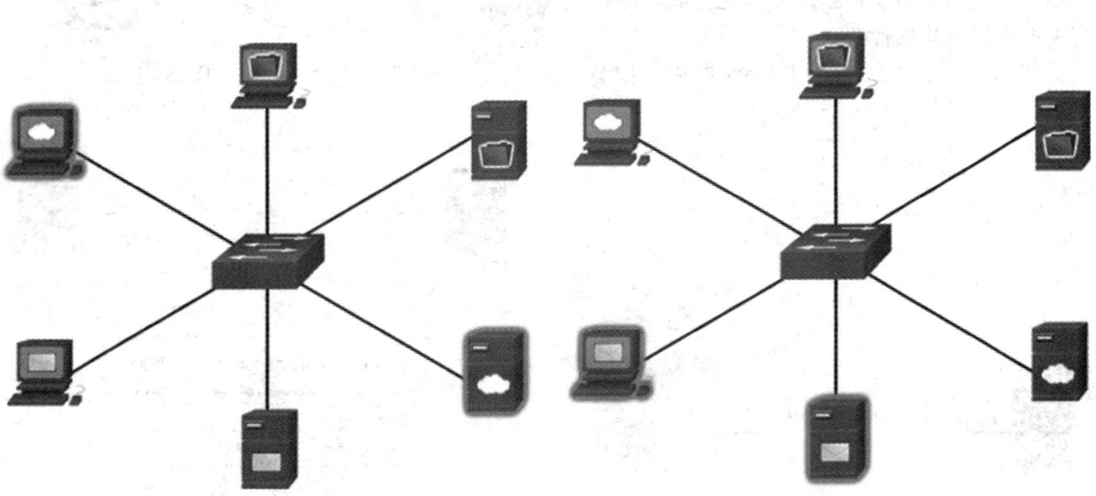

图 5-30 Web 客户端和服务器

图 5-31 电子邮件客户端和服务器

2. DHCP 服务器

一台主机需要有 IP 地址信息才能在网络上发送数据，重要的 IP 地址服务有两种，分别是动态主机配置协议（DHCP）和域名服务（DNS）。

DHCP 是 ISP、网络管理员和无线路由器向主机自动分配 IP 寻址信息的服务，如图 5-32 所示。

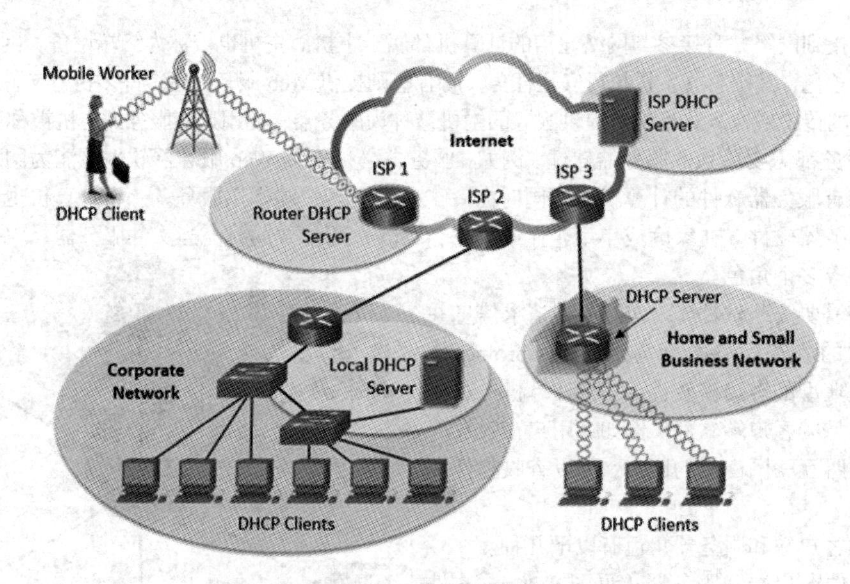

图 5-32　DHCP 服务器类型

3. DNS 服务器

计算机使用 DNS 将域名转换为 IP 地址。在互联网中，更便于人们记忆的是域名，而不是该服务器的实际数字 IP 地址，比如 198.133.219.25。如果思科决定更改官网的数字 IP 地址，那么用户可能不会知道，因为域名保持不变。公司只需要将新地址与现有域名链接起来即可保证连通性。

图 5-33 ~ 图 5-37 显示了 DNS 解析的相关步骤。

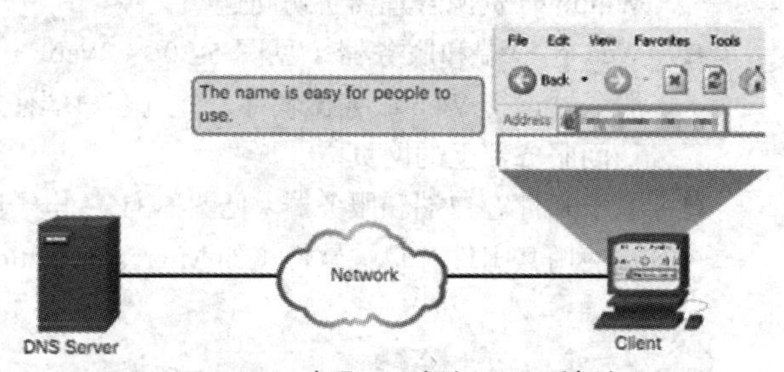

图 5-33　步骤 1：解析 DNS 地址

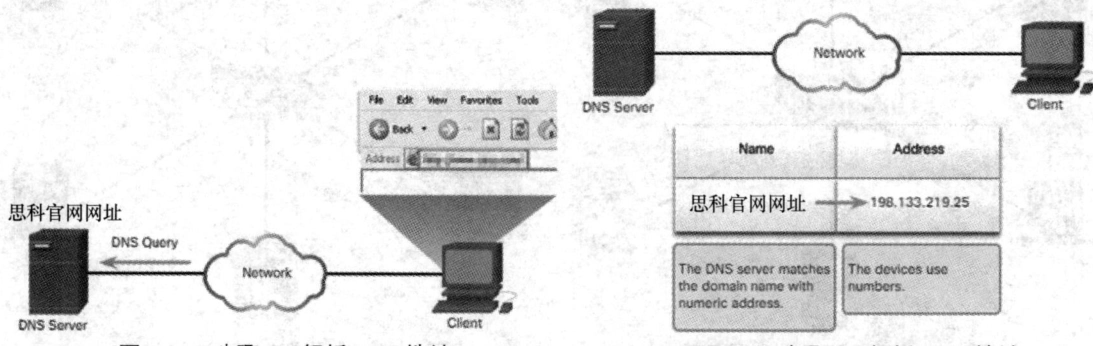

图 5-34　步骤 2：解析 DNS 地址

图 5-35　步骤 3：解析 DNS 地址

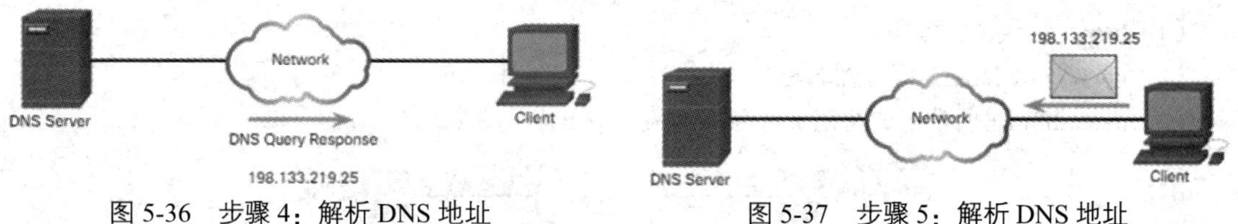

图 5-36 步骤 4：解析 DNS 地址　　图 5-37 步骤 5：解析 DNS 地址

4. 打印服务器

打印服务器支持多个计算机用户访问同一个打印机。打印服务器有以下 3 项功能。

- 提供对打印资源的客户端访问。
- 按队列存储打印作业，直到打印设备准备就绪，然后将打印信息提供给打印机或将打印信息脱机送到打印机，从而管理打印作业。
- 向用户提供反馈。

5. 文件服务器

FTP 提供在客户端和服务器之间传输文件的功能。FTP 客户端是一种在计算机上运行的应用程序，用于从运行 FTP 服务的服务器上上传和下载文件。

为了成功传输文件，FTP 要求客户端和服务器之间建立两个连接，一个用于命令和应答，另一个用于实际文件传输，如图 5-38 所示。

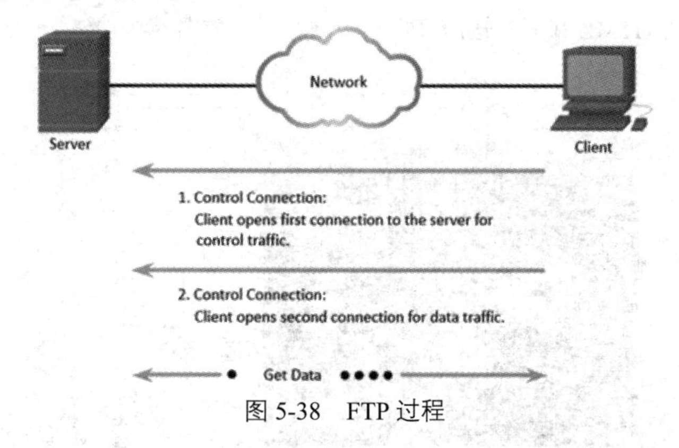

图 5-38 FTP 过程

FTP 有很多安全漏洞。因此，应该使用一种更为安全的文件传输服务，比如以下服务之一。

- **超文本传输安全协议（FTPS）**：FTP 客户端可以请求加密文件传输会话。文件服务器可以接受或者拒绝该请求。
- **SSH 文件传输协议（SFTP）**：作为安全外壳协议（SSH）的一个扩展，SFTP 可用于建立安全的文件传输会话。
- **安全复制（SCP）**：SCP 也使用 SSH 来保护文件传输的安全。

6. Web 服务器

Web 资源由 Web 服务器提供。主机使用 HTTP 或安全 HTTP （HTTPS）来访问 Web 资源。HTTP 是在万维网上交换文本、图形图像、声音和视频的一组规则。HTTPS 采用安全套接字层协议（SSL）或较新的传输层安全协议（TLS）增加了加密和身份验证服务。HTTP 在端口 80 上运行，HTTPS 在端口 443 上运行。

为了更好地理解 Web 浏览器和 Web 客户端的交互原理，可以研究一下浏览器是如何打开网页的。首先，浏览器对 URL 地址的 3 个组成部分进行分析，如图 5-39 所示。

（1）**http**（协议或方案）。
（2）www.×××.com（服务器名称）。
（3）index.html（所请求的特定文件名）。

图 5-39 HTTP 实例拓扑

然后，浏览器通过 DNS 将 www.×××.com 转换成数字表示的 IP 地址，用它连接到该服务器。根据 HTTP 协议的要求，浏览器向该服务器发送 GET 请求并请求 index.html 文件，如图 5-40 所示。

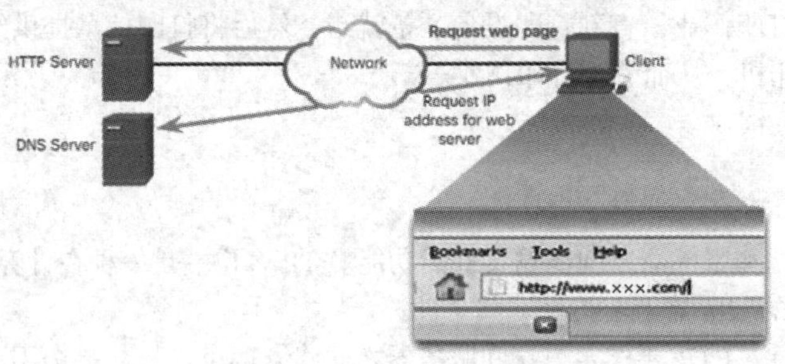

图 5-40 步骤 1：HTTP 过程

服务器将该网页的 HTML 代码发送回客户端的浏览器，如图 5-41 所示。

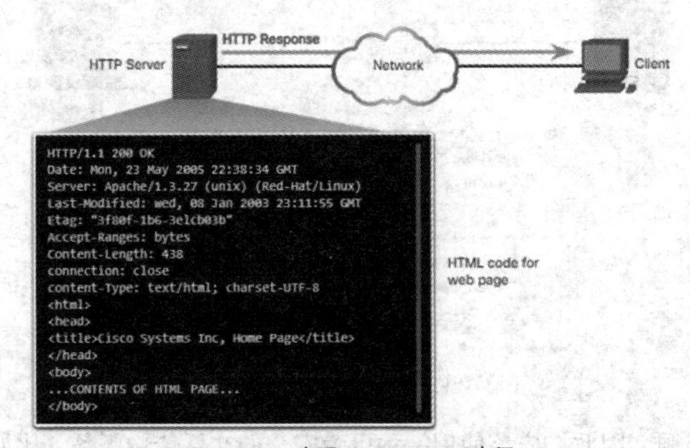

图 5-41 步骤 2：HTTP 过程

最后，浏览器解析 HTML 代码并针对浏览器窗口调整页面格式，如图 5-42 所示。

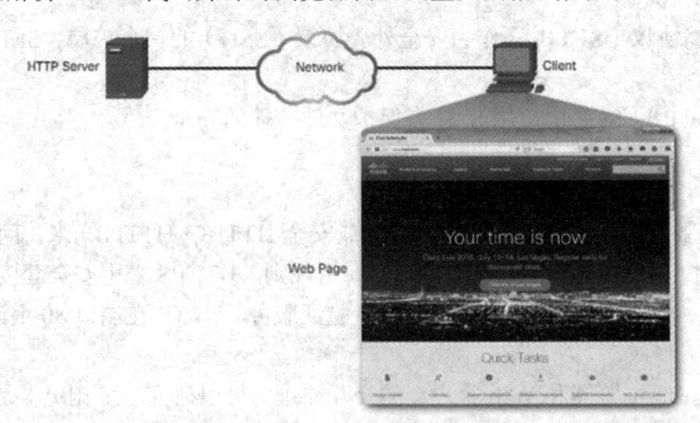

图 5-42 步骤 3：HTTP 过程

7. 邮件服务器

邮件需要多种应用程序和服务，如图 5-43 所示。邮件是通过网络发送、存储和检索电子消息的存储和转发方法。邮件信息存储在邮件服务器的数据库中。

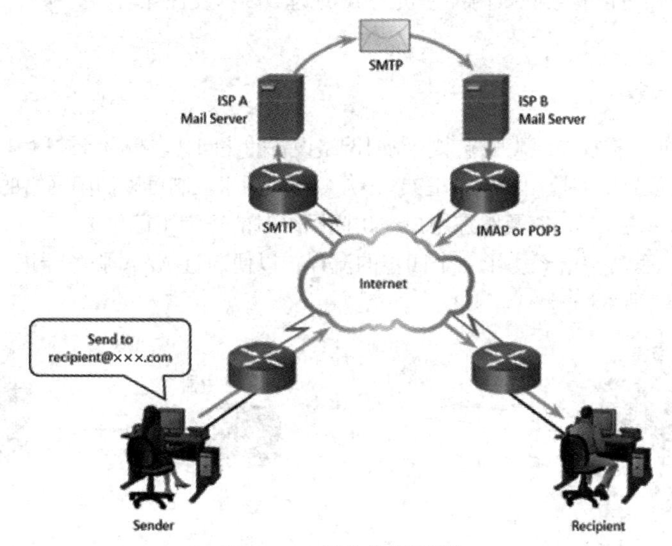

图 5-43 邮件发送进程

邮件客户端通过与邮件服务器通信来收发邮件。邮件服务器之间也会互相通信，以便将邮件从一个域发到另一个域中，也就是说，发送邮件时，邮件客户端并不会直接与另外一个邮件客户端通信，而是双方客户端均依靠邮件服务器来传输邮件。

为了实现操作，邮件支持 3 种单独的协议：简单邮件传输协议（SMTP）、邮局协议（POP）和互联网消息访问协议（IMAP）。发送邮件的应用层进程会使用 SMTP，而客户端会使用另外两种应用层协议的一种来检索邮件。

8. 代理服务器

代理服务器具有充当另一台计算机的权力。代理服务器的常见用途是作为存储或缓存的网页，这些网页经常被内部的网络设备访问。例如，图 5-44 中的代理服务器正在保存 www.×××.com 的网页。

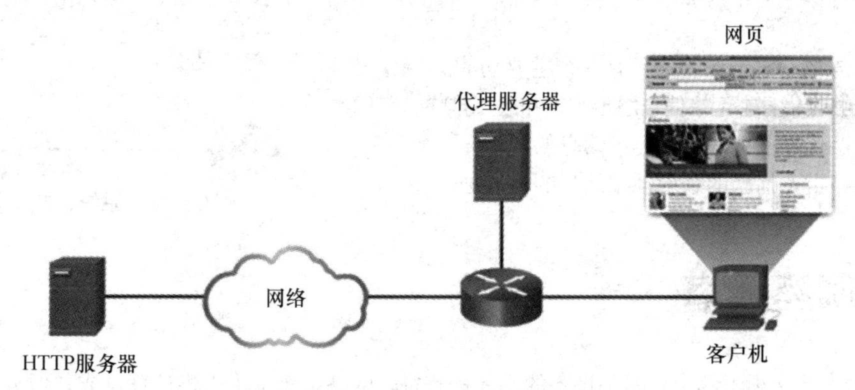

图 5-44 代理服务器缓存页面

任何内部主机向 www.×××.com 发送 HTTP GET 请求时，代理服务器都会完成以下步骤。

步骤 1 截取请求。

步骤 2 检查网站内容是否发生更改。

步骤 3 如果没有更改，代理服务器就会使用该网页响应主机。

此外，代理服务器可以有效隐藏内部主机的 IP 地址，因为发往互联网的所有请求都源自代理服务器的 IP 地址。

9. 身份验证服务器

通常通过身份验证、授权和记账服务来控制对网络设备的访问，这些服务被称为 AAA 或"三 A"，其提供了在网络设备上设置访问控制的基本框架。AAA 方法用于控制可以访问网络的用户（身份验证）、用户可以执行的操作（授权），以及跟踪用户在访问网络时的行为（记账）。

在图 5-45 中，远程客户端经历了一个四步的流程，以便通过 AAA 服务器进行身份验证并获得网络访问权限。

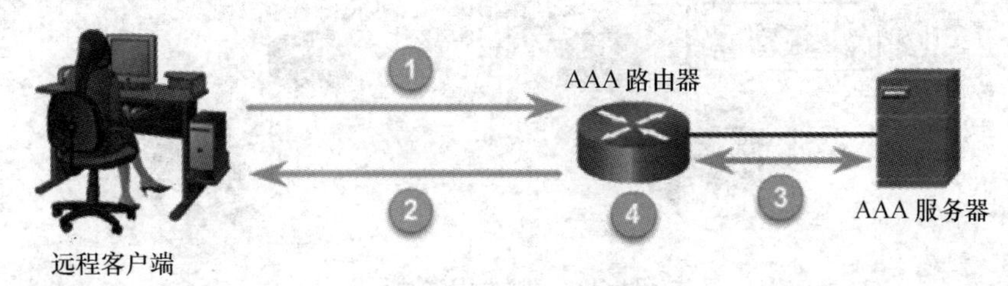

图 5-45 AAA 认证过程

有一个远程客户端连接到 AAA 路由器，该路由器连接到 AAA 服务器。AAA 认证过程的 4 个步骤如下。

步骤 1 客户端与路由器建立连接。

步骤 2 AAA 路由器提示用户输入用户名和密码。

步骤 3 路由器使用远程 AAA 服务器验证用户名和密码。

步骤 4 根据远程 AAA 服务器中的信息向用户提供对网络的访问权限。

10. 系统日志服务器

许多网络设备都支持系统日志，包括路由器、交换机、应用服务器、防火墙和其他网络设备，如图 5-46 所示。系统日志协议允许网络设备将系统消息通过网络发送到系统日志服务器。

系统日志的日志记录服务具有 3 个主要功能。

- 能够收集日志记录信息用于监控和故障排除。
- 能够选择捕获的日志记录信息的类型。
- 能够指定捕获的系统日志消息的目的地。

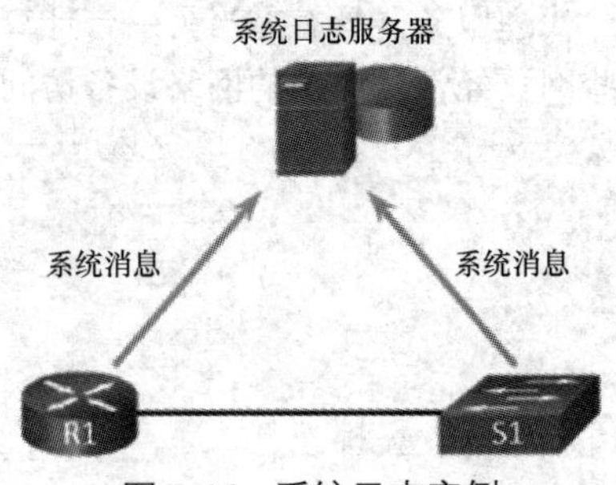

图 5-46 系统日志实例

5.3 网络设备

IT 技术人员必须了解常见网络设备的用途和特征。网络设备是用于将计算机或其他电子设备连接在一起以便它们可以共享文件或资源的硬件组件。网络设备用于通过本地或远程网络以安全的方式传输数据。本节将讨论各种设备。

5.3.1 基本网络设备

计算机网络中使用了许多不同类型的设备，每种设备都扮演着不同的角色。基本网络组件是物理组件，比如网络电缆、NIC、交换机、集线器、路由器和其他允许设备与终端系统互联的组件。

1. 网卡

在 PC 或其他终端设备上，网卡（NIC）用来提供 PC 或其他终端设备与网络之间的物理连接。不同类型的网卡如图 5-47 所示。以太网卡用于连接以太网网络，无线网卡用于连接 802.11 无线网络，大多数台式计算机中的网卡都集成到主板上或连接到扩展槽中，也有以 USB 形式提供的网卡。

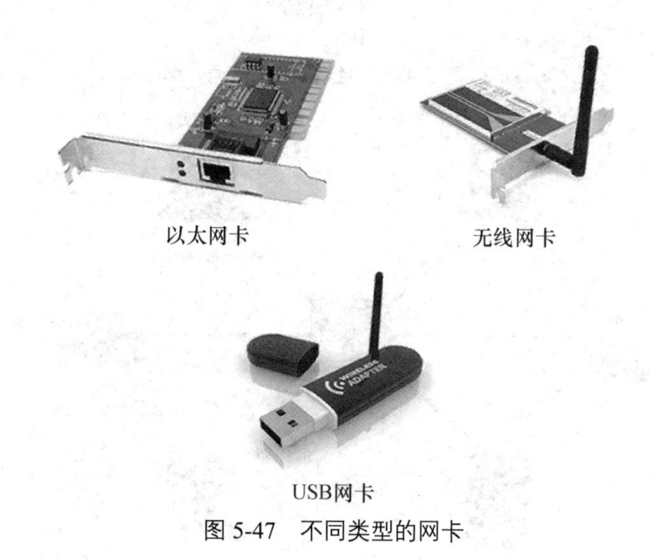

图 5-47 不同类型的网卡

网卡还执行一个重要的功能，即使用网卡的媒体访问控制（MAC）地址对数据进行寻址，并在网络上将数据作为位发送出去。目前，大多数计算机上使用的网卡都是千兆以太网（1000 Mbit/s）。

注 意 现在，计算机和主板通常都内置网卡，包括无线功能。更多详细信息，请参阅制造商的规范。

2. 中继器、集线器和网桥

在网络的早期阶段，使用中继器、集线器和网桥等解决方案向网络添加更多设备。

（1）中继器

使弱信号再生是中继器的主要用途，如图 5-48 所示。中继器也被称为扩展器，因为它们会延伸信号可以传输的距离。在现在的网络中，中继器最常被用于在光纤电缆中重新生成信号。此外，每个接收和发送数据的网络设备都会重新生成信号。

（2）集线器

集线器（见图 5-49）在一个端口上接收数据，然后将数据发送到所有其他端口。集线器会扩大网络的到达范围，因为它会重新生成电信号。集线器也可以连接到另一台网络设备上，比如交换机或路由器，而该网络设备可连接到网络的其他部分。

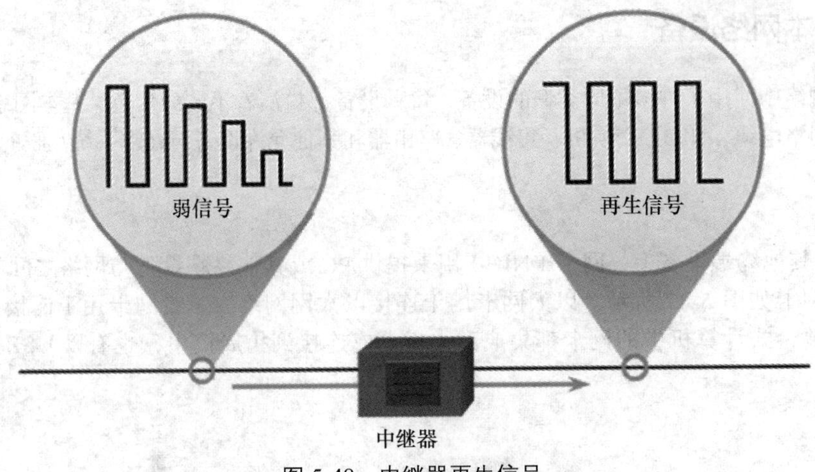

图 5-48 中继器再生信号

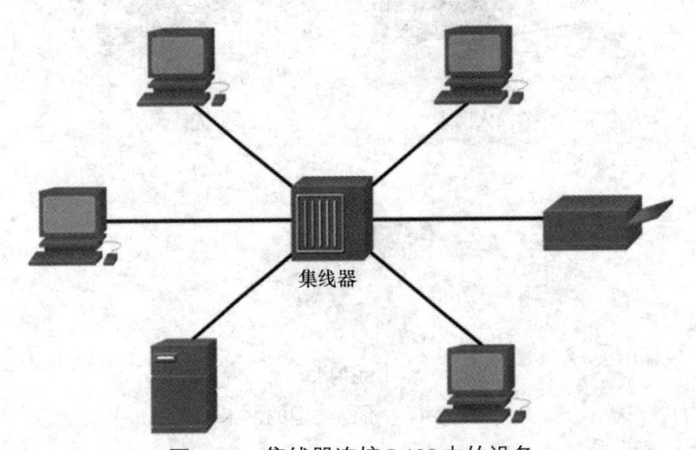

图 5-49 集线器连接 LAN 中的设备

集线器是传统设备，不适合在现在的网络中使用。集线器不会对网络流量进行分段。一台设备发送流量时，集线器会将此流量泛洪到与该集线器相连的所有其他设备，这些设备共享带宽。

（3）网桥

网桥的作用是将 LAN 划分成多个网段。网桥会保留每个网段上所有设备的记录，然后网桥就可以过滤 LAN 网段之间的网络流量。这有助于减少设备之间的流量。例如，在图 5-50 中，如果 PC-A 需要将一个作业发送给打印机，那么该流量不会被转发到网段 2，但是，服务器也会收到此打印作业的流量。

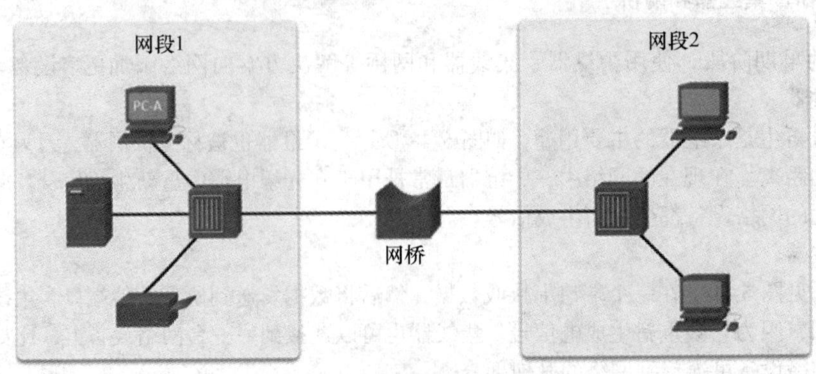

图 5-50 网桥 LAN

3. 交换机

由于交换机的优点和低成本，网桥和集线器现在已被视为过时设备。图 5-51 所示为一台交换机对一个 LAN 进行微分段。微分段意味着交换机通过只将数据发送到目的设备来过滤网络流量并对网络流量进行分段。这会为网络中的每个设备提供更高的专用带宽。当 PC-A 向打印机发送一个作业时，只有打印机会收到此流量。交换机和传统网桥均会执行微分段，但是，交换机会在硬件中执行此过滤和转发操作，同时还包括其他功能。

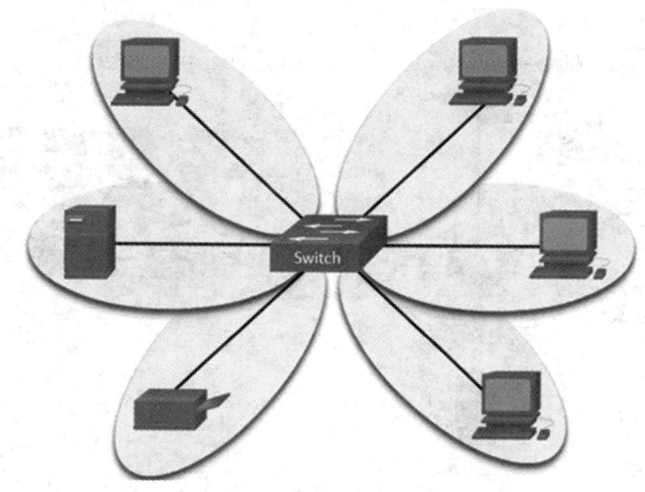

图 5-51 交换机微段 LAN

（1）交换机的工作原理

网络中的每台设备都有一个唯一的 MAC 地址，此地址是由网卡制造商写入的硬件地址。当设备发送数据时，交换机会将设备的 MAC 地址输入交换表中，该表记录连接到交换机的每台设备的 MAC 地址，并记录可用于到达具有给定 MAC 地址的设备的交换机端口。到达的流量指向某个特定 MAC 地址时，交换机使用交换表来确定应使用哪个端口才能到达此 MAC 地址，然后将流量从此端口转发到目的设备。流量只从一个端口发往目的地，因此其他端口不受影响。

（2）管理型与非管理型交换机

在大型网络中，网络管理员通常安装管理型交换机。管理型交换机具有其他功能，网络管理员可以配置这些功能，以改善网络的功能和安全性。例如，管理型交换机可以配置 VLAN 和端口安全。

在家庭或小型企业网络中，您可能不需要增加管理型交换机的复杂性和费用。相反，您可以考虑安装非管理型交换机，这些交换机通常没有管理接口，您只需将它们接入网络并连接网络设备，即可从交换机微分段功能中受益。

4. 无线接入点

无线接入点（AP）提供对无线设备的网络访问，比如便携式计算机和平板电脑。无线接入点使用无线电波与设备中的无线网卡和其他无线接入点通信，如图 5-52 所示。无线接入点的覆盖范围有限，大型网络需要使用多个接入点才能提供足够的无线覆盖范围。无线接入点只提供与网络的连接性，

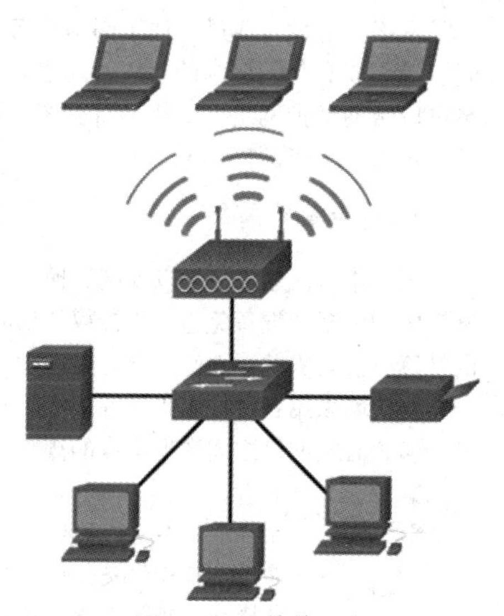

图 5-52 无线接入点

而无线路由器可以提供其他功能。

5. 路由器

交换机和无线接入点在网段内转发数据，而路由器可以具有交换机或无线接入点的所有功能。但是，路由器可以连接网络，如图 5-53 所示。交换机使用 MAC 地址在单个网络内转发流量，路由器使用 IP 地址将流量转发到其他网络。在大型网络中，路由器连接到交换机，然后交换机连接 LAN，就像图 5-53 右侧的路由器一样，充当通向外部网络的网关。

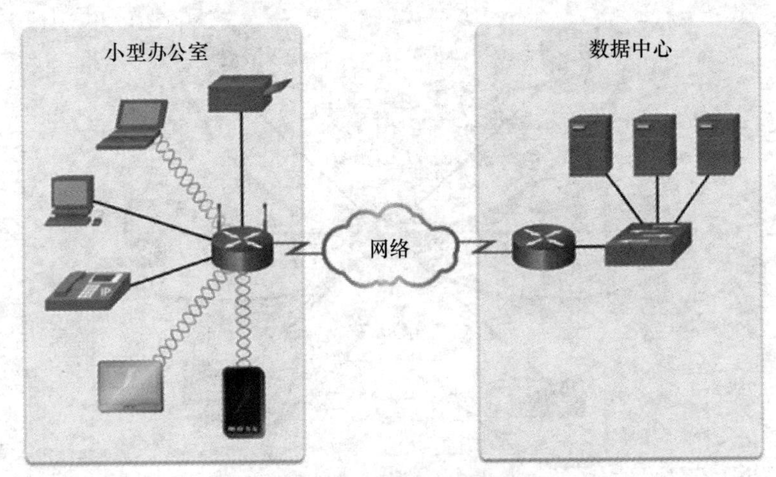

图 5-53 路由器连接网络

图 5-53 左侧的路由器也被称为多用途设备或集成路由器，它包括一个交换机和一个无线接入点。对于某些网络，购买并配置一台可满足所有需求的设备，比针对每项功能购买不同的设备要更方便，对家庭或小型办公室来说尤其如此。多用途设备还可以包含用于连接互联网的调制解调器。

5.3.2 安全设备

网络安全设备通过专注于网络设备之间的交互和连接来保护网络，这样可以防止未经授权的访问、滥用或对基础架构的损坏。端点安全性专注于锁定单个系统或端点。使用正确的设备和解决方案可以帮助保护网络。本小节将介绍一些最常见的网络安全设备类型，它们可以帮助保护网络免受外部攻击。

1. 防火墙

集成路由器通常包含以太网交换机、内部防火墙和内部路由器，如图 5-54 所示。防火墙可以保护网络中的数据和设备免遭未经授权的访问。防火墙部署在两个或多个网络之间，它不会使用它所保护的计算机上的资源，因此不会对处理性能造成影响。

防火墙采用各种技术来允许或拒绝对网段的访问，比如 ACL，该列表是路由器使用的一个文件，其中包含有关网络之间数据流量的规则。

注 意 在一个安全的网络中，如果无须考虑计算机性能，则可以启用内部的操作系统防火墙来提供额外的安全性。例如，在 Windows 10 中，防火墙被称为 Windows Defender 防火墙。除非防火墙配置正确，否则某些应用程序可能无法正常运行。

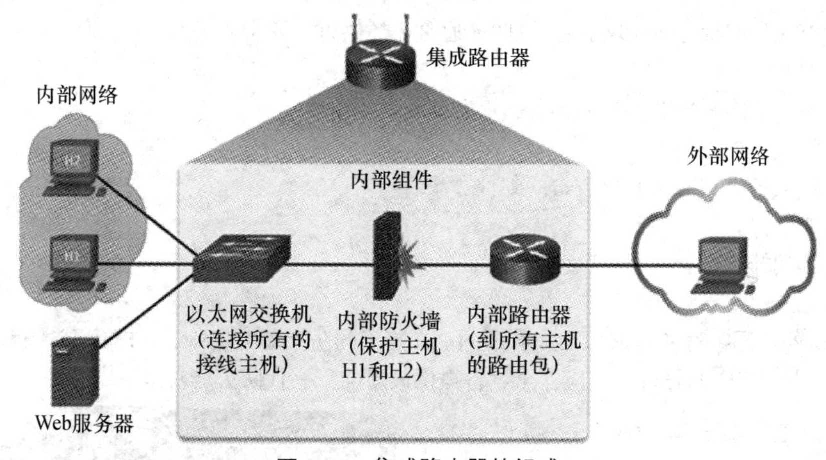

图 5-54 集成路由器的组成

2. IDS 和 IPS

入侵检测系统（IDS）会被动地监控网络上的流量。由于人们对入侵防御系统（IPS）的青睐，因此独立 IDS 系统大部分已从公众视线中消失。不过 IDS 的检测功能仍然是任何 IPS 实施的一部分。图 5-55 显示了一台已启用 IDS 的设备，它会复制流量并对已复制的流量进行分析，而不是分析实际已转发的数据包。在脱机工作时，它会将已捕获的流量与已知的恶意签名进行比较，这与检查病毒的软件类似。

IPS 基于 IDS 技术而构建，但是，IPS 设备是在内联模式下实施的，这意味着所有入站和出站流量必须经过它进行处理。只有分析数据包之后，IPS 才允许数据包进入目标系统，如图 5-56 所示。

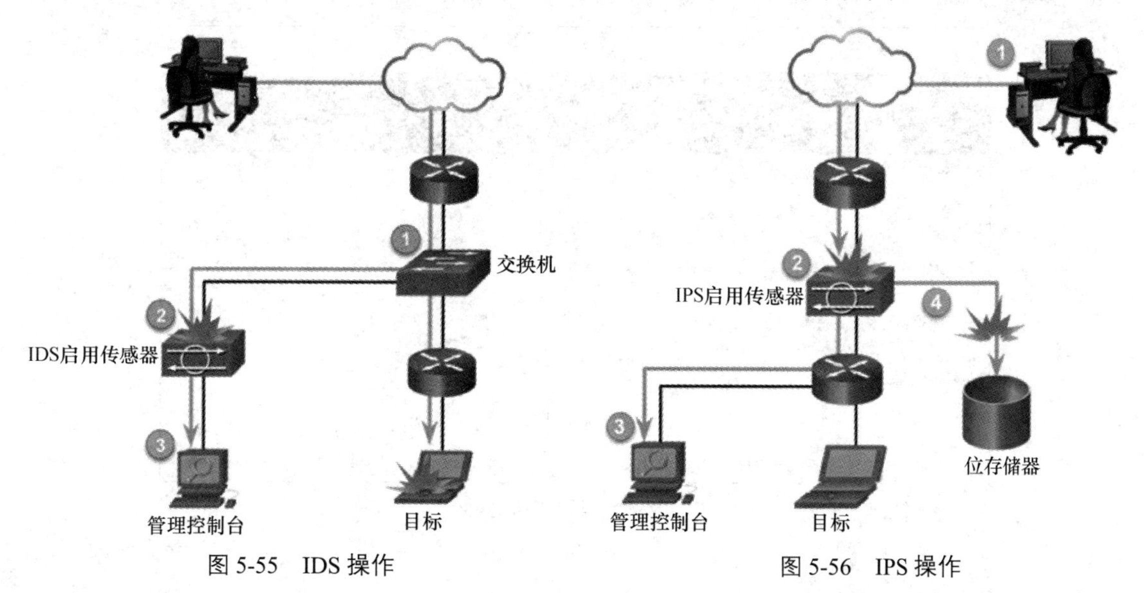

图 5-55 IDS 操作

图 5-56 IPS 操作

IDS 和 IPS 之间的最大区别在于 IPS 会立即应对任何恶意流量并且不允许其通过，而 IDS 在解决问题之前允许恶意流量通过。但是，配置不佳的 IPS 可能会对网络中的流量产生负面影响。

3. UTM

统一威胁管理（UTM）是一体式安全设备的通用名称。UTM 包含 IDS/IPS 以及有状态防火墙服务的所有功能。有状态防火墙使用状态表中所维护的连接信息来提供有状态数据包过滤。有状态防火墙通过记录源地址和目的地址以及源端口号和目的端口号来跟踪每个连接。

除了 IDS/IPS 和有状态防火墙服务，UTM 通常还提供以下安全服务。

- 零日保护。
- 拒绝服务（DoS）和分布式拒绝服务（DDoS）保护。
- 应用的代理过滤。
- 针对垃圾邮件和网络钓鱼攻击的邮件过滤。
- 反间谍软件。
- 网络访问控制。
- VPN 服务。

UTM 提供商不同，这些功能也会大有不同。在当下的防火墙市场中，UTM 通常被称为下一代防火墙。例如，图 5-57 中的思科自适应安全设备提供最新的下一代防火墙功能。

图 5-57 带防火墙服务的思科 ASA 5506-X

4. 终端管理服务器

终端管理服务器通常负责监控网络中的所有终端设备，包括台式机、便携式计算机、服务器、平板电脑以及连接到网络的任何设备。如果设备不满足某些预定要求，则终端管理服务器可以限制终端设备的网络连接。例如，它可以验证设备是否具有最新的操作系统和防病毒更新。

思科全数字化网络架构中心（Cisco DNA）可以提供终端管理的解决方案示例，但是，Cisco DNA 的功能远不止于此。它是一个全面的管理解决方案，用于管理连接到网络的所有设备，以便网络管理员优化网络性能，从而提供最佳的用户和应用体验。用于管理网络的工具可用于 Cisco DNA 中心界面，如图 5-58 所示。

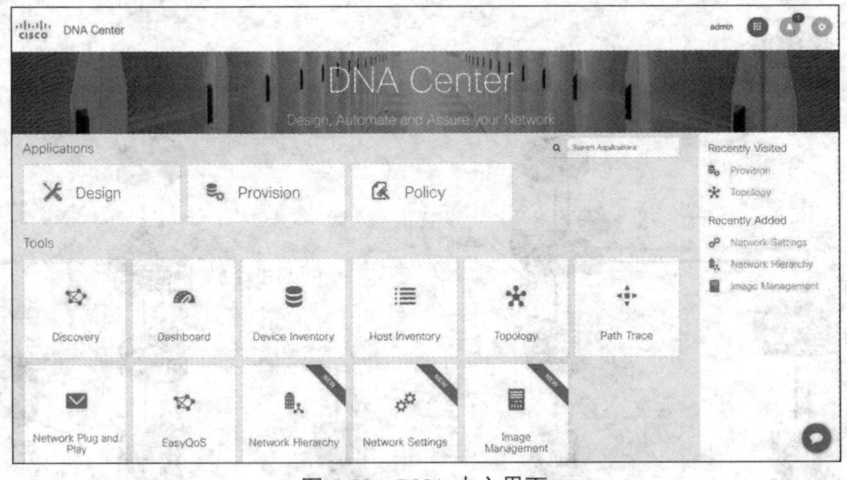

图 5-58 DNA 中心界面

5.3.3 其他网络设备

除了前面讨论的网络设备外，其他网络组件对于完善网络基础结构以确保连接性和内容传递也很重要。

1. 传统或嵌入式系统

传统系统是指不再受支持但仍在当今网络中运行的计算机和网络系统。传统系统包括工业控制系统（ICS）、大型机系统以及各种网络设备（如集线器和网桥）。传统系统本身容易受到安全漏洞的攻击，因为它们无法升级或修补。缓解某些安全风险的一种方案是对这些系统进行物理隔离，物理隔离是将传统系统与其他网络（尤其是互联网）进行物理隔离的过程。

嵌入式系统与传统系统相关，因为许多传统系统都具有嵌入式微芯片。这些嵌入式微芯片通常被编程为向专用设备提供专用的输入和输出指令。家庭中的嵌入式系统示例包括恒温器、冰箱、炉灶、洗碗机、洗衣机、电子游戏机和智能电视等。越来越多的嵌入式系统与互联网连接。当技术人员推荐并安装嵌入式系统时，安全应为首要考虑的因素。

2. 接线板

接线板通常用于收集整个建筑物中各种网络设备的接入电缆，如图 5-59 所示。它在 PC 和交换机或路由器之间提供一个连接点。接线板可以是不供电的，也可以是供电的。一个供电的接线板可以在将信号发送给下一个设备之前重新生成微弱的信号。

为安全起见，请确保使用电缆扎带或电缆管理产品固定所有电缆，并且不要穿过人行道或在可能会被踢到的桌子下方布线。

图 5-59 接线板示例

3. 以太网供电和电力以太网

以太网供电（PoE）是一种为没有电池或无法接近电源插座的设备供电的方法。例如，PoE 交换机（见图 5-60）可以通过网线将少量的直流电流连同数据一起传输，从而为 PoE 设备供电。

图 5-60 思科 SG300-52P 52 端口千兆 PoE 管理型交换机

支持 PoE 的低电压设备（如无线接入点）、监控视频设备和 IP 电话可从远程位置进行供电。支持 PoE 的设备可通过以太网连接在长达 100 米（330 英尺）的距离内接收供电。此外，还可以在使用 PoE 馈电器运行的电缆中间插入电源，如图 5-61 所示。

电力以太网（也常被称为电力线网络）使用现有的电线连接设备。图 5-62 所示是插入电源插座的电力以太网适配器。

图 5-61 PoE 馈电器

图 5-62 电力以太网

“无须新电线”的概念是指只要有电源插座就能连接网络，这样可以节省连接数据电缆的成本，而且不会增加电费成本。通过使用供电的同一配线，电力以太网通过按一定频率发送数据来发送信息。

4. 基于云的网络控制器

基于云的网络控制器是云端的一种设备，允许网络管理员管理网络设备。例如，一家具有多个地点的中型公司可能具有数百个无线接入点，如果不使用某种类型的控制器，管理这些设备可能非常麻烦。

例如，思科 Meraki 提供基于云的网络，可以将所有 Meraki 设备的管理、可视性和可控性集中到一个控制面板界面中。网络管理员只需单击鼠标就可以管理多个地点的无线设备。

5.4　网络电缆

网络电缆的目的是将设备连接到网络。确定网络的速度、范围和性能要求是为安装选择正确电缆的良好起点。根据网络的物理层、拓扑和大小来使用不同类型的网络电缆，比如同轴电缆、光纤电缆和双绞线电缆。

5.4.1　网络工具

购买用于创建和维护有线和无线网络的质量工具很重要。对于电缆测试、电缆维修和制作电缆之类的任务来说，拥有合适的工具至关重要。

网络工程师和技术人员使用各种工具来安装、测试网络，并对网络实施故障排除，网络工具的介绍如下。

1. 剪线钳

剪线钳用于剪线。图 5-63 所示的剪线钳也被称为侧切刀，专门用于剪铝线和铜线。

2. 剥线钳

剥线钳（见图 5-64）用于去除电线上的绝缘层，以便将其绞合到其他电线上或压接到连接器上制成电缆。剥线钳通常带有用于不同线规的各种槽口。

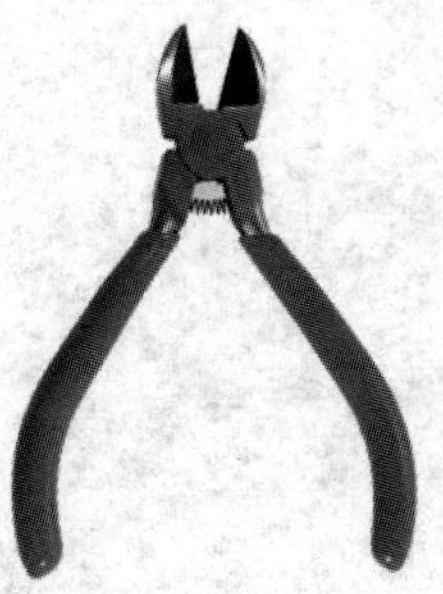

图 5-63　剪线钳

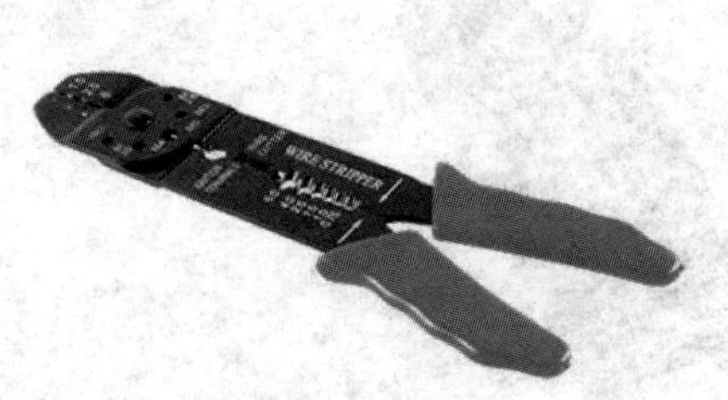

图 5-64　剥线钳

3. 压接钳

压接钳用于将连接器连接到电线上。图 5-65 所示的压接钳可以将 RJ-45 连接器连接至用于以太网的网络电缆，并将 RJ-11 连接器连接至用于陆线的电话电缆。

4. 打孔工具

打孔工具（见图 5-66）用于终止导线插入端子块。

图 5-65 压接钳

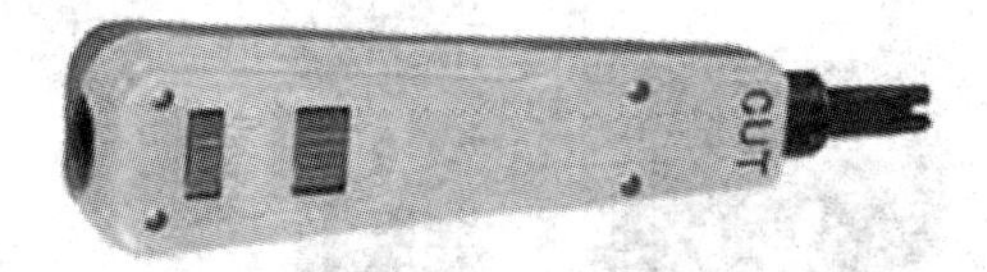

图 5-66 打孔工具

5. 万用表

万用表（见图 5-67）是可以采取许多类型的测量的装置。它测量 AC/DC 电压、电流和其他电气特性，以测试电路的完整性和计算机组件中的电能质量。

6. 电缆测试仪

电缆测试仪（见图 5-68）用于检查配线短路、故障和是否连接到错误的销导线上。

图 5-67 万用表

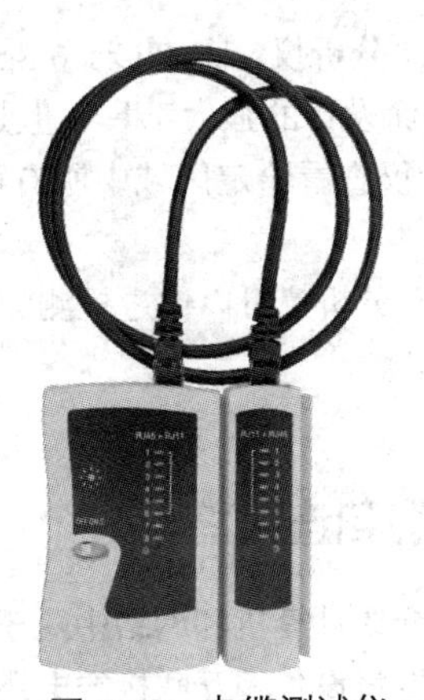

图 5-68 电缆测试仪

7. 环形适配器

环形适配器（见图 5-69），也被称为环形插头，测试计算机端口的基本功能。适配器特定于要测试的端口。在网络技术中，可以将环形插头插入计算机 NIC 中以测试端口的发送和接收功能。

图 5-69 环形适配器

8. 音频发生器和探针

音频发生器和探针（见图 5-70）是一种两部分工具，用来跟踪电缆的远端，以测试和故障诊断。音频发生器将音调施加到要测试的电线。在远端，探针用于识别测试线。当探头靠近连接碳粉的电缆时，可以通过探头中的扬声器听到声音。

9. Wi-Fi 分析仪

Wi-Fi 分析仪（见图 5-71）是用于审核无线网络和对无线网络进行故障排除的移动工具。

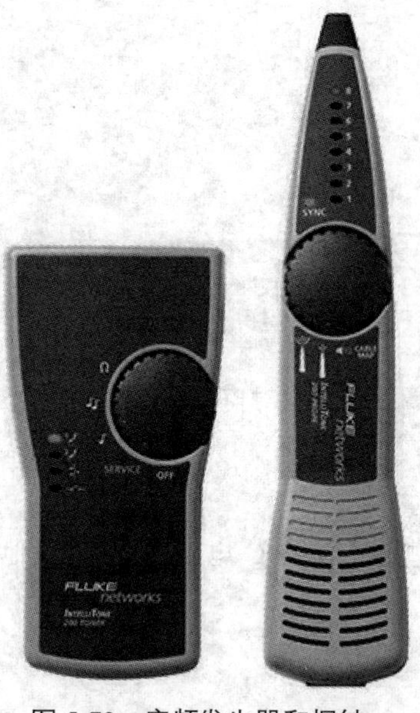

图 5-70　音频发生器和探针

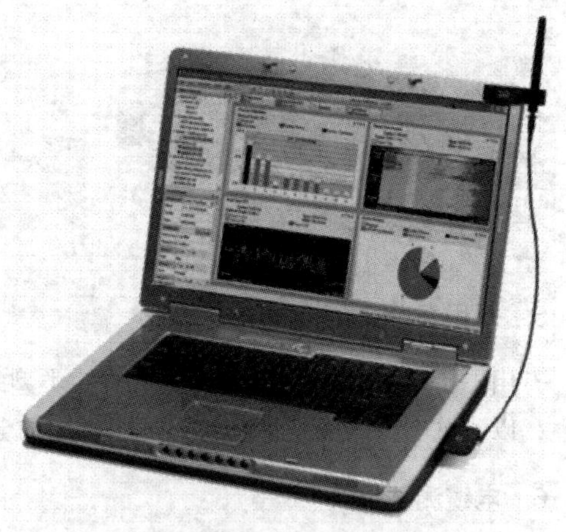

图 5-71　Wi-Fi 分析仪

许多 Wi-Fi 分析仪，比如 Cisco Spectrum Expert Wi-Fi 应用程序，都是为企业网络规划、安全性、合规性和维护而设计的强大工具，但是 Wi-Fi 分析仪也可以用于较小的无线 LAN。技术人员可以使用 Wi-Fi 分析仪查看给定区域中所有可用的无线网络，确定信号强度，并定位接入点以调整无线覆盖范围。

某些 Wi-Fi 分析仪可以通过检测配置错误、接入点故障和射频干扰（RFI）问题来帮助对无线网络进行故障排除。

5.4.2　电缆和连接器

本小节将介绍计算机和网络中用于向设备传输数据或电源的电缆。它还涵盖了连接器，这些连接器是插入端口以将设备相互联接的电缆的一部分。有不同类型的电缆和各种形状的连接器。

可供使用的多种网络电缆，如图 5-72 所示。同轴电缆和双绞线电缆使用铜缆中的电信号来传输数据。光纤电缆使用光信号来传输数据。这些电缆的带宽、尺寸和成本各不相同，下面分别对其进行介绍。

同轴电缆

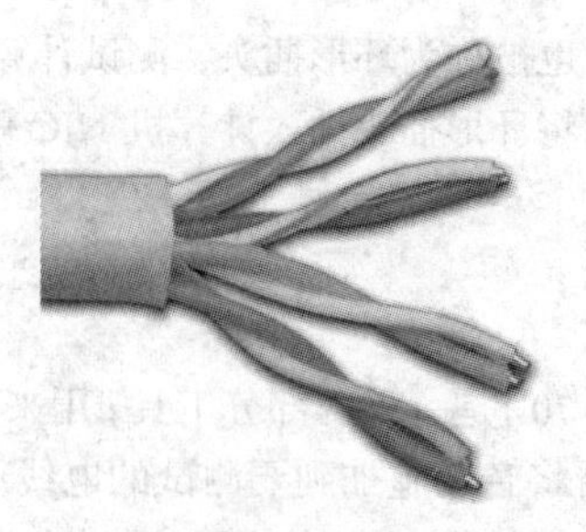

双绞线电缆

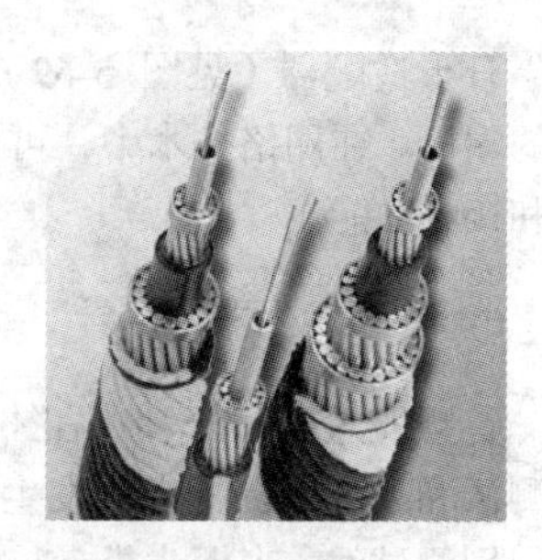

光纤电缆

图 5-72　网络电缆

1. 同轴电缆

同轴电缆通常由铜或铝制成。有线电视公司和卫星通信系统都会使用这种电缆。同轴电缆用一个护套或表皮包裹，而且可以使用各种连接器进行连接，如图 5-73 所示。

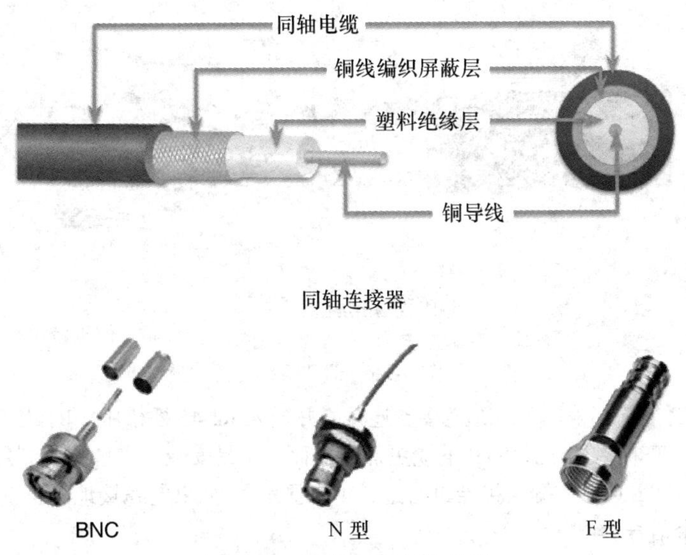

图 5-73 同轴电缆和连接器

同轴电缆（或同轴）以电信号的形式承载数据。它的屏蔽能力强于非屏蔽双绞线（UTP），因此信噪比相对较高，从而可以承载更多数据。但是，LAN 中采用双绞线布线来取代同轴电缆，因为与 UTP 相比，同轴电缆实际上更难安装、更加昂贵，而且更难实施故障排除。

2. 双绞线电缆

双绞线电缆是一种用于电话通信和大多数以太网网络的铜缆类型。线对绞合在一起以提供串扰防护，串扰是由电缆中的相邻线对产生的噪音。UTP 布线是最常见的双绞线布线类型。

UTP 电缆由 4 对有彩色标记的电线组成。这些电线绞合在一起，并用软塑料套包裹，以避免较小的物理损坏，如图 5-74 所示。UTP 不提供电磁干扰（EMI）或射频干扰（RFI）防护。造成 EMI 和 RFI 的来源有很多，包括电机和荧光灯。

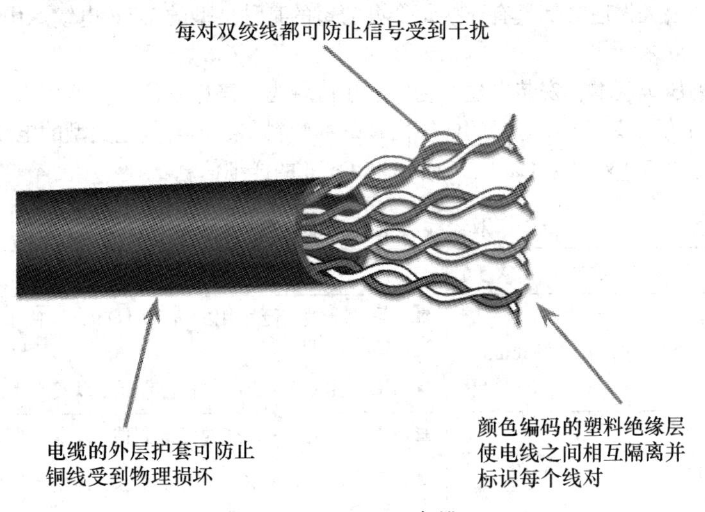

图 5-74 UTP 电缆

屏蔽双绞线（STP）旨在提供更好的EMI和RFI防护。在STP电缆中，每个双绞线外面都包裹着一层锡箔屏蔽，然后将4对双绞线一起包裹到金属编织网或锡箔中，如图5-75所示。

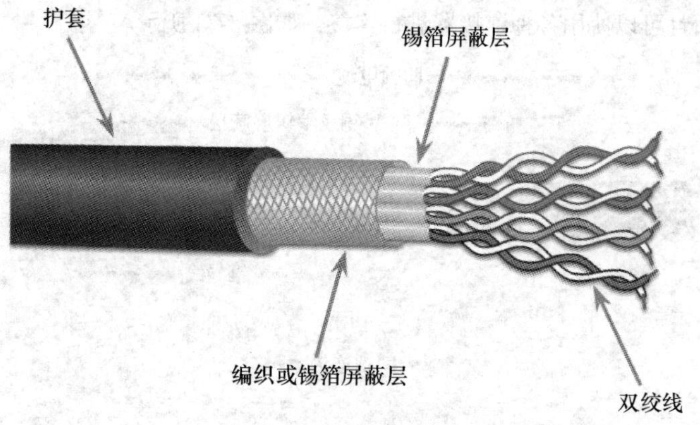

图5-75　STP电缆

UTP电缆和STP电缆都采用RJ-45连接器连接，并插入RJ-45插槽中，RJ-45 UTP连接器和插槽如图5-76所示。与UTP电缆相比，STP电缆更加昂贵而且不易安装。为了充分利用屏蔽的优势，STP电缆使用特殊屏蔽STP RJ-45数据连接器进行连接（未显示）。如果电缆接地不正确，屏蔽就相当于一个天线，会接收多余信号。

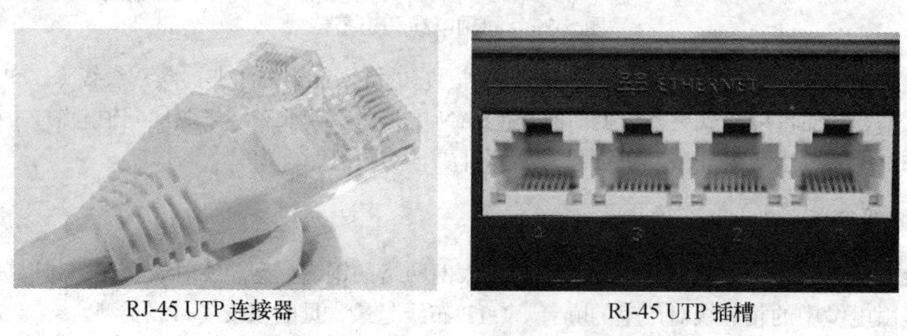

图5-76　RJ-45 UTP连接器和插槽

3. 双绞线类别评级

新的或翻新的办公大楼通常都具有连接每个办公室的某种类型的UTP电缆。用于数据的UTP电缆的距离被限制为100米。

每个类别也有静压级版本，安装在建筑物的静压区域内。静压室位于任何用于通风的区域中，比如天花板和吊顶之间的区域。耐候等级的电缆由特殊的塑料制成，与其他类型的电缆相比，它可阻燃并产生更少的烟雾。表5-9列出了Cat 5、Cat 5e和Cat 6的详细信息。

表5-9　双绞线类别的详细信息

类别	速度	特征
Cat 5 UTP	100 MHz时为100 Mbit/s	■ 第一个被广泛采用的4对UTP，取代了以太网LAN中的Cat 3 UTP ■ 采用比Cat 3更高的标准制造，以实现更高的数据传输速率
Cat 5e UTP	100 MHz时为1 Gbit/s	■ 采用比Cat 5更高的标准制造，以实现更高的数据传输速率 ■ 每米的扭曲比Cat 5多，以更好地防止来自外部源的EMI和RFI

续表

类别	速度	特征
Cat 6 UTP	250 MHz 时为 1 Gbit/s （Cat 6a：500 MHz）	■ 采用比 Cat 5e 更高的标准制造，以实现更高的数据传输速率 ■ 与 Cat 5e 相比，每米的扭曲更多，以更好地防止来自外部源的 EMI 和 RFI ■ 可以使用塑料分隔线将电缆内的双绞线分开，以更好地防止 EMI 和 RFI ■ 对于要求使用大量带宽的应用程序（如视频会议或游戏）的客户而言，是不错的选择 ■ Cat 6a 比 Cat 6 具有更好的绝缘性和其他性能

4. 双绞线布线方案

有两种不同的模式或接线模式，分别为 T568A 和 T568B。每种接线模式都定义了电缆末端的引线或线序。只有 T568A 和 T568B 之间的橙色线对和绿色线对是相反的，如图 5-77 和图 5-78 所示。

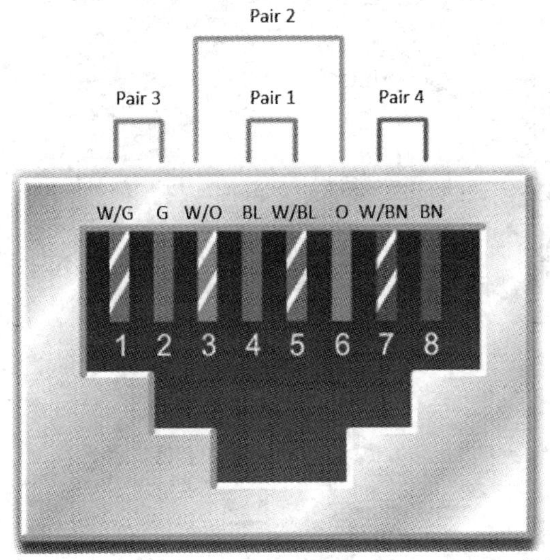

颜色标签	
W/G	绿色，带白色条纹
G	绿色
W/O	橙色，带白色条纹
BL	蓝色
W/BL	蓝色，带白色条纹
O	橙色
W/BN	棕色，带白色条纹
BN	棕色

图 5-77 T568A 接线模式

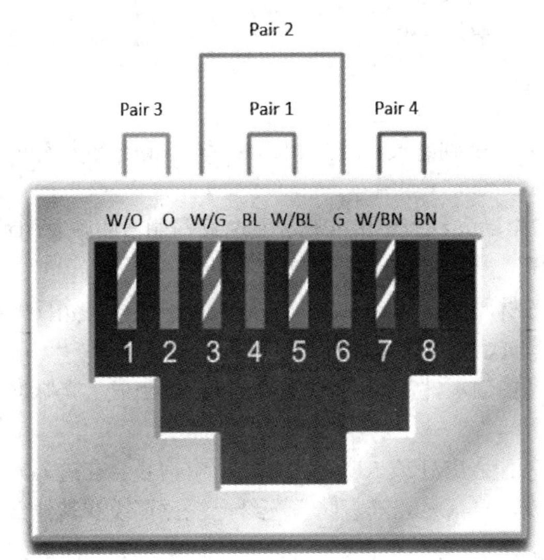

颜色标签	
W/O	橙色，带白色条纹
O	橙色
W/G	绿色，带白色条纹
BL	蓝色
W/BL	蓝色，带白色条纹
G	绿色
W/BN	棕色，带白色条纹
BN	棕色

图 5-78 T568B 接线模式

安装网络时，必须在两种接线标准（T568A 和 T568B）中选择一种，并严格遵循。在一个项目中，对每个连接都必须使用同样的接线模式。若是在现有网络上工作，则应使用已存在的接线模式。

5.4.3 光纤电缆和连接器

光纤电缆由玻璃束组成，并被绝缘材料包围，可提供长距离、高带宽的数据联网。

光纤连接器在光纤末端连接。有多种光纤连接器可供选择。连接器类型之间的主要区别是尺寸和耦合方式，企业可根据其设备决定将要使用的连接器类型。

1. 光纤电缆

光纤电缆由两种类型的玻璃（纤芯和涂层）和一个起保护作用的外层屏蔽套（护套）组成，如图 5-79 所示。

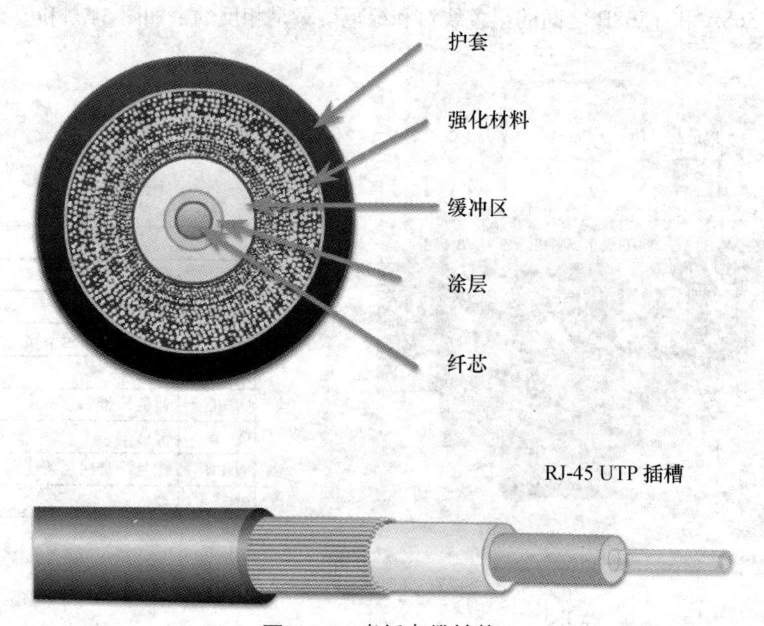

图 5-79 光纤电缆结构

光纤电缆不同组件的描述如下。

- 护套：通常是 PVC 护套，用于防止光纤受到磨损、侵蚀和其他污染。该外层护套的成分取决于电缆的用途。
- 强化材料：包裹在缓冲区周围，以防牵动光纤时电缆变形，其材质与制造防弹衣的材质相同。
- 缓冲区：用于防止纤芯和涂层遭到损坏。
- 涂层：其材质与制造光纤纤芯所用的材质略有不同，其作用是像镜子一样将光反射到光纤的纤芯内，这样可确保光在光纤中传输时始终处于纤芯内。
- 纤芯：位于光纤的中心，是实际的光传输部件。纤芯通常由硅或玻璃制成。光脉冲沿着光纤的纤芯传输。

由于光纤电缆使用光来传输信号，因此它不受 EMI 或 RFI 的影响。所有信号会在进入光纤电缆时转换成光脉冲，并在离开光纤电缆时重新转换为电信号。这意味着光纤电缆比铜缆或其他金属制作的电缆传输信号更清晰、传输距离更远且带宽更高。虽然光纤极细且易折，但其纤芯和涂层的属性使其变得很坚韧。光纤非常耐用，可在全球网络的各种严酷环境中进行部署。

2. 光纤电缆的类型

光纤电缆通常分为两种类型。

单模光纤（SMF）：SMF 包含一个极小的纤芯，并使用激光技术来发送单束光，如图 5-80 所示。SMF 普遍用于跨越数千米的长距离传输，比如应用于长途电话和有线电视中的光纤。

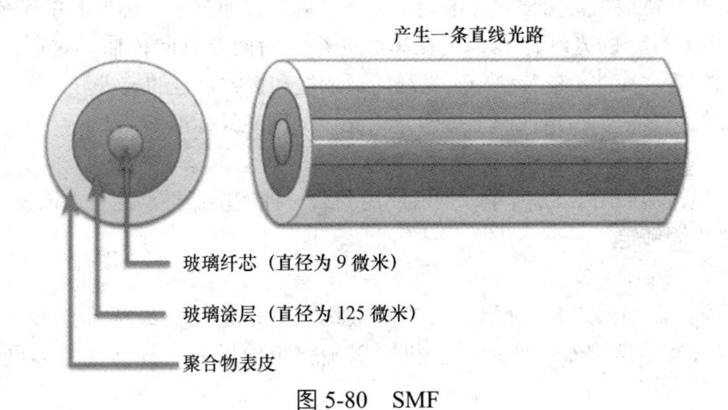

图 5-80 SMF

SMF 电缆特点的描述如下。

- 小纤芯。
- 散射较小。
- 适合长距离传输。
- 使用激光作为光源。
- 通常用于几千米距离的园区主干网络。

多模光纤（MMF）：MMF 包含一个更大的纤芯，并使用 LED 发射器发送光脉冲。具体而言，LED 发出的光从不同角度进入 MMF，如图 5-81 所示。MMF 普遍用于 LAN 中，因为它们可以由低成本的 LED 提供支持。它可以通过长达 550 米的链路提供高达 10 Gbit/s 的带宽。

MMF 电缆特点的描述如下。

- 纤芯比 SMF 电缆的大。
- 散射更强，易丢失信号。
- 适合长距离传输，但距离比 SMF 电缆的短。
- 使用 LED 作为光源。
- 一般用于 LAN 或园区网络内数百米的传输距离。

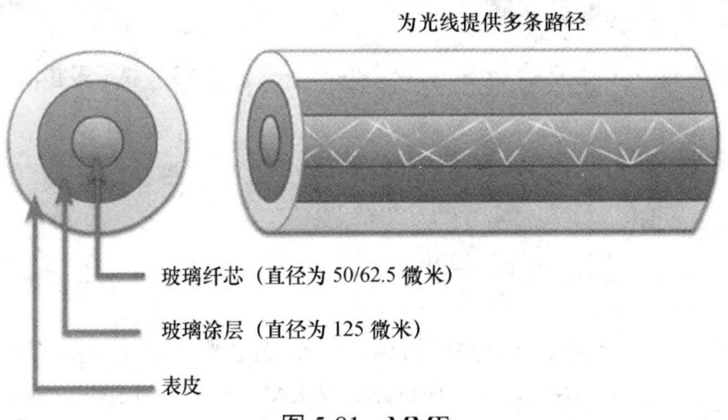

图 5-81 MMF

3. 光纤连接器

光纤连接器在光纤末端连接。有多种光纤连接器可供选择。连接器类型的主要区别是尺寸和耦合方式，企业可根据其设备决定将要使用的连接器类型。

对于名称中带有 FX 和 SX 的光纤标准，光通过光纤在一个方向上传播。因此，需要两根光纤来支持全双工操作。光纤跳线是将两根光纤电缆捆绑在一起，并通过一对标准的单光纤连接器连接。

对于名称中带有 BX 的光纤标准，光在单股光纤上沿两个方向传播，这通过被称为波分复用（WDM）的过程来实现。WDM 是一种分离光纤内部发送和接收信号的技术。

有关光纤标准的更多信息，请在网上搜索“千兆以太网光纤标准”。

（1）ST 连接器

直通式（ST）连接器如图 5-82 所示，是所使用的第一种连接器类型之一，该连接器可使用“扭转开关”卡口类机制牢固锁定。

（2）SC 连接器

用户（SC）连接器如图 5-83 所示，其有时被称为方形连接器或标准连接器。它是一种被广泛采用的 LAN 和 WAN 连接器，使用推拉机制以确保正向插入。此类连接器同时用于多模和单模光纤。

图 5-82 ST 连接器

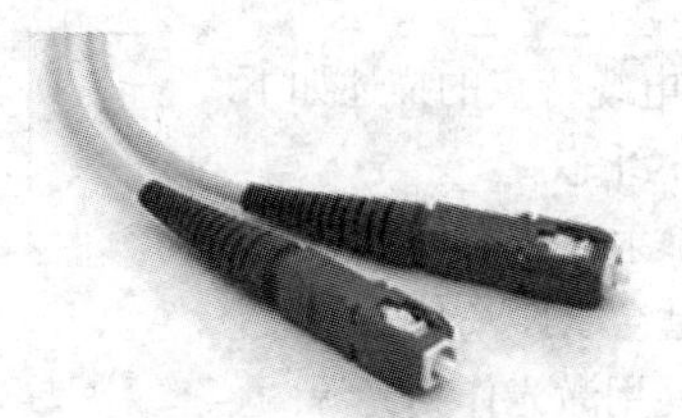

图 5-83 SC 连接器

（3）LC 连接器

朗讯（LC）连接器如图 5-84 所示，是光纤 SC 连接器的缩小版，有时被称为小型连接器或本地连接器，其因尺寸更小而迅速受到人们的欢迎。有些光纤连接器在一个双工连接器中同时接受发射和接收光纤。双工多模 LC 连接器与单工 LC 连接器类似，但使用的是双工连接器，如图 5-85 所示。

图 5-84 LC 连接器

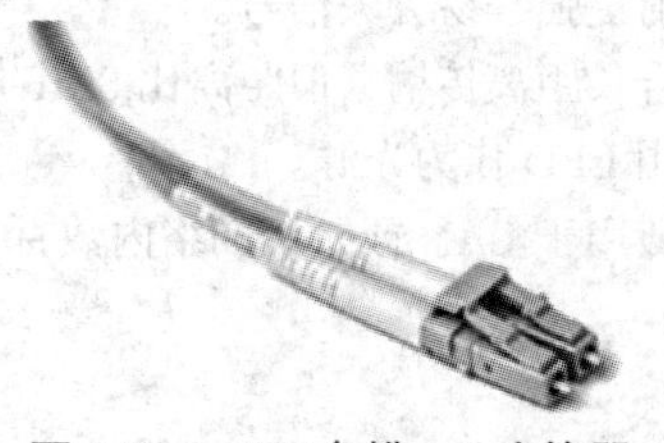

图 5-85 双工多模 LC 连接器

5.5 小结

在本章中，您了解了构成网络的不同类型的组件、设备、服务和协议。所有这些元素的排列方式构成了不同的网络拓扑，比如 PAN、LAN、VLAN、WLAN WMN、MAN、WAN 和 VPN。可以通过不同的方式，比如 DSL、电缆和光纤等有线连接以及卫星和蜂窝技术等无线连接，将计算机和网络连接到互联网，甚至可以使用网络共享通过移动电话将网络设备连接到互联网。

您还了解了 TCP/IP 模型的 4 个层：数据链路层、网络层、传输层和应用层。每层执行通过网络进行数据传输所需的功能，每层还具有用于在对等设备之间进行通信的特定协议。

本章介绍了不同的无线技术和标准，首先是 WLAN 协议及 IEEE 802.11 各个标准的比较。这些标准使用 5GHz（802.11a、802.11n 和 802.11ac）和 2.4GHz（802.11b、802.11g 和 802.11n）两个射频频段。本章还讨论了用于近距离连接的其他无线协议（如蓝牙和 NFC）以及智能家居应用程序的标准，比如 ZigBee 和 Z-Wave，前者是一种基于 IEEE 802.15.4 的开放式标准，后者是一种专有标准。您还了解了 1G 蜂窝网络的发展，最初它仅支持模拟语音，后来通过 5G 获得足够的带宽来支持 AR 和 VR。

本章讨论了多种类型的网络硬件设备。NIC 为终端设备提供有线或无线的物理连接，并安装在计算机的扩展槽中或通过 USB 在外部连接。您了解到，中继器和集线器在第 1 层运行并重新生成网络信号，交换机和路由器分别在第 2 层和第 3 层运行，其中交换机根据 MAC 地址转发帧，而路由器则根据 IP 地址转发数据包。

网络还包括防火墙、IDS、IPS 和 UTM 系统等安全设备。防火墙可以保护网络中的数据和设备免遭未经授权的访问。IDS 被动监控网络上的流量，而 IPS 主动监控流量并立即响应，不允许任何恶意流量通过。UTM 是一种一体式安全设备，包含 IDS/IPS 以及状态防火墙服务的所有功能。

最后，您了解了网络电缆和连接器以及网络技术人员用于测试和修复这些设备的工具。电缆的尺寸和成本各不相同，并且它们支持的最大带宽和距离也有所不同。同轴电缆和双绞线电缆以电信号的形式传输数据，而光纤电缆则使用光来传输数据。双绞线电缆使用两种不同的接线模式：T568A 和 T568B，其定义了电缆末端的引线或线序。

5.6 复习题

请您完成此处列出的所有复习题，以测试您对本章主题和概念的理解。答案请参考附录。

1. 技术人员被要求协助进行某些 LAN 电缆连接。在此项目开始之前，技术人员应研究哪两个标准？（双选）

   A. T568A 型　　B. T568B 型　　C. 802.11n　　D. 802.11ac
   E. ZigBee　　F. Z-Wave

2. 哪种类型的网络可以短距离连接并将打印机、鼠标和键盘连接到单个主机？

   A. MAN　　B. PAN　　C. LAN　　D. WLAN

3. 某公司正在将业务扩展到其他国家，但所有分支机构必须始终保持与公司总部的连接。要支持此方案，需要哪种网络技术？

   A. WLAN　　B. MAN　　C. LAN　　D. WAN

4. 哪 3 个 Wi-Fi 标准在 2.4 GHz 的频率范围内运行？（多选）

   A. 802.11g　　B. 802.11ac　　C. 802.11a　　D. 802.11b
   E. 802.11n

5. 哪种智能家居技术需要使用被称为协调器的设备来创建无线 PAN？

   A. 802.11ac　　B. ZigBee　　C. 802.11n　　D. Z-Wave

6. 哪种网络设备在不分段网络的情况下重新生成数据信号？

   A. 集线器　　B. 开关　　C. 调制解调器　　D. 路由器

7. 哪种安全技术用于被动监视网络流量，以检测可能的攻击？

   A. 代理服务器　　B. IDS　　C. 防火墙　　D. IPS

8. 哪种网络服务会自动将 IP 地址分配给网络上的设备？

A. DHCP B. Traceroute C. Telnet D. DNS

9. 哪两种协议在 TCP / IP 模型的传输层运行？（双选）

A. IP B. UDP C. FTP D. ICMP

E. TCP

10. 技术人员在访问 Internet 时捕获了运行缓慢的网络上的数据包。技术人员应在捕获的资料中寻找哪个端口号来定位 HTTP 数据包？

A. 80 B. 21 C. 110 D. 53

E. 20

11. 网络中使用的两种常见媒体是什么？（双选）

A. 水 B. 纤维 C. 尼龙 D. 铜

E. 木材

12. 交换机是一种网络设备，它通过检查每个传入的数据帧来记录________地址。

A. IP B. TCP/ IP C. MAC D. SVI

E. Switch

13. 电视公司使用哪种类型的网络电缆将数据作为电信号传输？

A. 光纤 B. 非屏蔽双绞线 C. 屏蔽双绞线 D. 同轴

第6章
应用网络

学习目标

通过完成本章的学习，您将能够回答下列问题。

- 什么是计算机网络的 MAC 地址和 IP 地址？
- 如何配置防火墙设置？
- 如何配置 IoT 设备？
- 如何为有线和无线网络配置 NIC？
- 对网络进行故障排除的6个步骤是什么？
- 如何在小型 LAN 中配置无线网络？
- 如何排除与网络相关的常见和高级问题？

内容简介

如今，几乎所有计算机和移动设备都会连接到某种类型的网络中。这意味着，配置并排除计算机网络故障是 IT 专业人员的一项重要技能。本章将重点介绍应用网络连接，深入讨论用于将计算机连接到网络的 MAC 地址和 IP 地址（IPv4 和 IPv6）的格式和架构，其中包括如何在计算机上配置静态和动态寻址的示例。本章还将介绍有线和无线网络、防火墙和物联网设备的配置。

您将了解如何配置 NIC、如何将设备连接到无线路由器，以及如何配置无线路由器来实现网络连接。您将了解如何配置无线网络，包括使用基本的无线设置、NAT、防火墙设置和 QoS。您还将了解防火墙、IoT 设备和网络故障排除。在本章结尾，您将了解六步故障排除流程以及计算机网络的常见问题和解决方案。

您应掌握的网络技能包括能够配置无线网络以使主机可以进行通信、配置防火墙以过滤流量、验证网络连接并解决网络连接问题。

6.1 设备到网络的连接

网络设备、媒体和配置使网络连接成为可能。在本节中，您将了解网络的组件，包括硬件和软件。深入了解可用的网络设备类型和正确的配置，有助于您建立和维护一个为您的组织服务的网络。

6.1.1 网络寻址

网络设备依靠两组地址来快速有效地传递消息。MAC 地址和 IP 地址都是网络的关键组成部分，但是它们具有不同的用途。MAC 地址是硬件地址，而 IP 地址是连接到网络的一部分。本小节将讨论网络寻址。一台计算机通常有两个版本的 IP 地址，即 IPv4 和 IPv6。

1. 两个网络地址

指纹和邮寄地址是识别您并找到您的两种方式。您的指纹通常不会改变，无论您身在何处，您的指纹都可用于唯一识别您身份的方式。您的邮寄地址表示您所处的位置，与指纹不同，邮寄地址可能会发生变化。

连接到网络的设备有两个地址，这两个地址类似于您的指纹和邮寄地址，如图 6-1 所示。这两种类型的地址分别是 MAC 地址和 IP 地址。

指纹就像MAC地址　　　　邮寄地址就像IP地址

图 6-1　两个网络地址

MAC 地址由制造商硬编码在以太网或 NIC 上，不管设备连接到何种网络，该地址都会一直伴随设备。MAC 地址有 48 位，可用表 6-1 所示的 3 种十六进制格式之一表示。

表 6-1　MAC 地址格式

地址格式	描述
00-50-56-BE-D7-87	用连字符分隔的 2 个十六进制数字
00：50：56：BE：D7：87	用冒号分隔的 2 个十六进制数字
0050.56BE.D787	用句点分隔的 4 个十六进制数字

IP 地址由网络管理员根据网络内的位置进行分配。当一台设备从一个网络移动到另一个网络时，其 IP 地址最有可能发生更改。IPv4 地址为 32 位，以点分十进制表示。IPv6 地址为 128 位，以十六进制格式表示，如表 6-2 所示。

表 6-2　IP 地址格式

地址格式	描述	示例
IPv4	点分十进制表示法的 32 位	192.168.200.9
IPv6	十六进制格式表示法的 128 位	2001：0db8：cafe： 0200：0000：0000：0000： 0008
IPv6	128 位压缩格式	2001：db8：cafe：200 :: 8

图 6-2 显示了具有两个 LAN 的拓扑。该拓扑结构证实了在设备移动时 MAC 地址不会改变，但 IP 地址却会改变。由图可知，便携式计算机已移动到 LAN 2 中，此时，便携式计算机的 MAC 地址没有改变，但其 IP 地址却发生了变化。

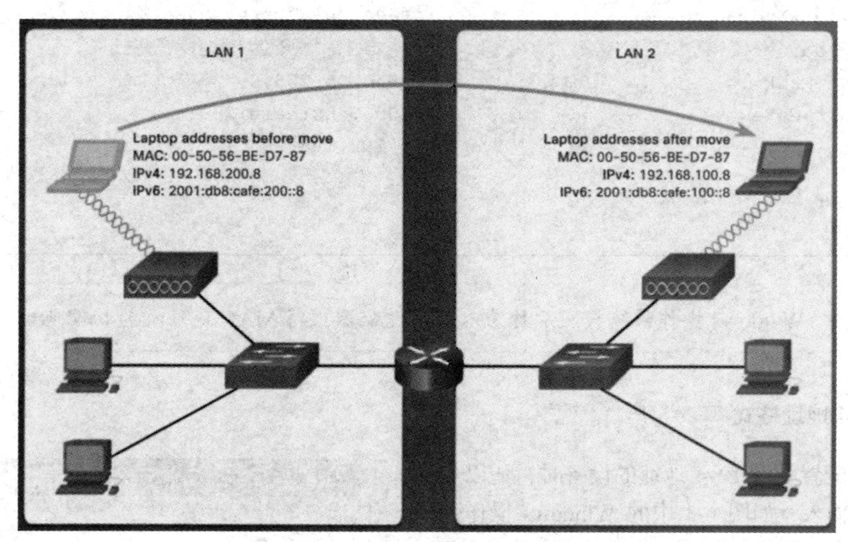

图 6-2 具有两个 LAN 的网络拓扑

注 意 二进制、十进制和十六进制之间的转换不在本书的讨论范围之内。请查阅相关资料以了解有关这些编码系统的详细信息。

2. 显示地址

您的计算机可能同时具有 IPv4 和 IPv6 地址，同图 6-2 中的便携式计算机一样。在 20 世纪 90 年代初，IPv4 网络地址几近耗尽的问题令人担忧，为此互联网工程任务组（IETF）开始寻找替代方案，这促进了 IPv6 的开发。目前 IPv6 与 IPv4 并行存在，并已开始取代 IPv4。

例 6-1 显示了图 6-2 中便携式计算机上命令 ipconfig /all 的输出，突出显示了 MAC 地址和两个 IP 地址。

例 6-1 便携式计算机的地址信息

```
C:\> ipconfig /all

Windows IP Configuration

   Host Name. . . . . . . . . . . . . . . . : ITEuser
   Primary Dns Suffix . . . . . . . . . . :
   Node Type. . . . . . . . . . . . . . . . : Hybrid
   IP Routing Enabled . . . . . . . . . . : No
   WINS Proxy Enabled . . . . . . . . . . : No

Ethernet adapter Local Area Connection:

   Connection-specific DNS Suffix . . . . :
   Description . . . . . . . . . . . . . . : Intel(R) PRO/1000 MT Network Connection
   Physical Address . . . . . . . . . . . : 00-50-56-BE-D7-87
   DHCP Enabled . . . . . . . . . . . . . : No
   Autoconfiguration Enabled . . . . . .  : Yes
   IPv6 Address . . . . . . . . . . . . . : 2001:db8:cafe:200::8(Preferred)
```

```
   Link-local IPv6 Address . . . . . . : fe80::8cbf:a682:d2e0:98a%11(Preferred)
   IPv4 Address . . . . . . . . . . . : 192.168.200.8(Preferred)
   Subnet Mask . . . . . . . . . . .  : 255.255.255.0
   Default Gateway . . . . . . . . .  : 2001:db8:cafe:200::1
                                          192.168.200.1

C:\>
```

注　意　Windows 操作系统将网卡称为以太网适配器，将 MAC 地址称为物理地址。

3. IPv4 地址格式

当手动配置具有 IPv4 地址的设备时，请以点分十进制格式输入，如图 6-3 中的 Windows 操作系统所示。以句点分隔的每个数字都被称为一个八位组，因为它代表 8 位。因此，32 位地址 192.168.200.8 有 4 个八位组。

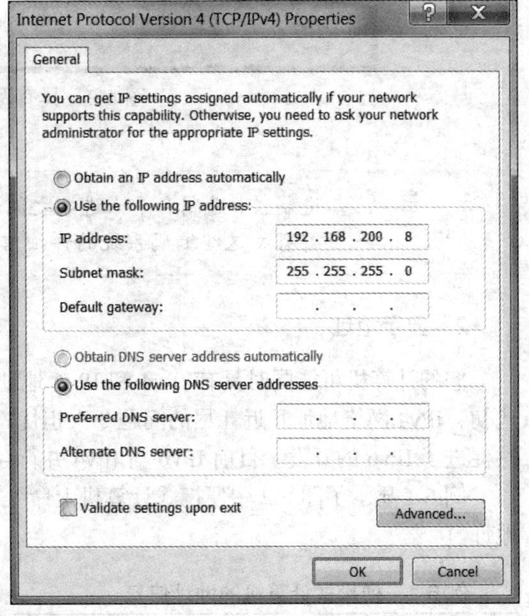

图 6-3　IPv4 属性

IPv4 地址由两部分组成。第一部分用于标识网络，第二部分用于标识网络中的设备。设备使用子网掩码来确定网络。例如，图 6-3 中的 Windows 操作系统使用子网掩码 255.255.255.0 来确定 IPv4 地址 192.168.200.8 属于网络 192.168.200.0。".8"部分是此设备在网络 192.168.200 上的唯一主机部分。具有相同 192.168.200 前缀的任何其他设备将位于同一网络中，但主机部分的值不同。具有不同前缀的设备将位于不同的网络中。

在二进制级别查看此值时，可以将 32 位 IPv4 地址和子网掩码转换为二进制等效值，如表 6-3 所示。子网掩码中的 1 位表示此位是网络部分的一部分，因此，192.168.200.8 地址的前 24 位是网络位，最后 8 位是主机位。

表 6-3　IPv4 地址和子网掩码的转换

地址	网络部分	主机部分
192.168.200.8	11000000.10101000.11001000	00001000
255.255.255.0	11111111.11111111.11111111	00000000
192.168.200.0	11000000.10101000.11001000	00000000

当设备准备在网络上发送数据时，首先它必须确定是将数据直接发送到预定的接收方，还是发送到路由器。如果接收方在同一网络中，则将数据直接发送到接收方。否则，它会将数据发送到路由器，然后路由器会使用 IP 地址中的网络部分实现不同网络之间的流量转发。

例如，如果图 6-3 中的 Windows 操作系统要将数据发送到地址为 192.168.200.25 的主机，它会将数据直接发送到该主机，因为它具有相同的前缀 192.168.200。如果目的地的 IPv4 地址为 192.168.201.25，则 Windows 操作系统会将数据发送到路由器。

4. IPv6 地址格式

IPv6 克服了 IPv4 的地址空间限制。32 位的 IPv4 地址空间提供大约 4 294 967 296 个地址。128 位的 IPv6 地址空间提供 340 282 366 920 938 463 463 374 607 431 768 211 456 个或 340 个十进制地址。

IPv6 地址的 128 位写作十六进制字符串，字母用小写表示。每 4 位以一个十六进制数字表示，共 32 个十六进制值。以下示例是完全展开的 IPv6 地址。

2001：0db8：0000：1111：0000：0000：0000：0200 fe80：

0000：0000：0000：0123：4567：89ab：cdef ff02：0000：

0000：0000：0000：0000：0000：0001

有两条规则有助于减少表示一个 IPv6 地址所需数字的数目，如下所述。

规则 1：省略前导 0

第一条有助于缩短 IPv6 地址表示法的规则是忽略 16 位部分中的所有前导 0（零）。例如，前面的 IPv6 地址示例中：

- 在第一个 IPv6 地址中，0db8 可以表示为 db8。
- 在第二个 IPv6 地址中，0123 可以表示为 123。
- 在第三个 IPv6 地址中，0001 可以表示为 1。

注　意　IPv6 地址必须以小写字母表示，但您可能经常会看到大写的情况。

规则 2：省略全 0 数据段

第二条有助于缩短 IPv6 地址表示法的规则是可以用一个双冒号（::）代替任何连续的零组。双冒号（::）仅可在每个地址中使用一次，否则可能会有多个结果地址。

表 6-4 ~ 表 6-6 显示了如何使用这两条规则压缩 IPv6 地址。

表 6-4　　压缩 IPv6 地址的示例 1

完全展开	2001：0db8：0000：1111：0000：0000：0000：0200
没有前导 0（零）	2001：db8：0：1111：0：0：0：200
简写格式	2001：db8：0：1111 :: 200

表 6-5　　压缩 IPv6 地址的示例 2

完全展开	fe80：0000：0000：0000：0123：4567：89ab：cdef
没有前导 0（零）	fe80：0：0：0：0：123：4567：89ab：cdef
简写格式	fe80 :: 123：4567：89ab：cdef

表 6-6　　压缩 IPv6 地址的示例 3

完全展开	ff02：0000：0000：0000：0000：0000：0000：0001
没有前导 0（零）	ff02：0：0：0：0：0：0：1
简写格式	ff02 :: 1

5. 静态寻址

在小型网络中，您可以使用正确的 IP 地址手动配置每台设备。您可以为同一网络中的每台主机都分配唯一的 IP 地址，这被称为静态 IP 寻址。

在 Windows 操作系统上，如图 6-4 所示，您可以将下列 IPv4 地址配置信息分配给主机。

- **IP 地址**：标识网络中的设备。
- **子网掩码**：标识设备连接的网络。
- **默认网关**：标识设备中用于访问互联网或其他网络的路由器。
- **可选值**：首选 DNS 服务器地址和备用 DNS 服务器地址。

IPv6 寻址的类似配置信息如图 6-5 所示。

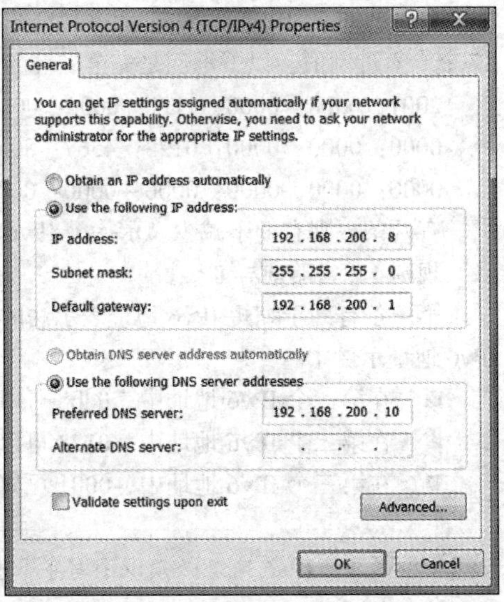

图 6-4　静态 IPv4 寻址

6. 动态寻址

您可以通过使用 DHCP 服务器自动分配 IP 地址，而不是手动配置每台设备，从而简化寻址过程。自动配置某些 IP 寻址参数还可以降低分配重复或无效 IP 地址的可能性。

默认情况下，大多数主机设备配置是从 DHCP 服务器请求 IP 寻址。Windows 操作系统的默认设置如图 6-6 所示，将计算机设置为自动获取 IP 地址后，所有其他 IP 寻址配置的复选框将不可用。对于有线或无线网卡，此过程是相同的。

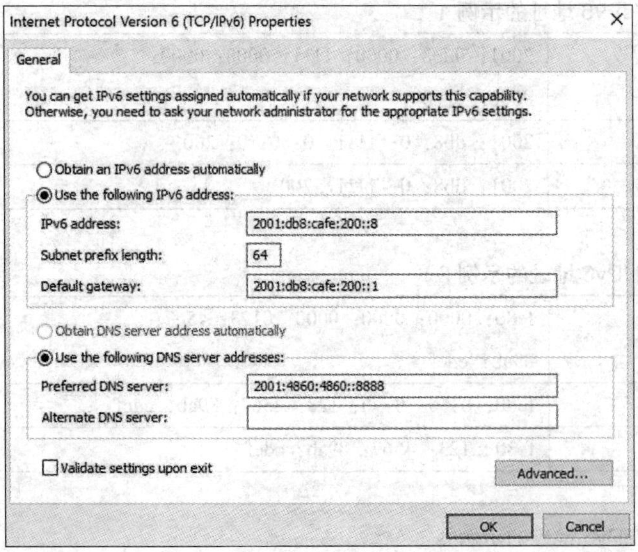

图 6-5　静态 IPv6 寻址

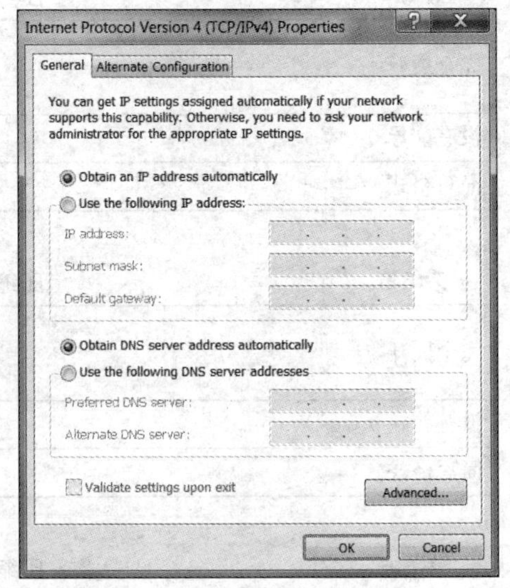

图 6-6　默认配置 DHCP 寻址

DHCP 服务器可将以下 IPv4 地址配置信息自动分配给主机。

- IPv4 地址。
- 子网掩码。

- 默认网关。
- 可选值，比如 DNS 服务器地址。

DHCP 还可用于自动分配 IPv6 寻址信息。

注 意 配置 Windows 操作系统的步骤不在本书的讨论范围之内。

7. 链路本地 IPv4 和 IPv6 地址

设备使用 IPv4 和 IPv6 的链路本地地址与同一 IP 地址范围内连接到同一网络的其他计算机进行通信。IPv4 和 IPv6 之间的主要区别如下。

- 如果设备无法获取 IPv4 地址，则 IPv4 设备会使用链路本地地址。
- 必须始终使用链路本地 IPv6 地址动态或手动配置 IPv6 设备。

（1）IPv4 链路本地地址

如果您的 Windows 操作系统无法与 DHCP 服务器通信以获取 IPv4 地址，则 Windows 操作系统会自动分配一个专用 IP 寻址（APIPA）地址。此链路本地地址在 169.254.0.0 ~ 169.254.255.255 范围内。

（2）IPv6 链路本地地址

与 IPv4 一样，IPv6 链路本地地址允许设备与同一网络中支持 IPv6 的其他设备进行通信，并且只能在该网络上进行通信。与 IPv4 不同的是，每个支持 IPv6 的设备都要求具有一个链路本地地址。IPv6 链路本地地址位于 fe80:: ~ febf::的范围内。例如，在图 6-7 中，其他网络的链路已关闭（未连接），以 X 表示，但是，LAN 上的所有设备仍然可以使用 IPv6 链路本地地址相互通信。

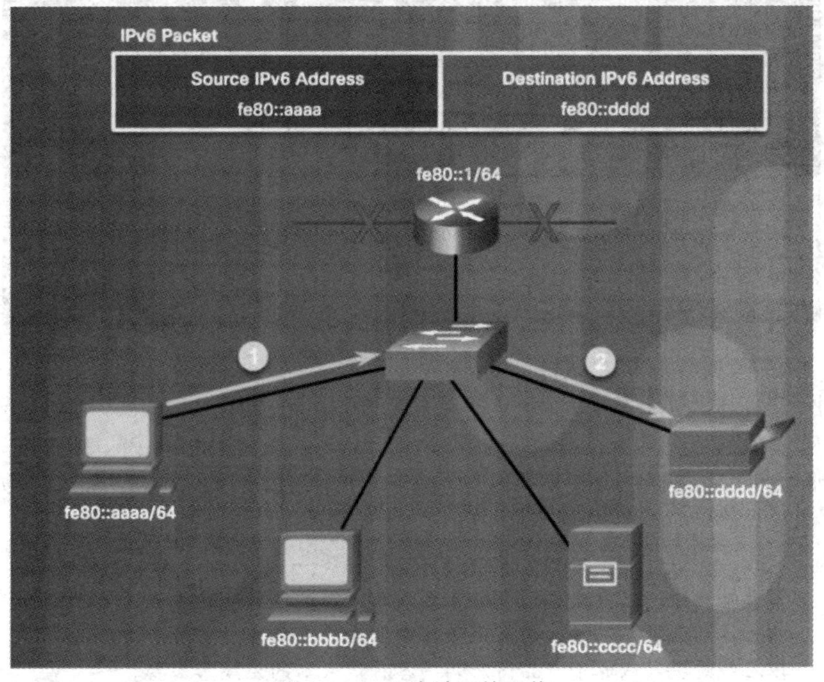

图 6-7 IPv6 本地链接通信

注 意 与 IPv4 链路本地地址不同的是，IPv6 链路本地地址被用于各种进程，包括网络发现协议和路由协议。这不在本书的讨论范围之内。

6.1.2 配置网卡

网卡是包含使用有线连接或无线连接进行通信所需的电子线路的计算机硬件。网卡也被称为网络接口控制器、网络适配器或 LAN 适配器。为了在网络设备之间提供连接，需要使用 TCP/IP 和其他设置（如 DHCP 或静态寻址）对其进行配置。

1. 网络设计

作为计算机技术人员，您必须能够支持客户的网络需求。因此，您必须了解以下内容。

- **网络组件**：包括有线和无线网卡，比如交换机、无线接入点（AP）、路由器和多用途设备等。
- **网络设计**：了解网络的互联方式，以支持企业需求。例如，一家小型企业的需求与大型企业的需求会有很大不同。

假设有一家拥有 10 名员工的小型企业，该企业已经与您签订了合同，由您负责连接其用户。对于这样的少量用户，可以使用家庭或小型办公室无线路由器来连接，如图 6-8 所示。这些路由器具有多种用途，通常提供路由器、交换机、防火墙和 AP 功能。此外，这些无线路由器也提供其他服务，比如 DHCP。

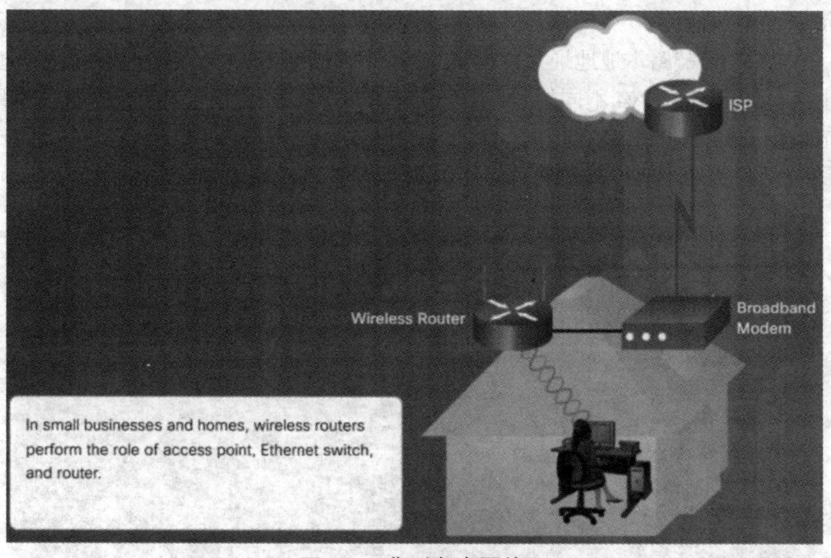

图 6-8 典型家庭网络

如果企业不断扩张，那么您就不会再选择使用无线路由器。相反，您需要咨询网络架构师来设计具有专用交换机、AP、防火墙和路由器的网络。

无论如何设计网络，您都必须了解如何安装网卡、如何连接有线和无线设备，以及如何配置基本网络设备。

注 意 本章重点讲述家庭或小型办公室无线路由器的连接和配置，这里将使用 Packet Tracer 演示这些配置。不过，所有无线路由器都具有相同的功能和类似的 GUI 元素。您可以在线购买或从电子产品商店购买各种低成本的无线路由器。

2. 选择网卡

您必须使用网卡才能连接到网络，具体选择哪种类型的网卡，请参见 5.3.1 小节中对网卡类型的介绍，这里不再赘述。

目前，许多计算机都在主板上集成了有线和无线网卡。

3. 安装和更新网卡

如果要在计算机中安装网卡，请遵循网卡的安装步骤。桌面设备的无线网卡在卡的背面连接了一根天线或者连接了一根电缆，以便能调整其位置，实现最佳的信号接收。您必须连接和放置天线。

有时制造商会为网卡发布新的驱动程序软件，新的驱动程序可能用于增强网卡的功能，也可能是实现操作系统兼容性所必需的。适用于所有受支持操作系统的最新驱动程序都可从制造商的网站上下载。

安装新的驱动程序时，请禁用病毒防护软件，确保驱动程序正确安装，因为某些病毒防护软件会检测到驱动程序更新，将其当成潜在的病毒攻击。一次只安装一个驱动程序，否则，有些更新流程可能会发生冲突。最好的做法是关闭所有正在运行的应用程序，这样它们不会使用任何与驱动程序更新相关的文件。

注　意　图 6-9 为 Windows 设备管理器的示例以及更新网卡驱动程序的位置。但是，有关如何更新特定设备和操作系统的驱动程序的详细信息不在本小节的讨论范围之内。

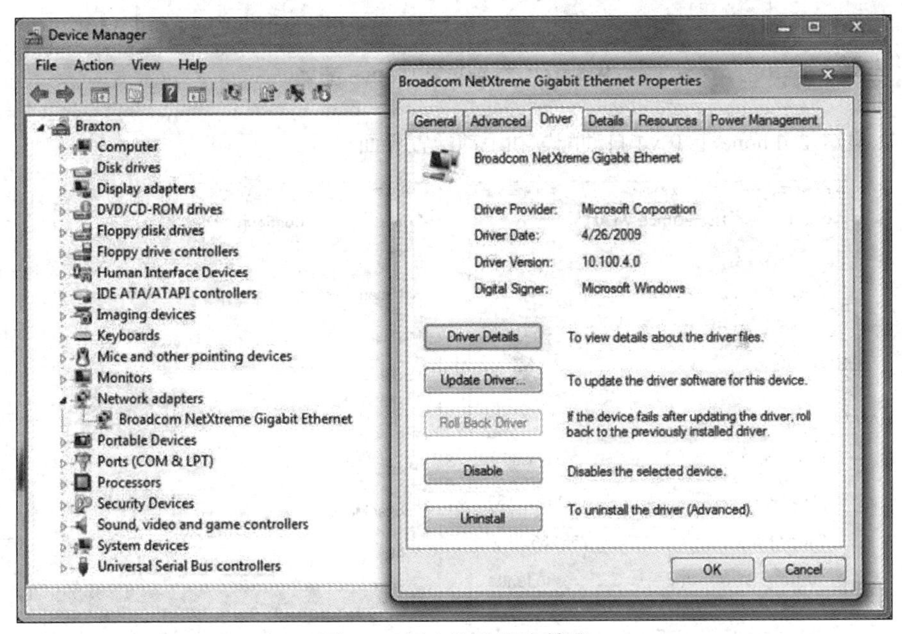

图 6-9　网卡驱动程序管理

4. 配置网卡

安装好网卡驱动程序后，必须配置 IP 地址设置。对于 Windows 操作系统，默认情况下其 IP 寻址是动态的。通过物理方式将 Windows 操作系统连接到网络后，它将自动发出 IPv4 寻址 DHCP 服务器的请求。如果 DHCP 服务器可用，则 Windows 操作系统将收到有关其所有 IPv4 寻址信息的消息。

注　意　IPv6 的动态寻址也可以使用 DHCP，但这不在本书的讨论范围之内。

这种动态的默认行为通常也适用于智能手机、平板电脑、游戏控制台和其他终端用户设备。静态配置通常是网络管理员的工作，但是，您应该了解如何访问需要管理的任何设备的 IP 寻址配置。

要查找 IP 寻址配置信息，请在互联网上搜索“设备的 IP 地址配置”，其中“设备”可替换为您的设备，比如“iPhone”。例如，图 6-10 显示了用于查看和更改 Windows 操作系统 IPv6 配置的对话框。

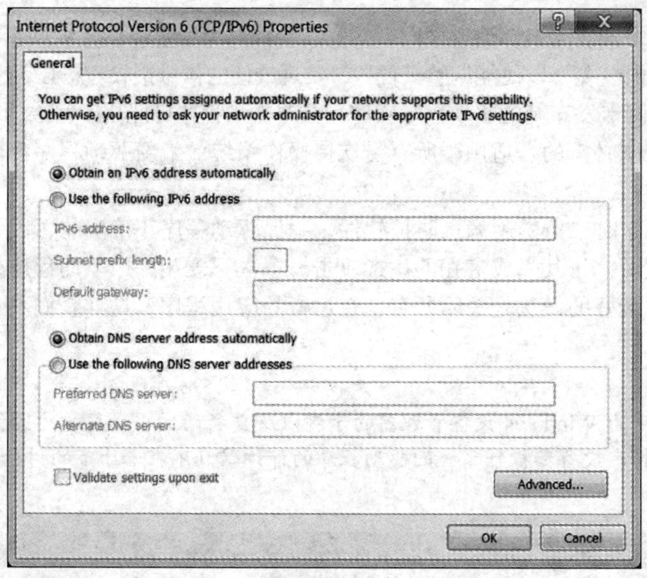

图 6-10 查看和更改 IPv6 配置

图 6-11 显示了 iPhone 上 IPv4 自动配置和手动配置界面。

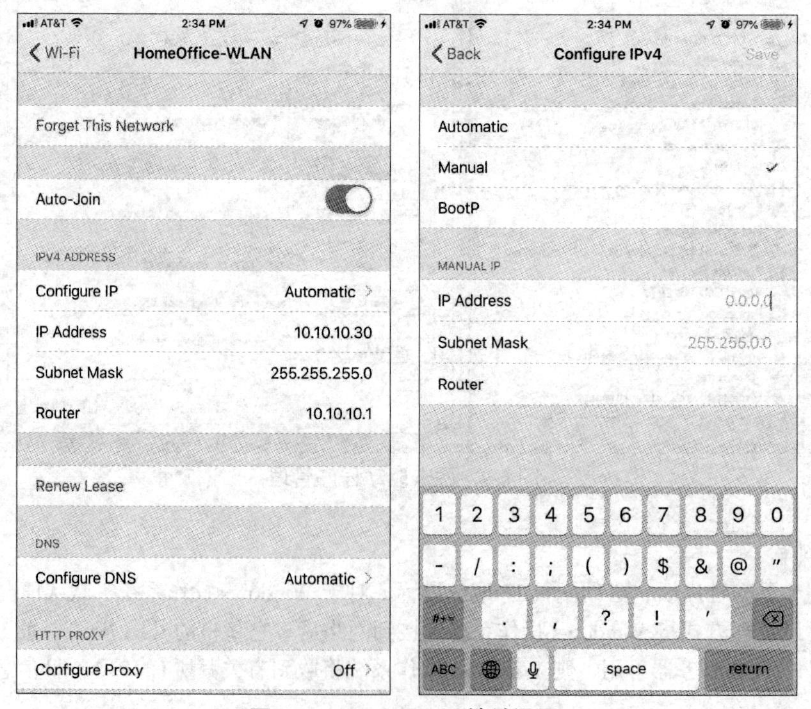

图 6-11 iPhone IPv4 地址设置

5. ICMP

网络中的设备使用 ICMP 发送控制和错误消息。ICMP 有多种用途，比如通告网络错误、通告网络拥塞和通告故障排除等。

Ping 命令常用于测试计算机之间的连接。要查看可与 ping 命令结合使用的选项列表，请在“Command Prompt”窗口中输入 ping /?，如示例 6-2 所示。

示例 6-2 显示 ping 帮助信息

```
C:\> ping /?

Usage: ping [-t] [-a] [-n count] [-l size] [-f] [-i TTL] [-v TOS]
            [-r count] [-s count] [[-j host-list] | [-k host-list]]
            [-w timeout] [-R] [-S srcaddr] [-4] [-6] target_name

Options:
    -t             Ping the specified host until stopped.
                   To see statistics and continue - type Control-Break;
                   To stop - type Control-C.
    -a             Resolve addresses to hostnames.
    -n count       Number of echo requests to send.
    -l size        Send buffer size.
    -f             Set Don't Fragment flag in packet (IPv4-only).
    -i TTL         Time To Live.
    -v TOS         Type Of Service (IPv4-only. This setting has been deprecated
                   and has no effect on the type of service field in the IP
                   Header).
    -r count       Record route for count hops (IPv4-only).
    -s count       Timestamp for count hops (IPv4-only).
    -j host-list   Loose source route along host-list (IPv4-only).
    -k host-list   Strict source route along host-list (IPv4-only).
    -w timeout     Timeout in milliseconds to wait for each reply.
    -R             Use routing header to test reverse route also (IPv6-only).
    -S srcaddr     Source address to use.
    -4             Force using IPv4.
    -6             Force using IPv6.

C:\>
```

ping 通过向您输入的 IP 地址发送 ICMP echo request 来运行。如果 IP 地址可访问，接收设备会发回 ICMP echo reply 消息，以确认连接。

您还可以通过输入网站的域名，使用 ping 命令来测试与网站的连接。例如，如果输入 ping ×××.com，您的计算机将首先使用 DNS 来查找 IP 地址，然后将 ICMP echo request 发送到该 IP 地址，如示例 6-3 所示。

示例 6-3 使用 ping 测试连通性

```
>C:\> ping ×××.com

Pinging e144.dscb.akamaiedge.net [23.200.16.170] with 32 bytes of data:
Reply from 23.200.16.170: bytes=32 time=25ms TTL=54
Reply from 23.200.16.170: bytes=32 time=26ms TTL=54
Reply from 23.200.16.170: bytes=32 time=25ms TTL=54
Reply from 23.200.16.170: bytes=32 time=25ms TTL=54

Ping statistics for 23.200.16.170:
    Packets: Sent = 4, Received = 4, Lost = 0 (0% loss),
```

```
Approximate round trip times in milli-seconds:
    Minimum = 25ms, Maximum = 26ms, Average = 25ms

C:\>
```

6.1.3 配置有线和无线网络

有线和无线网络允许计算机和其他设备相互通信，以便用户可以连接到 Internet 并共享文件、软件、打印机和其他设备。网络可以是有线、无线或这两种类型的结合。有线网络是指使用物理介质（如铜电缆）在连接的设备之间传送数据的网络。无线网络使用无线电波作为介质在网络设备之间进行通信，它也被称为 Wi-Fi 网络或 WLAN。无线网络为网络的访问和移动提供了便利。无线设置比有线设置更容易。无线网络技术的进步降低了有线和无线网络在速度和安全方面的差异。

1. 将有线设备连接到互联网

在家庭或小型办公室中将有线设备连接到互联网的步骤如下所示。

步骤 1　将网络电缆连接到设备。

要连接到有线网络，请将网络电缆连接到网卡端口，如图 6-12 所示。

步骤 2　将设备连接到交换机端口。

将电缆的另一端连接到无线路由器上的以太网端口，比如，图 6-13 中的 4 个黄色交换机端口之一。在 SOHO 网络中，便携式计算机最有可能连接到一个墙上插座中，该插座再连接网络交换机。

图 6-12　将网络电缆连接到网卡端口

图 6-13　将设备连接到交换机端口

步骤 3　将网络电缆连接到无线路由器的互联网端口。

在无线路由器上，将网络电缆连接到标记为“互联网”的端口（图 6-13 中的蓝色端口），此端口也可能被标记为“WAN”。

步骤 4　将无线路由器连接到调制解调器。

图 6-14 中的蓝色端口是一个以太网端口，用于将路由器连接到服务提供商的设备，比如图 6-14 中的调制解调器。

步骤 5　连接到服务提供商的网络。

将调制解调器连接到服务提供商的网络，如图 6-14 所示。

注　意　如果无线路由器是路由器与调制解调器的结合，则不需要单独的调制解调器。

步骤 6 接通所有设备的电源并验证物理连接。

启动宽带调制解调器并将电源电缆插入路由器。在调制解调器与 ISP 建立连接后，它将开始与路由器通信。便携式计算机、路由器和调制解调器的 LED 将会亮起，表示开始通信。调制解调器使路由器能够接收所需的网络信息，以便通过 ISP 访问互联网。此信息包括公有 IPv4 地址、子网掩码和 DNS 服务器地址。随着公有 IPv4 地址的耗尽，许多 ISP 也将提供 IPv6 寻址信息。

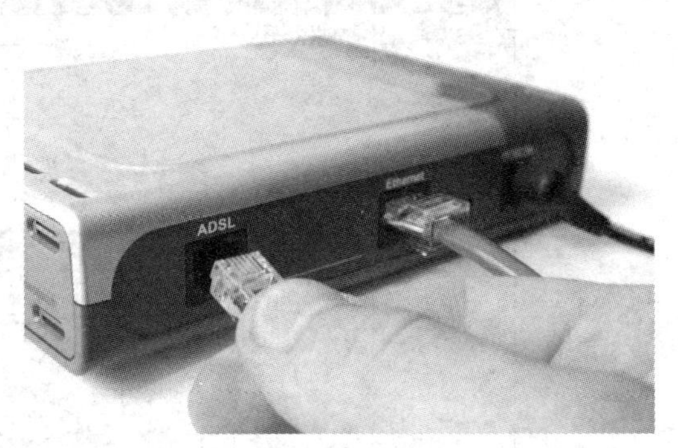

图 6-14 将无线路由器连接到调制解调器

图 6-15 显示了家庭或小型办公室网络中有线便携式计算机的物理连接的拓扑。

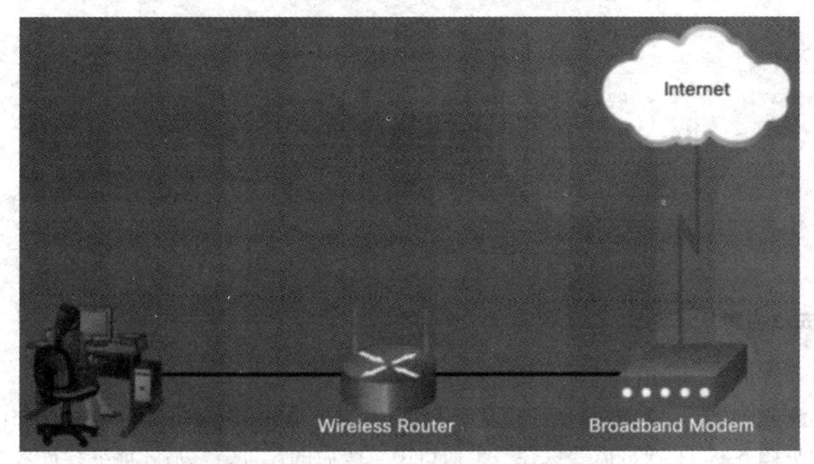

图 6-15 家庭或小型办公室有线网络

注 意 有线或 DSL 调制解调器配置通常由服务提供商的代表在现场或通过电话中的逐步解说以远程方式完成。如果您购买的是调制解调器，它将随附如何将其连接到服务提供商的文档，该文档很可能包括您的服务提供商联系方式，以便您获取更多信息。

2. 登录到路由器

大多数家庭或小型办公室的无线路由器都是开箱即用，它们预先配置为连接到网络并提供服务。例如，无线路由器使用 DHCP 自动向所连接的设备提供寻址信息。但是，无线路由器的默认 IP 地址、用户名和密码在互联网上很容易找到。直接输入搜索词“默认无线路由器 IP 地址”或“默认无线路由器密码”，即可看到提供此信息的许多网站列表。因此，出于安全原因，您的首要事项就是更改这些默认值。

要访问无线路由器的配置 GUI，请打开一个 Web 浏览器。在“address”字段中，输入无线路由器的默认 IP 地址。在无线路由器随附的文档中可以找到默认 IP 地址，或者可以在互联网上搜索。图 6-16 中显示了 IPv4 地址 192.168.0.1，这是许多制造商的常见默认值。安全窗口将提示您授权访问路由器 GUI。单词 admin 通常用作默认用户名和密码，同样，可查看您的无线路由器文档或在互联网上搜索。

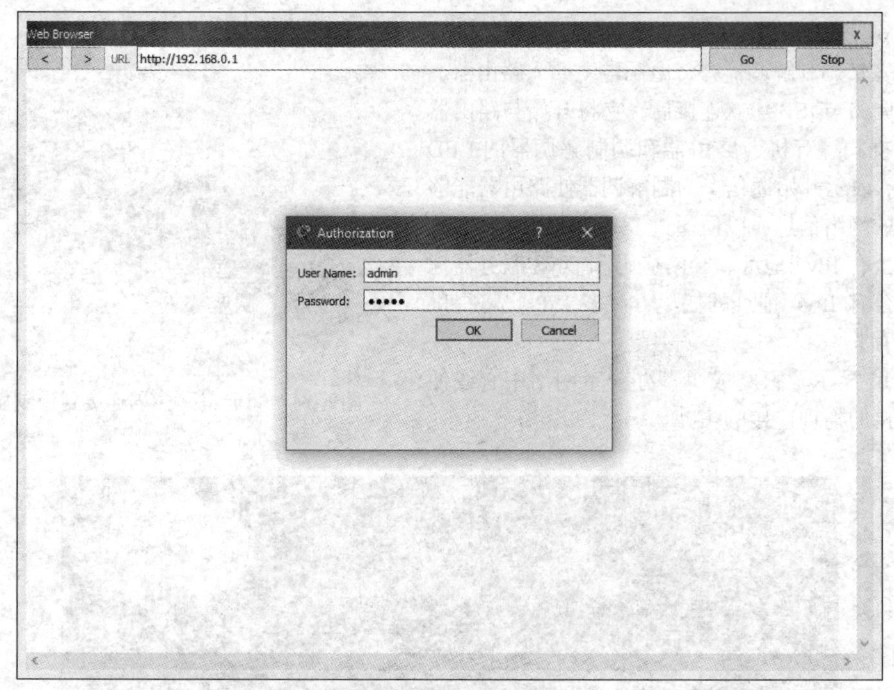

图 6-16 登录路由器

3. 基本网络设置

通过以下 6 个步骤，使用基本网络设置配置无线路由器。

步骤 1 登录路由器。登录后，系统会打开 GUI。GUI 上的选项卡或菜单将帮助您访问各项路由器配置任务（见图 6-17）。通常需要保存一个窗口中更改后的设置，然后才能继续进入另一窗口。此时，最好的做法是对默认设置做出更改。

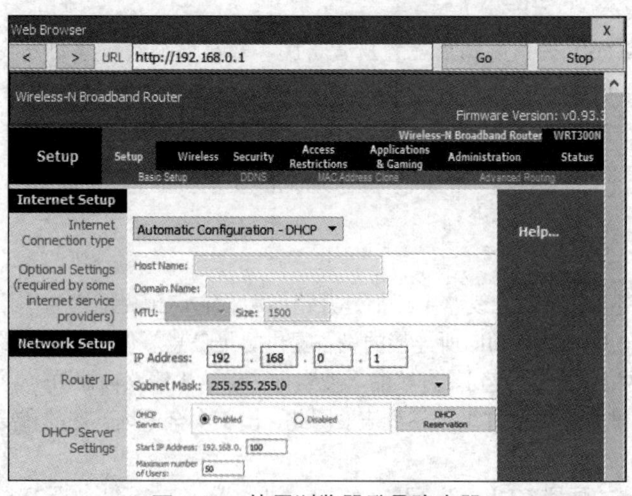

图 6-17 使用浏览器登录路由器

步骤 2 更改默认管理密码。要更改默认登录密码，找到路由器 GUI 的管理部分。在图 6-18 所示的示例中，已选中“Administration”选项卡，这是可以更改路由器密码的位置。在某些设备（如示例中的设备）上，只能更改密码，用户名仍为 admin 或您正在配置的路由器的默认用户名。

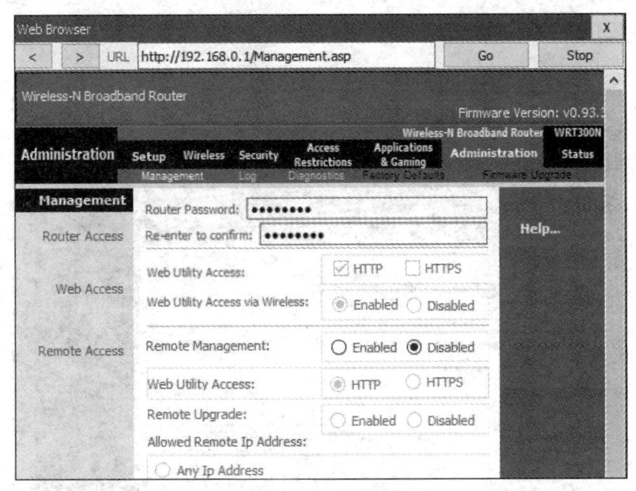

图 6-18　更改默认管理密码

步骤 3　使用新的管理密码登录。保存新密码后，无线路由器会再次请求授权，然后输入用户名和新密码，如图 6-19 所示。

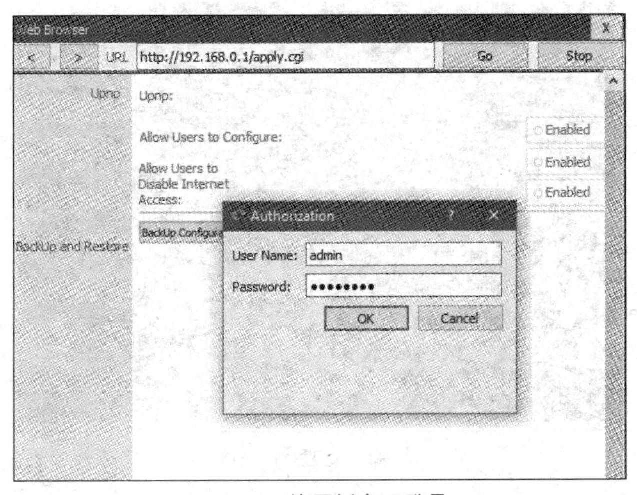

图 6-19　使用新密码登录

步骤 4　更改默认 DHCP IPv4 地址。最佳做法是使用网络内的私有 IPv4 地址。在图 6-20 所示的示例中使用的是 IPv4 地址 10.10.10.1，但它可以是您选择的任何私有 IPv4 地址。在互联网上搜索“私有 IP 寻址”了解更多信息。

步骤 5　更新 IP 地址。单击“Save”按钮时，将会临时断开对无线路由器的访问。打开命令窗口并使用 ipconfig /renew 命令更新您的 IP 地址，如图 6-21 所示。

步骤 6　登录新的 IP 地址。输入路由器的新 IP 地址以重新获取路由器配置 GUI 的访问权限，如图 6-22 所示。您现在可以继续配置路由器以进行无线访问。

4. 基本无线设置

通过以下 6 个步骤，使用基本无线设置配置无线路由器。

步骤 1　查看 WLAN 默认设置。开箱即用的无线路由器使用默认的无线网络名称和密码提供对设备的无线访问，此网络名称被称为服务集标识符（SSID）。找到路由器的基本无线设置以更改这些默认设置，如图 6-23 所示。

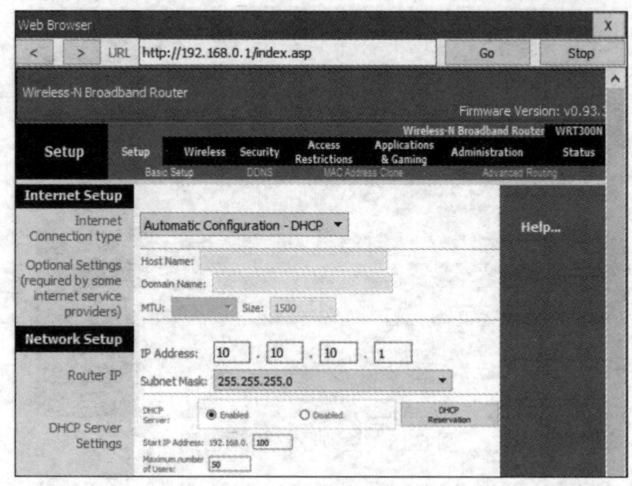

图 6-20 更改 DHCP IPv4 地址

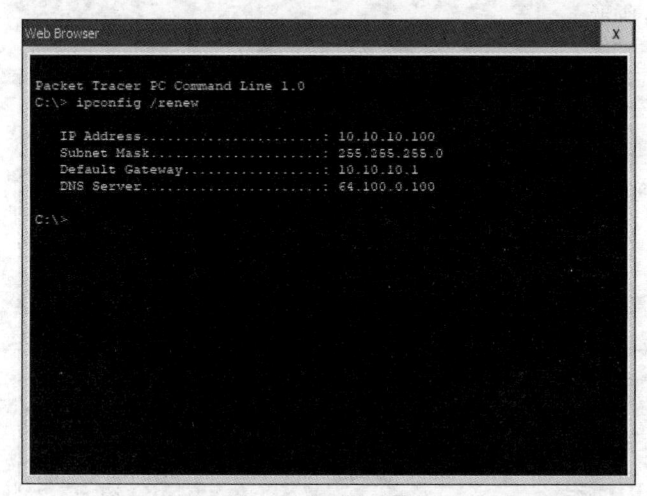

图 6-21 更新 IP 地址

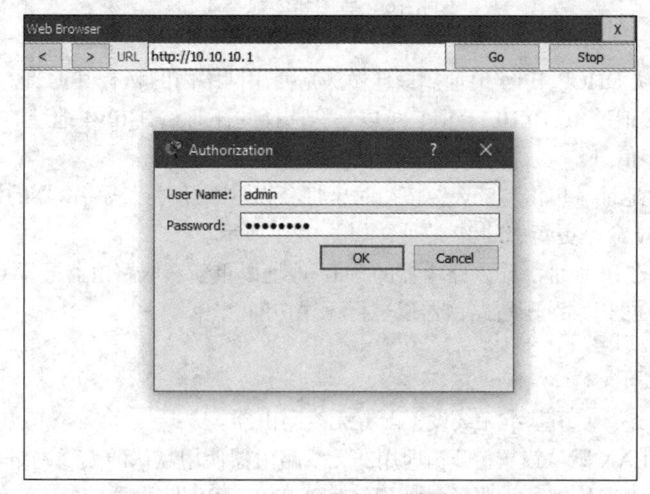

图 6-22 登录新 IP 地址

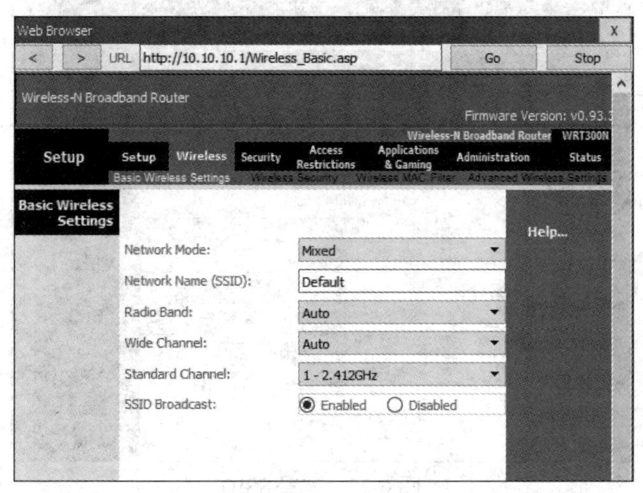

图 6-23　查看 WLAN 默认设置

步骤 2　更改网络模式。有些无线路由器允许选择要实施的 802.11 标准。图 6-24 中显示了已选择“Mixed”，这意味着连接无线路由器的无线设备可以安装各种无线网卡。当前为混合模式配置的无线路由器最有可能支持 802.11a、802.11n 和 802.11ac 网卡。

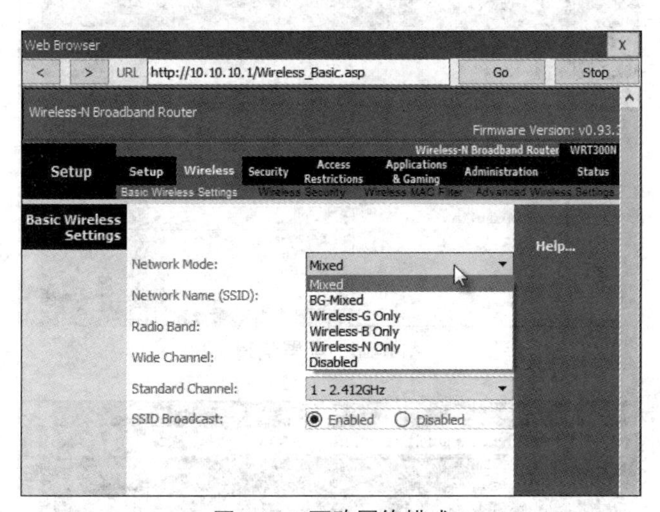

图 6-24　更改网络模式

步骤 3　配置 SSID。将 SSID 分配给 WLAN，图 6-25 中使用的是 OfficeNet。无线路由器通过发送可宣传其 SSID 的广播来宣告它的存在，这将允许无线主机自动发现无线网络的名称。如果禁用了 SSID 广播，则必须在连接到 WLAN 的每个无线设备上手动输入 SSID。

步骤 4　配置信道。在 2.4GHz 频段内配置有相同信道的设备可能会重叠并导致失真，从而降低无线性能并可能中断网络连接。避免干扰的解决方案是在无线路由器和彼此靠近的无线接入点上配置非重叠信道。具体来说，信道 1、6 和 11 不重叠。在图 6-26 中，无线路由器被配置为使用信道 6。

步骤 5　配置安全模式。开箱即用的无线路由器可能没有配置 WLAN 安全。在图 6-27 中，已选择 Wi-Fi 保护访问第 2 版的个人版本（WPA2 Personal）。具有高级加密标准（AES）加密的 WPA2 是目前最强大的安全模式。

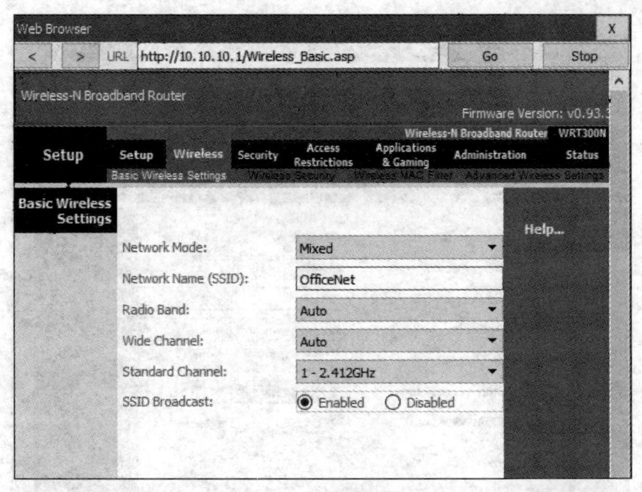

图 6-25　配置 SSID

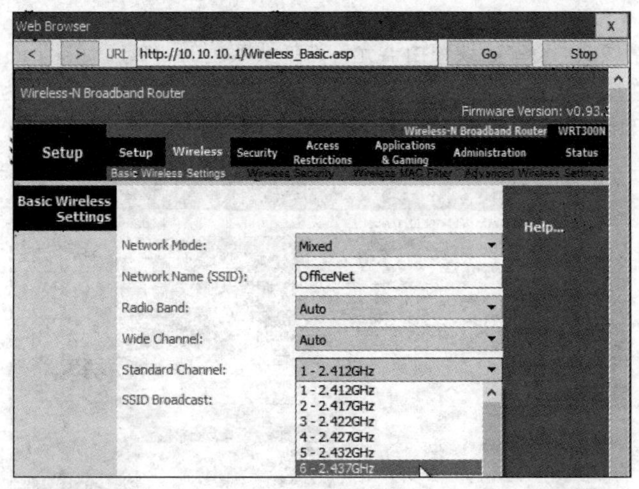

图 6-26　配置信道

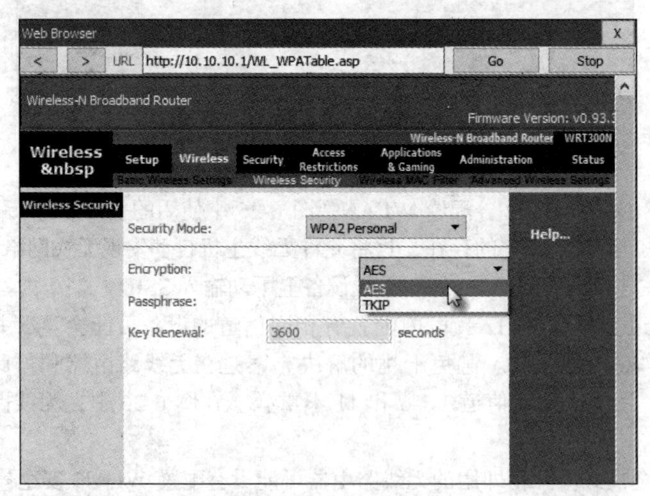

图 6-27　配置安全模式

步骤 6　配置口令。WPA2 Personal 使用口令对无线客户端进行身份验证，如图 6-28 所示。WPA2

Personal 在家庭或小型办公室环境中更易于被使用，因为它不需要身份验证服务器。大型组织采用 WPA2 企业版，并要求无线客户端使用用户名和密码进行身份验证。

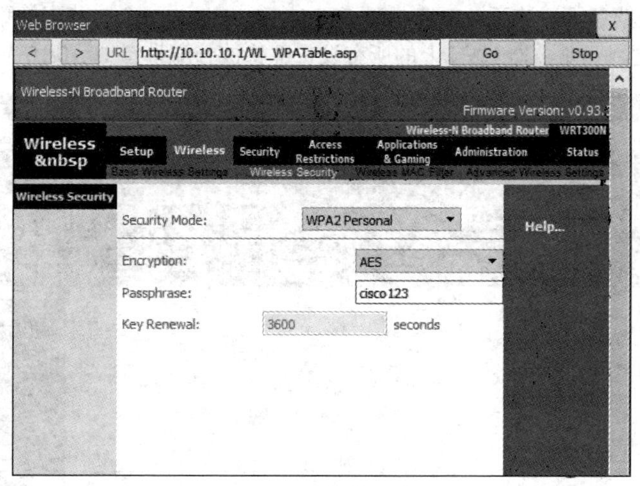

图 6-28　配置口令

5. 配置无线网状网络

在家庭或小型办公室网络中，一台无线路由器可能足以提供对所有客户端的无线访问。但是，如果要将范围扩展到大约 45 米（室内）和 90 米（室外）之外，则可以添加无线接入点。如图 6-29 中的无线网状网络所示，两个无线接入点都配置了与前一示例相同的 WLAN 设置。请注意，所选信道分别为 1 和 11，因此无线接入点不会干扰先前在无线路由器上配置的信道 6。

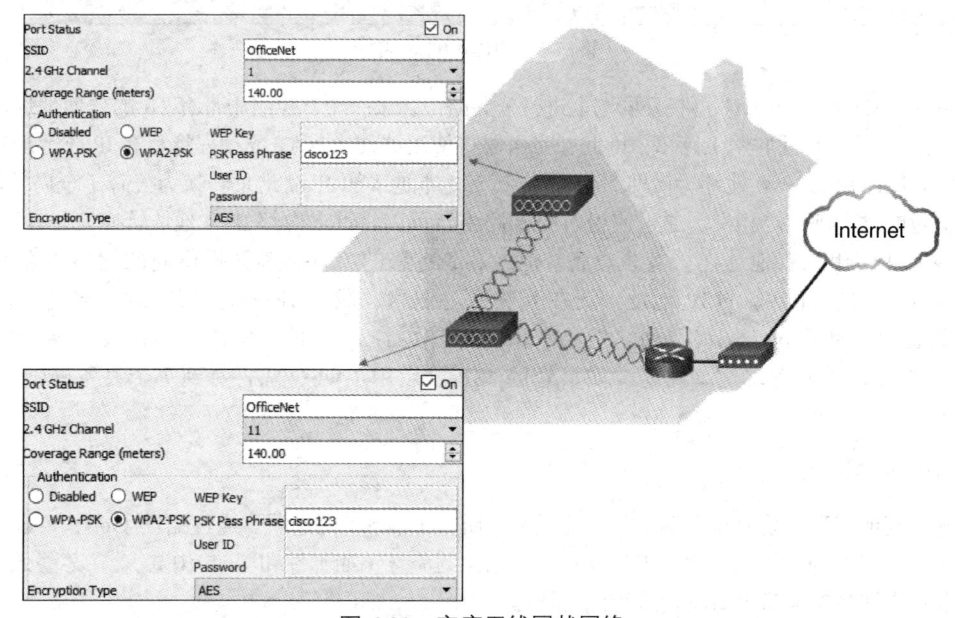

图 6-29　家庭无线网状网络

在家庭或小型办公室中扩展 WLAN 变得越来越容易。制造商可以通过智能手机应用程序轻松创建无线网状网络（WMN），只需几步即可购买系统，分散无线接入点，插入无线接入点，下载应用程序并配置 WMN。

6. IPv4 的 NAT

在无线路由器上，如果查找到图 6-30 所示的“Status”页面，可以看到路由器将数据发送到互联网时使用的 IPv4 寻址信息。请注意，IPv4 地址 209.165.201.11 是一个与分配给路由器 LAN 接口的地址 10.10.10.1 不同的网络。路由器 LAN 上的所有设备都将被分配带有 10.10.10 前缀的地址。

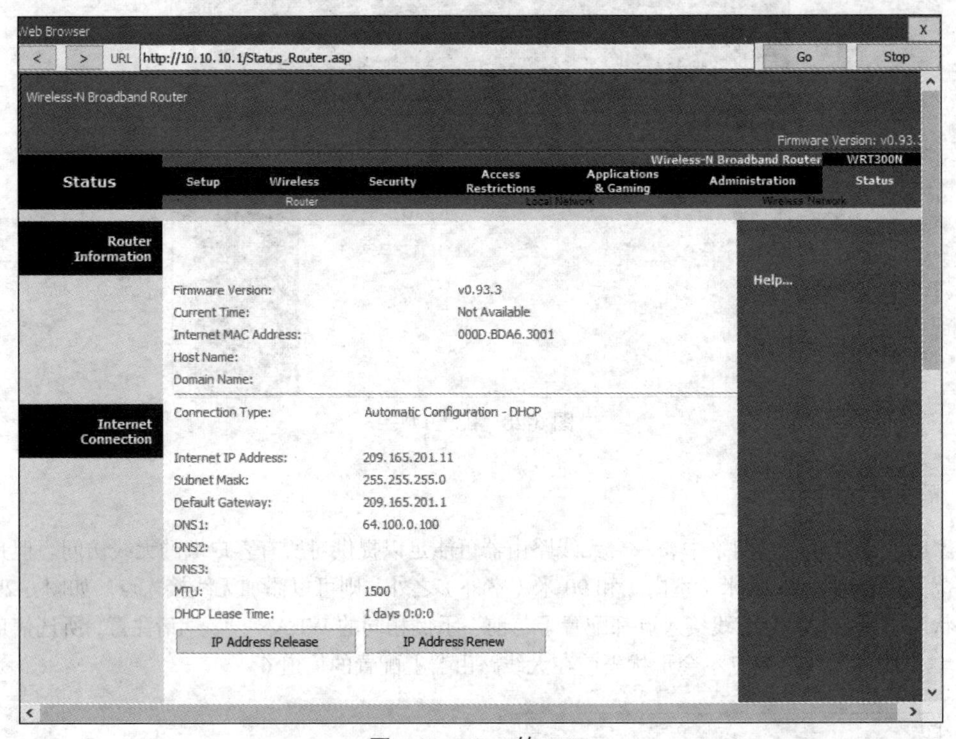

图 6-30 IPv4 的 NAT

IPv4 地址 209.165.201.11 可在互联网上进行公共路由，第一个八位组中带有 10 的任何地址都是私有 IPv4 地址，无法在互联网上路由。因此，路由器将使用被称为 NAT 的过程将私有 IPv4 地址转换为可通过互联网路由的 IPv4 地址。借助 NAT 可将私有（本地）源 IPv4 地址转换为公有（全局）地址。传入数据包的过程则与之相反。通过使用 NAT，路由器可以将许多内部 IPv4 地址转换为公有地址。

一些 ISP 使用私有地址连接客户设备。但是，最终您的流量将离开提供商的网络并在互联网上进行路由。要查看设备的 IP 地址，请在互联网上搜索“我的 IP 地址是什么”。对同一网络中的其他设备执行此操作，您将看到它们共享相同的公共 IPv4 地址。NAT 通过跟踪设备建立的每个会话的源端口号来实现这一功能。如果您的 ISP 已启用 IPv6，您将看到每个设备的唯一 IPv6 地址。

7. 服务质量

许多家庭或小型办公室路由器都具有配置服务质量（QoS）的选项。通过配置 QoS，可以确保特定流量类型（如语音和视频）优先于不具时间敏感性的流量（如邮件和 Web 浏览）。在某些无线路由器上，还可以在特定端口上对流量进行优先处理。

图 6-31 是基于 Netgear GUI 的 QoS 端口的简化模型。您通常可以在“Advanced”菜单中找到 QoS 设置。如果有可用的无线路由器，请研究 QoS 设置，有时这些设置被列在“bandwidth control”或类似选项下。查阅无线路由器的文档或在互联网上搜索与您的路由器品牌和型号对应的“QoS 设置”。

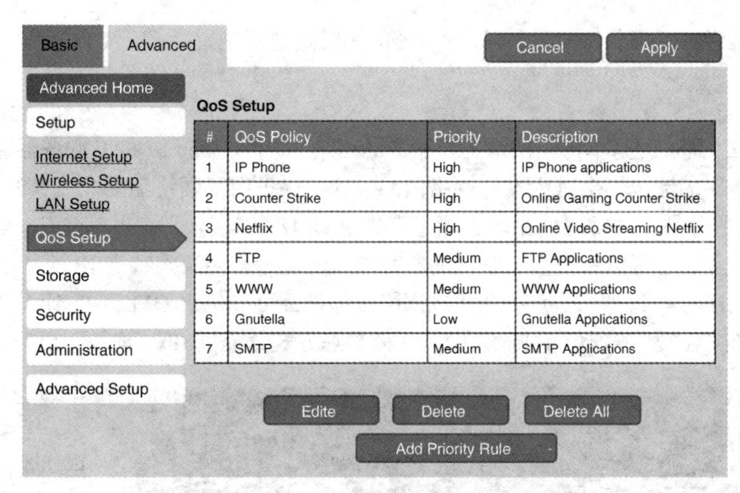

图 6-31　典型的无线路由器 QoS 接口

6.1.4 防火墙设置

在大多数网络基础架构中，防火墙都提供了必不可少的安全层。防火墙是一个重要的安全应用程序。它的作用是阻止未经授权者访问您的网络，另一个作用是允许经授权的数据通信进出您的计算机。防火墙可以是网络防火墙，也可以是基于主机的防火墙。

网络防火墙过滤两个或多个网络之间的流量，并在网络硬件上运行。基于主机的防火墙在主机上运行，并控制进出这些计算机的网络流量。它们配置了适用于入站和出站流量的规则和例外，并且基于多种条件来应用规则。

1. UPnP 协议

通用即插即用（UPnP）是一种协议，可将设备动态地添加到网络，而无须用户干预或配置。UPnP 虽然方便，但并不安全。UPnP 协议没有验证设备的方法。因此，它认为每个设备都是可信赖的。此外，UPnP 协议有许多安全漏洞。例如，恶意软件可能使用 UPnP 协议将流量重定向到网络之外的不同 IP 地址，从而可能将敏感信息发送给黑客。

许多家庭或小型办公室无线路由器都默认启用了 UPnP，因此请选中此配置并将其禁用，如图 6-32 所示。

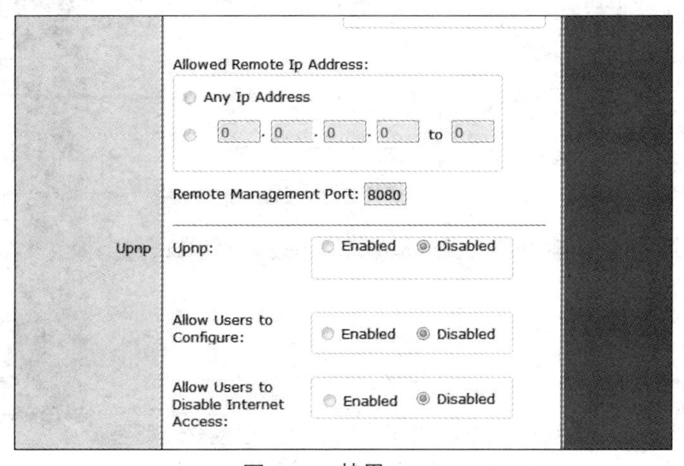

图 6-32　禁用 UPnP

在互联网上搜索“漏洞分析工具”，以确定您的无线路由器是否暴露于 UPnP 漏洞下。

2. DMZ

隔离区（DMZ）是一种为不可信网络提供服务的网络。邮件、Web 或 FTP 服务器通常都位于 DMZ 中，这样使用服务器的流量不会进入本地网络内部。这可保护内部网络免受此流量的攻击，但是却无法保护 DMZ 中的服务器。通常会使用防火墙管理进出 DMZ 的流量。

在无线路由器上，您可以将来自互联网的所有端口的流量都转发到特定 IP 地址或 MAC 地址中，从而为一台设备创建 DMZ。服务器、游戏机或网络摄像机都可以位于 DMZ 中，让设备供所有人访问。例如，图 6-33 中的 Web 服务器位于 DMZ 中，并以静态方式分配了 IPv4 地址 10.10.10.50。

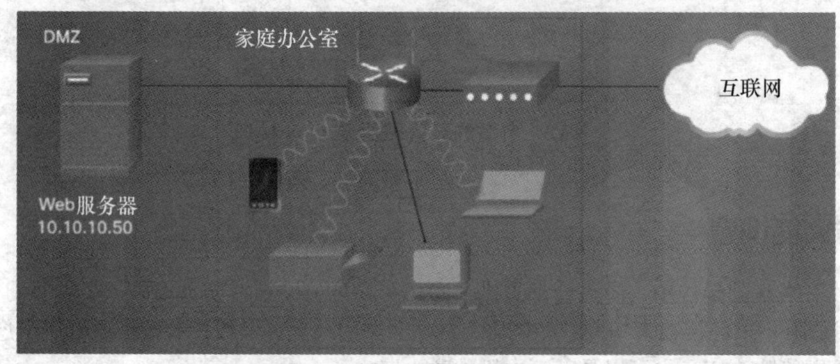

图 6-33 简单 DMZ 场景

图 6-34 显示了一种典型配置，其中来自互联网的任何流量源都将被重定向到 Web 服务器的 IPv4 地址 10.10.10.50。但是，Web 服务器会受到互联网上的黑客的攻击，因此应该安装防火墙软件。

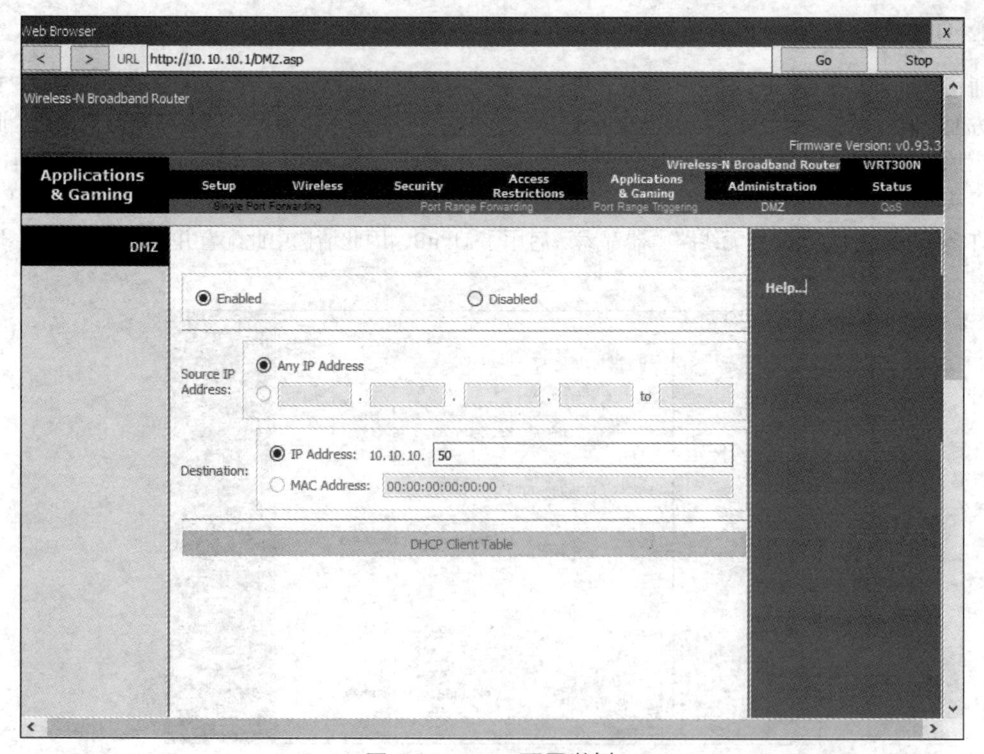

图 6-34 DMZ 配置举例

3. 端口转发

硬件防火墙可用于拦截 TCP 和 UDP 端口，防止未经授权的访问进出 LAN。但是在有些情况下必须打开特定端口，以便某些程序和应用程序可以和不同网络中的设备通信。端口转发是一种基于规则的方式，在不同网络的设备之间引导流量。

当流量到达路由器时，路由器根据流量的端口号确定是否应该将流量转发到特定设备。端口号与特定服务相关，比如 FTP、HTTP、HTTPS 和 POP3。规则确定了将哪些流量发送到 LAN。例如，可将路由器配置为转发与 HTTP 相关的端口 80 的流量。路由器接收到目的端口为 80 的数据包时，会将该流量转发到提供网页服务的网络内部服务器。在图 6-35 中，对端口 80 启用端口转发并与 IPv4 地址 10.10.10.50 的 Web 服务器关联。

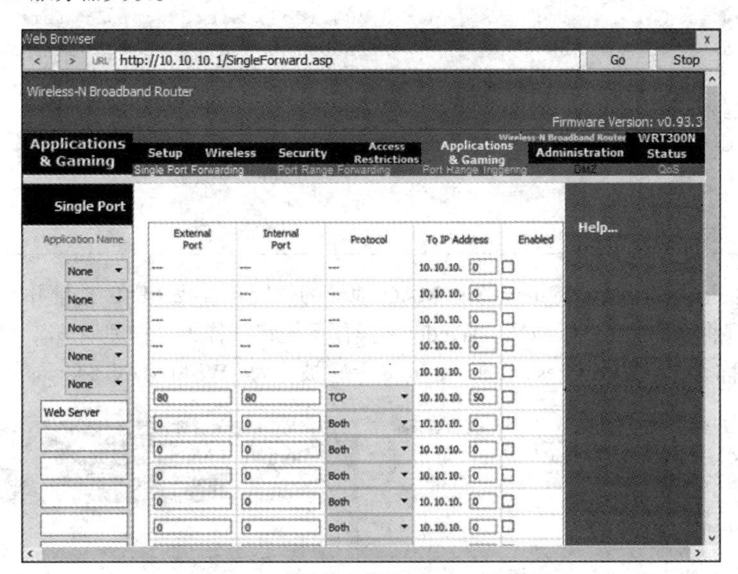

图 6-35 将端口转发到 Web 服务器

端口触发允许路由器临时将数据从入站端口转发到特定的设备。只有当指定的端口范围被用于执行出站请求时，才能使用端口触发将数据转发到计算机。例如，一个电子游戏可能使用端口 27000 ~ 27100 连接到其他玩家，这些是触发端口。聊天客户端可能使用端口 56 连接相同玩家，以便他们可以互动。在这种情况下，如果触发端口范围内的出站端口上有游戏流量，端口 56 上的入站聊天流量将被转发到人们正在玩电子游戏和与朋友聊天的计算机上。游戏结束且不再使用触发端口时，将不再允许端口 56 发送任何类型的流量到此计算机。

4. MAC 地址过滤

MAC 地址过滤精确地指定允许或阻止在网络上发送数据的设备 MAC 地址。许多无线路由器仅提供允许或阻止 MAC 地址的选项，但不允许同时执行两种操作。技术人员通常会配置允许的 MAC 地址。可以使用 ipconfig /all 命令找到 Windows 操作系统的 MAC 地址，如示例 6-4 所示。

示例 6-4 便携式计算机寻址信息

```
C:\> ipconfig /all

Windows IP Configuration

   Host Name . . . . . . . . . . . . : ITEuser
   Primary Dns Suffix . . . . . . .  :
```

```
   Node Type . . . . . . . . . . . . : Hybrid
   IP Routing Enabled. . . . . . . . : No
   WINS Proxy Enabled. . . . . . . . : No

Ethernet adapter Local Area Connection:

   Connection-specific DNS Suffix  . :
   Description . . . . . . . . . . . : Intel(R) PRO/1000 MT Network Connection
Physical Address. . . . . . . . .    : 00-50-56-BE-D7-87
   DHCP Enabled. . . . . . . . . . . : No
   Autoconfiguration Enabled . . . . : Yes
IPv6 Address. . . . . . . . . . .    : 2001:db8:cafe:200::8(Preferred)
   Link-local IPv6 Address . . . . . : fe80::8cbf:a682:d2e0:98a%11(Preferred)
IPv4 Address. . . . . . . . . . .    : 192.168.200.8(Preferred)
   Subnet Mask . . . . . . . . . . . : 255.255.255.0
   Default Gateway . . . . . . . . . : 2001:db8:cafe:200::1
                                         192.168.200.1

C:\
```

您可能需要在互联网上搜索特定设备上 MAC 地址的位置。查找 MAC 地址并非总是很容易，因为不是所有设备都将其称为 MAC 地址。Windows 操作系统将其称为“物理地址”，如示例 6-4 所示。在 iPhone 上它被称为“Wi-Fi Address”，在 Android 上它被称为“Wi-Fi MAC address”，如图 6-36 所示。

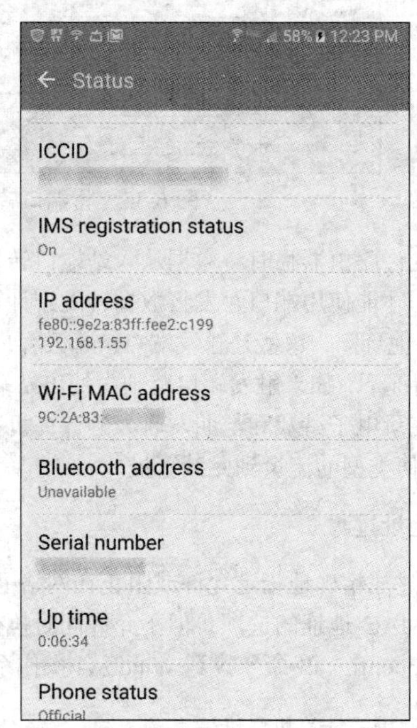

图 6-36 iPhone 和 Android MAC 地址

此外，您的设备可能有两个或多个 MAC 地址。例如，图 6-37 中的 PlayStation 4 有两个 MAC 地址：一个用于有线网络，另一个用于无线网络。

同样，Windows 操作系统可能有多个 MAC 地址，如示例 6-5 所示的 3 个 MAC 地址：有线、虚拟和无线。

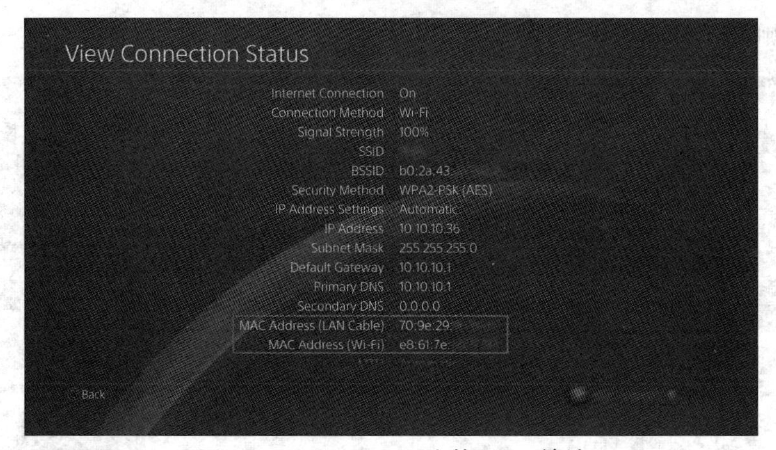

图 6-37 PlayStation 4 上的 MAC 地址

示例 6-5 Windows 操作系统上的多个 MAC 地址

```
C:\> ipconfig /all

Windows IP Configuration
<output omitted>

Ethernet adapter Ethernet:

<output omitted>
   Physical Address. . . . . . . . . : 44-A8-42-XX-XX-XX
   DHCP Enabled. . . . . . . . . . . : Yes
   Autoconfiguration Enabled . . . . : Yes

Ethernet adapter VirtualBox Host-Only Network:

   Connection-specific DNS Suffix  . :
   Description . . . . . . . . . . . : VirtualBox Host-Only Ethernet Adapter
   Physical Address. . . . . . . . . : 0A-00-27-XX-XX-XX
<output omitted>

Wireless LAN adapter Wi-Fi:

   Connection-specific DNS Suffix  . : lan
   Description . . . . . . . . . . . : Intel(R) Dual Band Wireless-AC 3165
   Physical Address. . . . . . . . . : E0-94-67-XX-XX-XX
<output omitted>

C:\>
```

注 意 在图 6-36 和图 6-37 中，MAC 地址的后半部分和其他识别信息是模糊的。示例 6-5 中最后 6 个十六进制数字被替换为“X”。

最后，还要考虑这样一个事实：可能随时会有新设备添加到网络中。您可能会遇到这样一种情况：如果必须在一个界面（如图 6-38 所示界面）中手动输入和维护数十个 MAC 地址，负责手动配置这些 MAC 地址的技术人员可能会不堪重负。这时，MAC 地址过滤可能是您唯一的选择。更好的解决方案

（如端口安全）则需要购买更昂贵的路由器或单独的防火墙设备，而这不在本书的讨论范围之内。

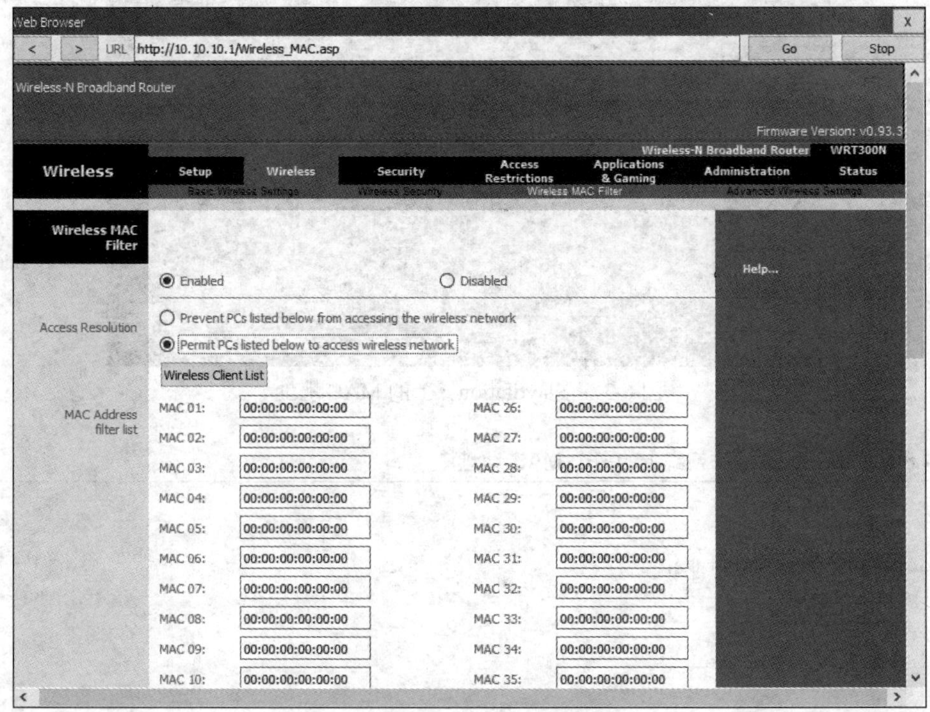

图 6-38 MAC 地址过滤器配置 GUI

5. 白名单和黑名单

白名单和黑名单指定网络上允许或拒绝的 IP 地址。与 MAC 地址过滤类似，您可以手动配置特定 IP 地址以允许或拒绝进入您所在的网络。在无线路由器上，这通常使用访问列表或访问策略来完成，如图 6-39 所示。有关具体步骤，请参阅无线路由器的文档，或者在互联网上搜索教程。

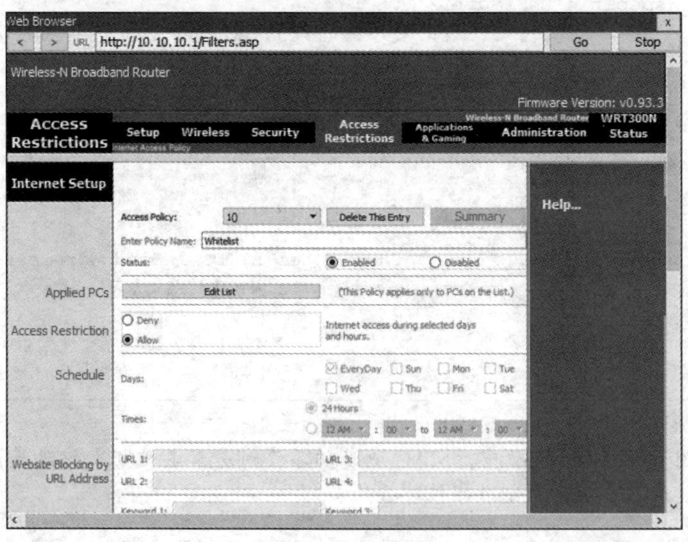

图 6-39 白名单配置

白名单是一个非常好的工具，可以允许您的用户（如儿童或员工）访问您批准的 IP 地址。您还可以将已知站点列入黑名单或明确阻止这些站点。但是，与 MAC 地址过滤类似，这可能会非常烦琐。

6.1.5 IoT 设备配置

受物联网的影响，普通的日常设备已经成为互联网的一部分。IoT 将连接性扩展到了计算机和智能手机等标准设备之外，包括冰箱和电视等嵌入传感器和其他技术的设备，从而使它们成为网络的一部分。“事物”可以是常见的对象，但就可以成为可连接的设备而言，可能性是无限的。物联网设备的连接性和用法可以让我们了解消费者和企业如何与其提供的设备、服务和应用程序进行交互。物联网设备通过将所有“事物”连接到互联网来提供与用户及其环境相关的数据的实时通信。

1. IoT

如今的互联网与过去几十年的互联网相比大有不同，它已不仅仅是邮件、网页和计算机之间的文件传输。互联网正在不断向 IoT 发展。能够访问互联网的设备将不只是计算机、平板电脑和智能手机。未来安装有传感器并支持互联网访问的设备将包括汽车、生物化学设备、家用电器，以及自然生态系统等一切事物。

您的家中可能已经有一些物联网设备。您可以购买所有类型的连接设备，包括恒温器、照明开关、安全摄像头、门锁和支持语音的数字助理（如 Amazon Alexis 和 Google Home）。这些设备都可以连接到您的网络。此外，其中的许多设备可以直接通过智能手机应用程序进行管理，如图 6-40 所示。

图 6-40 物联网

2. Packet Tracer 中的物联网设备

物联网市场目前处于起步阶段，尚未就物联网设备安装和配置的一系列标准达成一致。IoT 设备配置与具体的设备相关。图 6-41 显示了 Packet Tracer 中的所有物联网设备。Packet Tracer 中还包括许多传感器和致动器。在图 6-41 中，传感器显示在 Packet Tracer 界面的底部面板中。

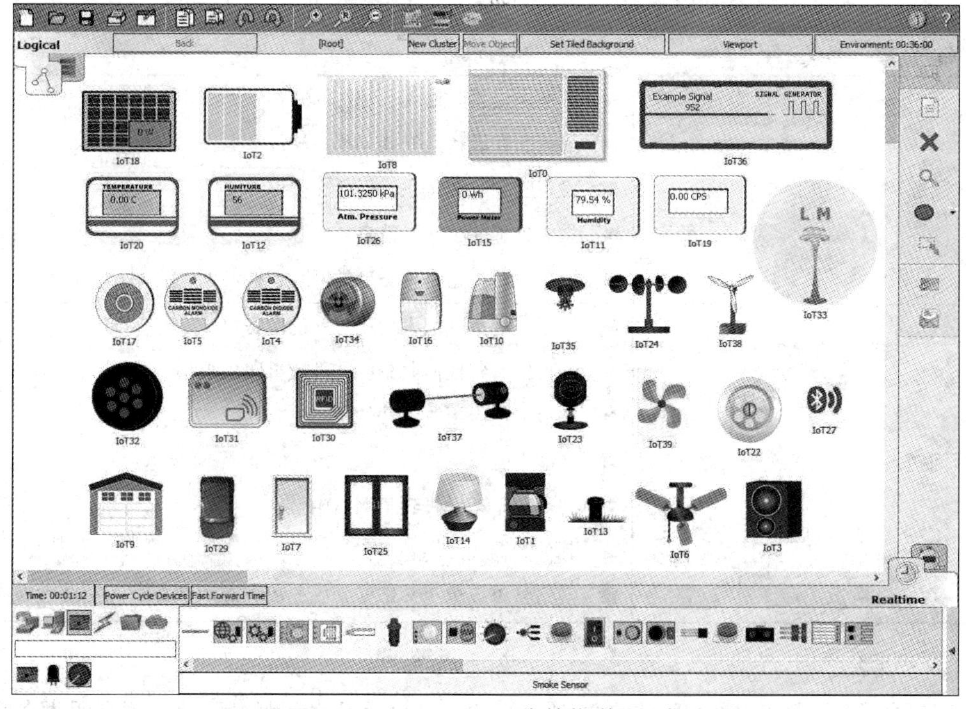

图 6-41 Packet Tracer 中的物联网设备

6.2 网络的基本故障排除

网络问题可能很简单，也可能很复杂，它们可能是硬件、软件和连接问题的综合结果。

6.2.1 网络故障排除流程

要修复网络问题，计算机技术人员必须能够分析问题并确定问题的原因，此过程被称为故障排除。

故障排除的6个步骤如下。

步骤1 确定问题。

步骤2 推测潜在原因。

步骤3 验证推测以确定原因。

步骤4 制定解决方案并实施方案。

步骤5 验证全部系统功能并实施预防措施（如果适用）。

步骤6 记录发现、行为和结果。

1. 确定问题

作为技术人员，您应该想出一种合理且一致的方法，通过一次检查一个问题来诊断网络问题。例如，为了对问题进行评估，请先确定有多少台设备存在问题。如果有一台设备存在问题，请从该设备着手。如果所有设备都存在问题，请在连接所有设备的网络机房中开始实施故障排除流程。

您可以使用表6-7中的开放式和封闭式问题列表作为从客户处收集信息的起点。

表6-7 确定问题

开放式问题	■ 您使用设备时遇到了哪些问题？ ■ 最近您在设备上安装了哪些软件？ ■ 发现问题时您正在执行什么操作？ ■ 您收到了什么错误消息？ ■ 设备使用的是哪种类型的网络连接？
封闭式问题	■ 最近是否有其他人使用过您的设备？ ■ 您可以看到任何共享的文件或打印机吗？ ■ 您最近是否更改了您的密码？ ■ 您能上网吗？ ■ 您当前是否登录到了网络中？ ■ 其他人存在此问题吗？ ■ 网络是否发生了环境或基础架构方面的更改？

2. 推测潜在原因

与客户交谈后，就可以推测问题的潜在原因。表6-8显示了导致网络问题的一些常见潜在原因。

表 6-8 推测潜在原因

网络问题的常见原因	■ 电缆连接松动 ■ NIC 安装不正确 ■ ISP 已关闭 ■ 无线信号强度低 ■ IP 地址无效 ■ DNS 服务器问题 ■ DHCP 服务器问题

3. 验证推测以确定原因

推测出可能导致错误的一些原因后，可以验证推测以确定问题原因。确认推测后，确定解决问题的后续步骤。表 6-9 显示了一些可帮助您确定确切的问题原因，甚至可帮助纠正问题的方法。如果某个方法的确纠正了问题，那么您就可以开始检验完整系统功能的步骤。如果这些方法未能纠正问题，则需要进一步研究问题以确定确切的原因。

表 6-9 验证推测以确定原因

确定原因的方法	■ 检查所有电缆是否连接到正确位置 ■ 拆除然后重新连接电缆和连接器 ■ 重新启动计算机或网络设备 ■ 以其他用户的身份登录 ■ 修复或重新启用网络连接 ■ 联系网络管理员 ■ ping 设备的默认网关 ■ 访问一个远程网页

4. 制定解决方案并实施方案

确定了问题的确切原因后，可制定行动计划来解决问题并实施解决方案。表 6-10 显示了一些您可用于收集其他信息以解决问题的信息来源。

表 6-10 制定解决方案并实施方案

收集信息的来源	■ 维修人员工作日志 ■ 其他技术人员 ■ 制造商常见问题解答网站 ■ 技术网站 ■ 新闻组 ■ 计算机手册 ■ 设备手册 ■ 在线论坛 ■ 互联网搜索

5. 验证全部系统功能并实施预防措施（如果适用）

纠正问题后，请验证全部系统功能，并实施预防措施（如果适用）。表 6-11 显示了一些用于检验解决方案的方法。

表 6-11　　验证全部系统功能并实施预防措施（如果适用）

验证全部系统功能并实施预防措施（如果适用）的方法	■ 使用 ipconfig/all 命令显示所有网络适配器的 IP 地址信息 ■ 使用 ping 命令检查网络连接。它会向指定地址发送一个数据包，并显示响应信息 ■ 验证设备是否可以访问公司邮件服务器和互联网等授权资源 ■ 搜索其他命令或向主管寻求其他测试工具的帮助

6. 记录发现、行为和结果

在故障排除的最后一步，记录您的发现、行为和结果，如表 6-12 所示。

表 6-12　　记录发现、行为和结果

记录发现、行为和结果	■ 与客户讨论已实施的解决方案 ■ 让客户确认问题是否已解决 ■ 为客户提供所有书面材料 ■ 在工单和技术人员的日志中记录解决问题所采取的措施 ■ 记录修复工作时使用的所有组件 ■ 记录解决问题所用的时间

6.2.2 网络问题和解决方案

应用网络说明了网络原理和技术的实际应用，并提供了各种故障排除示例来解决实际问题。

1. 网络的常见问题和解决方案

网络问题可以归因于硬件、软件或配置问题，也可以归因于三者的某种组合。您将经常解决某些类型的网络问题。表 6-13 列出了一些网络的常见问题和解决方案。

表 6-13　　网络的常见问题和解决方案

常见问题	可能原因	可能的解决方案
NIC LED 灯不亮	网络电缆已拔出或损坏	重新连接或替换计算机的网络连接
	NIC 已损坏	更换 NIC
用户无法使用安全外壳（SSH）访问远程设备	远程设备未配置 SSH 访问	配置远程设备以进行 SSH 访问
	不允许用户或特定网络使用 SSH	允许用户或网络使用 SSH 访问
设备无法检测到无线路由器	无线路由器或接入点配置了不同的 802.11 协议	为设备配置兼容协议的无线路由器
	SSID 未被广播	配置无线路由器以广播 SSID
	设备中的无线 NIC 已被禁用	在设备中启用无线 NIC

续表

常见问题	可能原因	可能的解决方案
Windows 操作系统的 IPv4 地址为 169.254.x.x	网络电缆被拔出	重新连接网络电缆
	路由器掉电或连接故障	确保路由器已开机并且已正确连接到网络，然后释放并更新操作系统上的 IPv4 地址
	NIC 已损坏	更换 NIC
远程设备不响应 ping 请求	Windows 防火墙默认情况下禁用 ping	设置防火墙以启用 ping
	远程设备配置为不响应 ping 请求	配置远程设备以响应 ping 请求
用户可以访问本地网络，但不能访问 Internet	网关地址不正确或未配置	确保为 NIC 分配了正确的网关地址
	ISP 已关闭	呼叫 ISP 报告故障
网络功能完备，但无线设备无法连接到网络	设备的无线功能已关闭	启用设备的无线功能
	设备不在无线范围内	靠近无线路由器或接入点
	使用相同频率范围的其他无线设备会产生干扰	将无线路由器更改为其他频道
文件共享或打印机等本地资源不可用	可能有许多问题：电缆连接不良、交换机或路由器无法正常工作、防火墙阻止流量、DNS 名称解析无法正常工作或服务失败	确定问题的范围，比如尝试从其他主机进行连接

2. 网络连接的高级问题和解决方案

表 6-14 显示了一些网络连接的高级问题和解决方案。

表 6-14 网络连接的高级问题和解决方案

高级问题	可能原因	可能的解决方案
设备可以通过 IP 地址而非主机名连接到网络设备	主机名不正确	重新输入主机名
	不正确的 DNS 设置	重新输入 DNS 服务器的 IP 地址
	DNS 服务器无法运行	重新启动 DNS 服务器
设备无法获取或更新网络上的 IP 地址	计算机正在使用来自其他网络的静态 IP 地址	使计算机能够自动获取 IP 地址
	防火墙阻止了 DHCP	更改防火墙设置以允许 DHCP 通信
	DHCP 服务器不可用	重新启动 DHCP 服务器
	无线 NIC 已被禁用	启用无线 NIC
将新设备连接到网络时，出现 IP 地址冲突消息	相同的 IP 地址已被分配给网络上的两个设备	为每个设备配置一个唯一的 IP 地址
设备可以访问网络，但不能访问 Internet	另一台计算机已配置了 DHCP 服务器已分配的静态 IP 地址	配置 DHCP 服务器，排除静态 IP 地址分配，然后重新启动所有受影响的设备
	网关 IP 地址错误	在设备或 DHCP 服务器上配置正确的网关 IP 地址
	路由器配置错误	重新配置路由器设置
	DNS 服务器无法运行	重新启动 DNS 服务器

续表

高级问题	可能原因	可能的解决方案
用户正在经历缓慢的传输速度、微弱的信号强度以及无线网络上的间歇性连接	无线安全性尚未实现，并且允许未经授权的用户访问	实施无线安全计划
	连接到接入点的用户太多	添加另一个接入点或中继器以增强信号
	用户距离接入点太远	移动接入点，然后确保它位于中心位置
	无线信号受到外部来源的干扰	更改无线网络频道

3. FTP 和安全 Internet 连接方面的高级问题和解决方案

表 6-15 显示了一些 FTP 和安全 Internet 连接的高级问题和解决方案。

表 6-15　　FTP 和安全 Internet 连接的高级问题和解决方案

高级问题	可能原因	可能的解决方案
用户无法访问 FTP 服务器	FTP 被路由器的防火墙阻止	确保通过路由器的出站防火墙允许端口 20 和 21
	FTP 被 Windows 防火墙阻止	确保 Windows 的出站防火墙允许端口 20 和 21
	已达到最大用户数	增加 FTP 服务器上并发 FTP 用户的最大数量
FTP 客户端软件找不到 FTP 服务器	FTP 客户端的服务器/域名或端口设置不正确	在 FTP 客户端中输入正确的服务器/域名或端口设置
	FTP 服务器无法运行或处于脱机状态	重新启动 FTP 服务器
	DNS 服务器无法运行，并且无法解析名称	重新启动 DNS 服务器
设备无法访问特定的 HTTPS 站点	该站点不在该计算机浏览器的受信任站点列表中	确定是否将安全证书添加到了浏览器的受信任站点列表中

4. 使用网络工具时的高级问题和解决方案

表 6-16 显示了一些使用网络工具时的高级问题和解决方案。

表 6-16　　使用网络工具时的高级问题和解决方案

高级问题	可能原因	可能的解决方案
一个网络上的设备无法 ping 另一个网络上的设备	两个网络之间的链接断开	用 tracert 查找并修复断开的链接
	Internet 控制消息协议（ICMP）在路由器处被阻止	配置路由器以允许 ICMP 回显请求和回显应答
	ICMP 在 Windows 防火墙处被阻止	配置 Windows 防火墙以允许 ICMP 回显请求和回显应答
该计算机无法登录到远程计算机	远程计算机尚未配置为接受 Telnet 连接	配置远程计算机以接受 Telnet 连接
	没有在远程计算机上启动 Telnet 服务	在远程计算机上启动 Telnet 服务

续表

高级问题	可能原因	可能的解决方案
该 nslookup 命令报告“无法找到地址{服务器名称 IP 地址}：超时”，其中 IP 地址可以是任意 IP 地址	DNS 服务器没有响应	解决与 DNS 服务器的连接问题或重新启动 DNS 服务器
	DNS 记录不正确	使用正确的记录配置 DNS 服务器
使用 ipconfig/release 或 ipconfig /renew 命令会出现如下信息：介质断开时，不能对适配器进行任何操作	网络电缆被拔出	重新连接网络电缆
	已为计算机配置了静态 IP 地址	重新配置 NIC 以自动获取 IP 寻址
该 ipconfig/release 或 ipconfig/renew 命令会出现如下消息：操作失败，因为没有适配器处于允许此操作的状态	已为计算机配置了静态 IP 地址	重新配置 NIC 以自动获取 IP 寻址

6.3 总结

在本章中，您了解了如何配置网卡、如何将设备连接到无线路由器，以及如何配置无线路由器来实现网络连接。您还了解了防火墙、物联网设备和网络故障排除。您了解了识别连接到以太网 LAN 设备的 48 位 MAC 地址，以及两种类型的 IP 地址：IPv4 和 IPv6。IPv4 地址的长度为 32 位，以点分十进制格式写入；而 IPv6 地址的长度为 128 位，以十六进制格式写入。

可以使用 DHCP 通过手动或动态的方式在设备上配置 IP 地址。您了解到，手动或静态寻址适用于小型网络，而 DHCP 适用于大型网络。除 IP 地址外，DHCP 还可以自动分配子网掩码、默认网关和 DNS 服务器的地址。

然后，您了解了如何配置无线网络，包括使用基本无线设置、NAT、防火墙设置和 QoS 配置无线路由器。

如今，互联网不仅仅只有计算机、平板电脑和智能手机，它正在不断向物联网发展。这些设备，比如汽车、生物化学设备、家用器械，以及自然生态系统将安装有传感器并支持访问互联网。您还使用了 Packet Tracer 来了解物联网设备及其基本配置。

在本章的最后，您了解了与网络相关的故障排除的 6 个步骤。

6.4 复习题

请您完成此处列出的所有复习题，以测试您对本章主题和概念的理解。答案请参考附录。

1. 用户报告无法访问公司的 Web 服务器，技术人员通过使用其 IP 地址验证可以访问 Web 服务器。该问题的两个可能原因是什么？（双选）

A. 默认网关地址在工作站上配置错误

B. Web 服务器信息在 DNS 服务器上配置错误

C. DNS 服务器地址在工作站上配置错误

D. 网络连接已断开

E. Web 服务器配置错误

2. 为计算机分配 IP 地址 169.254.33.16。根据分配的地址，可以得出什么结论？
   A. 它不能在自己的网络之外进行通信
   B. 它可以在本地网络和 Internet 上进行通信
   C. 它具有已转换为私有 IP 地址的公共 IP 地址
   D. 它可以与特定公司内部具有子网的网络进行通信
3. 已为计算机分配 IP 地址 169.254.33.16，下列哪个命令可以启动请求新 IP 地址的过程？
   A. net　　B. ipconfig　　C. tracert　　D. nslookup
4. 客户有用于小型企业的 Web 服务器，该企业同时使用有线和无线网络。Linksys WRT300N 无线路由器提供无线和有线连接。为了使客户能够从远程位置访问 Web 服务器，可以启用哪种防火墙选项？
   A. WPA2　　B. 端口转发　　C. 端口触发　　D. WEP
   E. 地址过滤
5. 无线路由器显示 IP 地址 192.168.0.1。这意味着什么？
   A. NAT 功能在无线路由器上不起作用
   B. 无线路由器仍然保持出厂默认 IP 地址
   C. 无线路由器已配置为使用通道 1 上的频率
   D. 路由器上已完成动态 IP 地址分配的配置并正常工作
6. 哪种过滤方法使用 IP 地址来指定网络上允许哪些设备？
   A. 端口转发　　B. MAC 地址过滤　　C. 列入黑名单　　D. 端口触发
   E. 列入白名单
7. ping 命令用于测试网络主机之间的连接的协议是什么？
   A. ARP　　B. DHCP　　C. TCP　　D. ICMP
8. 如果计算机自动在 169.254.x.x 地址范围内配置 IP 地址，会出现什么问题？
   A. DHCP 服务器无法访问　　B. 计算机配置了不正确的默认网关
   C. DNS 服务器无法访问　　D. 计算机的 NIC 被禁用
9. 技术人员希望更新计算机的 NIC 驱动程序，为 NIC 寻找新驱动程序的最佳位置是什么？
   A. NIC 制造商的网站　　B. Windows 的安装媒体
   C. Microsoft 网站　　D. NIC 随附的安装媒体
   E. Windows 更新
10. 如果 DHCP 服务器无法在网络中运行，结果会怎么样？
   A. 工作站在 169.254.0.0/16 网络中分配 IP 地址
   B. 工作站的 IP 地址为 1270.0.1
   C. 工作站在 10.0.0.0/8 网络中分配 IP 地址
   D. 工作站的 IP 地址为 0.0.0.0
11. 无线路由器用来将内部流量的私有 IP 地址转换为 Internet 的可路由地址的过程被称为什么？
   A. NAP　　B. NAT　　C. TCP 握手　　D. 私人地址变更
12. 已为设备分配了 IPv6 地址 2001：0db8：cafe：4500：1000：00d8：0058：00ab/64，设备的网络标识符是什么？
   A. 2001：0db8：cafe：4500：1000
   B. 2001
   C. 2001：0db8：cafe：4500
   D. 2001：0db8：cafe：4500：1000：00d8：0058：00ab
   E. 1000：00d8：0058：00ab

13. 什么命令可用于解决域名解析问题?

A. ipconfig/displaydns　　B. nslookup

C. tracert　　D. net

14. 在小型办公室中已安装了新的计算机工作站，工作站的用户可以使用LAN上的网络打印机来打印文档，但不能访问Internet，这是什么原因导致的?

A. TCP/IP 堆栈不起作用　　B. DHCP 服务器 IP 地址配置错误

C. 工作站配置有静态 IP 地址　　D. 网关 IP 地址配置错误

第7章

便携式计算机和其他移动设备

学习目标

通过完成本章的学习，您将能够回答下列问题。

- 便携式计算机组件的特点是什么？
- 便携式计算机显示器有哪些类型？
- 如何配置便携式计算机的电源设置？
- 如何在便携式计算机上配置无线通信？
- 如何拆除和安装便携式计算机的内存和适配器模块？
- 如何拆除和安装便携式计算机硬件？
- 常见的移动设备硬件有哪些？
- 专用移动设备的硬件组件是什么？
- 如何配置无线和蜂窝数据设置？
- 如何配对蓝牙设备？
- 如何配置电子邮件设置？
- 如何同步数据？
- 如何安排和执行便携式计算机和其他移动设备的维护？
- 排除便携式计算机和其他移动设备故障的6个步骤是什么？
- 与便携式计算机和其他移动设备相关的常见问题和解决方案有哪些？

内容简介

第一批便携式计算机主要由在出差时需要访问和输入数据的商务人士使用。由于成本、重量以及与更便宜的台式机相比功能有限，所以便携式计算机的使用并不多。但技术上的进步使便携式计算机变得更轻、功能更强大且更加实惠。因此，如今几乎每个环境中都有便携式计算机的身影。便携式计算机与台式机运行相同的操作系统，而且大多数便携式计算机都配备内置的 Wi-Fi、网络摄像头、麦克风、扬声器以及连接外部组件的端口。

移动设备是指手持式、轻型并通常配备了可输入内容的触摸屏的任何设备。与台式机或便携式计算机相似，移动设备使用操作系统运行各种应用程序、游戏以及播放电影和音乐。移动设备还有不同的 CPU 架构，旨在拥有比便携式计算机和台式机更精简的指令集。随着人们对移动性需求的增加，便携式计算机和其他移动设备变得日益普及。本章将重点介绍便携式计算机、移动设备的许多特点及其功能。

您将了解便携式计算机和其他移动设备（如智能手机和平板电脑）的特性和功能，以及如何拆下并安装内部和外部组件。在本章的最后，您将了解便携式计算机和其他移动设备预防性维护计划的重要性，并将故障排除的6个步骤应用于便携式计算机和其他移动设备。

7.1 便携式计算机和其他移动设备的特点

便携式计算机提供了移动性，可以很容易地从一个位置移动到另一个位置。由于这种便利性，它们经常取代台式机，但它们比其他移动设备更大、更重。由于操作系统的限制，便携式计算机可以完成其他移动设备无法完成的任务。与其他移动设备相比，便携式计算机具有更大的存储容量、更容易扩展外部设备的功能、更大的屏幕和显示器、更强大的软件和更方便的输入设备。

移动设备可以在移动中使用，现在它们是用于在线访问和与 Web 相关的通信的主要设备。手持设备的体积越来越小，而且多个摄像头的视频功能越来越强，这也使得它们越来越受欢迎。便携式计算机和其他移动设备为不同的用户群体提供不同的用途，并相互补充。

7.1.1 移动设备概述

移动设备有多种样式，移动设备的选择在很大程度上取决于其计划中的使用。基本上，移动设备是具有无线通信功能的手持计算机。许多用户拥有不止一种类型的移动设备，比如智能手机、智能手表、便携式计算机等。移动设备已经成为商业中的固定设备，就像 BYOD 程序中的设备一样。无论身在何处，移动设备用户都可以通过无线连接功能与应用程序实现高效连接。移动设备的电池寿命长，体积小，便于移动。

您可以从这些设备中选择最适合以下 5 个场景的移动设备。

■ 智能手表 ■ 便携式计算机 ■ 平板电脑 ■ 智能手机 ■ 电子阅读器

场景

场景 1：您处于离线状态，但需要使用完整副本的电子表格和文字处理程序。

场景 2：一位女士在公园里散步，她没有智能手表，但想将健身跟踪器中的数据上传到互联网。

场景 3：一位母亲想让她的孩子玩游戏，同时她与她智能手机上的朋友交谈。

场景 4：您想在海滩上看书，但又不想带上昂贵的计算设备。

场景 5：体育迷将智能手机留在家中，但仍希望在外出慢跑时收到有关某些足球比赛比分的提醒。

答案

场景 1：便携式计算机。便携式计算机通常运行完整版本的操作系统，并且可以运行完整的商业办公应用程序。

场景 2：智能手机。智能手机可以充当通过蓝牙连接到手机的设备的互联网网关。

场景 3：平板电脑。平板电脑因为体积小且有触摸屏，所以是孩子们的最爱。许多儿童游戏和教育应用程序都适用于平板电脑。

场景 4：电子阅读器。电子阅读器针对书籍和报纸等文本进行了优化。

场景 5：智能手表。智能手表可以接收更新，慢跑者无须拿出手机即可在手表上轻松查看。

1. 移动性

信息技术的移动性意味着可以在家庭或办公室以外的不同位置以电子方式访问信息。移动连接只会受到蜂窝网络或数据网络可用性的限制。移动设备具有可充电电池形式的自备电源，其通常体积小，重量轻，并且不依赖连接其他外围设备（如鼠标和键盘）来运行。

移动设备的示例包括便携式计算机、平板电脑、智能手机、智能手表和可穿戴设备。

2. 便携式计算机

便携式计算机通常运行完整版本的操作系统，比如 Microsoft Windows、iOS 或 Linux。

便携式计算机可以具有与台式机相同的计算能力和内存资源。便携式计算机将屏幕、键盘和指针设备（如触摸板）集成在一个便携式设备中，如图 7-1 所示。便携式

图 7-1 便携式计算机

计算机可以使用内置电池或电源插座运行。它们提供连接选项，比如有线或无线以太网网络和蓝牙。

便携式计算机提供USB和HDMI等设备连接选项，其通常还具有扬声器和麦克风连接。有些便携式计算机与台式机类似，使用不同类型的图形标准提供图形连接。但是，为了使便携式计算机更具便携性，某些外围设备连接选项可能需要额外的硬件，比如扩展坞或端口复制器。

为了提高便携性，便携式计算机可能会牺牲台式计算机提供的一些优势。例如，由于散热问题和高功耗，便携式计算机可能无法使用速度最快的处理器；便携式计算机内存升级可能会受到限制，某些类型的便携式计算机内存比同类台式机内存更昂贵；便携式计算机还缺乏台式机的扩展能力，通常无法在便携式计算机中安装专用扩展卡和大容量存储器。例如，可能无法升级便携式计算机中的图形子系统。

3. 智能手机

（1）智能手机的特征

智能手机与便携式计算机的不同之处在于它们运行专为移动设备设计的特殊操作系统。这些操作系统的示例包括Google的Android和Apple的iOS。智能手机可能具有有限的操作系统可升级性，因此它们可能会过时，需要购买新手机才能应用操作系统的新功能以及更高操作系统版本的应用程序。智能手机的软件通常仅限于可以从Google Play或Apple App Store等商店下载的应用程序。

智能手机外形小巧，功能强大。它们具有触摸屏，没有实体键盘，键盘显示在屏幕上。因为它们非常小，因此通常仅限于一种或两种类型的物理连接，比如USB和耳机。

智能手机使用蜂窝连接选项提供语音、文本和数据服务，其他数据连接包括蓝牙和Wi-Fi。

（2）智能手机的功能

智能手机的其中一项功能是定位服务。大多数手机都具备全球定位系统（GPS）功能。手机中的GPS接收器使用卫星来确定设备的地理位置。这使应用程序可以将设备位置用于各种用途，比如社交媒体更新或接收附近企业的信息。某些应用程序允许智能手机充当导航GPS，为驾驶、骑行或步行提供指导。如果GPS处于关闭状态，大多数智能手机仍可以通过使用来自附近的移动服务天线或Wi-Fi无线接入点的信息，以不太精确的方式确定位置。

一些智能手机的另一项功能是与其他设备连接或共享蜂窝数据连接，如图7-2所示。智能手机可被配置为调制解调器，通过USB、蓝牙或Wi-Fi将其他设备连接到蜂窝数据网络。并非所有的智能手机运营商都允许网络共享。

4. 平板电脑和电子阅读器

平板电脑（见图7-3）类似于智能手机，因为它们使用Android或iOS等特殊移动操作系统。但是，大多数平板电脑都无法连接蜂窝网络，只有一些高端型号允许访问蜂窝网络服务。

图7-2　智能手机与计算机连接

图7-3　平板电脑

与智能手机不同，平板电脑通常具有更大的触摸显示屏。显示器的图形渲染通常非常生动。平板电脑通常提供 Wi-Fi 和蓝牙连接，大多数配有 USB 和音频端口。此外，一些平板电脑包括可以激活以提供定位服务的 GPS 接收器，这一点与智能手机类似。大多数可在手机上运行的应用程序也可在平板电脑上运行。

电子阅读器（如 Amazon Kindle）是具有黑白显示屏的专用设备，其已针对文本阅读进行了优化。虽然电子阅读器与平板电脑类似，但它们缺少平板电脑提供的许多特性和功能。Web 访问仅限于可由电子阅读器制造商运营的电子书商店。许多电子阅读器都具有触摸显示屏，可以轻松翻页、更改设置以及在线访问电子书。许多电子阅读器可以存储 1000 本甚至更多图书。对于连接，一些电子阅读器提供免费的蜂窝数据连接，用于从特定商店下载图书，但大多数都依赖 Wi-Fi。此外，也可以使用蓝牙，并支持用于有声读物的耳机。电子阅读器的电池寿命通常比平板电脑的长，阅读时间长达 15 ~ 20 小时或更长。

5. 可穿戴式设备：智能手表和健身跟踪器

可穿戴式设备是指可以戴在身上或附在衣服上的智能设备。两种常见的可穿戴式设备为智能手表和健身跟踪器。

（1）智能手表

智能手表包括微处理器、特殊操作系统和应用程序。智能手表中的传感器可以收集有关身体各个方面的数据（如心率），并通过蓝牙将此信息报告回其他设备（如智能手机）。然后，智能手机通过互联网将信息转发给应用程序，以进行存储和分析。有些智能手表还可以直接连接到蜂窝网络，作为应用程序通知的便捷显示器。此外，智能手表还可以提供 GPS 定位服务并且能够存储和播放音乐。

（2）健身跟踪器

健身跟踪器（见图 7-4）类似于智能手表，但仅限于监测身体状况，比如身体活动、睡眠和锻炼。FitBit 是一个常见示例，用于监测心率和所走的步数。与健身跟踪器类似的是更高级的健康监测设备，它可以监测心脏病、监测空气质量并检测血液中的氧气含量。这些设备可以为医护人员提供医疗质量的数据。

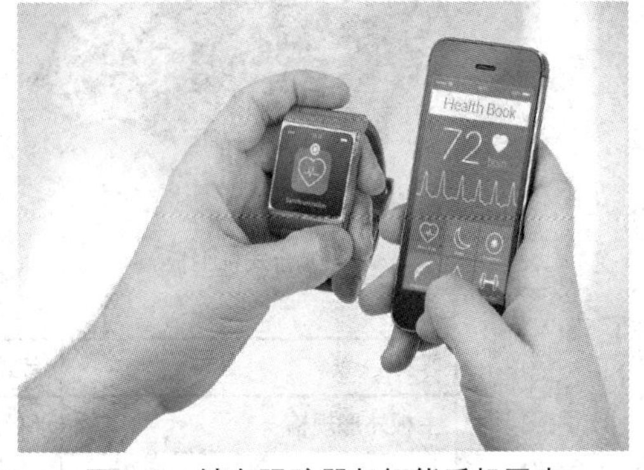

图 7-4 健身跟踪器与智能手机同步

6. 可穿戴式设备：AR 和 VR

在 AR 中，计算机图形通过设备摄像头与现实世界中的设备相结合，如图 7-5 所示。图形覆盖范围包括从游戏应用程序中的卡通人物到急救人员的应急管理培训信息。AR 有许多潜在的用途，它是未来产品开发极具前景的领域之一。

与 AR 相关的是 VR。在 VR 中，用户只需佩戴一种特殊的头戴设备，就可以显示来自独立计算机的图形，如图 7-6 所示。图形是沉浸式的 3D 图形，创造的世界非常逼真。VR 用户的动作由传感器检测，使用户可以与虚拟环境进行互动并在虚拟环境中来回移动。VR 在游戏中非常受欢迎，在教育和培训等领域也有应用。

图 7-5 AR 应用

图 7-6 VR 应用

7.1.2　便携式计算机组件

接下来将仔细研究便携式计算机的内部和外部组件。组件可以位于不同型号的便携式计算机的不同位置。了解每个组件，以便在购买和升级组件时做出明智的决定，这一点很重要。了解便携式计算机的组件对于组件出现故障时进行故障排除很有帮助。

1. 主板

便携式计算机的紧凑型本质要求将许多内部组件安装到一个很小的空间中。尺寸限制导致很多便携式计算机组件（如主板、RAM、CPU 和存储设备）具有不同的外形规格。可将一些便携式计算机组件（如 CPU）设计为低功耗组件，确保系统在使用电池供电时能够运行更长的时间。

台式机主板具有标准的外形规格。标准的大小和形状允许将不同制造商的主板安装到常见的台式机机箱中。相比之下，便携式计算机主板因制造商的不同而不同，并且具有专有性。维修便携式计算机时，通常必须从便携式计算机制造商处购买备用主板。图 7-7 显示了台式机主板和便携式计算机主板的比较。

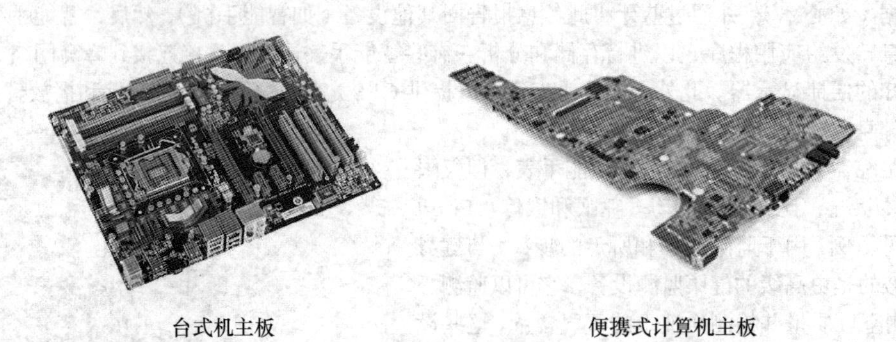

零件	台式机	便携式计算机
主板外形规格	ATX、Micro-ATX、Mini-ITX、ITX	制造商专有
扩展槽	PCI、PCI-X、PCIe、Mini-PCI	Mini-PCI
RAM插槽类型	DIMM	SODIMM

图 7-7　台式机主板和便携式计算机主板的比较

由于便携式计算机主板和台式机主板的设计不同，因此为便携式计算机设计的组件通常无法在台式机中使用。

2. 内部组件

便携式计算机的内部部件如下，其是为了适应便携式计算机外形的有限空间而设计的。

- 内存。
- 中央处理器。
- SATA 硬盘。
- 固态硬盘。

（1）内存

由于便携式计算机的空间有限，因此内存模块比台式机的要小得多。便携式计算机使用小型双列直插式内存模块（SODIMM），如图 7-8 所示。

（2）中央处理器

图 7-9 显示了一个便携式计算机 CPU 的例子。便携式计算机处理器比台式机处理器功耗低，且发热更少。因此，便携式计算机处理器的冷却设备不必像台式机中的冷却设备那么大。便携式计算机处理器还使用 CPU 降频技术按需修改时钟速度，以减少功耗和发热量，这会导致性能略微降低。这些专门设计的处理器可以使便携式计算机在使用电池时也能运行很长时间。

图 7-8 SODIMM

图 7-9 CPU

注 意 有关兼容处理器和更换说明，请参考便携式计算机手册。

（3）SATA 驱动器

便携式计算机存储设备的宽度为 4.6 厘米（1.8 英寸）或 6.4 厘米（2.5 英寸），台式机存储设备通常为 8.9 厘米（3.5 英寸）。这种 4.6 厘米的硬盘大多出现在超便携便携式计算机中，因为它们体积更小、重量更轻，而且耗电更少。然而，它们的转速通常比 6.4 厘米的硬盘慢，后者的转速高达 10000 转/分。

由于体积小，便携式计算机中使用了多种存储驱动器的外形和技术。SATA 驱动器如图 7-10 所示。SATA 2.5 是 SATA 硬盘驱动器的一种规格，其具有紧凑的外壳，可容纳 6.4 厘米的驱动器盘片。

（4）固态硬盘

M.2 是固态硬盘的一个非常小的形状因子，它大约有一粒口香糖那么大，它非常快速，专为小型、功率受限的设备提供高性能，如图 7-11 所示。NVMe 是另一个非常快速且紧凑的固态驱动器标准，其读写速度比 SATA 驱动器快许多倍。

图 7-10 SATA 驱动器

图 7-11 M.2 固态硬盘

3. 特殊功能键

功能（Fn）键的作用是激活一个双用途键上的另一项功能。通过按住 Fn 键和另一个键来实现功能，这种按键的特点是按键上印有较小的字体或按钮的颜色不同。Fn 键在不同型号的便携式计算机上有所不同，以下是一些可访问功能的示例。

- 双显示器。
- 音量设置。
- 媒体选项（如快进或后退）。
- 键盘背光。
- 屏幕亮度。
- 打开或关闭 Wi-Fi、蜂窝网络和蓝牙。
- 媒体选项（如播放或暂停）。
- 打开或关闭触摸板。
- 打开或关闭 GPS。
- 飞行模式。

注 意 一些便携式计算机可能有执行某些功能的专用功能键，无须用户按 Fn 键。

便携式计算机显示器是一个内置的 LCD 或 LED 屏幕。您无法调整便携式计算机显示器的高度和距离，因为它已集成到顶盖中。通常可以将外接显示器或投影仪连接到便携式计算机。在键盘上按下 Fn 键和适当的功能键后可在内置显示器和外接显示器之间切换。

Fn 键用作修饰符，只有在与另一个键结合使用时才会执行某些操作。它通常与 Fn 相同颜色的按键上的图标一起使用，也通常与 F1 到 F12 键上的图标结合使用。

请勿将 Fn 键与功能键 F1 到 F12 混淆。这些键通常位于键盘的最上面一排，其功能取决于按下这些键时所运行的操作系统和应用程序。如果按下某个键时再同时按下 Shift 键、Control 键或 Alt 键可执行多达 7 种操作。

7.1.3 便携式计算机显示器

便携式计算机显示器是一种显示所有屏幕内容的输出设备。它是便携式计算机中非常昂贵的部件之一。显示器的类型有 3 种，它们有不同的大小和分辨率。在购买或维修系统时，了解便携式计算机的屏幕显示类型和内部显示组件非常重要。便携式计算机显示器类似于台式机显示器，您可以使用软件或按钮控制来调整分辨率、亮度和对比度。您也可以将台式机显示器连接到便携式计算机，为用户提供多个屏幕和额外的功能。

本小节将介绍不同类型的显示器以及每种类型的内部组件。

1. LCD、LED 和 OLED 显示器

便携式计算机显示器共有 3 种。

- 液晶显示器（LCD）：制造 LCD 显示器的两种常用技术是扭曲向列（TN）和共面转换（IPS）。TN 是最常见且最传统的技术。TN 显示器的亮度更高，比 IPS 更节能，并且造价更低。IPS 显示器可提供更好的色彩再现和观看视角，但是对比度低，响应速度慢。IPS 制造商目前正在生产价格合理的 Super-IPS（S-IPS）面板，该面板将改善响应速度和对比度。
- 发光二极管（LED）：LED 显示器比 LCD 显示器更节能、寿命更长，受到许多便携式计算机制造商的青睐。
- 有机发光二极管（OLED）：OLED 技术通常用于移动设备和数码相机，但是在一些便携式计算机中也有它们的身影。LCD 和 LED 屏幕使用背光来照亮像素，而 OLED 像素本身就会产生光。

2. 便携式计算机显示功能

接下来将讨论便携式计算机的一些常见显示功能。

（1）可拆卸的屏幕

如今的一些便携式计算机配备了可拆卸式触摸屏幕（见图 7-12），将显示器拆下后可像平板电脑那样使用。有些便携式计算机允许将键盘向后折叠到显示器后方，像使用平板电脑那样使用便携式计算机。为了满足这些类型的便携式计算机要求，Windows 操作系统会自动将显示屏旋转 90 度、180 度或 270 度，或者您也可以手动旋转，同时按 Control + Alt 组合键以及您希望便携式计算机所朝向方向的箭头键。

（2）触摸屏

配备触摸屏（见图 7-13）的便携式计算机有一个连接到屏幕前方的特殊玻璃装置，被称为数字转换器。数字转换器可将触摸操作（按、轻扫等）转换为便携式计算机能够处理的数字信号。

图 7-12　可拆卸式屏幕

图 7-13　触摸屏

（3）切断开关

在许多便携式计算机上，当外壳关闭时，外壳上的一个小引脚都会接触一个开关（见图 7-14），此开关被称为切断开关。切断开关可通过关闭显示器来实现节电。如果此开关损坏或不干净，便携式计算机打开时显示器将不会亮起。因此请仔细清洁此开关，以便正常运行。

图 7-14　关闭便携式计算机以激活切断开关

3. 背光和逆变器

LCD 本身并不能产生任何光。背光穿过屏幕并照亮显示器。两种常见类型的背光是冷阴极荧光灯（CCFL）和 LED。使用 CCFL 时，荧光灯管连接到逆变器，用于将直流电（DC）转换成交流电（AC）。

（1）荧光背光

荧光背光位于 LCD 屏幕后方。要更换背光，必须完全拆下显示器。

（2）逆变器

逆变器位于屏幕面板后方并靠近 LCD。

（3）LED 背光

LED 显示器使用基于 LED 的背光，没有荧光灯管或逆变器。LED 技术可提高显示器的使用寿命，因为其功耗更低。此外，LED 技术更环保，因为 LED 不含汞。汞是 LCD 中使用的荧光背光的关键成分。

4. Wi-Fi 天线连接器

Wi-Fi 天线可传输和接收通过无线电波传送的数据。在便携式计算机中，Wi-Fi 天线通常位于屏幕上方，并通过天线电线和天线引线连接到无线网卡。这些天线导线通过位于屏幕两侧的导线导轨固定在显示器设备上。

5. 网络摄像头和麦克风

如今的大多数便携式计算机都内置网络摄像头和麦克风。网络摄像头通常位于显示器顶部的中间位置，麦克风通常位于网络摄像头旁边，如图 7-15 所示。一些制造商可能将麦克风置于键盘旁边或便携式计算机侧面。

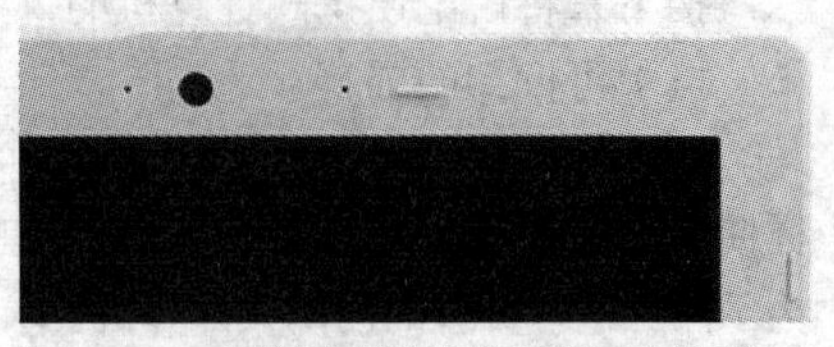

图 7-15 网络摄像头和麦克风的特写

7.2 便携式计算机配置

节能和管理是便携式计算机需要考虑的重要方面，因为它们是用于便携式的。当与外部电源断开连接时，便携式计算机使用电池作为电源。

7.2.1 电源设置配置

软件可以用来延长便携式计算机电池的寿命，最大限度地利用电池。本小节将通过软件和便携式计算机上的 BIOS 优化电源管理来介绍电源管理方法和设置。

1. 电源管理

电源管理和电池技术上的进步让便携式计算机能够凭借电池运行更长的时间。许多电池能够为便携式计算机供电 10 小时或更长时间。配置便携式计算机的电源设置可更好地管理电源用量，这对于确保电池的有效使用非常重要。

电源管理控制流向计算机组件的电流。高级配置与电源接口（ACPI）在硬件和操作系统之间搭建了一座桥梁，并可以使技术人员制定电源管理方案，让便携式计算机发挥最佳的性能。表 7-1 所示的 ACPI 电源状态适用于大多数计算机，但它们在管理便携式计算机的电源时尤为重要。

表 7-1 ACPI 电源状态

状态	说明
S0 状态	计算机处于打开状态，并且 CPU 正在运行
S1 状态	CPU 和 RAM 仍在接收电力，但未使用的设备已断电
S2 状态	CPU 关闭，但是已刷新 RAM。系统的耗电量低于 S1 状态
S3 状态	CPU 关闭，并且将 RAM 设置为较慢的刷新率
S4 状态	CPU 和 RAM 处于关闭状态，RAM 的内容已经被保存到硬盘上的一个临时文件中，此模式也被称为“保存到磁盘”。此状态被称为休眠模式
S5 状态	计算机关闭

2. 管理 BIOS 中的 ACPI 设置

技术人员常常需要更改 BIOS 或 UEFI 设置来配置电源设置。配置电源设置会影响以下几个方面。

■ 系统状态。

■ 电池和交流模式。
■ 热管理。
■ CPU PCI 总线电源管理。
■ LAN 唤醒（WOL）。

注 意 WOL 可能需要在计算机内部使用电缆将网络适配器连接到主板。

ACPI 电源管理模式必须在 BIOS 或 UEFI 设置中启用，从而允许操作系统配置电源管理状态。BIOS 中的电源设置如图 7-16 所示。

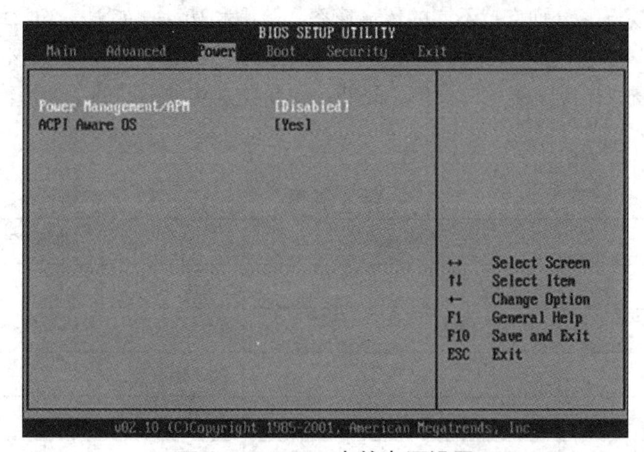

图 7-16 BIOS 中的电源设置

要启用 ACPI 模式，请执行以下 4 个步骤。

步骤 1 进入 BIOS 或 UEFI 设置。

步骤 2 找到并进入“Power Management”（电源管理）设置菜单项。

步骤 3 使用适当的密钥启用 ACPI 模式。

步骤 4 保存并退出。

注 意 这些步骤对于大多数便携式计算机都是通用的，但是请务必查看便携式计算机文档，以了解具体的配置设置。每种电源管理状态没有标准的名称，不同的制造商可能对同一状态使用不同的名称。

7.2.2 无线配置

便携式计算机的一个主要优势是它是便携式的，并且无线技术的使用增加了便携式计算机在任何位置的功能。便携式计算机用户可以通过使用无线技术连接到互联网、无线外围设备或其他便携式计算机。

与台式机相比，大多数便携式计算机都内置有无线设备，增加了它们的灵活性和便携性。

本小节将介绍各种无线技术。

1. 蓝牙

电气与电子工程师协会（IEEE）802.15.1 标准描述了蓝牙技术规格。蓝牙设备能够处理语音、音乐、视频和数据。

蓝牙个人局域网（PAN）的距离取决于 PAN 中的各设备所使用的功率。蓝牙设备分为 3 个类别，最常见的蓝牙网络是 2 类蓝牙，其范围大约为 10 米（33 英尺），详细信息如表 7-2 所示。

表 7-2 蓝牙分类

类别	允许最大功率	近似距离
1 类蓝牙	100mW	100 米（330 英尺）
2 类蓝牙	2.5mW	10 米（33 英尺）
3 类蓝牙	1mW	1 米（3 英尺）

蓝牙技术有 5 种规格，分别支持不同的传输速率、范围和功耗，如表 7-3 所示。每个后续版本均提供更强的功能。例如，v1.2 ~ v3.0 是较早的技术，功能有限且功耗高，而后续版本（v4.0 和 v5.0）适用于功率有限且不需要高数据传输速率的设备。此外，v5.0 具有 4 种不同的数据传输速率，以适应各种传输范围。

表 7-3 蓝牙规格

规格	版本	数据传输速率
蓝牙规格 1.0	v1.2	1 Mbit/s
蓝牙规格 2.0	v2.0 + EDR	3 Mbit/s
蓝牙规格 3.0	v3.0 + HS	24 Mbit/s
蓝牙规格 4.0	v4.0 + LE	1 Mbit/s
蓝牙规格 5.0	v5.0 + LE	125 kbit/s、500 kbit/s、1Mbit/s、2Mbit/s

蓝牙标准中还包括安全措施。蓝牙设备首次进行连接时，要使用 PIN 对设备进行身份验证，这就是所谓的配对。蓝牙支持 128 位加密和 PIN 身份验证。

2. 便携式计算机的蓝牙连接

默认情况下，Windows 操作系统会激活与蓝牙设备的连接。如果连接处于非活动状态，请在便携式计算机的正面或侧面寻找开关。某些便携式计算机的键盘上可能有一个特殊功能键，用于启用连接。如果便携式计算机不支持蓝牙技术，您可以购买一个插入 USB 端口中的蓝牙适配器。

安装和配置设备前，请确保已在 BIOS 中启用了蓝牙。

启动设备并使其进入可被发现模式。检查设备文档，了解如何使设备进入可被发现模式。使用蓝牙向导搜索和发现处于可被发现模式的蓝牙设备。

3. 蜂窝 WAN

已集成蜂窝 WAN 功能的便携式计算机无须安装软件，也无须额外的天线或附件。启动便携式计算机时，集成的 WAN 功能即可使用。如果连接处于非活动状态，请在便携式计算机的正面或侧面寻找开关。某些便携式计算机的键盘上可能有一个特殊功能键，用于启用连接。

许多移动电话都提供了连接其他设备的功能，这种连接被称为“网络共享”，可通过 Wi-Fi、蓝牙或 USB 电缆来建立这种连接。连接设备后，设备即可使用移动电话的蜂窝网络来访问互联网。移动电话允许其他 Wi-Fi 设备连接并使用自己的移动数据网络时，这被称为热点。

您还可以使用蜂窝热点设备来访问蜂窝网络。图 7-17 显示了个人热点和蜂窝热点设备的设置。

便携式计算机还具有无线 Mini PCIe 和 M.2 适配器，可提供 Wi-Fi、蓝牙或蜂窝数据（4G/LTE）连接的组合。其中一些适配器需要安装新的天线套件，其电线通常敷设在便携式计算机机盖中的屏幕周围。安装具有蜂窝功能的适配器卡时，也需要插入 SIM 卡。

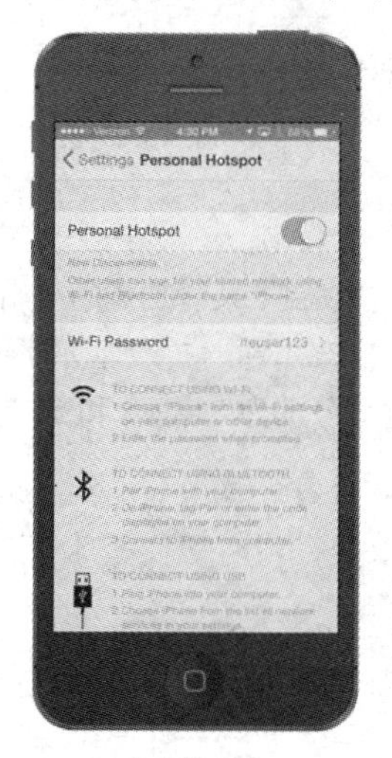

个人热点　　　　蜂窝热点设备

图 7-17　热点选项

4. Wi-Fi

便携式计算机通常通过无线适配器接入互联网。无线适配器可以内置在便携式计算机中，也可以通过扩展端口连接到便携式计算机上。便携式计算机主要使用 3 种无线适配器。

- **Mini-PCI 卡**：具有 124 引脚，并且能够支持 802.11a、802.11b 和 802.11g 无线 LAN 连接标准（见图 7-18）。
- **Mini-PCIe 卡**：具有 54 引脚，支持与 Mini-PCI 相同的标准，并且能够支持 802.11n 和 802.11ac 无线 LAN 连接标准（见图 7-19）。
- **PCI Express Micro 卡**：在较新和较小的便携式计算机（如 Ultrabooks）中，它们的大小只有 Mini-PCIe 卡的一半。PCI Express Micro 卡（见图 7-20）具有 54 引脚，支持与 Mini-PCIe 相同的标准。

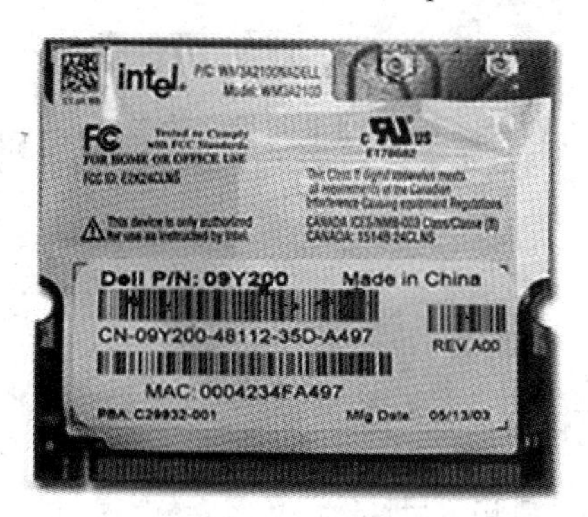

图 7-18　Mini-PCI

图 7-19　Mini-PCIe

图 7-20　PCI Express Micro

7.3　便携式计算机硬件和组件的安装和配置

紧凑性和便携性是便携式计算机受欢迎的两个主要原因，但这两个因素也导致了用户希望获得的某些技术的局限性。本节将讨论通过安装和配置扩展设备来增强便携式计算机的性能。

7.3.1 扩展槽

扩展槽是便携式计算机上不同类型的连接端口，允许各种外围设备连接到系统。扩展槽有许多类型，包括 USB 端口和 ExpressCard 插槽。

1. ExpressCard

与台式机相比，便携式计算机的一个缺点就是其紧凑设计可能限制了某些功能的可用性。为了解决此问题，许多便携式计算机都配备了 ExpressCard 插槽以添加功能。图 7-21 和图 7-22 显示了两个 ExpressCard 型号的比较：ExpressCard/34 和 ExpressCard/54，这两个型号的宽度分别为 34 毫米和 54 毫米。

ExpressCard/34 的特征如下。

- **扩展卡型号：**ExpressCard/34。
- **尺寸：**75 毫米 × 34 毫米。
- **厚度：**5 毫米。
- **接口：**PCI Express，USB 2.0 或 USB 3.0。

图 7-21 ExpressCard/34

图 7-22 ExpressCard/54

ExpressCard/54 的特征如下。

- **扩展卡型号：**ExpressCard/54。
- **尺寸：**75 毫米 × 54 毫米。
- **厚度：**5 毫米。
- **接口：**PCI Express，USB 2.0 或 USB 3.0。

使用 ExpressCard/54 的设备有智能卡阅读器、紧凑型闪存读卡器、4.6 厘米磁盘驱动器。

下面是一些使用 ExpressCard 时可以添加的功能示例。

- 附加的存储卡读取器。
- 外部硬盘驱动器访问。
- 电视调谐卡。
- USB 和 FireWire 端口。
- Wi-Fi 连接。

要安装卡，请将卡插入插槽并完全推入。要折卸卡，请按弹出按钮将其释放。

如果 ExpressCard 可热插拔，请按照以下步骤安全地将其拆卸。

步骤 1 单击 Windows 操作系统托盘中的“安全移除硬件”图标，确保设备不在使用中。

步骤 2 单击您要删除的设备，系统会弹出一则消息，告诉您可以安全地删除该设备。

步骤 3 删除便携式计算机上的热插拔设备。

警 告 ExpressCard 和 USB 设备通常都是可热插拔的。但是，在计算机通电时移除不可热插拔的设备可能会损坏数据和设备。

2. 闪存

闪存和读卡器的类型如图 7-23 所示。

闪存驱动器

闪存卡

MiniSD读卡器

图 7-23 闪存和读卡器的类型

- **闪存驱动器**：闪存驱动器是一种可移动式存储设备，可连接到 USB、eSATA 或 FireWire 等扩展端口。闪存驱动器可以是 SSD 驱动器或更小的设备。闪存驱动器提供了对数据的快速访问，其可靠性高、功耗低。操作系统访问这些驱动器的方式与访问其他类型驱动器的方式相同。
- **闪存卡**：闪存卡是使用闪存存储信息的数据存储设备。闪存卡小巧、便于携带且无须电源就可维护数据。它们通常用于便携式计算机、移动设备和数码相机。目前有各种闪存卡型号，每种型号的尺寸和形状各异。
- **MiniSD 读卡器**：大多数现代的便携式计算机都具有安全数字（SD）闪存卡和高容量安全数字（SDHC）闪存卡读卡器功能。

注 意 闪存卡均支持热插拔，应按照热插拔设备的删除流程将其删除。

3. 智能卡读卡器

智能卡与信用卡类似，但是智能卡具有可以加载数据的嵌入式微处理器。它可用于电话呼叫、电子现金支付和其他应用。智能卡上的微处理器是为了保证安全，并且可以比信用卡上的磁条存储更多信息。智能卡已发展了十多年，但在欧洲用得较多。后来，其在美国也逐步普及。

智能卡读卡器用于在智能卡上读取和写入数据，并可通过 USB 端口连接到便携式计算机。智能卡读卡器有两种。

- **接触式**：接触式读卡器要求将卡插入读卡器，与卡进行物理连接，如图 7-24 所示。
- **非接触式**：非接触式读卡器依赖射频运行，当智能卡接近读卡器时，射频会进行通信。

许多智能卡读卡器都支持一体化设备上的接触式和非接触式读取操作。这些卡以一个椭圆形徽标标识，该徽标显示一些无线电波，无线电波指向一只拿着卡的手。

4. SODIMM 内存

便携式计算机的品牌和型号决定了其所需的 RAM 类型。必须选择与便携式计算机物理兼容的 RAM 类型。大多数台式机使用的内存需插入 DIMM 插槽。大多数便携式计算机使用被称为 SODIMM 且外形较小的内存模块。SODIMM 有支持 32 位传输的 72 引脚和 100 引脚配置，以及支持 64 位传输的 144 引脚、200 引脚和 204 引脚配置。

注 意 可以根据 DDR 版本对 SODIMM 进行进一步分类。不同的便携式计算机型号需要不同类型的 SODIMM。

购买和安装额外的 RAM 之前，请查阅便携式计算机文档或制造商网站，以便了解内存外形规格。使用文档查找在便携式计算机上安装 RAM 的位置。在大多数便携式计算机上，RAM 都被插在机身底面一个盖子后的插槽中，如图 7-25 所示。在一些便携式计算机上，必须拆下键盘才能看到 RAM 插槽。

图 7-24 接触式读卡器

图 7-25 便携式计算机中安装的 SODIMM

咨询便携式计算机制造商，确认每个插槽可支持的最大 RAM 容量。您可以在加电自检屏幕、BIOS 或“System Properties”（系统属性）窗口中查看当前已安装的 RAM 数量。图 7-26 显示了在系统实用程序中 RAM 数量的显示位置。

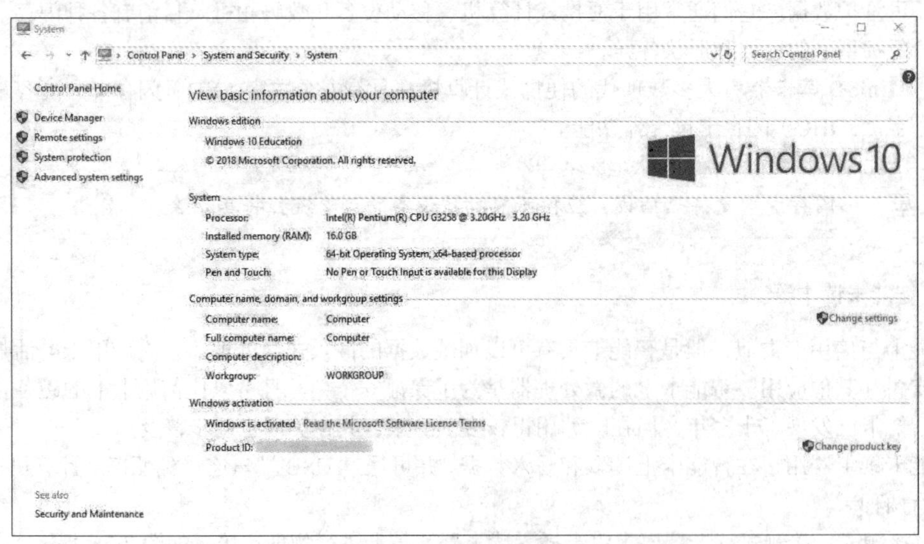

图 7-26 系统实用程序中的 RAM 信息

如果要更换或添加内存，请确定便携式计算机是否有可用的插槽，而且该插槽支持即将添加的内存容量和类型。在某些情况下，计算机中没有用于新 SODIMM 的可用插槽。

7.3.2 更换便携式计算机组件

便携式计算机的某些组件可能需要更换或升级。更换或升级便携式计算机组件与更换或升级台式机中的组件非常不同。便携式计算机往往有定制的外壳，从设计上讲，体积小，空间小。重要的是从使用正确的工具开始，并始终记住，您拥有制造商推荐的正确的更换部件和文档。

1. 硬件更换概述

便携式计算机的一些部件，通常被称为客户可更换部件（CRU），可由客户更换。CRU 包括便携式计算机电池和 RAM 等组件。不应由客户更换的部件被称为现场可更换部件（FRU）。FRU 包括主板、LCD 显示器和键盘等组件。更换 FRU 通常需要较高的技能。在大多数情况下，可能需要将设备返回至购买地点、经认证的服务中心或制造商。但存在一些特殊情况，比如用户可以更换显卡，但由于电源和散热要求以及空间限制，可能需要服务中心来进行更换。维修便携式计算机或便携式设备时，必须妥善保管各个部件，并标记电缆以便重新组装。

维修中心可以为不同制造商生产的便携式计算机提供服务，也可以仅为某一特定品牌提供服务，并且被视为经授权的保修和维修经销商。以下是在本地维修中心进行的常见维修工作。

- 硬件和软件诊断。
- 数据传输和恢复。
- 键盘和风扇更换。
- 便携式计算机内部清洁。
- 屏幕维修。
- LCD 逆变器和背光维修。

对显示器进行的大多数维修工作都必须在维修中心进行，其维修包括更换屏幕、背光或逆变器。

如果无本地服务，可能需要将便携式计算机送到地区维修中心或制造商。如果便携式计算机损坏严重或需要专用的软件和工具，制造商可能决定更换便携式计算机而不是尝试进行修复。

警 告 尝试维修便携式计算机或便携设备之前请检查保修情况，确定保修期间的维修是否必须在授权服务中心进行，以免保修失效。如果您要自行维修便携式计算机，请始终备份数据并断开设备的电源。开始维修便携式计算机之前请务必查阅服务手册。

---

2. 电源

以下是可能需要更换电池的一些迹象。

- 电池无法存储电量。
- 电池过热。
- 电池漏液。

如果您怀疑问题与电池有关，请使用与便携式计算机兼容且已知好的电池替换该电池，拆卸电池的方法如图 7-27 所示。如果找不到换用的电池，请将电池携带至授权维修中心进行测试。

换用的电池必须符合或超出便携式计算机制造商的规格要求。新电池必须具有与原始电池相同的外形规格。电压、额定功率和交流适配器还必须符合制造商的规格要求。

注 意 为新电池充电时，请始终遵循制造商提供的说明。在初次充电期间可以使用便携式计算机，但是请勿拔下交流适配器的插头。

警 告 请谨慎处理电池。如短路、处理不当或充电不正确，电池可能会爆炸。请务必确保电池充电器是专门针对您的电池的化学成分、大小和电压而设计的。电池被视为有毒废弃物，并且必须根据当地法律进行处理。

3. 内部存储器和光驱

便携式计算机内部存储设备的外形比台式机的小。便携式计算机驱动器的宽度为4.6厘米（1.8英寸）或6.4厘米（2.5英寸）。大多数存储设备是CRU，除非保修中要求由技术支持人员执行更换。

购买新的内部或外部存储设备前，请查看便携式计算机文档或制造商网站，了解兼容性要求。文档通常包含可能很有用的常见问题解答。研究互联网上已知的便携式计算机组件问题也很重要。

在大多数便携式计算机上，内部硬盘驱动器和内部光驱都插入托架中，此托架由机箱上的可拆卸盖板保护，如图7-28所示。在一些便携式计算机上，必须拆下键盘才能接触这些驱动器。便携式计算机的光驱可能不可更换，一些便携式计算机可能根本不包含光驱。

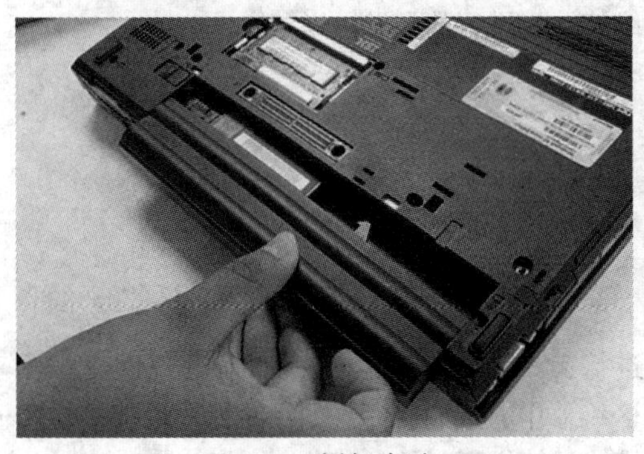

图7-27 拆卸电池

图7-28 插入光盘驱动器

要查看当前已安装的存储设备，请检查POST屏幕或BIOS。如果要安装另一个驱动器或光驱，请确认“设备管理器”中的设备旁边无错误图标。

7.4 其他移动设备硬件概述

随着人们对移动性需求的增加，移动设备的普及率也在不断增长。与便携式计算机一样，移动设备使用操作系统来运行应用程序、游戏、电影和音乐。Android和iOS是移动设备操作系统的例子。

7.4.1 其他移动设备硬件

附加的移动设备硬件通常不是移动设备操作的基础，而是为移动设备添加额外的功能和定制选项，以获得最佳的效率和便利性。

1. 手机部件

由于其尺寸小，因此移动设备上通常没有现场可维修部件。移动设备由集成到单个单元中的多个紧凑组件组成。移动设备发生故障时，通常要将其送到制造商处进行维修或更换。

手机包含一个或多个现场可更换部件：内存、SIM卡和电池（见图7-29）。

内存

SIM卡

电池

图 7-29　手机零件

SD 卡用于向许多移动设备添加内存。

SIM 卡是一种小型卡，包含移动电话和数据提供商用于对设备进行身份验证的信息。此卡还可能存储用户数据（如联系人和短信）。有些手机可以安装两张 SIM 卡，被称为双 SIM 卡设备。例如，可以在同一部手机上使用一个个人用途号码和一个工作用途号码，分别收发对应的信息。双 SIM 卡设备也可以容纳来自不同提供商的 SIM 卡。

一些移动设备的电池可以更换，比如图 7-29 所示的手机外部电池。请务必检查电池是否有膨胀现象，还要避免将移动设备置于阳光直射的位置。

2. 有线连接

移动设备使用各种电缆和端口。

（1）Mini-USB 电缆

Mini-USB 电缆（见图 7-30）用于将移动设备连接到电源插座充电器或连接到另一台设备中，以便充电或传输数据。

图 7-30　Mini-USB 电缆

（2）USB-C 电缆

USB-C 电缆和端口（见图 7-31）可在任一方向插入。USB-C 电缆用于移动设备上，以连接到电源插座充电器或连接到另一台设备（如与便携式计算机连接的智能手机）中，以便充电或传输数据。

（3）Micro-USB 电缆

Micro-USB 电缆（见图 7-32）用于将移动设备连接到电源插座充电器或连接到另一台设备中，以便充电或传输数据。

图 7-31　USB-C 电缆

图 7-32　Micro-USB 电缆

（4）Lightning 电缆和端口

Lightning 电缆（见图 7-33）用于将 Apple 设备连接到主计算机和其他外围设备（如 USB 电池充电器、显示器和摄像头）中。新的 Lightning 连接器与 USB-C 连接器的外形相同，适合 USB-C 端口。但是，USB-C 电缆可能在 Lightning 端口中工作，也可能不工作。

（5）专有电缆和端口

在某些移动设备上可以找到专有的或特定于提供商的电缆（见图 7-34）和端口。这些端口与其他供应商的端口不兼容，但通常与同一提供商的其他产品兼容。

图 7-33 Lightning 电缆和端口

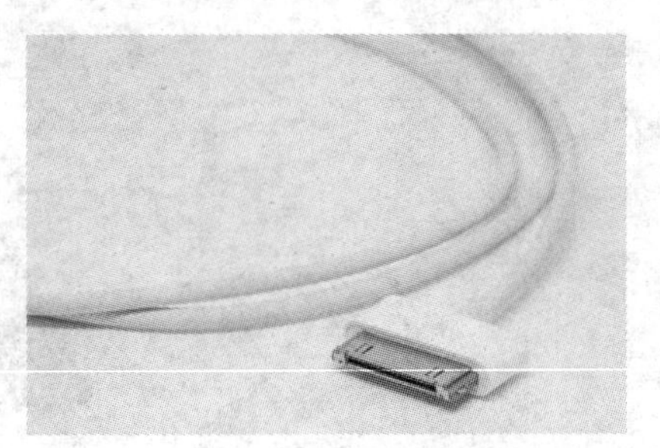

图 7-34 专用电缆

3. 无线连接和共享互联网连接

除了 Wi-Fi，移动设备还使用以下无线连接。

- **近场通信（NFC）**：通过将设备放在一起或相互触碰设备，NFC 可让移动设备与其他设备建立无线电通信。
- **红外线（IR）**：如果移动设备支持 IR，则该设备可用于远程控制其他 IR 控制设备，比如电视、机顶盒或音频设备。
- **蓝牙**：这种无线技术可在两个支持蓝牙的设备之间短距离传输数据或将其连接到其他支持蓝牙的外围设备，比如扬声器或耳机。

智能手机的互联网连接可以与其他设备共享。可以共享智能手机互联网连接的方法有两种。

- **叠接**：将您的移动电话用作另一台设备（如平板电脑或便携式计算机）的调制解调器。通过 USB 电缆或蓝牙建立连接。
- **移动热点**：有了热点，设备可通过 Wi-Fi 进行连接，以共享蜂窝数据连接。

共享连接的能力取决于蜂窝运营商以及与运营商的计划。

7.4.2 专用移动设备

移动设备的类型正在增长和变化。一般来说，不同类型设备的数量在增长，而有些设备的尺寸在缩小。专用移动设备是能够与用户和其他智能设备连接、共享和交互的电子设备。通常，它们通过蓝牙、ZigBee 和 NFC 等无线协议连接到其他设备或网络。

智能设备包括智能恒温器、智能手表、智能手环、智能钥匙链、智能音箱。

1. 可穿戴设备

可穿戴设备是带有微型计算设备的衣服或配件。健身监测器、智能手表和智能耳机就是一些例子。

（1）健身监测器

健身监测器（见图 7-35）可夹在衣服上或佩戴在手腕上，当人们想努力实现健身目标时，可使用它来跟踪个人的日常活动和身体指标。这些设备测量并收集活动数据，还可以与其他连接互联网的设备相连，以上传数据供后期检查。一些健身监视器可能也具有智能手表的基本功能，比如显示来电显示和短信。

（2）智能手表

智能手表（见图 7-36）将手表功能和移动设备的一些功能结合在一起。一些智能手表包含测量身体和环境指标（如心率、体温、海拔或气温）的传感器。它们有触摸显示屏，可以独立运行，也与智能手机配对运行。这些手表可以显示短信、来电和社交媒体更新的通知。有些智能手表可以发送和接收消息和电话。智能手表可直接运行应用程序或通过智能手机运行应用程序。它们还可以让用户在智能手机上控制一些功能，比如音乐和相机。

图 7-35 健身监测器

图 7-36 智能手表

（3）VR/AR 头戴设备

有一个常见的误解是 VR 和 AR 是相同的。但是，它们是完全不同的概念。VR 头戴设备（见图 7-37）为佩戴者提供完全的沉浸式体验，屏蔽了现实世界。当 VR 头戴设备打开时，内部的显示面板将完全填满佩戴者的视野。而 AR 头戴设备通常使用智能手机的摄像头将数字元素叠加到现实世界的实时视图中。换言之，AR 是在现实世界中投影数字图像。AR 经常被用于游戏当中。除游戏之外，AR 还有一些非常实用的用途，比如神经外科医生使用三维大脑 AR 投影来帮助手术的进行。

2. 其他设备

还有许多其他类型的智能设备，这些设备受益于网络连接和高级功能。

（1）全球定位系统

全球定位系统（GPS）是一个基于卫星的导航系统，如图 7-38 所示。GPS 卫星位于太空中，并将信号传输回地球。

图 7-37 VR 头戴设备

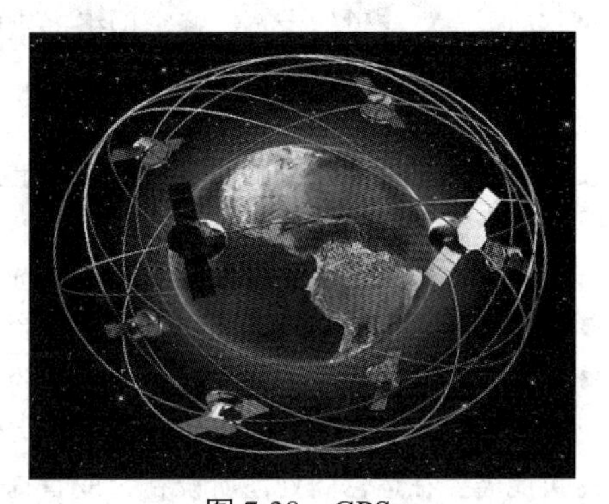

图 7-38 GPS

（2）GPS 接收器

GPS 接收器（见图 7-39）锁定 GPS 信号，并持续计算它相对于这些卫星的位置。确定位置后，GPS 接收器计算其他信息，比如到已设定目的地的速度、时间和距离。

（3）电子阅读器

电子阅读器是专为阅读电子图书、报纸、杂志和其他文档而优化的设备，如图 7-40 所示。电子阅读器具有 Wi-Fi 或蜂窝网络连接，可以下载内容。电子阅读器的外形与平板电脑的相似，但是其屏幕具有更佳的可读性，尤其是在阳光下。电子阅读器通常比一般的平板电脑的更轻、电池寿命更长。这是通过电子纸技术来实现的。这种技术可使文本和图像看起来与用墨水在纸上写字的效果一样。

图 7-39 GPS 接收器

图 7-40 电子阅读器

7.5 网络连接和电子邮件

网络连接是使用许多不同的硬件设备和软件设备进行通信。使用有线或无线拓扑和协议实现连接。当连接到网络时，可以访问不同的服务。电子邮件就是这样一种服务，它使用许多协议。

7.5.1 无线和蜂窝数据网络

无线网络和蜂窝网络基本上让您做同样的事情：连接到网络。无线利用无线电波为 LAN 上的用户提供高速连接，而 Wi-Fi 通常对数据量没有限制。蜂窝网络的覆盖面积大，接入这些网络通常是基于通过移动运营商支付的带宽。蜂窝网络提供的连接速度比 Wi-Fi 的慢。

1. 无线数据网络

便携式计算机、平板电脑或手机都能够通过无线方式连接到互联网，这为人们提供了随时随地工作、学习、交流和娱乐的自由。

移动设备通常有两种无线互联网的连接选项。

- **Wi-Fi**：使用本地 Wi-Fi 设置提供无线网络连接。
- **蜂窝网络**：使用蜂窝数据通过收费的方式提供无线网络连接。蜂窝网络需要蜂窝基站和卫星来建立一个覆盖全球的网络。如果没有适当的服务计划，蜂窝数据网络连接可能会非常昂贵。

您可能需要在运营商处注册设备，或者提供某种类型的唯一标识符来使用蜂窝网络。每台移动设备都有一个名为国际移动设备识别码（IMEI）的唯一 15 位号码，该号码可识别运营商网络的设备。这些数字来自被称为全球移动通信系统（GSM）的一系列设备。IMEI 通常位于设备的配置设置中或者电池仓中（如果电池可拆卸）。

此外，也可以通过名为国际移动用户识别码（IMSI）的唯一号码识别设备的用户。IMSI 通常被编程到用户标识模块（SIM）卡上，或者编程到电话本身（取决于网络类型）。

Wi-Fi 通常优先于蜂窝网络连接，因为它通常是免费的。Wi-Fi 无线电比蜂窝无线电使用的电池电量更少，因此使用 Wi-Fi 可以延长设备电池的使用寿命。

如今，许多企业、组织和场所也提供免费的 Wi-Fi 连接来吸引客户。例如，咖啡店、餐厅、图书馆甚至公共交通都可以为用户提供免费的 Wi-Fi 接入。很多教育机构也采用了 Wi-Fi 连接。例如，大学校园可以让学生将其移动设备连接到大学网络，以便其报名参加课程、观看讲座以及提交作业。

确保家庭 Wi-Fi 网络的安全非常重要。为了保护移动设备上的 Wi-Fi 通信，应采取以下预防措施。

- 启用家庭网络上的安全性。始终使用尽可能高的 Wi-Fi 安全性框架。目前，WPA2 安全协议是最安全的。
- 请勿使用未加密的明文文本发送登录或密码信息。
- 尽可能使用安全的 VPN 连接。

设备可以自动或手动连接 Wi-Fi 网络。在 Android 设备上，使用以下步骤连接 Wi-Fi。

步骤 1 选择“Settings>Add network”。

步骤 2 输入网络 SSID。

步骤 3 轻点“Security”并选择安全类型。

步骤 4 轻点“Password”并输入密码。

步骤 5 轻点“Save”。

在 iOS 设备上，使用以下步骤连接 Wi-Fi：

步骤 1 选择“Settings>Wi-Fi>Other”。

步骤 2 输入网络 SSID。

步骤 3 轻点“Security”并选择安全类型。

步骤 4 轻点“Other Network”。

步骤 5 轻点“Password”并输入密码。

步骤 6 轻点“Join”。

2. 蜂窝网络通信标准

移动电话是在 20 世纪 80 年代中期推出的，当时，移动电话又大又笨重，而且由于蜂窝技术的行业标准非常少，因此呼叫位于另一个蜂窝网络上的用户会很困难，而且成本很高。由于没有相应的标准，很难实现移动电话制造商之间的互通性。

行业标准简化了移动电话服务提供商之间的互联，这些标准也降低了蜂窝技术的使用成本。然而，蜂窝网络标准在世界各地尚未被一致采纳。因此，有些移动电话可能只在一个国家/地区运行，而无法在其他国家/地区运行，而有些蜂窝电话能够使用多种标准，并且可以在多个国家/地区运行。

蜂窝技术大约每 10 年更新换代一次。下面是主要的蜂窝网络标准。

- **1G**：第一代（1G）标准于 20 世纪 80 年代推出，其使用模拟标准。但是，模拟系统很容易产生噪声和干扰，使其难以获取清晰的语音信号。如今几乎没有 1G 设备仍在被使用。
- **2G**：第二代（2G）标准于 20 世纪 90 年代推出，从模拟标准转向了数字标准。2G 提供高达 1 Mbit/s 的速度，并支持更高的通话质量。2G 还推出了用于文本消息传送的短信服务（SMS），以及用于发送和接收照片与视频的多媒体消息服务（MMS）。
- **3G**：第三代（3G）标准于 20 世纪 90 年代末推出，实现了高达 2 Mbit/s 的速度，用于支持移动互联网访问、Web 浏览、视频通话、视频流和照片共享。
- **4G**：4G 标准于 21 世纪前十年的末期推出，可实现 100Mbit/s 至 1Gbit/s 的速度。4G 支持游戏服务、高质量视频会议和高清电视。4G 技术通常采用长期演进（LTE）标准。LTE 对 4G 进行了改进。

- **5G**：5G 标准于 2019 年推出，是最新的标准。它比之前的标准更有效，并且可以支持高达 20 Gbit/s 的速度。

许多移动电话还可以支持多种标准，以实现向后兼容性。例如，许多移动电话支持 4G 和 3G 标准。这种移动电话在 4G 网络可用时使用 4G 标准，如果 4G 网络不可用，它将自动切换到 3G 标准而不会丢失连接。

3. 飞行模式

有时您可能需要禁用您的蜂窝网络访问。例如，乘坐飞机时，航空公司通常要求乘客关闭蜂窝网络。为简化此过程，大多数移动设备都有一个被称为“Airplane Mode”（飞行模式）的设置，此设置用于关闭所有蜂窝网络、Wi-Fi 和蓝牙无线电。

乘坐飞机或者位于禁止访问数据或访问数据很昂贵的区域时，飞行模式非常有用。大多数移动设备的功能仍可用，但是不能进行通信。

图 7-41 显示的是在 iOS 设备上关闭飞行模式的屏幕。

您还可以启用或禁用蜂窝网络接入。iOS 设备的蜂窝网络接入开关如图 7-42 所示。

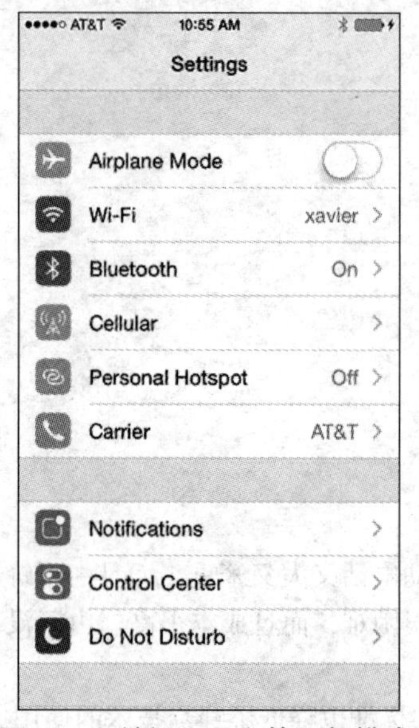

图 7-41　关闭 iOS 上的飞行模式

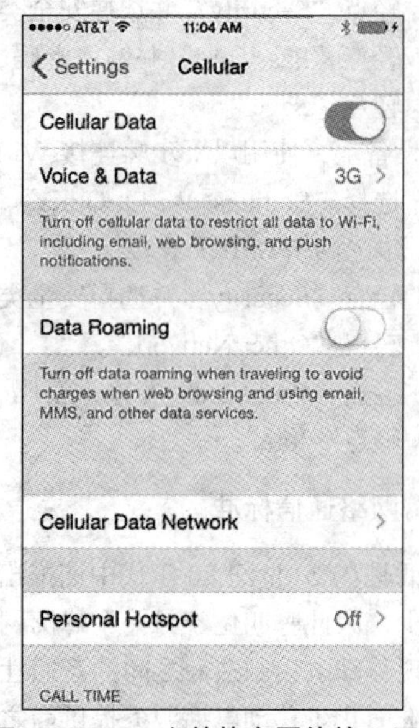

图 7-42　iOS 上的蜂窝网络接入开关

在 Android 设备上，使用以下步骤启用或禁用蜂窝电话。

步骤 1　选择“Settings”。

步骤 2　在“Wireless and Networks”下轻点“More”。

步骤 3　轻点“Mobile Networks”。

步骤 4　轻点“Data”进行启用或禁用。

在 iOS 设备上，使用以下步骤启用或禁用蜂窝电话。

步骤 1　选择“Settings”。

步骤 2　轻点“Cellular”。

步骤 3　轻点“Cellular Data”进行启用或禁用。

4. 热点

另一个很有用的蜂窝网络功能是将蜂窝设备用作热点，为其他设备提供互联网连接。Wi-Fi 设备可以在连接 Wi-Fi 时选择蜂窝设备。例如，用户可能需要将计算机连接到互联网，但没有 Wi-Fi 或有线连接可用，此时通过手机运营商的网络，可将移动电话用作连接互联网的桥梁。

要使 iOS 设备成为个人热点，请轻点“Personal Hotspot”（个人热点），如图 7-43 底部所示。

系统将打开图 7-44 所示的“Personal Hotspot”界面。请注意，iOS 个人热点功能也可以连接蓝牙或 USB 连接设备到互联网。

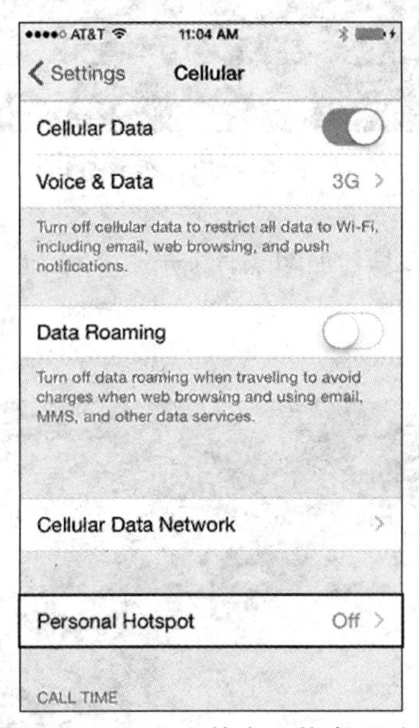

图 7-43 iOS 上的个人热点开关

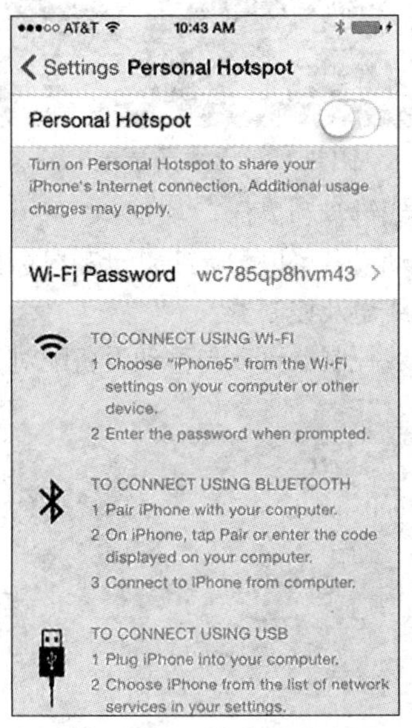

图 7-44 iOS 上的个人热点界面

注 意 热点有时也被称为网络共享。

最后，有一些可用于移动设备的应用程序在诊断移动设备无线电问题时可以作为有用的工具。例如，Wi-Fi 分析器可用于显示有关无线网络的信息，蜂窝网信号塔分析器可用于蜂窝网络。

7.5.2 蓝牙

蓝牙是一种低功耗的无线技术标准，它使用无线电频率连接设备。它是一种无线短程通信技术标准，在许多产品中都被使用。蓝牙设备会自动检测并相互联接，一次最多可以有 8 个设备进行通信。它们不会互相干扰，因为每对设备都使用 79 个不同的可用频道。如果两个设备想通话，它们会随机选择一个频道，如果该频道已经被占用，它们会随机切换到另一个频道。

1. 移动设备的蓝牙

蓝牙设备包括无线扬声器、无线耳机、无线键盘、无线鼠标以及无线游戏控制器。

（1）无线扬声器

图 7-45 显示了一种无线扬声器，其可以连接到移动设备，以提供高质量的音频，而无须使用立体声系统。

（2）无线耳机

图 7-46 显示了一种用于听音乐的高品质蓝牙耳机。有些无线耳机还包括麦克风，可用作免提耳机，用于拨打和接听电话。

图 7-45 无线扬声器

图 7-46 无线耳机

（3）无线键盘和鼠标

有些移动设备可以与无线键盘和鼠标配对，使输入更容易，如图 7-47 所示。

（4）无线游戏控制器

无线游戏控制器可以与移动设备配对，如图 7-48 所示。

图 7-47 无线键盘和鼠标

图 7-48 无线游戏控制器

2. 蓝牙配对

蓝牙是一种网络标准，它包括两个级别：物理级别和协议级别。蓝牙的物理级别是射频标准。设备在协议级别连接到其他蓝牙设备，这被称为蓝牙配对。在协议级别，设备确定发送各个位的时间和方式，以及收到的内容是否与发送的内容相同。

具体来说，蓝牙配对是指两个蓝牙设备建立连接，以共享资源。为了使设备进行配对，必须打开蓝牙无线功能，并且一台设备开始搜索另一台设备。其他设备必须设置为可被发现模式（也称为可见模式）才能被检测到。

当蓝牙设备处于可发现模式时，它会发送蓝牙和设备信息，比如蓝牙类别、设备名称和设备可以使用的服务。

在配对过程中可能会请求 PIN，以验证配对过程，如图 7-49 所示。PIN 通常为数字，但也可以是数字码或密钥。系统使用配对服务来存储 PIN，因此，设备下次尝试连接时就无须再次输入 PIN。这在使用耳机和智能手机时非常方便，因为当耳机已打开并在传输范围内时，它们将自动配对。

使用以下步骤将蓝牙设备与 Android 设备配对。

步骤 1 按照您的设备说明将其置于可发现模式。

步骤 2 查看您的设备说明，找到连接 PIN。

步骤 3 选择“Settings>Bluetooth”（在“Wireless & Networks”部分的下方）。

步骤 4 轻点“Bluetooth”切换开关将其打开。

步骤 5 等待，直到 Android 扫描并找到之前已被设置为可发现模式的蓝牙设备。

步骤 6 轻点已发现的设备，将其选定。

步骤 7 输入 PIN。

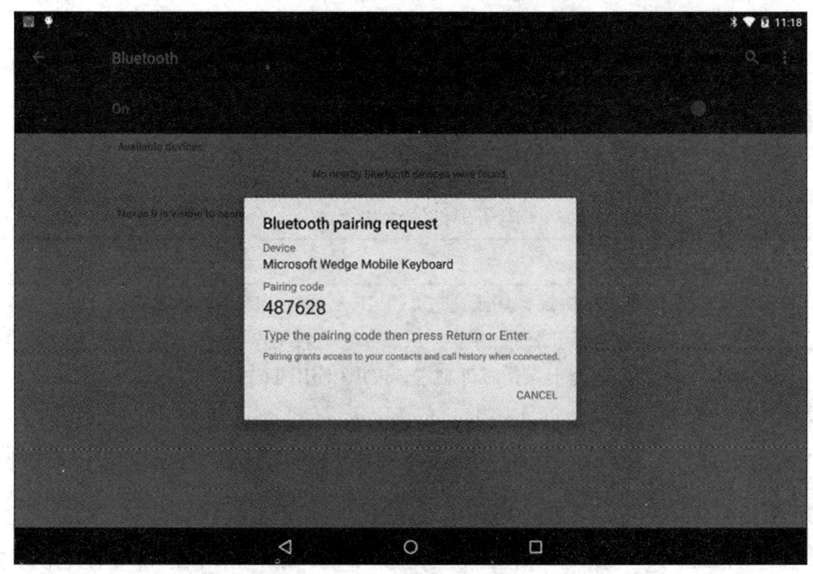

图 7-49　Android 上的蓝牙配对

使用以下步骤将蓝牙设备与 iOS 设备配对。

步骤 1　按照您的设备说明将其置于可发现模式。

步骤 2　查看您的设备说明，找到连接 PIN。

步骤 3　选择“Settings>Bluetooth”。

步骤 4　轻点“Bluetooth”将其打开。

步骤 5　轻点已发现的设备，将其选定。

步骤 6　输入 PIN。

7.5.3　配置电子邮件

电子邮件由使用因特网发送和接收的消息组成。有很多不同的电子邮件服务允许您创建一个电子邮件账户，发送和接收电子邮件及附件，其中许多是免费的。电子邮件通信基本上都使用 3 种协议：POP、SMTP 和 IMAP，以及一个客户机/服务器网络模型。客户端系统上的用户使用被称为电子邮件客户端的应用程序准备并发送电子邮件。服务器使用服务器端电子邮件协议将电子邮件转发到适当的设备和协议，直到它发送给预期的收件人。

1. 邮件简介

我们都使用邮件，但可能从未认真思考过邮件的实际工作方式。邮件结构依赖于表 7-4 所示的邮件服务器和邮件客户端。

表 7-4　电子邮件服务器和客户端

服务器	客户端
邮件服务器负责转发用户发送的邮件	邮件客户端连接邮件服务器以检索其邮件
服务器将邮件转发到其他邮件服务器	用户使用邮件客户端撰写、阅读并管理他们的邮件
服务器会存储邮件，直到用户进行检索	邮件客户端可以是基于 Web 的应用程序，也可以是独立应用程序。独立的邮件客户端与平台无关

注　意　这里着重介绍移动设备的邮件客户端。

电子邮件客户端和服务器使用各种协议和标准来交换电子邮件。表 7-5 描述了其中最常见的协议和标准。

表 7-5　　电子邮件协议和标准

协议和标准	描述
POP3	这是一种邮件客户端协议，用于通过 TCP/IP 从远程服务器检索邮件 它使客户端能够连接到邮件服务器，从服务器下载用户邮件，然后断开连接 POP3 通常不在服务器上保留邮件副本。POP3 使用 TCP 端口 110 与 IMAP 进行比较
IMAP	IMAP 类似于 POP3 的邮件客户端，不同之处在于它会在服务器和客户端之间同步邮件文件夹，并从邮件服务器下载邮件的副本 IMAP 比 POP3 更快，但是需要有更多的磁盘空间和更多的 CPU 资源 它通常用于大型网络，比如大学校园网络。IMAP 的最新版本是 IMAP4，它使用 TCP 端口 143 与 POP3 进行比较
SMTP	邮件客户端使用 SMTP 将邮件发送到服务器 邮件服务器依然使用 SMTP 将邮件发送到其他邮件服务器 只有确认并验证收件人后方可发送邮件。SMTP 基于文本，仅使用 ASCII 编码，并且需要 MIME 来发送所有其他文件类型，它使用 TCP 端口 25
MIME	MIME 通常与 SMTP 结合使用 MIME 扩展了基于文本的邮件格式，以包括其他格式，如照片和文字处理程序文档
SSL	SSL 用于安全地传输文件 大多数邮件客户端和服务器都支持邮件加密

电子邮件服务器需要电子邮件软件，如 Microsoft Server Exchange。Exchange 也是联系人管理器和日历软件。它使用一种被称为消息应用程序编程接口（MAPI）的专有信息传递体系结构。Microsoft Office Outlook 客户端使用 MAPI 连接到 Exchange 服务器，以提供电子邮件、日历和联系人管理。

电子邮件客户端必须安装在移动设备上。许多客户机都可以使用向导进行配置。但是，您需要知道关键信息才能设置电子邮件账户。表 7-6 列出了设置电子邮件账户时所需的信息类型。

表 7-6　　设置电子邮件账户所需的信息

电子邮件账户信息	描述
邮件地址	这是别人向您发送邮件时所需的地址。邮件地址是用户名后跟@符号和邮件服务器的域（如 user@example.net）
显示名称	可以是您的真名、昵称或您希望别人看到的任何名称
邮件协议	传入邮件服务器使用邮件协议。不同的协议提供不同的邮件服务
传入和传出邮件服务器的名称	这些名称由网络管理员或 ISP 提供
账户凭证	这包括用于登录邮件服务器时的用户名和账户密码。务必使用强密码

2. Android 邮件配置

Android 设备可以使用高级通信应用程序和数据服务。许多应用程序和功能都要求使用 Google 提供的 Web 服务。

首次配置 Android 移动设备时，系统将提示您使用 Gmail 邮件地址和密码登录 Google 账户。登录您的 Gmail 账户后，您可以访问 Google Play Store、数据，设置备份以及其他 Google 服务。设备会同步联系人、电子邮件、应用程序、已下载内容和其他来自 Google 服务的信息。如果没有 Gmail 账户，您可以使用 Google 账户登录页面来创建一个 Gmail 账户。

在 Android 设备上，使用以下步骤添加电子邮件账户。

步骤 1 轻点“Email”或 Gmail 应用程序图标。

步骤 2 选择账户类型（Google/GMAIL、个人或 Exchange），然后轻点“Next”。

步骤 3 输入设备的密码（如果需要）。

步骤 4 输入您要使用的邮件地址和密码。

步骤 5 轻点“Create New Account”。

步骤 6 输入您的姓名、邮件地址和密码。

步骤 7 提供进行账户恢复的电话号码（可选）。

步骤 8 查看账户信息并轻点“Next”。

注 意 如果希望将 Android 设置恢复到您之前备份的平板电脑，您必须在首次设置平板电脑时登录该账户。如果您是在初始设置后登录，则无法恢复您的 Android 设置。

初始设置后，请轻点 Gmail 应用程序图标访问您的邮箱。Android 设备还具有连接到其他邮件账户的邮件应用程序，但是，该应用程序会将用户重定向到 Android 更高版本中的 Gmail 应用程序。

3. iOS 邮件配置

iOS 设备配备了能同时处理多个邮件账户的常备邮件应用程序。邮件应用程序还支持不同的邮件账户类型，包括 iCloud、Yahoo、Gmail、Outlook 和 Microsoft Exchange。

设置 iOS 设备时需要 Apple ID。Apple ID 用于访问 Apple App Store、iTunes Store 和 iCloud。iCloud 提供邮件以及在远程服务器上存储内容的功能。iCloud 邮件是免费的，并提供了对备份、邮件和文档进行远程存储的功能。

所有的 iOS 设备、应用程序和内容都链接到您的 Apple ID。首次打开 iOS 设备时，设置助理将为您示范如何连接设备、如何使用 Apple ID 登录或如何创建 Apple ID。设置助理还允许您创建 iCloud 邮件账户。在设置过程中，您可以从 iCloud 备份中的不同 iOS 设备上恢复设置、内容和应用程序。

在 iOS 设备上，使用以下步骤设置电子邮件账户。

步骤 1 选择“Settings>Mail>Contacts, Calendars>Add Account”。

步骤 2 轻点账户类型（iCloud、Exchange、Google、Yahoo、Aol 或 Outlook）。

步骤 3 如果未列出账户类型，请轻点“Other”。

步骤 4 输入账户信息。

步骤 5 轻点“Save”。

4. 互联网邮件

很多人都有多个邮件地址。例如，您可能拥有个人邮件账户和学校或工作账户。使用以下任一方式提供邮件服务。

- **本地邮件：**邮件服务器由本地 IT 部门（如学校网络、企业网络或组织网络）管理。
- **互联网邮件：**邮件服务器被托管在互联网上，由服务提供商（如 Gmail）控制。

您可以使用以下方式访问其在线邮箱。

- 操作系统中包含的默认移动邮件应用程序，比如 iOS Mail。
- 基于浏览器的邮件客户端，比如 Mail、Outlook、Windows Live Mail 和 Thunderbird。

- 移动邮件客户端应用程序，包括 Gmail 和 Yahoo。

与 Web 界面相比，邮件客户端应用程序可提供更好的用户体验。

7.5.4 移动设备同步

移动设备同步包括使数据在不同的平台和不同的设备上可用，并确保所有设备都具有相同的数据和设置，并且没有数据丢失。同步通常链接到一个公共账户，数据包括联系人和日历数据，以及存储的图像、歌曲、电影和业务文件。

1. 要同步的数据类型

许多人都组合使用台式机、便携式计算机、平板电脑和智能手机设备来访问和存储信息。在多台设备上拥有相同的具体信息时，将会非常有用。例如，使用日历程序安排预约时，需要将每个新的预约输入每台设备上，确保每台设备都处于最新状态。利用数据同步便无须对每台设备都进行更改。

数据同步是两台或多台设备之间的数据交换，同时在这些设备上保持一致的数据。同步的方法包括同步到云、台式机和汽车上。有许多不同类型的数据要同步。

- 联系人。
- 应用程序。
- 邮件。
- 图片。
- 音乐。
- 视频。
- 日历。
- 书签。
- 文档。
- 定位数据。
- 社交媒体数据。
- 电子书。
- 密码。

2. 启用同步

同步通常意味着数据同步，但是，Android 设备和 iOS 设备中的同步含义略有不同。

Android 设备可以同步联系人和其他数据，包括来自 Facebook、Google 和 Twitter 的数据。因此，使用相同 Google 账户的所有设备都可以访问相同的数据。这样可以更轻松地更换损坏的设备而不会丢失数据。Android 同步还允许用户选择要同步的数据类型。

Android 设备也支持使用名为“自动同步”的功能进行自动同步。它将自动同步您的设备与服务提供商的服务器，无须用户进行干预。为节省电池寿命，您可以禁用所有或部分数据的自动同步。

使用以下步骤查看要在 Android 设备上同步的数据。

步骤 1 打开设备的“Settings”应用程序。

步骤 2 轻点“Accounts”。如果您没有看到“Accounts”，请轻点“Users & accounts”。

步骤 3 如果您的设备上有多个账户，请轻点所需的账户。

步骤 4 轻点“Account sync”。

步骤 5 查看要同步的数据以及上次同步的时间。您可以禁用或启用要同步的应用程序。

在 Android 设备上，使用以下步骤禁用自动同步。

步骤 1 打开设备的“Settings”应用程序。

步骤 2 轻点“Accounts”。如果您没有看到“Accounts”，请轻点“User & accounts”。

步骤 3 禁用自动同步数据。

在 Android 设备上，使用以下步骤手动同步账户。

步骤 1 打开设备的“Settings”应用程序。

步骤 2 轻点“Accounts”。如果您没有看到“Accounts”，请轻点“Users & accounts”。

步骤 3 如果您的设备上有多个账户，请轻点所需的账户。

步骤 4 轻点“Account sync”。

步骤 5 轻点“More...”，然后轻点“Sync now”。

图 7-50 为在 Android 设备上的同步界面示例。

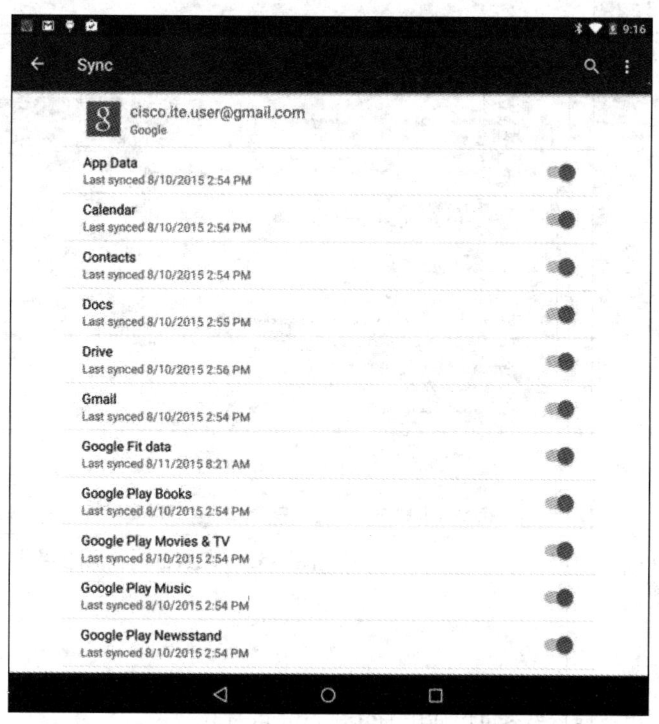

图 7-50 Android 备份的同步界面示例

iOS 设备支持两种类型的同步。

- **备份**：将您的个人数据从手机复制到计算机中，这包括应用程序设置、文本消息、语音邮件和其他数据类型。“备份”会保存用户和应用程序创建的所有数据的副本。
- **同步**：将新的应用程序、音乐、视频或图书从 iTunes 复制到手机并从手机复制到 iTunes，从而实现两台设备上的完全同步。鉴于 iTunes“同步”定义中所指定的内容，“同步”仅复制通过 iTunes Store 移动应用程序所下载的媒体。例如，如果用户不在手机上观看电影，就可以不将电影同步到手机中。

一般情况下，将 iOS 设备连接到 iTunes 时，请始终先执行备份，然后再进行同步。此顺序可在 iTunes 的“Preferences”（偏好设置）中进行更改。

在 iOS 上执行“同步”或“备份”时，还有几个有用的选项。

- **备份存储位置**：iTunes 允许将备份存储在本地计算机的硬盘驱动器或 iCloud 在线服务上。

- **直接从 iOS 设备备份**：除了将数据从 iOS 设备备份到本地硬盘驱动器或通过 iTunes 备份到 iCloud 外，还可以配置 iOS 设备为将其数据的副本直接上传到 iCloud。这非常有用，因为“备份”可自动执行，而无须连接到 iTunes。与 Android 类似，用户也可以指定要发送到 iCloud 备份的数据类型，如图 7-51 所示。
- **通过 Wi-Fi 的同步**：iTunes 可扫描并连接到同一 Wi-Fi 网络上的 iOS。连接之后，在 iOS 设备和 iTunes 之间可自动启动备份过程。这非常有用，因为每次 iTunes 和 iOS 设备处于同一 Wi-Fi 上时，都可以自动执行备份，无须有线 USB 连接。

当一台新的 iPhone 连接到计算机上时，iTunes 将主动使用来自其他 iOS 设备上的最新数据备份来恢复该手机。图 7-52 显示了计算机上的 iTunes 界面。

图 7-51 指定要在 iOS 上备份的数据类型

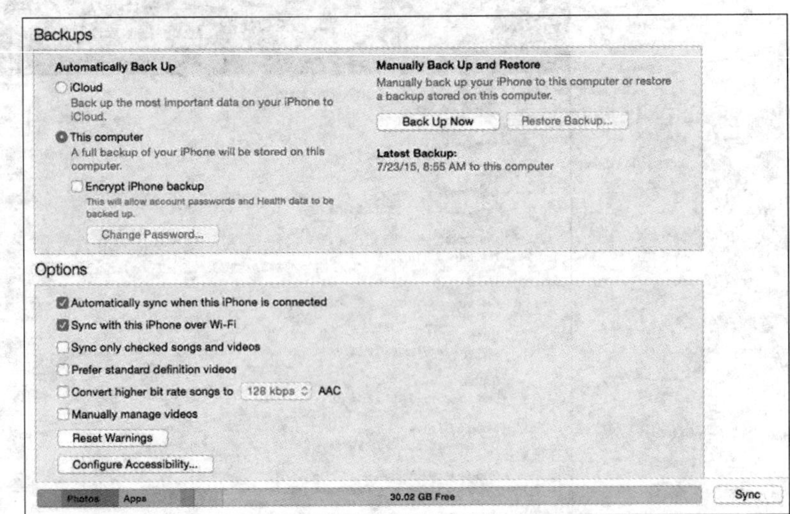

图 7-52 在 iTunes 上同步数据

3. 同步连接类型

要在设备之间同步数据，设备可以使用 USB 和 Wi-Fi 连接。

大多数 Android 设备都没有可执行数据同步的台式机程序，因此大多数用户使用 Google 不同的 Web 服务进行同步，即使与台式机或便携式计算机进行同步时也是如此。使用此方法同步数据的一个优点是登录到 Google 账户后，可随时从任何计算机或移动设备中访问数据。这种安排的缺点是很难将数据与计算机上本地安装的程序（如用于邮件的 Outlook、日历和联系人）进行同步。

iOS 设备可以使用“Wi-Fi 同步”功能与 iTunes 进行同步。要使用 Wi-Fi 同步，iOS 设备必须首先使用 USB 电缆与 iTunes 同步。此外，还必须在 iTunes 的“Summary”面板中勾选“Sync with this iphone over Wi-Fi”复选框，如图 7-53 所示。之后，您可以使用 Wi-Fi 或 USB 电缆同步。iOS 设备与运行 iTunes 的计算机处于同一无线网络并已插入电源时，它将自动与 iTunes 同步。

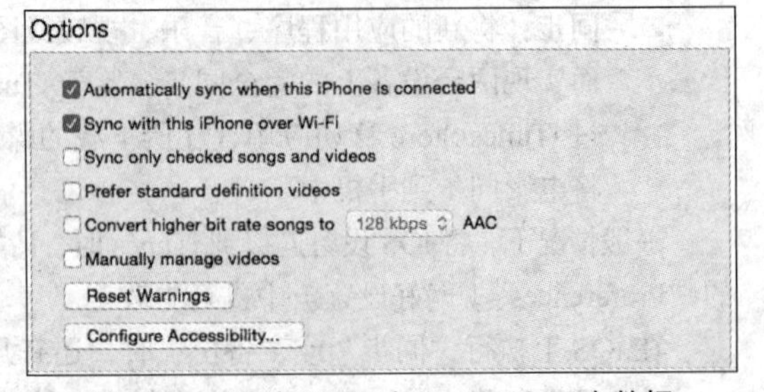

图 7-53 通过 Wi-Fi 在 iTunes 上同步数据

Microsoft 使用 OneDrive 为设备之间的同步数据提供云存储。OneDrive 还可以在移动设备和 PC 之间同步数据。

7.6 便携式计算机和其他移动设备的预防性维护

应定期安排预防性维护，以保持便携式计算机和移动设备的正常运行。保持清洁并确保它们在最佳环境中使用。本节将介绍便携式计算机和其他移动设备的预防性维护技术。

移动设备很容易损坏，因此在出现问题之前，应该为每个设备都制定一个护理计划。移动设备的预防性维护对于确保它们能够安全有效地使用是很有必要的，并使其使用寿命更长。

您对便携式计算机和其他移动设备的预防性维护了解多少？请判断以下语句是否正确。

1. 移动设备比台式机更容易接触有害物质和环境。
2. 使用氨水或酒精清洁移动设备的触摸屏。
3. 压缩空气可用于清洁便携式计算机上的冷却通风口和风扇。
4. 应使用湿布清洁移动设备的触摸屏。

答案

1. 正确。移动设备是便携式的，可以在不同类型的环境中使用。它们也通常被放在口袋或钱包里。因此它们可能会因摔落、进水、高温或寒冷而受损。

2. 错误。氨水或酒精等烈性化学品可能会损坏触摸屏等移动设备的组件。因此，请使用专为触摸屏和无绒布设计的清洁溶液。

3. 正确。使用压缩空气或非静电真空吸尘器清除通风口和通风口后面风扇中的灰尘。

4. 错误。要清洁触摸屏，请使用柔软的无绒布，并用认可的清洁剂将其湿润，然后轻轻擦拭触摸屏。

1. 维护原因

由于便携式计算机和其他移动设备具有便携性，因此它们常在不同的环境使用，这就导致它们比台式机更可能暴露在有害物质和环境中，包括灰尘、污染、液体泼溅、物体掉落，过热、过冷或过潮。在便携式计算机中，许多组件都被置于键盘正下方的一个非常小的区域内。如果不小心将液体洒在键盘上可能会导致严重的内部损坏。因此，让便携式计算机保持清洁至关重要。适当的保养和维护有助于便携式计算机组件更高效地运行，并延长设备的使用寿命。

2. 便携式计算机预防性维护计划

一个预防性维护计划在解决有灰尘和污染等问题时非常重要，并且必须具有例行维护计划。在使用需要时，也应进行维护。

便携式计算机的预防性维护计划可能已由特定组织制定好了固定流程，但还应包括以下标准程序：清洁、硬盘驱动器维护和软件更新。

要让便携式计算机保持清洁，需采取主动而非被动的维护方式。比如：让液体和食品远离便携式计算机；不使用便携式计算机时，请关闭机盖；清洁便携式计算机时，请勿使用含氨的刺激性清洁剂或溶液；使用非磨蚀性材料，比如压缩空气、温和的清洁溶液、棉签和不起毛的软布。

警告：清洁便携式计算机前，请断开其电源并取出电池。

例行维护包括对以下便携式计算机组件进行每月一次的清洁工作。

- **外部机身：** 用水或温和的清洁溶液略微润湿不起毛的软布，然后用该布擦拭机身。
- **散热通风口和 I/O 端口：** 使用压缩空气或非静电真空吸尘器将灰尘从通风口和通风口后面的风扇中清除，使用镊子取出所有碎屑。

- **显示屏**：用计算机屏幕清洁剂略微润湿不起毛的软布，然后用该布擦拭显示屏。
- **键盘**：用水或温和的清洁溶液略微润湿不起毛的软布，然后用该布擦拭键盘。
- **触摸板**：用获得认可的清洁剂润湿不起毛的软布，然后用该布轻轻擦拭触摸板的表面。注意，请勿使用湿布。

注　意　如果便携式计算机明显需要进行清洁，请立即清洁计算机，而不是等待下一次定期维护工作。

3. 移动设备预防性维护计划

人们通常将移动设备放在口袋或钱包中，因此它们可能会因跌落，环境过湿、过热或过冷而受到损坏。虽然移动设备的屏幕可预防轻微的划伤，但还是尽可能使用屏幕保护膜来保护屏幕。

移动设备的预防性维护只需完成 3 个基本任务：清洁、备份数据和更新操作系统和应用程序。

- **清洁**：使用不起毛的软布和触摸屏专用清洁溶液让触摸屏保持清洁。请勿使用氨水或酒精清洁触摸屏。
- **备份数据**：将移动设备上信息的备份副本保存到另一个数据源上，比如云驱动器。信息包括联系人、音乐、照片、视频、应用程序和任何自定义的设置。
- **更新操作系统和应用程序**：有新版操作系统或应用程序时，应更新设备，确保它以最佳状态运行。更新可能包括功能更新、功能修复，或性能的提升。

7.7　基本故障排除

故障排除是一项根据经验发展起来的技能。技术人员可以通过经验积累和使用有组织的方法来解决问题，从而更好地提升故障排除技能。

7.7.1　便携式计算机和其他移动设备的故障排除

本小节将介绍一种可用于正确排除故障的系统方法，并详细说明如何解决便携式计算机和其他移动设备特有的问题。

故障排除的 6 个步骤如下。

步骤 1　确定问题。

步骤 2　推测潜在原因。

步骤 3　验证推测以确定原因。

步骤 4　制定解决方案并实施方案。

步骤 5　验证全部系统功能并实施预防措施（如果适用）。

步骤 6　记录发现、行为和结果。

1. 确定问题

便携式计算机和其他移动设备问题可能是由硬件、软件和网络问题综合导致的。技术人员必须能够分析问题并确定错误原因才能修复设备，此过程即为故障排除。

表 7-7 显示了需要向便携式计算机和其他移动设备客户询问的开放式问题和封闭式问题。

表 7-7 确定问题

确定便携式计算机的问题	
开放式问题	■ 您使用便携式计算机时遇到了哪些问题？ ■ 您最近安装了什么软件？ ■ 发现问题时您正在执行什么操作？ ■ 您收到了哪些错误消息？
封闭式问题	■ 便携式计算机是否在保修期内？ ■ 便携式计算机当前是否正在使用电池？ ■ 便携式计算机能否使用交流适配器运行？ ■ 便携式计算机能否启动并显示操作系统桌面？

确定移动设备的问题	
开放式问题	■ 您使用移动设备时遇到了哪些问题？ ■ 移动设备的品牌和型号是什么？ ■ 您使用的是哪个服务提供商的服务？
封闭式问题	■ 过去发生过这个问题吗？ ■ 其他人是否用过此移动设备？ ■ 您的移动设备是否在保修期内？

2. 推测潜在原因

与客户交谈后，就可以推测问题的潜在原因。表 7-8 显示了一些导致便携式计算机和移动设备问题的常见潜在原因。

表 7-8 推测潜在原因

推测潜在原因	
便携式计算机问题的常见原因	■ 电池未充电 ■ 电池无法充电 ■ 电缆连接松动 ■ 键盘无法使用 ■ 数字锁定键打开 ■ RAM 模块松动
移动设备问题的常见原因	■ 电源按钮损坏 ■ 电池可能无法存储电量 ■ 扬声器、麦克风或充电端口灰尘过多 ■ 移动设备曾被摔过或进过水

3. 验证推测以确定原因

推测出可能导致错误的一些原因后，就可以验证推测以确定问题原因。表 7-9 显示了可帮助您确定确切的问题原因，甚至可帮助纠正问题的方法。如果这些方法未能纠正问题，则需要进一步研究问题以确定确切的原因。

表 7-9　验证推测以确定原因

确定便携式计算机问题原因的方法	■ 使用便携式计算机的交流适配器 ■ 更换电池 ■ 重启便携式计算机 ■ 检查 BIOS 设置 ■ 断开并重新连接电缆 ■ 断开外围设备 ■ 切换数字锁定键 ■ 取下并重新安装 RAM ■ 检查是否打开了大写锁定键 ■ 检查启动设备中是否有不可启动的介质
确定移动设备问题原因的方法	■ 重新启动移动设备 ■ 将移动设备插入交流电源插座 ■ 更换移动设备电池 ■ 取下所有可拆卸电池并重新安装 ■ 清洁扬声器、麦克风、充电端口或其他连接端口

4. 制定解决方案并实施方案

确定了问题的确切原因后，可制定行动计划来解决问题并实施解决方案。表 7-10 显示了一些可用于收集其他信息以解决问题的信息来源。

表 7-10　制定解决方案并实施方案

收集信息的来源	■ 维修人员工作日志 ■ 其他技术人员 ■ 制造商常见问题解答网站 ■ 技术网站 ■ 新闻组 ■ 计算机手册 ■ 设备手册 ■ 在线论坛 ■ 互联网搜索

5. 验证全部系统功能并实施预防措施（如果适用）

纠正问题后，请验证全部系统功能，并实施预防措施（如果适用）。表 7-11 显示了一些用于检验解决方案的方法。

表 7-11　验证全部系统功能并实施预防措施（如果适用）

验证解决方案和便携式计算机完整系统功能的方法	■ 重启便携式计算机 ■ 连接外围设备 ■ 仅使用电池操作便携式计算机 ■ 从应用程序中打印文档 ■ 输入示例文档以测试键盘 ■ 检查事件查看器中的警告或错误

续表

验证解决方案和移动设备完整系统功能的方法	■ 重启移动设备 ■ 使用 Wi-Fi 浏览互联网 ■ 使用 4G、3G 或另一个运营商网络类型浏览互联网 ■ 拨打电话 ■ 发送短信 ■ 打开不同类型的应用程序 ■ 仅使用电池运行移动设备

6. 记录发现、行为和结果

在故障排除的最后一步，您必须记录您的发现、行为和结果。表 7-12 显示了记录问题和解决方案所需的任务。

表 7-12　　文档发现、行为和结果

记录发现、行为和结果	■ 与客户讨论已实施的解决方案 ■ 让客户确认问题是否已解决 ■ 为客户提供所有书面材料 ■ 在工单和技术人员的日志中记录解决问题所采取的措施 ■ 记录修复工作中使用的所有组件 ■ 记录解决问题所用的时间

7.7.2 便携式计算机和其他移动设备的常见问题和解决方案

在本小节中，将介绍一些在便携式计算机或其他移动设备上可能遇到的问题。要维修设备，技术人员必须能够分析问题并确定错误的原因。

1. 便携式计算机的常见问题和解决方案

便携式计算机和其他移动设备的问题可归因于硬件、软件、网络，或三者的综合结果。表 7-13 列出了便携式计算机的常见问题、可能的原因以及可能的解决方案。

表 7-13　　便携式计算机的常见问题及解决方案

常见问题	可能的原因	可能的解决方案
便携式计算机无法开机	没有插上电源	把便携式计算机插上交流电源
	电池未充电	取出并重新安装电池
	电池不能充电	更换电池
便携式计算机电池支持系统的时间缩短	没有遵循正确的充电和放电方法	按照手册中描述的电池充电程序进行操作
	额外的外围设备正在消耗电池电量	如果可能，请拆卸不需要的外围设备并禁用无线 NIC
	电源计划配置不正确	修改电源计划以减少电池用量
	电池长时间没有充电	更换电池

续表

常见问题	可能的原因	可能的解决方案
外部显示有电源，但屏幕上没有图像	视频电缆松动或损坏	重新连接或更换视频电缆
	便携式计算机没有向外部显示器发送视频信号	使用 Fn 键和多功能键可以切换到外部显示器
便携式计算机已连接电源，但是重新打开便携式计算机机盖后，显示器上没有任何显示	屏幕切断开关被弄脏或损坏	检查便携式计算机的维修手册，以获取有关清洁或更换 LCD 切断开关的说明
	便携式计算机已进入睡眠模式	按键盘上的键，以使计算机从睡眠模式恢复
便携式计算机屏幕上的图像看起来暗淡无光	LCD 背光灯调整不正确	查看便携式计算机维修手册，了解有关校准 LCD 背光灯的说明
便携式计算机显示器上的图像被像素化	显示属性不正确	将显示设置为原始分辨率
便携式计算机显示器闪烁	屏幕上的图像刷新速度不够快	调整屏幕刷新率
	逆变器损坏或故障	拆卸显示器并更换逆变器
屏幕上有自行移动的重影光标	触板是脏的	清洁触控板
	触控板和鼠标被同时使用	断开鼠标
	打字时，一个手指或一只手触摸了触控板	打字时，尽量不要触摸触控板
屏幕上的像素坏了或没有产生颜色	像素的电源被切断了	请与制造商联系
屏幕上的图像闪烁着不同颜色的线条或图案（伪影）	显示器未正确连接	拆卸便携式计算机以检查显示器连接
	GPU 过热	拆卸并清洁计算机，检查是否有灰尘和碎屑
	GPU 故障	更换 GPU
屏幕上的颜色模式不正确	显示器未正确连接	拆卸便携式计算机以检查显示器连接
	GPU 过热	拆卸并清洁计算机，检查是否有灰尘和碎屑
	GPU 故障	更换 GPU
显示器上的图像失真	显示设置被更改	恢复显示设置到原始出厂设置
	显示器未正确连接	将计算机拆卸到可以检查显示器连接的位置
	GPU 过热	拆卸并清洁计算机，检查是否有灰尘和碎屑
	GPU 故障	更换 GPU
网络功能齐全，无线连接已启用，但便携式计算机无法连接到网络	Wi-Fi 已断开	使用无线网卡属性或 Fn 键以及相应的多功能键打开 Wi-Fi
	便携式计算机不在无线范围内	将便携式计算机靠近无线接入点
与蓝牙连接的输入设备无法正常工作	蓝牙断开	使用蓝牙设置小程序或 Fn 键以及相应的多功能键打开蓝牙
	设备中的电池没有电	更换电池
	输入设备超出范围	将输入设备靠近便携式计算机的蓝牙接收器，并确认蓝牙已打开

续表

常见问题	可能的原因	可能的解决方案
键盘正在输入数字而不是字母	NumLock 键被启用	使用 NumLock 键或 Fn 键以及相应的多功能键关闭 NumLock
电池肿胀	电池充电过度	更换制造商提供的新电池
	使用了不兼容的充电器	
	电池故障	

2. 其他移动设备的常见问题和解决方案

表 7-14 列出了其他移动设备的常见问题、可能的原因以及可能的解决方案。

表 7-14　其他移动设备的常见问题和解决方案

常见问题	可能的原因	可能的解决方案
移动设备无法连接到网络	Wi-Fi 不可用	移动到 Wi-Fi 网络的范围内
	范围内没有运营商数据网络	移动到运营商数据网络的范围内
移动设备无法打开	电池被耗尽	为移动设备充电或用已充电的电池更换电池
	电源按钮损坏	联系客户支持以确定下一步解决方案
	设备发生故障	
连接到交流电源时，平板电脑不能充电或充电很慢	充电时使用了平板电脑	充电时关闭平板电脑
	交流适配器没有足够的电流	使用平板电脑附带的交流适配器
		使用电流大小正确的交流适配器
智能手机无法连接到运营商的网络	未安装 SIM 卡	安装 SIM 卡
移动设备未通电	电池未充电	将设备插入交流电源给电池充电
	电池不能充电	用已知良好的电池更换电池
		使用具有正确电流的交流适配器
	电源按钮损坏	联系客户支持以确定下一步解决方案
移动设备电池支持系统的时间缩短	设备设置错误	修改电源计划以减少电池使用量
	电池没有充电	更换电池
移动设备无法连接到网络	无法使用 Wi-Fi	打开 Wi-Fi
		确保飞行模式已关闭
	Wi-Fi 已关闭	打开 Wi-Fi
	Wi-Fi 设置不正确	将 Wi-Fi 设置正确
	范围内没有运营商数据网络	移至运营商数据网络的范围内
移动设备不能连接蓝牙	蓝牙关闭	打开蓝牙
	设备未配对	对设备进行配对
	设备未处于蓝牙范围内	使设备进入蓝牙范围
电池肿胀	电池充电过度	更换制造商提供的新电池
	使用了不兼容的充电器	
	电池故障	
这个设备的电池寿命很短	电池已经循环了很多次，所以没有保持高电荷	更换电池
	电池故障	
设备过热	在给设备充电时，一个耗电量大的应用程序在运行	关闭任何不必要的应用程序或从充电器中取出设备
	给设备充电时，许多收音机都开着	关闭所有不必要的收音机或从充电器中取出设备
	电池故障	更换电池

7.8　总结

在本章中，您了解了便携式计算机和其他移动设备（如智能手机和平板电脑）的特性及功能，以及如何拆卸并安装内部和外部组件。便携式计算机通常运行完整版本的操作系统（如 Microsoft Windows、macOS 或 Linux），而智能手机和平板电脑运行专为移动设备设计的特殊操作系统。常见的其他小型移动设备包括智能手表、健身跟踪器以及 AR 和 VR 头戴设备。

您了解到，便携式计算机使用与台式机相同类型的端口，因此外围设备可以互换。移动设备也使用一些相同的外围设备。重要的输入设备（如键盘和触控板）内置于便携式计算机中，以提供与台式机相似的功能。一些便携式计算机和移动设备使用触摸屏作为输入设备。便携式计算机的内部组件通常小于台式机的组件，因为它们要装入紧凑的空间并节约能源。移动设备的内部组件通常连接到电路板，以使设备紧凑、轻巧。

便携式计算机具有可以与 Fn 键同时按下的功能键。这些键执行的功能因便携式计算机型号的不同而不同。扩展坞和端口复制器通过提供与台式机相同类型的端口来增强便携式计算机的功能。一些移动设备使用扩展坞来充电或连接外围设备。便携式计算机和其他移动设备通常都具有 LCD 或 LED 屏幕，其中许多都是触摸屏。背光可照亮 LCD 和 LED 便携式计算机的显示器。OLED 显示器无背光。

便携式计算机和其他移动设备可以提供几种无线技术，包括蓝牙、红外线、Wi-Fi 和访问蜂窝 WAN 的功能。便携式计算机提供多种扩展可能性。用户可以添加内存来提升性能，利用闪存增加存储容量或使用扩展卡增强功能。一些移动设备可以通过升级或添加更多闪存（如 MicroSD 卡）来增加更多的存储容量。

在本章的最后，您了解了便携式计算机和其他移动设备预防性维护计划的重要性。它们用于不同的环境中，因此它们比台式机更可能暴露在有害材料和环境中，包括灰尘、污染、液体泼溅、物体掉落，过热、过冷或过潮。

最后，您了解了故障排除过程中与便携式计算机和其他移动设备相关的 6 个步骤。

7.9　复习题

请您完成此处列出的所有复习题，以测试您对本章主题和概念的理解。答案请参考附录。

1. 在会议上，演示者无法让便携式计算机通过投影仪显示，于是找了一名技术人员。技术人员应该首先尝试什么？

   A. 更换投影仪或提供备用投影仪　　B. 使用适当的 Fn 键输出到外部显示器
   C. 将交流适配器连接到便携式计算机上　　D. 重新启动便携式计算机

2. 与便携式计算机有关的 CRU 是什么？

   A. 网络连接器　B. 一种处理器　C. 一种存储设备　D. 用户可以替换的部件

3. 哪种无线技术可用于将无线耳机连接到计算机？

   A. 蓝牙　B. NFC　C. Wi-Fi　D. 4G-LTE

4. 一名技术人员正在试图确定便携式计算机故障的原因，下列哪一项是技术人员测试故障原因的示例？

   A. 技术人员使用交流适配器为便携式计算机供电
   B. 技术人员怀疑电缆松动
   C. 技术人员确定键盘不工作

D. 技术人员询问用户第一次发现问题的时间

5. 哪种类型的介质将与连接在便携式计算机上的读卡器一起使用？

A. DVD　　B. CD-R　　C. 蓝光　　D. SD

6. 关于便携式计算机的主板，哪种说法是正确的？

A. 它们中的大多数都使用 ATX 外形

B. 它们的形状因制造商而异

C. 它们可以与大多数桌面主板互换

D. 它们遵循标准的外形尺寸，因此可以很容易地互换

7. 出差的销售代表使用手机与总部和客户互动、跟踪样品、拨打销售电话、记录里程数，并在酒店上传/下载数据。由于成本低，哪种互联网连接方法是移动设备上首选的方法？

A. 电缆　　B. 蜂窝　　C. Z 波　　D. Wi-Fi

E. DSL

8. 哪种协议允许邮件从电子邮件服务器下载到客户端，然后在服务器上删除电子邮件？

A. SMTP　　B. IMAP　　C. POP3　　D. HTTP

9. 为什么 SODIMM 非常适合便携式计算机？

A. 它们不产生热量　　B. 它们连接到外部端口

C. 它们的外形尺寸很小　　D. 它们可以与台式机互换

10. 哪种类型的便携式计算机显示器有可能含有水银，并使用 CCFL 或 LED 背光？

A. LED　　B. LCD　　C. 等离子体　　D. OLED

11. 哪一项用于向智能设备提供位置信息？

A. GPS　　B. 智能集线器　　C. ZigBee 协调员　　D. 电子阅读器

12. 哪种便携式计算机组件使用节流来降低功耗和热量？

A. 光盘驱动器　　B. 主板　　C. CPU　　D. 硬盘驱动器

13. 在 Android 和 iOS 设备上，使用哪两种信息源来启用地理缓存、地理标记和设备跟踪？（双选）

A. 来自集成摄像头的环境图像　　B. 用户配置文件

C. 蜂窝或 Wi-Fi 网络　　D. GPS 信号

14. 哪种 ACPI 电源状态为 CPU 和 RAM 提供电源，但关闭了未使用的设备？

A. S3　　B. S0　　C. S1　　D. S2

E. S4

15. 哪一个便携式计算机部件是通过向外按压固定夹将其取下的？

A. SODIMM　　B. 电源　　C. 读卡器　　D. 无线天线

第 8 章
打印机

学习目标

通过完成本章的学习，您将能够回答下列问题。

- 打印机的特点和功能是什么？
- 什么是打印机接口和端口？
- 喷墨打印机的部件和特点是什么？
- 激光打印机的部件和特点是什么？
- 激光打印机如何工作？
- 热敏打印机和击打式打印机的特点是什么？
- 虚拟打印机的特点是什么？
- 3D 打印机的部件和特点是什么？
- 如何安装和更新打印机的设备驱动程序、固件和 RAM？
- 如何配置打印机的设置？
- 如何优化打印性能？
- 如何配置打印机共享？
- 如何使用打印服务器配置打印机共享？
- 提供商的指导方针是什么？打印机的适当操作环境的重要性是什么？
- 如何对喷墨打印机进行预防性维护？
- 如何对激光打印机进行预防性维护？
- 如何对热敏打印机进行预防性维护？
- 如何对击打式打印机进行预防性维护？
- 如何对 3D 打印机进行预防性维护？
- 打印机故障排除的 6 个步骤是什么？
- 打印机的常见问题和解决方案是什么？

内容简介

打印机打印出电子文件的纸质副本。政府法规和商业政策通常都要求保留实物记录，这使得数字文件的纸质副本在今天变得和几年前无纸化革命开始时一样重要。本章将提供有关打印机的基本信息。您将学习如何操作打印机，了解购买打印机时要考虑什么，以及如何将打印机连接到单独的计算机或网络。您还将学习各种打印机的操作，以及如何安装和维护打印机和如何排除常见的问题。在本章最后，您将了解打印机预防性维护计划的重要性，并将故障排除过程中的 6 个步骤应用于打印机。

8.1 常用打印机的功能

8.1.1 特性和功能

无论购买的是什么型号、价格范围和类型的打印机，您都需要考虑如何使用打印机。打印速度、单色或彩色、墨盒的成本和可用性、驱动程序兼容性、功耗、网络类型和总拥有成本是购买、维修和维护打印机时需要考虑的一些因素。

1. 打印机的类型

计算机技术人员经常需要为用户选择、购买和安装打印机，因此技术人员需要知道如何配置、排除故障并修复最常见的打印机。目前使用的大多数打印机要么是使用成像鼓的激光打印机，要么是使用静电喷涂技术的喷墨打印机。使用冲击技术的点阵打印机用于需要复写的应用程序。热敏打印机通常用于零售业，多用于打印收据。3D 打印机被用于设计和制造。图 8-1 显示了这 5 种打印机的示例。

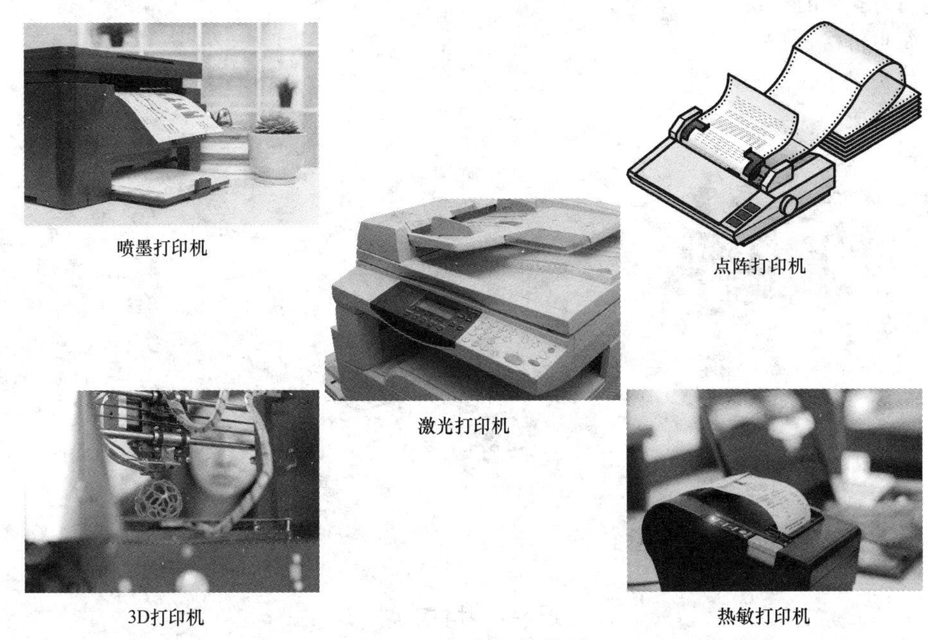

图 8-1 打印机的类型

2. 打印机的速度、质量和颜色

（1）速度和质量

打印机的速度是选择打印机时要考虑的因素之一。打印机的速度以页/每分钟（PPM，pages per minute）来衡量。打印机的速度因品牌和型号的不同而不同。图像的复杂程度和用户的质量要求也会影响打印速度。打印质量以每英寸的点数（dpi，dots per inch）来衡量。dpi 值越大，图像分辨率越高；分辨率越高，文本和图像越清晰。要生成最佳的分辨率图像，请使用高质量的墨水或碳粉，以及高质量的纸张。

（2）颜色

彩色印刷工艺使用青、品红和黄三原色（CMY）。喷墨打印机以黑色为基色或主色。因此，CMYK 指的是喷墨彩色印刷工艺。图 8-2 显示的是一个 CMYK 色轮。

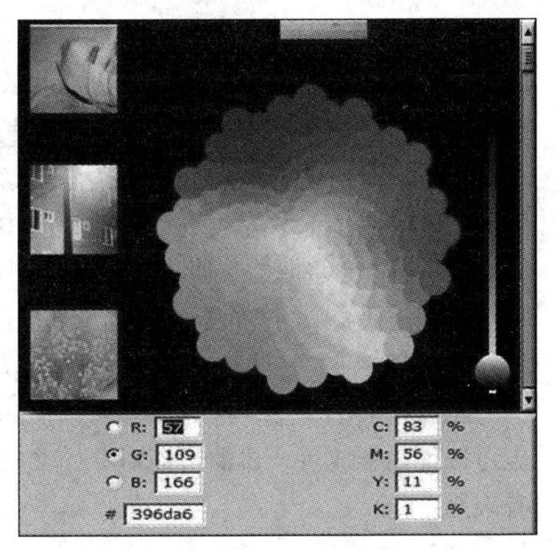

图 8-2 CMYK 色轮

3. 可靠性和总拥有成本

打印机应该非常可靠。由于市场上的打印机种类繁多，因此请先研究几款打印机的规格再进行选择。下面是一些需要考虑的制造商选项。

- **保修**：确定保修范围。
- **定期服务**：根据预期的使用情况提供服务。使用信息在文档或制造商的网站中。

- **平均无故障工作时间（MTBF）**：打印机无故障工作的平均时长。此信息在文档或制造商的网站中。

购买打印机时，要考虑的不仅仅是打印机的初始成本，还要考虑总拥有成本。总拥有成本（TCO）包括以下因素。

- 初始购买价格。
- 耗材成本，比如纸张和墨水（见图 8-3）。
- 每月打印的页数。
- 每页价格。
- 维护成本。
- 保修成本。

图 8-3 耗材成本

计算 TCO 时，请考虑所需的打印数量和打印机的预期寿命。

4. 自动送纸器

在一些具有复印功能的激光打印机和喷墨打印机上，可以找到自动送纸器（ADF）。ADF 是可以放置现有文档的插槽，如图 8-4 所示。然后这台机器就被设置为要复印此文档。

图 8-4 ADF

启动后，ADF 会将一页文档拉到压纸滚筒的玻璃表面上，然后在此位置扫描并复印。接下来，打印机将自动移除压纸滚筒上的页面，并将原始文档的下一页拉至压纸滚筒上。此过程将持续到送纸器中的整个原始文档全部被拉入为止。有些机器可以复制多份副本，通常，这些机器也可以逐份打印这些副本。

根据机器的功能，原始文档可以面朝上放在送纸器中，也可以面朝下放置。机器可能对原始文档中可以包含的页数有限制。

8.1.2 打印机连接

打印机有多种类型的连接选择，这使技术人员在选择打印机类型和安装打印机时有很大的灵活性。例如，打印机可以连接到单个用户的个人计算机上，也可以作为网络打印机连接到许多设备，甚至可以通过互联网进行远程访问。

打印机通常使用 USB 或无线端口连接到家用计算机。但是，打印机还可以使用网络电缆或无线端口直接连接到网络，如图 8-5 所示。

图 8-5 打印机连接

1. 串行连接器

串行连接可用于点阵打印机，因为这类打印机不需要高速数据传输。打印机的串行连接如图 8-6 所示，其通常被称为 COM。串行端口通常位于传统计算机系统上。

2. 并行连接器

并行连接的数据传输路径比串行连接的数据传输路径更宽，从而使数据更快地进出打印机。

IEEE 1284 是并行打印机端口的标准。增强型并行端口（EPP）和增强型功能端口（ECP）是允许双向通信的 IEEE 1284 标准中的两种操作模式。打印机的并行连接如图 8-7 所示，其通常被称为 LPT。并行端口通常位于传统计算机系统上。

3. USB 连接器

USB 连接器如图 8-8 所示，是打印机和其他设备的通用连接器。将 USB 设备添加到支持即插即用的计算机系统时，系统会自动检测到设备并启动驱动程序的安装过程。

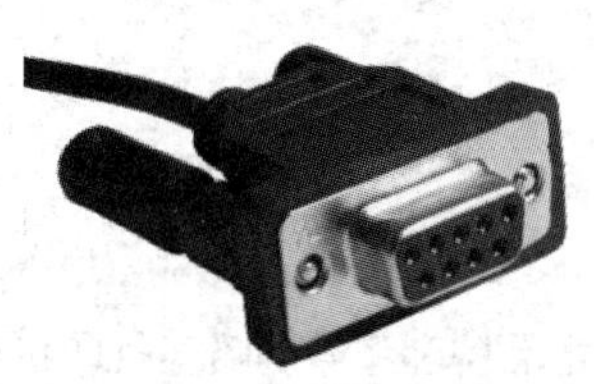

图 8-6 串行

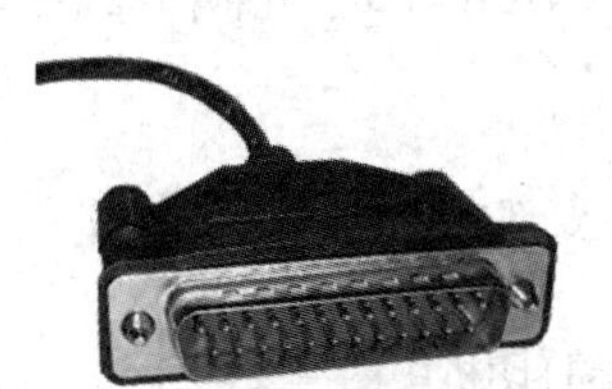

图 8-7 并行

图 8-8 USB

4. 火线连接器

火线，也被称为 i.LINK 或 IEEE 1394，是一种不依赖于平台的高速通信总线。火线如图 8-9 所示，可连接各种数字设备，比如打印机、扫描仪、相机和硬盘驱动器等。

5. 以太网连接器

将打印机连接到网络需要配备与网络和打印机所安装的网口相兼容的电缆。大多数网络打印机都使用 RJ-45 接口连接到网络，如图 8-10 所示。

6. 无线连接

许多打印机都具有内置无线功能，使其能够连接到 Wi-Fi 网络，如图 8-11 所示。有些具有通过蓝牙配对连接设备的功能。

图 8-9 火线

图 8-10 以太网

图 8-11 无线

8.2 打印机类型

本节将介绍两个打印机类别的主要特性：冲击式和非冲击式。每一类都有几种类型的打印机。并非所有的打印机都能提供您想要的所有功能，因此了解不同打印机的特征是必要的，以便为预期的打印机使用做出最佳选择。打印机的预期用途在采购决策中也很重要，考虑的因素包括打印机是用于商业用途还是家用、是联网还是本地使用，以及它是否为专用打印机。

8.2.1 喷墨打印机

喷墨打印机是一种非击打式打印机，通过将墨水喷到打印的材料上来产生输出，这种类型的打印机通常用于小批量打印，是家庭用户和小型企业的一个强有力的选择。

1. 喷墨打印机的特征

喷墨打印机易于使用，并且通常比激光打印机成本低。图8-12显示了包含一台喷墨打印机的一体化设备。

喷墨打印机的优点是初始成本低、分辨率高，并且能够快速预热。喷墨打印机的缺点是喷头容易堵塞、墨盒可能非常昂贵，并且墨水在打印后几秒内都是湿的。

2. 喷墨打印机的部件

下面将介绍喷墨打印机的主要部件。

（1）墨盒/纸张

墨盒如图8-13所示，是喷墨打印机中的主要消耗品。墨盒专为特定品牌和型号的喷墨打印机而设计。大多数喷墨打印机都使用普通纸进行打印，有些还可以在高质量的相纸上打印照片。关于要使用的墨盒类型和要使用的纸张，请参阅打印机的手册。

图8-12 喷墨打印机

图8-13 墨盒

如果喷墨打印机的打印质量下降，请使用打印机软件对打印机进行校准。

（2）打印头

喷墨打印机使用墨盒并通过小孔将墨水喷在页面上，这些小孔被称为喷头，位于图8-14所示的打印头中。

喷墨打印机喷头有两种类型。

- 热敏：电流脉冲被施加到喷头四周的加热室，加热室内的热量会产生蒸汽气泡，蒸汽通过喷头将墨水压出，喷在纸上。

■ 压电式：压电晶体位于每个喷头后的墨盒中，晶体通电后会震动，晶体的震动控制着喷到纸上的墨水流。

（3）轧辊

轧辊将纸从进纸器送入打印机，如图 8-15 所示。

图 8-14 打印头

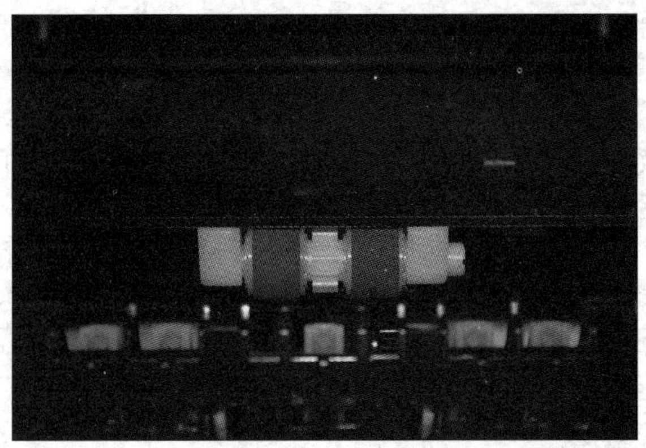

图 8-15 轧辊

（4）进纸器

进纸器如图 8-16 所示，可以将空白纸张固定在托盘或卡带中。有些喷墨打印机也是复印机，它们可能具有自动送纸器（ADF）。ADF 保存文档，这些文档将被逐页送入扫描仪平台上，以进行复制。

（5）双面打印组件

某些喷墨打印机可以在双面上打印，这需要一种双面打印组件，如图 8-17 所示，该组件将已打印的页面翻过来并将其送入打印机，以在另一面上打印。

图 8-16 进纸器

图 8-17 双面打印组件

（6）托架和皮带

打印头和墨盒位于托架上，该托架与皮带和电机相连，如图 8-18 所示。当墨水喷洒在纸上时，皮带在纸上前后移动托架。

图 8-18 托架和皮带

8.2.2 激光打印机

激光打印机是使用碳粉和激光产生输出的非击打式打印机。激光打印机通常前期成本昂贵，但总拥有成本较低。

1. 激光打印机的特征

激光打印机如图 8-19 所示，是一种使用激光生成图像的高质量快速打印机。

激光打印机的优点是每页成本低、PPM 高、容量大，并且打印件是干燥的。激光打印机的缺点是启动成本高昂，并且碳粉盒的价格可能很昂贵。

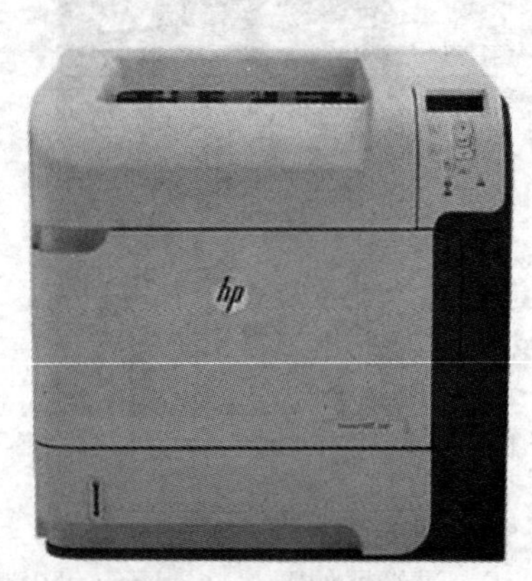

图 8-19 激光打印机

2. 激光打印机的部件

下面将介绍激光打印机的主要部件。

（1）成像鼓

激光打印机的核心部分是成像鼓，如图 8-20 所示。成像鼓是表面涂有光敏绝缘材料的金属柱面。激光束照射成像鼓时，被激光照射的地方会变成导体。

（2）碳粉盒/纸张

成像鼓旋转时，激光束会在成像鼓上绘制一个静电图像，碳粉将被施加到未显影的图像上。碳粉是带负电荷的塑料和金属微粒的组合。静电荷将碳粉吸引到图像上，成像鼓转动并将曝光的图像与纸张接触，纸张则从成像鼓上吸附碳粉。

碳粉盒（见图 8-21）和纸张是激光打印机中的主要消耗品，其他部件也可能包含在碳粉盒中。有关详细信息，请查看打印机手册。

图 8-20 成像鼓

图 8-21 碳粉盒

（3）热定影组件

纸张通过图 8-22 所示的由热辊组成的热定影组件，该组件可将碳粉融入纸张。

（4）转印辊

转印辊如图 8-23 所示，其有助于将碳粉从成像鼓转印到纸张上。

（5）搓纸辊

搓纸辊如图 8-24 所示，其可位于打印机的多个区域中，它们在打印过程中将纸张从托盘或卡带中移出，然后送入打印机。

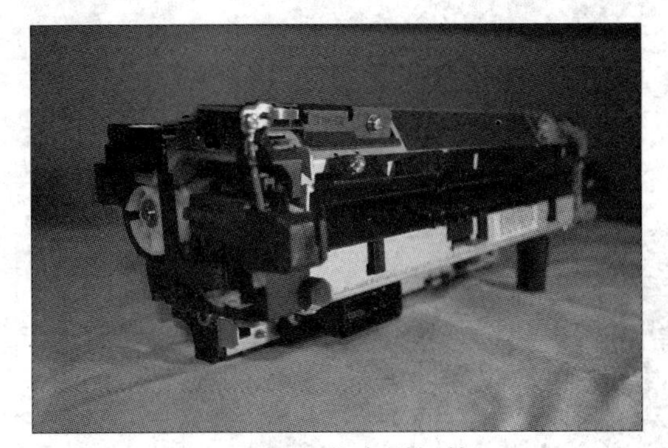

图 8-22 热定影组件

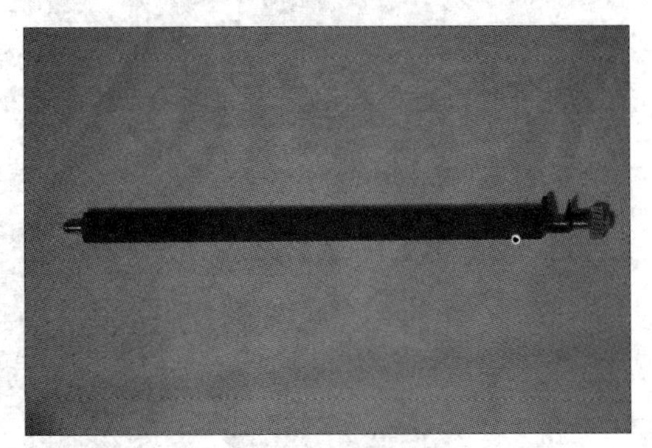

图 8-23 转印辊

（6）双面打印组件

双面打印组件如图 8-25 所示，其将已打印的一面翻过来，以便可以在另一面上打印。

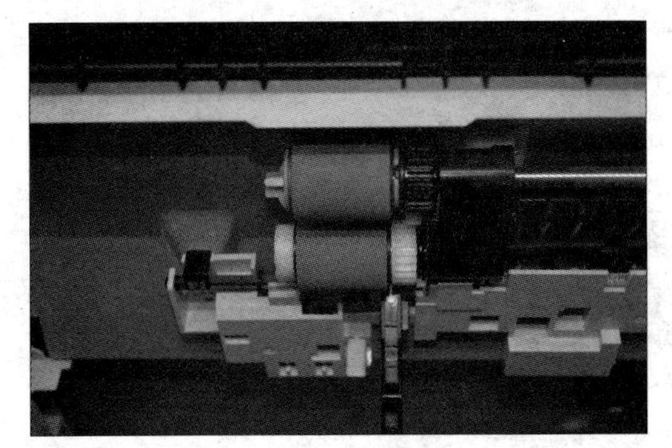

图 8-24 搓纸辊

图 8-25 双面打印组件

8.2.3 激光印刷工艺

激光打印机使用激光将图像印在复印机滚筒上，然后将图像传输到纸张上。这听起来很简单，但过程相当复杂。激光打印机内部的许多运动部件必须协同工作才能打印出最终文件。每个组成部分都起着重要的作用。打印机的关键部件包括碳粉盒、成像鼓、转印辊、定影器、激光器和反射镜。

当你需要快速且大量的打印时，激光打印机使用起来非常高效和经济。

激光打印通过以下七步将信息打印到一张纸上。

处理（见图 8-26）：必须将来自打印源的数据转换为可打印的形式。打印机将来自通用语言，如 Adobe 语言（PS）或 HP 打印机命令语言（PCL）的数据转换为存储在打印机内存中的位图图像。一些激光打印机具备内置图形设备接口（GDI）支持。Windows 应用程序使用 GDI 在显示器上显示要打印的图像，因此无须将输出转换为另一种格式（如 PS 或 PCL）。

充电（见图 8-27）：成像鼓上的图像被删除，然后成像鼓为形成新的图像做好准备。线缆、栅格或轧辊会接收整个成像鼓表面的大约−600 伏的直流电电荷。带电线缆或栅格被称为主电晕，轧辊被称为调节辊。

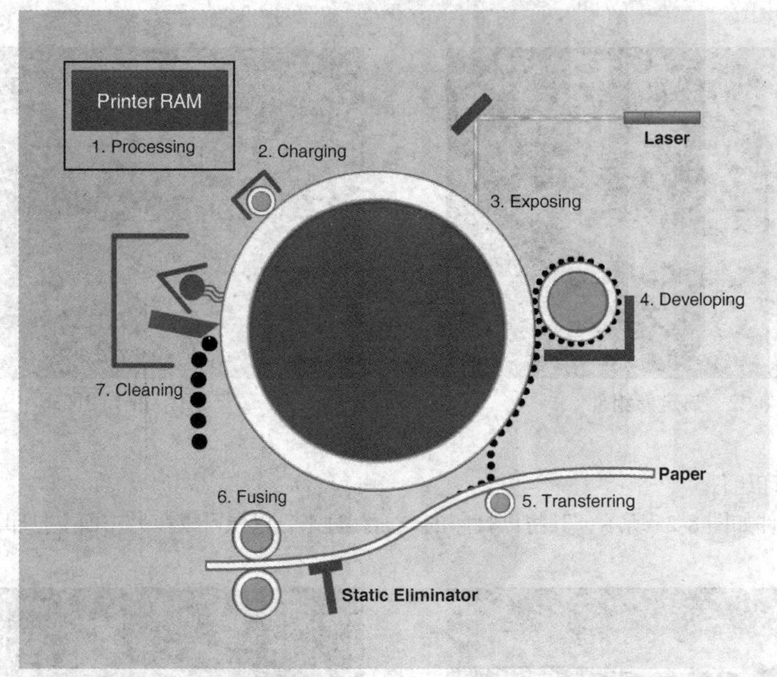

图 8-26 处理

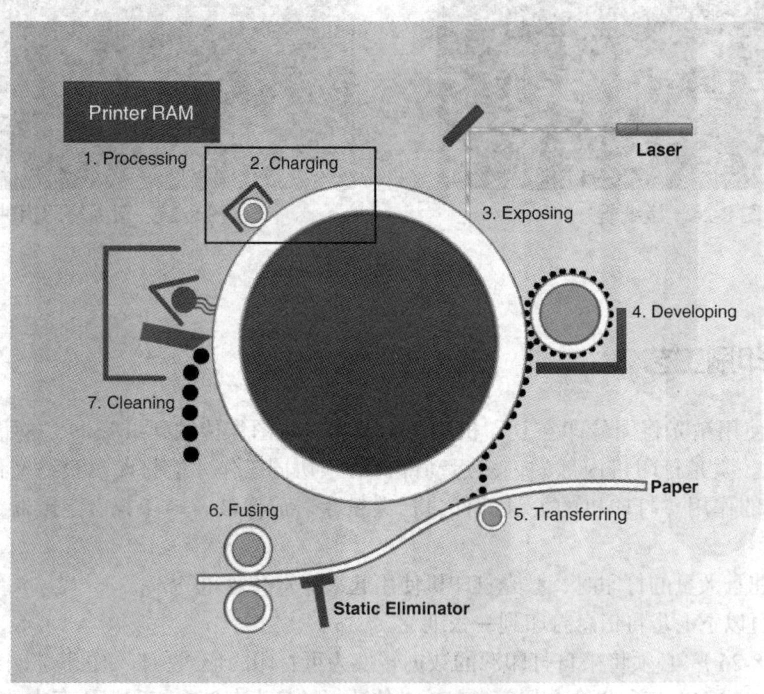

图 8-27 充电

曝光（见图 8-28）：为了写入图像，成像鼓要暴露在激光束下。激光在成像鼓上扫描过的每个部分，其表面电荷会减少到大约−100 伏直流电，此电荷比成像鼓上剩余电荷的负电荷要低。成像鼓转动时，鼓上会生成一个未显影的图像。

显影（见图 8-29）：将碳粉施加在成像鼓的图像上，控制刮板使碳粉与成像鼓保持极小的距离。然后，碳粉从控制刮板移动到成像鼓带更多正电荷的图像上。

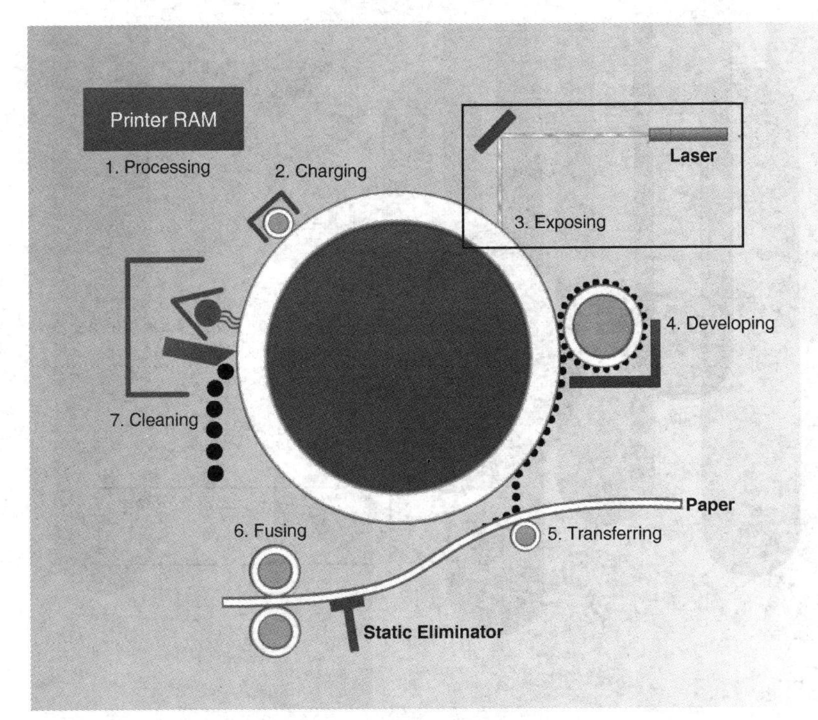

图 8-28 曝光

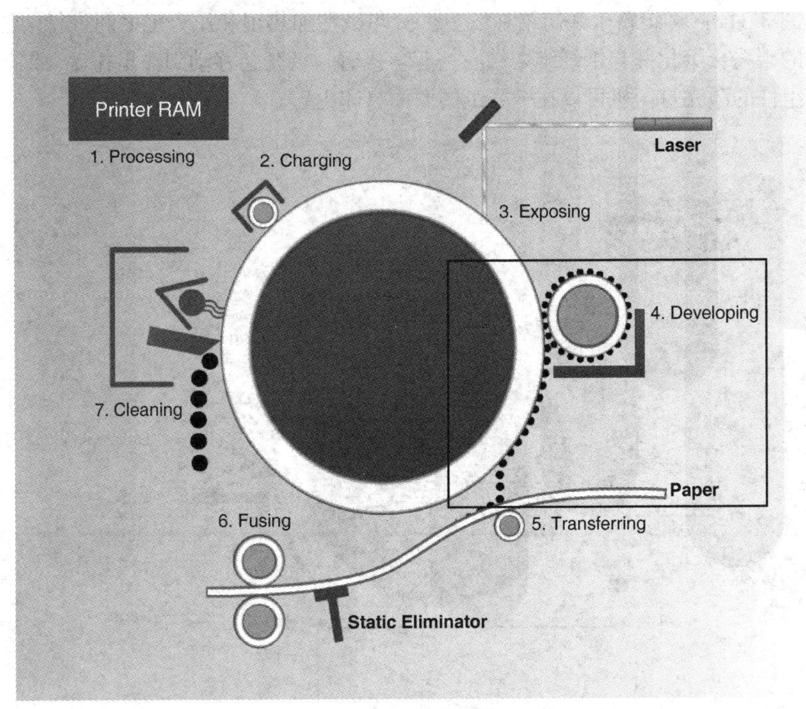

图 8-29 显影

转印（见图 8-30）：将附在图像上的碳粉转印到纸上。电晕线在纸上施加正电荷，由于成像鼓带有负电荷，所以此时成像鼓上的碳粉会被吸附到纸上。现在图像就显示在纸上，并且带有正电荷。由于彩色打印机有 3 个碳粉盒，因此一个彩色的图像必须通过多次转印才能完成。为了确保得到准确的图像，一些彩色打印机会在传输带上多次写入信息，然后传输带会将整个图像转印到纸上。

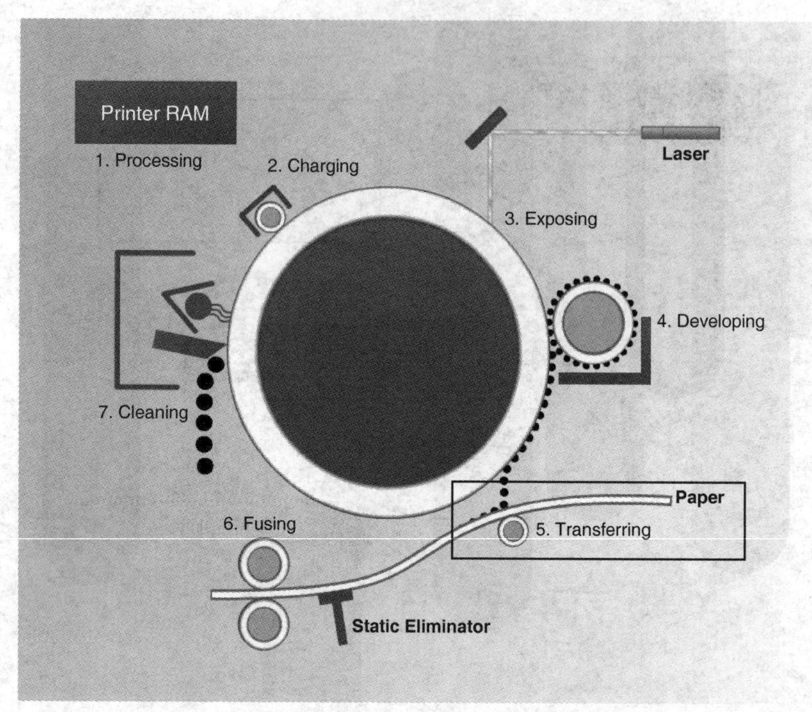

图 8-30　转印

熔结（见图 8-31）：将碳粉永久熔结在纸上。打印纸在加热辊和压力辊之间进行滚压。纸张通过轧辊时，松散的碳粉会熔化并与纸纤维熔结在一起。接着，纸张会移动到输出托盘，即形成打印页。带有双面打印组件的激光打印机可以在一张纸的两面打印内容。

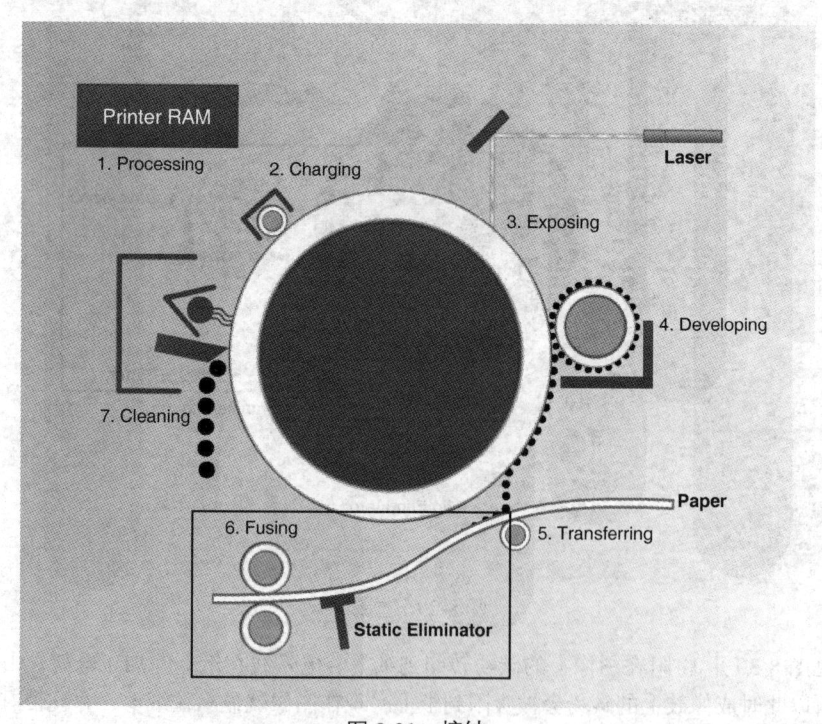

图 8-31　熔结

清洁（见图 8-32）：在纸张上已成像且成像鼓已经与纸张分离时，必须从成像鼓上清除剩余的墨粉，打印机可能会有一个刮去多余碳粉的刮片。有些打印机在线缆中使用交流电压清除成像鼓表面的电荷并可让多余的碳粉从成像鼓上落下。多余的碳粉被存储在一个废碳粉收集器中，该收集器可以清空，也可以丢弃。

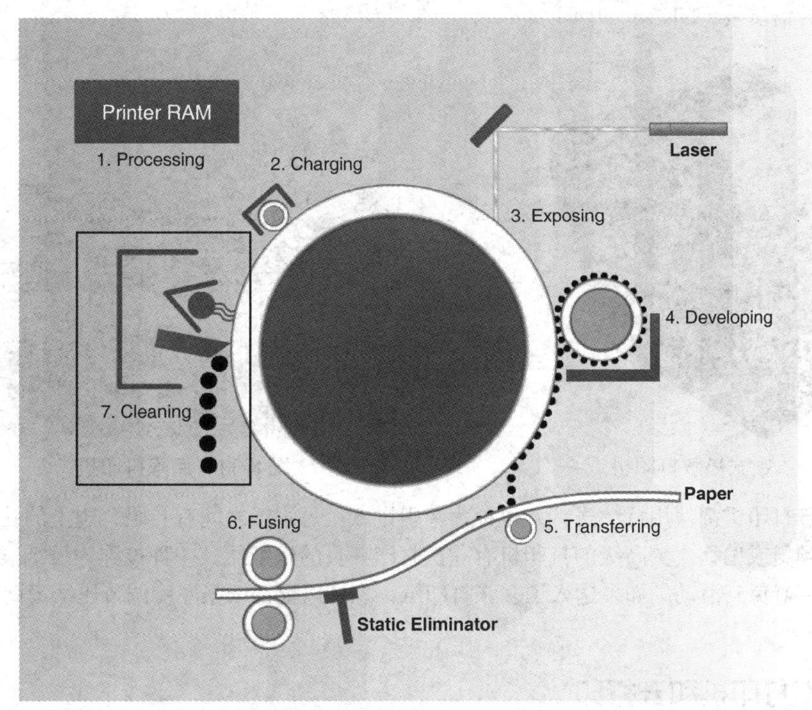

图 8-32 清洁

8.2.4 热敏打印机和击打式打印机

通常情况下，企业在 POS 系统中选择两种主要的收据打印机：热敏打印机和击打式打印机。

击打式打印机比热敏打印机更可靠，但比热敏打印机噪音更大、速度更慢。使用这些打印机的位置可能特别重要。由于热敏打印机内的纸张对热敏感，当暴露在高温和潮湿环境中时，这些打印机的性能会受到影响，因此，在湿热的环境中，击打式打印机是更好的选择。在决定打印机类型时，了解打印机的用途至关重要。

1. 热敏打印机的特征

许多零售收银机和一些老式的传真机都会用到热敏打印机，如图 8-33 所示。热敏纸是经过化学处理并具有蜡质的纸张。热敏纸加热后会变黑。一卷热敏纸装好后，送纸组件会移动纸张使其通过打印机。电流传输到打印头中的加热元件，以产生热量。打印头的加热部分在纸上形成图像。

热敏打印机的优点在于，它们可以使用很长时间，因为移动部件很少，操作很安静，并且没有墨水或碳粉的成本。但是，热敏纸价格昂贵，必须在室内存放，并且随着时间的推移可能会降解。热敏打印机打印的图像质量差，无法进行彩色打印。

2. 击打式打印机的特征

击打式打印机的打印头会撞击墨带，使字符印在纸上。点阵和菊花轮是击打式打印机的例子。

击打式打印机的一个优点是色带比喷墨或激光打印机的碳粉盒便宜。此外，这些打印机可以使用连续进纸或普通纸张，并且可以打印复写本，但缺点是噪音大、图形分辨率低、彩色打印能力有限。

点阵打印机（见图8-34）有一个打印头，打印头上的针被电磁铁环绕。通电后，针向前推到墨带上，在纸上形成一个字符。打印头上的针数（9或24）决定打印质量。由点阵打印机产生的最高质量的打印被称为近信质量（NLQ）。

图8-33 收银式热敏打印机

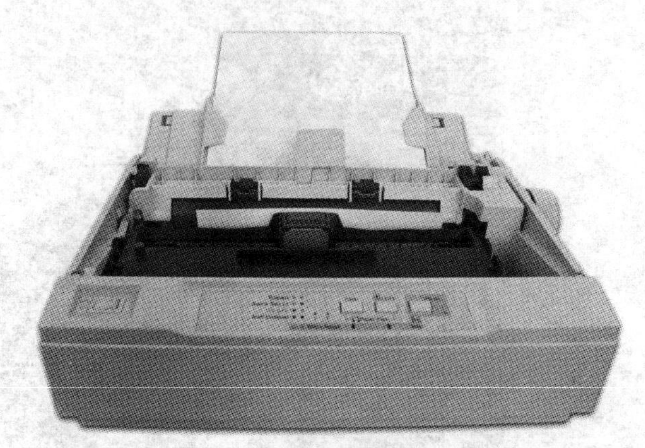

图8-34 点阵打印机

大多数点阵打印机都使用持续送纸，也称为牵引送纸。每张纸之间有孔眼，边上的孔眼带用于送纸，防止纸张倾斜或偏移。更高级的打印机有一次打印一页的送纸器。一种被称为压纸滚筒的轧辊对纸张施加压力，避免其滑动。如果送入了多张打印纸，您可以根据纸张厚度调节压纸滚筒的间隙。

8.2.5 虚拟打印机和云打印

实际上，虚拟打印机不是打印机，而是计算机上的软件，其接口类似于打印驱动程序，其编码可将输出发送到其他应用程序而不是物理设备。虚拟打印机将其输出发送到文件，比如PDF。它可以帮助节省资源，完成一些原本需要实际打印的任务，但又不浪费纸张和墨水。

1. 虚拟打印机的特征

虚拟打印不会向本地网络中的打印机发送打印作业。相反，打印软件会将打印作业发送到文件，或将信息传输到云中的远程目的地进行打印。

将打印作业发送到文件的典型方法包括以下几种。

- **打印到文件**：最初，“打印到文件”将您的数据保存到一个扩展名为.prn的文件中，然后您可在任何时间快速打印.prn文件，而无须打开原始文档。现在也可将“Print to File”保存为其他格式，如图8-35所示。
- **打印到PDF**：Adobe的可移植文档格式（PDF）于2008年作为开放标准发布。
- **打印到XPS**：由Microsoft在Windows Vista中推出，XML文件规格书（XPS）格式可替代PDF。
- **打印到图像**：要防止他人轻松复制文档中的内容，可以选择打印到图像文件格式（如JPG或TIFF）。

2. 云打印

云打印正在向远程打印机发送打印作业，如图8-36所示。打印机可以位于组织网络内的任何位置。您可以安装印刷企业提供的软件，然后将打印作业发送到距离他们最近的位置进行处理。

另一个云打印示例是Google云打印，它可以将您的打印机连接到Web。连接后，您可以从任何具有互联网访问权限的位置将打印作业发送到打印机。

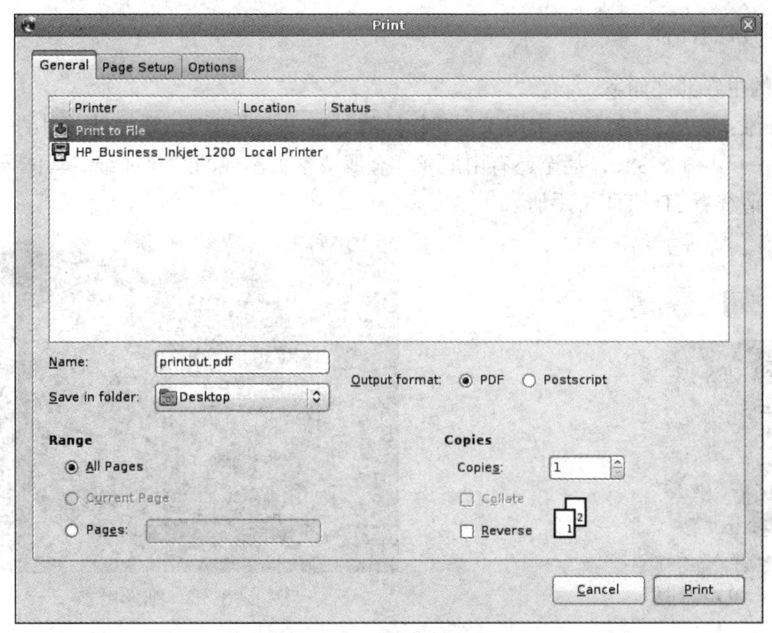

图 8-35 打印到文件

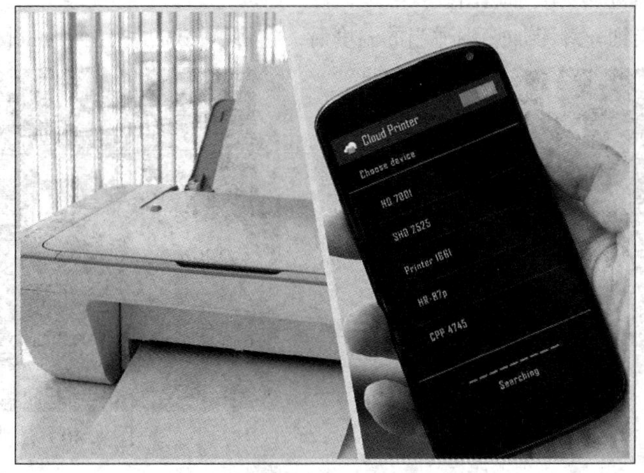

图 8-36 云打印

8.2.6 3D 打印机

3D 打印是将一层又一层的材料（通常是塑料）从数字文件中打印出三维立体物体的过程，直到物体完成为止。从假牙到恐龙骨骼，它被广泛应用于各个行业。

1. 3D 打印机的特征

3D 打印机如图 8-37 所示，用于打印三维物体。这些物体最初是使用计算机设计的，现在可以使用各种介质来创建这些物体。对于初学者来说，最常使用塑料丝的 3D 打印机。分层添加塑料丝，以创建在计算机上编程的物体。

传统意义上，计算机会从原材料（如石头、金属、木材）中切割或钻取碎片来创建物体，这被称为减材制造。3D 打印机添加材料用于创建物体的层甚至小块，因此它们被称为增材制造机。

2. 3D 打印机的部件

3D 打印机的主要部件如下。

- 细丝纤维：这是 3D 打印机中用于创建物体的材料。常见的细丝纤维是塑料的，如 ABS、PLA 和 PVA（见图 8-38），甚至还有由尼龙、金属或木材制成的细丝纤维。具体要使用哪种细丝纤维，请查看 3D 打印机手册。

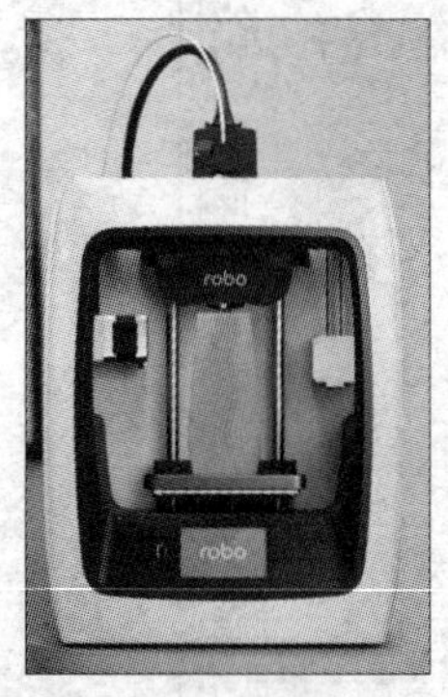

图 8-37　3D 打印机

图 8-38　细丝纤维

- 进纸器：进纸器（见图 8-39）从放入挤出头的进纸管中取出细丝纤维。进纸器将其拉出以进行加热，并通过热头喷嘴送出。
- 热头喷嘴：当细丝纤维加热到适当的温度后，它将从该喷嘴挤出，如图 8-40 所示。

图 8-39　进纸器

图 8-40　热头喷嘴

- 轴：轴是多个杆中一个，如图 8-41 所示。热头喷嘴在其上移动以分配细丝纤维。轴是垂直或水平的，因此热头喷嘴可以位于 3D 环境中的指定位置，以“打印”物体。
- 打印床：打印床是一个平台，加热后的细丝纤维在其上形成物体，如图 8-42 所示。

图 8-41　轴

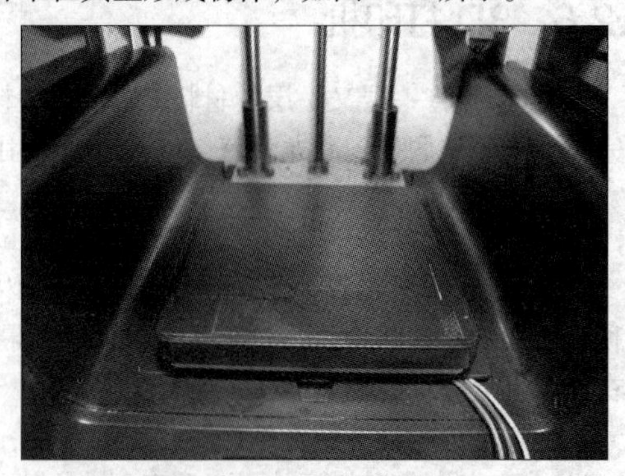

图 8-42　打印床

8.3 安装和配置打印机

安装和配置打印机很简单，而且可以按照制造商的说明进行。为安装准备硬件是一个起点，其余的要看操作系统如何与打印驱动程序协同工作。

8.3.1 安装和测试打印机

在本小节中，您将了解如何安装打印机，以及如何设置打印机提供的不同功能。

1. 安装打印机

购买打印机时，通常可以在制造商网站上找到安装和配置信息。安装打印机前，请拆除打印机的所有包装材料。取下所有在发货过程中为避免移动部件发生位移而填充的材料。请保留原始包装材料，以便将打印机返回制造商进行保修。

注 意 将打印机连接到计算机前，请阅读安装说明。有时需要先安装打印机驱动程序才能连接打印机。

如果打印机有 USB、火线或并行端口，请将相应的电缆连接到打印机端口。将数据电缆的另一端连接到计算机背面的相应端口。如果正在安装网络打印机，请将网络电缆连接到网口。

正确连接数据电缆后，请将电源电缆的一端连接到打印机，将另一端连接至可用的电源插座。打开设备电源时，计算机会确定要安装的正确设备驱动程序。

2. 测试打印机功能

成功测试所有功能后，设备的安装工作才算完成。您的打印机功能可能包括以下几点。

- 打印双面文档。
- 不同大小的纸张要使用不同的纸盒。
- 更改彩色打印机的设置，使其以黑白或灰阶模式打印。
- 以草稿模式打印。
- 使用一种光学字符识别（OCR）应用程序。
- 打印整理好的文档（见图 8-43）。

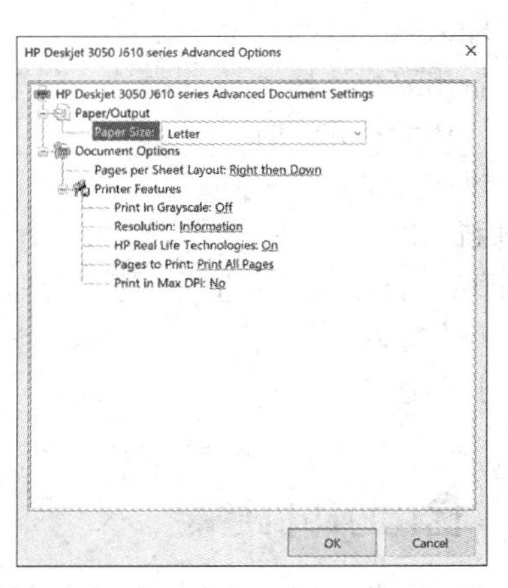

图 8-43 打印整理好的文档

注 意 需要打印一个多页文档的多个副本时，逐份打印是理想之选。逐份打印将依次打印每一份文档，有些打印机甚至可以将每份文档装订好。

一体式打印机的功能如下。

- 将传真发送到另一个已知正常运行的传真机。
- 创建文档副本。
- 扫描文档。
- 打印文档。

8.3.2 配置选项和默认设置

每台打印机都可能具有不同的配置和默认选项。

有关配置和默认设置的特定信息，请查看打印机文档。表8-1显示了打印机可用的一些常见配置选项。

表8-1 常见配置选项

配置选项	详细信息
纸张类型	标准、草稿、光泽或照片
打印质量	草稿、普通或照片
彩色印刷	使用多种颜色的墨水
黑白印刷	仅使用黑色墨水
灰度印刷	只使用不同比例的黑色墨水打印的图像，以产生灰色阴影
纸张尺寸	标准纸张尺寸、信封和名片
纸张方向	横向或纵向
打印版式	普通、横幅、小册子或海报
双工	双面打印
整理	将一组多页的文档按顺序打印出来

用户可以配置的常见打印机选项包括介质控制和打印机输出。

介质控制

下面是一些特定于纸张的介质控制选项。

- 输入纸盒选择
- 输出路径选择
- 媒体大小和方向
- 纸张重量选择

打印机输出

下面两个打印机输出选项，用于管理墨水或碳粉在介质上的流动方式。

- 颜色管理
- 打印速度

8.3.3 优化打印机性能

输出取决于许多因素，比如通过打印机附带的软件进行配置的设置、使用的纸张以及打印机是否保持干净。

1. 软件优化

对于打印机来说，大多数优化都是通过与驱动程序一起提供的软件来完成的。

以下工具可优化打印性能。

- **后台打印设置**：取消或暂停打印队列中的当前打印作业。
- **颜色校准**：调整设置，使屏幕上的颜色与打印纸张上的颜色相符。
- **纸张方向**：选择横向或纵向图像布局，如图 8-44 所示。

使用打印机驱动程序软件校准打印机。校准要确保打印头对齐，并且可以在不同种类的介质（如卡片纸、相纸和光盘）上进行打印。有些喷墨打印头安装在墨盒上，因此每次更换墨盒时可能都需要重新校准打印机。

2. 硬件优化

有些打印机可以通过对硬件进行升级来提高打印速度，以满足更多的打印要求。硬件可能包括额外的纸盒、送纸器、网卡和扩展内存。

升级固件的过程类似于安装打印机驱动程序的过程。由于固件无法自动更新，因此请访问打印机制造商的主页，查看是否有新固件提供。

所有打印机都有 RAM，如图 8-45 所示的芯片。打印机出厂时有足够的内存，以处理涉及文本的作业。但是，如果在开始打印前打印机内存足以存储整个作业，涉及图片（尤其是照片）的打印作业会更加高效。升级打印机内存可提高打印速度并提高复杂打印作业的性能。

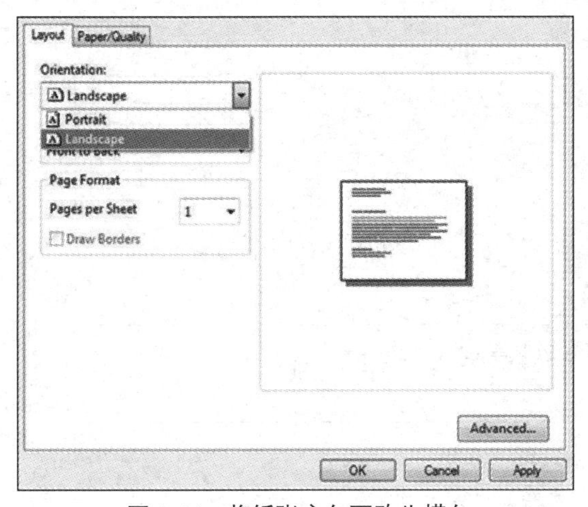

图 8-44 将纸张方向更改为横向

图 8-45 芯片

打印作业缓冲是指在打印机内部的内存中捕获打印作业。缓冲是激光打印机和绘图仪，以及高级喷墨打印机和点阵打印机中的常见功能。

如果出现内存不足等问题，可能意味着打印机内存不足或内存过载。在这种情况中，您可能需要更多的内存。

8.4 共享打印机

共享打印机对企业有很多好处，比如：共享打印机可以节省维护和购买打印机的费用；它可以为所使用打印机的放置和选择提供选项；在多个平台上运行的计算机可以访问相同的网络打印机，并使用为每个平台设计的驱动程序将打印作业发送到打印机。本节将讨论共享打印机的安装和使用。

8.4.1　共享打印机操作系统的设置

共享打印机可以减少企业所需的资源。您可以通过以下设置操作系统的步骤使多台计算机共享一台打印机：将打印机连接到网络，然后将这些计算机配置为连接并共享联网打印机。

1. 配置打印机共享

Windows 操作系统允许计算机用户与网络中的其他用户共享其打印机。

无法连接到共享打印机的用户可能没有安装所需的驱动程序，也可能他们正在使用的操作系统与托管共享打印机的计算机上的操作系统不同。Windows 操作系统可自动为这些用户下载正确的驱动程序。单击“Additional Drivers”（附加驱动程序）按钮，选择其他用户使用的操作系统，再单击“OK”关闭对话框，此时 Windows 操作系统将请求获取这些额外的驱动程序。如果其他用户也使用同样的 Windows 操作系统，那么就无须单击“Additional Drivers”（附加驱动程序）按钮。

图 8-46 和图 8-47 显示了如何在 Windows 10 中开始打印机共享过程。

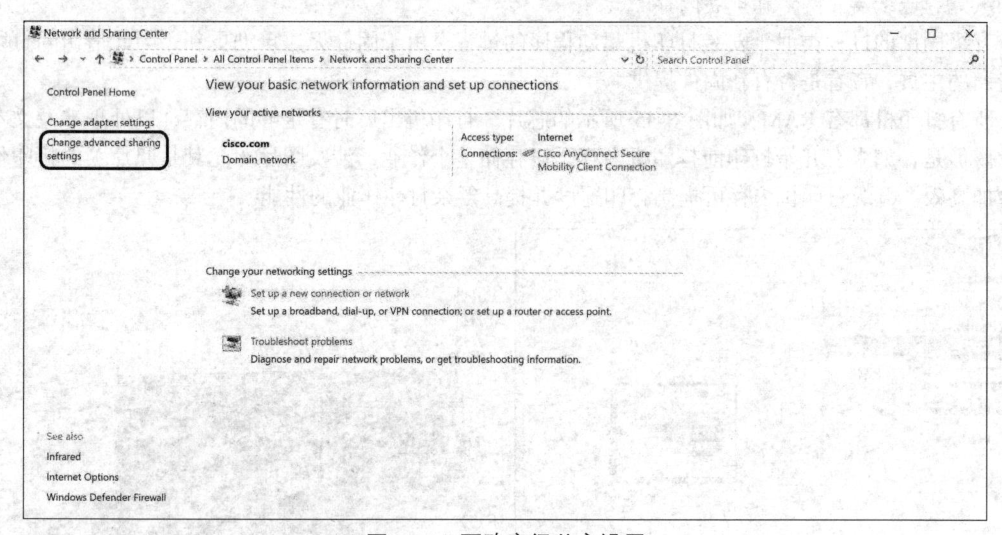

图 8-46　更改高级共享设置

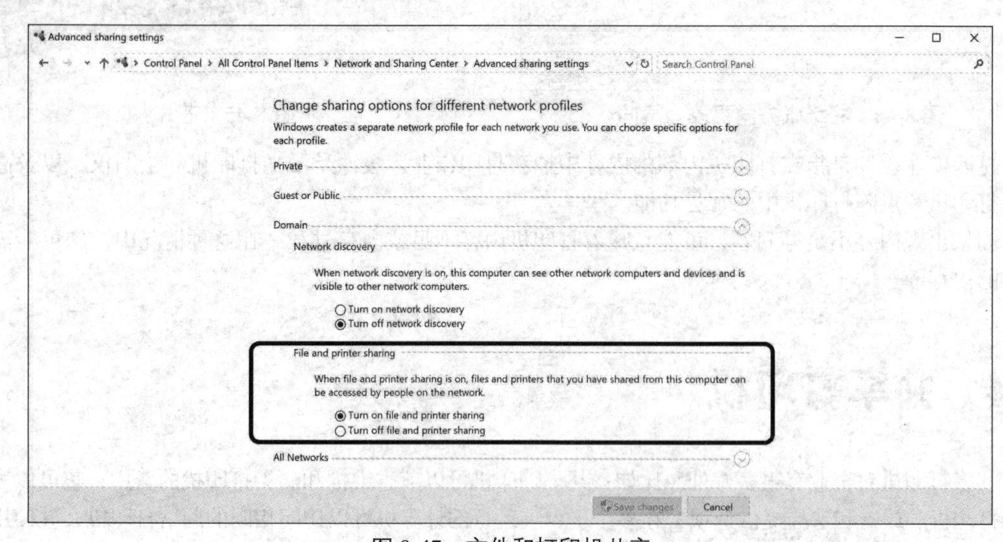

图 8-47　文件和打印机共享

在共享打印机时，有一些潜在的数据隐私和安全问题需要考虑。

- **硬盘驱动器缓存**：缓存打印文件会带来隐私和安全风险，因为有权访问该设备的人可以恢复此文件并且可以访问机密或个人信息。
- **用户身份验证**：为防止未经授权者使用网络或使用基于云的打印机，可以通过设置权限或用户身份验证的方法来控制对打印机的访问。
- **数据隐私**：可以拦截、读取、复制或修改通过网络发送的打印作业。

2. 无线打印机连接

无线打印机允许主机使用蓝牙或 Wi-Fi 连接来实现无线连接和打印。无线打印机若要使用蓝牙，打印机和主机设备必须都具有蓝牙功能，并且蓝牙必须是配对的。如有必要，您可以为计算机添加蓝牙适配器，通常将其插在 USB 端口中。无线蓝牙打印机允许通过移动设备进行打印。

使用 Wi-Fi 的无线打印机直接连接到无线路由器或无线接入点。使用所提供的软件将打印机连接到计算机，或使用打印机显示面板连接到无线路由器，完成设置工作。打印机的无线适配器将支持 802.11 标准，连接到打印机的设备也必须支持相同的标准。

在无线基础设施模式下，打印机被配置为连接到无线接入点。客户端与打印机的连接经过无线接入点。在无线对等模式下，客户端设备直接连接到打印机，如图 8-48 所示。

图 8-48 无线共享打印机

8.4.2 打印服务器

打印服务器管理用户打印队列中的文件，并使该状态对用户可用。它为所有连接的打印客户端提供打印资源，也可以管理计算机和打印设备的打印请求。

1. 打印服务器的用途

有些打印机需要单独的打印服务器才能启用网络连接，因为这些打印机没有内置的网络接口。打印服务器允许多个计算机用户（无论是设备还是操作系统）访问同一台打印机（见图 8-49）。打印服务器有以下 3 项功能。

- 提供对打印资源的客户端访问。
- 按队列存储打印作业，直到打印设备准备就绪，然后将打印信息传递到或后台打印到打印机，从而管理打印作业。
- 向用户提供有关打印机状态的反馈。

共享一台打印机也有不足之处，比如：共享该打印机的计算机要使用自己的资源来管理进入打印机的打印作业；如果网络上的用户正在打印，同时台式机上的用户也在操作，那么台式机用户可能会发现计算机的性能下降了。此外，如果用户重启或关闭了有共享打印机的计算机，则无法使用该打印机。

2. 软件打印服务器

在某些情况下，共享打印机的计算机运行的是非 Windows 操作系统，比如 macOS 操作系统。在这种情况下，就可以使用打印服务器软件。其中一个示例是 Apple 免费的 Bonjour 打印机服务器，它是 macOS 操作系统中的内置服务。如果安装了 Apple 的 Safari 浏览器，它将自动安装在 Windows 操作系统上。您还可以从 Apple 网站免费下载适用于 Windows 操作系统的 Bonjour 打印机服务器，如图 8-50 所示。

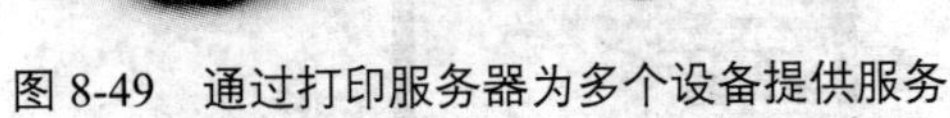

图 8-49 通过打印服务器为多个设备提供服务

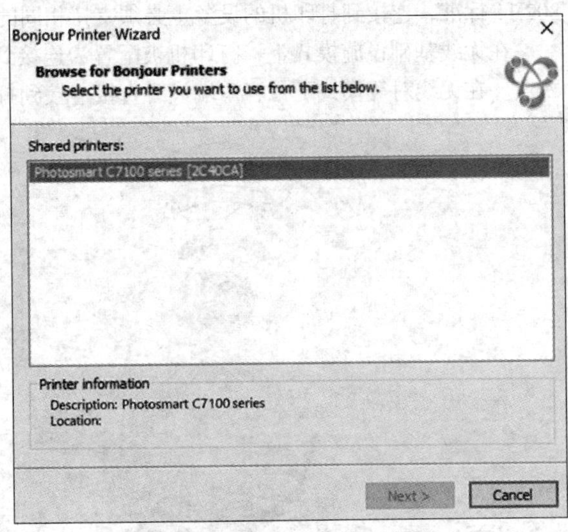

图 8-50 Bonjour 打印服务器

下载并安装完成后，Bonjour 打印机服务器将在后台运行，自动检测已连接到网络的所有兼容打印机。

3. 硬件打印服务器

硬件打印服务器是内含网卡和内存的简单设备。它连接到网络并与打印机通信，以支持打印共享。图 8-51 所示的打印服务器通过 USB 电缆连接到打印机。硬件打印服务器可能与另一台设备（如无线路由器）相集成。在这种情况下，打印机很可能通过 USB 电缆直接连接到无线路由器。

Apple AirPort Extreme 是一个硬件打印服务器。通过 AirPrint 服务，AirPort Extreme 可以同网络中的任何设备共享一台打印机。

硬件打印服务器可以通过有线或无线连接管理网络打印。使用硬件打印服务器的优点是服务器接受设备的打印作业，从而可以让计算机去执行其他任务。硬件打印服务器始终对用户是可用的，这与从用户的计算机共享打印机不同。

4. 专用打印服务器

对于具有多个 LAN 和许多用户的大型网络环境，需要专用的打印服务器来管理打印服务（见图 8-52）。

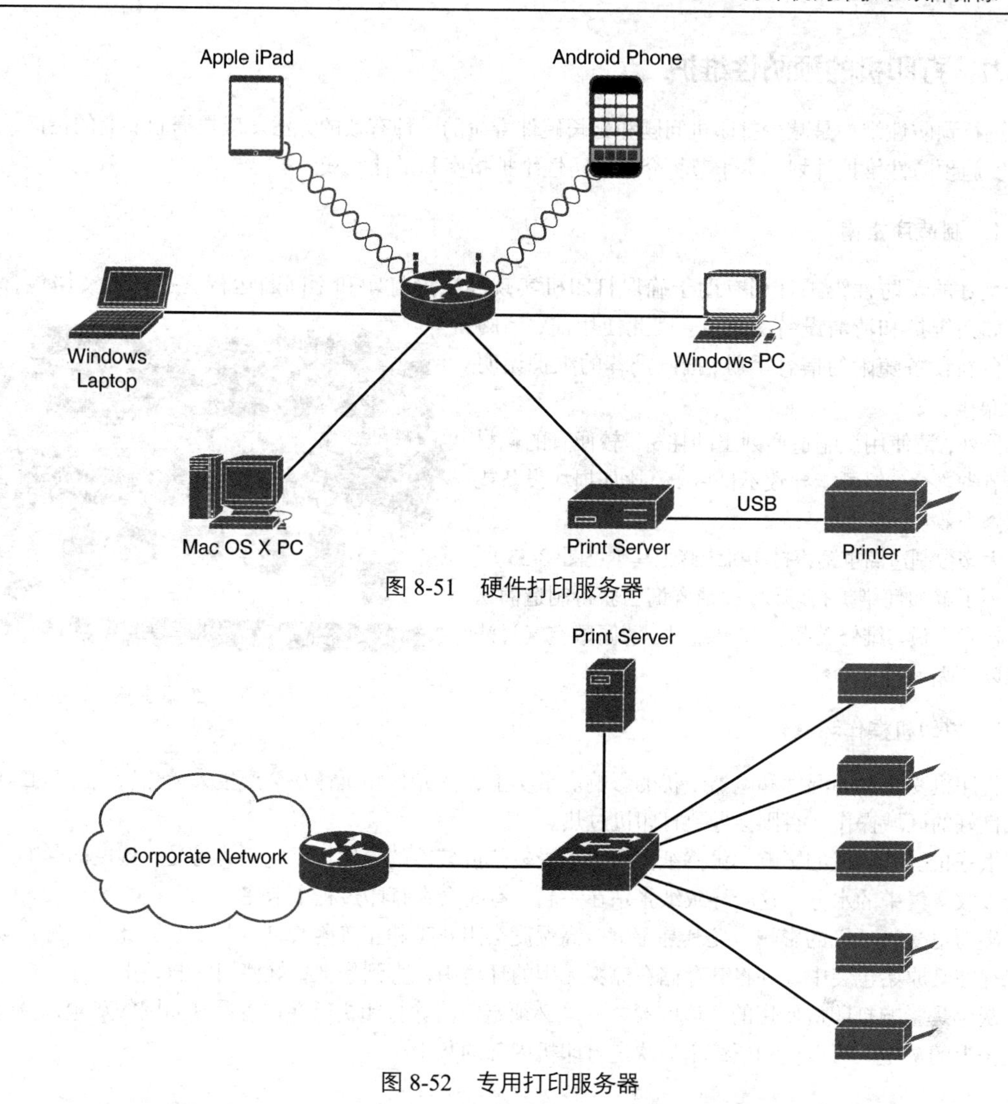

图 8-51　硬件打印服务器

图 8-52　专用打印服务器

专用的打印服务器比硬件打印服务器更为强大。它以最高效的方式处理客户端打印作业，并且可同时管理多台打印机。专用的打印服务器必须拥有以下资源，以满足打印客户端的要求。

- **强大的处理器**：由于专用的打印服务器使用其处理器来管理和路由打印信息，因此其速度必须足够快才能处理所有传入请求。
- **充足的存储空间**：专用的打印服务器从客户端捕获打印作业，将它们置于打印队列中，并及时发送到打印机。此过程需要计算机有足够的存储空间来容纳这些作业，直到作业完成。
- **足够的内存**：处理器和 RAM 将打印作业发送到打印机。如果没有足够的内存来处理整个打印作业，则文档将存储在打印服务器的驱动器中并从驱动器中进行打印。这通常比直接从内存中打印慢。

8.5　打印机的维护和故障排除

打印机是常用的外围设备之一。打印机的类型有很多，将它们连接到设备或网络的方法也有很多种，但是无论是哪种类型的打印机，维护都是一项重要的任务。虽然故障排除的细节可能会有所不同，但肯定需要技术人员对打印机进行故障排除，因此技术人员了解方法和步骤非常重要。

8.5.1 打印机的预防性维护

进行预防性维护是减少打印机问题和延长硬件寿命的一种有效的方法。应根据制造商的指南，制定并实施预防性维护计划。本小节将介绍预防性维护指南和最佳实践。

1. 制造商指南

良好的预防性维护计划有助于确保打印机实现高质量打印和不间断运行。打印机文档包含了有关如何维护和清洁设备的信息。因此使用前，请阅读每台新设备随附的信息手册，按照推荐的维护说明进行操作。

另外，请使用该制造商列出的耗材。较便宜的耗材虽然节省资金，但可能导致不良后果，比如损坏设备或使保修失效。

大多数制造商也销售打印机维修工具（见图 8-53）。如果不了解如何维护打印设备，请咨询已获得制造商认证的技术人员。维修碳粉盒和墨盒时，请佩戴空气过滤面罩以免吸入有害颗粒。

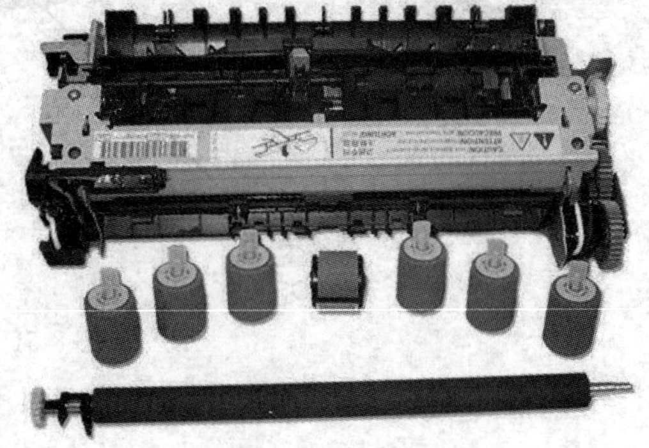

图 8-53 维修工具

2. 打印机操作环境

打印机受温度、湿度和电器干扰的影响。事实上，激光打印机往往会产生大量热量，因此必须在通风良好的区域操作，否则会导致打印机过热。

纸张也受其环境的影响。虽然纸张可以承受较热或较冷的温度，但它很容易受到湿度的影响。纸张会吸收空气中的水分，这会导致纸张粘在一起，有时会在打印过程中卡住。

碳粉也受其环境的影响，尤其是湿度。高湿度会阻止碳粉正确附着到纸张上。因此，最好将碳粉盒保存在其原始包装中，并将其存储在凉爽无尘的环境中，直到您准备好使用它们为止。

灰尘是影响打印机使用的环境因素之一。必须定期清除打印机所在位置及其周围的灰尘以及打印机纸张上的灰尘。可以使用压缩空气吹走打印机内部的灰尘。

8.5.2 喷墨打印机的预防性维护

使用一致的预防性维护计划可以提高家庭或组织中设备的安全性和其他性能。确保安全、正确定位设备，使用正确的耗材以及保持打印机清洁有助于延长打印机的使用寿命。

在执行维护任务之前，请务必参阅手册。该手册会提供有关喷墨打印机的特定说明。

所用纸张和墨水的类型以及质量都可能影响打印机的寿命。打印机制造商可能会推荐最适合的纸张类型，以便获得最佳打印效果。有些纸张（尤其是照片纸、透明和多层的复写纸）有正反面，需要根据制造商的说明装入纸张。

使用制造商建议的墨水品牌和类型。如果安装了错误类型的墨水，打印机可能无法工作或打印质量显著下降。避免重新填充墨盒，因为墨水可能泄漏。

喷墨打印机打出空白页面时，说明墨盒可能空了。如果其中一个墨盒空了，有些喷墨打印机可能不会打印页面。您可以将打印机软件设置为草稿质量，以减少打印机使用的墨水量。这些设置还可以降低打印质量，并且能减少打印文档所花费的时间。

随着时间的推移，部件会积存灰垢和其他碎屑。如果没有定期清洁，打印机可能无法很好地运行或者会彻底停止运行。在喷墨打印机上，请使用湿布清洁纸处理部分。

8.5.3　激光打印机的预防性维护

预防性维护使激光打印机保持最大的潜力和最佳的质量。

激光打印机通常不需要进行太多维护，除非它们位于多尘区域或是非常旧的打印机。清洁激光打印机时，只能使用具有高效微粒空气（HEPA）过滤功能的真空吸尘器。HEPA 过滤器可捕获过滤器内的微小颗粒。

在执行维护任务之前，请务必查阅手册。该手册提供了特定于您的激光打印机的说明。对于在激光打印机上完成的某些维护任务，您需要断开打印机与电源的连接。有关具体信息，请查阅您的手册。如果您不知道如何维护打印设备，请咨询制造商认证的技术人员。处理打印机部件时要小心，因为有些部件会非常热。

大多数制造商都出售其打印机的维护套件。对于激光打印机，此类套件可能包含经常损坏或磨损的更换部件，如定影器组件、转印辊和拾取辊。

当您安装新部件，或者更换墨盒或碳粉盒时，目视检查所有内部组件，清除纸屑和灰尘，清洁溢出的墨水或碳粉，并寻找磨损的齿轮、破裂的塑料或破损的部件。

激光打印机不会产生空白页。相反，它们开始打印质量差的打印件。某些打印机具有 LCD 消息屏幕或 LED 灯，可在碳粉供应不足时向用户发出警告。某些类型的打印件比其他打印件使用更多的碳粉。例如，照片使用的碳粉比字母的多。您可以将打印机软件设置为节省碳粉或草稿质量，以减少打印机使用的碳粉量。这些设置也会降低激光打印的质量。

维护完成后，重置计数器以允许在正确的时间完成下一次维护。在许多类型的打印机上，通过 LCD 显示器或位于主机盖内的计数器查看页数。

8.5.4　热敏打印机的预防性维护

影响热敏打印机性能的因素有很多，如热量、灰尘、打印头的磨损等。正确维护打印机对于确保打印机继续打印高质量的图像和文本至关重要。

在对热敏打印机执行维护任务之前，请务必参考其手册。该手册会提供有关如何在热敏打印机上更换纸辊的特定说明。更换纸辊的方式如图 8-54 所示。

热敏打印机使用热量在特殊纸张上生成图像。为延长打印机的使用寿命，请用异丙醇蘸湿棉签，以清洁加热元件。定期执行此操作。加热元件位于出现打印纸张的插槽附近，如图 8-55 所示。打印机打开时，使用压缩空气或无绒布去除碎屑。

图 8-54　更换纸辊

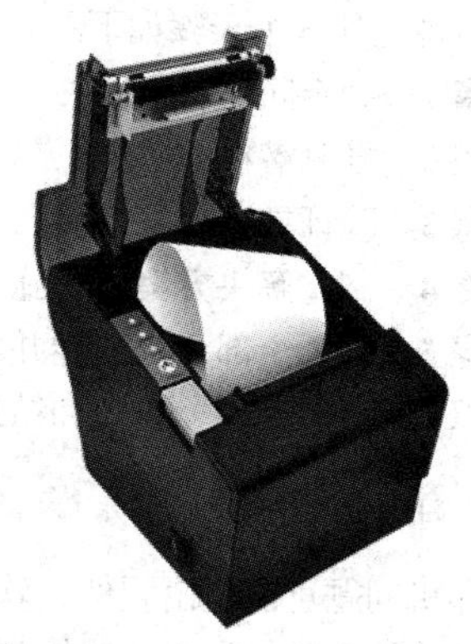

图 8-55　加热元件

8.5.5 击打式打印机的预防性维护

定期进行预防性维护是使打印机少出问题的最佳方法。击打式打印机有许多活动部件，定期检查部件的清洁度、润滑度、磨损度等，可以延长设备的使用寿命。

在对击打式打印机执行维护任务之前，请务必参考其手册。该手册会提供有关击打式打印机的特定说明。

击打式打印机类似于打字机，打印头会撞击带墨水的色带，从而将墨水转印到纸张上。如果击打式打印机出现掉色或浅色字符，表明色带（见图 8-56）已磨损，需要更换。有关如何更换色带，请参考其手册。

如果在所有字符中都有一致的问题，表明打印头（见图 8-57）被卡住或已损坏，需要清理甚至更换。

图 8-56 击打式打印机色带

图 8-57 打印头

8.5.6 3D 打印机的预防性维护

预防性维护有助于避免因疏忽而导致的问题或故障，进而减少昂贵的维修费用。3D 打印机是高度机械化的设备，带有需要注意的运动部件。

8.5.7 打印机的故障排除

了解遇到打印问题时要采取的故障排除步骤对于诊断打印机问题至关重要。本节将介绍一种系统的故障排除方法，并详细介绍如何解决打印机特有的问题。

故障排除的 6 个步骤如下。

步骤 1 确定问题。

步骤 2 推测潜在原因。

步骤 3 验证推测以确定原因。

步骤 4 制定解决方案并实施方案。

步骤 5 验证全部系统功能并实施预防措施（如果适用）。

步骤 6 记录发现、行为和结果。

1. 确定问题

打印机问题可能是由硬件、软件和连接问题综合导致的。技术人员必须能够确定问题是存在于设备、电缆连接还是打印机所连接到的计算机中。计算机技术人员必须能够分析问题并确定错误原因才能解决打印机问题。

表 8-2 显示了需要向客户询问的开放式问题和封闭式问题。

表 8-2 确定问题

开放式问题	封闭式问题
■ 您使用打印机时遇到了哪些问题？	■ 打印机是否在保修期内？
■ 您最近在计算机上更改了哪些软件或硬件？	■ 您能否打印测试页？
■ 发现问题时您正在执行什么操作？	■ 这是新打印机吗？
■ 您收到了什么错误消息？	■ 打印机能启动吗？

2. 推测潜在原因

与客户交谈后，就可以推测问题的潜在原因。表 8-3 显示了一些导致打印机问题的常见潜在原因。如有必要，请根据问题的类型进行内部和外部研究。

表 8-3 推测潜在原因

打印机问题的常见原因	■ 电缆连接松动 ■ 卡纸 ■ 设备功率不足 ■ 墨水不足 ■ 纸张用完 ■ 设备显示器出现问题 ■ 计算机屏幕出现问题

3. 验证推测以确定原因

推测出可能导致错误的一些原因后，可以验证推测以确定问题原因。确认推测后，即可确定解决问题的步骤。表 8-4 显示了可帮助您确定确切的问题原因，甚至可帮助纠正问题的方法。如果某个方法的确纠正了问题，您可以开始检验完整系统功能的步骤。如果这些方法未能纠正问题，则需要进一步研究问题以确定确切的原因。

表 8-4 验证推测以确定原因

确定原因的方法	■ 重启打印机或扫描仪 ■ 断开并重新连接电缆 ■ 重启计算机 ■ 检查打印机是否卡纸 ■ 在纸盒中重新放置纸张 ■ 打开再关闭打印机盒 ■ 确保打印机门已关闭 ■ 安装新的墨水或碳粉盒

4. 制定解决方案并实施方案

确定了问题的确切原因后，可制定行动计划来解决问题并实施解决方案。表 8-5 显示了一些可用于收集其他信息以解决问题的信息来源。

表 8-5 制定解决方案并实施方案

收集信息的来源	■ 维护人员工作日志 ■ 其他技术人员 ■ 制造商常见问题解答网站 ■ 技术网站 ■ 新闻组 ■ 计算机手册 ■ 设备手册 ■ 在线论坛 ■ 互联网搜索

5. 验证全部系统功能并实施预防措施（如果适用）

纠正问题后，请验证全部系统功能，并实施预防措施（如果适用）。表 8-6 显示了用于检验解决方案的方法。

表 8-6 验证全部系统功能并实施预防措施（如果适用）

检验解决方案的方法	■ 重启计算机 ■ 重启打印机 ■ 从打印机控制面板上打印测试页 ■ 从应用程序中打印文档 ■ 重新打印客户以前出问题的文档

6. 记录发现、行为和结果

在故障排除的最后一步，您必须记录您的发现、行为和结果。表 8-7 显示了记录问题和解决方案所需的任务。

表 8-7 记录发现、行为和结果

记录发现、行为和结果	■ 与客户讨论已实施的解决方案 ■ 让客户确认问题是否已解决 ■ 为客户提供所有书面材料 ■ 在工单和技术人员的日志中记录解决问题所采取的措施 ■ 记录修复工作时使用的所有组件 ■ 记录解决问题所用的时间

8.5.8 问题与解决方案

具体的故障排除解决方案因打印机而异，但当您了解了一些常见问题时，您就可以搜索并找到修复方法。打印机问题可能来自许多方面，比如打印机硬件、打印机驱动程序、打印服务器，而对于网络打印机来说，则可能是网络。本小节将主要介绍如何找到问题的根源以及确定解决方案。

1. 打印机的常见问题和解决方案

打印机问题可以归因于硬件、软件、网络，或者是三者综合导致的结果。表 8-8 介绍了一些打印机的常见问题和可能的解决方案。

表 8-8 打印机的常见问题和解决方案

常见问题	可能的原因	可能的解决方案
不打印应用程序文档	打印队列中存在文档错误	通过从打印队列中取消文档并重新打印来管理打印作业
无法添加打印机或后台打印程序出错	打印机服务已停止或工作异常	启动后台打印程序，如有必要，重新启动计算机
打印机作业已发送到打印队列，但未打印	打印机安装在错误的端口上	使用打印机属性和设置来配置打印机端口
打印队列工作正常，但打印机无法打印	电缆连接不良	检查打印机电缆上的针脚是否弯曲，并检查打印机电缆与打印机和计算机的连接
	打印机处于待机状态	手动使打印机从待机状态恢复或关闭打印机电源
	打印机出现错误，如缺纸、碳粉不足或卡纸	检查打印机状态并纠正错误
打印机正在打印未知字符或未打印测试页	安装了错误或过时的打印驱动程序	卸载当前的打印驱动程序并安装正确的打印驱动程序
打印机打印未知字符或不打印任何内容	打印机可能已插入 UPS	将打印机直接插入墙上插座或浪涌保护器
	安装了不正确的打印驱动程序	卸载不正确的打印驱动程序并安装正确的驱动程序
	打印机电缆松动	固定打印机电缆
	打印机中没有了纸张	向打印机中添加纸张
打印时卡纸	打印机脏了	清洁打印机
	使用了错误的纸张类型	使用制造商推荐的纸张类型替换纸张
	受潮的纸张粘在一起	在纸盘中插入新纸张
印刷品褪色	碳粉盒电量不足或碳粉盒损坏	更换碳粉盒
	纸张与打印机不兼容	更换纸张
碳粉没有与纸张熔合	碳粉盒已空或碳粉盒损坏	更换碳粉盒
	纸张与打印机不兼容	更换纸张
印刷后纸起皱了	纸有问题	从打印机中取出纸张，检查是否有问题，如有问题将其更换
	纸张装入错误	取出、对齐并更换纸张
纸张没有送入打印机	纸起皱了	把起皱的纸从托盘上取下来
		检查滚轮是否损坏或是否需要更换
	打印机设置为与当前已加载的纸张大小不同的纸张	更改打印机设置中的纸张大小
用户收到“文档打印失败”的提示	电缆松动或断开	检查然后重新连接并行、USB 或电源电缆
	打印机不再共享	配置共享打印机

续表

常见问题	可能的原因	可能的解决方案
用户在尝试安装打印机时收到“拒绝访问”的提示	用户没有管理权限或超级用户权限	退出后以管理员或以超级用户的身份登录
打印机打印出的颜色有误差	碳粉盒已空或碳粉盒损坏 安装了不正确的碳粉盒	更换碳粉盒
	打印头需要清洗、校准	清洁并使用提供的软件校准打印机
打印机正在打印空白页	打印机没有了碳粉	更换碳粉盒
	打印头堵塞	更换碳粉盒
	电晕线坏了	更换电晕线
	高压电源出现故障	更换高压电源
打印机显示没有图像	打印机未打开	打开打印机
	屏幕的对比度设置得太低	增加屏幕对比度
	显示器坏了	更换显示器

2. 打印机的高级问题和解决方案

表8-9介绍了一些打印机的高级问题和可能的解决方案。

表8-9 打印机的高级问题和解决方案

高级问题	可能的原因	可能的解决方案
打印机打印出未知字符	安装了不正确的打印驱动程序	卸载不正确的打印驱动程序并安装正确的打印驱动程序
	打印机电缆松动	固定打印机电缆
打印机不能打印大的或复杂的图像	打印机内存不足	增加打印机内存
激光打印机在每页都打印出条纹	滚筒损坏	更换感光鼓或碳粉盒鼓
	碳粉盒中的碳粉分布不均匀	取出并摇动碳粉盒
打印的页面显示鬼影图像	滚筒划伤或脏污	装回感光鼓或更换包含感光鼓的碳粉盒
	鼓式雨刮片磨损	装回感光鼓或更换包含感光鼓的碳粉盒
碳粉没有与纸张熔合	定影器有故障	更换定影器
打印后纸张起皱	捡拾器滚轮堵塞、损坏或脏污	清洁或更换捡拾器滚轮
纸张没有送入打印机	捡拾器滚轮堵塞、损坏或脏污	清洁或更换捡拾器滚轮
每次重新启动网络打印机时，用户都会收到“文档打印失败”的提示	打印机的IP配置设置为DHCP	为打印机分配一个静态IP地址
	网络上的设备与网络打印机具有相同的IP地址	为打印机分配不同的静态IP地址
打印机日志中有多个失败的作业	打印机已关闭	开启打印机电源
	打印机没纸了	向打印机添加纸张
	打印机的碳粉用完了	更换碳粉盒
	打印作业已损坏	重新启动或删除打印作业

8.6 总结

在本章中，您了解了打印机的运行方式、购买打印机的注意事项，以及如何将打印机连接到单个计算机或网络中。打印机的种类和大小有很多种，每种打印机都有不同的功能、速度和用途。打印机可以直接连接到计算机中，也可以在网络中共享。本章还介绍了用于连接打印机的不同类型的电缆和端口。

有些打印机的输出量不高，但足以供家庭使用，而其他打印机具有高输出量，因此专门用于商业用途。打印机可能拥有不同的打印速度和打印质量。老式打印机使用并行电缆和端口，新式打印机则通常使用USB或火线电缆和连接器。对于新式打印机来说，计算机可以自动安装其必要的驱动程序。如果计算机无法自动安装设备的驱动程序，请从制造商的网站中下载驱动程序或使用打印机随附的CD。

您了解了各种打印机类型的重要特征和组件。喷墨打印机的主要组件有墨盒、打印头、轧辊和进纸器。激光打印机是一种使用激光生成图像的高质量快速打印机。激光打印机的中心部件是成像鼓、碳粉盒、热定影器组件和轧辊。热敏打印机使用特殊的热敏纸，这种纸在加热后会变黑。冲击式打印机的打印头会撞击上面涂有墨水的色带，使字符印在纸张上。点阵式打印机和菊轮式打印机是冲击式打印机的示例。3D打印机用于“打印”三维物体。首先，通过计算机将这些物体设计好，然后就可以使用各种介质来创建这些物体。

您还了解了虚拟打印和云打印。虚拟打印不会向物理打印设备发送打印作业，而是通过打印软件将打印作业发送到文件，或将信息传输到云中的远程目的地进行打印。常见的虚拟打印选项包括打印到文件、打印到PDF、打印到XPS或打印到图像。云打印将打印作业发送到远程打印机，此打印机可以位于连接到互联网的任何位置。

在本章的最后，您了解了打印机预防性维护计划的重要性。一个良好的预防性维护计划可以延长打印机的寿命并使其保持良好性能。操作打印机时，请始终遵循安全流程。打印机中的多个部件在使用时带有高压或变得很烫。

最后，您了解了故障排除流程中与打印机相关的6个步骤。

8.7 复习题

请您完成此处列出的所有复习题，以测试您对本章主题和概念的理解。答案请参考附录。

1. 哪种类型的文档通常打印时间最长？

A. 高质量的文本　　B. 数码彩色照片
C. 将照片质量的草稿打印出来　　D. 草稿文本

2. 以下哪两项是使用制造商不推荐的零件或组件更换打印机耗材的潜在缺点？（双选）

A. 不推荐的部件可能更容易获得　　B. 打印机可能需要经常清洗
C. 打印质量可能较差　　D. 制造商的保修可能失效
E. 不推荐的部件可能更便宜

3. 一家小公司正在决定是否购买激光打印机来代替喷墨打印机。激光打印机的两个缺点是什么？（双选）

A. 它只打印黑白文档　　B. 碳粉盒很贵
C. 启动成本高　　D. 它不能以高分辨率打印
E. 它使用昂贵的压电晶体来产生印刷图像

4. 技术人员希望在网络上共享打印机，但根据公司的规定，任何个人计算机都不应该有直接连接的打印机，那么技术人员需要哪种设备？

A. USB 集线器　　B. LAN 交换机　　C. 硬件打印服务器　　D. 扩展坞

5. 哪个术语用来描述双面打印？

A. 红外打印　　B. 双面打印　　C. 缓冲　　D. 假脱机

6. 在排除打印机问题时，技术人员发现打印机连接到了错误的计算机端口。这个错误会导致哪个打印机问题？

A. 打印机打印空白页　　B. 打印文档时，页面上有未知字符

C. 后台打印程序显示错误　　D. 打印队列正在运行，但未打印作业

7. 建议使用哪种方法清洁喷墨打印机中的打印头？

A. 使用压缩空气　　B. 用异丙醇擦拭打印头

C. 用湿布擦拭打印头　　D. 使用打印机软件实用程序

8. 一家小企业已经使用谷歌云打印技术将多台打印机连接到 Web 上，因此，流动工人可以在路上打印工单。这是一个使用哪种打印机的例子？

A. 热　　B. 虚拟　　C. 激光　　D. 喷墨

9. 用户如何与同一网络上的其他用户共享本地连接的打印机？

A. 启用打印共享　　B. 安装 USB 集线器

C. 安装共享 PCL 驱动程序　　D. 卸载 PS 驱动程序

10. 对打印机进行预防性维护时，首先应采取的措施是什么？

A. 断开打印机与网络的连接　　B. 使用打印机软件实用程序清洁打印头

C. 从打印机纸盘中取出纸张　　D. 断开打印机与电源的连接

11. 从计算机共享直接连接打印机的两个缺点是什么？（双选）

A. 一次只能有一台计算机使用打印机

B. 其他计算机不需要直接连接到打印机

C. 共享打印机的计算机使用自己的资源来管理进入打印机的所有打印作业

D. 直接连接到打印机的计算机即使不使用也始终需要打开电源

E. 所有使用打印机的计算机都需要使用相同的操作系统

12. 哪一项描述了打印缓冲过程？

A. 在等待打印机可用时，大文件暂时存储在打印机内存中

B. 应用程序正在准备要打印的文档

C. 打印机正在打印文档

D. 计算机正在把照片编码成打印机能理解的语言

13. 每英寸的点数用来衡量打印机的哪一个特性？

A. 速度　　B. 打印质量　　C. 拥有成本　　D. 可靠性

14. 哪个软件允许用户设置和更改打印机选项？

A. 驱动程序　　B. 固件　　C. 配置软件　　D. 字处理应用

15. 技术人员在试图确定打印机问题时，可以向客户提出的两个封闭式问题是什么？（双选）

A. 问题发生时显示了哪些错误消息？

B. 问题发生时您在做什么？

C. 打印机通电了吗？

D. 您的计算机最近进行了哪些软件或硬件的更改？

E. 您能在打印机上打印测试页吗？

第 9 章

虚拟化和云计算

学习目标

通过完成本章的学习，您将能够回答下列问题。

- 什么是服务器虚拟化？
- 如何在计算机上安装虚拟化软件？
- 云的用途是什么？
- 公共云、私有云、混合云和社区云的特点是什么？

内容简介

大大小小的组织都在虚拟化和云计算方面进行了大量投资，因此，对于IT技术人员和专业人员来说，了解这两种技术非常重要。虽然这两种技术确实有共同之处，但实际上它们是两种不同的技术。虚拟化软件允许一台物理服务器运行多个单独的计算环境。而云计算则是一个术语，用于描述共享计算资源（软件或数据）的可用性，即互联网上的服务和按需服务。

在本章中，您将了解虚拟化相对于传统专用服务器的优势，比如使用的资源更少、需要的空间更少、成本更低以及服务器正常运行的时间更长。您还将了解讨论客户端虚拟化时使用的术语，比如主计算机，它是指由用户控制的物理计算机。主机操作系统是主计算机上的操作系统，访客操作系统是主计算机上虚拟机中运行的操作系统。

您将了解两种类型的虚拟机监视器：类型1（本机）Hypervisor（也称为裸机虚拟机监视器）和类型2（托管）Hypervisor。您还将了解在Windows 7、Windows 8和Windows 10中运行Windows Hyper-V（类型2 Hypervisor）的系统最低要求。

9.1 虚拟化

虚拟化允许使用一台物理计算机，在该物理计算机上安装名为虚拟机管理程序的虚拟化软件层来创建虚拟机；虚拟机彼此独立，并使用物理机的硬件资源进行操作。借助虚拟化，组织可以节省资金、减少硬件、整合管理和其他系统的功能，并实现许多其他好处。

9.1.1 虚拟化

虚拟化涉及硬件和软件等组件的虚拟（而非物理）版本，比如网络基础设施中的服务器操作系统。

在企业或家庭等各种环境中进行虚拟化可以带来诸多好处，比如节省成本、提高性能、简化管理以及提高效率。

1. 虚拟化和云计算

术语“虚拟化”和“云计算”经常被混用，但是它们指的却是不同的事物。

虚拟化使单台计算机能够拥有多台独立虚拟计算机，这些虚拟计算机共享主计算机硬件。虚拟化软件将实际物理硬件与虚拟机（VM）实例分离开来。虚拟机具有自己的操作系统，并通过主计算机上运行的软件连接到硬件资源。虚拟机的映像可以另存为文件，然后在需要时重新启动。

请务必牢记，所有虚拟机都共享主计算机的资源。因此，可同时运行的虚拟机数量的限制因素与处理能力、内存和存储容量直接相关。

云计算将应用程序与硬件分离。它为组织提供了通过网络按需提供计算服务的功能。Amazon Web Services（AWS）等服务提供商拥有并管理包括网络设备、服务器和存储设备并且通常位于数据中心的云基础设施。

虚拟化是支持云计算的基础。AWS 等提供商使用功能强大的服务器提供云服务，这些服务器可以根据需要动态调配虚拟服务器。总之，没有虚拟化，就不可能广泛实施云计算。

2. 传统服务器部署

要完全理解虚拟化，首先必须了解组织中服务器的使用方式。

传统意义上，组织使用功能强大的专用服务器（见图 9-1）向其用户提供应用程序和服务。这些 Windows 和 Linux 服务器是高端计算机，其具有大量 RAM、功能强大的处理器和多个大型存储设备。如果需要更多用户或新服务，则会添加新服务器。

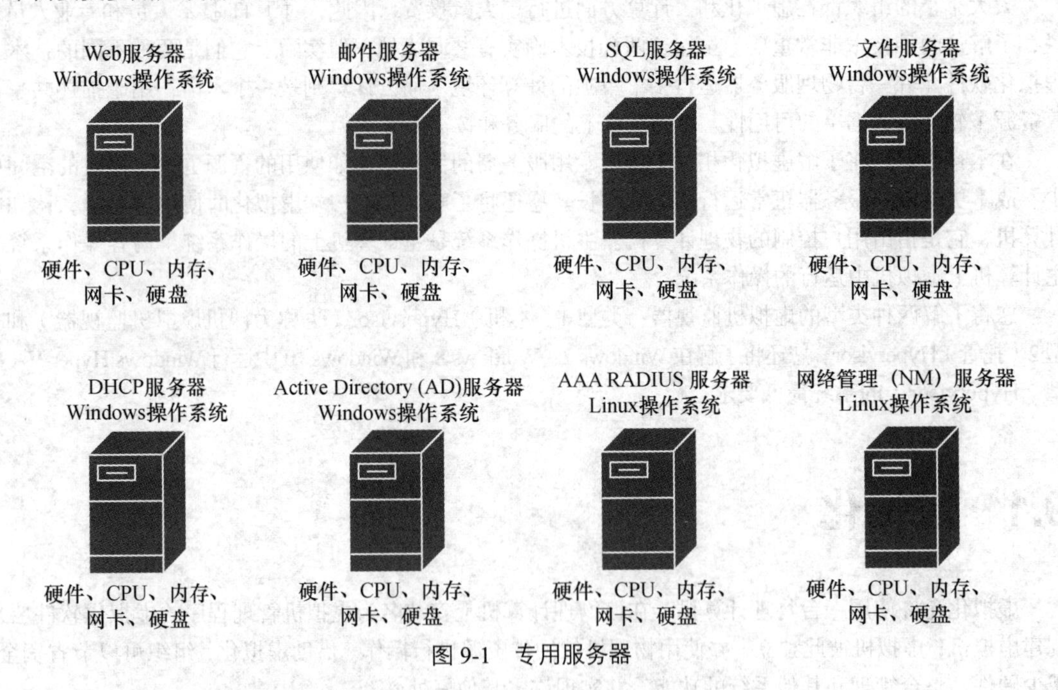

图 9-1 专用服务器

传统服务器部署方法存在的问题包括以下几种。

- **资源浪费**：专用服务器长时间处于闲置状态，只有偶尔需要提供特定服务时才会被用到。同时，这些服务器会浪费能量。
- **单点故障**：当专用服务器出现故障或离线时，会发生单点故障。没有用于处理故障的备份服务器。

■ **服务器散乱**：当组织没有足够的空间来通过物理方式容纳未充分利用的服务器时，会发生服务器散乱的情况，即服务器占用的空间超过了服务器提供的服务所保证的空间。

虚拟化服务器可以更有效地利用资源，从而解决这些问题。

3. 服务器虚拟化

服务器虚拟化利用空闲资源来减少为用户提供服务所需的服务器数量。

一个被称为虚拟机监视器的特殊程序用于管理计算机资源和各种虚拟机。它为虚拟机提供对物理计算机的所有硬件（如 CPU、内存、磁盘控制器和 NIC）的访问。这些虚拟机中的每一台都运行完整且独立的操作系统。

通过虚拟化，企业可以整合服务器的数量。例如，使用虚拟机监视器将 100 台物理服务器整合为 10 台物理服务器上的虚拟机并不稀奇。在图 9-2 中，前 8 台专用服务器已使用虚拟机监视器被整合为 2 台服务器，以支持操作系统的多个虚拟实例。

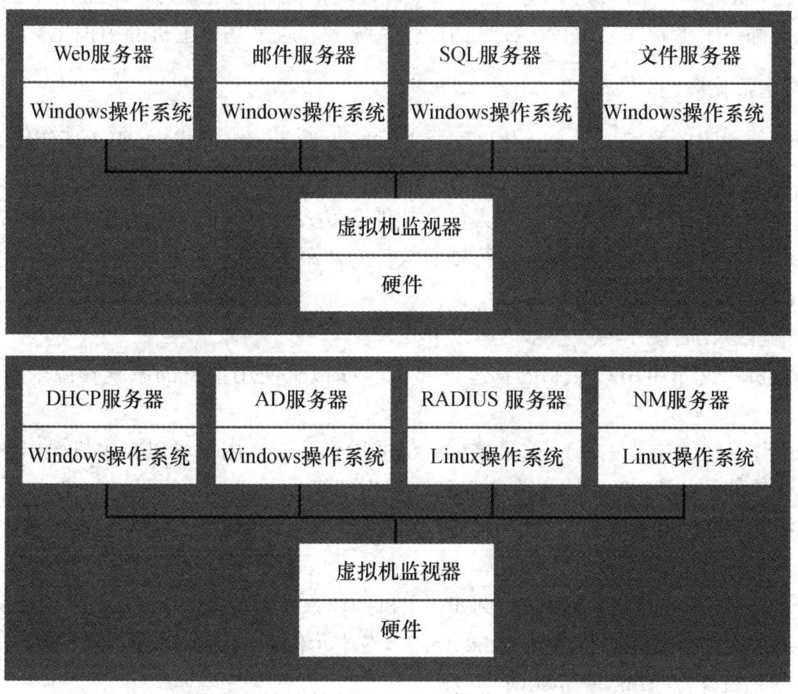

图 9-2 虚拟机监视器的操作系统安装

虚拟化具有的主要优势如表 9-1 所示。

表 9-1 虚拟化优势

更好地利用资源	虚拟化减少了物理服务器、网络设备的数量，以及降低了支持的基础设施和维护成本
减少能源消耗	整合服务器可降低每月的供电和散热成本。降低功耗帮助企业实现更少的碳排放
更快速地调配服务器	创建虚拟服务器比调配物理服务器快得多
提高灾难恢复能力	虚拟化提供了高级解决方案，可在灾难期间保持业务的连续性。可以将虚拟机复制到其他硬件平台，这些平台甚至可以位于不同的数据中心
减少所需空间	使用虚拟化的服务器整合可减少数据中心的整体占用空间。使用更少的服务器、网络设备和机架可以减少所需的空间

续表

降低成本	节省成本，因为需要的设备、能源消耗以及空间更少
最大限度地保障正常运行时间	大多数服务器虚拟化平台现在都提供高级的冗余容错功能，比如实时迁移、存储迁移、高可用性和分布式资源调度，它们还支持将虚拟机从一个服务器迁移到另一个服务器的能力
支持传统系统	虚拟化可以延长操作系统和应用程序的使用寿命，为组织迁移至新的解决方案提供更多的时间

9.1.2 客户端虚拟化

客户端虚拟化（有时也被称为桌面虚拟化）提供了一种可以使多个操作系统在单个桌面上运行，并且可能同时运行（与双启动系统不同）的方法。每台虚拟机都是独立的，并且不知道其他的虚拟机，但是所有虚拟机都在单个硬件上运行。在桌面操作系统上，这是基于主机的虚拟化。

1. 客户端虚拟化概述

许多组织都使用服务器虚拟化来优化网络资源并减少设备和维护成本。组织还使用客户端虚拟化，使有特定需求的用户能够在其本地计算机上运行虚拟机。

客户端虚拟化对于 IT 人员、IT 支持人员、软件开发人员和测试人员以及教育领域都是有益的。它为用户提供测试新操作系统、软件或运行较旧软件的资源。它还可以用于沙箱并创建安全的隔离环境，以打开或运行可疑文件。

讨论客户端虚拟化时使用的一些术语有以下几种。

- **主计算机**：这是由用户控制的物理计算机。虚拟机使用主机的系统资源来启动并运行操作系统。
- **主机操作系统（主机 OS）**：这是主计算机的操作系统。用户可以在主机操作系统上利用虚拟化仿真软件（如 VirtualBox）来创建和管理虚拟机。
- **访客操作系统（访客 OS）**：这是在虚拟机中运行的操作系统。需要驱动程序才能运行不同的操作系统版本。

访客操作系统独立于主机操作系统。例如，主机操作系统可能是 Windows 10，而虚拟机可能安装了 Windows 7，则此虚拟机的访客将是 Windows 7。在本示例中，访客操作系统（Windows 7）不会干扰主计算机上的主机操作系统（Windows 10）。

主机操作系统和访客操作系统无须属于同一系列。例如，主机操作系统可以是 Windows 10，而访客操作系统可以是 Linux。对于需要通过同时运行多个操作系统来增强主计算机功能的用户来说，这是一项优势。

图 9-3 显示了虚拟机逻辑图。底部的灰色框代表具有主机操作系统（如 Windows 10）的物理计算机。Hyper-V、Virtual PC 和 VirtualBox 是虚拟化软件或仿真软件的示例，可用于创建和管理图中顶部的 3 台虚拟机。

2. 类型 1 Hypervisor 与类型 2 Hypervisor

Hypervisor，又称虚拟机监视器，也被称为虚拟机管理器（VMM），是虚拟化的核心。Hypervisor 是在主计算机上用于创建和管理虚拟机的软件。

Hypervisor 会根据需要将物理系统资源（如 CPU、RAM 和存储器）分配给每台虚拟机。这可确保一台虚拟机的操作不会干扰其他的虚拟机。

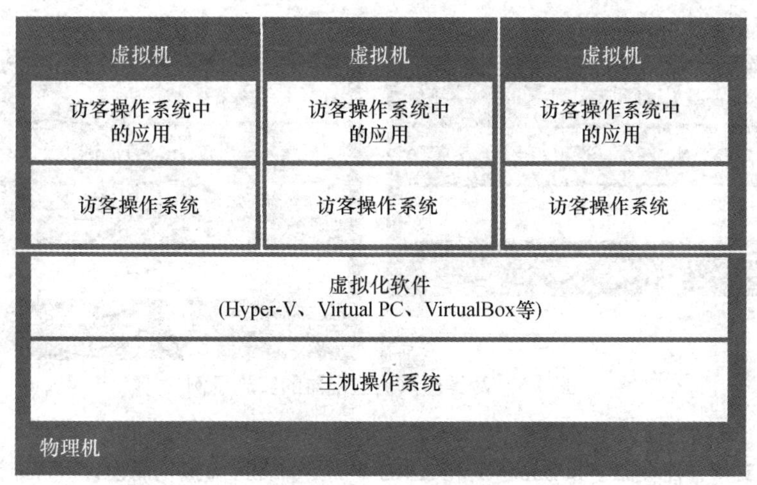

图 9-3 虚拟机逻辑图

Hypervisor 的类型有两种，如图 9-4 所示。

- **类型 1（本地）Hypervisor：**也被称为裸机虚拟机监视器，通常与服务器虚拟化配合使用。它直接在主机硬件上运行，并负责管理分配给虚拟操作系统的系统资源。
- **类型 2（托管）Hypervisor：**它由操作系统托管，通常与客户端虚拟化配合使用。Windows Hyper-V 和 VMware Workstation 等虚拟化软件都是类型 2 Hypervisor 的示例。

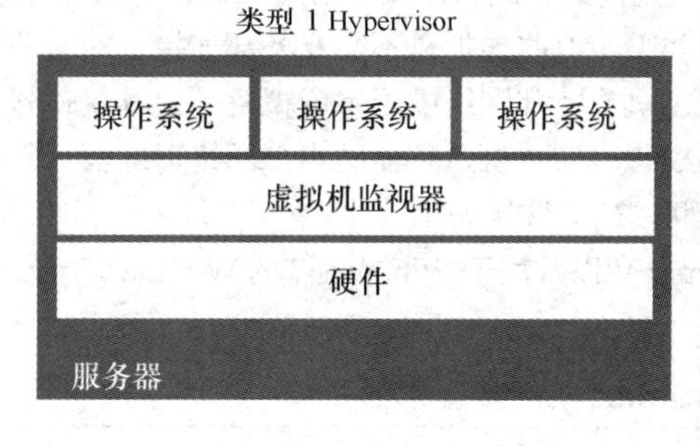

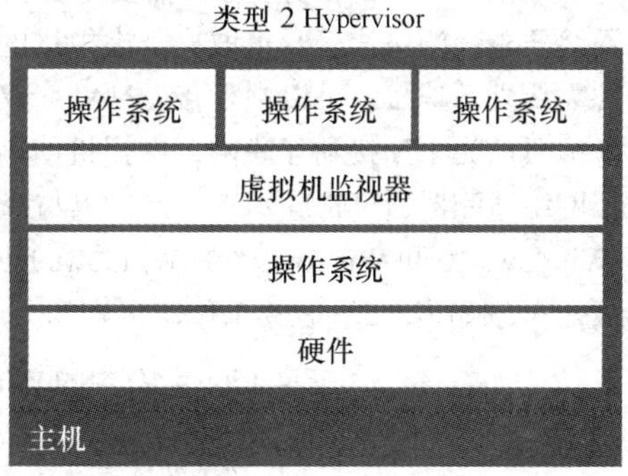

图 9-4 两种类型的 Hypervisor

类型 1 Hypervisor 在数据中心和云计算中很常见。类型 1 Hypervisor 的示例包括 VMware vSphere/ESXi、Xen 和 Oracle VM Server。

类型 2 Hypervisor（如 VMware Workstation）与主计算机配合使用，以创建和使用多台虚拟机。Windows 10 Pro 和 Windows Server（2012 和 2016）中也包含 Windows Hyper-V。

图 9-5 显示的是类型 1 Hypervisor 与类型 2 Hypervisor 的实施示例。在类型 1 的实施中，VMware vSphere 直接在没有操作系统的服务器硬件上运行。VMware vSphere 已被用于创建 Windows 服务器虚拟机和 Linux 服务器虚拟机。在类型 2 的实施中，计算机上的主机操作系统是 Windows 10。Windows Hyper-V 已被用于创建和管理 Windows 7 虚拟机和 Linux 虚拟机。

客户端仿真软件可以运行用于不同访客操作系统的软件或用于不同硬件的操作系统。例如，如果主机操作系统是 Linux，而您正在使用 Windows 7 创建虚拟机以运行仅在 Windows 7 中运行的应用，那么 Linux 主机计算机将假装为 Windows 7 计算机。

3. 虚拟机要求

虚拟计算需要更强大的硬件配置，因为每个安装都需要自己的资源。

类型 1 Hypervisor

Windows服务器　Linux服务器　其他操作系统

VMware vSphere 虚拟监视器

硬件

服务器

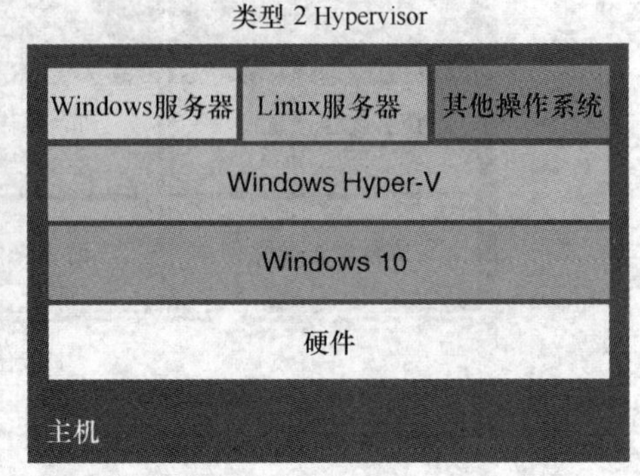

图 9-5　两类虚拟机监视器的实施示例

所有虚拟机的基本系统要求如下。

- **处理器支持**：处理器（如 Intel VT 和 AMD-V）专为支持虚拟化而设计。可能需要启用这些处理器上的虚拟化功能。此外，还建议使用具有多个内核的处理器，因为在运行多台虚拟机时，其他内核会提高速度和响应能力。计算机拥有的内核越多，一次可以做的事情就越多，包括同时运行更多的虚拟机。
- **内存支持**：考虑到主机操作系统需要内存，并且现在还需要足够的 RAM 来满足每台虚拟机及其访客操作系统的需求。
- **存储**：每台虚拟机都会创建非常大的文件来存储操作系统、应用程序和所有虚拟机数据。此外，还必须考虑到活动虚拟机需要多少存储空间。因此，建议使用大容量、速度快的驱动器。
- **网络要求**：网络连接要求取决于虚拟机的类型。有些虚拟机不需要外部连接，而有些虚拟机则需要外部连接。可以在桥接、NAT、仅主机或特殊网络中配置虚拟机，使其仅连接到其他虚拟机。为了连接到互联网，虚拟机使用模拟真实主机适配器的虚拟网络适配器。然后，虚拟网络适配器通过物理网卡连接，以与互联网建立连接。

用于 Windows 10 和 Windows 8 的 Windows Hyper-V 以及用于 Windows 7 的 Windows Virtual PC 的系统最低要求分别如表 9-2、表 9-3 和表 9-4 所示。

表 9-2　Windows 10 中的 Windows Hyper-V 要求

主机操作系统	Windows 10 专业版和 Windows Server（2012 和 2016）
处理器	包含二级地址转换（SLAT）的 64 位处理器
BIOS	CPU 支持 VM 监控模式扩展（Intel CPU 支持 VT-C）
内存	至少 4GB RAM
硬盘空间	每个虚拟机操作系统至少有 15 GB

表 9-3　Windows 8 中的 Windows Hyper-V 要求

主机操作系统	Windows 8 专业版或企业版 64 位操作系统
处理器	包含二级地址转换的 64 位处理器
BIOS	支持 BIOS 级别的硬件虚拟
内存	至少 4GB RAM
硬盘空间	每个虚拟机操作系统至少有 15 GB

表 9-4　Windows 7 中的 Windows Virtual PC 要求

处理器	1 GHz 32 位或 64 位处理器
内存	2GB RAM
硬盘空间	每个虚拟机操作系统 15 GB

与物理计算机一样，虚拟机容易遭受安全威胁和恶意攻击。尽管虚拟机与主机隔离，但它们可以共享资源（如网卡、文件夹和文件）。用户应遵循与主机相同的安全注意事项，并安装安全软件，启用防火墙功能，安装补丁，更新操作系统和程序，另外，保持虚拟化软件的更新也很重要。

9.2 云计算

云计算涉及通过 Internet 提供服务。使用云计算时，您无须使用本地存储、网络资源、数据库等。

9.2.1 云计算应用

使用云计算时，所使用的应用程序不会驻留在桌面上或公司网络内部的某个位置，而是将每个应用程序作为一种名为云应用程序的服务提供。云应用程序位于通常由第三方运营的远程服务器上，但是它们可以脱机运行并且可以在线更新。云应用程序在远程计算机上处理，并且通过与 Internet 的连接来进行存储和数据访问。云应用程序是独立于平台的。

云计算通过互联网为用户提供按需交付计算服务的。云计算服务由服务提供商拥有和托管。当用户使用社交媒体应用程序访问在线音乐库或使用在线存储空间来保存照片时，就已经在使用云服务。组织通常会根据用户对服务的访问和使用情况向云提供商支付使用费。

- **虚拟应用流/基于云的应用程序：**组织使用基于云的应用程序来提供按需的软件交付。例如，Microsoft Office 365 提供 Microsoft Word、Excel 和 PowerPoint 的在线版本。当用户请求应用程序时，极少的应用程序代码会被转发到客户端，客户端会根据需要从云服务器提取额外的代码。对于离线使用，可以将应用程序保存在本地的主机上。
- **基于云的邮件：**组织将使用基于云的解决方案来满足其邮件要求。基于云的邮件应用程序的示例包括 Office 365、Gmail、iCloud Mail、Outlook、Yahoo 和 Exchange Online。
- **云文件存储解决方案：**组织将使用基于云的存储解决方案来存储企业数据。云存储解决方案的示例包括 Google Drive、OneDrive、iCloud Drive、Box 和 Dropbox，其中一些解决方案包括由提供商提供的同步应用程序或商业应用程序。
- **虚拟桌面（基础设施 VDI）：**组织可使用这种技术将整个桌面环境从数据中心服务器部署到客户端。虚拟桌面由 Hypervisor 控制的虚拟机创建。但是，VDI 上的所有计算都在服务器上完成。VDI 可以是持久性的（为用户提供一个可自定义的映像，可保存该映像以备将来使用），也可以是非持久性的（当用户注销时，系统将映像恢复到初始状态）。
- **Windows 虚拟桌面（WVD）：**这是 Windows 10 已启用虚拟桌面的版本，可在新型或传统计算机上运行，或者在 Azure 虚拟机上远程运行。它提供了虚拟化的 Windows 10 体验，该体验始终是最新的并且可在任何设备上使用。

9.2.2 云服务

云计算涉及许多不断发展的功能，比如提供大容量存储空间、强大的分析工具、应用程序和系统基础设施软件，开发和测试应用程序，以及交付应用程序。

1. 云服务提供商

云服务提供商可以提供各种定制服务，以满足客户的需求。但是，根据美国国家标准与技术研究院（NIST）在其特定出版物（800-145）中的定义，大多数云服务可以分为3种主要的云服务。

- **软件即服务（SaaS）**：云服务提供商以订阅的方式通过互联网提供对服务（如邮件、日历、通信和 Office 工具）的访问。用户通过浏览器访问软件，其优势包括可以为客户最大限度地降低前期成本并确保可立即使用应用程序。SaaS 提供商包括 Salesforce 客户关系管理（CRM）软件、Microsoft Office 365、MS SharePoint 软件和 Google G 套件。
- **平台即服务（PaaS）**：云服务提供商提供对应用程序开发、测试和交付所用的操作系统、开发工具、编程语言和库的访问，这对应用程序开发人员很有用。云服务提供商管理底层网络、服务器和云基础设施。PaaS 提供商包括 Amazon Web Service、Oracle Cloud、Google Cloud Platform 和 Microsoft Azure。
- **基础设施即服务（IaaS）**：云服务提供商管理网络，并为组织提供对网络设备、虚拟化网络服务、存储、软件和支持网络基础设施的访问。IaaS 为组织提供了很多优势。例如，组织无须投资资本设备，只需按需支付使用费。此外，提供商网络包括冗余功能，从而消除了提供商网络基础设施中的单点故障。另外，还可以根据当前要求对网络进行无缝扩展。IaaS 提供商包括 Amazon Web Service、DigitalOcean 和 Microsoft Azure。

云服务提供商已将 IaaS 模式扩展为 IT 即服务（ITaaS）。ITaaS 可以扩展 IT 部门的功能，而无须投资于新的基础设施、培训新员工或获取新软件的许可。这些服务按需提供，并以经济的方式提供给世界上任何地方的任何设备，而且不会影响安全性或功能。

2. 云模型

人员、组织和云服务提供商使用 4 种主要的云模型：公共、私有、混合和社区。

阅读每种场景，然后选择用于每种场景的云模型。

场景

场景 1：Bob 使用 Gmail 向朋友发送邮件，他告诉朋友下班后将无法与他见面，因为他有一个项目需要工作到很晚。

场景 2：Bob 来到他在交通部的办公室，他登录计算机并查看因拟建购物中心而扩建道路所需的沥青预算。

场景 3：史密斯镇的某位居民需要从交通部网站上获取信息，以便更好地了解拟建的购物中心将对社区交通产生什么影响。当她得知她所在社区的道路交通量可能翻倍后，她发表了公开评论，抗议该建筑物的建设。

场景 4：Andrea 是一家沥青公司的项目经理，她要向交通部的提供商网站提交投标，以修建开发新购物中心所需的新道路。

答案

场景 1：公共

公共云模型的示例包括 Gmail、Dropbox、Apple Music、Yahoo Mail、Box 和 Netflix。这些公共云中提供的基于云的应用程序和服务，可供一般人群使用。服务可以是免费的，也可以使用按使用量付费的模式，就像在线存储付费一样。公共云使用 Internet 提供服务。对于用户来说，公共云是最常见的。

公共云的特点如下。

- 使用共享的虚拟化资源。
- 支持多个客户。
- 支持互联网连接。

场景 2：私有

私有云是专用于组织或实体的云。使用私有云的组织包括服务提供商、金融机构和医疗保健提供商。可以使用组织的私有网络创建私有云，但是构建和维护此类的云可能成本昂贵。私有云还可以由具有严格访问安全控制的外部组织来管理。

私有云的特点如下。

- 使用私有共享的虚拟化资源。
- 支持一个客户（组织）。
- 保护高度敏感的信息。

场景 3：混合

混合云由两种或多种不同的云类型组成（如部分为私有云，部分为公共云），每一部分都保持为独立的对象，但两个部分使用一个架构连接。组织可以针对机密信息使用私有云，针对面向客户的常规内容使用公共云。在此示例中，居民只能访问交通部私有云中的私有部分以收集资料，还可以访问公共部分以留下反馈。混合云中的个人可以根据用户访问权限获得各种服务的访问权限。组织可以使用混合云在短暂的高峰期内提供服务。

场景 4：社区

社区云是专为特定实体或组织的使用而创建的。公共云和社区云之间的区别在于为团体定制的功能需求。例如，医疗机构必须遵守特殊身份验证和保密性的政策与法律（如 HIPAA）。社区云由具有多个类似需求和关注的组织使用。社区云类似于公共云，但是具有私有云的安全性、隐私性以及法规合规性。

3. 云计算的特征

云计算的 5 个重要的特征如表 9-5 所示。

表 9-5 云计算的特征

按需（自助服务）	个人可以根据需要调配或更改计算服务，而无须与服务提供商进行人工交互
快速的恢复能力	可以在需要时调配服务，然后在不再需要时快速释放。在某些情况下，可以满足需求并根据用户需求自动进行扩展
资源池	使用多租户模型整合提供商的计算资源，以服务多个消费者。对于每个模型，每个租户（客户）均可根据消费者的需求共享动态分配和重新分配的不同物理和虚拟资源。可以池化和共享的资源包括存储、处理、内存和网络带宽
可度量服务和计量式服务	云系统提供服务性能度量，其可用于利用度量机制自动控制和优化资源。计量功能可用于设置阈值，以确保始终为客户提供令人满意的服务水平。可度量服务和计量式服务还为提供商和服务消费者提供报告
广泛的网络接入	可通过网络获得此功能，并且可以使用智能手机、平板电脑、便携式计算机和工作站进行访问

9.3 总结

在本章中，您了解到术语“虚拟化”和“云计算”虽然经常被混用，但实际上它们指的却是不同的事物。虚拟化是一种技术，它使单台计算机能够拥有多台独立虚拟计算机，这些虚拟计算机共享主计算机硬件。云计算是一种使应用程序与硬件分离的技术。虚拟化是支持云计算的基础。

您了解到，使用专用服务器为用户提供应用程序和服务的传统方式效率低下、不可靠且无法扩展。专用服务器可能长时间处于闲置状态，它们会产生单点故障，并且会占用大量物理空间。虚拟化通过将多台虚拟服务器整合到单一物理服务器上，利用空闲资源，并减少为用户提供服务所需的服务器数量来解决这些问题。您了解了虚拟化相对于传统使用专用服务器的众多优势，比如更好地利用资源、减少所需空间、降低成本以及增加服务器的正常运行时间。

云计算通过互联网为用户提供按需交付的计算服务。当您访问在线音乐服务或在线数据存储时，就已经使用了这些服务。您了解了云服务提供商提供的云服务类型。SaaS 在订阅的基础上通过互联网提供对服务（如邮件、日历、通信和 Office 工具）的访问。PaaS 提供对应用程序开发、测试和交付所用的操作系统、开发工具、编程语言和库的访问。IaaS 为组织提供对网络设备、虚拟化网络服务、存储、软件和支持网络基础设施的访问。

本章的最后还提供了场景练习，以测试您对云模型的理解情况。

9.4 复习题

请您完成此处列出的所有复习题，以测试您对本章主题和概念的理解。答案请参考附录。

1. 哪种云计算机可为特定公司提供路由器和交换机等网络硬件的使用权？

   A. 软件即服务（SaaS） B. 无线即服务（WaaS）
   C. 浏览器即服务（BaaS） D. 基础设施即服务（IaaS）

2. PC 上的虚拟机有什么特征？

   A. 可用的虚拟机数量取决于主机的软件资源
   B. 虚拟机不易受到威胁和恶意攻击
   C. 虚拟机需要使用物理网络适配器才能连接到 Internet
   D. 虚拟机运行自己的操作系统

3. Microsoft Virtual PC 属于哪个类别的 Hypervisor？

   A. 4 类 B. 1 类 C. 2 类 D. 3 类

4. 哪个术语与云计算有关？

   A. 虚拟化 B. 无线 C. 远程工作人员 D. 高大的服务器

5. 云计算如何提高办公效率提升工具在线版本的性能和用户体验？

   A. 确保客户端与服务提供商之间的安全连接
   B. 按需提供应用程序代码
   C. 将打印机等本地硬件设备连接到服务提供商
   D. 将应用软件包下载到本地存储

6. 运行 Windows 8 Hyper-V 虚拟化平台所需的最小系统 RAM 是多少？

   A. 512 MB B. 1 GB C. 8 GB D. 4 GB

7. 一家小型广告公司正考虑将信息技术服务外包给云提供商，这些服务包括用户培训、软件许可和调配。该公司会考虑购买什么云服务？

   A. 平台即服务（PaaS） B. IT 即服务（ITaaS）
   C. 软件即服务（SaaS） D. 基础设施即服务（IaaS）

8. 对于部署虚拟化服务器的大型企业，相较于托管虚拟机监视器解决方案，使用裸机虚拟机监视器解决方案有哪两个好处？（双选）

   A. 可直接访问硬件资源 B. 增强安全性
   C. 消除对管理控制台软件的需求 D. 提高效率
   E. 增加额外的抽象层按需提供应用程序代码

9. 研究与开发团队的成员来自不同的公司地点，该团队正在寻找一个中央文件存储解决方案来存

储与研究相关的文档。下列哪两项是可行的解决方案？（双选）

A. OneDrive B. Exchange Online C. Gmail D. Google Drive
E. 虚拟桌面

10. 下面哪一项正确描述了云计算的概念？

A. 从控制平面分离管理平面 B. 从数据平面分离控制平面
C. 从硬件分离操作系统 D. 从硬件分离应用程序

11. 公司的 IT 部门正在寻找一种解决方案，将多个任务关键型服务器计算机的功能整合到基于少量高性能主机的虚拟机中。该部门应考虑哪两种虚拟机监视器？（双选）

A. Windows 10 Hyper-V B. VMWare Workstation
C. VMWare vSphere D. Oracle VM Server
E. Oracle VM VirtualBox

12. 一所学院正在了解将学生邮件服务外包给云提供商的各种方案。以下哪两项解决方案将帮助学院完成该任务？（双选）

A. Gmail B. Dropbox
C. Exchange Online D. 虚拟桌面
E. OneDrive

13. 某公司使用基于云的工资系统。此公司使用的是哪种云计算技术？

A. 浏览器即服务（BaaS） B. 基础设施即服务（IaaS）
C. 无线即服务（WaaS） D. 软件即服务（SaaS）

14. 下列哪种说法正确描述了云计算的特征？

A. 通过订阅可以使用 Internet 访问应用程序
B. 需要投资新的基础设施才能访问云
C. 设备能够通过现有电线连接到 Internet
D. 企业可以直接连接到 Internet，而无须使用 ISP

15. 数据中心和云计算有什么区别？

A. 云计算可提供对共享计算资源的访问，而数据中心是存储和处理数据的设施
B. 数据中心需要云计算，但云计算不需要数据中心
C. 只有云计算可位于现场之外
D. 没有区别，这些术语可互换使用
E. 数据中心利用更多的设备来处理数据

第 10 章 Windows 操作系统的安装

学习目标

通过完成本章的学习，您将能够回答下列问题。

- 操作系统的功能是什么？
- 操作系统软件和硬件的要求是什么？
- 升级操作系统的过程是什么？
- 什么是磁盘管理？
- 如何安装 Windows 操作系统？
- 什么是自定义安装选项？
- 什么是启动顺序和注册表文件？

内容简介

IT 技术人员和专业人员需要了解各种操作系统（OS）的常规功能，比如控制硬件访问、管理文件和文件夹、提供用户界面以及管理应用程序等。为了提供操作系统的建议，技术人员需要了解预算限制、计算机的用途、要安装的应用程序类型，以帮助确定适合客户的最佳操作系统。本章将重点介绍 Windows 10、Windows 8.x 和 Windows 7 操作系统。您需要了解与每种操作系统相关的组件、功能、系统要求和术语。本章还将详细介绍 Windows 操作系统的安装步骤和 Windows 的启动顺序。

您将了解如何通过将驱动器格式化为分区，来为 Windows 的安装准备硬盘驱动器。您将了解不同类型的分区和逻辑驱动器，以及与硬盘驱动器设置相关的其他术语。您还将了解 Windows 支持的不同文件系统，比如文件分配表（FAT）、新技术文件系统（NTFS）、光盘文件系统（CDFS）和网络文件系统（NFS）。

此外，在本章中，您还将了解到，Windows 中常见的 5 种文件系统。您也将了解有关安装 Windows、执行基本 Windows 设置任务、创建用户账户以及安装 Windows 更新的内容。

10.1 操作系统

操作系统为用户提供界面，并管理如何将资源分配给硬件和应用程序。操作系统引导计算机并管理文件系统。操作系统可以支持多个用户、任务或 CPU。

10.1.1 操作系统的介绍

要了解操作系统的功能，首先必须了解一些基本术语和常见特性。

1. 操作系统的术语

操作系统有很多种功能。它的主要任务是充当用户与连接到计算机的硬件之间的界面，如图 10-1 所示。操作系统还控制着以下功能。

- 软件资源。
- 内存分配和所有外围设备。
- 计算机应用软件的通用服务。

从数字手表到计算机，几乎都需要操作系统才能操作。

要了解操作系统的功能，首先必须了解一些基本术语。在描述操作系统时，经常使用以下术语。

- 多用户：具有个人账户的两个或多个用户可以同时使用程序和外围设备。
- 多任务处理：计算机可以同时处理多个应用程序。
- 多处理：操作系统可支持两个或多个 CPU。
- 多线程处理：可将一个程序划分为多个更小的部分，然后由操作系统根据需要进行加载。多线程处理允许同时运行一个程序的不同部分。

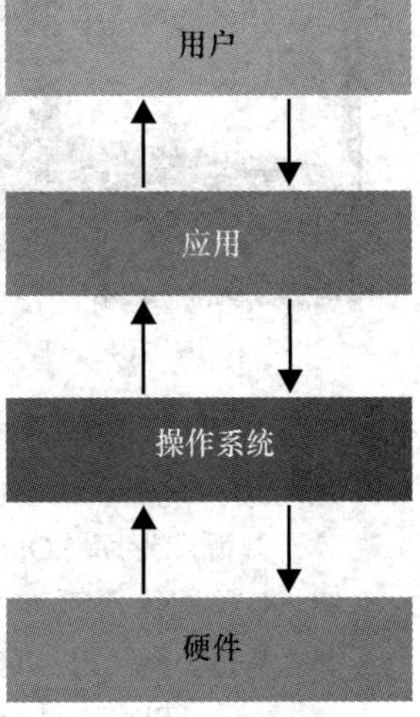

图 10-1 充当界面操作系统

2. 操作系统的基本功能

无论计算机和操作系统的大小和复杂程度如何，所有操作系统都执行 4 个基本功能。

- 控制硬件访问。
- 管理文件和文件夹。
- 提供用户界面。
- 管理应用程序。

（1）控制硬件访问

操作系统负责管理应用程序与硬件之间的交互，如图 10-2 所示。为了访问每个硬件组件并与之进行通信，操作系统使用一个名为“设备驱动程序”的程序。安装硬件设备时，操作系统会查找并安装该组件的设备驱动程序，通过即插即用（PnP）过程即可分配系统资源和安装驱动程序。操作系统随后配置设备并更新注册表，注册表是一个数据库，其中包含了有关计算机的所有信息。

如果操作系统无法找到设备驱动程序，技术人员必须使用设备随附的介质手动安装驱动程序，或从设备制造商的网站上下载。

（2）管理文件和文件夹

操作系统会在硬盘驱动器上创建一种文件结构来存储数据（见图 10-3）。文件是具有单个名称并被视为单个单元的一个相关数据块。程序和数据文件会被放在一个目录中。为了便于检索和使用，将对文件和目录进行组织。目录可处于其他目录内，这些嵌套的目录被称为“子目录”。在 Windows 操作系统中，目录被称为“文件夹”，而子目录被称为“子文件夹”。

（3）提供用户界面

操作系统可以让用户与软件和硬件交互。操作系统包括两种类型的用户界面。

- 命令行界面（CLI）：用户在提示符处输入命令。
- 图形用户界面（GUI）：用户使用菜单和图标进行交互，如图 10-4 所示。

（4）管理应用程序

操作系统找到一种应用程序并将应用程序加载到计算机的内存中。应用程序是各种软件程序，比如文字处理程序、数据库、电子表格和游戏。操作系统为正在运行的应用程序分配可用的系统资源。

图 10-2 控制硬件访问

图 10-3 管理文件和文件夹

为了确保新应用程序与操作系统兼容，程序员会遵循一组名为“应用程序编程接口（API）”的准则。API允许程序以一致、可靠的方式访问操作系统所管理的各种资源。以下是一些API示例，如图10-5所示。

- 开源图形库（OpenGL）：这是多媒体图形的跨平台标准规范。
- DirectX：这是与Microsoft Windows多媒体任务相关的API集合。
- Windows API：它允许旧版Windows的应用程序在新版Windows上运行。
- Java API：这是与Java编程开发相关的API集合。

图 10-4 图形用户界面

图 10-5 管理应用程序

3. Windows操作系统

在当前的软件市场中，常用的桌面操作系统可以分为3类：Microsoft Windows、Apple macOS和Linux。本章着重介绍Microsoft Windows操作系统。表10-1总结了从Windows 7到Windows 10的演进。

表 10-1 从Windows 7到Windows 10的演进

Windows操作系统	特点
Windows 7	Windows 7是Windows XP或Vista的升级版。它是为个人计算机而设计的。相比于以前的版本，此版本提供了改进的图形用户界面和更佳的性能
Windows 8	Windows 8推出了Metro用户界面，它统一了台式机、便携式计算机、移动电话和平板电脑上的Windows外观。用户可以使用触摸屏或键盘和鼠标与操作系统交互。另一个版本是Windows 8专业版，它有一些附加功能，主要面向业务和技术专业人员
Windows 8.1	Window 8.1是Windows 8的升级版，此升级版包括一些改进，可以让拥有触摸屏或鼠标和键盘接口设备的用户更加熟悉Windows
Windows 10	Windows 10是针对个人计算机、平板电脑、嵌入式设备和物联网设备而设计的前一版本Windows的升级版。此版本集成了Cortana虚拟助理，搭配使用了Windows 7样式的开始菜单和Windows 8桌面模式下的动态磁贴，包含了新Microsoft Edge网络浏览器。Windows 10有12个不同版本，具有不同的功能集和使用案例，可满足消费者、企业和教育环境的需求

10.1.2 客户对操作系统的要求

在决定使用系统的最佳硬件和软件解决方案时，必须满足客户的需求和偏好。您需要收集有关计算机特定用途的信息，以适当评估客户的技术要求。

1. 兼容的系统软件和硬件要求

向客户推荐操作系统时，了解计算机的用途非常重要。操作系统必须与现有的硬件和所需的应用程序兼容。要提供操作系统建议，技术人员必须查看预算限制，了解计算机的用途，确定要安装的应用程序类型，以及决定是否购买一台新计算机。以下原则可帮助您为客户选择最佳的操作系统。

- 客户是否会为此计算机使用现成的应用程序？现成的应用程序在应用软件包中标明了兼容的操作系统列表，如图 10-6 所示。
- 客户是否使用了专为客户编写的自定义应用程序？如果客户使用的是自定义应用程序，该应用程序的程序员会指定可使用的操作系统。

图 10-6 选择正确的操作系统

2. 最低硬件要求及与操作系统的兼容性

要想正确安装并运行操作系统，必须满足操作系统的最低硬件要求。

确定客户当前拥有的设备。如果需要进行硬件升级才能满足操作系统的最低要求，应进行成本分析以确定最佳的行动方案。有时，客户购买一台新计算机可能要比升级当前系统的成本更低。在其他情况下，升级一个或多个以下组件可能更为经济高效。

- RAM。
- 硬盘驱动器。
- CPU。
- 显卡。
- 主板。

注 意 如果应用程序所需的硬件要求超过操作系统的硬件要求，则必须满足应用程序的其他要求才能让应用程序正常运行。

Microsoft 在其网站上列出了 Windows 操作系统的最低要求，如表 10-2 所示。

表 10-2　推荐的 Windows 操作系统的系统最低要求

零件	Windows 10	Windows 8.1	Windows 7
处理器	1 GHz 或更快	1 GHz 或更快	1 GHz 或更快
RAM	1 GB 32 位或 2 GB 64 位	1 GB 32 位或 2 GB 64 位	1 GB 32 位或 2 GB 64 位
硬盘驱动器空间	6 GB 32 位或 20 GB 64 位	6 GB 32 位或 20 GB 64 位	6 GB 32 位或 20 GB 64 位
显卡	WDDM 1.0 驱动程序的 DirectX 9 或更高版本	WDDM 1.0 驱动程序的 DirectX 9 或更高版本	WDDM 1.0 驱动程序的 DirectX 9 或更高版本
显示器	800 × 600	1024 × 768	未指定
互联网连接	必须有互联网连接才能执行更新和某些功能	必须有互联网连接才能执行更新和某些功能	必须有互联网连接才能执行更新和某些功能

3. 32 位与 64 位处理器架构

CPU 的处理器架构会影响计算机的性能。术语“32 位”和“64 位”是指计算机 CPU 可以管理的数据量。32 位寄存器可存储 2^{32} 个不同的二进制值。因此，32 位处理器可以直接处理 4 294 967 295 字节。64 位寄存器可存储 2^{64} 个不同的二进制值。因此，64 位处理器可以直接处理 18 446 744 073 709 551 615 字节。

表 10-3 显示了 32 位和 64 位处理器架构的主要区别。

表 10-3　32 位与 64 位处理器架构

架构	说明
32 位（x86-32）	使用 32 位地址空间处理多个指令 支持最大 4 GB 的内存 仅支持 32 位操作系统 仅支持 32 位应用程序
64 位（x86-64）	专门为使用 64 位地址空间的指令添加了额外的寄存器 向后兼容 32 位处理器 支持 32 位和 64 位操作系统 支持 32 位和 64 位应用程序

4. 选择 Windows 版本

个人和企业主要使用的 Windows 版本：Windows 10 专业版、Windows 10 企业版、Windows 10 教育版和 Windows 10 家庭版。

阅读场景描述并选择其使用的版本。

场景

场景 1：Robert 是一位校长，他的学校需要一种专门出于学术目的设计并通过学术教育许可分发的操作系统。

场景 2：Bob 要选择一种 Windows 操作系统用于其小型企业，由于 Bob 的企业未聘用 IT 人员，因此操作系统需要具备内置安全、生产力和管理功能。此外，操作系统还必须能够带来直观的用户体验并支持平板电脑模式和触摸屏。

场景 3：Jane 将为其个人计算机选择一种 Windows 操作系统。她将使用计算机来完成学校作业、访问邮件和 Internet，以及在 Xbox 社区打游戏。由于她的妹妹也将使用计算机，因此操作系统需要具备内置家庭安全和家长控制功能。此操作系统的价格还必须在其预算范围内。

场景 4：Sue 是一家大型企业的 IT 主管，她要为新的区域办公室选择一种 Windows 10 操作系统。操作系统必须具备可定制的功能和应用程序。此外，此操作系统还必须允许 IT 人员在其办公的任何位置远程部署、管理和更新设备。同时，还要求具备能够实现集中检测和防御管理的 Window Defender 高级威胁防范（ATP）功能。

答案

场景 1：Windows 10 教育版 Windows 10 教育版以 Windows 10 企业版为基础，旨在满足教职工、管理员、教师和学生的需求。此版本可通过学术教育的许可获得，并为使用 Windows 10 家庭版和 Windows 10 专业版设备的学校和学生提供升级到 Windows 10 教育版的方法。

场景 2：Windows 10 专业版 Windows 10 专业版是适用于个人计算机、平板电脑和二合一设备的桌面版，适用于需要内置安全、生产力和管理功能的小型企业。它以 Windows 10 家庭版常见的创新功能为基础，还具有许多附加功能，可满足小型企业的各种需求。

场景 3：Windows 10 家庭版 Windows 10 家庭版是以消费者为中心的桌面版本。它提供有关个人计算机、平板电脑和二合一设备的所熟知的个性化体验，适用于个人和家庭。它包含消费者特征，比如 Xbox One、Cortana 和 Windows Hello。

场景 4：Windows 10 企业版 Windows 10 企业版适用于具有高级安全和管理需求的大中型企业。它在 Windows 10 专业版的基础上增加了高级功能，旨在满足大中型企业的需求。它还具备高级功能，以帮助防御针对设备、标识、应用程序和敏感公司信息的不断增长的现代安全威胁。

10.1.3 操作系统的更新

成本、兼容性、支持、安全性和性能问题是升级操作系统时要考虑的一些因素。在进行升级时做好充分准备非常关键，它涉及在开始升级之前备份数据和系统信息。本小节将讨论在此过程中可以提供帮助的方法。

1. 检查操作系统的兼容性

操作系统必须定期升级，这样才能与最新的硬件和软件保持兼容。制造商停止提供硬件支持时，也需要升级操作系统。升级操作系统可以提高性能。新的硬件产品通常需要安装最新的操作系统版本才能正常运行。虽然升级操作系统可能很昂贵，但是可以通过新功能和对新型硬件的支持获得增强的功能。

注　意　发布操作系统的新版本时，对旧版本的支持最终会被撤销。
在升级操作系统前，请检查新操作系统的最低硬件要求，确保可在计算机上成功将其安装。

2. Windows 操作系统的升级

升级操作系统的过程可能要比执行新的安装过程更快。升级过程因要升级的 Windows 版本而异。

操作系统的版本决定了可用的升级选项。例如，不能将 32 位操作系统升级到 64 位操作系统。此外，Windows 7 和 Windows 8 可以升级到 Windows 10，但 Windows Vista 和 Windows XP 无法升级。

注　意　在进行升级之前备份所有数据，以防安装出现问题。此外，必须激活要升级的 Windows 版本。

要将 Windows 7 或 Windows 8 升级到 Windows 10，请使用“下载 Windows 10”网站上提供的 Windows 10 更新助手（见图 10-7）。Windows 10 更新助手将在要升级的计算机上直接安装并运行。此工具将引导用户完成 Windows 10 安装过程中的所有步骤。它旨在通过检查兼容性问题并下载安装过程所必需的所有文件，帮助计算机做好升级准备。

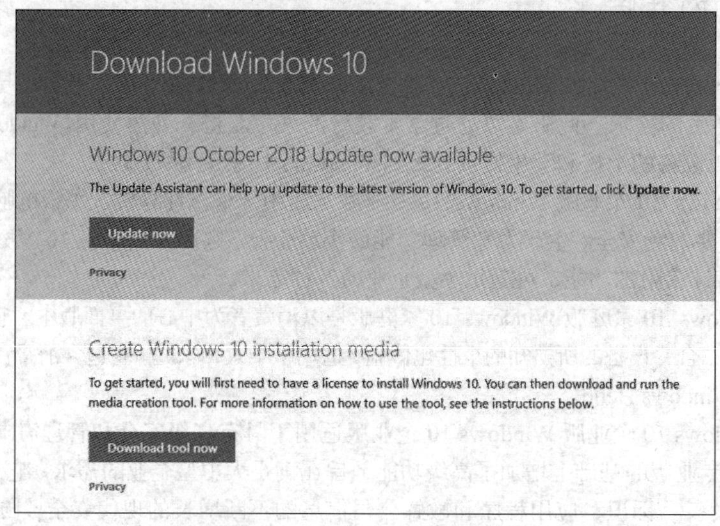

图 10-7 Windows 10 更新助手

运行 Windows XP 或 Windows Vista 的计算机没有升级到 Windows 10 的路径，需要“干净模式”安装。可以使用“创建 Windows 10”安装介质工具创建 Windows 10 安装介质。此工具会创建可用于执行全新安装的安装介质（USB 闪存、DVD 或 ISO 文件）。

3. 数据迁移

需要进行新安装时，必须将用户数据从旧操作系统迁移到新操作系统。有几种工具可用于传输数据和设置。您选择的数据迁移工具取决于您的经验水平和要求。

（1）用户状态迁移工具

用户状态迁移工具（USMT）是由微软开发的命令行实用程序，如图 10-8 所示，允许熟悉脚本语言的用户在 Windows PC 之间传输文件和设置。

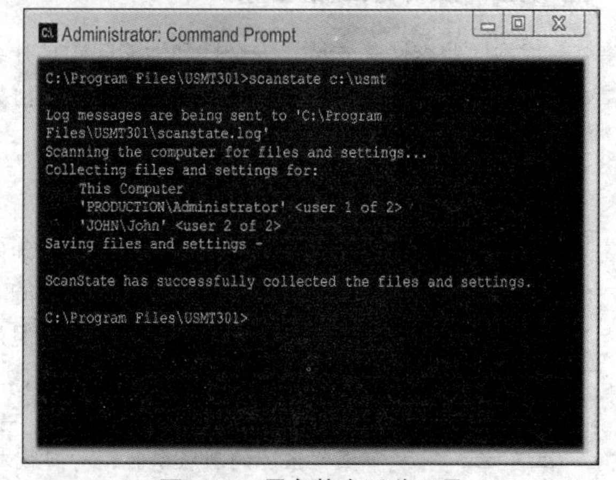

图 10-8 用户状态迁移工具

USMT 是 Windows 评估和部署工具包中包含的许多核心评估和部署工具中的一种，这些工具都可从 Microsoft 网站下载。您可以使用 USMT 10.0 版本来简化 Windows 操作系统大型部署期间的用户状态迁移。USMT 捕获用户账户、用户文件、操作系统设置和应用程序设置，然后将其迁移到新的 Windows 安装中。您可以使用 USMT 执行 PC 替换和 PC 更新迁移。

注 意 USMT 10.0 版本支持从 Windows 7 到 Windows 10 的数据迁移。

（2）Windows 轻松传送

如果用户需要从旧计算机切换到新计算机，应使用 Windows 轻松传送功能迁移个人文件和设置，如图 10-9 所示。您可以使用 USB 电缆、CD 或 DVD、USB 闪存驱动器、外部驱动器或网络连接执行文件的传输工作。

使用 Windows 轻松传送功能可将信息从运行以下操作系统之一的计算机迁移到运行 Windows 8.1 的计算机中。

■　Windows 8。

■　Windows 7。

■　Windows Vista。

Windows 10 中不提供 Windows 轻松传送功能，在此操作系统中，其被替换为 PCmover Express。

（3）PCmover Express

Microsoft 与 Laplink 合作推出了 PCmover Express，如图 10-10 所示，该工具可以将所选文件、文件夹、配置文件和应用程序从旧 Windows PC 传输到 Windows 10 PC 中。用户可以使用 PCmover 将所选应用传输到新 PC，而不是重新购买并在新 PC 上手动安装程序。安装后即可使用。

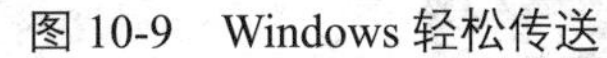
图 10-9　Windows 轻松传送

图 10-10　PCmover Express

10.2　磁盘管理

磁盘管理是配置和管理存储磁盘的过程。这是创建、删除和格式化分区的行为。它还可以包括诸如更改卷标、重新分配驱动器号、检查磁盘是否有错误以及备份驱动器之类的任务。

本节将研究与磁盘管理、各种存储设备类型、文件系统以及为安装操作系统准备磁盘的方法有关的术语。

1. 存储设备类型

作为技术人员，您可能需要全新安装一个操作系统。在以下情况下，执行干净模式安装。

■　计算机从一个员工转给另一个员工时。

■　操作系统已损坏时。

■　更换计算机中的主硬盘驱动器时。

操作系统的安装和初始启动的过程被称为操作系统设置。虽然可以通过网络从服务器或本地硬盘驱动器安装操作系统，但是家庭或小型企业最常用的安装方法是通过外部介质（如 DVD 或 USB 驱动器）进行安装。

注 意 执行干净模式的安装时，如果操作系统不支持某个硬件，您可能需要安装第三方驱动程序。

在安装操作系统前，必须选择和准备好存储介质设备。目前市场上有几种存储设备可用于安装新操作系统，如图10-11所示。目前最常见的两种数据存储设备是硬盘驱动器和闪存驱动器，比如固态硬盘驱动器和USB驱动器。

硬盘驱动器

闪存驱动器

固态驱动器

图10-11 存储设备

选择好存储设备后，必须准备接收新操作系统。操作系统随附一个安装程序。安装程序通常会准备磁盘来保存操作系统，但是技术人员必须了解此准备过程中涉及的术语和方法。

2. 硬盘驱动器分区

一个硬盘驱动器会被划分成多个名为“分区”的区域。每个分区都是一个逻辑存储单元，格式化后即可存储信息，比如数据文件或应用程序。如果把硬盘驱动器想象成一个木箱，那么分区就是多个架子。在安装过程中，大多数操作系统会自动分区并将可用硬盘驱动器空间格式化。

为驱动器分区是一个简单的过程，但是为了确保成功启动，固件必须知道哪个磁盘和该磁盘上的哪个分区安装了操作系统。分区方案直接影响操作系统在磁盘中的位置。查找并启动操作系统是计算机固件的职责之一。分区方案对固件来说非常重要。最常见的两个分区方案标准是主引导记录（Master Boot Record，MBR）和全局唯一标识符（Globally Unique Identifier，GUID）分区表（GUID Partition Table，GPT）。

（1）主引导记录

MBR发布于1983年，其中包含了如何组织硬盘驱动器分区的信息。MBR的长度为512字节，并且包含引导加载程序，这是一个允许用户从多个操作系统中进行选择的可执行程序。MBR已成为一项约定俗成的标准，但仍有一些局限性问题有待解决。MBR通常用于使用BIOS固件的计算机。

（2）GUID 分区表

GPT 也是一种硬盘驱动器分区表方案标准，它利用大量的现代技术扩展了老式 MBR 分区方案。GPT 通常用于使用 UEFI 固件的计算机。大多数操作系统都支持 GPT。

表 10-4 对 MBR 和 GPT 进行了比较。

表 10-4　MBR 和 GPT 的比较

MBR	GPT
最多 4 个主分区	在 Windows 中最多 128 个分区
分区最大 2TB	分区最大 9.4 ZB（9.4×10^{21} 字节）
没有分区表备份	存储一个分区表备份
分区和引导数据存储在一个位置	分区和引导数据存储在磁盘的多个位置
所有计算机均可从 MBR 启动	计算机必须基于 UEFI 并运行 64 位操作系统

3. 分区和逻辑驱动器

硬盘驱动器可以分为不同类型的分区和逻辑驱动器。技术人员应了解与硬盘驱动器设置有关的过程和术语。

（1）主分区

主分区包含操作系统文件，其通常是第一个分区。无法将主分区进一步划分为更小的部分。在 GPT 分区磁盘上，所有分区都是主分区。在 MBR 分区磁盘上，最多可以有 4 个分区，其中只有 1 个主分区。

（2）活动分区

在 MBR 磁盘中，活动分区是指存储和启动操作系统的分区。注意，在 MBR 磁盘上只能将主分区标记为活动分区。另一项限制是，一次只能将磁盘上的一个主分区标记为活动分区。在大多数情况下，C:盘是活动分区，包含启动文件和系统文件。有些用户会创建其他分区来组织文件，或者用来双重引导计算机。活动分区只能在带有 MBR 分区表的驱动器上找到。

（3）扩展分区

如果 MBR 分区磁盘上需要的分区超过 4 个，则可以将其中一个主分区指定为扩展分区。创建扩展分区后，可在该扩展分区中最多创建 23 个逻辑驱动器（或逻辑分区）。一种常见的设置方法是为操作系统创建主分区（C:盘），并允许扩展分区占用硬盘驱动器上除主分区以外的剩余可用空间。在扩展分区中可以创建额外的分区（D:盘、E:盘等）。虽然不能使用逻辑驱动器来启动操作系统，但它们是存储用户数据的理想之选。注意，每个 MBR 硬盘驱动器都只能有一个扩展分区，并且只能在具有 MBR 分区表的驱动器上找到该扩展分区。

（4）逻辑驱动器

逻辑驱动器是扩展分区的一部分，可用于将信息分开，以便于管理。由于 GPT 分区驱动器不能创建扩展分区，因此它们没有逻辑驱动器。

（5）基本磁盘

基本磁盘（默认）包含分区（如主分区和扩展分区）和逻辑驱动器（格式化后可存储数据）。通过扩展到相邻的未分配空间（连续即可），就可以为分区添加更多空间。MBR 或 GPT 都可以用作基本磁盘的基础分区方案。

（6）动态磁盘

动态磁盘提供基本磁盘不支持的功能。动态磁盘可以创建多个卷，而一个卷可以位于多个磁盘上。即使未分配的空间不连续，在设置分区后仍然可以更改分区大小。可从相同的磁盘或不同的磁盘添加可用空间，这样用户即可有效地存储大型文件。扩展一个分区后，如果不删除整个分区，是无法缩小分区的。MBR 或 GPT 都可以用作动态磁盘的分区方案。

（7）格式化

格式化过程可在分区中创建一个文件系统，以便存储文件。

4. 文件系统

安装全新的操作系统，就像磁盘是全新的一样，不会保留目标分区上的当前信息。安装过程的第一个阶段是对硬盘驱动器进行分区和格式化。此过程是让磁盘准备接受新的文件系统。文件系统提供了可组织用户操作系统、应用程序、配置和数据文件的目录结构。文件系统的类型有很多，每种文件系统都有不同的结构和逻辑。不同的文件系统也有速度、灵活性、安全性、大小和其他属性方面的区别。以下是 5 种常见的文件系统。

- 文件分配表，32 位（FAT32）。支持的分区大小最高为 2 TB（2048 GB）。Windows XP 和较早的操作系统版本均使用 FAT32 文件系统。
- 新技术文件系统（NTFS）。理论上，分区大小最高为 16 EB。NTFS 融合了文件系统安全功能和更多的属性。Windows 8.1、Windows 7 和 Windows 10 使用整个硬盘驱动器自动创建一个分区。如果用户未使用“New”选项创建自定义分区，则系统会将分区格式化并开始安装 Windows。如果用户创建了分区，他们可以确定分区的大小。
- exFAT（FAT64）。创建 exFAT 用于解决 FAT、FAT32 和 NTFS 在格式化 USB 闪存驱动器时的局限性，比如文件大小和目录大小。exFAT 的一个主要优点是它支持大于 4GB 的文件。
- 光盘文件系统（CDFS）。CDFS 专门用于光盘介质。
- 网络文件系统（NFS）。NFS 是一个基于网络的文件系统，允许通过网络访问文件。从用户的角度来看，访问本地存储的文件与访问网络中另一台计算机上存储的文件之间没有区别。NFS 是一项开放标准，任何人都可以实施它。

快速格式化从分区中删除文件，但是不会扫描磁盘中是否有坏扇区。扫描磁盘中的坏扇区可以防止将来丢失数据。因此，不要对已经格式化过的磁盘使用快速格式化。虽然在安装操作系统后可以对分区或磁盘进行快速格式化，但是安装 Windows 8.1 和 Windows 7 后，并没有快速格式化选项。

完全格式化可从分区中删除文件，同时扫描磁盘中是否有坏扇区。对于所有新的硬盘驱动器，这是一个必须执行的操作。完全格式化工作需要更长的时间才能完成。

图 10-12 是 Windows 安装屏幕的屏幕截图，其中显示了 Windows 10 安装期间的多个分区。在安装 Windows 操作系统的过程中，通过选择“Drive 0 Unallocated Space”并单击“New”图标创建两个分区。安装程序还允许用户指定新分区的大小。

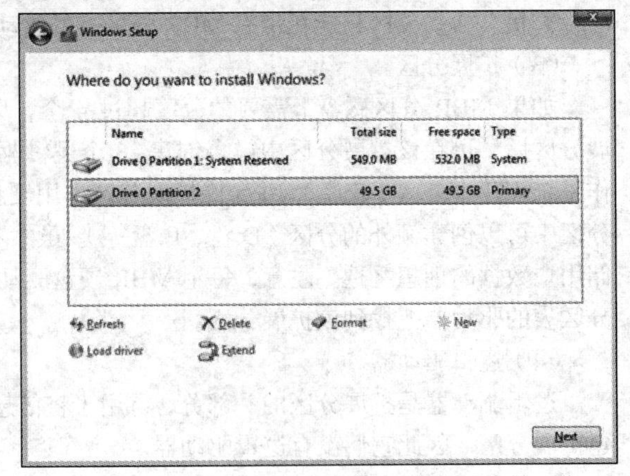

图 10-12 创建多个分区

10.3 安装和启动顺序

不同版本的 Windows 安装过程相似，必须将操作系统安装并配置为在特定设备上运行。安装完成后，计算机将能够引导（启动）到新的操作系统。在引导过程中，计算机搜索以查找要从中引导的操作系统文件的位置。计算机在设备上查找引导信息的顺序被称为引导顺序。

10.3.1 Windows 操作系统的基本安装

Windows 操作系统在 Windows 10、Windows 8.x 和 Windows 7 中的安装过程类似。该过程涉及在设备上安装操作系统并配置必要的系统设置，以便已安装的操作系统可以在所有硬件和其他软件组件上正常运行，用户可以登录。

1. 创建账户

用户尝试登录设备或访问系统资源时，Windows 使用身份验证过程验证用户的身份。用户输入用户名和密码来访问用户账户时，便会进行身份验证。Windows 使用单点登录（Single-Sign On，SSO）身份验证，用户只需要登录一次即可访问所有系统资源，无须在每次访问单个资源时都进行登录。

用户账户允许多个用户使用自己的文件和设置共享一台计算机。Windows 10 提供两种账户类型：Administrator 账户和 Standard User 账户，如图 10-13 所示。在 Windows 的早期版本中，还有一个 Guest（访客）账户，但 Windows 10 中已删除这一账户。

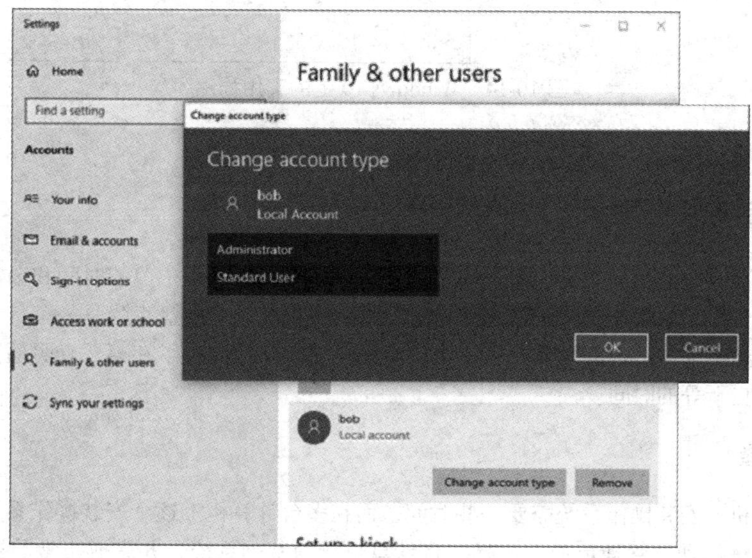

图 10-13 创建账户

Administrator（管理员）账户可以完全控制计算机。拥有此类账户的用户可以全局更改设置、安装程序，并在需要提升权限以执行任务时通过用户账户控制（UAC）来完成。

Standard User（标准用户）账户对计算机的控制有限。拥有此类账户的用户可以运行应用程序，但不能安装程序。标准用户账户可以更改系统设置，但只能更改不影响其他用户账户的设置。

2. 完成安装

完成初始安装后，要更新操作系统，可以使用 Microsoft Windows 更新来扫描新的软件并安装服务包和补丁。

安装完操作系统后，请验证是否已正确安装了所有硬件。在 Windows 操作系统中，设备管理器用于确定设备问题以及安装正确的或更新的驱动程序。

图 10-14 显示了 Windows 10 上的 Windows 更新和设备管理器实用程序。

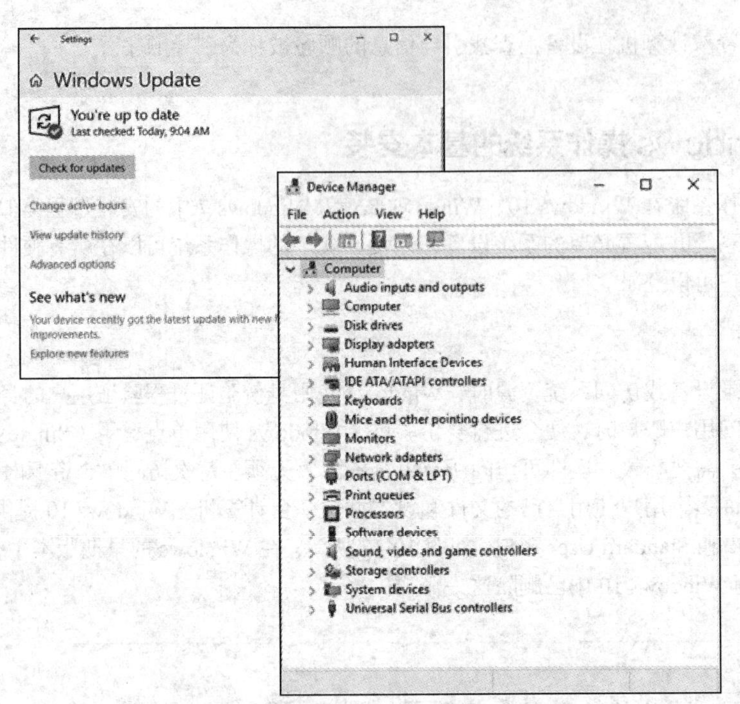

图 10-14 Windows 10 上的实用程序

10.3.2 定制安装选项

自定义安装可以在使用新的操作系统安装来部署多个系统的过程中节省时间和金钱。如果您需要恢复已停止正常工作的系统，则使用系统映像进行安装也很有用。磁盘克隆是一个自定义安装选项，它涉及将整个硬盘驱动器的内容复制到另一个硬盘驱动器，从而减少了在第二个驱动器上安装驱动程序、应用程序、更新等的时间。

1. 磁盘克隆

在单台计算机上安装操作系统需要一些时间，而在多台计算机上逐个安装操作系统会需要更多时间。为了简化这一活动，管理员通常选择一台计算机作为基础系统，并完成正常的操作系统安装过程。在基础计算机中安装操作系统后，使用特定的程序将磁盘中的所有信息（逐个扇区）复制到另一个磁盘。这个新磁盘（通常是一个外部设备）现在包含完全部署好的操作系统，可用于快速部署基础操作系统的一个全新的副本以及任何已安装的应用程序和数据，而无须冗长的安装过程或用户参与。由于目标磁盘现在的内容与原始磁盘是扇区到扇区的映射，因此目标磁盘的目录就是原始磁盘的映像。

如果基础安装过程中意外包含了不需要的设置，管理员可以使用 Microsoft 系统准备（Sysprep）工具删除这些设置，然后再创建最终映像。Sysprep 可用于在多台计算机上安装并配置相同的操作系统。Sysprep 使用不同的硬件配置准备操作系统。借助 Sysprep，技术人员可快速安装操作系统，完成最后的配置步骤，然后安装应用程序。

要在 Windows 10 中运行 Sysprep，请打开 Windows 资源管理器，然后访问 C:\Windows\System32\sysprep。您也可以只在 Run 命令中输入“sysprep”，然后单击“OK”按钮。

图 10-15 显示了 Windows 中的 Sysprep 工具。

2. 其他安装方法

Windows 的标准安装对于家庭或小型办公室环境中的大多数计算机来说已经足够了，但有时需要用户自定义安装过程。

以 IT 支持部门为例，这些环境中的技术人员必须部署数百个甚至数千个 Windows 系统。以标准方式执行这么多次安装并不可行。标准安装通过 Microsoft 提供的安装介质（DVD 或 USB 驱动器）来完成，如图 10-16 所示，它是一个交互式过程，安装程序会提示用户完成时区和系统语言等的设置。

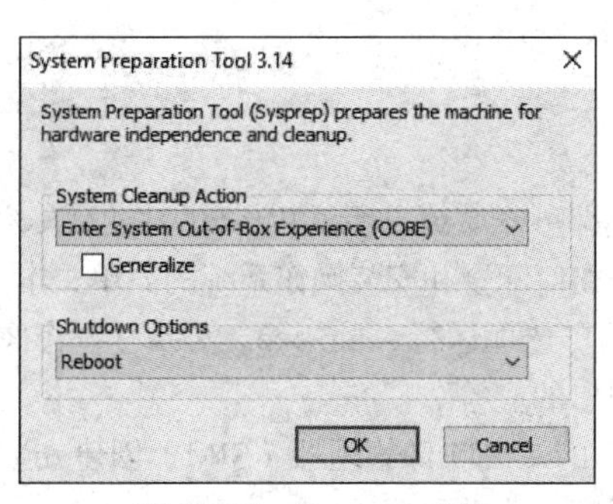

图 10-15 Sysprep 工具

图 10-16 标准安装

Windows 的自定义安装可以节省时间，并使大型企业中各台计算机的配置保持一致。在多台计算机上安装 Windows 的一种常用技术是在一台计算机上执行安装并将其用作参考安装。完成安装后，系统会创建一个映像。映像是一个包含某个分区所有数据的文件。

映像准备就绪后，技术人员可以将映像复制并部署到企业中的所有计算机上，从而显著缩短安装时间。如果需要调整新的安装，可以在部署映像后快速进行调整。

Windows 支持以下几种不同的自定义安装。

- 网络安装：包括预启动执行环境（PXE）安装、无人参与安装和远程安装。
- 基于映像的内部分区安装：这是一个存储在内部（通常是隐藏的）分区中的 Windows 映像，可以用于将 Windows 还原到出厂时的初始状态。
- 其他自定义安装：包括 Windows 高级启动选项、恢复 PC（仅限 Windows 8.x）、系统还原、升级、修复安装、远程网络安装、恢复分区及刷新/恢复。

3. 远程网络安装

在有多台计算机的环境中，安装操作系统的一种常见方法是远程网络安装。使用此方法时，操作系统的安装文件存储在服务器上，这样客户端计算机便可以远程访问文件来开始安装过程。软件包，如远程安装服务（RIS）可用于同客户端通信、存储设置文件，并为客户端提供必要的指示，以访问设置文件、下载设置文件并开始安装操作系统。

由于客户端计算机未安装操作系统，因此必须使用特殊的环境来启动计算机、连接网络并与服务器通信，进而开始安装过程，这个特殊的环境被称为预启动执行环境（PXE）。要想使用 PXE，网卡必须已启用 PXE。BIOS 或网卡上的固件可能附带此功能。计算机启动后，网卡会侦听网络中用于开始 PXE 的特殊指令。

图 10-17 显示了客户端正在通过 TFTP 从 PXE 服务器加载设置文件。

注 意 如果网卡未启用 PXE，可使用第三方软件从存储介质中加载 PXE。

```
Intel UNDI, PXE-2.1
PXE Software Copyright (C) 1997-2000 Intel Corporation
Copyright (C) 2010 Oracle Corporation

CLIENT MAC ADDR: 08 00 27 DF EF 86  GUID: EC9E0CB3-F7D5-40B6-B3E8-42296ACA72BC
CLIENT IP: 10.17.17.11  MASK: 255.255.255.0  DHCP IP: 10.17.17.1
GATEWAY IP: 10.17.17.1

PXELINUX 3.86 0x54549f3b  Copyright (C) 1994-2010 H. Peter Anvin et al
Serva 32/64 custom build by Patrick Masotta (C) 2015
!PXE entry point found (we hope) at 9DDC:0104 via plan A
UNDI code segment at 9DDC len 199E
UNDI data segment at 9C59 len 1830
Getting cached packet 01 02 03
My IP address seems to be 0A11110B 10.17.17.11
ip=10.17.17.11:10.17.17.10:10.17.17.1:255.255.255.0
TFTP prefix: \BM\PXESERVA\BIOS\
Trying to load: pxeserva.cfg/menu.def
_
```

图 10-17 Windows PXE 的安装

4. 无人参与的网络安装

无人参与安装是另一种基于网络的安装，几乎无须用户干预即可安装或升级。Windows 的无人参与安装基于一个应答文件，此文件包含了指示 Windows 安装程序如何配置和安装操作系统的简单文本。

要执行 Windows 的无人参与安装，必须使用应答文件中的用户选项运行 setup.exe。安装过程将像往常一样开始，但安装程序不会提示用户，而是用应答文件中列出的应答。

要自定义一个标准的 Windows 10 安装，可使用图 10-18 所示的系统映像管理器（SIM）创建安装程序应答文件。您还可以在应答文件中添加软件包，比如应用程序或驱动程序。

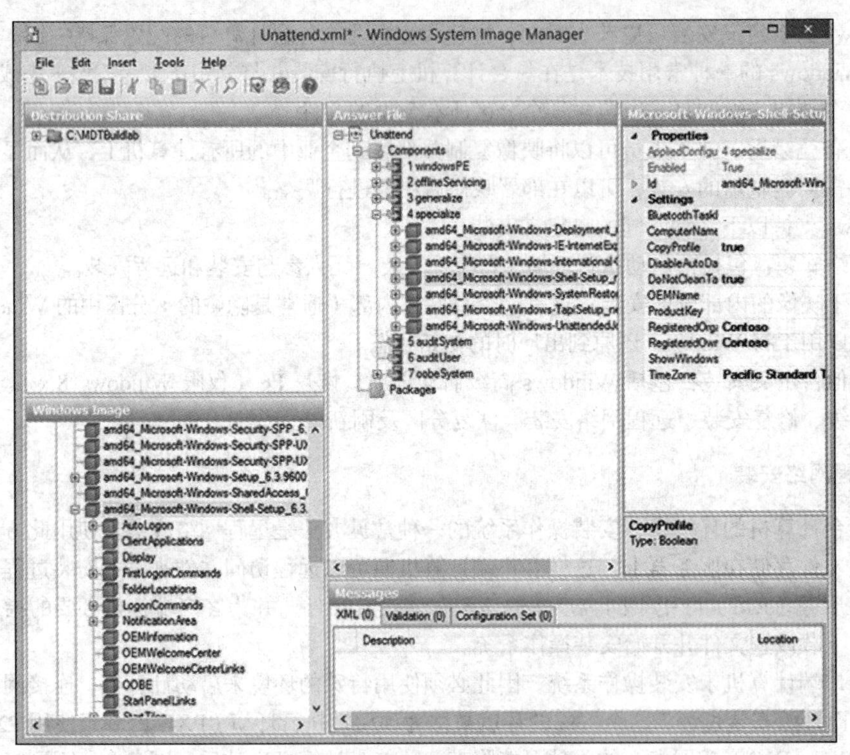

图 10-18 Windows SIM

系统会将应答文件复制到服务器上的分布式共享文件夹中。此时，您可以做以下任何一件事。

- 在客户端计算机上运行 unattended.bat 文件，准备硬盘驱动器并通过网络从服务器安装操作系统。
- 创建一个启动磁盘，负责启动计算机并连接到服务器的分布式共享文件夹。然后运行批处理文件，其中包含一组通过网络安装操作系统的指令。

注 意 Windows SIM 是 Windows 自动安装工具包（AIK）的一部分，可从 Microsoft 网站下载。

5. 恢复分区

装有 Windows 的某些计算机包含一个用户不可访问的磁盘区域，此分区被称为恢复分区，如图 10-19 所示，其中包含的映像可用于将计算机还原到原始配置。

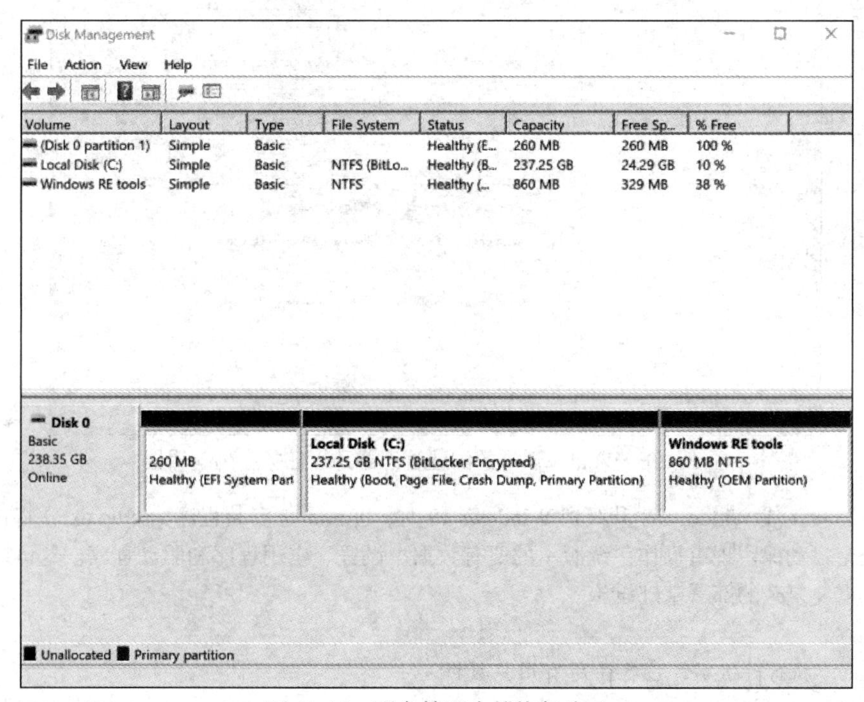

图 10-19 磁盘管理中的恢复分区

恢复分区通常是隐藏的，以防止它用于恢复之外的其他用途。要使用恢复分区还原计算机，通常必须在计算机启动时使用特定的按键或按键组合。有时，从出厂恢复分区进行还原的选项位于 BIOS 中或可在 Windows 访问的制造商提供的程序中。这时需要与计算机制造商联系，了解如何访问该分区和还原计算机的原始配置。

注 意 如果操作系统因硬盘驱动器发生故障而损坏，恢复分区也可能已损坏，并将无法恢复操作系统。

6. 升级方法

升级运行 Windows 的 PC 方法有以下两种。

（1）就地升级

将当前运行 Windows 7 或 Windows 8.1 的 PC 升级到 Windows 10 的最简单的方法是就地升级。这将更新操作系统并将应用程序和设置迁移到新的操作系统。可以使用系统中心配置管理器（Configuration Manager）任务序列让该过程完全实现自动化。图 10-20 显示了 Windows 10 的配置管理器升级任务序列编辑器。

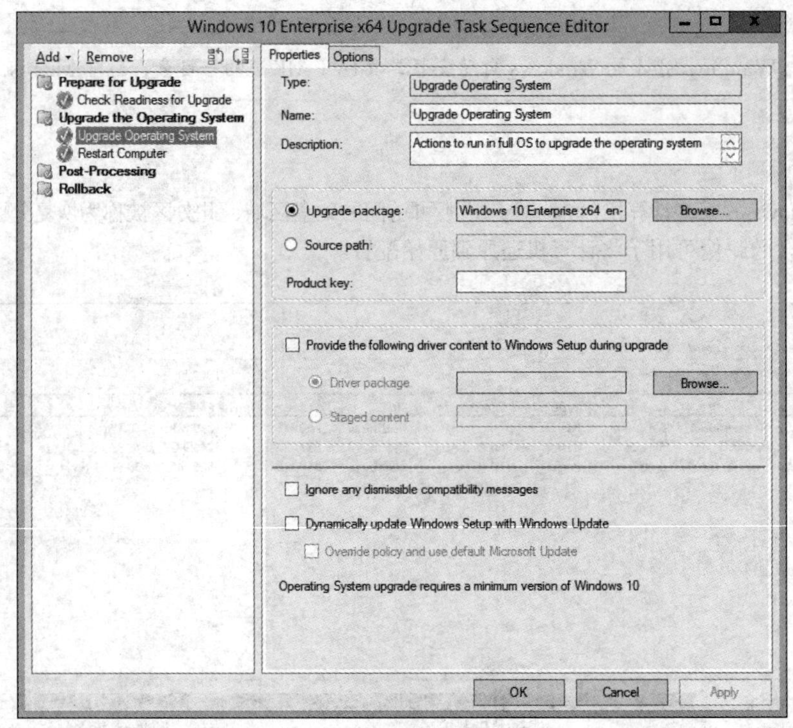

图 10-20　Windows 10 的配置管理器升级任务序列编辑器

将 Windows 7 或 Windows 8 升级到 Windows 10 时，Windows 安装程序（setup.exe）将执行就地升级，该升级会自动保留现有操作系统版本的所有数据、设置、应用程序和驱动程序。这可以节省工作量，因为不需要复杂的部署基础设施。

注　意　执行升级前，应备份所有用户数据。

（2）干净模式安装

另一种升级到 Windows 新版本的方法是执行干净模式安装。由于干净模式安装会彻底擦除驱动器，因此应将所有文件和数据都保存到某种形式的备份驱动器中。

在执行 Windows 的干净模式安装前，必须先创建安装介质。它可以位于 PC 可从中启动以运行安装程序的光盘或闪存驱动器中。Windows 7、Windows 8.1 和 Windows 10 可以直接从 Microsoft 下载。Windows 下载网站中包括创建安装介质的说明。

注　意　特定 Windows 版本需要有效的产品密钥，以便在安装完成后激活 Windows。

10.3.3　Windows 操作系统的启动

引导顺序定义计算机应检查哪些设备的操作系统引导文件，并指定检查这些设备的顺序。了解 Windows 操作系统的启动过程可以帮助技术人员解决启动问题。

1. Windows 操作系统的启动顺序

完成 POST 过程后，BIOS 会查找并读取 CMOS 内存中保存的配置设置。启动设备优先级（见

图 10-21）是指根据检查设备的顺序找到可启动分区。启动设备优先级在 BIOS 中设置，并可以按任意顺序排列。BIOS 使用包含有效启动扇区的第一个驱动器启动计算机。该扇区包含主启动记录（Master Boot Record，MBR）。MBR 识别卷启动记录（VBR）并加载引导管理器，对于 Windows 来说，它是 bootmgr.exe。

根据主板的功能，可以在启动顺序中使用硬盘驱动器、网络驱动器、USB 驱动器，甚至可移动介质。有些 BIOS 还有一个启动设备优先级菜单，在计算机启动过程中使用特定按键即可访问该菜单。通过使用此菜单可以选择要启动的设备，如图 10-21 所示。

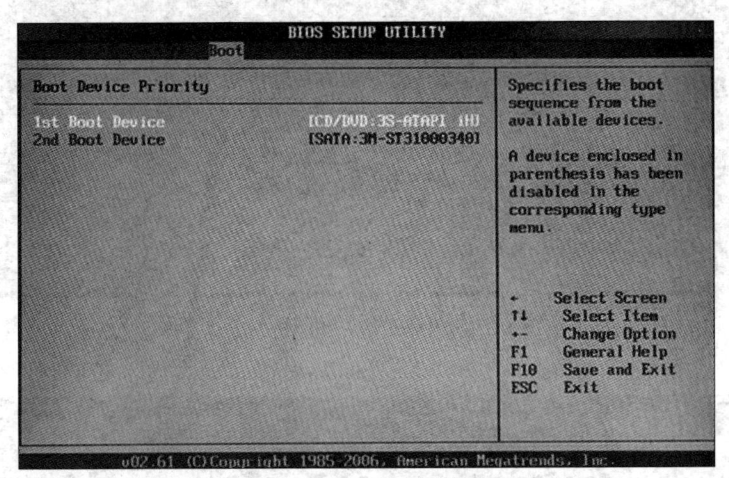

图 10-21 启动设备优先级

2. Windows 7 的启动模式

某些问题会导致 Windows 无法启动。要排除和修复此类问题，请使用某个 Windows 启动模式。

在启动过程中按 F8 键可打开“Advanced Boot Options”界面，如图 10-22 所示。用户可以使用此界面选择他们希望启动 Windows 的方式。以下是 4 个常用的启动选项。

- 安全模式：用于排除 Windows 和 Windows 启动故障的诊断模式。功能有限，因为许多设备驱动程序尚未加载。
- 网络安全模式：在网络支持下以安全模式启动 Windows。
- 带命令提示符的安全模式：启动 Windows 并加载命令提示符，而不是 GUI。
- 最近一次的正确配置：加载 Windows 最近一次成功启动所使用的配置设置，访问为此创建的注册表副本即可完成此操作。

注 意 除非在发生故障后立即使用此设置，否则最近一次的正确配置将没有用。如果计算机重启并设法打开 Windows，则会用错误信息更新注册表。

3. Windows 8 和 Windows 10 的启动模式

Windows 8 和 Windows 10 的启动速度都非常快，无法通过 F8 键来访问启动设置，而是按住 Shift 键，在“Power”菜单中选择“Restart”选项，此操作会显示“Choose an Option”界面。要获取启动设置，请选择“Troubleshoot”，然后在下一个界面中选择“Advanced options”。在“Advanced options”中选择“Startup settings”，再在下一个界面中选择“Restart”。这时，计算机将重新启动并显示图 10-23 所示的“Startup Settings”菜单。要选择启动选项，请使用与所需选项对应的数字或功能键 F1 ~ F9。

```
Advanced Boot Options

Choose Advanced Options for: Windows Setup
(Use the arrow keys to highlight your choice.)

    Safe Mode
    Safe Mode with Networking
    Safe Mode with Command Prompt

    Enable Boot Logging
    Enable low-resolution video (640x480)
    Last Known Good Configuration (advanced)
    Directory Services Restore Mode
    Debugging Mode
    Disable automatic restart on system failure
    Disable Driver Signature Enforcement

    Start Windows Normally

Description: Start Windows with only the core drivers and services. Use
             when you cannot boot after installing a new device or driver.

ENTER=Choose                                                  ESC=Cancel
```

图 10-22 “Advanced Boot Options”界面

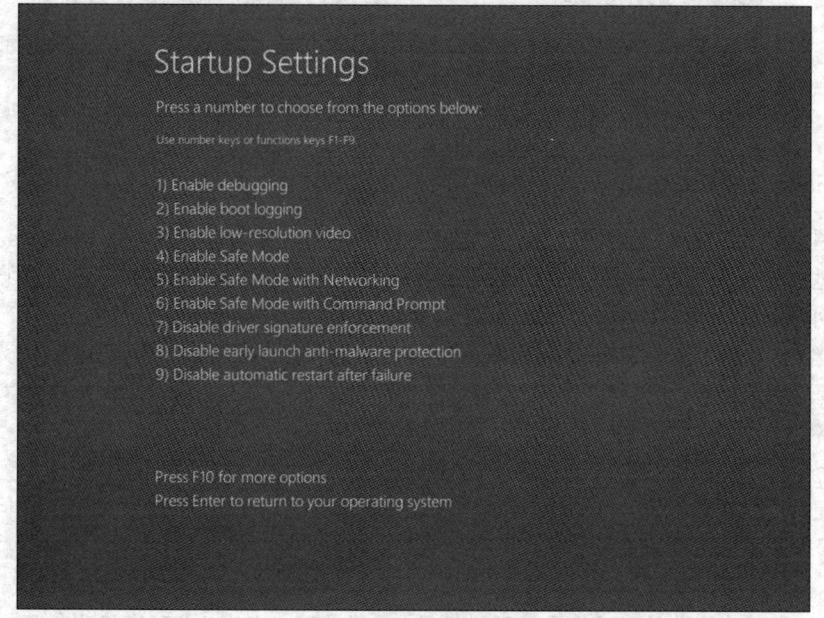

图 10-23 启动选项

10.4 总结

在本章中，您了解到所有操作系统都执行 4 个相同的基本功能：控制硬件访问、管理文件和文件夹、提供用户界面以及管理应用。您还了解到，共有 3 种常用的桌面操作系统：Microsoft Windows、Apple macOS 和 Linux。本章重点介绍了 Microsoft Windows 操作系统，尤其是 Windows 7、Windows 8 和 Windows10。您了解了每个 Windows 操作系统的最低系统要求。这些系统要求定义了操作系统正确安装和运行所需的最小 RAM、存储驱动器空间和 CPU 速度。

在安装操作系统之前，必须选择存储介质设备并准备好接收操作系统。您学习了如何通过将驱动器格式化为分区来为Windows操作系统的安装准备存储驱动器。您了解了包含操作系统文件的主分区、用于存储和引导操作系统的活动分区，以及可以创建的用于容纳逻辑驱动器的扩展分区。

此外，您了解了 Windows 操作系统的基本安装和自定义安装选项。

本章最后总结了 Windows 操作系统的启动顺序以及 Windows 7、Windows 8 和 Windows 10 的启动模式。

10.5 复习题

请您完成此处列出的所有复习题，以测试您对本章主题和概念的理解。答案请参考附录。

1. 技术人员被要求设置一个支持两个操作系统的硬盘驱动器，并将数据文件存储在 3 个单独的驱动器位置。哪些分区设置将支持这些要求？

   A. 2 个主要，1 个活动，1 个扩展，3 个逻辑
   B. 1 个主要，3 个活动，1 个扩展，2 个逻辑
   C. 3 个主要，1 个活动，2 个扩展
   D. 2 个逻辑，2 个活动，3 个扩展

2. 以下哪项包含有关硬盘驱动器分区组织方式的信息？

   A. BOOTMGR　B. MBR　C. CPU　D. Windows 注册表

3. 为了引导 PC，BIOS 使用硬盘上的哪个位置来搜索操作系统指令？

   A. 活动分区　B. 逻辑驱动器　C. 扩展分区　D. Windows 分区

4. 在 Windows 8.1 的安装过程中会自动创建哪种类型的用户账户？

   A. 管理员　B. 标准用户　C. 访客　D. 远程桌面用户

5. 用什么术语来描述可以格式化以存储数据的逻辑驱动器？

   A. 扇形区　B. 分区　C. 轨道　D. 集群
   E. 卷标

6. 一名技术人员正尝试在使用支持最大为 2 TB 分区的引导扇区标准的硬盘上创建多个分区。每个硬盘驱动器允许的最大主分区数量是多少？

   A. 32　B. 2　C. 128　D. 16
   E. 4　F. 1

7. 哪种文件系统允许使用大于 5 GB 的文件，并且大多数用于内部硬盘驱动器？

   A. NTFS　B. exFAT　C. CDFS　D. FAT64
   E. FAT32

8. 哪个版本的操作系统可以升级到 64 位 Windows 10 Pro？

   A. Windows 7 Home 的 64 位版本　B. Windows XP Pro 的 64 位版本
   C. Windows 8 Pro 的 32 位版本　D. Windows 10 Pro 的 32 位版本

9. 在启动过程中按下的哪个键或键序列允许用户使用最后一个已知的正确配置启动 Windows PC？

   A. F8　B. F12　C. Alt-Z　D. Windows key
   E. F1

10. 一台运行 32 位 Windows 10 Pro 的 PC 所能处理的最大物理 RAM 是多少？

   A. 8 GB　B. 2 GB　C. 4 GB　D. 16 GB

11. 哪个用户账户应仅用于执行系统管理，而不能用作常规使用的账户？

A. 访客　　B. 超级用户　　C. 管理员　　D. 标准用户

12. 与FAT32相比，NTFS具有以下哪些优点？（双选）

A. NTFS允许自动检测坏扇区

B. NTFS支持更大的分区

C. NTFS可以更快地访问USB驱动器之类的外围设备

D. NTFS提供更多的安全功能

E. NTFS允许更快地格式化驱动器

F. NTFS更易于配置

13. 哪个文件系统用于通过网络访问文件？

A. CDFS　　B. NTFS　　C. NFS　　D. FAT

14. 以下哪两种是计算机用户界面的类型？（双选）

A. API　　B. OpenGL　　C. CLI　　D. GUI

E. PnP

第 11 章 Windows 操作系统的配置

学习目标

通过完成本章的学习，您将能够回答下列问题。

- Windows 版本 7、8、8.1 和 10 有什么区别?
- 如何使用 Windows 桌面的功能?
- 如何使用 Windows 任务管理器来管理正在运行的进程和服务
- 如何使用文件资源管理器来管理文件、文件夹和应用程序?
- 如何使用 Microsoft Windows 控制面板工具?
- 如何使用控制面板工具配置用户账户?
- 如何使用控制面板工具配置 Internet 和网络连接?
- 如何配置 Windows 显示设置和个性化设置?
- 如何使用系统和电源选项控制面板?
- 如何使用硬件和声音控制面板?
- 如何使用“时钟”“区域”和“语言”控制面板或设置来为某个位置配置计算机?
- 如何使用“程序和功能”控制面板来管理 Windows 软件?
- Windows 故障排除控制面板如何用于调查系统问题?
- 如何使用 Microsoft Windows 实用程序管理系统资源?
- 如何使用 Microsoft Windows 实用程序管理系统操作?
- 如何使用 Microsoft Windows 实用程序管理系统卷存储?
- 如何管理软件应用程序?
- 如何使用 Windows 命令行 CLI?
- 如何使用文件系统命令与 Windows 文件系统一起工作?
- 如何使用磁盘 CLI 命令来操作 Windows 磁盘?
- 如何使用任务和系统 CLI 命令来控制 Windows 操作?
- 如何使用其他 CLI 命令来完成 Windows 任务?
- 如何配置 Windows 计算机以共享网络上的资源?
- 如何配置要与其他网络用户共享的本地资源?
- 如何在 Windows 中配置有线网络接口?
- 如何在 Windows 中配置无线网络接口?
- 如何使用 Windows 应用程序访问远程计算机?
- 如何使用 Windows 远程桌面和远程协助与远程计算机一起工作?
- 如何使用 Microsoft Windows 工具对计算机上进行预防性维护?
- 如何执行系统还原过程?
- 对 Microsoft Windows 操作系统进行故障排除的 6 个步骤是什么?
- 与 Microsoft Windows 操作系统相关的常见问题和解决方案是什么?
- 如何解决高级 Windows 操作系统问题?

内容简介

Microsoft Windows 操作系统的第一个版本发布于 1985 年。从那时起便有超过 25 个版本、子版本及变体相继发布。作为一名 IT 技术人员和专业人员，您应该了解目前使用的最普遍的 Windows 版本：Windows 7、Windows 8 和 Windows 10。

在本章中，您将了解不同的 Windows 版本以及最适合企业和家庭用户的版本。您将了解如何使用 GUI 中的控制面板以及 Windows 命令行界面（CLI）中的命令和 PowerShell 命令行实用程序中的命令来配置 Windows 操作系统并执行管理任务。

您将了解在网络上组织和管理 Windows 计算机的两种方法（域和工作组）以及如何在网络上共享本地计算机资源（如文件、文件夹和打印机）。您还将了解如何在 Windows 中配置有限网络连接。

您将了解预防性维护计划如何缩短停机时间、提高性能、提高可靠性并降低维修成本，并且应该在对用户造成的干扰最低时进行预防性维护工作。定期扫描病毒和恶意软件也是预防性维护的重要组成部分。

在本章的最后，您将了解如何将故障排除过程中的 6 个步骤应用于 Windows 操作系统。

11.1 Windows 桌面和文件资源管理器

Windows 桌面是计算机打开时看到的屏幕，它提供了管理和组织文件所需的所有工具。文件资源管理器还可以用于导航和管理计算机上的驱动器、文件夹和文件。从 Windows 95 开始，它是每个版本的 Microsoft Windows 中都可以使用的文件浏览器。在 Windows 95 中，从 Window 8 以来的 Windows 资源管理器，现被称为文件资源管理器。

11.1.1 比较 Windows 的版本

在某些方面，Microsoft Windows 版本与之前的版本有很大不同。例如，用户界面的外观和计算能力差异很大。但是，熟悉的元素在不同的迭代中仍然存在。

Microsoft Windows 的第一版操作系统发布于 1985 年，从那时起便有超过 25 个版本、子版本及变体相继发布。此外，每个版本还可分为家庭版、专业版、旗舰版或企业版，并提供 32 位或 64 位版本。例如，微软为 Windows 10 开发并发布了 12 个版本（但目前只有 9 个版本可供使用）。

企业和个人对 Windows 操作系统的需求各不相同。在企业网络中，受网络上的设备数量和更高安全性要求的影响，通常需要集中管理用户账户和系统策略。通过加入 Active Directory 域，将用户账户和安全策略配置在域控制器上来实现集中管理。Windows 专业版、企业版、旗舰版和教育版可加入 Active Directory 域。

其他企业功能包括以下几种。

- BitLocker：允许用户加密磁盘驱动器或可移动驱动器上的所有数据。Windows 7 企业版和旗舰版、Windows 8 专业版和企业版以及 Windows 10 专业版、企业版和教育版均提供此功能。
- 加密文件系统（EFS）：为 Windows 7 专业版、企业版和旗舰版、Windows 8 专业版和企业版以及 Windows 10 专业版、企业版和教育版提供的一项功能，允许用户配置文件和文件夹级别的加密。
- 分支缓存：允许远程计算机共享对共享文件夹和文件或文档门户（如 SharePoint 站点）的单个数据缓存的访问权限。由于各客户端无须下载其自身的缓存数据副本，因此可减少 WAN 流量。Windows 7 企业版和旗舰版、Windows 8 企业版以及 Windows 10 专业版、企业版和教育版均提供此功能。

还有一些面向个人的 Windows 功能，比如 Windows Media Center。此 Microsoft 应用程序允许用户将计算机用作可播放 DVD 的家庭娱乐设备。Windows 7 家庭高级版、专业版、企业版和旗舰版均提供 Windows Media Center。在 Windows 8 中，它是一项需要付费的附加功能，但已在 Windows 10 中停用。

本章将介绍对 Windows 进行配置、维护和故障排除的各类工具和应用程序，但本书主要关注 Windows 10。当 Windows 7 和 Windows 8 与 Windows 10 存在较大差异且有讨论价值时，将对前两个操作系统进行探讨。

接下来将比较各 Windows 版本的异同。

（1）Windows 7

Windows 7 发布于 2009 年 10 月，该版本改进了界面、性能和文件资源管理器，库和家庭组文件共享功能也在该版本中首次出现。任务栏提供了多种增强功能，从而让桌面的外观和使用感受与 Windows Vista 相比大有改观。由于该版本相当成功，因此 Microsoft 为其提供的扩展支持延续到 2020 年 1 月才告结束。

（2）Windows 8

2012 年 10 月发布的 Windows 8 对 Windows 界面做了极大修改，使其与 Windows 7 有很大差别。这么做是为了提高 Windows 与触摸屏设备（如平板电脑和手机）之间的兼容性。虽然 Windows 8 在安全性和性能方面做了改进，但其界面上发生的变化却未受到认可，给学习其用法的一些用户带来了困难。例如，Windows 8 中没有“Start”按钮，这给一些用户带来很大的不便。

（3）Windows 8.1

由于 Windows 8 的认可度不高，因此 Microsoft 迅速做出回应，听取了用户对该版本的批评意见，对其进行了更新。Windows 8.1 发布于 2013 年 10 月，距离 Windows 8 发布仅一年时间。该版本增加了一个为旧版用户所熟悉的“Start”屏幕，任务栏上也出现了一个醒目的“Start”按钮。该版本包括了桌面界面的其他新功能和更为简便的配置选项。

（4）Windows 10

在撰写本书时，Windows 10 是 Windows 的最新版本。Windows 10 目前有 9 个版本。本书中使用的示例取自 Windows 10 专业版。

Windows 10 零售版发布于 2015 年 7 月。曾为 Windows 8 摒弃的针对台式机的界面在 Windows 10 中得以回归。它支持在平板电脑、手机和嵌入式系统（如物联网[IoT]单板计算机）的单击式界面与触摸式界面之间进行轻松切换。Windows 10 支持在台式机和移动设备上运行的通用应用程序。它还引入了 Microsoft Edge 网络浏览器。它提供的安全功能更为强大、登录速度也更快，并对系统文件进行了加密以节省磁盘空间。超级按钮则为全新的可提供通知和快速设置的 Windows 操作中心所取代。

Windows 10 使用了全新更新模式。Microsoft 每年都会提供两次功能更新。这些更新会在 Windows 中加入新的功能，并对现有功能进行改进。这些更新会以编号标识，而其说明则会发布在 Microsoft 网站上。功能更新之后，很有可能会发现某些 Windows 的应用程序和工具发生了变化。通常情况下，质量更新或累积更新每月安装一次。这些更新可能包含修复 Windows 问题的补丁，或用于解决新威胁和漏洞的安全更新。

总结上述 Windows 版本的异同，它们的主要区别如表 11-1 所示。

表 11-1　本书涉及的各 Windows 版本的区别

Windows 版本	发布时间	重要特点	支持终止日期
10	2015 年 7 月	改进了桌面界面，整合了“Start”菜单项和磁贴通用应用程序 Windows 操作中心取代超级按钮	主要支持：2020 年 10 月，扩展支持：2025 年 10 月
8.1	2013 年 10 月	“Start”屏幕与 Windows 7 更相似，新增了界面配置选项	2023 年 1 月

续表

Windows 版本	发布时间	重要特点	支持终止日期
8.0	2012年10月	面向移动设备优化了界面，包括了防病毒功能文件资源管理器取代了 Windows 资源管理器不受认可，学习难度大	2016年1月
7	2009年10月	改进了界面 改进了任务栏 库家庭组文件共享	2020年1月

11.1.2　Windows 的桌面

本小节将介绍 Windows 桌面。它是 Windows 图形用户界面（GUI）的主屏幕，允许用户组织屏幕上的图标，以便与操作系统应用程序和工具进行交互。自 Windows 95 以来，每个版本的 Windows 都包含 Microsoft Windows 桌面。在安装操作系统之后，可以自定义计算机桌面以适应个人需要。桌面上有用于各种目的的图标、工具栏和菜单。例如，您可以添加或更改图像、声音和颜色，以提供更个性化的外观。

1. Windows 7 桌面

Windows 7 有一个名为 Aero 的默认主题。Aero 具有半透明的窗口边框，可呈现多种动画效果，并带有以缩略图显示文件内容的图标。

Windows 7 及更高版本包含以下桌面功能。

- 摇动：单击并按住一个窗口的标题栏用鼠标摇动，使所有未使用的窗口最小化。重复此操作可将所有窗口最大化。
- 窥视：将光标移到任务栏右边缘的“Show Desktop”按钮上，查看已打开窗口后面的桌面图标。此操作可让已打开的窗口变为透明。单击此按钮使所有窗口最小化。
- 贴靠：将窗口拖到屏幕边缘来调整窗口大小。将窗口拖到桌面的左边缘，使窗口适合屏幕左半部分的大小。将窗口拖到桌面的右边缘，使窗口适合屏幕右半部分的大小。将窗口拖到屏幕顶部可将其最大化。

在 Windows 7 中，用户可以在桌面上放置“Gadgets”（小工具）。“Gadgets”是一些小应用程序，如游戏、便签、日历或时钟。图 11-1 显示了 Windows 7 桌面上的天气、日历和时钟小工具。

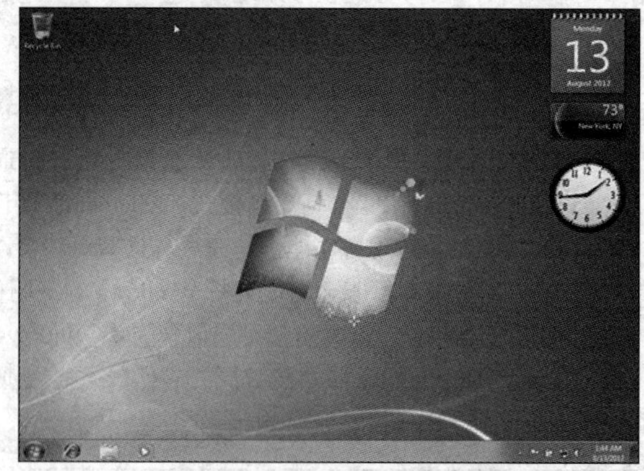

图 11-1　Windows 7 桌面上的天气、日历和时钟小工具

注　意　出于安全考虑，Microsoft 已在 Windows 7 之后的版本中停用了“Gadgets”功能。

要将“Gadgets”添加到 Windows 7 桌面，请执行以下步骤。

步骤 1　用鼠标右键单击桌面任意位置，然后选择“Gadgets”。

步骤 2 将小工具从菜单拖曳到桌面，或双击小工具将其添加到桌面，或用右键单击小工具并选择“Add”。

步骤 3 要贴靠小工具，请将其拖曳到所需的桌面位置。小工具会自动与屏幕边缘和其他小工具对齐。

2. Windows 8 的桌面

Windows 8 引入了一种在“Start”屏幕上使用磁贴的新桌面，如图 11-2 所示，此环境可用于台式机和便携式计算机,但也针对移动设备进行了优化。Microsoft 计划统一桌面设备和移动设备的 Windows 界面。“Start”屏幕显示了一系列可自定义的磁贴，其作用是让用户访问应用程序以及其他信息，比如社交媒体更新和日历通知等。这些磁贴代表各种通知、应用程序或桌面程序。有些磁贴可显示动态内容，它们被称为动态磁贴。另一个新的 GUI 元素是一个包含 5 个图标的垂直栏，被称为超级按钮。将鼠标光标放在屏幕的右上角或者用手指从触摸屏的屏幕右边缘向左滑动即可访问超级按钮。用户可通过它们快速访问常用功能。

Windows 8 的任务管理器经过修改，其文件资源管理器（以前被称为 Windows 资源管理器）新增了一个功能区菜单，并直接在操作系统中包括了名为 Windows Defender 的防病毒功能。

3. Windows 8.1 的桌面

图 11-3 显示了 Windows 8.1 的桌面界面，其中包括任务栏、“Start”按钮和固定的图标。单击“Start”按钮会显示与 Windows 8“Start”屏幕非常相似的“Start”屏幕。

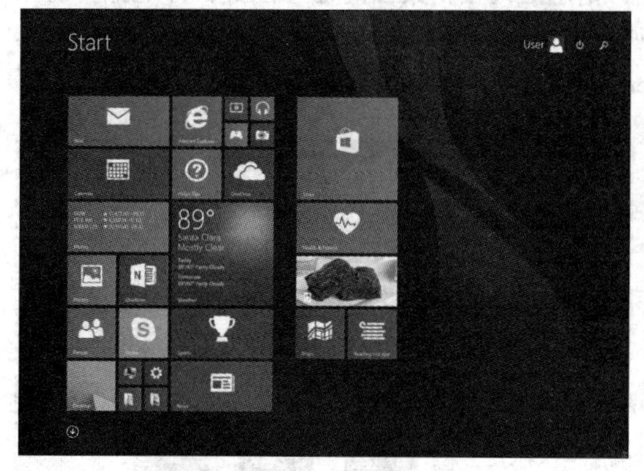

图 11-2 Windows 8 桌面的“Start”屏幕

图 11-3 Windows 8.1 的桌面界面

4. Windows 的个性化桌面

Windows 提供了众多设置项，用户可通过它们对桌面和 Windows GUI 的其他方面进行个性化设置。用右键单击桌面的空白区域并选择“Personalize”即可立即访问这些设置，然后 Windows 会显示背景设置。拖曳“Settings”框的右边框即可将其拉宽，并显示个性化设置菜单。选择可用主题即可立即更改 Windows GUI 的外观和体验，如图 11-4 所示。主题是搭配得当的 GUI 设置的预设组合。您还可以通过您所做的设置创建主题，以备日后使用。非预设主题则可通过 Microsoft Store 下载，您还可以在此处对 Windows GUI 进行许多其他更改。

Windows 8 的应用程序环境具有高度可定制性。要重新排列各个磁贴，请单击并拖曳磁贴。要重命名磁贴组，请用右键单击屏幕上的任何空白区域，并选择“Name groups”。要将磁贴添加到主屏幕，请在完成搜索后用右键单击所需的 Windows 应用程序，然后选择“Pin to Start”。要搜索某应用程序，请单击“Charms”栏中的“Search”，也可以在 Windows 应用程序环境下输入应用程序的名称，然后搜索将自动开始。图 11-5 显示了 Windows 8 的“Start”屏幕。

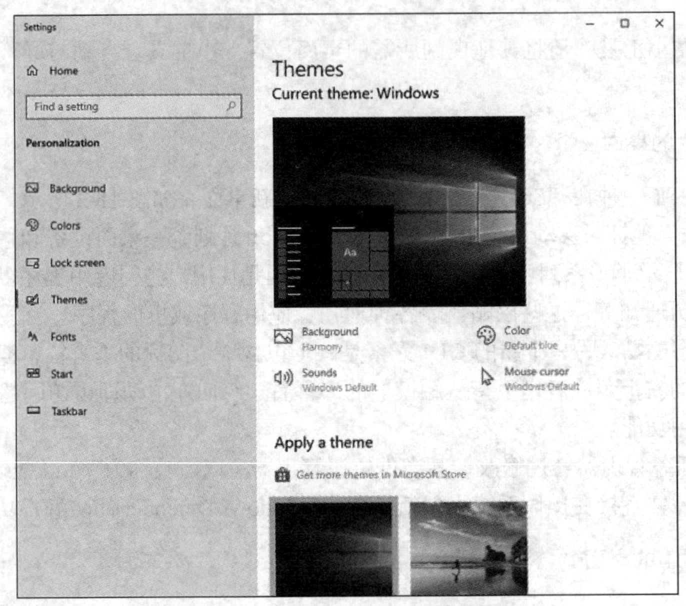

图 11-4 Windows 10 主题设置界面

在 Windows 7 和 Windows 8.1 中，要自定义桌面，请用右键单击桌面的任意位置，并选择“个性化”。在“Personalization”窗口中，您可以更改桌面外观、显示设置和声音设置。图 11-6 显示了 Windows 8 的“Personalization”窗口。它与 Windows 7 的“Personalization”窗口非常相似。

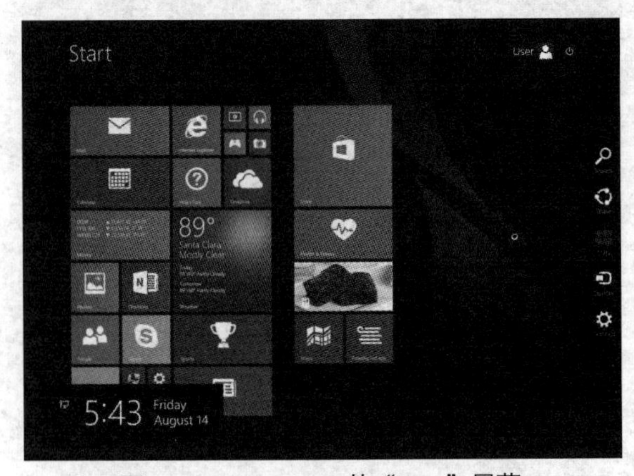

图 11-5 Windows 8 的“Start”屏幕

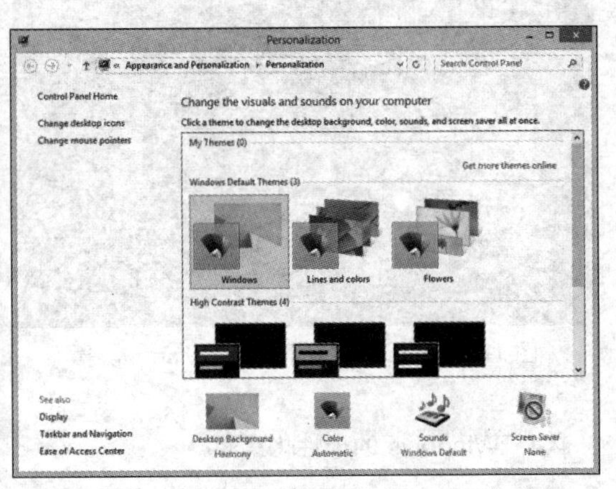

图 11-6 Windows 8 的“Personlization”窗口

5. Windows 10 的“Start”菜单

Windows 10 的“Start”菜单由 3 个主要部分组成。位于左侧的是常用库的快捷方式、设置和“Shutdown”按钮；位于中间的是按字母顺序排列的应用程序菜单，顶部区域包含最新安装的应用程序和最常用的应用；位于右侧的则是按类别排列的应用程序磁贴（如游戏、创意软件等）。图 11-7 显示了 Windows 10 的“Start”菜单。

6. Windows 8.1 和 Windows 8.0 的“Start”菜单

在 Windows 8.0 中，随着 Windows 应用程序环境的引入，Microsoft 删除了“Start”按钮和“Start”

菜单。"Start" 菜单被替换为 "Start" 屏幕，如图 11-8 所示。

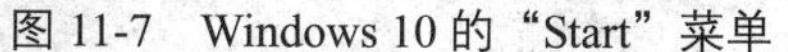

图 11-7 Windows 10 的 "Start" 菜单

图 11-8 Windows 8 的默认 "Start" 屏幕

单击向下箭头可显示按字幕顺序排列的可用应用程序列表，如图 11-9 所示。

经多方请求，Microsoft 在 Windows 8.1 中重新使用了包含有限内容的 "Start" 按钮。"Start" 屏幕仍然扮演着 "Start" 菜单的角色，但 Windows 8.1 用户可以通过一个按钮访问 "Start" 屏幕。其他访问 "Start" 屏幕的方式包括在键盘上按 Win 键，或单击 "Charms" 栏上的 "Start" 按钮。

在 Windows 8.1 中用右键单击 "Start" 按钮可以显示有限内容的 "Start" 菜单，如图 11-10 所示。

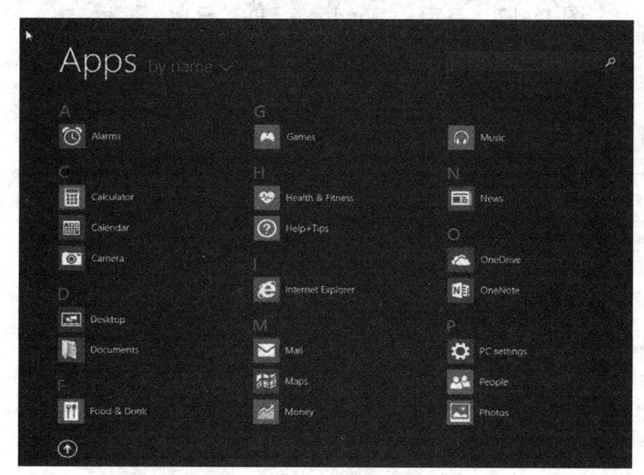

图 11-9 Windows 8 的可用应用程序列表

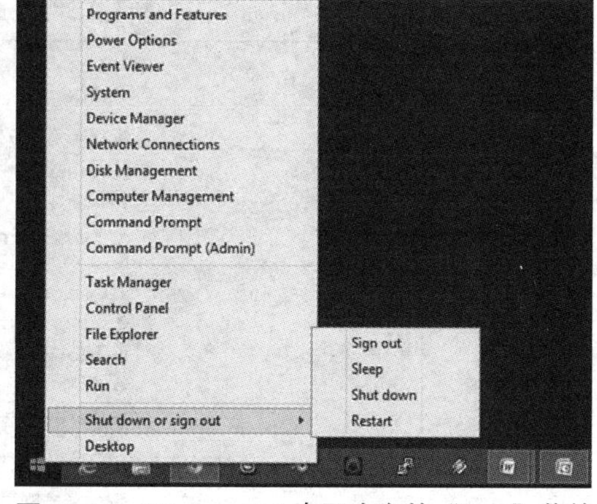

图 11-10 Windows 8.1 有限内容的 "Start" 菜单

7. Windows 7 的 "Start" 菜单

单击桌面左下角的 Windows 图标即可访问 Windows 7 的 "Start" 菜单。"Start" 菜单（见图 11-11）会显示计算机上已安装的所有应用程序、最近打开的文档和其他元素，如搜索功能、帮助和支持以及控制面板等。

要自定义 Windows 7 中的 "Start" 菜单设置，请用右键单击任务栏的空白部分，并选择 "自定义"，弹出 "Customize Start Menu" 对话框，如图 11-12 所示。

8. 任务栏

用户可通过 "Taskbar"（任务栏）轻松访问许多重要和常用的 Windows 功能。应用程序、文件、工具和设置均可通过此处进行访问。用右键单击 "Taskbar" 或打开 "Taskbar and Navigation" 控制面板可进入 "Settings" 屏幕，可以在这里轻松配置任务栏的外观、位置、操作和功能。图 11-13 显示了

Windows 10 的“Taskbar”设置屏幕，它可通过“Personalization Settings”窗口中的“Taskbar”选项打开。

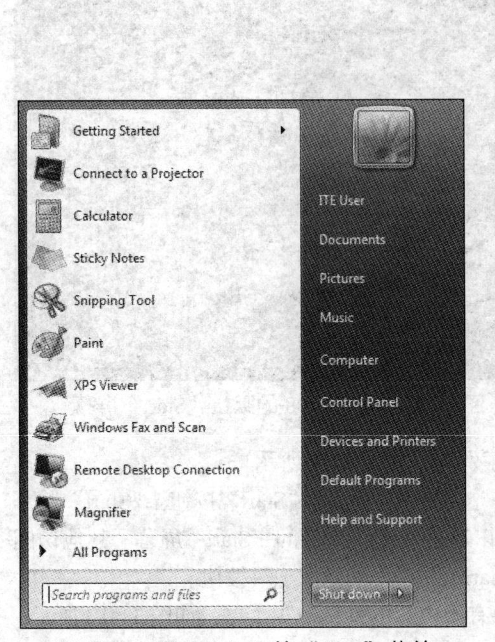

图 11-11　Windows 7 的“Start”菜单

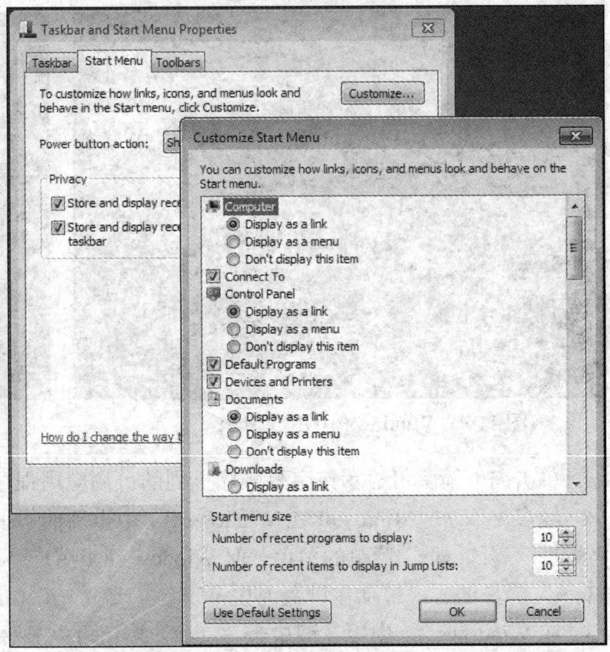

图 11-12　自定义 Windows 7 的“Start”菜单

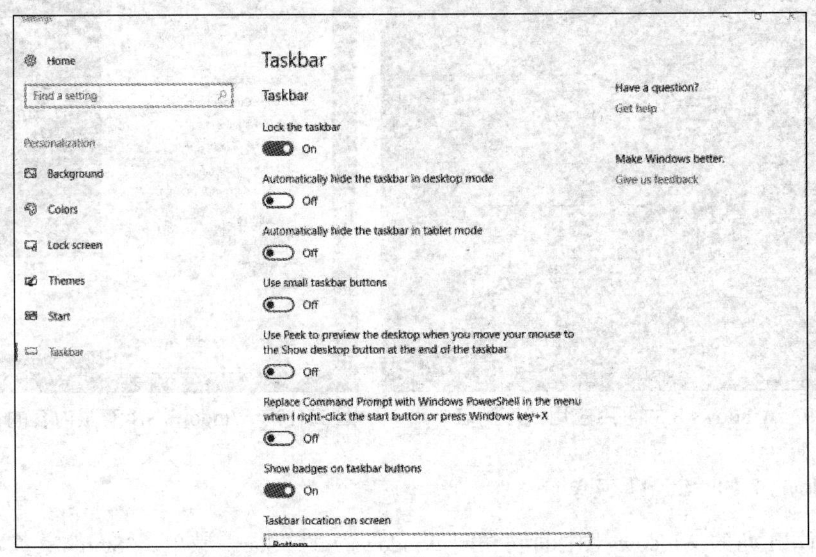

图 11-13　Windows 10 的“Taskbar”设置屏幕

以下是一些有用的任务栏功能。

- 跳转列表：要显示某个应用程序的独特任务列表，可用右键单击任务栏中应用程序的图标。
- 固定应用程序：要将应用程序添加到任务栏中以便快速访问，可用右键单击应用程序图标，并选择“Pin to taskbar”（固定到任务栏）。
- 缩略图预览：要查看正在运行的程序的缩略图，可将鼠标悬停在任务栏中该程序的图标上。

不同 Windows 版本的任务栏设置略有差异。

图 11-14 显示了 Windows 8.1 的“Taskbar and Navigation properties”对话框。

图 11-15 显示了 Windows 7 的“Customize Start Menu”对话框。

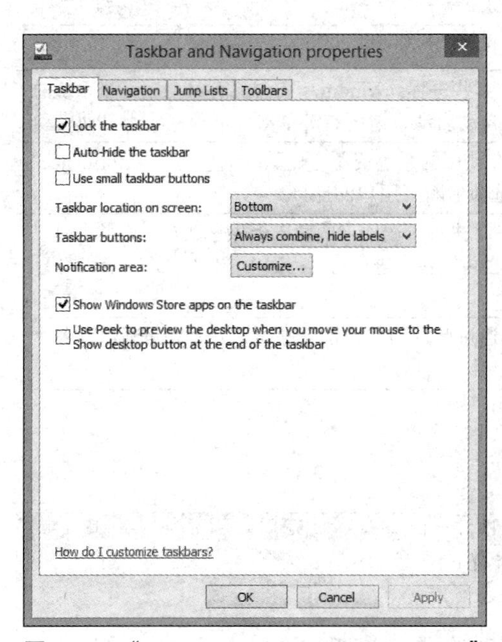

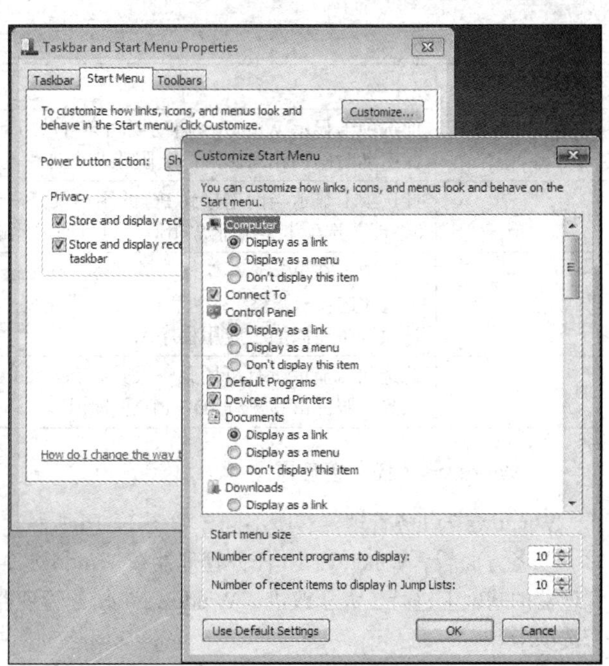

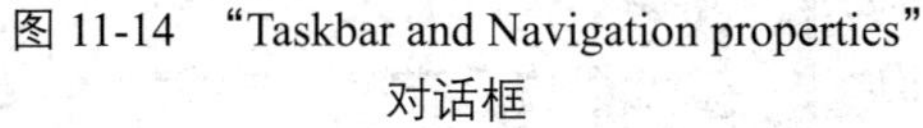
图 11-14 “Taskbar and Navigation properties”对话框

图 11-15 “Customize Start Menu”对话框

11.1.3 Windows 任务管理器

Windows 任务管理器提供有关计算机上运行的所有应用程序、进程和服务的信息。它可以用来监视系统资源和正在使用它们的程序。任务管理器还可用于终止导致系统问题或停止响应用户输入的进程。终止进程时必须小心，因为它们可能是系统操作所必需的。Windows 10 和 Windows 8 中的任务管理器基本相同。Windows 7 的任务管理器具有一些本质区别。

1. Windows 10 任务管理器

Windows 10 任务管理器中的 7 个选项卡提供了用于监控 Windows 运行情况的重要信息。您可以用右键单击“Taskbar”并选择“Task Manager”（任务管理器）条目或使用菜单来打开任务管理器；按下组合键也可打开任务管理器。最后，按下 Win+X（或 Ctrl+Shift+Esc 或 Ctrl+Alt+Del）组合键时，也可在出现的屏幕上看到任务管理器。

表 11-2 介绍了 Windows 10 任务管理器的 7 个选项卡。

表 11-2

选项卡	描述
进程	此选项卡列出了计算机上当前正在运行的进程。进程是由用户、程序或操作系统启动的一组指令。正在运行的进程分为应用进程、后台进程和 Windows 系统进程
性能	此选项卡包含动态的系统性能图，可以选择任何选项（CPU、内存、磁盘或以太网）以查看各选项的性能图
应用程序历史记录	此选项卡显示历史资源利用率，比如 CPU 时间、网络数据的使用情况、数据的上传和下载。信息按日期显示。数据可删除，删除数据后日期则会重置为当前日期。这些信息仅适用于已安装的主要来自 Microsoft 应用商店的软件，而非应用程序

续表

选项卡	描述
启动	此选项卡显示 Windows 启动期间会自动启动哪些进程。Windows 还会测算每个进程对系统总体启动时间的相对影响。要阻止某个进程的自动启动，请用右键单击该进程并禁用自动启动
用户	此选项卡显示当前连接到 PC 的用户及其正在使用的系统资源。显示的信息与“performance”（性能）选项卡上的非常相似，也可通过此选项卡断开用户的连接
详细信息	此选项卡在 Windows 7 任务管理器“Process”（进程）选项卡的基础上做了改进，由此，可以通过此选项卡调整给定进程的 CPU 优先级，也可以指定进程将运行哪个 CPU（CPU 亲和性）。选项卡中还添加了应用程序图标
服务	此选项卡显示所有可用服务及其状态。可以通过此选项卡轻松地停止、开始和重新启动各个服务。服务由其进程 ID（PID）标识

2. Windows 7 任务管理器

Windows 7 任务管理器有所不同，如图 11-16 所示。

从各方面看，Windows 10 任务管理器在 Windows 7 任务管理器的基础上进行了大幅改进。Windows 7 任务管理器有 6 个选项卡。

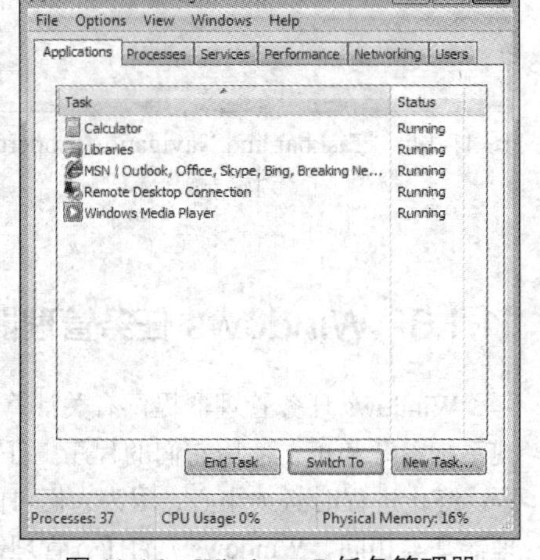

图 11-16　Windows 7 任务管理器

- Applications（应用）：此选项卡显示所有正在运行的应用程序。通过此选项卡，您可以使用底部的按钮来创建应用程序、切换到或关闭已停止响应的任何应用程序。
- Processes（进程）：此选项卡显示所有正在运行的进程。在此选项卡下，您可以关闭进程或设置进程优先级。
- Services（服务）：此选项卡显示可用服务，包括其运行状态。服务由其 PID 识别。
- Performance（性能）：此选项卡显示 CPU 和页面文件的使用情况。
- Networking（网络）：此选项卡显示所有网络适配器的使用情况。
- Users（用户）：此选项卡显示所有已登录计算机的用户。

Windows 7 和 Windows 10 任务管理器之间存在以下主要区别。

- 在 Windows 10 中，“Applications”和“Processes”选项卡已合并。
- 在 Windows 10 中，“Networking”（网络）选项卡包含在“Performance”选项卡中。
- Windows 10 中的“Users”选项卡已增强，不仅显示已连接的用户，还显示他们正在使用的资源。

11.1.4　文件资源管理器的介绍

文件资源管理器是一个集中的位置，您可以在其中查看、打开、复制、移动及管理文件和文件夹。它是文件存储系统的图形表示形式，可以帮助用户保持文件的整齐。

1. 文件资源管理器

文件资源管理器是 Window 8 和 Windows 10 中的一个文件管理应用程序。它可用于导航文件系统并管理存储介质上的文件夹、子文件夹和应用程序，也可用于预览某些类型的文件。

在文件资源管理器中，可使用功能区完成复制和移动文件以及创建新文件夹等常见任务。选择不同类型的项目时，窗口顶部的选项卡也会随之改变。图 11-17 显示了“File”（文件）选项卡的功能区以供快速访问。如果功能区未显示出来，可单击窗口右上角的“Expand the Ribbon”图标（用向下箭头表示）。

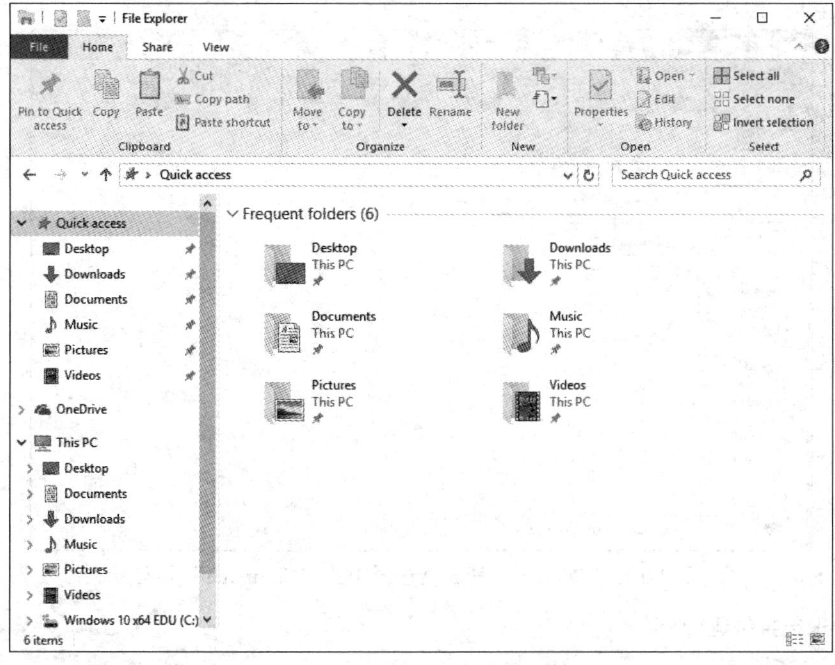

图 11-17　Windows 10 文件资源管理器

Windows 7 及更早版本中的文件管理应用程序被称为 Windows 资源管理器。Windows 资源管理器与文件资源管理器执行的功能类似，但没有功能区。

2. 此电脑

在 Windows 10 和 Windows 8.1 中，“This PC”（此电脑）功能允许您访问计算机上已安装的各种设备和驱动器。在 Windows 7 中，该功能被称为“计算机”。

要打开“This PC”，请打开文件资源管理器，它在默认情况下会显示“This PC”功能，如图 11-18 所示。

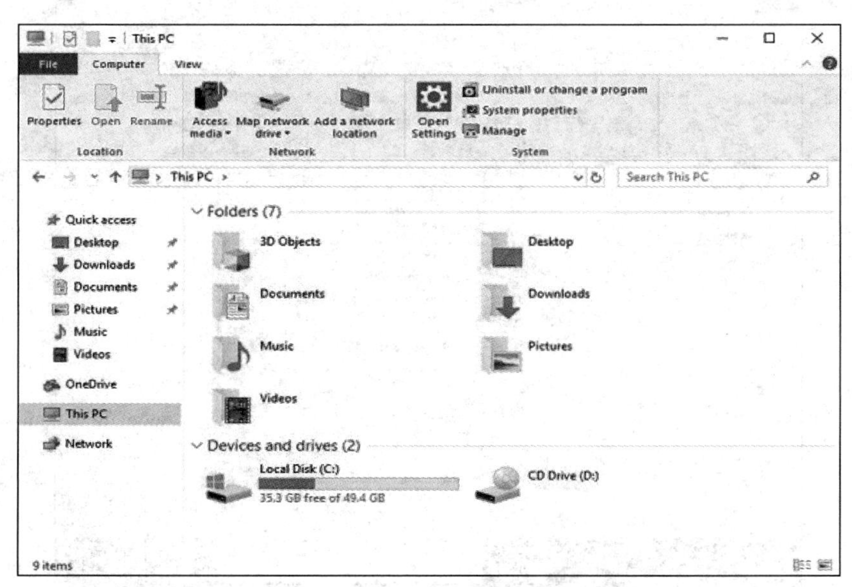

图 11-18　“This PC”功能

在 Windows 8 或 Windows 7 中，单击并选择“Computer”。图 11-19 所示为 Windows 7 中的“Computer”界面。

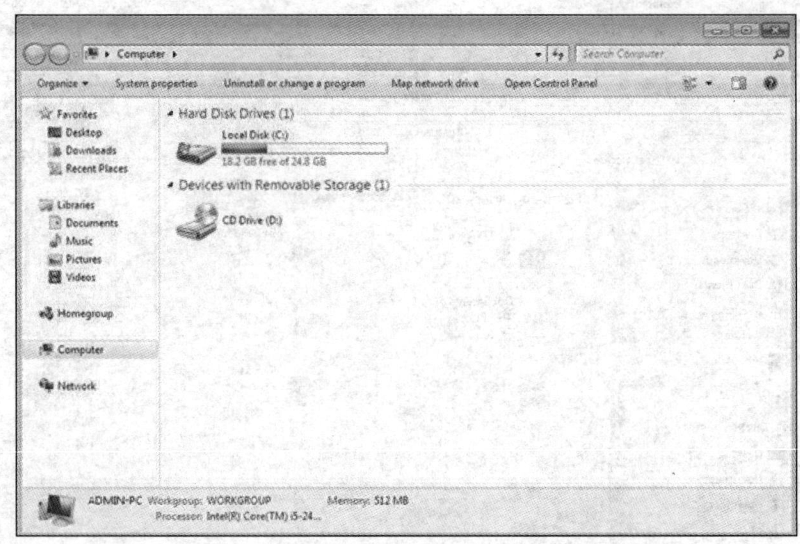

图 11-19　Windows 7 资源管理器中的“Computer”界面

3. 以管理员身份运行

操作系统使用很多方法来提高安全性，其中一个方法就是文件权限——只有具备足够权限的用户才能访问该文件。系统文件、其他用户文件或权限已提升的文件都是可能导致 Windows 拒绝用户访问的文件示例。要想覆盖此行为，获得对这些文件的访问权限，您必须以系统管理员的身份打开或执行这些文件。

如果需要以更高的权限打开或执行某文件，请用右键单击该文件并选择“Run as administrator”（以管理员身份运行），如图 11-20 所示。在“User Account Control (UAC)”（用户账户控制）窗口中选择“是”。管理员可在 UAC 中管理用户账户。

某些情况下，只有以管理员身份运行安装程序时才能正确安装软件。

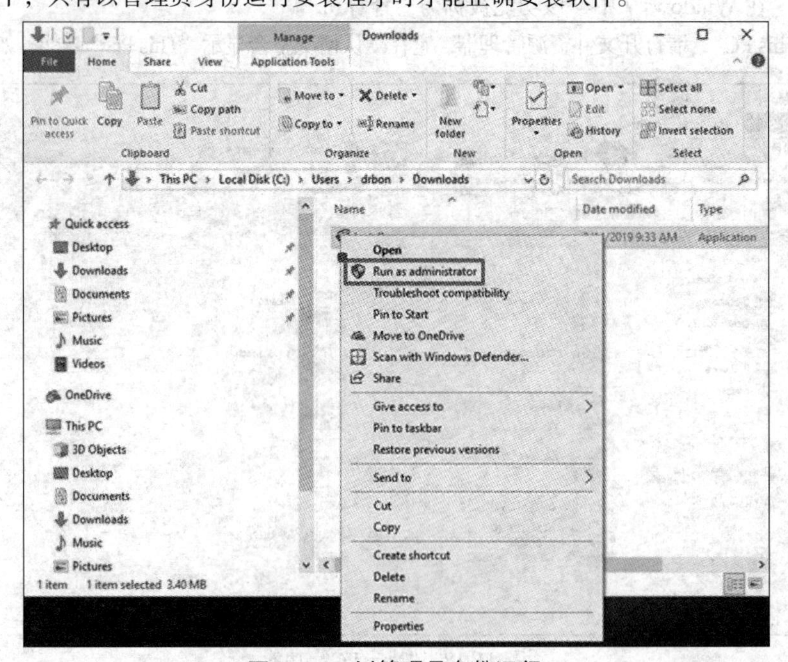

图 11-20　以管理员身份运行

注 意 如果当前用户不属于管理员组，则需要输入管理员密码才能使用这些功能。

4. Windows 库

Windows “Libraries”（库）允许您在不移动文件的情况下，轻松管理您的本地计算机和网络上各种存储设备（包括可移动媒体）中的内容。库是一种虚拟文件夹，在同一视图内展示不同位置的内容。安装 Windows 10 时，每个用户都有 6 个默认库，如图 11-21 所示。

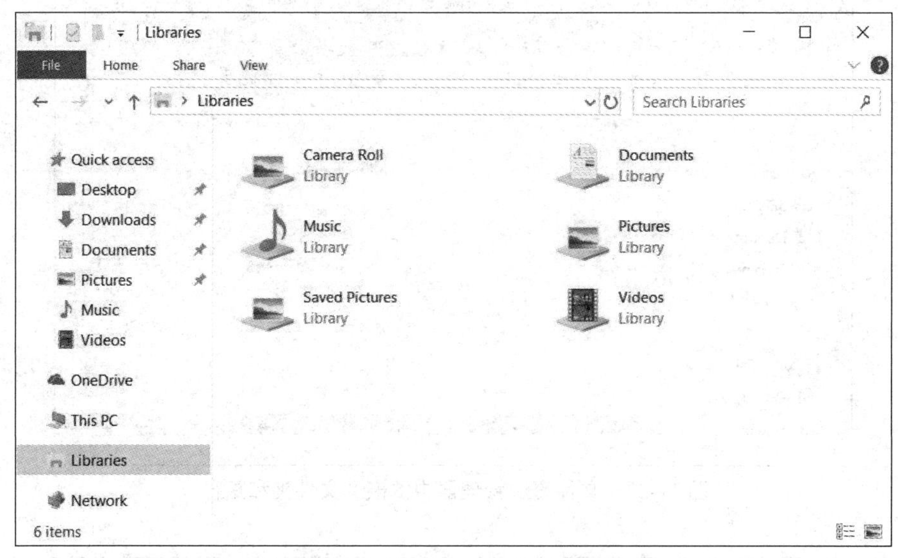

图 11-21 Windows 10 中的 6 个默认库

您可以搜索库，也可以使用文件名、文件类型或修改日期等条件过滤内容。在 Windows 10 和 Windows 8.1 中，这些库默认情况下都处于隐藏状态。文件资源管理器窗口左窗格的上下文菜单中含有一个可显示库的选项。

5. 目录结构

在 Windows 中，用目录结构的形式组织各个文件。目录结构用于存储系统文件、用户文件和程序文件。根级 Windows 目录结构（分区）通常被标记为 C:盘。C:盘包含一组用于操作系统、应用、配置信息和数据文件的标准化目录，其被称为文件夹。目录可以包含其他目录，这些额外的目录通常被称为子文件夹。从本质上讲，嵌套文件夹的数量受文件夹路径的最大长度限制。在 Windows 10 中，默认限制为 260 个字符。图 11-22 中显示了文件资源管理器中的几个嵌套文件夹及等效路径。

Windows 会为计算机上配置的每个用户账户创建一系列文件夹。这些文件夹在每个用户的文件资源管理器中看似相同，但实际上对每个用户账户都是唯一的。这样，用户便无法访问其他用户的文件夹、应用程序或数据。

注 意 最佳做法是在文件夹和子文件夹中存储文件，而不是在驱动器的根级存储文件。

6. 用户和系统文件位置

用户和系统文件夹和文件可以在以下位置找到。

■ 用户文件夹：默认情况下，Windows 会将用户创建的大多数文件夹存储在用户文件夹（C:\Users\User_name\）中，如图 11-23 所示。每个用户的文件夹都包含了音乐、视频、网站和图片等文件夹。许多程序还在这里存储特定的用户数据。如果一台计算机上有多个用户，那么他们都有自己的文件夹，其中包含收藏夹、桌面项目、日志等。

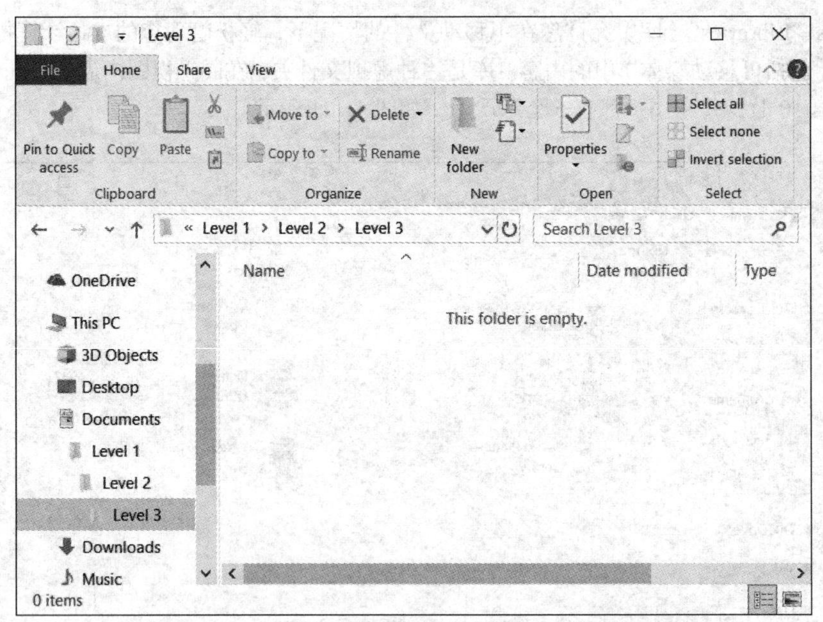

图 11-22　文件资源管理器中的嵌套文件夹和路径

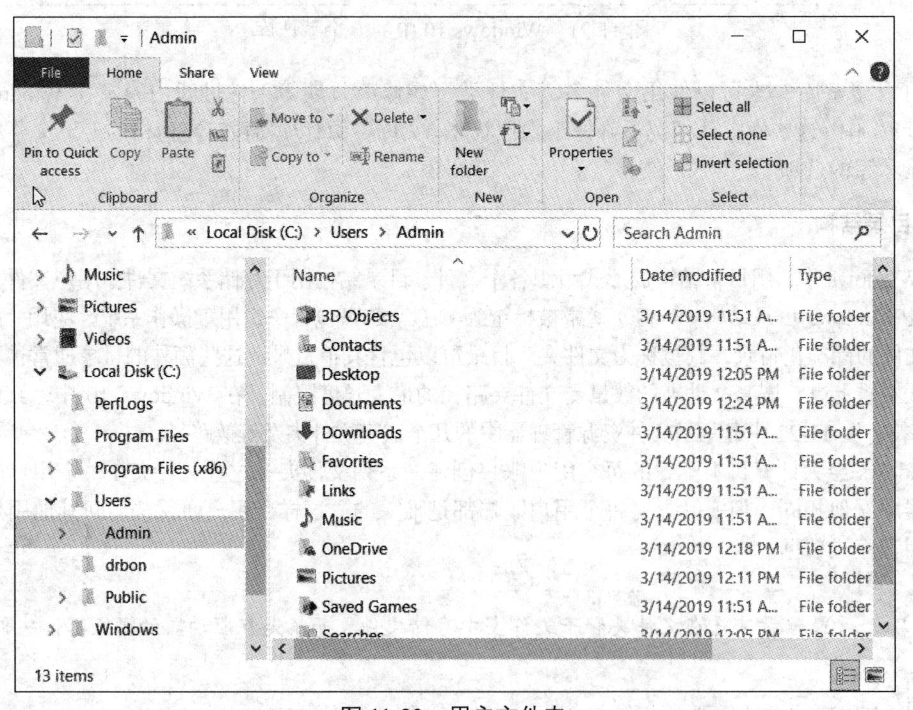

图 11-23　用户文件夹

■ 系统文件夹：安装 Windows 操作系统后，用于运行计算机的大多数文件都位于文件夹 C:\Windows\

system32 中，如图 11-24 所示。对系统文件夹的内容进行更改可能会导致 Windows 运行异常。

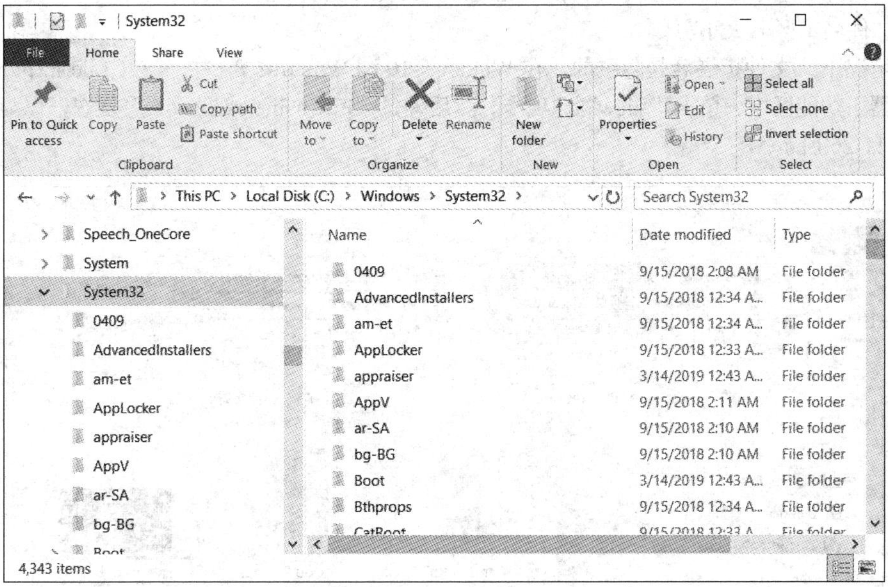

图 11-24　系统文件夹

■　程序文件夹：大多数应用安装程序都使用 Program Files 文件夹来安装软件，如图 11-25 所示。在 32 位版本的 Windows 中，所有程序都是 32 位，并且安装在 C:\Program Files 文件夹中。在 64 位版本中，64 位程序安装在 C:\Program Files 文件夹中，32 位程序则安装在 C:\Program Files (x86)文件夹中。

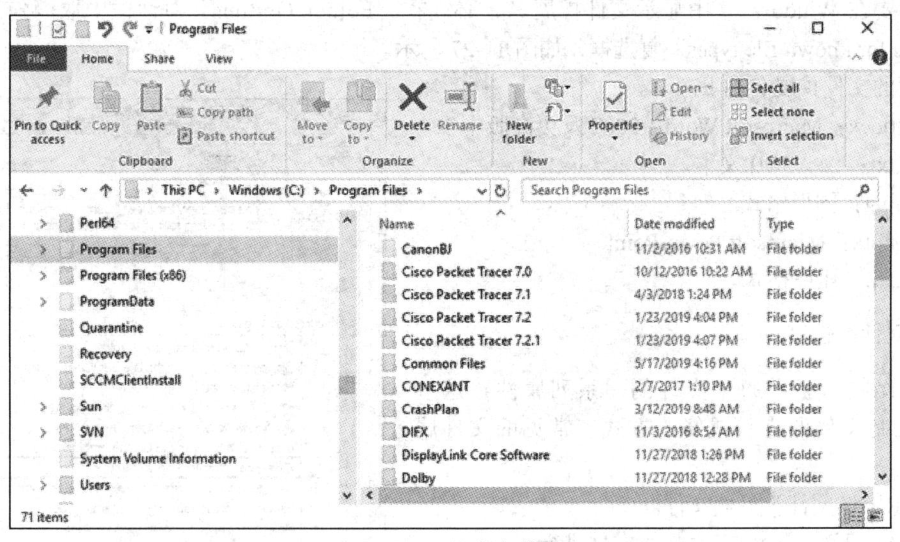

图 11-25　程序文件夹

7. 文件扩展名

目录结构中的文件遵循以下 Windows 命名惯例。

■　最多允许 255 个字符。

- 不允许使用斜线（/）或反斜线（\）等字符。
- 在文件名中添加由 3 个或 4 个字母组成的扩展名可识别文件的类型。
- 文件名不区分大小写。

默认情况下，文件扩展名是隐藏的。在 Windows 10 和 Windows 8.1 中，在“File Explore”（文件资源管理器）功能区中，单击“View”选项卡，然后勾选“File name extensions”复选框以显示文件扩展名如图 11-26 所示。

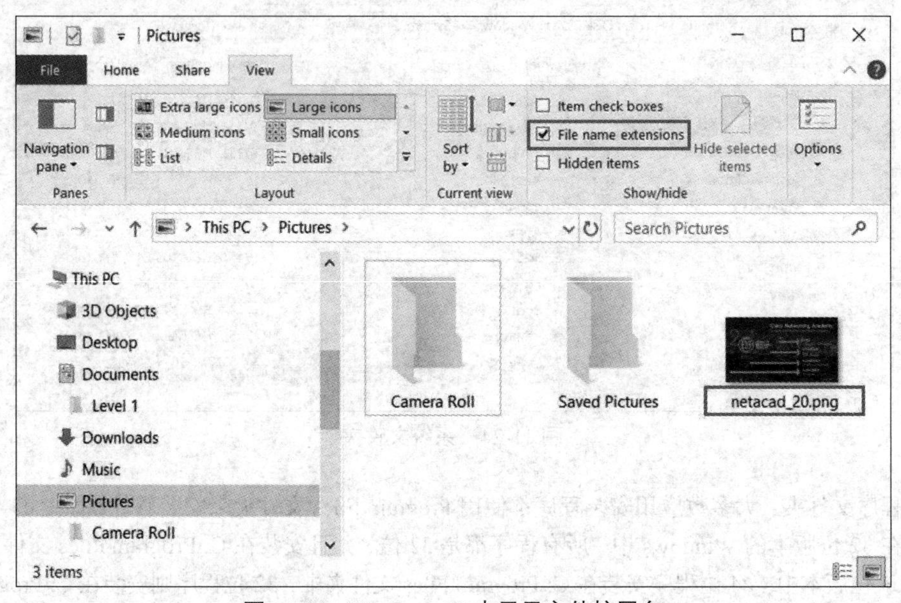

图 11-26　Windows 10 中显示文件扩展名

如果要在 Windows 7 中显示文件扩展名，必须在“Folder Options”对话框中取消勾选“Hide extensions for known file types”复选框，如图 11-27 所示。

常用的文件扩展名如下。

- .docx：Microsoft Word（2007 及更高版本）。
- .txt：仅 ASCII 文本。
- .jpg：图形格式。
- .pptx：Microsoft PowerPoint。
- .zip：压缩格式。

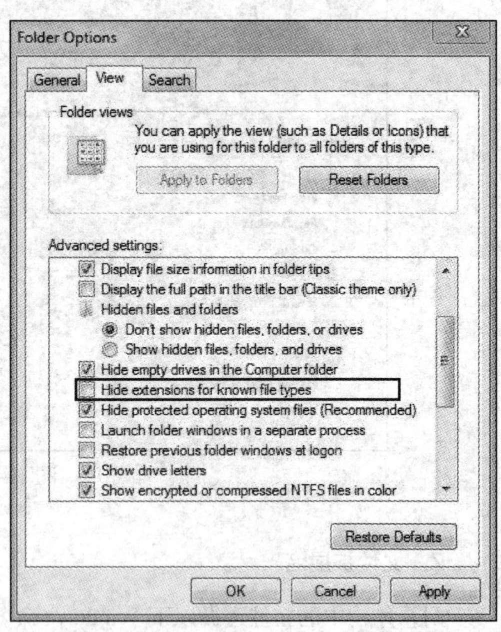

图 11-27　“Folder Options”对话框

8. 文件属性

目录结构维护着每个文件的一系列属性，这些属性可控制文件的查看或修改方式。常见的文件属性如下。

- R：该文件为只读文件。
- A：下次备份磁盘时将对文件进行存档。
- S：文件被标记为系统文件，如果尝试删除或修改此文件，则会给出一条警告。
- H：文件在目录显示中被隐藏。

图 11-28 所示为可在其中查看或设置属性的文件属性对话框。

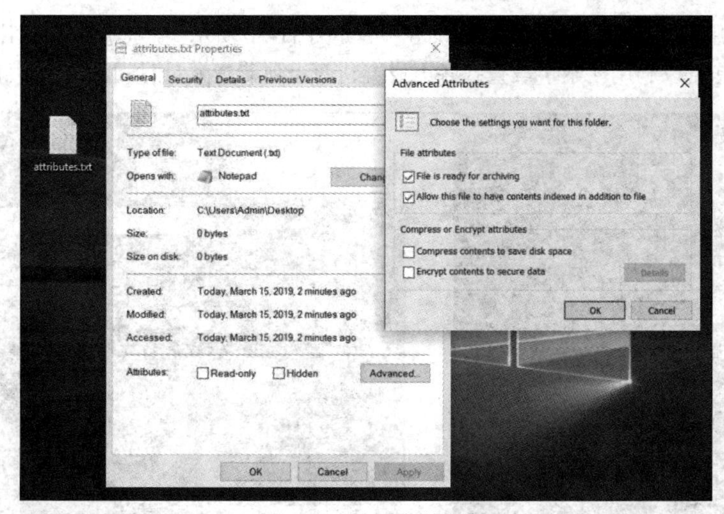

图 11-28　设置文件属性

11.2　Windows 10 的控制面板

本节将介绍控制面板，它是 Windows 中的一个图形化集中配置区域。通过使用控制面板，您几乎可以在硬件和软件的各个方面（包括操作系统功能）修改系统。这些设置被分类在“控制面板”小程序中。在 Windows 的最新版本中，您可以使用“查看方式”选项来调整“控制面板”的显示方式。本节将介绍 Windows 控制面板中的可用内容。

11.2.1　控制面板工具

1. 设置和控制面板

Windows 10 提供了两种配置操作系统的方法。第一种是使用“Settings”（设置）应用程序，该应用程序界面符合当今 Windows 的界面设计风格。图 11-29 所示为“Settings”应用程序菜单。您可以通过该菜单访问众多系统设置。

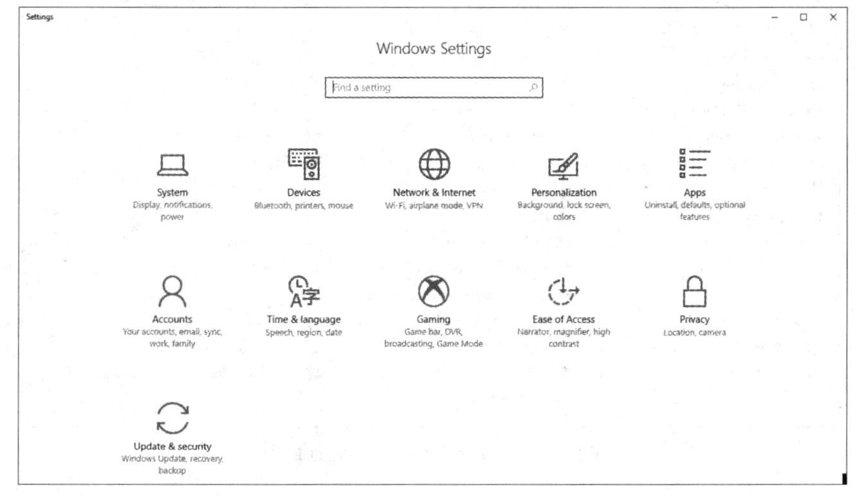

图 11-29　“Settings”应用程序菜单

“Settings”应用程序首次出现在 Windows 8 中，如图 11-30 所示。它提供的设置比强大的 Windows 10 要少。注意，您可以利用搜索字段查找各类设置，而无须花费大量时间浏览众多菜单项。

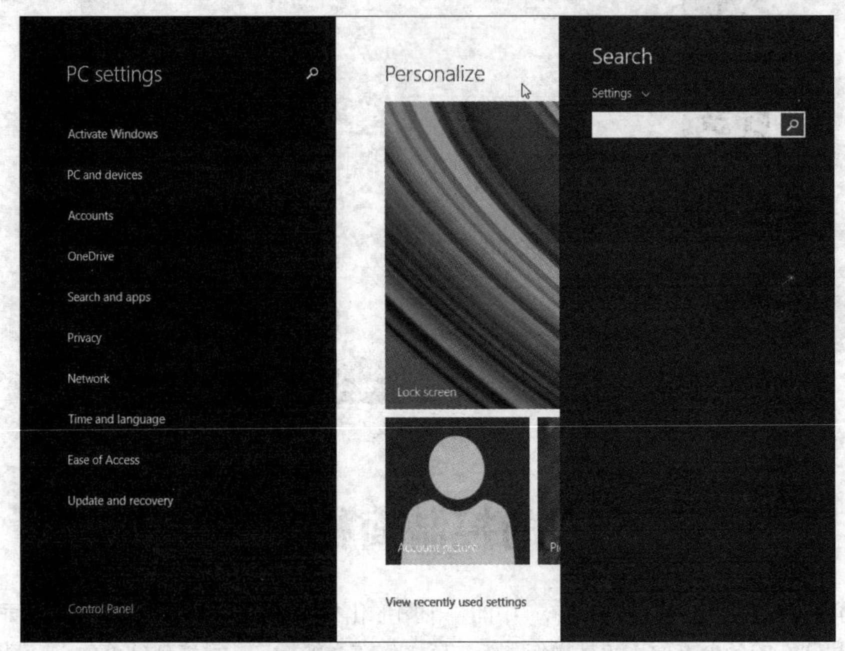

图 11-30 Windows 8 的“Settings”界面

Windows 7 中没有“Settings”应用程序，因此使用“Control Panel”（控制面板）是更改系统配置的最有效手段，如图 11-31 所示。尽管 Microsoft 在“Settings”应用程序中加入了越来越多的功能，但控制面板仍然存在于 Windows 8 和 Windows 10 中，而在一些情况下，控制面板是更改某些配置设置的唯一手段。在其他情况下，尤其对于个性化而言，“Settings”应用程序提供的配置选项比控制面板的更多。

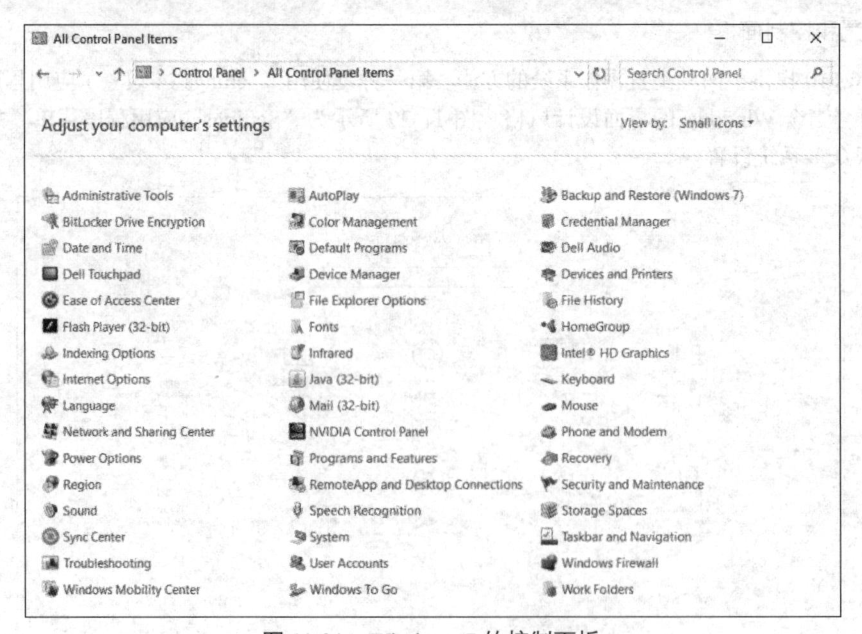

图 11-31 Windows 7 的控制面板

在本书中，您将重点学习 Windows 10 中的控制面板，如有必要，还将学习“Settings”应用程序的相关知识。您将了解到 Windows 10 与 Windows 7 和 Windows 8 在控制面板上存在的重要差异。虽然各 Windows 版本的“Control Panel”窗口非常相似，但各版本的某些控制面板项却有所不同。

2. 控制面板简介

在 Windows 10 中进行配置更改时默认使用“Settings”应用程序。这对普通用户来说没有问题，但 PC 技术人员需要使用的配置选项要多于“Settings”应用程序中提供的配置选项。这时控制面板即可提供众多配置工具，而其界面也为许多经验丰富的 Windows 管理员所青睐。事实上，某些设置项与控制面板项是关联的。

如果要启动控制面板，请在“Search”框中输入“Control Panel”，然后单击结果中显示的“Control Panel”桌面应用程序，如图 11-32 所示。如果用右键单击结果，可以将该桌面应用程序固定到“Start”菜单以便于查找。另外，也可以通过输入“control”来从命令提示符中打开它。

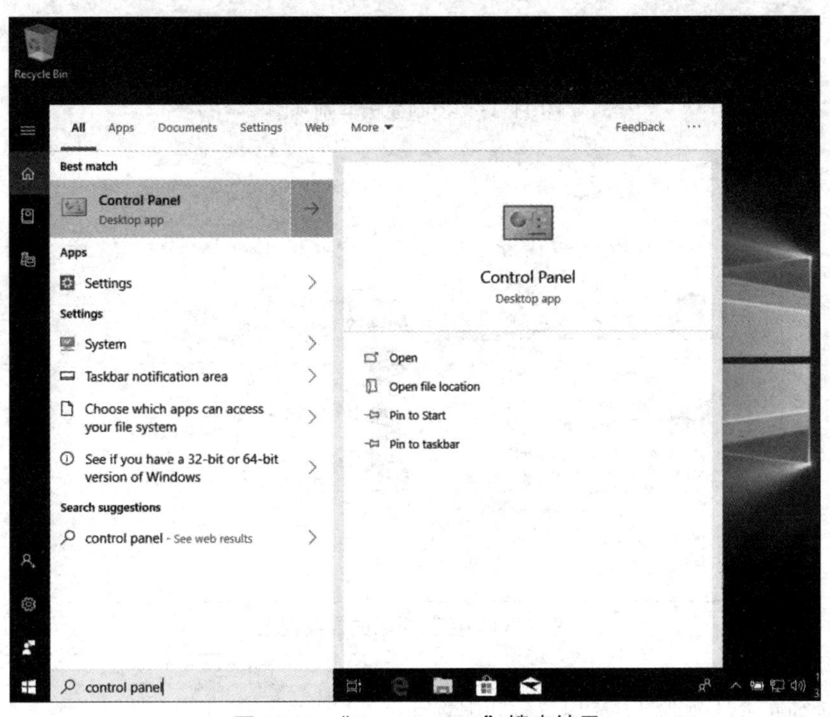

图 11-32 “Control Panel”搜索结果

在 Windows 7 中，“Start”菜单上会显示控制面板条目。在 Windows 8.1 中，用右键单击“Start”按钮可打开控制面板。在 Windows 8 中，搜索“Control Panel”并单击搜索结果即可将其打开。

3. 控制面板视图

默认情况下，Windows 10 控制面板会打开类别视图，如图 11-33 所示。用户可在这里对 40 项或更多控制面板项进行组织，使其更易于被查找。此视图还提供“Search”框，它将返回与搜索词相关的控制面板项列表。

控制面板的经典视图是通过将下拉菜单中的设置更改为小图标来实现的，如图 11-34 所示。请注意，由于各台计算机的功能不尽相同，因此控制面板中的可用功能也会存在差异。

4. 定义控制面板类别

下面将介绍控制面板的 8 个类别。

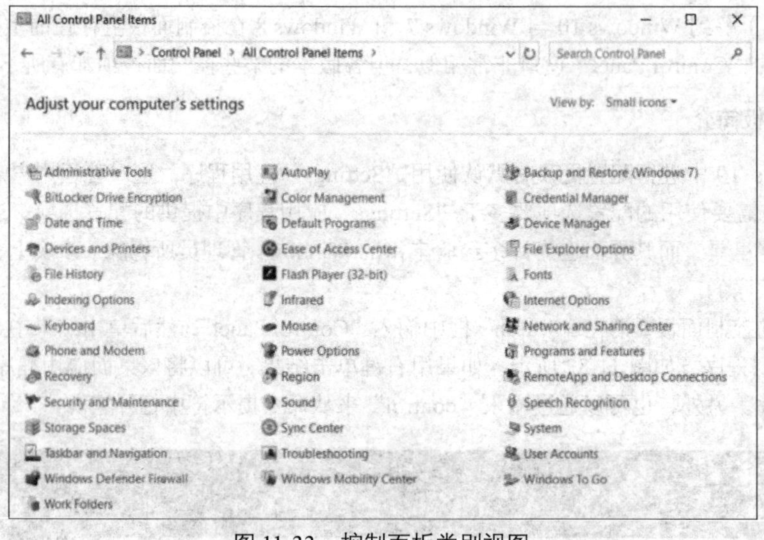

图 11-33 控制面板类别视图

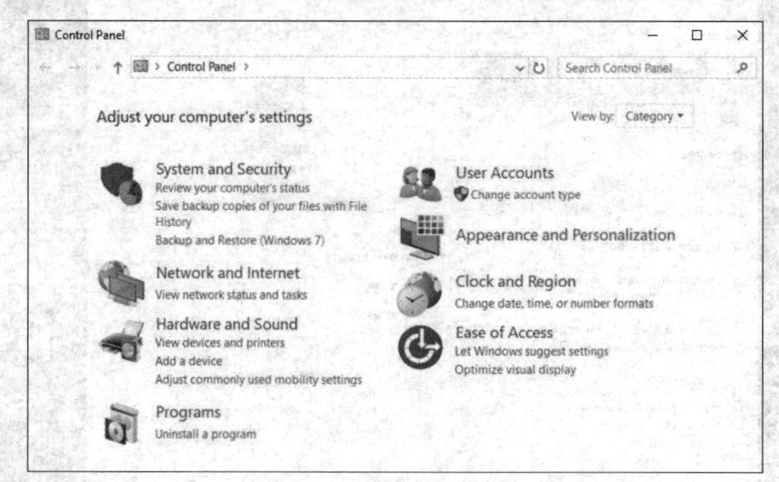

图 11-34 控制面板的经典视图

（1）系统和安全

在“系统和安全”类别中，可以查看和配置安全设置，如 Windows 防火墙，如图 11-35 所示。另外，也可通过各类管理工具配置多种系统功能，比如常规硬件、存储以及加密设置和操作。

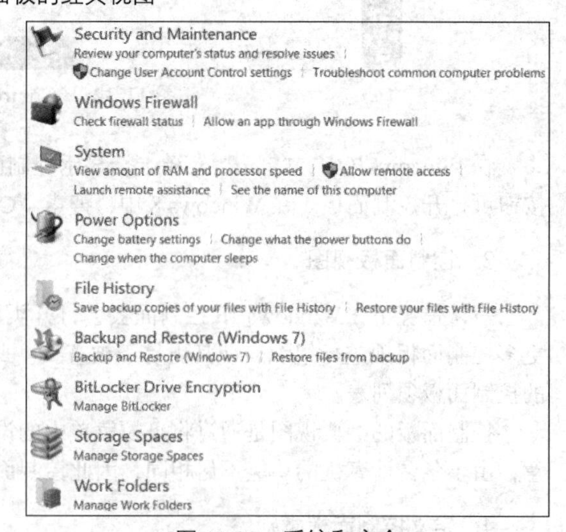

图 11-35 系统和安全

（2）网络和 Internet

在“网络和 Internet”类别中，可以对网络和文件共享进行配置、验证和故障排除，也可以配置系统上现有的默认 Microsoft 浏览器，如图 11-36 所示。

（3）硬件和声音

在“硬件和声音”类别中，可以对各类设备（如打印机、媒体设备、电源和移动设备）进行配置，如图 11-37 所示。

（4）程序

在“程序”类别中，可以更改已安装的程序和 Windows 更新，包括删除，也可在此激活或停用众多 Windows 功能，如图 11-38 所示。

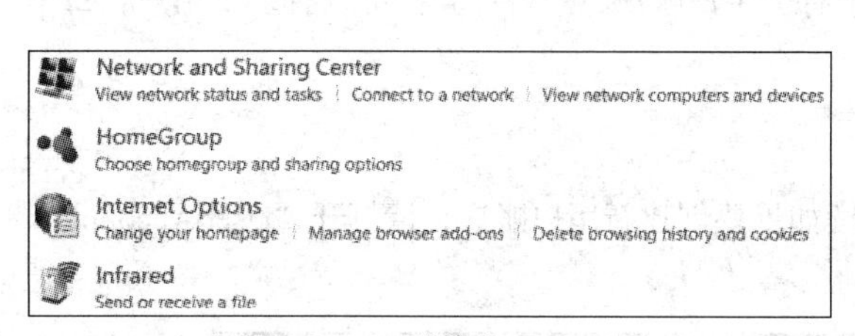

图 11-36 网络和 Internet

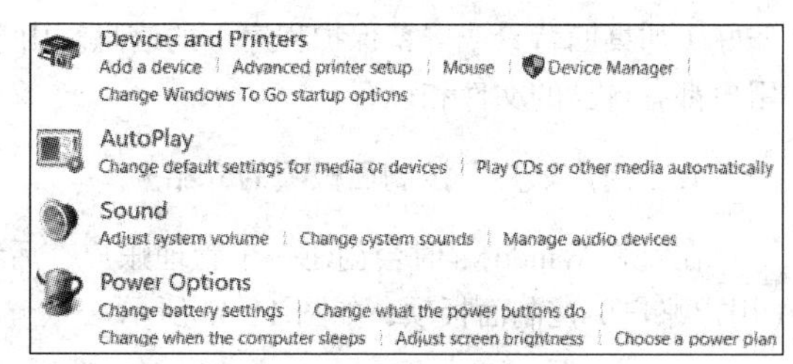

图 11-37 硬件和声音

（5）用户账户

在“用户账户”类别中，可以对 Windows 用户账户和用户账户控制（UAC）进行管理，也可以使用此类别管理 Web 和 Windows 凭证，包括用于加密存储在计算机上的文件加密证书，如图 11-39 所示。

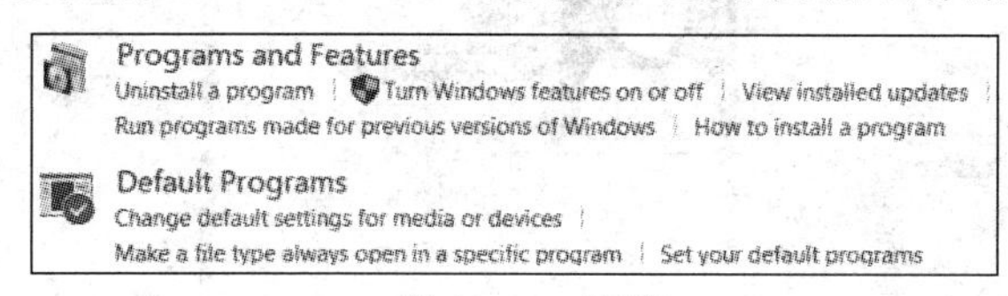

图 11-38 程序

图 11-39 用户账户

（6）轻松使用

“轻松使用”类别提供了使 Windows 更易于使用的访问选项，尤其适用于需要克服肢体或感知困难的用户，也可以使用此类别对语音识别和文本到语音服务进行配置，如图 11-40 所示。

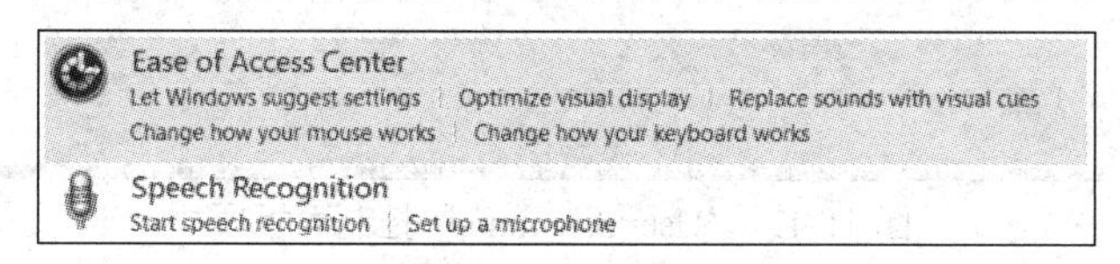

图 11-40 轻松使用

（7）时钟和区域

在“时钟和区域”类别中，可以对时间和日期的设置和格式进行配置。在某些 Windows 版本中，也可以使用此类别对位置和语言进行配置，如图 11-41 所示。

（8）外观和个性化

在“外观和个性化”类别中，可以对任务栏和导航（通过设置）、文件资源管理器和可用字体进行配置。个性化设置应用程序可提供更多选项，如图 11-42 所示。

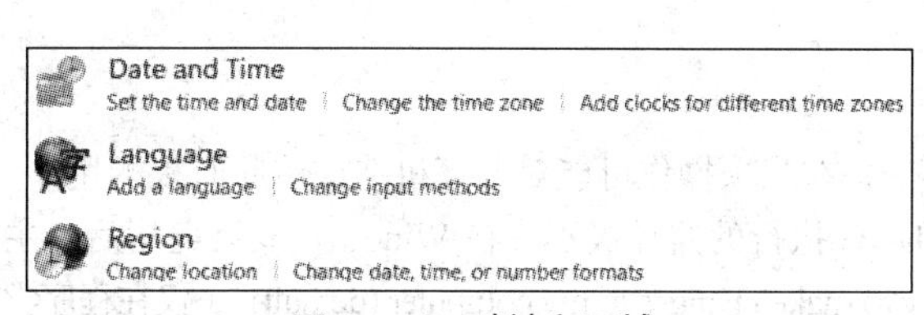

图 11-41 时钟和区域

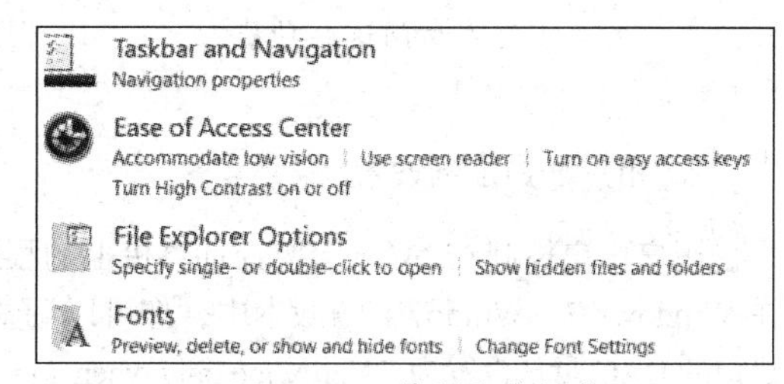

图 11-42 外观和个性化

11.2.2 用户账户控制面板项

每个用户都有一个用户账户，该账户允许用户使用用户名和密码登录计算机。用户账户存储着

Windows 用来确定用户可以访问哪些文件和文件夹、用户可以对计算机进行哪些更改以及用户的个人偏好（如桌面背景或屏幕保护程序）的信息。由于有了用户账户，一台计算机可以有多个用户，每个用户都有自己的文件和设置。

1. “用户账户”控制面板项的介绍

在安装 Windows 时会创建一个管理账户，后续如果要创建新用户账户，请打开“User Accounts”（用户账户）控制面板项，如图 11-43 所示。

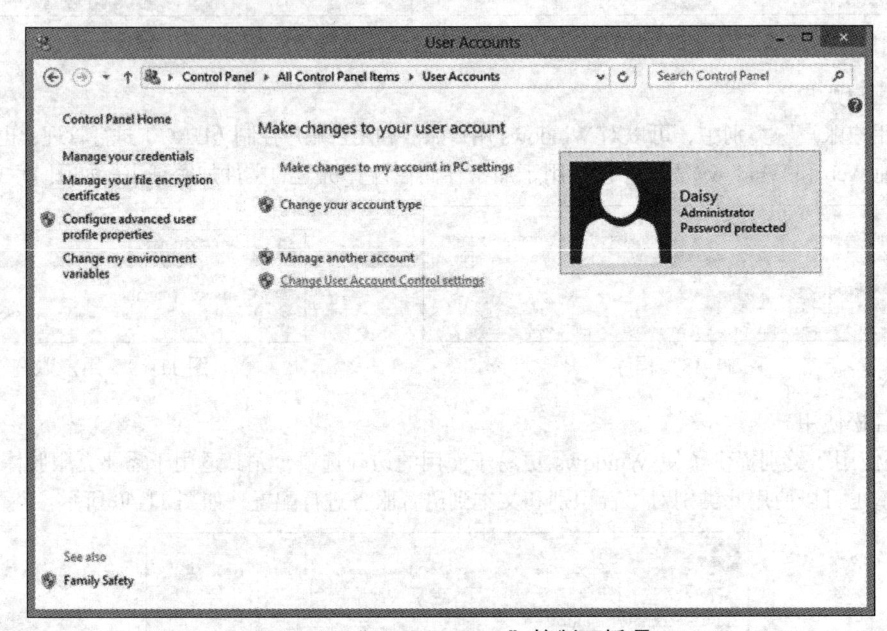

图 11-43 “User Accounts”控制面板项

管理员账户可以更改所有系统设置，并可以访问计算机上的所有文件和文件夹，因此应谨慎使用管理员账户。标准用户账户可以管理大多数不影响其他用户的配置设置。这些账户只能访问属于自己的文件和文件夹。

“User Accounts”控制面板项提供了帮助您创建、更改和删除用户账户的选项。它在不同的 Windows 版本中非常相似。

注 意 “User Accounts”实用程序的一些功能要求具有管理员权限，使用标准用户账户可能无法访问这些功能。

2. 用户账户控制设置

用户账户控制（UAC）会监控计算机上的程序，并在某项操作可能对计算机造成威胁时提醒用户。在 Windows 7 ~ Windows 10 版本中，您可以调整 UAC 执行的监控级别。在 Windows 安装完毕后，主账户的 UAC 默认设置为“Notify me only when apps try to make changes to my computer (default)”（仅在程序尝试对我的计算机进行更改时通知我），如图 11-44 所示。那么，当您对这些设置进行更改时就不会收到通知。

当您收到程序可能对您的计算机做出更改的通知时，要进行更改，请在 UAC 界面中调整级别。

3. 凭证管理器

“Credential Manager”（凭证管理器）用于管理网站和 Windows 应用程序的密码，如图 11-45 所示。

这些密码和用户名存储在一个安全的位置。凭证会在创建或更改时自动更新。您可以查看、添加、编辑或删除凭证管理器存储的凭证。

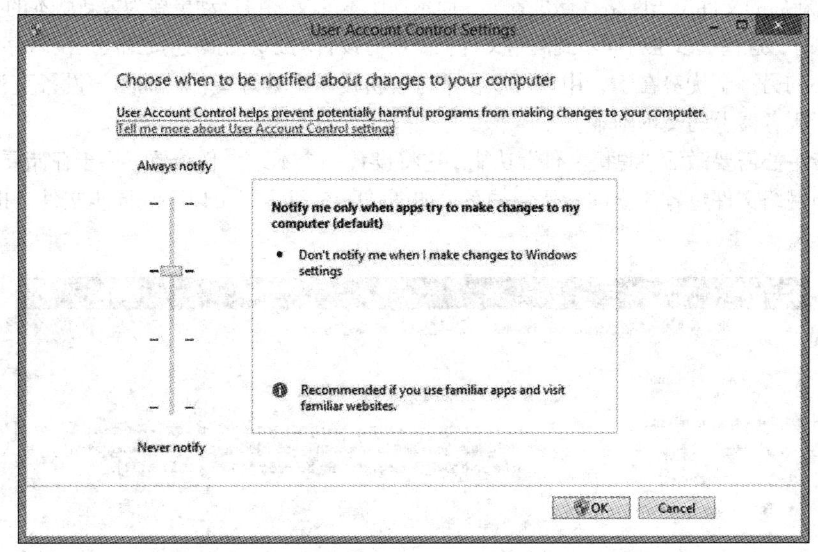

图 11-44 “User Account Control Settings”窗口

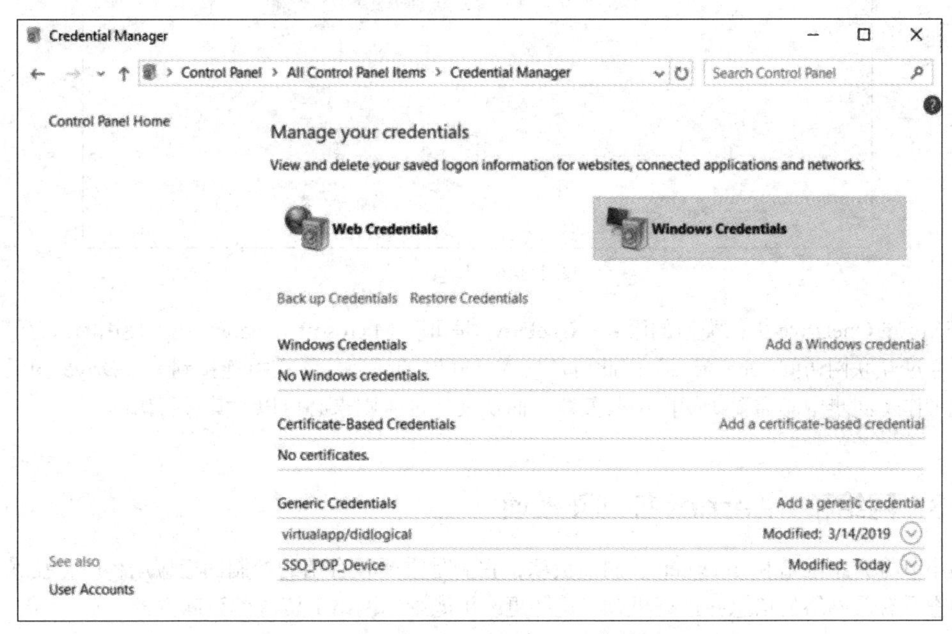

图 11-45 “Credential Manager”窗口

自 Windows 7 版本以来，尽管各版本凭证管理器的界面风格比较相似，但事实上是经过改进的。

注　意　系统不会为 Internet Explorer 和 Edge 以外的浏览器访问的站点保存 Web 凭证。使用其他浏览器创建的凭证必须在该浏览器中进行管理。

4. 同步中心

同步中心允许从多个 Windows 设备编辑文件。虽然从多个设备访问网络文件已不是什么新鲜事物，但同步中心可以提供某种形式的版本控制。这就表示，某台设备对网络文件所做的更改将在所有被配置为同步这些文件的设备上生效。有了这项同步服务，您便无须将某台设备上已修改的新文件复制到您正在使用的设备上。更新后的文件位于网络存储位置上，而本地版本的文件将自动更新为最新版本的文件。对本地文件做出更改时，这些更改也将同步到网络文件上。所有设备均必须能够连接到同一网络存储位置。

同步中心的另一个优势在于，用户可以在某台脱机设备上处理文件，而当该设备重新联网时即可通过网络更新服务器上的文本副本。

使用同步中心需要激活“脱机文件”功能。这将设置一个本地文件位置，用于存储要同步的文件。它还要求您与网络文件位置建立同步伙伴关系，如图 11-46 所示。可以手动同步文件，也可以安排同步自动进行。

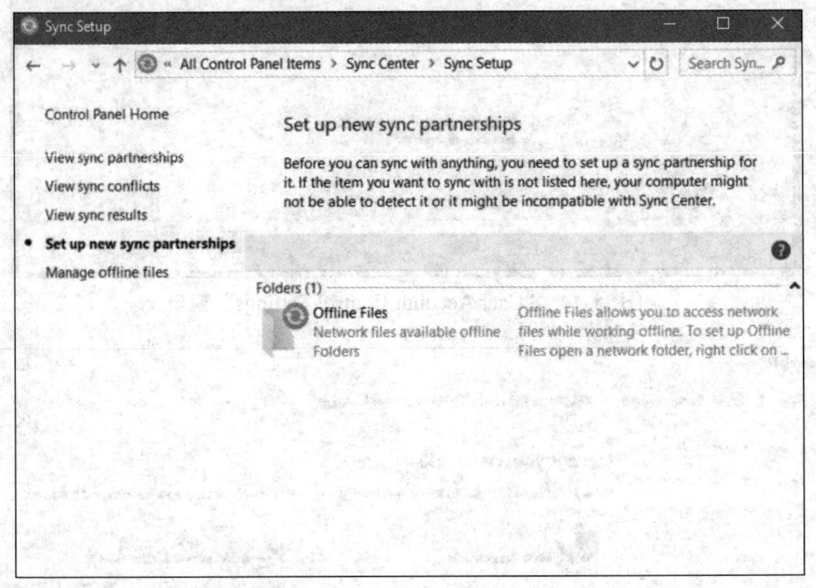

图 11-46 同步中心

Microsoft OneDrive 提供类似的服务。OneDrive 是可供 Microsoft Windows 用户使用的云存储服务。由于可通过互联网访问 OneDrive，因此可从接入互联网的任何位置在可连接到 OneDrive 的任何设备上完成工作。同步中心需要访问网络服务器，而从其他位置则未必可以对其进行访问。

11.2.3 网络和 Internet 控制面板项

本小节将介绍网络和 Internet 控制面板项，它们是重要且有用的控制面板应用程序，技术人员可在其中查看有关网络的信息并进行更改，这些更改可能影响网络上资源的访问方式。

1. 网络设置

Windows 10 为网络设置提供了一套新的设置应用程序。这个应用程序将众多功能整合到一个高级别应用程序中，此应用程序中的链接指向新的设置屏幕、控制面板项，甚至包括操作中心，如图 11-47 所示。其中某些选项，如“Airplane Mode”（飞行模式）、“Mobile Hotspot”（移动热点）和“Data Usage”（数据使用量）与移动设备的相关性高于台式机。

移动设备使用无线广域网（WWAN）或蜂窝互联网接入技术。WWAN 需要使用适配器通过最近的基站或发射器链接到蜂窝网络运营商的网络。WWAN 适配器可以是通过 USB 连接的内部或外部设备。WWAN 连接上的可用带宽取决于适配器和发射器支持的技术（如 3G 或 4G）。适配器和适配器软件安装完毕后，将自动与 WWAN 建立连接。

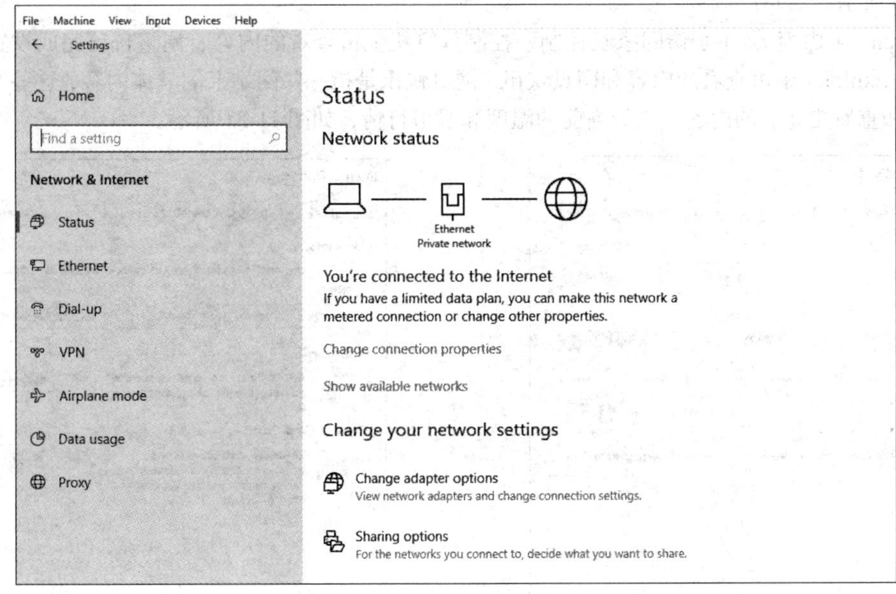

图 11-47 网络状态

2. Internet 选项

“Internet Options”（Internet 选项）用于配置 Microsoft Internet Explorer 浏览器。下面将介绍可用的设置项。

“General”（常规）：用于配置基本互联网设置，比如选择默认主页、查看和删除浏览历史、调整搜索设置以及自定义浏览器外观，如图 11-48 所示。

“Security”（安全）：用于调整 Internet、本地 Intranet、受信任站点和受限制站点的安全设置。每个区域安全级别的范围是从低（最低安全性）到高（最高安全性），如图 11-49 所示。

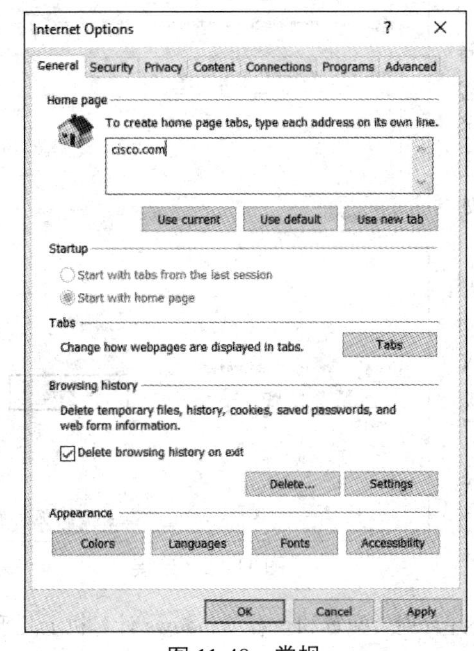

图 11-48 常规

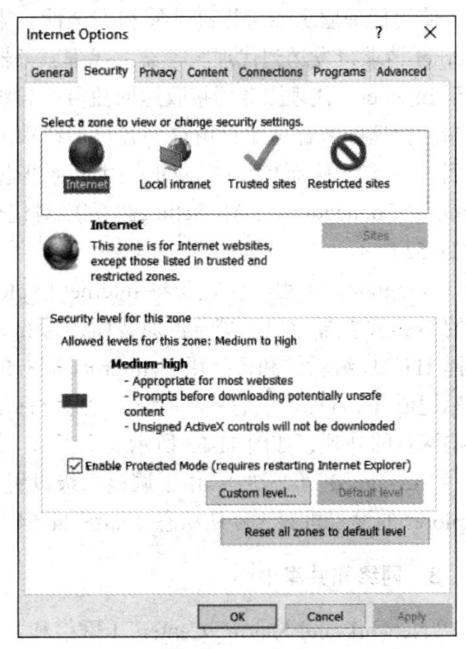

图 11-49 安全

“Privacy”（隐私）：用于配置 Internet 区域的隐私设置、管理位置服务和启用弹出窗口阻止程序，如图 11-50 所示。

“Content”（内容）：用于访问家长控制、控制计算机上可查看的内容、调整自动完成设置和配置在 Internet Explorer 中可查看的内容和网页快讯。网页快讯是指一些网站上的具体内容，这些网站允许用户订阅和查看更新后的内容，比如当前的温度和股市行情，如图 11-51 所示。

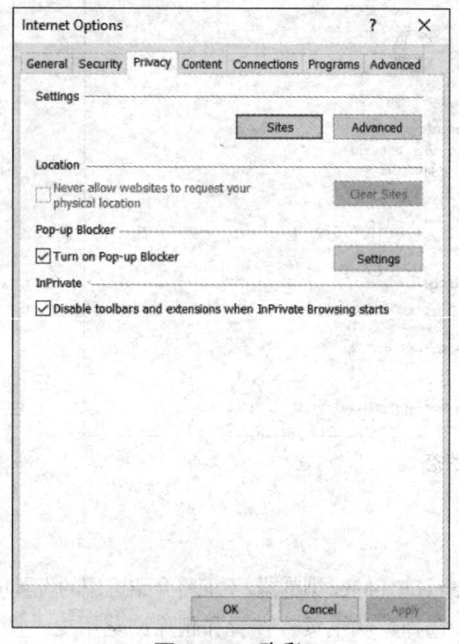

图 11-50 隐私

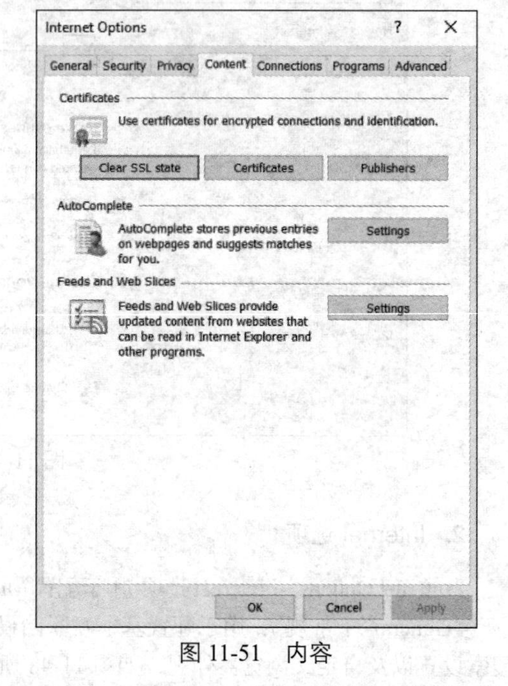

图 11-51 内容

“Connections”（连接）：用于设置互联网连接和调整网络设置。可在此选项卡中管理拨号、VPN 和代理服务器设置。使用代理服务器可提高性能和安全性。来自客户端的 Internet 请求将发送到代理服务器，代理服务器则会将其转发至 Internet。代理服务器接收返回流量，再将其转发给客户端。代理服务器可缓存由许多客户端请求或频繁请求的页面和内容，从而减少带宽的使用。通过选择“Internet Options>Connections>LAN Settings”完成对代理的配置，如图 11-52 所示。

“Programs”（程序）：用于将 Internet Explorer 设置为默认的 Web 浏览器、启用浏览器加载项、为 Internet Explorer 选择 HTML 编辑器和选择用于 Internet 服务的程序。超文本标记语言（HTML）是一种系统，可通过标记文本文件来影响网页的外观，如图 11-53 所示。

“Advanced”（高级）：用于调整高级设置和将 Internet Explorer 的设置重置为默认状态，如图 11-54 所示。

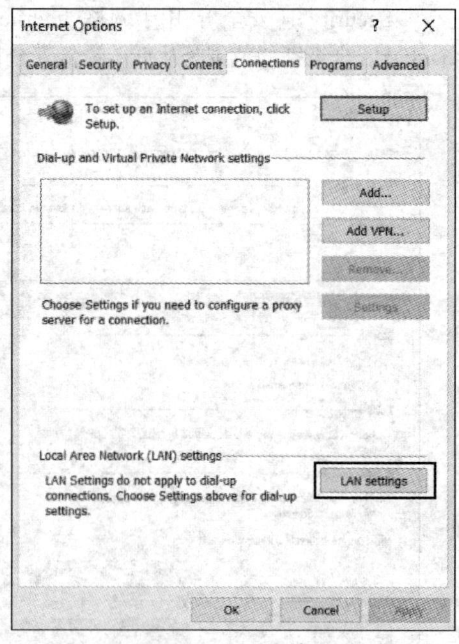

图 11-52 连接

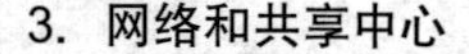

3. 网络和共享中心

“Network and Sharing Center”（网络和共享中心）允许管理员配置和查看 Windows 计算机上几乎所有的网络设置。您可在此处查看网络状态和更改网络适配器上运行的协议和服务的属性。图 11-55 ~

图 11-57 分别显示了 Windows 10、Windows 8 和 Windows 7 中的网络和共享中心。请注意，它们看似相似，但各版本之间略有差异。

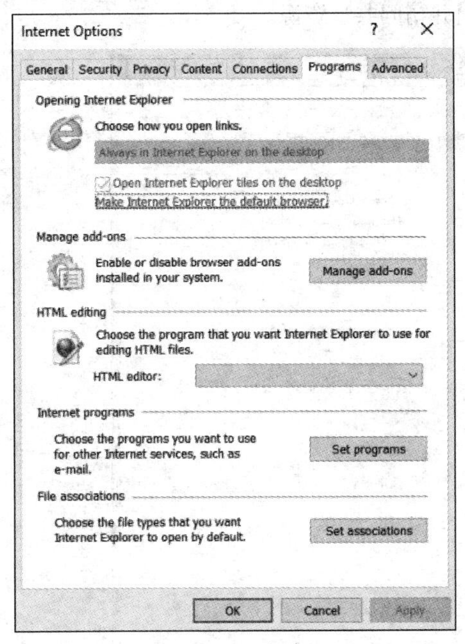

图 11-53 程序

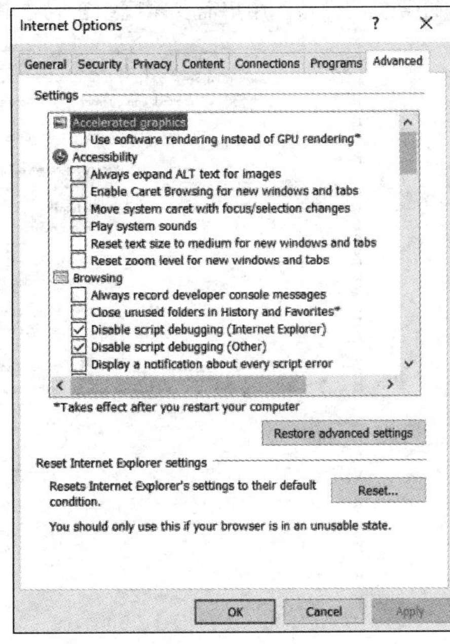

图 11-54 高级

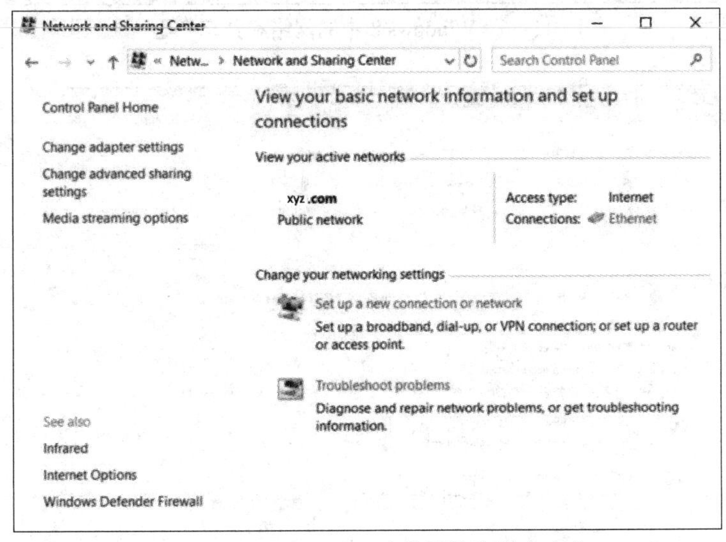

图 11-55 Windows 10 中的网络和共享中心

网络和共享中心显示了计算机如何连接到网络。如果有互联网连接，也将在此显示。窗口显示了共享的网络资源并且允许您配置它。窗口的左窗格中显示了一些常见且有用的网络相关任务。

网络和共享中心允许通过使用网络配置文件来共享配置文件和设备。网络配置文件允许根据连接的是专用网络还是公用网络对基本共享设置进行更改。这使得共享在不安全的公用网络上处于非活动状态，而在安全的专用网络上处于活动状态。

4. 家庭组

在 Windows 网络中，“HomeGroup”（家庭组）是位于同一网络中的一组计算机。家庭组简化了简单网络上的文件共享。它们的目的是尽可能减少所需的配置，从而简化家庭中的网络设置。您可以在网络上共享库文件夹，以便其他设备轻松访问您的音乐、视频、图片和文档，也可以共享连接到家庭组中计算机的设备。用户需要家庭组密码才能加入家庭组并访问共享资源。

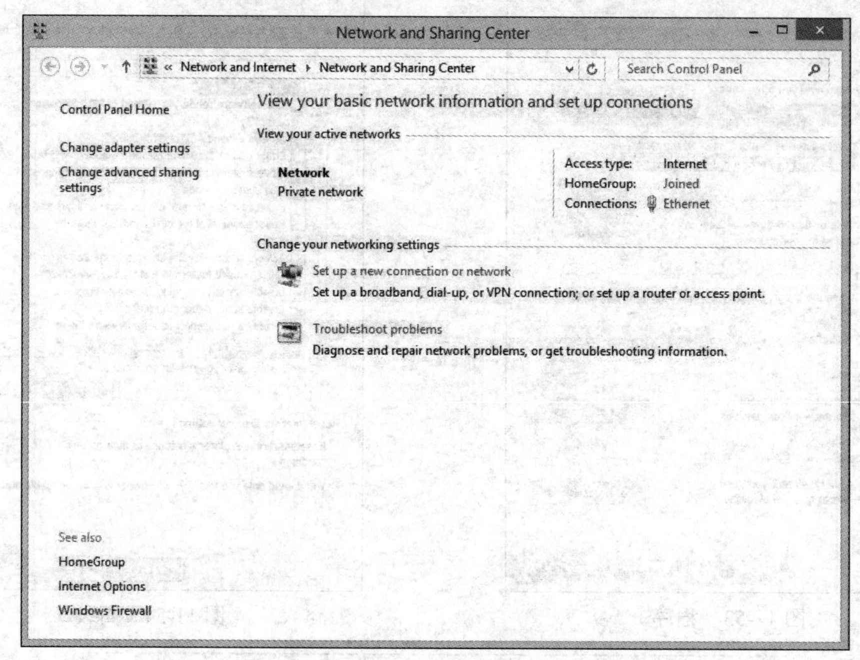

图 11-56　Windows 8 中的网络和共享中心

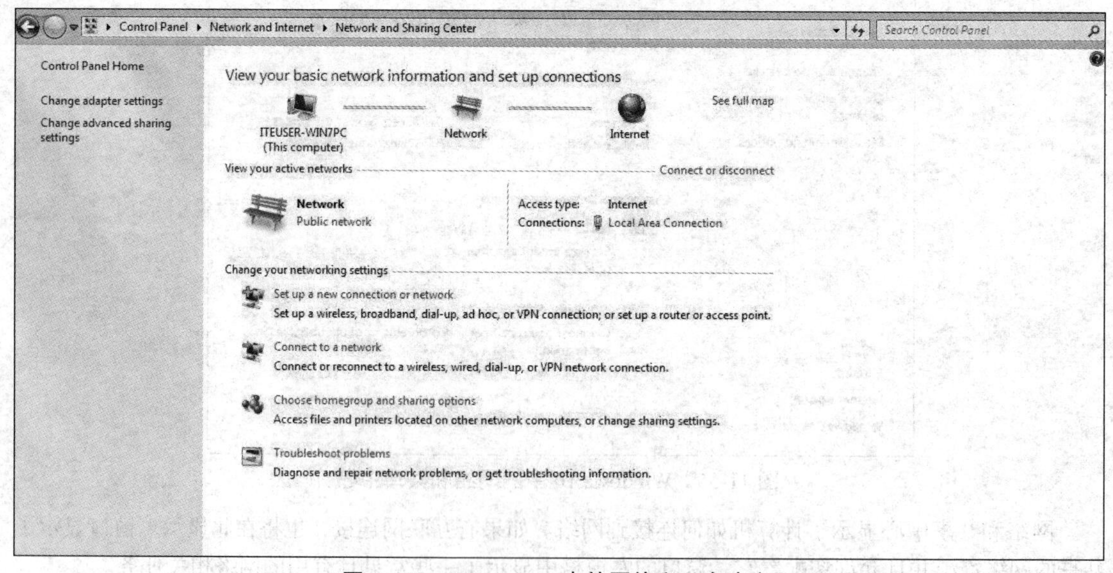

图 11-57　Windows 7 中的网络和共享中心

家庭组在 Windows 7 和 Windows 8 中使用。Microsoft 已在逐步淘汰家庭组功能。在 Windows 8.1 中无法创建家庭组，但 Windows 8.1 计算机可以加入现有的家庭组。在较新版本的 Windows 10（版本 1803 及更高版本）中，家庭组功能不可用。

图 11-58 所示为 Windows 8 家庭组配置屏幕。在 Windows 8 中，默认不共享任何项目。图 11-59 所示为 Windows 7 家庭组配置屏幕。请注意，默认共享除文档外的所有项目。

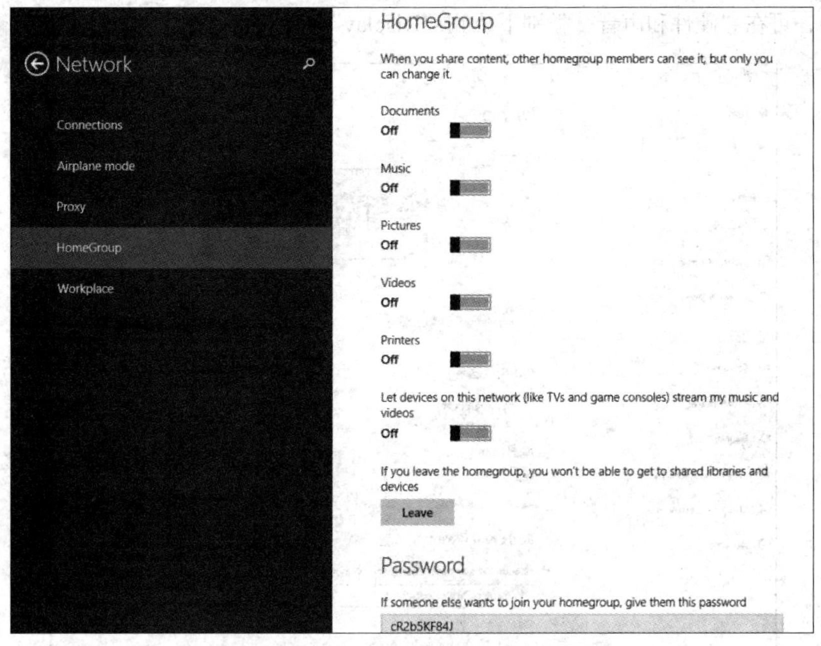

图 11-58　Windows 8.1 家庭组配置

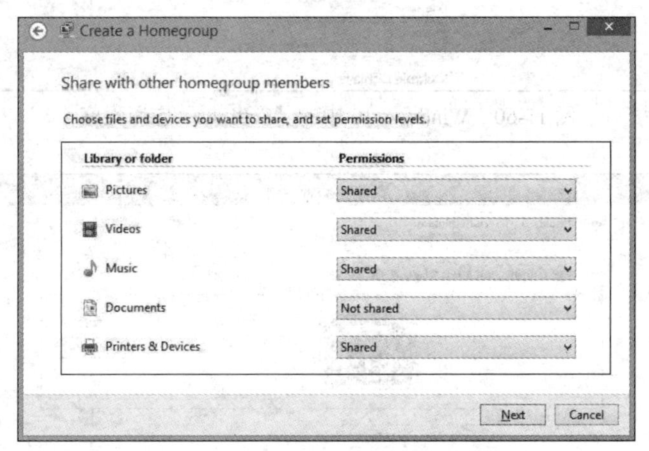

图 11-59　Windows 7 家庭组配置

11.2.4　显示设置和控制面板项

大多数高级显示设置都是在“Settings”应用程序的“Display”部分中进行的。显示参数（如背景墙纸、屏幕颜色和屏幕分辨率）是可调的。

1. 显示设置和配置

在 Windows 10 中，外观和个性化的许多配置都已移至“Settings”应用程序中，如图 11-60 所示。通过用右键单击桌面的空白区域并从“Context”菜单中选择“Display settings”，即可访问 Windows 10 的显示设置。另外，也可以打开“Settings”应用程序进行访问。显示设置位于“系统”类别中。

您可通过修改由图形适配器输出的分辨率来更改桌面的外观。如果屏幕分辨率设置不合适，您可能会看到意外的显示结果，就像使用其他的显卡和显示器一样。您还可以在 Windows 界面元素中更改桌面的放大率和文本大小。图 11-61 所示为 Windows 8.1 的“Display”控制面板项。在 Windows 7 和

Windows 8 中，可在“硬件和声音”类别下找到“Display”控制面板项。

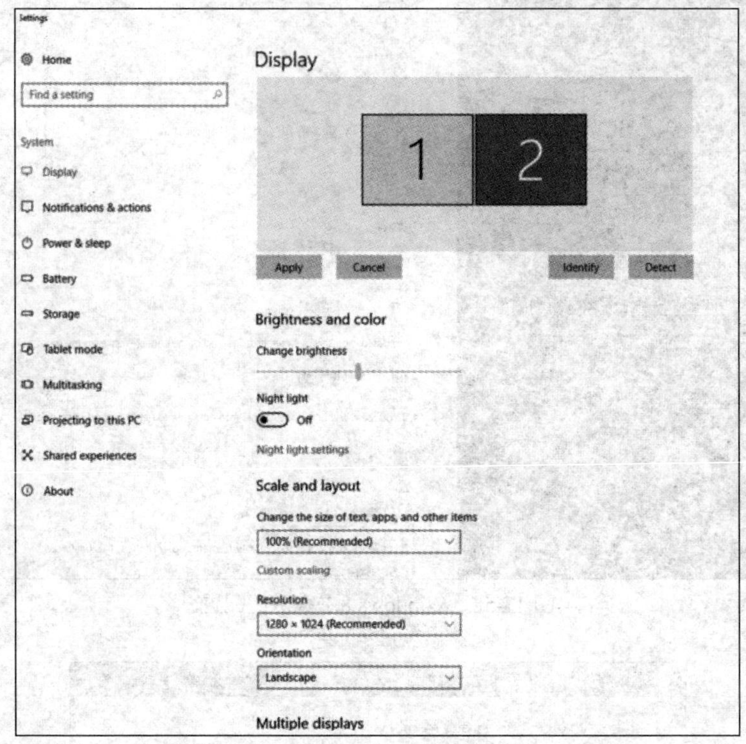

图 11-60 Windows 10 中的“Settings”应用程序

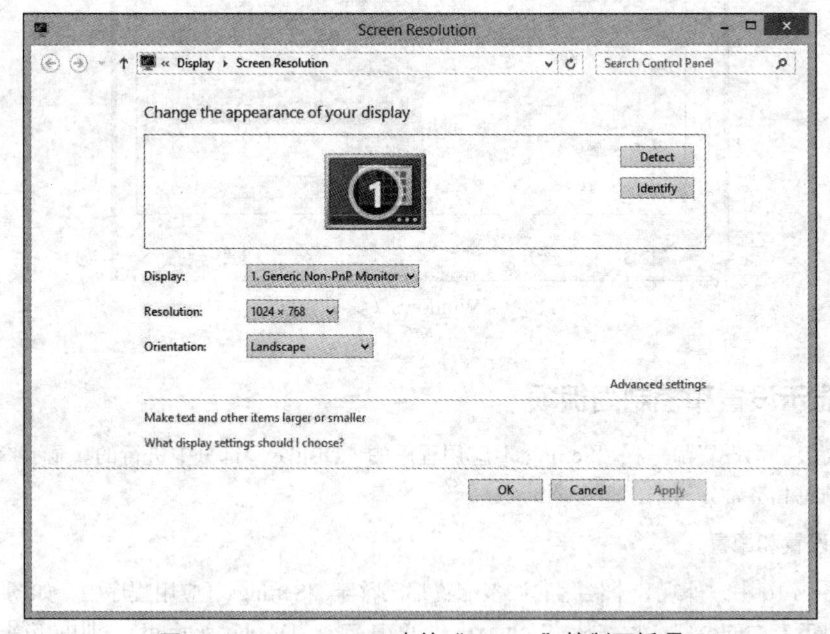

图 11-61 Windows 8.1 中的“Display”控制面板项

使用 LCD 屏幕时，请将分辨率设置为推荐设置。推荐设置会将分辨率设置为原始分辨率，原始分辨率会将视频输出设置为与显示器拥有相同的像素数。如果不使用原始分辨率，显示器将无法提供最佳的图片显示。

2. 显示功能

在 Windows 7 和 Windows 8 的“Display”控制面板项中，可以调整以下功能。

- 显示：如有多台显示器，则可对特定显示器进行配置。
- 屏幕分辨率：指定水平和垂直像素数。像素数量越高，分辨率越好。通常表示为水平像素乘以垂直像素（如 1920 × 1080）。调整屏幕分辨率的方法如图 11-62 所示。
- 方向：确定显示器是以横向、纵向、横向（翻转）还是纵向（翻转）方向显示。
- 刷新率：设置屏幕中图像的重绘频率。刷新率用赫兹（Hz）表示。60Hz 表示屏幕每秒重绘 60 次。刷新率越高，显示的屏幕图像越稳定。但是，某些显示器无法处理所有刷新率设置。
- 显示器颜色：在较早版本的系统中，需要将显示的颜色数量或位深设置为与图形适配器和显示器兼容的值。位深越高，颜色的数量越多。例如，24 位（真彩色）调色板包含 1600 万种颜色。32 位调色板包含 24 位颜色和 8 位其他数据，如透明度。
- 多显示器：某些计算机或显卡允许将两台或多台显示器连接到同一台计算机。桌面可进行扩展，这意味着将多台显示器组合为一台大显示器或者镜像（在所有显示器上显示相同的图像）。

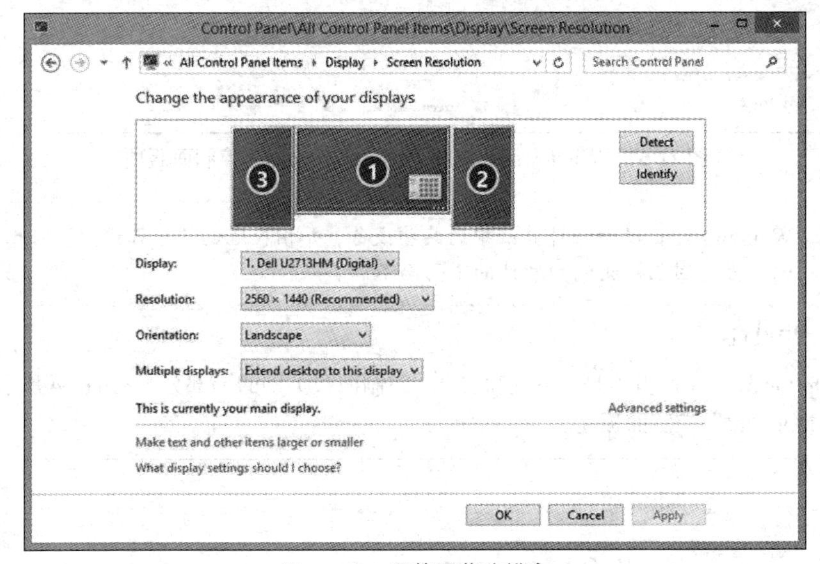

图 11-62　调整屏幕分辨率

11.2.5 电源选项控制面板项

可通过“Power Options”（电源选项）控制面板项访问用于调节计算机电源计划设置的“Power Options”窗口。系统信息显示计算机信息，比如 Windows 版本、计算机名称、工作组、Windows 激活状态、处理器速度、RAM 等。本小节将介绍这些控制面板和设置。

1. 电源选项

“Power Options”控制面板项允许您更改某些设备或整个计算机的功耗。使用“Power Options”配置电源计划可最大限度地提高电池性能或实现节能。电源计划是管理计算机用电情况的硬件和系统设置的集合。图 11-63 所示为 Windows 10 中的“Power Options”控制面板项。它在 Windows 7 和 Windows 8 中略有不同。一个重要的区别是，在 Windows 10 中唤醒计算机时需要密码的设置已从“Power Options”移至“User Account”。这是数据安全方面的重要设置。

Windows 已预置了多个电源计划。这些计划是默认设置，安装 Windows 时就已经创建。您可以使用默认设置或基于特定工作或设备的需求创建您的自定义计划。

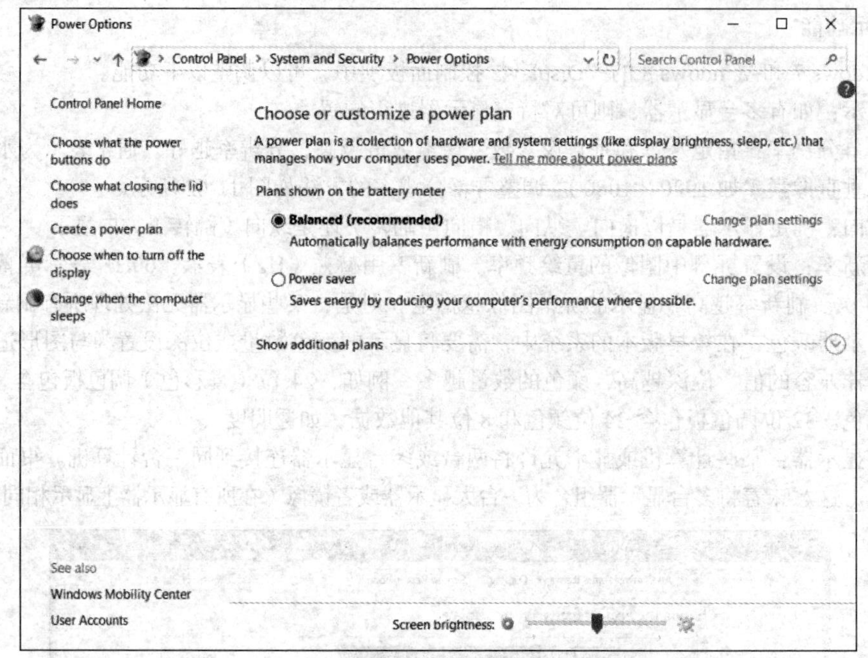

图 11-63 Windows 10 中的“Power Options”控制面版项

注 意 Windows 会自动检测计算机中的某些设备，并相应地创建电源设置。因此，电源选项的设置将因已检测到的硬件的不同而不同。

2. 电源选项设置

“Power Options”控制面板项是“系统和安全”控制面板类别的一部分。图 11-64 所示为 Windows 8 中的“Power Options”控制面板项。

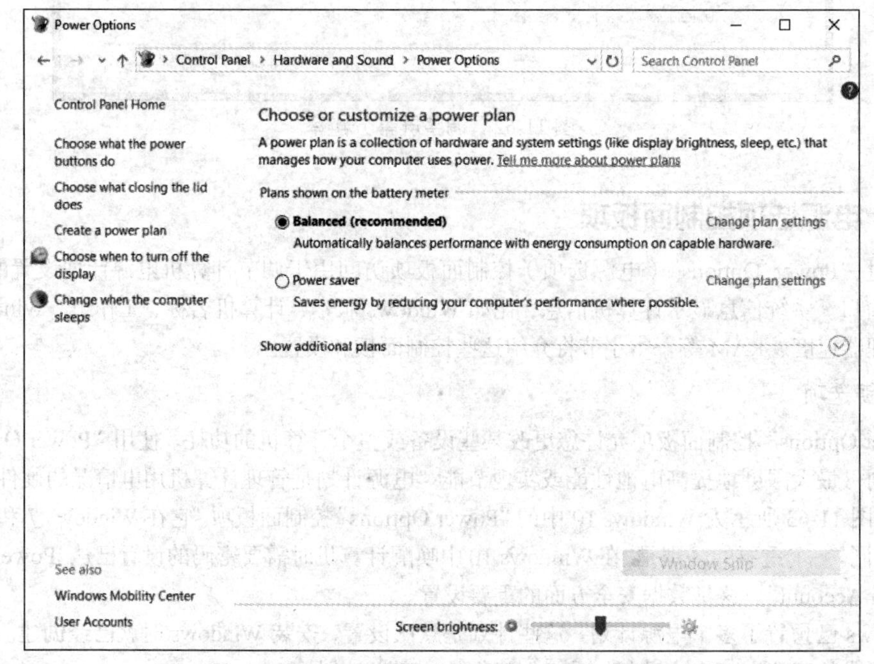

图 11-64 Windows 8 中的“Power Options”控制面板项

您可以选择以下选项。

- 唤醒时需要密码（仅限 Windows 7 和 Windows 8）。
- 选择“Power”按钮的功能。
- 选择关闭盖子的功能（仅限便携式计算机）。
- 创建电源计划。
- 选择关闭显示器的时间。
- 更改计算机睡眠时间。

3. 电源选项操作

通过选择“选择电源按钮的功能”或“选择关闭盖子的功能”，可以设置按下电源按钮或睡眠按钮，或者关闭机盖时计算机的动作，如图 11-65 所示。

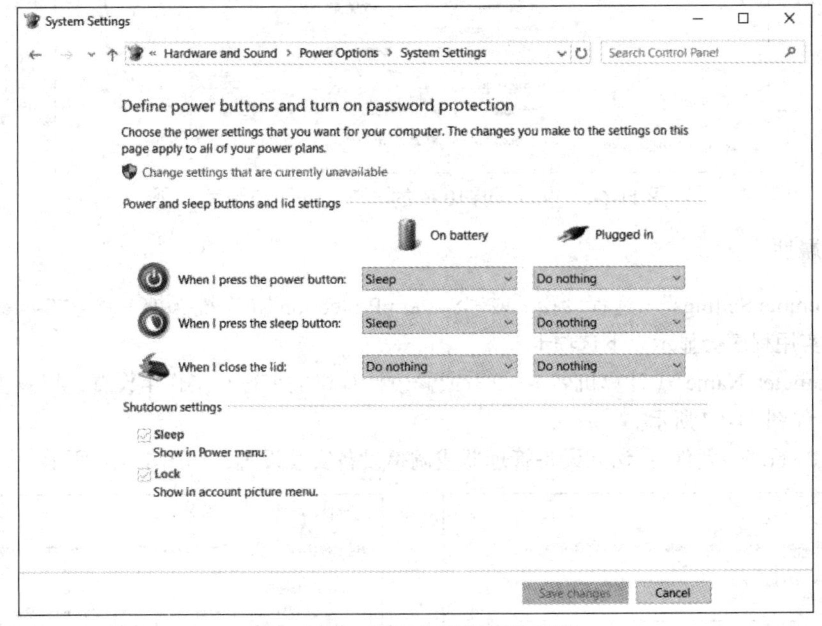

图 11-65 电源选项的系统设置

有些设置还会显示为 Windows“Start”按钮或 Windows 10“Power”按钮的“Shutdown”选项。如果用户不希望完全关闭计算机，可选择以下选项。

- 不采取任何操作：计算机继续以全功率运行。
- 睡眠：将文档、应用程序和操作系统的状态保存到 RAM 中。这可以使计算机快速开机，但需要消耗一些电量来保留 RAM 中的信息。
- 休眠：将文档、应用程序和操作系统的状态保存到硬盘驱动器上的临时文件中。选择此选项时，计算机开机所用的时间要比睡眠状态稍长，但不需要使用任何电量来保留硬盘驱动器中的信息。
- 关闭显示器：计算机以全功率运行；显示器关闭。
- 关机：关闭计算机。

4. 系统控制面板项

“System”（系统）控制面板项允许所有用户查看基本系统信息、访问工具和配置高级系统设置。“System”控制面板项位于“系统和安全”类别下。图 11-66 所示为 Windows 10 中的“System”控制面板项。Windows 7 和 Windows 8 中的“System”控制面板项与之非常相似。

单击左侧面板上的链接可访问各种设置。

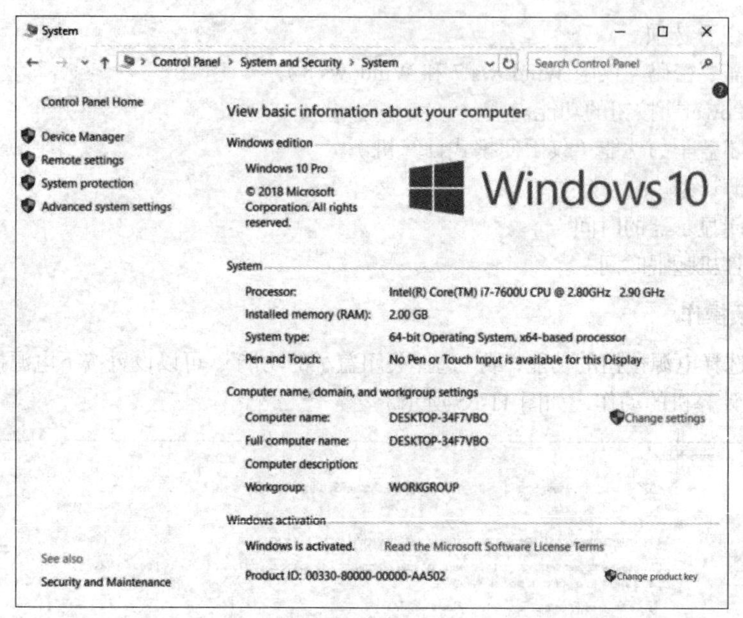

图 11-66 Windows 10 中的“System”控制面板项

5. 系统属性

单击“Remote Settings”（远程设置）或“System Protection”（系统保护）时，“System Properties”（系统属性）实用程序会显示以下选项卡。

- “Computer Name”（计算机名）：查看或修改计算机的名称和工作组设置，以及更改域或工作组，如图 11-67 所示。
- “Hardware”（硬件）：访问设备管理器或调整设备安装设置，如图 11-68 所示。

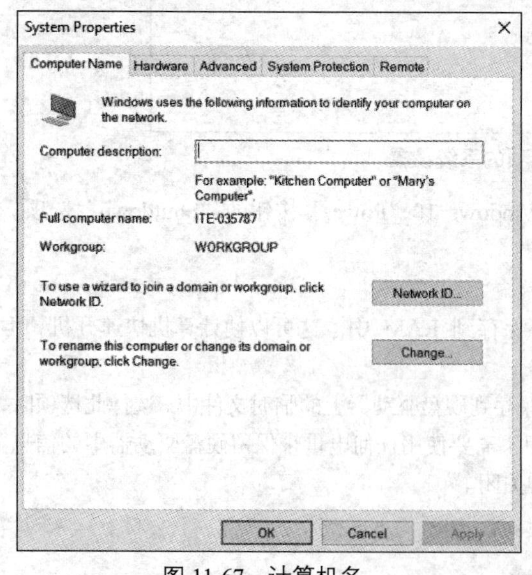

图 11-67 计算机名

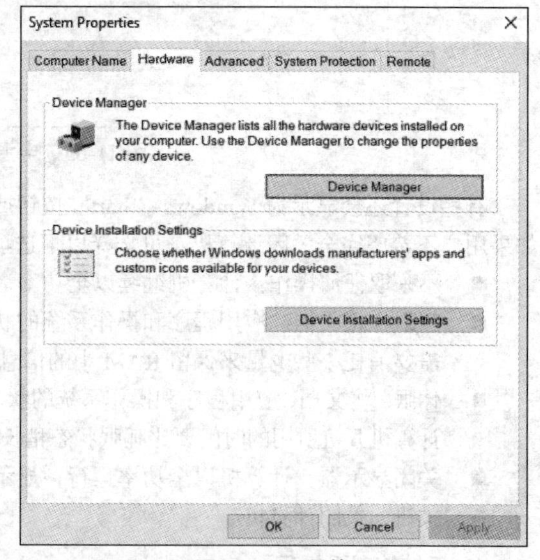

图 11-68 硬件

- “Advanced”（高级）：配置各种性能、用户配置文件、启动和故障恢复设置，如图 11-69 所示。
- “System Protection”（系统保护）：访问系统还原，该功能可将计算机还原到较早的配置，并允许配置启用系统还原点和用于这些设置的磁盘空间量，如图 11-70 所示。
- “Remote”（远程）：调整远程协助和远程桌面设置。这将允许其他用户连接到计算机以对其进行查看或操作，如图 11-71 所示。

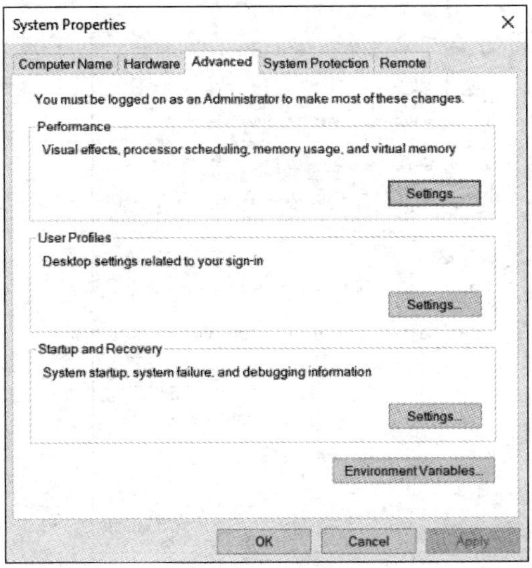

图 11-69 高级

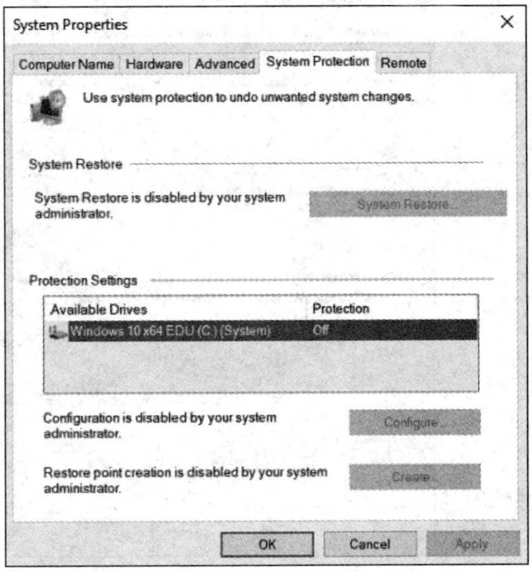

图 11-70 系统保护

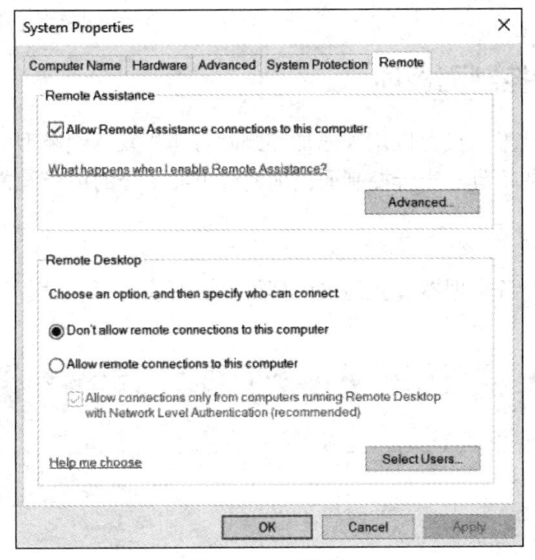

图 11-71 远程

6. 提升性能

为了提高操作系统的性能，可以更改虚拟内存的配置，如图 11-72 所示。当 Windows 确定系统 RAM 不足时，它将在硬盘驱动器上创建一个分页文件，其中包含来自 RAM 的一些数据。当需要将数据返回 RAM 中时，则会从分页文件予以读取。访问页面文件比直接访问 RAM 要慢得多，如果计算机的 RAM 较少，可考虑购买额外的 RAM 以减少分页。

虚拟内存的另一种形式是使用外部闪存设备和 Windows ReadyBoost 来提升系统性能。Windows ReadyBoost 让 Windows 可以将外部闪存设备（如 USB 驱动器）视为硬盘驱动器缓存。如果 Windows 确定不会提高性能，则 ReadyBoost 将不可用。

要激活 Windows ReadyBoost，插入闪存设备并用右键单击文件资源管理器中的该驱动器即可。单击“Properties”，然后选择“ReadyBoost”选项卡。

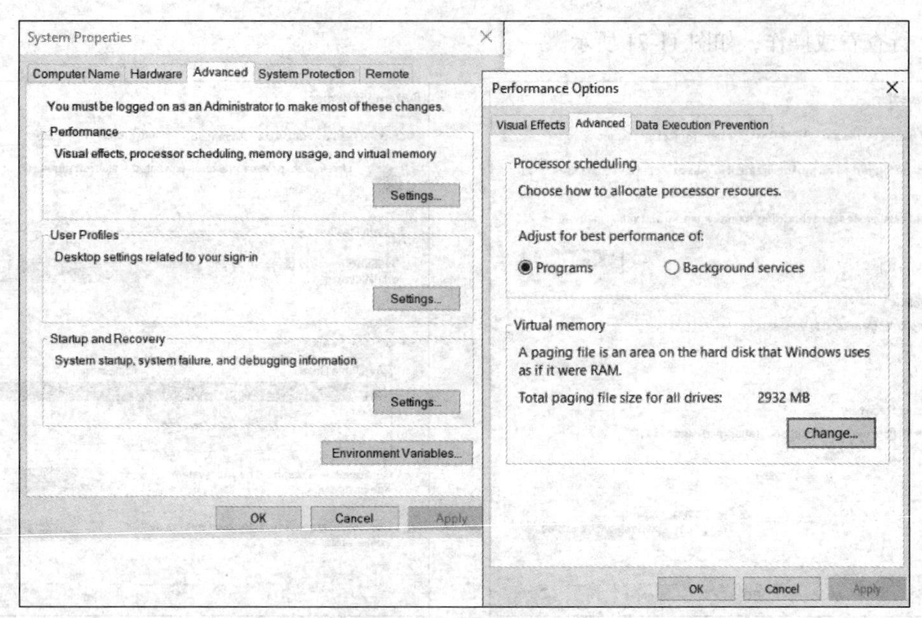

图 11-72　提升性能

11.2.6　硬件和声音控制面板项

硬件控制面板项包含技术人员可以用来添加和删除打印机及其他类型的硬件、配置自动播放、管理电源、更新驱动程序等的工具。声音控制面板项允许更改系统的声音设置。

1. 设备管理器

“Device Manager”（设备管理器）会列出计算机上已安装的所有设备，使您能够诊断并解决设备问题，如图 11-73 所示。

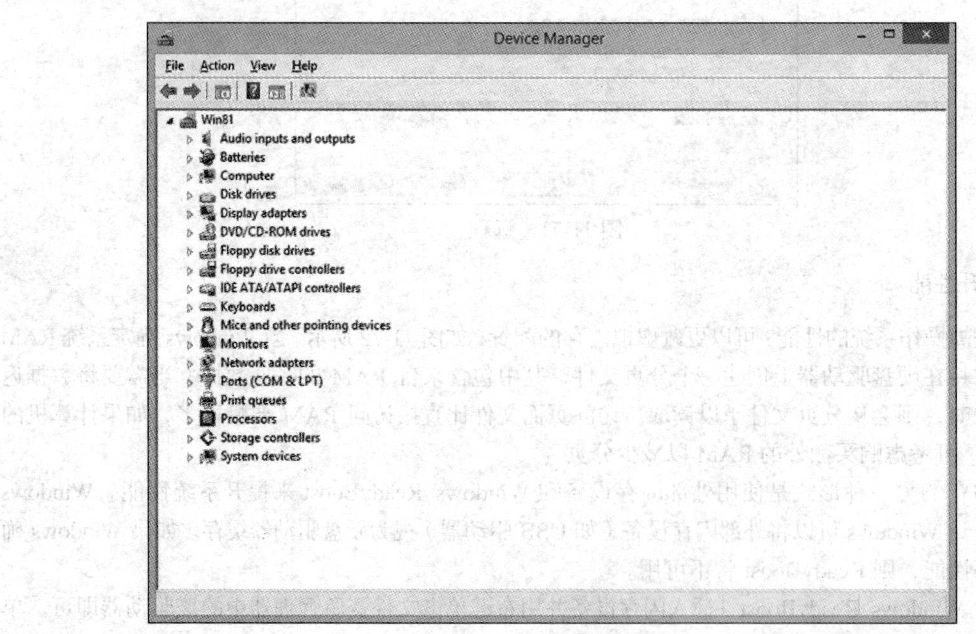

图 11-73　设备管理器

您可以查看有关已安装的硬件和驱动程序的详细信息，还可执行以下功能。

■ 更新驱动程序：更改当前已安装的驱动程序。

■ 回滚驱动程序：将当前已安装的驱动程序更改为之前所安装的驱动程序。

■ 卸载驱动程序：删除驱动程序。

■ 禁用设备：禁用设备。

设备管理器按类型对设备进行组织。如果要查看实际设备，展开相应类别即可。双击设备名称可查看计算机上任何设备的属性。

设备管理器工具使用图标来表示设备出现了问题，如表 11-3 所示。

表 11-3　　设备管理器图标及含义

设备管理器图标	含义
	设备存在错误。它可能正在运行，但需要予以关注。用右键单击“Device Manager”中的项目并选择“Properties”，以便在“Properties”框的“设备状态错误”中查看问题代码。可通过研究代码来确定出现了哪种问题
	设备被禁用。设备已安装到系统上，但没有为其加载任何驱动程序
或	无特定于该设备的设备驱动程序。正在使用兼容的驱动程序
	此非问题代码。这表示该设备的驱动程序已被手动（而非自动）安装

2. 设备和打印机

使用“Devices and Printers”（设备和打印机）控制面板项可看到连接到计算机的各设备，如图 11-74 所示。

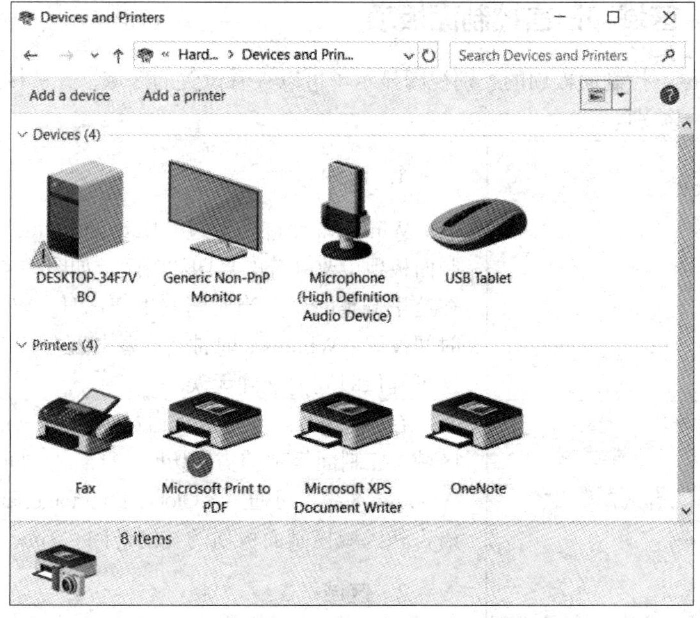

图 11-74　Windows 10 中的设备和打印机

“Devices and Printers”控制面板项中显示的设备通常是您可以通过接口（如 USB）或网络连接与您的计算机相连的外部设备。“Devices and Printers”还允许您将新的设备快速添加到计算机中。在大多数情况下，Windows 将自动安装设备所需的所有必要驱动程序。请注意，图 11-74 中的台式机设备显示黄色三角形图标，表示驱动程序存在问题。设备旁边的绿色复选标记表示设备将用作默认设备。用右键单击设备可查看其属性。

“Devices and Printers”中通常显示的设备包括以下几种。

- 连接到计算机的便携式设备，比如手机、个人健身设备和数字相机。
- 可插入计算机USB端口中的设备，比如外部USB硬盘驱动器、闪存驱动器、摄像头、键盘和鼠标。
- 连接到计算机或网络上可用的打印机。
- 连接到计算机的无线设备，比如蓝牙设备和无线 USB 设备。
- 连接到计算机的兼容网络设备，比如启用网络的扫描仪、媒体扩展器或网络附加存储设备（NAS）。

Windows 7、Windows 8 和 Windows 10 中的“Devices and Printers”非常相似。

3．声音

使用“Sound”（声音）控制面板项（见图 11-75）可配置音频设备或更改计算机的声音方案。例如，您可以将邮件的通知声音从蜂鸣声改为鸣钟声。“Sound”还允许用户选择使用哪个音频设备来播放音频或录音。

“Sound”控制面板项在 Windows 7、Windows 8 和 Windows 10 之间基本没有变化。

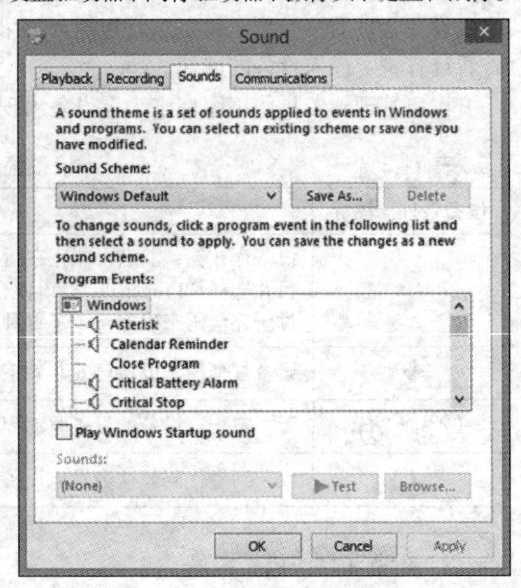

图 11-75 “Sound”控制面板项

11.2.7 时钟、区域和语言控制面板项

时钟、区域和语言控制面板项的类别视图显示了可以查看设置的区域，并链接到可以更改时钟、区域和语言设置的子类别。

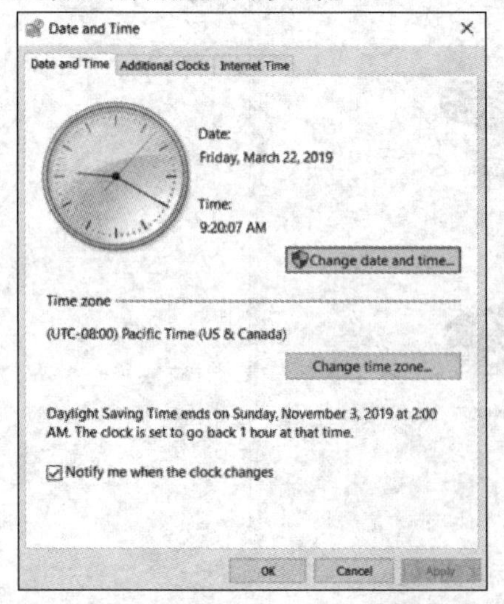

图 11-76 “Date and Time”控制面板项

1．时钟

Windows 允许您通过“Date and Time”（日期和时间）控制面板项更改系统的日期和时间，如图 11-76 所示。您还可以在这里调整时区。当时间发生变化时，Windows 将自动更新时间设置。Windows 时钟将自动与互联网上的权威时间同步。这可确保时间值准确无误。

在 Windows 10 中，可通过“Clock and Region”（时钟和区域）控制面板项的类别访问“日期和时间”。在 Windows 7 和 Windows 8 中，可通过“Clock, Language, and Region”时钟、语言和区域控制面板项的类别访问“Time and Date”。

2．区域

Windows 允许使用“Region”（区域）控制面板项更改数字、货币、日期和时间的显示格式。Windows 7 中有一些选项卡可用于更改系统的键盘布局和语言，以及计算机的位置。而在 Windows 8 中，键盘和语言选项卡已被删除。Windows 10 尝试使用位置服务来自动检测计算机的位置。如果无法确定位置，也可以手动设置位置。图 11-77 和图 11-78 分别显示了 Windows 8 和 Windows 10 的“Region”控制面板项。

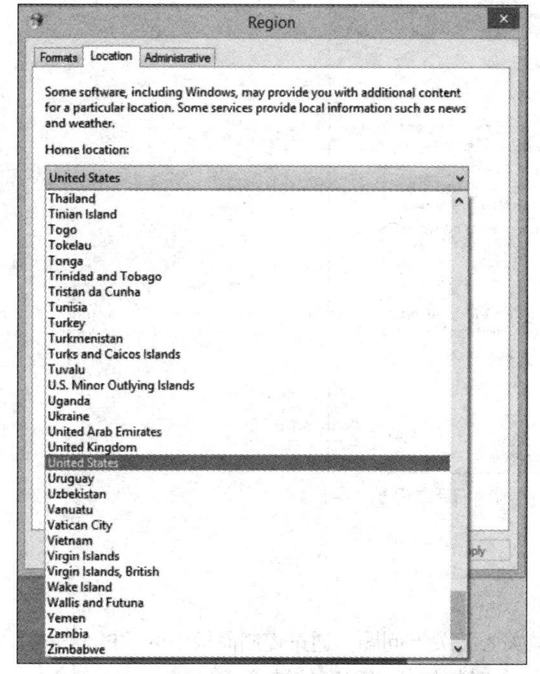

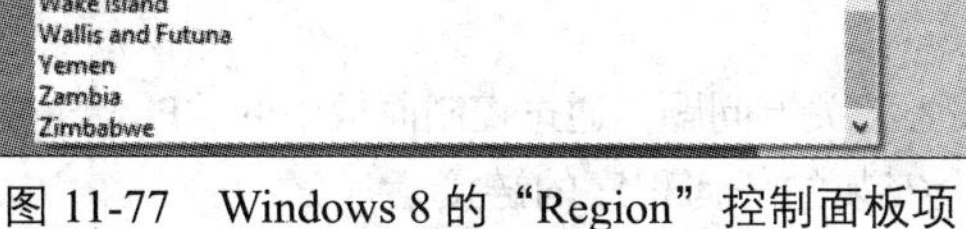

图 11-77　Windows 8 的“Region”控制面板项

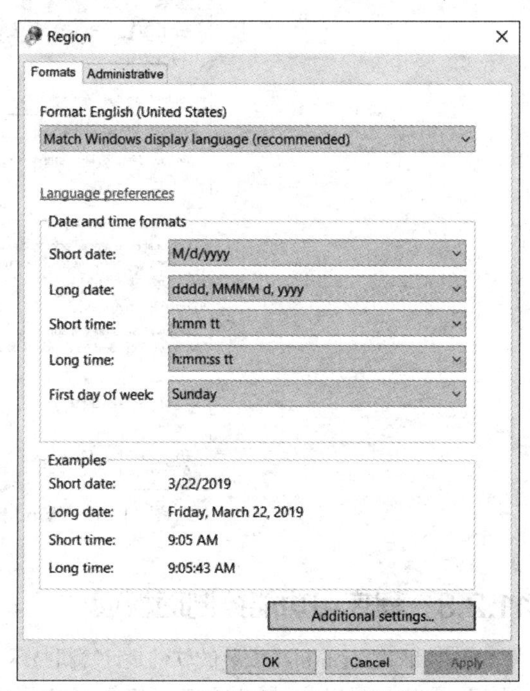

图 11-78　Windows 10 的“Region”控制面板项

可以通过更改日期和时间格式区域中可用的显示模式来更改日期和时间设置格式。单击“Additional settings”（附加设置）可更改该区域中使用的数字和货币格式以及度量衡系统。其他日期和时间格式也可用。

3. 语言

在 Windows 7 和 Windows 8 中，可以通过控制面板项配置“Language”（语言），如图 11-79 所示。这允许用户安装包含不同语言所需的字体和其他资源的语言包。

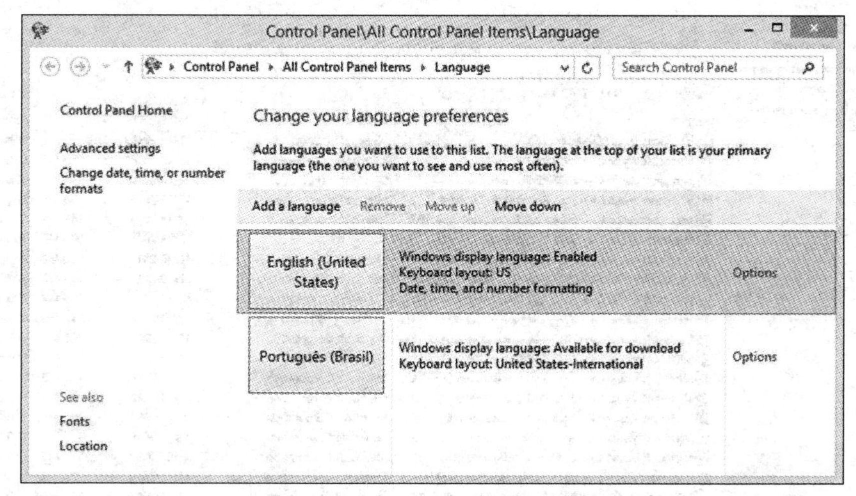

图 11-79　Windows 8 中的语言设置

在 Windows 10 中，此功能已被移至“Language”设置应用程序中，如图 11-80 所示。当添加语言时，您甚至可以选择安装支持该语言语音命令的 Cortana（如果可用）。

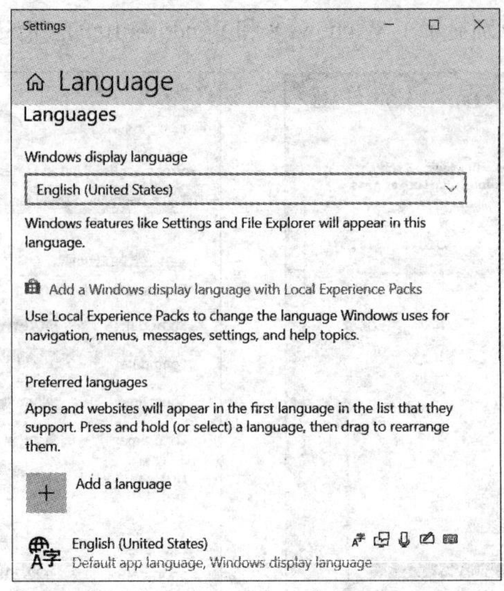

图 11-80　Windows 10 中的语言设置

11.2.8　程序和功能控制面板项

卸载和管理计算机上安装的软件是计算机技术人员关心的关键问题。通过控制面板中的“Programs”（程序）类别，可以访问允许更改、修复和卸载计算机上安装的任何程序的链接。

1. 程序

如果您不再使用某个程序或者想释放硬盘空间，可使用“Programs and Features”（程序和功能）控制面板项卸载程序，如图 11-81 所示。重要的是，可以通过“Programs and Features”控制面板项卸载应用程序，也可以从“Start”菜单中与应用程序关联的卸载菜单选项中卸载应用程序。

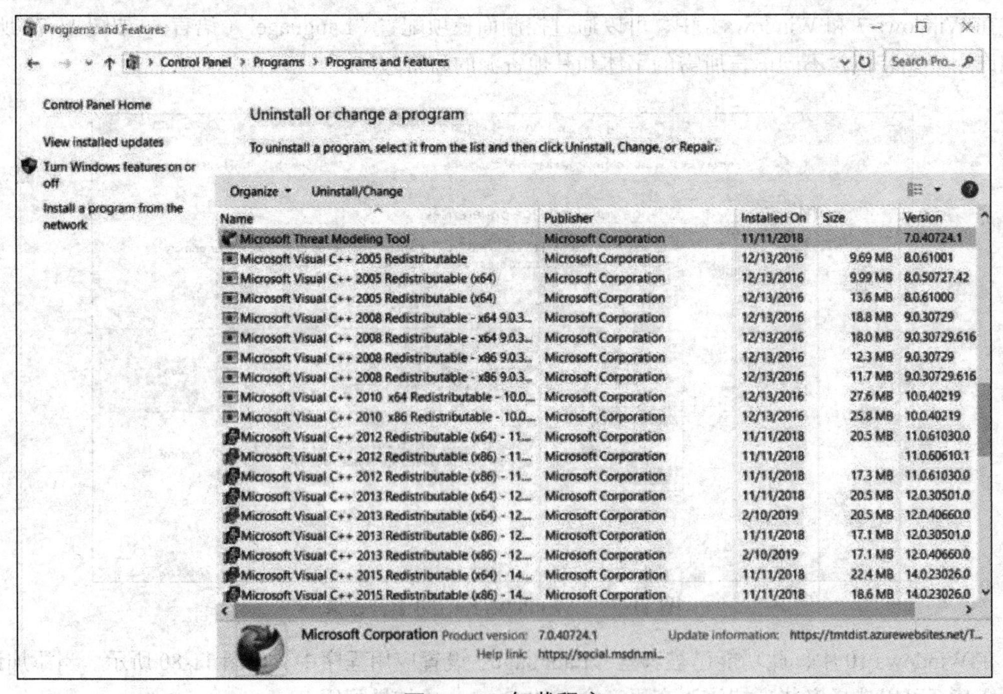

图 11-81　卸载程序

此外，您还可以修复一些可能存在问题的程序的安装。您也可以对未正常运行的、为 Windows 旧版本编写的程序进行故障排除。

最后，您可以选择从网络中手动安装软件。您的组织可能会提供需要手动安装的更新或补丁。

2. Windows 功能和更新

您可以激活或停用 Windows 功能，如图 11-82 所示。通过“Programs and Features”控制面板项，您还可以查看已安装的 Windows 更新，如果有更新导致问题且与其他已安装的更新或软件不存在依赖关系，则可以卸载这些特定的更新。

图 11-82 Windows 功能

3. 默认程序

“Default Programs”（默认程序）控制面板项提供了配置 Windows 处理文件的方式以及用于处理文件的应用程序的方法，如图 11-83 所示。例如，如果您安装了多个 Web 浏览器，则可以选择打开哪个 Web 浏览器来查看您在邮件或其他文件中点击的链接。选择默认应用程序，或选择为特定文件类型打开的应用程序即可达到此目的。例如，您可以配置一个 JPEG 图形文件，以便在浏览器中打开、查看或在图形编辑器中打开。

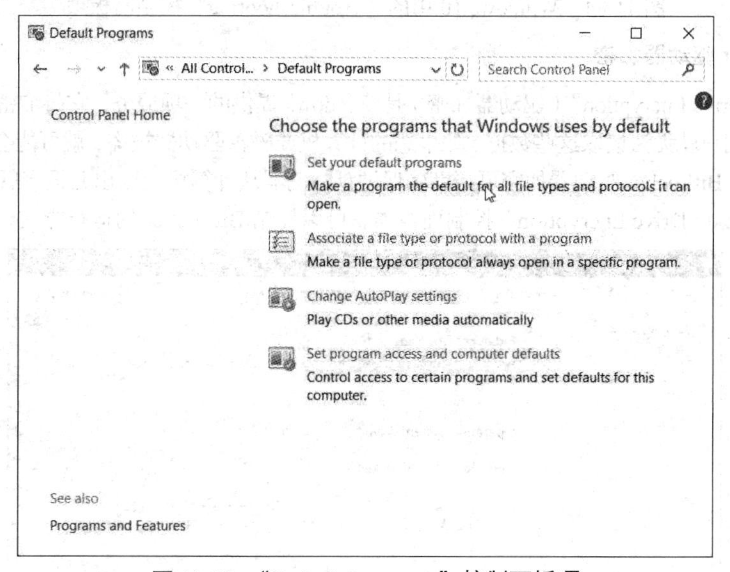

图 11-83 “Default Programs”控制面板项

最后，您可以选择自动播放的工作方式。您可以选择 Windows 如何根据存储不同类型文件的可移动存储介质的类型来自动打开这些文件。您可以选择让音频 CD 在 Windows Media Player 中自动打开，或者让 Windows 文件资源管理器显示光盘内容的目录。

Windows 10 使用“Settings”应用程序以用于除自动播放配置以外的所有功能。Windows 7 和 Windows 8 则使用控制面板实用程序。

11.2.9 其他控制面板

控制面板中有许多实用程序，其中包含 Windows 各个部分的设置和选项。

1. 疑难解答

“Troubleshooting”（疑难解答）控制面板项具有许多内置脚本，用于识别和解决许多 Windows 组件的常见问题，如图 11-84 所示。这些脚本自动运行，并且可以配置为自动进行更改来修复发现的问题。通过使用“View History”（查看历史记录）功能，可以查看故障排除脚本过去运行的时间。

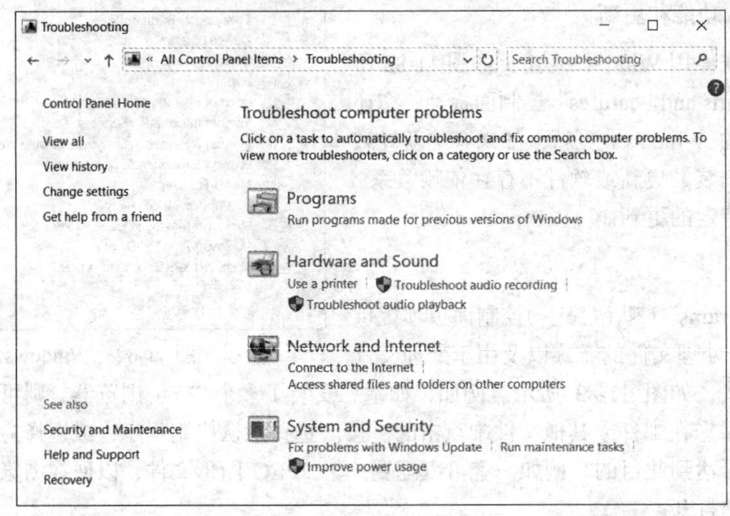

图 11-84 Windows 10 中的“Troubleshooting”控制面板项

2. BitLocker 驱动器加密

BitLocker“Drive Encryption”（驱动器加密）是 Windows 提供的一项服务，它将加密整个磁盘数据卷，这样未经授权的用户就无法读取这些数据。如果您的计算机或磁盘驱动器被盗，就可能会丢失数据。此外，在计算机报废时，BitLocker 驱动器加密可帮助确保硬盘驱动器从计算机上取出并报废后便不可读取。

通过“BitLocker Drive Encryption”控制面板项，可以控制 BitLocker 的运行方式，如图 11-85 所示。

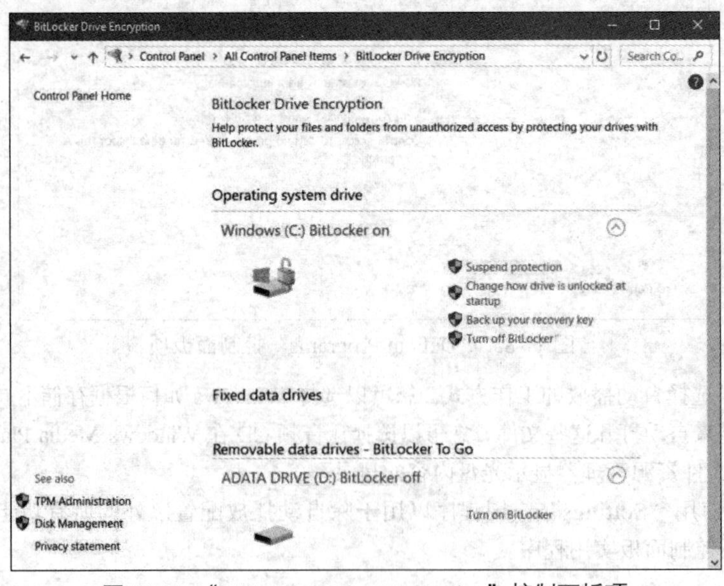

图 11-85 “BitLocker Drive Encryption”控制面板项

3. 文件资源管理器和文件夹选项

文件夹控制面板项允许更改与文件在 Windows 资源管理器或文件资源管理器中的显示方式相关的

各种设置，此控制面板项在 Windows 10 中被称为“File Explorer Options”（文件资源管理器选项），而在 Windows 7 和 Windows 8.1 则被称为“Folder Options”（文件夹选项）。图 11-86 所示为 Windows 10 的文件资源管理器选项。Windows 7 的版本和 Windows 8 版本非常相似。图 11-87 所示为 Windows 8 的版本。

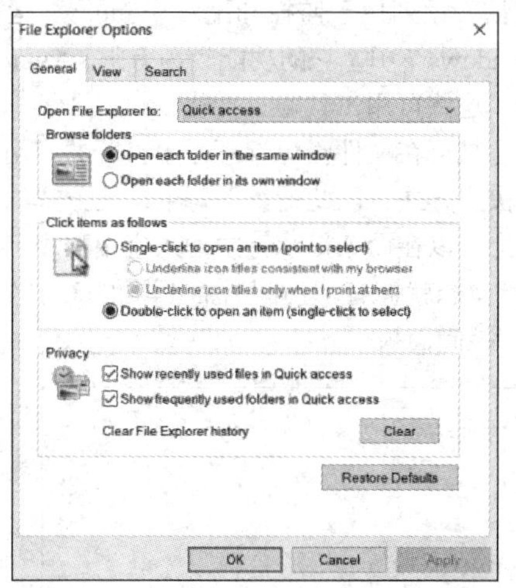

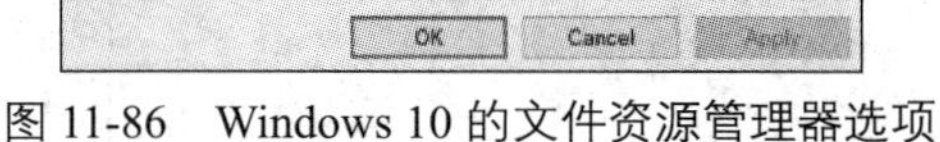

图 11-86 Windows 10 的文件资源管理器选项

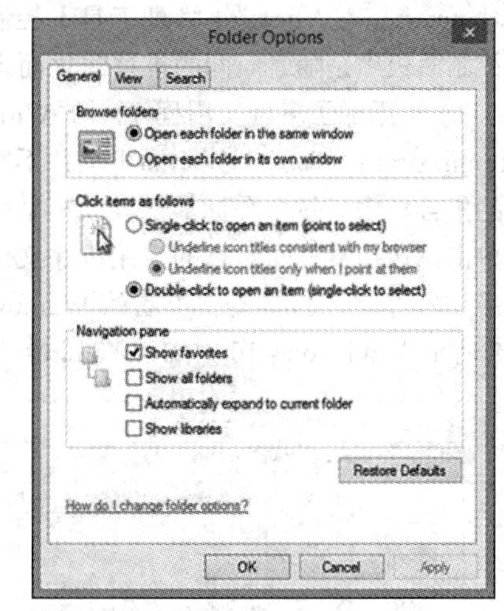

图 11-87 Windows 8 的文件夹选项

在 Windows 10 中，许多常用的文件和文件夹选项均可在文件资源管理器功能区中找到。在 Windows 8.1 中，某些功能可在功能区中找到，但选项不及 Windows 10 的全面。而在 Windows 7 中则没有功能区，因此必须使用控制面板。

Windows 10 中各选项卡的功能如下所述。

“General”（常规）选项卡用于调整以下设置。

- 浏览文件夹：配置文件夹打开时的显示方式。
- 按如下方式单击项目：指定打开文件所需的单击次数。
- 隐私：确定在“快速访问”中显示哪些文件和文件夹，也允许清除文件历史记录。

“View”（查看）选项卡用于调整以下设置。

- 文件夹视图：将正在查看的文件夹的视图设置应用到所有这种类型的文件夹中。
- 高级设置：自定义查看体验，包括查看隐藏文件和文件扩展名的功能。

“Search”（搜索）选项卡用于调整以下设置。

- 搜索内容（Windows 7）：根据有索引和没有索引的位置来配置搜索设置，以便更轻松地查找文件和文件夹。
- 搜索方式：选择是否使用索引进行搜索。
- 在搜索没有索引的位置时：确定在搜索没有索引的位置时是否包含系统目录、压缩文件和文件内容。

11.3 系统管理

11.3.1 管理工具

第三方提供商和 Microsoft Windows 操作系统中提供了许多工具来帮助进行系统管理。管理工具是一个控制面板，其中包含许多供高级用户、技术人员和系统管理人员使用的系统工具。管理工具可能会有所不同，具体取决于 Windows 的版本。

1. “Administrative Tools”控制面板项

“Administrative Tools”（管理工具）控制面板项包括一系列用于监控和配置 Windows 运行的工具。此控制面板项是随着时间的推移演化而来的。在 Windows 7 中，它的功能较为有限。Microsoft 在 Windows 8.1 中添加了多种实用程序。在 Windows 10 中，这些可用工具略有变化。

“Administrative Tools”控制面板项并不常见，因为它是可在文件资源管理器中打开的应用程序快捷方式的集合。由于每个图标都代表了某个应用程序的快捷方式，因此请查看每个快捷方式的属性，以明确单击该快捷方式时运行的应用程序文件的名称。您可以在命令提示符中输入应用程序名称来启动同一应用程序。一旦具备了丰富的 Windows 管理经验，您就拥有了访问所需工具的最有效手段。图 11-88 所示为 Windows 10 中的“Administrative Tools”控制面板项。

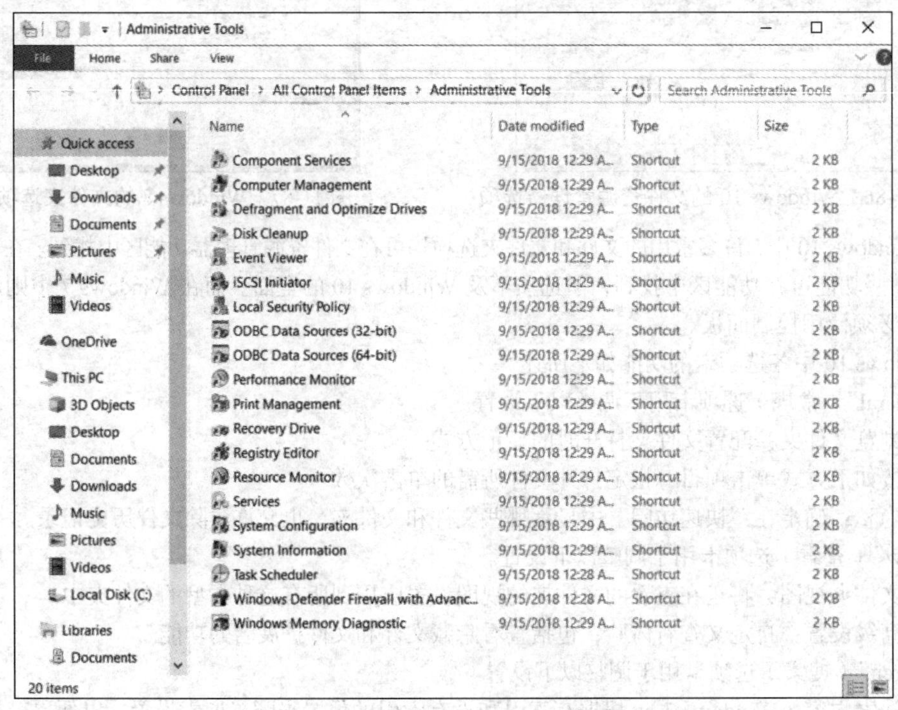

图 11-88 “Administrative Tools”控制面板项

2. 计算机管理

管理工具的项目之一是“Computer Management”（计算机管理）控制台，如图 11-89 所示。它允许您在一个工具中管理计算机和远程计算机的许多方面。

通过“Computer Management”控制台可访问 3 组实用程序。这里将学习有关“系统工具”组的知识。

可以在 Windows 8.1 或 Windows 10 中用右键单击“This PC”或在 Windows 7 和 Windows 8 中用右键单击“Computer”并选择“Manage”（管理）来快速地访问“Computer Management”工具。需要管理员权限才能打开“Computer Management”控制台。

要查看远程计算机的“Computer Management”控制台，请执行以下步骤。

步骤 1 在控制台树中，单击“Computer Management (Local)”并选择“Connect to another computer”。

步骤 2 输入计算机的名称，或者单击“Browse”来查找要通过网络管理的计算机。

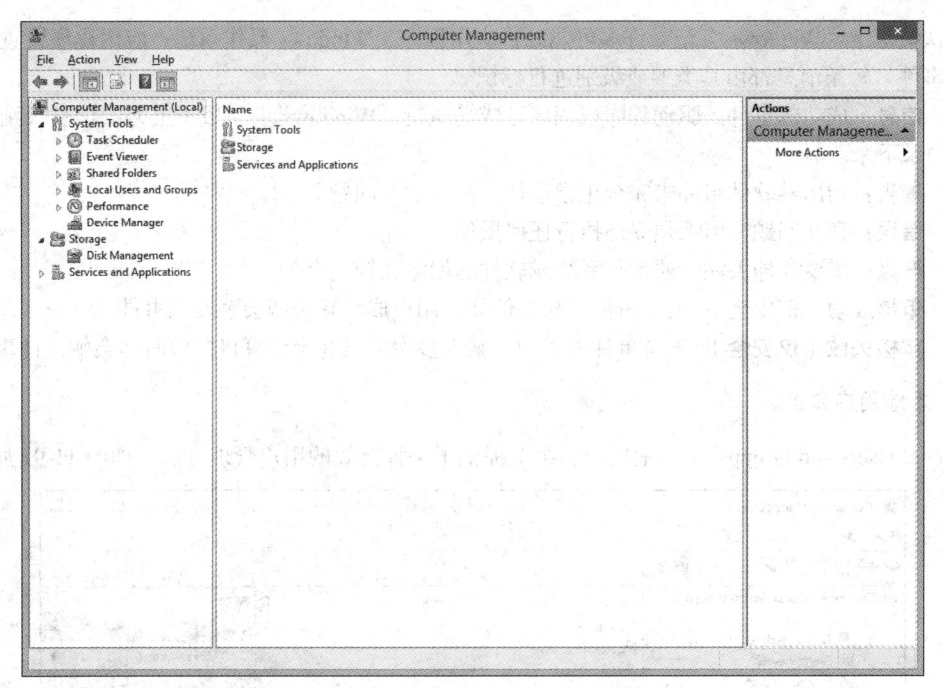

图 11-89 “Computer Management”控制台

3. 事件查看器

可通过“Event Viewer”（事件查看器）查看应用程序、安全和 Windows 系统事件的历史信息，如图 11-90 所示。这些事件会存储在日志文件中。这些文件是非常有价值的疑难解答工具，因为它们可以提供确定问题所需的信息。通过事件查看器即可对日志视图进行筛选和自定义，从而能够更轻松地从 Windows 编译的各类日志文件中查找重要信息。

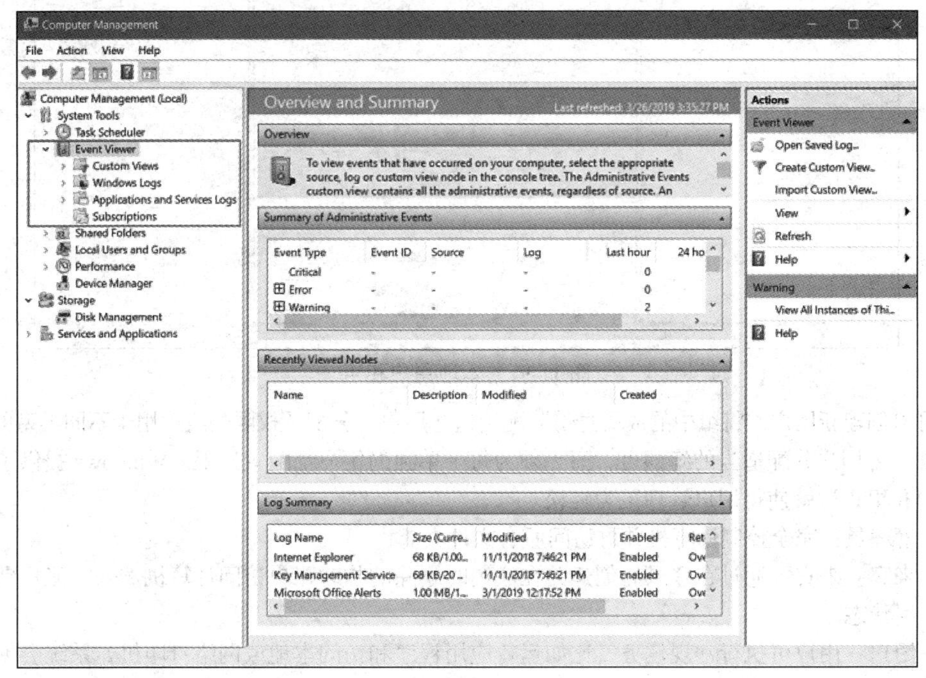

图 11-90 事件查看器

默认情况下，Windows 会记录许多可能源自应用程序、Windows 操作系统、应用程序设置和安全事件的事件。每条消息都由其类型或级别进行标识。

- **信息**：成功的事件。驱动程序或程序已成功执行。Windows 会将成千上万的信息级别事件记录下来。
- **警告**：指出某软件组件未完全正常运行，存在潜在问题。
- **错误**：存在问题，但无须立即执行任何操作。
- **严重**：需要立即关注。通常与系统或软件的崩溃或锁定有关。
- **审核成功（仅安全）**：安全事件成功。例如，用户成功登录即会触发此事件。
- **审核失败（仅安全）**：安全事件未成功。某人多次尝试登录计算机失败时即会触发此事件。

4. 本地用户和组

“Local Users and Groups”（本地用户和组）提供了一种有效的用户管理方法，如图 11-91 所示。

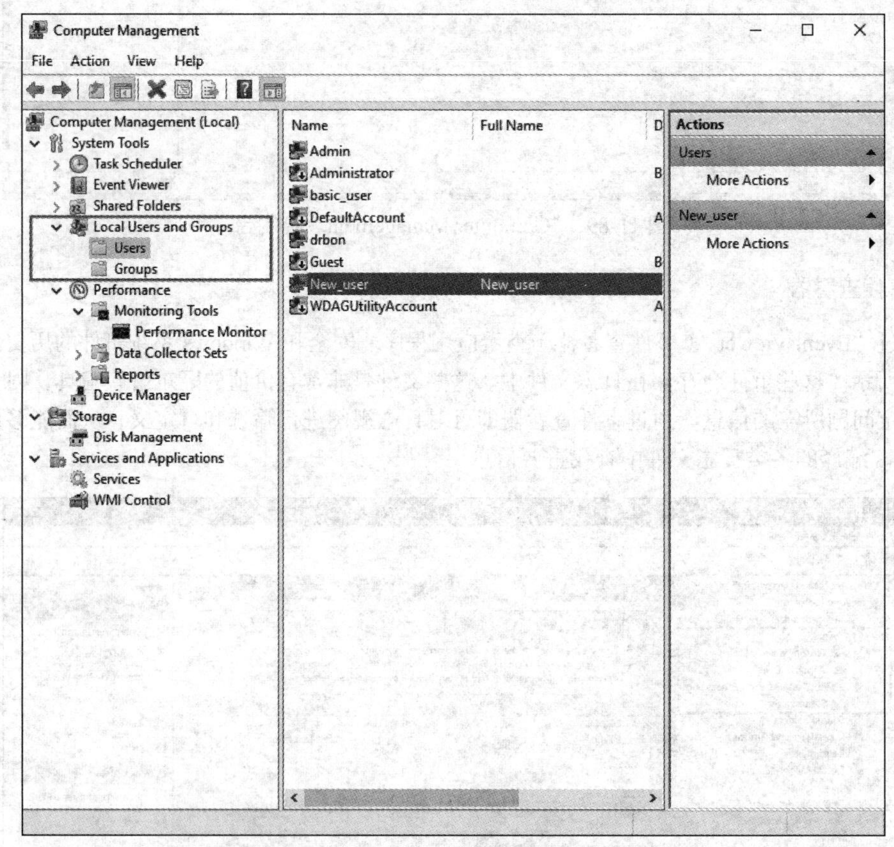

图 11-91　本地用户和组

您可以创建新用户并将组中的成员身份分配给这些用户。分配了权限的组适用于不同类型的用户。如此一来，为用户分配适当的组即可，而无须为每个单独的用户都配置权限。Windows 提供了默认的用户账户和组，这就使得用户管理更为轻松。

- 管理员：完全控制计算机并可访问所有文件夹。
- 来宾：来宾可通过在登录时创建并在注销时删除的临时账户访问计算机。来宾账户默认为禁用状态。
- 用户：用户可执行常规任务，比如运行应用程序和访问本地或网络打印机。系统会创建并保留一个用户账户。

5. 性能监视器

通过“Performance Monitor”（性能监视器）可为多种硬件和软件组件创建自定义的性能图表和报告。数据收集器集是一系列被称为性能计数器指标的集合。Windows 提供了许多默认的数据收集器集，但亦可自行创建。可以根据时间创建多种计数器，还可以生成、查看或打印报告。数据收集可以安排在不同的时间和不同的持续时间进行。此外，还可以设置监视会话的停止条件。

性能监视器提供的信息与通过任务管理器和资源监视器提供的性能信息不同。“Performance Monitor”管理工具用于创建来自特定计数器的详细自定义报告。图 11-92 中的图形为选取的部分 CPU 数据计数器。

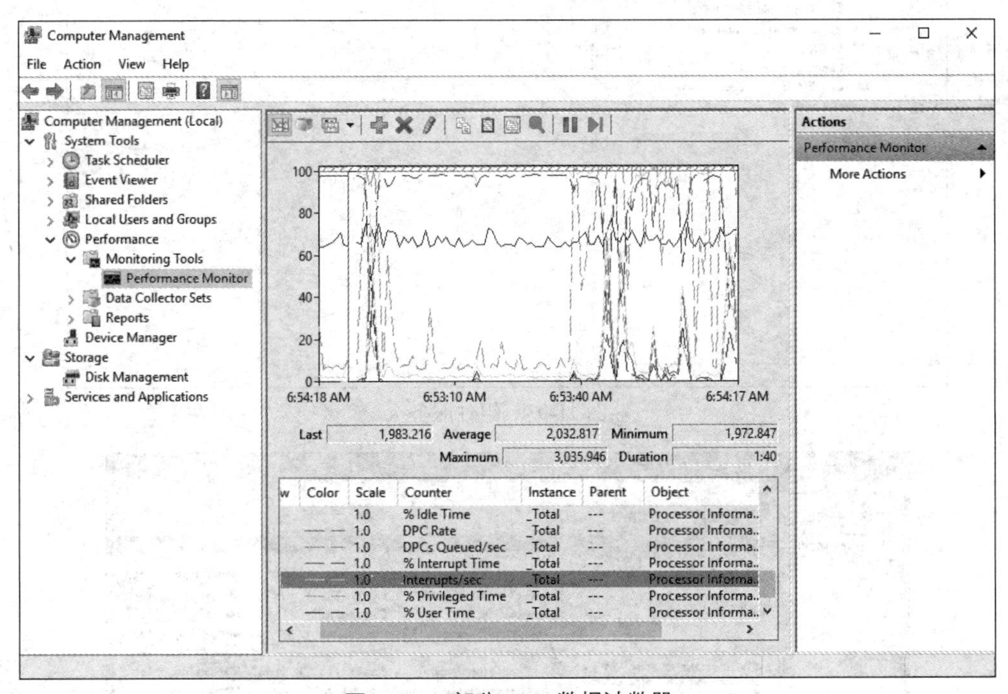

图 11-92 部分 CPU 数据计数器

6. 组件服务

“Component Services”（组件服务）是管理员和开发人员用于部署、配置和管理组件对象模型（COM）组件的管理工具，如图 11-93 所示。COM 是允许在分布式环境（如企业、互联网和内联网应用）中使用软件组件的一种手段。

7. 服务

“Services”（服务）控制台（services.msc）如图 11-94 所示，允许管理计算机和远程计算机上的所有服务。

服务是一种在后台运行的应用程序，用于实现某个特定目标或等待服务请求。要降低安全风险，请只启动必要的服务。您可使用以下设置或状态来控制服务。

- 自动：在计算机启动时也启动服务。此状态优先考虑最重要的服务。
- 自动（延迟启动）：在设置为“自动”的服务启动后才启动这些服务。“自动（延迟启动）”设置仅在 Windows 7 中可用。
- 手动：服务必须由用户或需要该服务的服务或程序手动启动。

- 禁用：在未启用之前服务无法启动。
- 已停止：服务未运行。

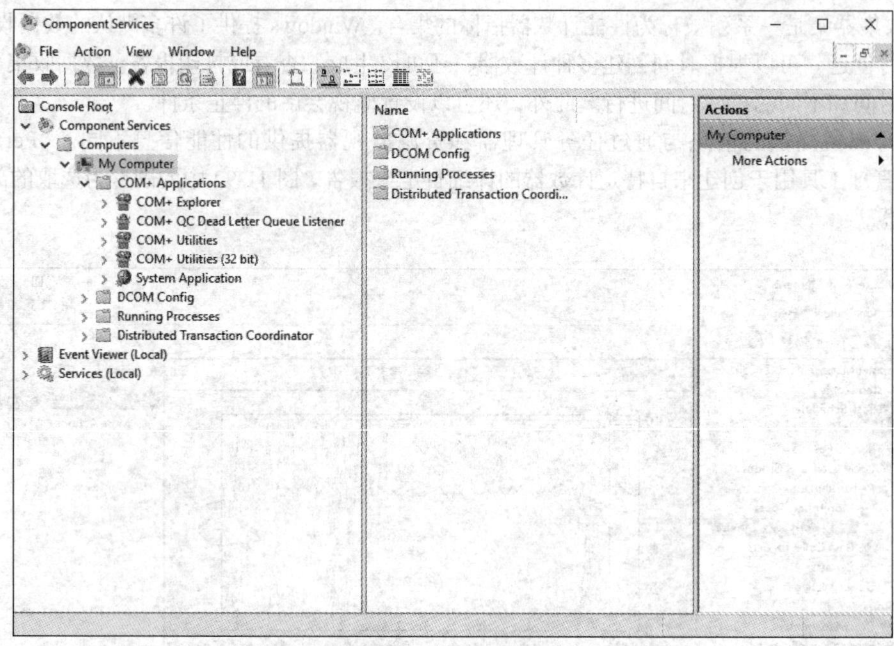

图 11-93 组件服务

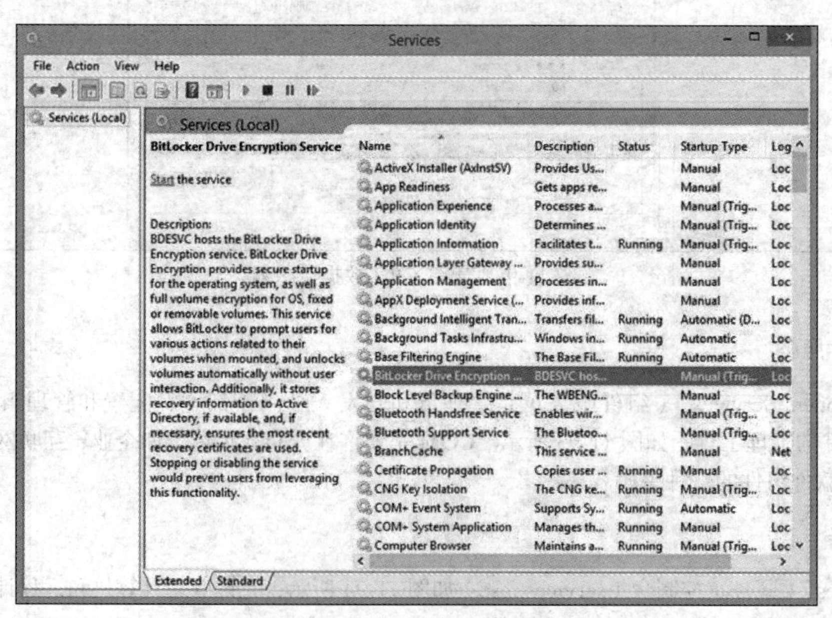

图 11-94 “Services”控制台

要查看远程计算机的服务控制台，请在“Computer Management”控制台中用右键单击“Services (Local)”，然后选择“Connect to another computerBrowse”（连接到另一台计算机）。输入计算机的名称或单击“Browse”以允许 Windows 扫描网络中已连接的计算机。

8. 数据源

“Data Source”（数据源）是管理员使用的一种工具，允许您使用开放式数据库连接（ODBC）来添加、删除或管理数据源。ODBC 是程序用于访问各种数据库或数据源的一种技术。ODBC 数据源管理器如图 11-95 所示。

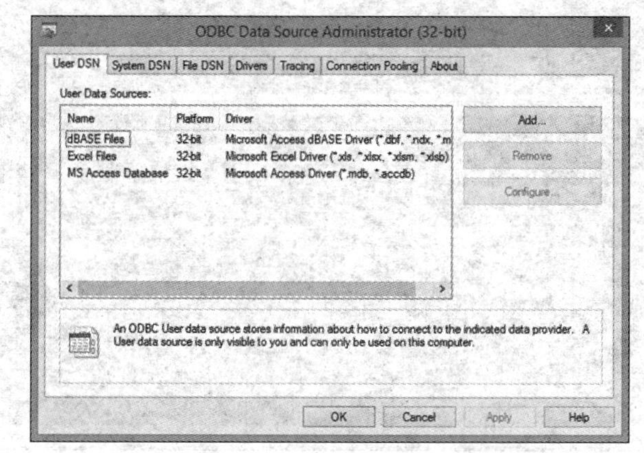

图 11-95 ODBC 数据源管理器

9. 打印管理

"Print Management"（打印管理）实用程序（见图 11-96）提供了计算机可用的所有打印机的详细视图。它在所有的 Windows 版本中均不可用，但在 Windows Server、专业版、企业版和旗舰版中可用。它支持对直接连接的打印机和网络打印机（包括其有权访问的所有打印机的打印队列）进行高效配置和监控。它还允许通过使用组策略将打印机配置部署到网络中的多台计算机上。

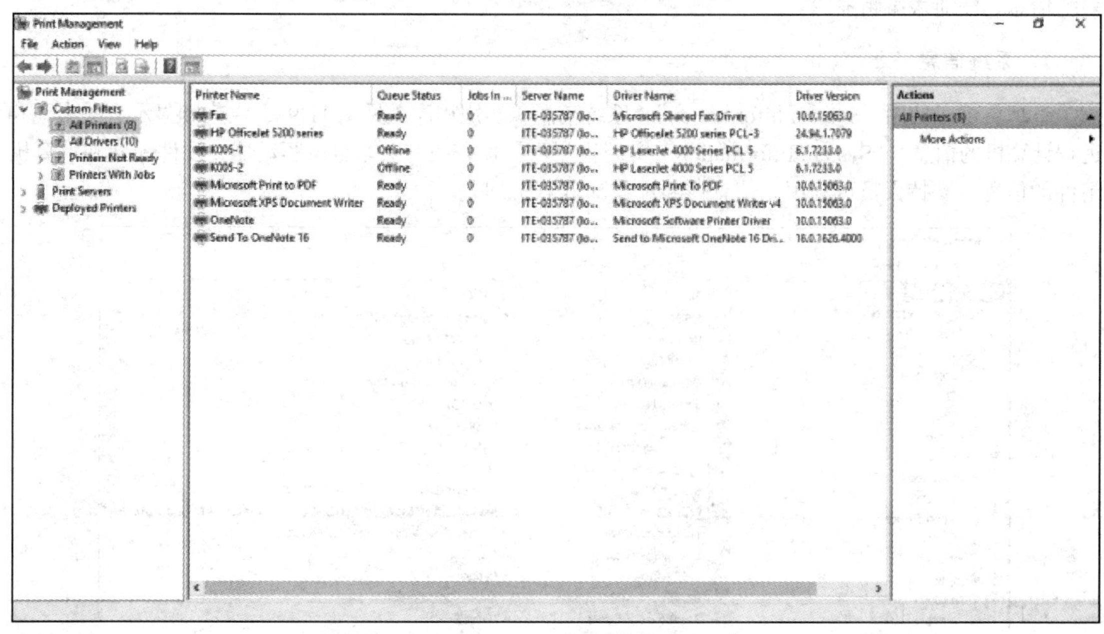

图 11-96 打印管理

10. Windows 内存诊断工具

"Windows Memory Diagnostics Tool"（Windows 内存诊断工具）可安排在计算机启动时执行内存测试，可将其配置为自动重启计算机或在下次启动计算机时执行测试。测试完成后，Windows 将重新启动。可在诊断运行时按 F1 键来配置要运行的诊断类型，如图 11-97 所示。通过在事件查看器的 Windows 日志文件夹中查找内存诊断测试结果即可查看测试的结果。

Windows Memory Diagnostics Tool

Windows is checking for memory problems...
This might take several minutes.

Running test pass 1 of 2: 87% complete
Overall test status: 43% complete

Status:
No problems have been detected yet.

Although the test may appear inactive at times, it is still running. Please wait until testing is complete...

Windows will restart the computer automatically. Test results will be displayed again after you log on.

F1=Options　ESC=Exit

图 11-97　Windows 内存诊断工具

11.3.2 系统实用程序

系统实用程序是为特定目的而设计的，以执行可优化性能、监视计算机资源和使用情况的任务，并通常以不属于日常操作系统操作的方式自定义计算机。本小节将介绍许多 Windows 实用程序，比如系统信息、注册表编辑器等。

1. 系统信息

管理员可以使用“System Information”（系统信息）实用程序（见图 11-98）收集和显示有关本地和远程计算机的信息。“System Information”实用程序可快速查找有关软件、驱动器、硬件配置和计算机组件的信息。支持人员可利用此信息诊断和排除计算机问题。

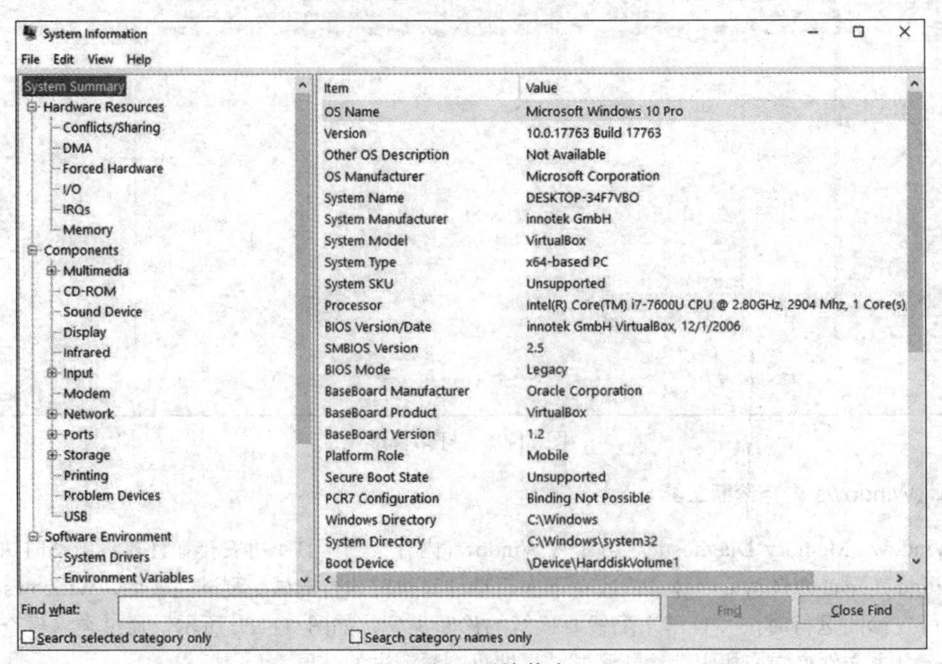

图 11-98　系统信息

您可以创建一个包含所有计算机相关信息的文件，将其发送给别人。如果要导出系统信息文件，请选择“File>Export”（“文件>导出”），输入文件名并选择保存位置，然后单击“Save”（保存）。“System Information”实用程序还可以显示网络上其他计算机的配置。

您可以通过输入 msinfo32 从命令提示符打开系统信息工具，也可以在“Administrative Tools”（管理工具）控制面板项中找到它。

2. 系统配置

“System Configuration”（系统配置）（msconfig）是一个用来识别让 Windows 无法正常启动的问题的工具。为了便于隔离问题，服务和启动程序可以依次关闭和打开。确定了问题的原因后，请您删除或禁用相关程序或服务，或重新安装它们。

下面将介绍“System Configuration”实用程序中可用的选项卡。

（1）常规选项卡

使用“General”（常规）选项卡（见图 11-99）中显示了 3 个启动选项，以帮助进行故障排除。

- “Normal Startup”（正常启动）：完全正常启动。
- “Diagnostic Startup”（诊断启动）：仅支持基本服务和驱动程序启动。
- “Selective Startup”（有选择的启动）：默认支持基本服务和驱动程序启动，但可更改。

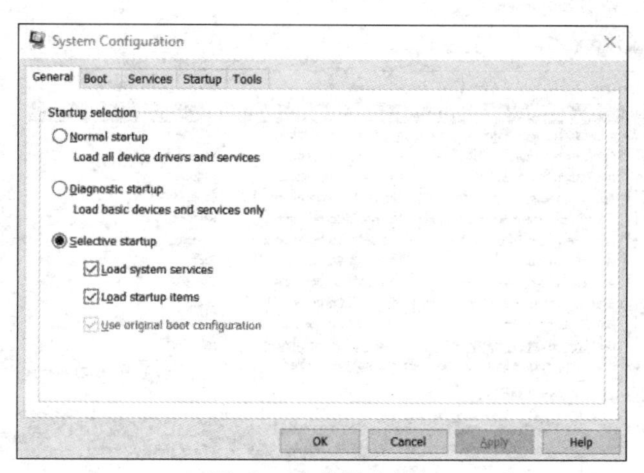

图 11-99 常规选项卡

（2）引导选项卡

如果 Windows 操作系统有多个版本，请使用“Boot”（引导）选项卡（见图 11-100）选择要引导的 Windows 操作系统版本。您也可以选择在安全启动（以前为安全模式）中启动，与 Windows 启动的方式不同。

（3）服务选项卡

使用“Services”（服务）选项卡（见图 11-101）以显示操作系统启动的服务列表。您可以指定在引导时不加载单个服务以进行故障排除。

（4）启动选项卡

使用“Startup”（启动）选项卡进行启动设置。在 Windows 7 中，此选项卡显示了 Windows 启动时自动运行的所有应用程序的列表，您可以禁用单个项目。在 Windows 8.1 和 Windows 10 中，这些设置显示在任务管理器中，如图 11-102 所示。

（5）工具选项卡

使用“Tools”（工具）选项卡（见图 11-103）可以显示一个紧凑且非常全面的诊断工具列表，可以运行这些工具来帮助进行故障排除。

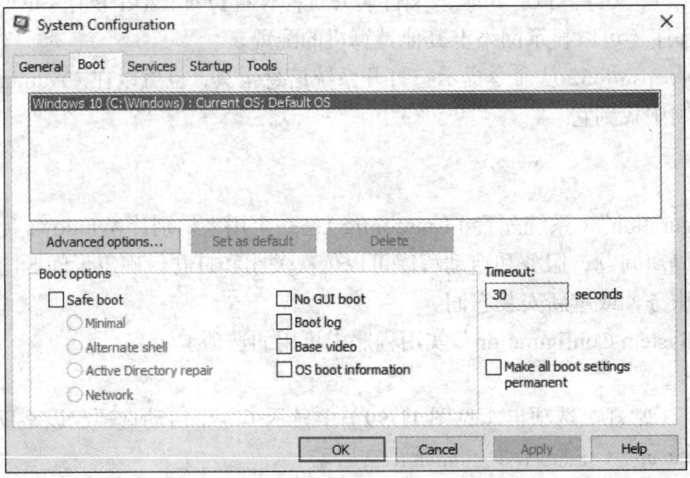

图 11-100　引导选项卡

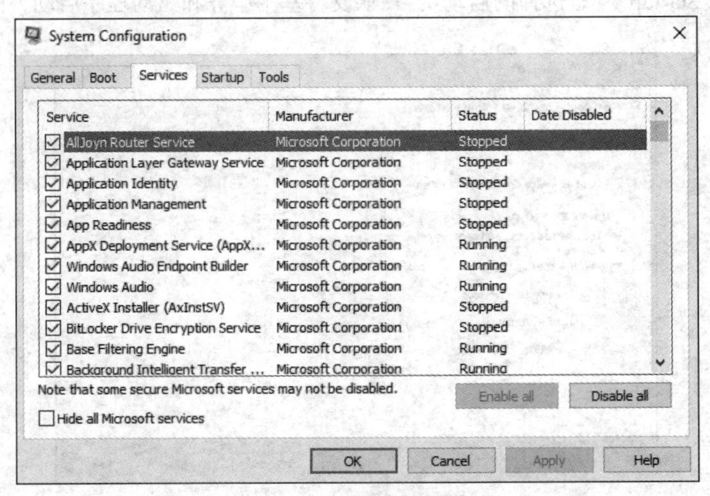

图 11-101　服务选项卡

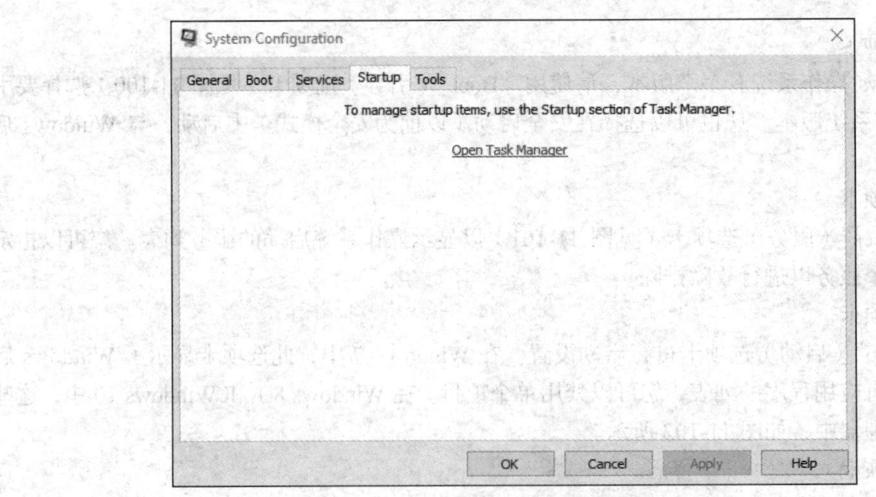

图 11-102　启动选项卡

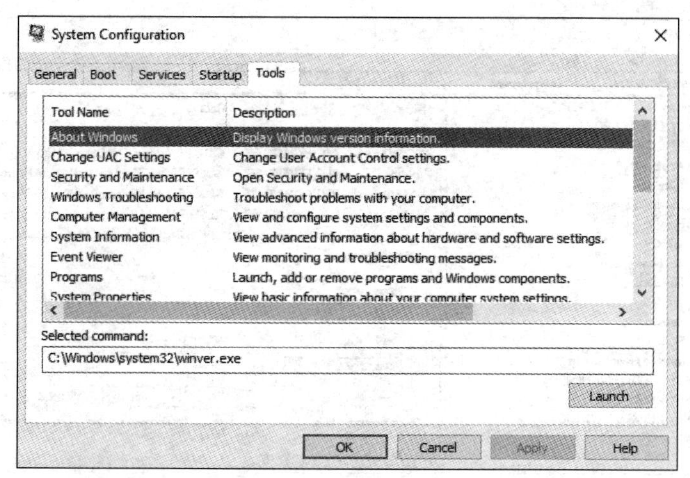

图 11-103 工具选项卡

3. 注册表

注册表中的值是在安装新软件或添加新设备时创建的。Windows 中的所有设置，从桌面背景和屏幕按钮的颜色到应用程序的许可，都保存在注册表中。当用户对控制面板设置、文件关联、系统策略或已安装的软件做出更改时，这些更改也将保存在注册表中。

注册表由以分层树结构呈现的项和子项组成。子项树的层可以深层嵌套，最多允许嵌套 512 层。查找想要看到的值的项需要遍历树和子树的层次结构。有 5 个顶级项（即根项）。

注册表以与每个顶级注册表项相关联的多个数据库文件（被称为配置单元）形式存在。每个项都有值。这些值由值的名称、数据类型以及与值关联的设置或数据构成。这些值告知 Windows 如何运行。

Windows 注册表项是 Windows 启动过程的一个重要部分。这些注册表项用特定名称标识，以 HKEY_开头，如表 11-4 所示。HKEY_后面的单词和字母表示该注册表项控制的操作系统部分。

表 11-4 注册表

根项	内容
HKEY_LOCAL_MACHINE	有关计算机物理状态的信息，包括硬件配置、网络登录和安全信息，以及即插即用信息等
HKEY_CURRENT_USER	有关当前登录用户的首选项的数据，包括个性化设置、默认设备和程序等
HKEY_CLASSES_ROOT	有关文件系统、文件关联和快捷方式的设置。要求 Windows 运行文件或查看目录时即会使用此处的信息
HKEY_USERS	在计算机上为所有用户配置的硬件和软件的配置设置
HKEY_CURRENT_CONFIG	有关计算机当前硬件配置文件的信息

4. 注册表编辑器

管理员可使用“Registry Editor”（注册表编辑器）查看或更改 Windows 注册表。错误地使用“Registry Editor”实用程序可能会导致硬件、应用程序或操作系统出现问题，包括需要重新安装操作系统的问题。

只能通过搜索或命令提示符打开注册表编辑器。您可以搜索“regedit”并从搜索结果中将其打开，也可以打开命令提示符或 PowerShell 提示符，然后输入“regedit”。

图 11-104 所示为“Registry Editor”实用程序，此处打开了 OneDrive 子项的值以进行修改。

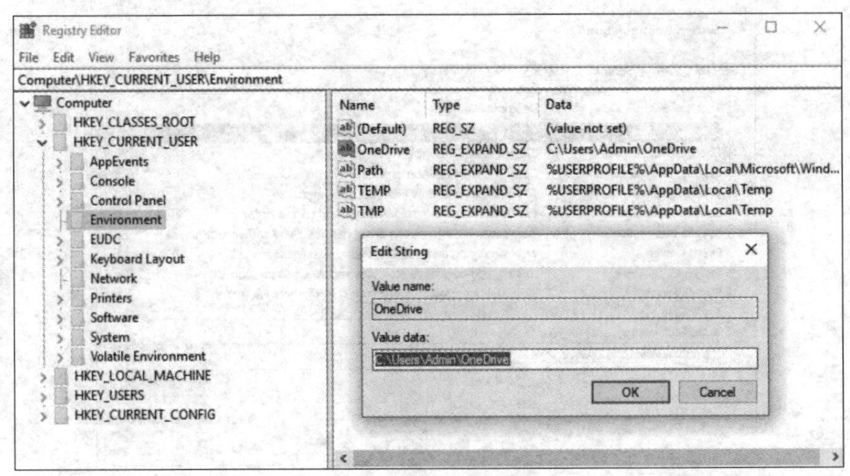

图 11-104 注册表编辑器

5. Microsoft 管理控制台

Microsoft 管理控制台（MMC）是一种应用程序，允许为从 Microsoft 或其他来源获取的实用程序和工具集合创建自定义管理控制台。在 11.1.3 小节讨论过的“Computer Management”控制台便是一种预制 MMC。控制台在首次打开时为空。您可以将实用程序和工具（被称为管理单元）添加到控制台。您也可以添加网页链接、任务、ActiveX 控件和文件夹。

然后便可保存控制台，并在需要时将其重新打开。这允许构建用于特定用途的管理控制台。您可以根据需要创建很多自定义 MMC，每个使用不同的名称。这在多个管理员管理同一计算机的不同方面时非常有用。每个管理员都可以使用一个个性化的 MMC 来监控和配置计算机设置。

图 11-105 所示为一个新建的空控制台，并打开了可选择和添加管理单元的对话框。

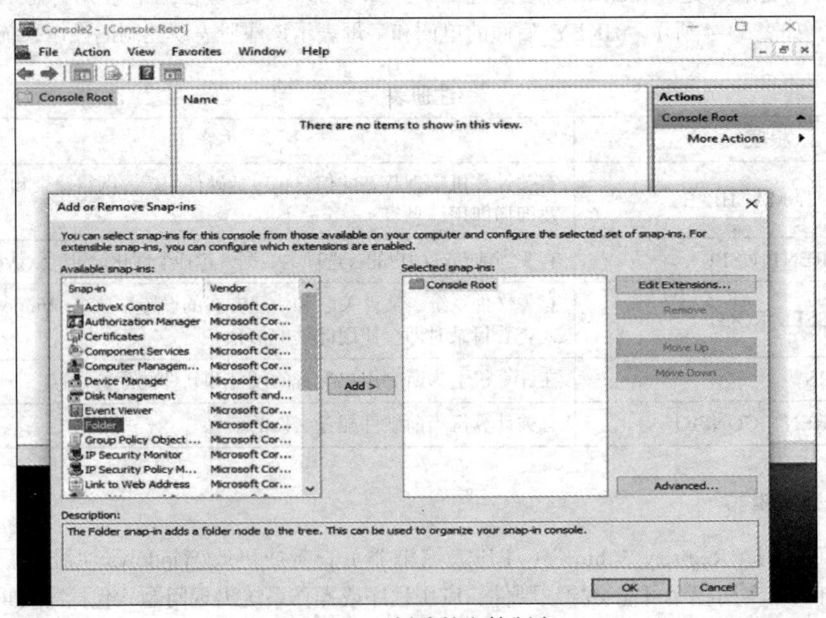

图 11-105 新建的空控制台

6. DxDiag

DxDiag 代表 DirectX 诊断工具。这将显示计算机中已安装的所有 DirectX 组件和驱动程序的详细信息，如图 11-106 所示。DxDiag 可通过搜索或命令行运行。

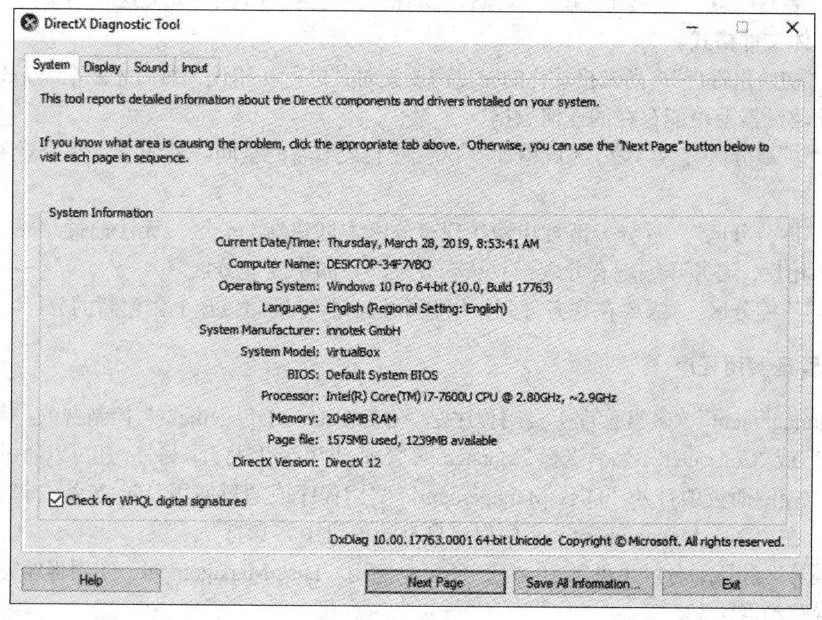

图 11-106　DxDiag

DirectX 是用于多媒体应用程序（特别是游戏）的软件环境和接口。它定义了 2D 和 3D 图形、音频、媒体编码器和解码器等的接口。

11.3.3　磁盘管理

通过磁盘管理可以完全管理计算机中安装的磁盘驱动器，比如硬盘驱动器、光盘驱动器和闪存驱动器。它可用于对驱动器进行分区、格式化驱动器、分配驱动器号以及执行其他与磁盘相关的任务。

1. 磁盘操作

场景

关于磁盘操作，您已经了解了什么？看看您是否可以为以下 5 个场景中的每个场景选择最合适的磁盘操作术语。磁盘操作术语如下。

- 拆分分区。
- 压缩分区。
- 装载磁盘。
- 扩展分区。
- 初始化磁盘。

场景 1：用户有一个磁盘映像文件，希望能像浏览磁盘卷那样浏览它，以便查看其文件系统的内容。

场景 2：计算机中添加了一个新的磁盘驱动器，但未对其格式化。

场景 3：某个驱动器包含系统分区和数据分区。系统分区空间即将用尽。

场景 4：用户的磁盘卷只有一个分区，您希望在该用户的计算机上为数据文件创建一个新的分区。

场景 5：需要在现有分区占用整个驱动器容量的磁盘上创建一个新的分区。

答案

场景 1："装载磁盘"。装载卷后就可以像打开驱动器那样打开它了。此方法可用于打开 ISO 和 BIN 一类的光学媒体文件格式。

场景 2："初始化磁盘"。尚未格式化的磁盘需要先对其进行初始化，然后才能在 Windows 中使用。这么做会清除驱动器上可能存在的任何数据。

场景 3："扩展分区"。扩展分区可增加多卷磁盘上某个卷的空间。系统会将某个卷的空间分配给其他卷。

场景 4："拆分分区"。拆分分区意味着在现有分区中创建新的分区。无法通过"磁盘管理"直接执行此操作，相反，必须压缩现有分区，并从未分配的空间中新建分区。

场景 5："压缩分区"。需要在现有分区占用整个驱动器容量的磁盘上创建新的分区。

2. 磁盘管理实用程序

"Disk Management"（磁盘管理）实用程序是"Computer Management"控制台的一部分。用右键单击"This PC"或"Computer"，然后选择"Manage"（管理）即可将其打开。另外，还可以通过在"Computer Management"控制面板项打开"Disk Management"实用程序或通过使用 Win+X 组合键并选择"Disk Management"在"Disk Management"实用程序自身的窗口中将其打开。

除了扩展分区和压缩分区（见第 10 章），还可以使用"Disk Management"实用程序完成以下任务。

- 查看驱动器状态。
- 分配或更改驱动器号。
- 添加驱动器。
- 添加阵列。
- 指定活动分区。

图 11-107 所示为 Windows 10 中的"Disk Managent"实用程序。

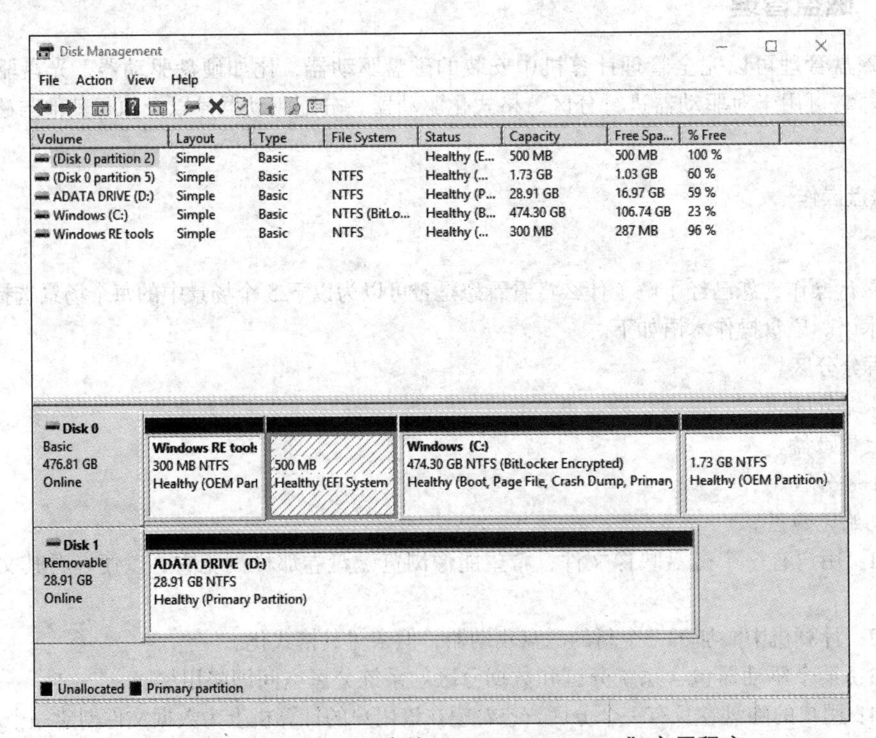

图 11-107 Windows 10 中的"Disk Management"实用程序

3. 驱动器状态

“Disk Management”实用程序显示了每个磁盘的状态，如图 11-108 所示。

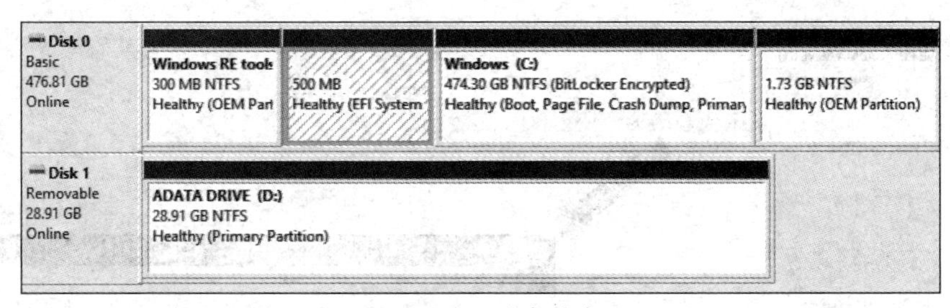

图 11-108　磁盘状态

计算机中的驱动器显示以下状态之一。

- 外部：从另一台运行 Windows 的计算机移至本计算机的动态磁盘。
- 状态良好：正常运行的卷。
- 正在初始化：正在转换为动态磁盘的基本磁盘。
- 丢失：已损坏、已关闭或已断开的动态磁盘。
- 未初始化：不包含有效签名的磁盘。
- 联机：可以访问且未显示任何问题的基本或动态磁盘。
- 联机（错误）：检测到 I/O 错误的动态磁盘。
- 离线：已损坏或不可用的动态磁盘。
- 不可读取：经历硬件故障、损坏或 I/O 错误的基本或动态磁盘。

使用除硬盘驱动器以外的其他驱动器，比如光驱中的音频 CD 或空的可移动驱动器时，可能会显示其他驱动器状态指示符。

4. 装载驱动器

装载驱动器是指让磁盘映像文件可以像驱动器那样被读取。ISO 文件便是一个很好的示例，如图 11-109 所示。它包含光盘的全部内容，显示为单个文件。ISO 映像用作光盘内容的存档。光盘刻录软件可读取 ISO 文件，并将其内容写入磁盘。

这些 ISO 文件也可安装在虚拟驱动器上。要安装映像，请打开文件资源管理器，找到并选择 ISO 文件。在功能区中，选择“Disk Image Tools”下的“Manage”菜单，然后选择“Mount”。ISO 文件将装载为可移动介质驱动器。可浏览该驱动器并打开其中的文件，但该驱动器实际并不存在，而是装载为卷的 ISO 映像。

您还可以创建装载点。装载点类似于快捷方式。您可以创建一个装载点，使整个驱动器显示为一个文件夹。例如，装载的文件夹会出现在用户的“我的文档”文件夹中，用户即可借此轻松访问文件。

5. 添加阵列

在 Windows 磁盘管理中，您可以从多个动态磁盘创建镜像、跨网络或 RAID 5 阵列。这是通过用右键单击“Volume”并选择要创建的多盘卷的类型来实现的，如图 11-110 所示。请注意，计算机上必须有两个或多个已初始化的动态驱动器。

存储空间在 Windows 8 和 Windows 10 中变为可用。可通过控制面板项配置“Storage Spaces”（存储空间），如图 11-111 所示。存储空间是 Windows 推荐使用的磁盘阵列技术。它可创建物理硬盘驱动器池，可以在其中创建虚拟磁盘（存储空间）。可组合使用多种不同类型的驱动器。与其他磁盘阵列一样，存储空间提供镜像、条带化和奇偶校验选项。

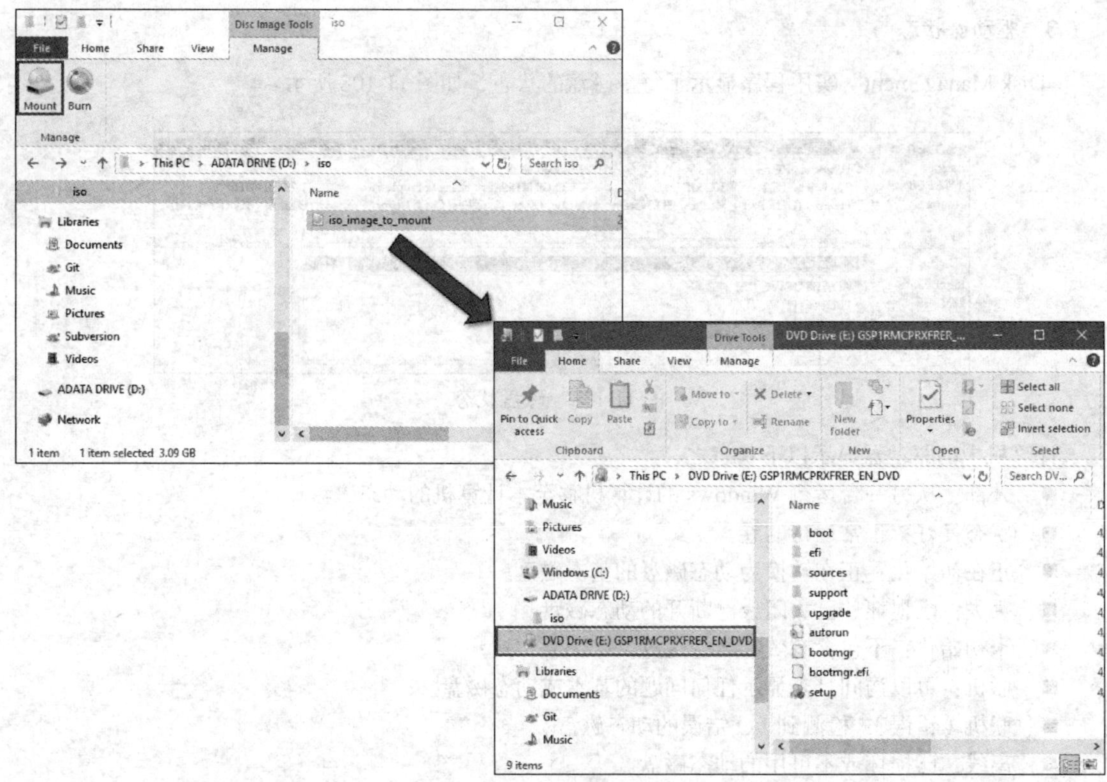

图 11-109　装载驱动器

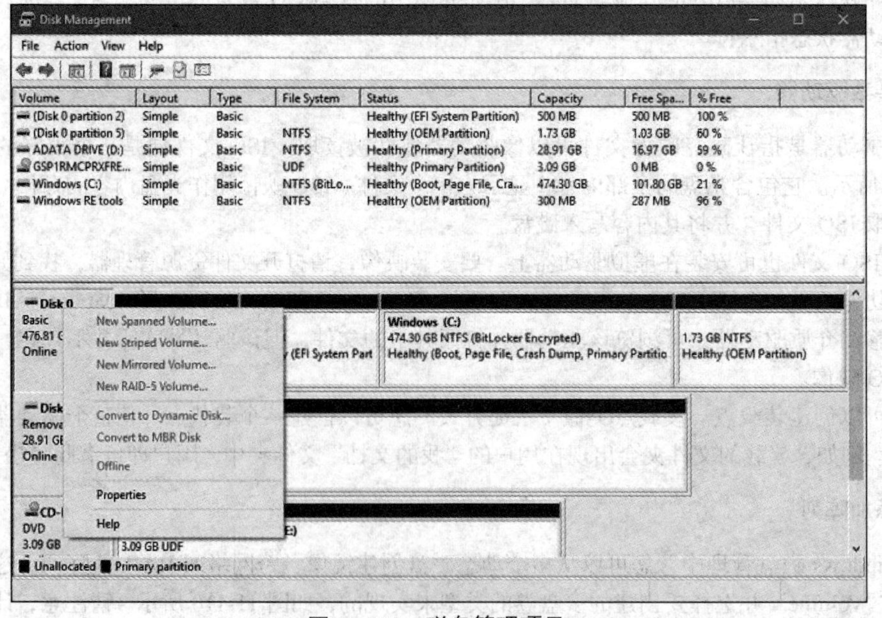

图 11-110　磁盘管理项目

6. 磁盘优化

为了维护和优化磁盘管理，可以使用 Windows 中的许多工具，包括硬盘驱动器碎片整理，该工具可对文件进行合并，从而提高访问速度。

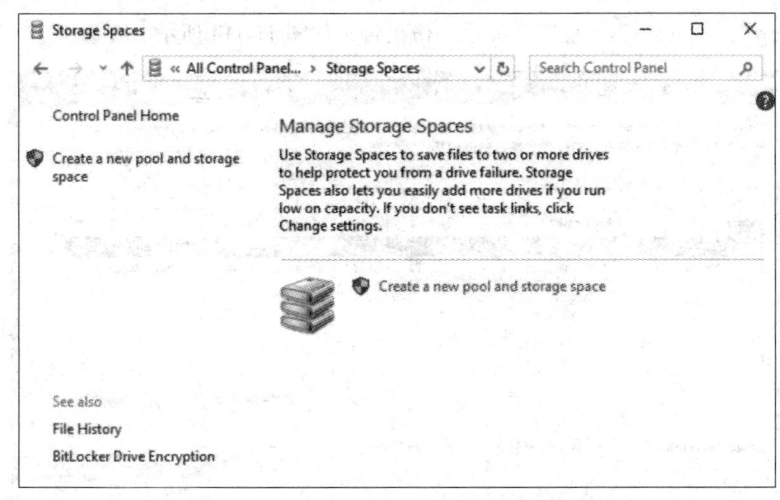

图 11-111 “Storage Spaces”控制面板项

随着文件大小的不断增加，系统会将某些数据写入磁盘上的下一个可用的簇中。时间一长，数据就变得很零碎并且散布在硬盘驱动器中不相邻的各个簇上，从而需要花费更长的时间才能查找和检索数据的每个部分。磁盘碎片整理程序会将非连续数据收集到一个地方，使操作系统能够更快地运行。

注　意　不建议在 SSD 上执行磁盘碎片整理。SSD 已通过它们所使用的控制器和固件进行了优化。对混合 SSD（SSHD）进行磁盘碎片整理不会对其造成损害，因为它们使用硬盘来存储数据，而非固态 RAM。

在 Windows 8 和 Windows 10 中，磁盘优化选项被称为“Optimize”，通过磁盘属性菜单或文件资源管理器功能区可以访问该选项。如图 11-112 所示。在 Windows 7 中，磁盘优化选项被称为“Defragment Now”。

图 11-113 所示为“Optimize Drives”（优化驱动器）实用程序，该实用程序对优化前的某个驱动器进行分析，并显示该驱动器的碎片化程度。

您也可以执行磁盘清理操作从驱动器中删除不必要的文件来优化可用空间。

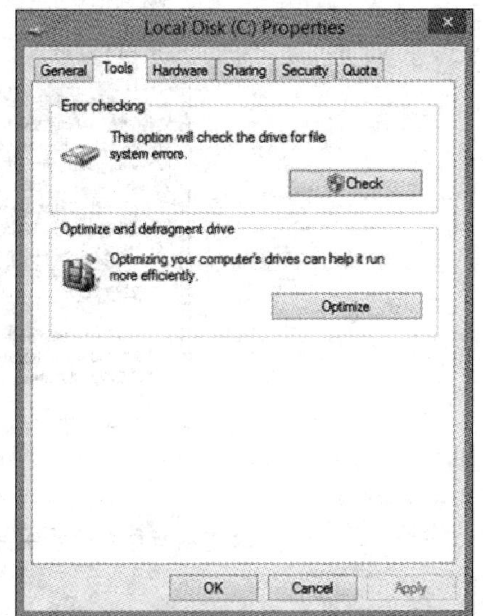

图 11-112 Windows 8 和 Windows 10 中的磁盘优化选项

7. 磁盘错误检查

“Disk Error-Checking”（磁盘错误检查）实用程序通过扫描硬盘表面是否存在物理错误来检查文件和文件夹的完整性。如果检测到错误，此实用程序会尝试修复它们。

在文件资源管理器或文件管理器中，用右键单击“Drive”（驱动器）并选择“Properties”（属性）。在 Windows 7 中，选择“Tools”（工具）选项卡，然后选择“Check”（检查）或“Check Now”（立即检查）。在 Windows 8 中，选择“Scan Drive”（扫描驱动器）以尝试恢复坏扇区。在 Windows 7 中，选择“Scan For and Attempt Recovery of Bad Sectors”（扫描并尝试修复坏扇区），并单击“Start”（开始）。该实用程序会修复文件系统错误，并检查磁盘是否存在坏扇区。它还会尝试恢复坏扇区中的数据。

在 Windows 8 和 Windows 10 中，如需查看扫描结果的详细报告，可在扫描完成后单击“Check Results”（检查结果）。在打开的“Event Viewer”窗口中，可以查看该次扫描的日志条目。在 Windows

7 中，“Disk Error-Checking”实用程序会显示一份报告，如图 11-114 所示。

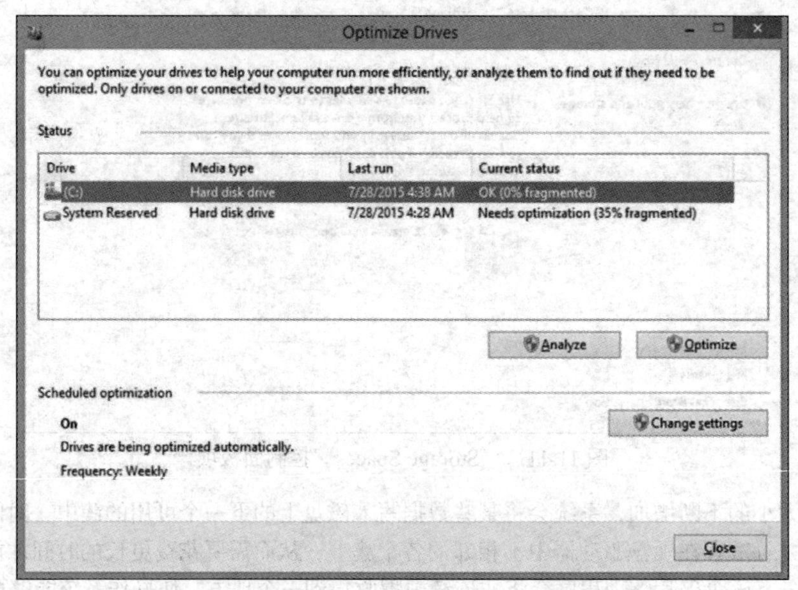

图 11-113　“Optimize Drives”实用程序

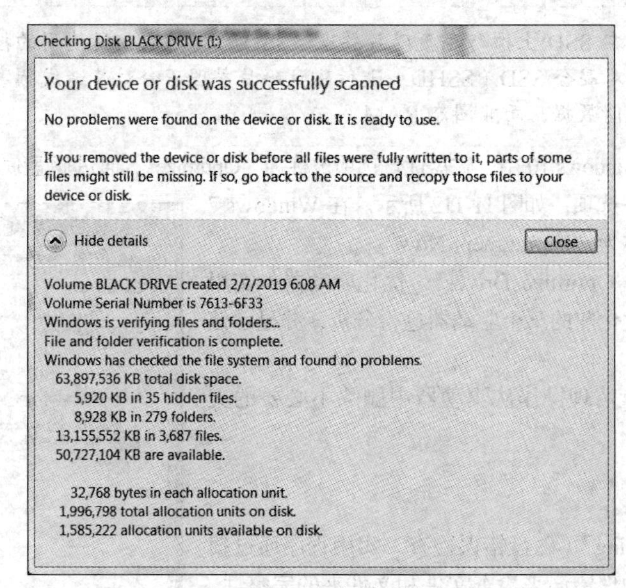

图 11-114　磁盘错误检查

注　意　每次突然断电导致系统异常关闭后，请使用“Disk Error-Checking”实用程序检查磁盘。

11.3.4　应用程序的安装和配置

安装应用程序意味着要设置一个程序以在计算机上运行，并且该程序必须与要安装该程序的系统兼容。检查兼容性的一种方法是验证程序是否满足系统要求。安装应用程序后，将其配置为对系统用户起作用。

1. 系统要求

在购买或尝试安装应用程序之前，您应验证是否满足系统要求。系统要求通常会被指定为最低要求。最低要求及推荐要求如表 11-5 所示。通常在软件包装或软件下载页面上定义以下要求。

- 处理器速度：32 位或 64 位、x86 或其他。
- RAM：有时是最小容量或建议容量。
- 操作系统及版本。
- 可用硬盘空间。
- 软件依赖关系（软件在运行时需要其他框架或环境）。
- 显卡和显示器。
- 网络接入（如果有）。
- 外围设备。

表 11-5 系统要求

需求	最低要求	推荐要求
操作系统	Windows 7、Windows 8 或 Windows 10；macOS 10.5 或更高版本	Windows 8 或 Windows 10；macOS 10.7 或更高版本
处理器	1 GHz 或以上	多核 2GHz
内存	2GB	4GB
显示器分辨率	1024 × 768	1024 × 768
可用硬盘空间	2GB	8GB
网络连接	512 kbit/s 高速互联网连接	1.5 Mbit/s 高速互联网连接
Java	最新版本	最新版本
其他	用于播放视频的 Adobe Flash	—

2. 安装方法

作为技术人员，您将负责为客户的计算机添加和删除软件。将应用程序磁盘插入光驱后，大多数应用程序都会使用一种自动安装流程。用户需要根据安装向导单击选项并提供所需信息。大多数 Windows 软件安装都有有人参与模式，这意味着用户必须与安装程序软件进行交互，以便在安装软件时针对各类选项输入信息。表 11-6 定义了各种类型的安装方法。

表 11-6 安装方法及定义

安装方法	定义
有人参与模式	用户必须在场以响应安装程序软件的提示
静默或无人参与模式	安装过程中不出现提示或其他信息
计划或自动模式	无须用户启动即可进行安装。按照条件或计时器运行的预配置任务可在适当时间安装软件
干净模式	安装之前已删除任何以前版本软件的所有组件
网络模式	安装软件包位于服务器上，安装通过网络进行

3. 安装应用程序

本地安装可从硬盘驱动器、CD、DVD 或 USB 介质进行。要执行有人参与模式的本地安装，可插入介质或驱动器，或打开已下载的程序文件。软件安装过程是否能够自动启动取决于自动播放设置。如未自动启动，您将需要浏览安装介质，以便找到并执行安装程序。安装程序软件的文件扩展名通常为.exe 或.msi（Microsoft 静默安装程序）。

请注意，用户必须拥有相应权限才能安装软件。同时，用户不应被阻止软件安装的组策略所阻止。

应用程序安装完成后，您可以从“Start”菜单或该应用程序在桌面上的快捷方式图标运行它。检查应用程序以确保其正常运行。如果有问题，请修复或卸载该应用程序。有些应用程序，比如 Microsoft Office，在安装程序内提供了一个修复选项。除了上述流程，Windows 8 和 Windows 10 还提供了对

Microsoft Store 的访问方法，如图 11-115 所示。用户可通过 Microsoft Store 搜索应用程序并将其安装到 Windows 设备上。要打开 Windows 应用程序商店，可在“Start”屏幕任务栏中输入“Store”进行搜索、单击出现在搜索结果中的商店图标即可。Windows 7 未提供 Windows 应用程序商店。

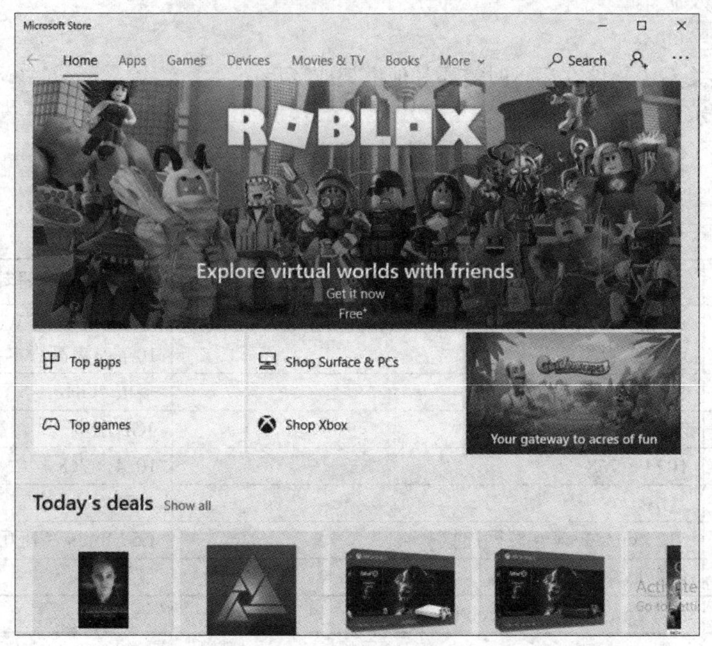

图 11-115　Microsoft Store 的主页

4. 兼容模式

旧版本的应用程序可能无法在较新的 Windows 操作系统上正常运行。Windows 提供了一种方式，可对这些程序进行配置以使其运行。若旧版本软件未正常运行，则请找到该应用程序的可执行文件。用右键单击该应用程序的快捷方式并选择“Open File Location”（打开文件所在的位置）即可找到可执行文件。用右键单击可执行文件，然后选择“Properties”（属性）。在图 11-116 所示的“Compatibility”选项卡中，可以单击“Run compatibility troubleshooter”或为应用程序手动配置环境。

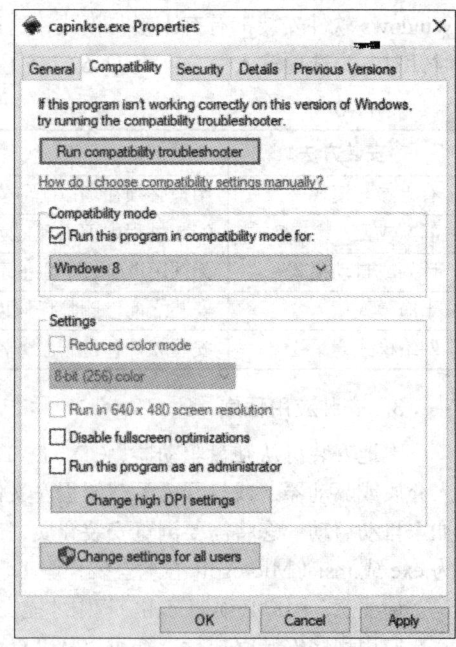

图 11-116　配置兼容模式

5. 卸载或更改程序

如果未正确卸载某个应用程序，硬盘驱动器中可能会有遗留文件，而且注册表中可能会遗留不必要的设置，这些文件和设置会浪费硬盘驱动器的空间和系统资源。不必要的文件可能还会降低注册表的读取速度。Microsoft 建议您在删除、更改或修复应用程序时，始终使用“Programs and Features”（程序和功能）控制面板实用程序。该实用程序会引导您完成软件删除过程，并会删除所有已安装的相关文件，如图 11-117 所示。

某些应用程序可能会在 Windows 的“Start”菜单中添加应用程序卸载功能。

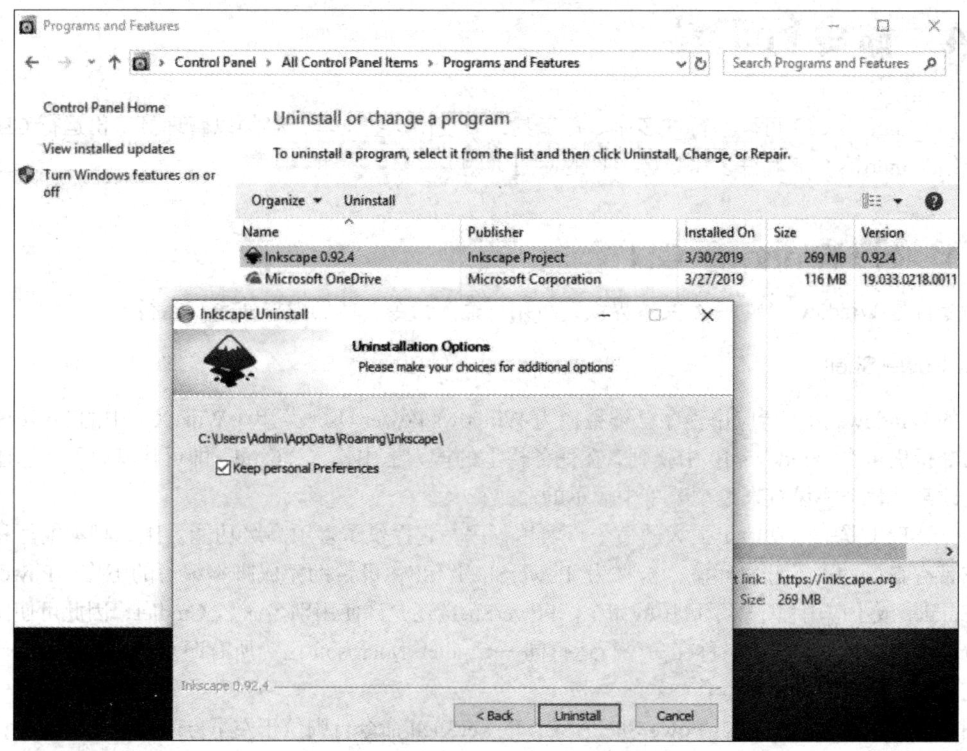

图 11-117　卸载或更改程序

6. 安全注意事项

允许用户在企业拥有的计算机上安装软件可能会带来安全风险。用户可能被骗下载恶意软件，导致数据丢失（被盗或被破坏）。恶意软件可能会感染连接到网络上的所有计算机，并可能导致大范围的破坏和损失。作为技术人员，必须实施有关软件安装的政策，并确保反恶意软件（如 Windows Defender）处于活动状态且是最新版本。图 11-118 显示了 Windows 10 的安全中心。

图 11-118　Windows 10 的安全中心

11.4 命令行工具

使用 Windows CLI 可以运行许多命令行工具，要使用这些工具，必须以管理员身份运行 CLI。本节将介绍 Windows CLI 和许多命令行工具的使用。

11.4.1 使用 Windows CLI

命令行是 Windows 中的一个文本界面，可用于输入命令，然后由操作系统运行。

1. PowerShell

旧的 Windows 命令行应用程序已被替换为 Windows Power User 菜单（Win+X）中的 PowerShell。原始命令行仍可在 Windows 10 中找到，在任务栏上的搜索框中输入“Cmd”即可将其打开。您还可以通过更改某项任务栏设置来更改菜单中显示的命令行。

PowerShell 是一个功能更强大的命令行实用程序，它提供了多项高级功能，比如脚本编写和自动化。它带有自己的脚本开发环境，被称为 PowerShell ISE，可帮助完成脚本编写的工作。PowerShell 使用 Cmdlet 或小应用程序表示可用的命令。PowerShell 还允许使用别名命名 Cmdlet，因此可使用遵循为其分配的命名约定的任意名称在命令行运行同一 Cmdlet。Microsoft 已为所有旧 Cmd 命令创建了别名，以便它们能像旧命令行那样运作。

图 11-119 所示为 Windows PowerShell ISE，PowerShell 命令行则位于左下方的窗口中。另外，也可单独将 PowerShell 作为命令行外壳打开。

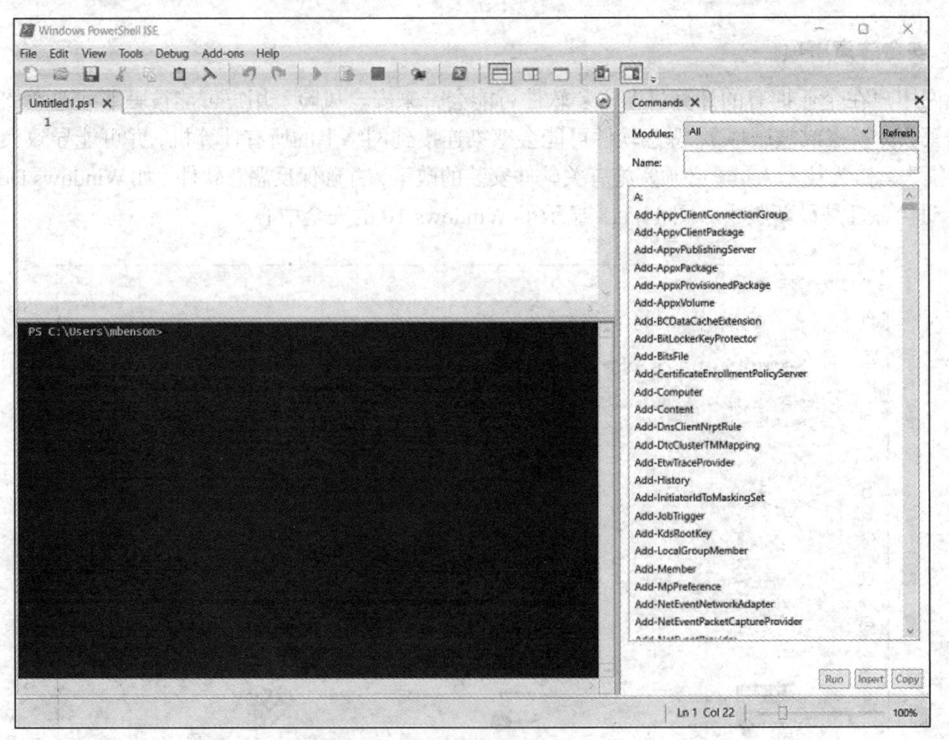

图 11-119 Windows PowerShell ISE

2. 命令外壳

Windows 有两个命令行实用程序，一个是 PowerShell，另一个是经典的命令应用程序，被称为 Cmd。此命令行是早期 Microsoft 遗留下来的，那时 DOS 是唯一的 Microsoft 操作系统。由于很多用户已经习惯了使用 Cmd，因此它在 Windows 的发展过程中被保留了下来。在 Windows 10 版本 14791 默认采用 PowerShell 之前，它一直是 Windows 的默认命令行。如果要打开命令外壳，可在搜索框中输入“Cmd”，然后单击结果中的应用程序。您也可以使用 Win+R 组合键打开“Run”实用程序，在“Run”实用程序中输入“Cmd”，然后单击“OK”。按 Ctrl+Shift+ Enter 组合键以管理员身份运行命令提示符，“Command”（命令）窗口的标题栏将显示已在管理员模式下打开了“Command”窗口。您还可以使用 whoami 命令显示命令所在系统的计算机名称和用户账户，如图 11-120 所示。

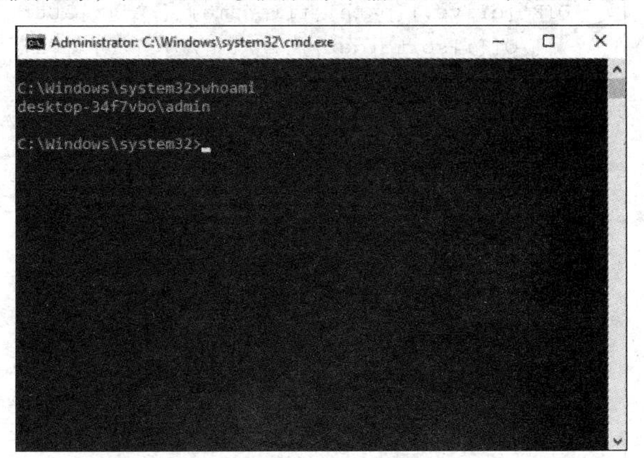

图 11-120　命令行

这里将重点介绍命令行。Windows 7、Windows 8 和 Windows 10 支持所有常用命令。

3. 基本命令

下面将介绍基本的 Windows 命令和按键。

（1）help

help 命令提供了命令的详细信息，如示例 11-1 所示，单独输入它可查看所有可用的命令。输入 help 加特定命令可查看有关该命令的信息。

示例 11-1　help 命令

```
Microsoft Windows [Version 10.0.18362.175]
(c) 2019 Microsoft Corporation. All rights reserved.

C:\Windows\System32> help
For more information on a specific command, type HELP command-name
ASSOC          Displays or modifies file extension associations.
ATTRIB         Displays or changes file attributes.
BREAK          Sets or clears extended CTRL+C checking.
BCDEDIT        Sets properties in boot database to control boot loading.
CACLS          Displays or modifies access control lists (ACLs) of files.
CALL           Calls one batch program from another.
CD             Displays the name of or changes the current directory.
CHCP           Displays or sets the active code page number.
CHDIR          Displays the name of or changes the current directory.
CHKDSK         Checks a disk and displays a status report.
CHKNTFS        Displays or modifies the checking of disk at boot time.
CLS            Clears the screen.
CMD            Starts a new instance of the Windows command interpreter.
COLOR          Sets the default console foreground and background colors.
COMP           Compares the contents of two files or sets of files.
COMPACT        Displays or alters the compression of files on NTFS partitions.
CONVERT        Converts FAT volumes to NTFS. You cannot convert the
               current drive.
COPY           Copies one or more files to another location.
DATE           Displays or sets the date.
(output omitted)
```

（2）/?

/?获取有关特定命令的帮助，如示例 11-2 所示。这是使用 help 命令的替代方法，此时 help 会被指定为命令选项。所有命令均接受/?选项。

示例 11-2 使用/?

```
C:\Windows\System32> dir /?
Displays a list of files and subdirectories in a directory.

DIR [drive:][path][filename] [/A[[:]attributes]] [/B] [/C] [/D] [/L] [/N]
  [/O[[:]sortorder]] [/P] [/Q] [/R] [/S] [/T[[:]timefield]] [/W] [/X] [/4]
  [drive:][path][filename]
              Specifies drive, directory, and/or files to list.

  /A          Displays files with specified attributes.
  attributes  D  Directories                R Read-only files
              H  Hidden files               A Files ready for archiving
              S  System files               I Not content indexed files
              L  Reparse Points             O Offline files
              - Prefix meaning not
  /B          Uses bare format (no heading information or summary).
  /C          Display the thousand separator in file sizes. This is the
              default.  Use /-C to disable display of separator.
  /D          Same as wide but files are list sorted by column.
  /L          Uses lowercase.
  /N          New long list format where filenames are on the far right.
  /O          List by files in sorted order.
  sortorder   N  By name (alphabetic)       S  By size (smallest first)
              E  By extension (alphabetic)  D  By date/time (oldest first)
              G  Group directories first    -  Prefix to reverse order
  /P          Pauses after each screenful of information.
  /Q          Display the owner of the file.
  /R          Display alternate data streams of the file.
  /S          Displays files in specified directory and all subdirectories.
  /T          Controls which time field displayed or used for sorting
(output omitted)
```

（3）cls

使用 cls 清除屏幕，如示例 11-3 所示。此命令可删除所有命令输出，并将命令提示符移至“Command”窗口的顶部。

示例 11-3 清除屏幕

```
C:\Windows\System32>cls /?
Clears the screen.

CLS

C:\Windows\System32>cls
```

（4）向上键

使用向上键回翻之前输入的命令。之前输入的命令会存储在历史记录缓冲区中，向上键可在之前输入的命令中移动。如果输入的命令有误，可使用向上键将其撤回命令行中，并在执行之前对其进行编辑以纠正。

（5）F7 功能键

可以使用 F7 键在覆盖窗口中显示命令历史记录。它显示先前输入的命令的列表，如图 11-121 所示。使用方向键选择先前输入的命令，然后按 Enter 键执行。使用 Esc 键隐藏窗口。

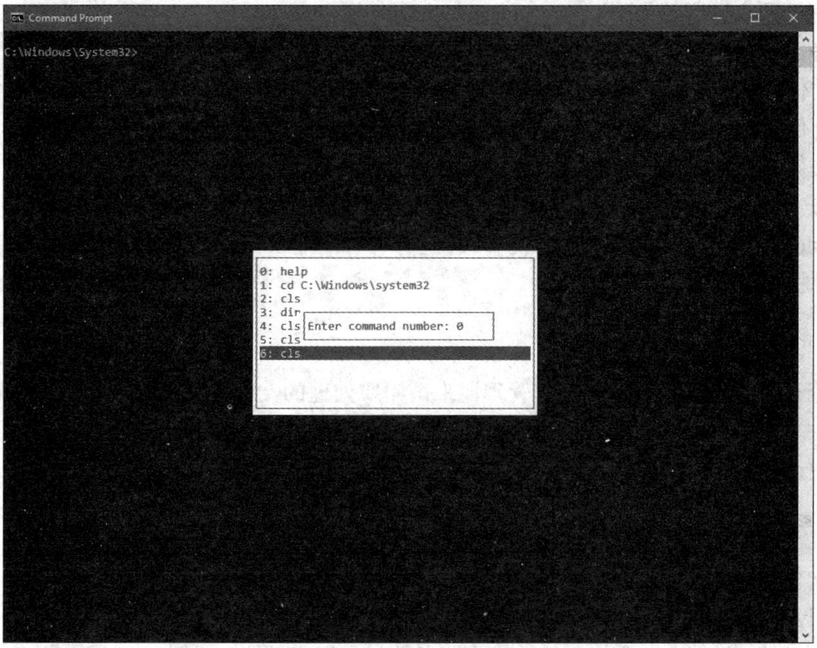

图 11-121　命令列表

（6）Ctrl+C 组合键

当需要退出正在运行的命令进程或脚本时，使用 Ctrl+C 组合键。

（7）exit

输入“exit”关闭“Command”窗口。

11.4.2　文件系统 CLI 命令

CLI 命令可用于导航 Windows 文件系统。本小节将分析其中一些命令。

1. 命令语法规则

利用技术资源学习如何使用 CLI 至关重要。不同的软件提供商和组织会使用不同的规则来表示命令语法。Microsoft 提供了一个在线命令参考。表 11-7 总结了 Microsoft 在 CLI 命令中所使用的诸多规则。

表 11-7　CLI 命令概览表

符号	描述
不带方括号或大括号的文本	必须完全按照所示内容输入
<尖括号中的文本>	必须提供值
[方括号中的文本]	可选输入
{大括号中的文本}	必须选择其中一个项目列表
圆括号中的竖线(|)	互相排斥的项目
圆括号中的省略号(...)	可重复输入

被称为通配符的特殊字符可替换文件名中的字符或字符组。在只知道所要查找的文件名的一部分，

或者想对一组共用文件名或扩展名元素的文件执行文件操作的情况下，可以使用通配符。可在 Windows 命令行中使用的两个通配符如下。

- **星号（*）**：此字符可匹配字符组，包括完整的文件名和文件扩展名。星号可匹配文件名中允许的任何字符，也可匹配任何字符组。例如，myfile.*可匹配具有任意文件扩展名的名为 myfile 的文件。星号也可以与字符组合使用。例如，my*.txt 可匹配以 my 开头并具有.txt 扩展名的所有文件名。最后，*.*匹配具有任意扩展名的文件名。
- **问号（?）**：此字符可代表任意的单个字符。它无法代表一组字符。例如，要使用问号来匹配 myfile.txt，则需使用 my????.txt 的形式，这样即可匹配以 my 开头，后接任意四个字符并具有.txt 文件扩展名的文件名。

2. 文件系统导航

使用命令行时，无法借助文件资源管理器来访问要处理的文件和文件夹。相反，需要使用命令组合来浏览文件夹结构，而在找到所需内容之前，这些命令组合通常会显示驱动器或目录的内容并对这些目录进行更改。

3. 文件系统导航的命令

命令行文件导航系统包括更改驱动器、显示当前目录的内容和更改目录。

（1）<Drive>：

要更改驱动器，只需在命令提示符后输入驱动器号和冒号即可。示例 11-4 显示了 C:驱动器显示的目录，接着驱动器发生变化，显示了 D:驱动器的目录。

示例 11-4 不同驱动器中的内容

```
C:\myFolders> dir
Volume in drive C is Windows
Volume Serial Number is 9C9E-C3F4

 Directory of C:\myFolders

04/04/2019  04:34 PM    <DIR>          .
04/04/2019  04:34 PM    <DIR>          ..
04/04/2019  04:37 PM    <DIR>          newfolder_2
                0 File(s)              0 bytes
                3 Dir(s)  133,658,624,000 bytes free

C:\myFolders> d:
D:\> dir
 Volume in drive D is ADATA DRIVE
 Volume Serial Number is CCD9-AB77

Directory of D:\
03/28/2019  06:37 PM    <DIR>          iso
02/06/2019  04:52 PM     5,075,539,968 Win10_1809Oct_English_x64.iso
02/15/2019  02:23 PM     3,320,903,680 Win7_Pro_SP1_English_x64.iso
02/07/2019  10:57 AM     4,320,641,024 Win8.1_English_x64_no_reg.iso
               3 File(s) 12,717,084,672 bytes
               1 Dir(s)  14,903,140,352 bytes free
D:\>
-------
```

（2）dir

使用 dir 显示当前目录的内容。语法：dir [<Drive>:] [<path>] [<filename>]。

dir 命令具有以下选项以显示各种文件属性和属性。

- /a：显示包括隐藏文件在内的所有文件。
- /os：按文件大小进行排序。
- /b：仅列出文件和文件夹名称。
- /w：显示为宽视图，文件和文件夹按列排列。

这些选项还会更改文件列表的显示方式。dir/?使用 dir 命令获取帮助。

示例 11-5 显示了 dir 命令的输出信息。

示例 11-5 显示当前驱动器的内容

```
C:\myFolders>dir
 Volume in drive C is Windows
 Volume Serial Number is 9C9E-C3F4

 Directory of C:\myFolders
04/04/2019  05:10 PM    <DIR>          .
04/04/2019  05:10 PM    <DIR>          ..
04/04/2019  05:10 PM                   6 newfile1.txt
04/04/2019  05:10 PM    <DIR>          newFolder_1
04/04/2019  04:37 PM    <DIR>          newFolder_2
                1 File(s)              6 bytes
                4 Dir(s)  133,548,445,696 bytes free

C:\myFolders>
```

（3）cd

使用 cd 命令将当前目录更改为命令后指定的路径。语法：cd [/d] [<Drive>:][<path>]。

cd 命令可以与以下选项一起使用。

- <Drive>: 显示其他驱动器的根目录。
- /d：更改驱动器和目录。
- .（一个点）：代表当前路径。
- ..（两个点）：转至上一级路径。
- \：转至驱动器的根目录。

示例 11-6 显示了使用中的 cd 命令。

示例 11-6 变更目录

```
C:\Users> dir
 Volume in drive C has no label.
 Volume Serial Number is 5A1B-98AA

 Directory of C:\Users


03/14/2019  01:53 PM    <DIR>          .
03/14/2019  01:53 PM    <DIR>          ..
04/04/2019  06:12 PM    <DIR>          Admin
04/04/2019  03:34 PM    <DIR>          basic_user
04/02/2019  03:18 PM    <DIR>          drbon
```

```
03/06/2019  11:08 AM    <DIR>          Public
               0 File(s)              0 bytes
               6 Dir(s)  36,035,579,904 bytes free

C:\Users> cd Admin
C:\Users\Admin> dir
 Volume in drive C has no label.
 Volume Serial Number is 5A1B-98AA

 Directory of C:\Users\Admin

04/04/2019  06:12 PM    <DIR>          .
04/04/2019  06:12 PM    <DIR>          ..
03/14/2019  11:51 AM    <DIR>          3D Objects
03/14/2019  11:51 AM    <DIR>          Contacts
04/02/2019  06:15 PM    <DIR>          data2
03/15/2019  01:08 PM    <DIR>          Desktop
04/03/2019  09:31 AM    <DIR>          Documents
04/02/2019  08:59 AM    <DIR>          Downloads
03/14/2019  11:51 AM    <DIR>          Favorites
04/02/2019  07:50 AM    <DIR>          Level_1
03/14/2019  11:51 AM    <DIR>          Links
04/03/2019  09:31 AM    <DIR>          Music
03/27/2019  12:17 PM    <DIR>          OneDrive
03/14/2019  03:11 PM    <DIR>          Pictures
03/14/2019  11:51 AM    <DIR>          Saved Games
03/14/2019  12:05 PM    <DIR>          Searches
04/03/2019  09:31 AM    <DIR>          Videos
               0 File(s)              0 bytes
              17 Dir(s)  36,035,579,904 bytes free

C:\Users\Admin>
```

4. 操作文件夹的命令

您可以使用命令行创建、删除、移动和重命名文件夹。

（1）md

使用 md 创建新目录。语法：md [<drive>:]<path> 。

使用 md 在指定位置创建一个新目录。若未提供驱动器和路径，则会在当前位置创建新目录。示例 11-7 显示了 md 命令的输出信息。

示例 11-7 md 命令

```
C:\myFolders> dir
 Volume in drive C is Windows
 Volume Serial Number is 9C9E-C3F4

 Directory of C:\myFolders

04/04/2019  03:56 PM    <DIR>          .
04/04/2019  03:56 PM    <DIR>          ..
               0 File(s)              0 bytes
```

```
                2 Dir(s)  133,642,625,024 bytes free

C:\myFolders> md New_Folder

C:\myFolders> dir
 Volume in drive C is Windows
 Volume Serial Number is 9C9E-C3F4

 Directory of C:\myFolders

04/04/2019  04:21 PM    <DIR>          .
04/04/2019  04:21 PM    <DIR>          ..
04/04/2019  04:21 PM    <DIR>          New_Folder
                0 File(s)              0 bytes
                3 Dir(s)  133,642,625,024 bytes free

C:\myFolders>
```

（2）rd

使用 rd 命令删除目录。语法：rd [<drive>:] <path>。

- /s：删除所有子目录和文件。
- /q：静默模式，即删除子目录和文件时不发出确认请求。

示例 11-8 显示了运行中的 rd 命令。

示例 11-8　rd 命令

```
C:\myFolders> dir
 Volume in drive C is Windows
 Volume Serial Number is 9C9E-C3F4

 Directory of C:\myFolders

04/04/2019  04:21 PM    <DIR>          .
04/04/2019  04:21 PM    <DIR>          ..
04/04/2019  04:21 PM    <DIR>          New_Folder
                0 File(s)              0 bytes
                3 Dir(s)  133,639,602,176 bytes free

C:\myFolders> rd New_folder

C:\myFolders> dir
 Volume in drive C is Windows
 Volume Serial Number is 9C9E-C3F4

 Directory of C:\myFolders

04/04/2019  04:27 PM    <DIR>          .
04/04/2019  04:27 PM    <DIR>          ..
                0 File(s)              0 bytes
                2 Dir(s)  133,639,602,176 bytes free

C:\myFolders>
```

（3）move

使用 move 命令将文件或目录从某个目录移至其他目录。语法：move [源目录][目标目录]。

源目录可位于当前文件夹中，但目标目录必须位于其他文件夹。可以提供包括不同驱动器在内的完整路径。

示例 11-9 演示了 move 命令。

示例 11-9　move 命令

```
C:\myFolders> dir
 Volume in drive C is Windows
 Volume Serial Number is 9C9E-C3F4

 Directory of C:\myFolders

04/04/2019  04:33 PM    <DIR>          .
04/04/2019  04:33 PM    <DIR>          ..
04/04/2019  04:33 PM    <DIR>          newfolder_1
04/04/2019  04:33 PM    <DIR>          newfolder_2
               0 File(s)              0 bytes
               4 Dir(s)  133,645,930,496 bytes free

C:\myFolders> move newfolder_1 newfolder_2
        1 dir(s) moved.

C:\myFolders> cd newfolder_2

C:\myFolders\newfolder_2> dir
 Volume in drive C is Windows
 Volume Serial Number is 9C9E-C3F4

 Directory of C:\myFolders\newfolder_2

04/04/2019  04:34 PM    <DIR>          .
04/04/2019  04:34 PM    <DIR>          ..
04/04/2019  04:33 PM    <DIR>          newfolder_1
               0 File(s)              0 bytes
               3 Dir(s)  133,646,000,128 bytes free

C:\myFolders\newfolder_2>
```

（4）ren

使用 ren 命令重命名目录或文件。语法：ren [路径:旧名称] [新名称]。

当使用 ren 命令时，重命名的文件夹必须与原始文件夹显示在同一文件夹中。

示例 11-10 演示了 ren 命令。

示例 11-10　ren 命令

```
C:\myFolders\newfolder_2> dir
 Volume in drive C is Windows
 Volume Serial Number is 9C9E-C3F4

 Directory of C:\myFolders\newfolder_2

04/04/2019  04:34 PM    <DIR>          .
```

```
04/04/2019  04:34 PM    <DIR>          ..
04/04/2019  04:33 PM    <DIR>          newfolder_1
               0 File(s)              0 bytes
               3 Dir(s)  133,540,413,440 bytes free

C:\myFolders\newfolder_2> ren newfolder_1 newfolder

C:\myFolders\newfolder_2> dir
 Volume in drive C is Windows
 Volume Serial Number is 9C9E-C3F4

 Directory of C:\myFolders\newfolder_2

04/04/2019  04:37 PM    <DIR>          .
04/04/2019  04:37 PM    <DIR>          ..
04/04/2019  04:33 PM    <DIR>          newfolder
               0 File(s)              0 bytes
               3 Dir(s)  133,540,274,176 bytes free

C:\myFolders\newfolder_2>
```

5. 操作文件的命令

您可以按照下面所讲的多种方式操作文件。

（1）>

使用>符号将命令的输出发送到文件。因为输出信息被重定向，所以它不会显示在屏幕上，如示例 11-11 所示。

示例 11-11　重定向输出到文件

```
C:\Users\Admin\Documents> dir > directory.txt

C:\Users\Admin\Documents> dir
 Volume in drive C has no label.
 Volume Serial Number is 5A1B-98AA

 Directory of C:\Users\Admin\Documents

04/05/2019  10:23 AM    <DIR>          .
04/05/2019  10:23 AM    <DIR>          ..
04/05/2019  10:23 AM               761 directory.txt
03/27/2019  08:34 AM    <DIR>          Fax
04/02/2019  07:50 AM             5,740 help.txt
03/14/2019  12:24 PM    <DIR>          Level 1
03/29/2019  07:05 AM    <DIR>          mounted docs
04/02/2019  06:56 AM                22 myfile.txt
03/27/2019  08:34 AM    <DIR>          Scanned Documents
04/03/2019  09:31 AM    <DIR>          Sound recordings
03/27/2019  02:20 PM         1,351,034 test.nfo
               4 File(s)      1,357,557 bytes
               7 Dir(s)  35,931,115,520 bytes free

C:\Users\Admin\Documents>
```

（2）type

使用 type 命令来显示文件的内容。语法：type [<drive>:][<path>]<filename>。

type 命令是用于显示文本文件内容的一条非常简单的命令，如示例 11-12 所示。如果文件名中包含空格，则请使用引号将其括起来。与 pipe 符号（|）和 more 命令组合使用，一次显示一个屏幕。

示例 11-12 type 命令

```
C:\Users\Admin\Documents> type directory.txt
 Volume in drive C has no label.
 Volume Serial Number is 5A1B-98AA

 Directory of C:\Users\Admin\Documents

04/05/2019  10:23 AM    <DIR>          .
04/05/2019  10:23 AM    <DIR>          ..
04/05/2019  10:23 AM                 0 directory.txt
03/27/2019  08:34 AM    <DIR>          Fax
04/02/2019  07:50 AM             5,740 help.txt
03/14/2019  12:24 PM    <DIR>          Level 1
03/29/2019  07:05 AM    <DIR>          mounted docs
04/02/2019  06:56 AM                22 myfile.txt
03/27/2019  08:34 AM    <DIR>          Scanned Documents
04/03/2019  09:31 AM    <DIR>          Sound recordings
03/27/2019  02:20 PM         1,351,034 test.nfo
               4 File(s)      1,356,796 bytes
               7 Dir(s)  35,931,115,520 bytes free

C:\Users\Admin\Documents>
```

（3）more

使用 more 命令每次一个屏幕显示文件内容。语法：more [<drive>:][<path>]<filename>。

more 可直接用作命令，以一次一个屏幕的方式查看文件，如示例 11-13 所示。

示例 11-13 more 命令

```
C:\Users\Admin\Documents> more help.txt
For more information on a specific command, type HELP command-name
ASSOC          Displays or modifies file extension associations.
ATTRIB         Displays or changes file attributes.
BREAK          Sets or clears extended CTRL+C checking.
BCDEDIT        Sets properties in boot database to control boot loading.
CACLS          Displays or modifies access control lists (ACLs) of files.
CALL           Calls one batch program from another.
CD             Displays the name of or changes the current directory.
CHCP           Displays or sets the active code page number.
CHDIR          Displays the name of or changes the current directory.
CHKDSK         Checks a disk and displays a status report.
CHKNTFS        Displays or modifies the checking of disk at boot time.
CLS            Clears the screen.
CMD            Starts a new instance of the Windows command interpreter.
COLOR          Sets the default console foreground and background colors.
COMP           Compares the contents of two files or sets of files.
COMPACT        Displays or alters the compression of files on NTFS partitions.
```

```
CONVERT         Converts FAT volumes to NTFS. You cannot convert the
                current drive.
COPY            Copies one or more files to another location.
DATE            Displays or sets the date.
DEL             Deletes one or more files.
DIR             Displays a list of files and subdirectories in a directory.
DISKPART        Displays or configures Disk Partition properties.
DOSKEY          Edits command lines, recalls Windows commands, and
                creates macros.
DRIVERQUERY     Displays current device driver status and properties.
ECHO            Displays messages, or turns command echoing on or off.
ENDLOCAL        Ends localization of environment changes in a batch file.
ERASE           Deletes one or more files.
EXIT            Quits the CMD.EXE program (command interpreter).
FC              Compares two files or sets of files, and displays the
                differences between them.
-- More (35%) --
```

（4）del

使用 del 命令删除文件或文件夹。语法：del <names>。

del 命令可指定多个文件或文件夹和通配符列表，如示例 11-14 所示。使用此命令删除的文件通常不可恢复。参数可删除具有特定属性的文件。

示例 11-14　del 命令

```
C:\Users\Admin\Documents> dir *.txt
 Volume in drive C has no label.
 Volume Serial Number is 5A1B-98AA

 Directory of C:\Users\Admin\Documents

04/05/2019  10:48 AM                712 directory.txt
04/05/2019  10:48 AM              5,740 help.txt
04/02/2019  06:56 AM                 22 myfile.txt
                3 File(s)          6,474 bytes
                0 Dir(s)  35,955,425,280 bytes free

C:\Users\Admin\Documents> del help.txt, directory.txt

C:\Users\Admin\Documents> dir *.txt
 Volume in drive C has no label.
 Volume Serial Number is 5A1B-98AA

 Directory of C:\Users\Admin\Documents

04/02/2019 06:56 AM                 22 myfile.txt
               1 File(s)             22 bytes
               0 Dir(s)  35,955,437,568 bytes free

C:\Users\Admin\Documents>
```

（5）copy

使用 copy 命令创建文件副本。语法：copy <源文件> [<目标文件>]。

可以使用 copy 命令将文件复制到目标文件名和位置。若未指定路径，则默认使用与源文件夹相同的文件夹，如示例 11-15 所示。该命令的许多参数使其具有更高的灵活性。

示例 11-15 copy 命令

```
C:\Users\Admin\Documents> dir
 Volume in drive C has no label.
 Volume Serial Number is 5A1B-98AA

 Directory of C:\Users\Admin\Documents

04/05/2019  10:48 AM    <DIR>          .
04/05/2019  10:48 AM    <DIR>          ..
03/27/2019  08:34 AM    <DIR>          Fax
03/14/2019  12:24 PM    <DIR>          Level 1
03/29/2019  07:05 AM    <DIR>          mounted docs
04/02/2019  06:56 AM                22 myfile.txt
03/27/2019  08:34 AM    <DIR>          Scanned Documents
04/03/2019  09:31 AM    <DIR>          Sound recordings
03/27/2019  02:20 PM         1,351,034 test.nfo
               2 File(s)      1,351,056 bytes
               7 Dir(s)  35,955,691,520 bytes free

C:\Users\Admin\Documents> copy myfile.txt myfile2.txt
        1 file(s) copied.

C:\Users\Admin\Documents> dir
 Volume in drive C has no label.
 Volume Serial Number is 5A1B-98AA

Directory of C:\Users\Admin\Documents

04/05/2019  10:51 AM    <DIR>          .
04/05/2019  10:51 AM    <DIR>          ..
03/27/2019  08:34 AM    <DIR>          Fax
03/14/2019  12:24 PM    <DIR>          Level 1
03/29/2019  07:05 AM    <DIR>          mounted docs
04/02/2019  06:56 AM                22 myfile.txt
04/02/2019  06:56 AM                22 myfile2.txt
03/27/2019  08:34 AM    <DIR>          Scanned Documents
04/03/2019  09:31 AM    <DIR>          Sound recordings
03/27/2019  02:20 PM         1,351,034 test.nfo
               3 File(s)      1,351,078 bytes
               7 Dir(s)  35,955,490,816 bytes free

C:\Users\Admin\Documents>
```

（6）xcopy

使用 xcopy 命令复制多个文件或整个目录树。语法：xcopy<源文件> [<目标文件>]。

xcopy 命令是使用诸多有用选项复制文件和目录的一种强大的方式，如示例 11-16 所示。

示例 11-16 xcopy 命令

```
C:\Users\Admin\Documents> xcopy /? | more
Copies files and directory trees.

XCOPY source [destination] [/A | /M] [/D[:date]] [/P] [/S [/E]] [/V] [/W]
                           [/C] [/I] [/Q] [/F] [/L] [/G] [/H] [/R] [/T] [/U]
                           [/K] [/N] [/O] [/X] [/Y] [/-Y] [/Z] [/B] [/J]
                           [/EXCLUDE:file1[+file2][+file3]...]

  source       Specifies the file(s) to copy.
  destination  Specifies the location and/or name of new files.
  /A           Copies only files with the archive attribute set,
               doesn't change the attribute.
  /M           Copies only files with the archive attribute set,
               turns off the archive attribute.
  /D:m-d-y     Copies files changed on or after the specified date.
               If no date is given, copies only those files whose
               source time is newer than the destination time.
  /EXCLUDE:file1[+file2][+file3]...
               Specifies a list of files containing strings. Each string
               should be in a separate line in the files. When any of the
               strings match any part of the absolute path of the file to be
               copied, that file will be excluded from being copied. For
               example, specifying a string like \obj\ or .obj will exclude
               all files underneath the directory obj or all files with the
               .obj extension respectively.
  /P           Prompts you before creating each destination file.
  /S           Copies directories and subdirectories except empty ones.
  /E           Copies directories and subdirectories, including empty ones.
               Same as /S /E. May be used to modify /T.
  /V           Verifies the size of each new file.
  /W           Prompts you to press a key before copying.
  /C           Continues copying even if errors occur.
  /I           If destination does not exist and copying more than one file,
               assumes that destination must be a directory.
  /Q           Does not display file names while copying.
  /F           Displays full source and destination file names while copying.
  /L           Displays files that would be copied.
  /G           Allows the copying of encrypted files to destination that does
               not support encryption.
  /H           Copies hidden and system files also.
  /R           Overwrites read-only files.
  /T           Creates directory structure, but does not copy files. Does not
               include empty directories or subdirectories. /T /E includes
               empty directories and subdirectories.
  /U           Copies only files that already exist in destination.
-- More --
```

（7）robocopy

Microsoft 现在推荐使用 robocopy，而不是 xcopy。语法：robocopy <源文件> <目标文件>。robocopy 命令的功能非常强大，可以使用很多选项来选择文件的复制方式、复制操作中要包含的文件类型以及目标文件要包含的文件属性，如示例 11-17 所示。

示例 11-17 robocopy 命令

```
C:\Users\Admin\Documents> robocopy /? | more

-------------------------------------------------------------------------------
   ROBOCOPY     ::     Robust File Copy for Windows
-------------------------------------------------------------------------------

  Started : Friday, April 5, 2019 11:12:55 AM
             Usage :: ROBOCOPY source destination [file [file]...] [options]

            source :: Source Directory (drive:\path or \\server\share\path).
       destination :: Destination Dir (drive:\path or \\server\share\path).
              file :: File(s) to copy (names/wildcards: default is "*.*").

::
:: Copy options :
::
                /S :: copy Subdirectories, but not empty ones.
                /E :: copy subdirectories, including Empty ones.
            /LEV:n :: only copy the top n LEVels of the source directory tree.

                /Z :: copy files in restartable mode.
                /B :: copy files in Backup mode.
               /ZB :: use restartable mode; if access denied use Backup mode.
                /J :: copy using unbuffered I/O (recommended for large files).
           /EFSRAW :: copy all encrypted files in EFS RAW mode.

  /COPY:copyflag[s] :: what to COPY for files (default is /COPY:DAT).
                      (copyflags : D=Data, A=Attributes, T=Timestamps).
                      (S=Security=NTFS ACLs, O=Owner info, U=aUditing info).


              /SEC :: copy files with SECurity (equivalent to /COPY:DATS).
          /COPYALL :: COPY ALL file info (equivalent to /COPY:DATSOU).
           /NOCOPY :: COPY NO file info (useful with /PURGE).
           /SECFIX :: FIX file SECurity on all files, even skipped files.
           /TIMFIX :: FIX file TIMes on all files, even skipped files.

            /PURGE :: delete dest files/dirs that no longer exist in source.
              /MIR :: MIRror a directory tree (equivalent to /E plus /PURGE).

              /MOV :: MOVe files (delete from source after copying).
             /MOVE :: MOVE files AND dirs (delete from source after copying).
-- More --
```

（8）move

使用 move 命令将某个文件从源位置移至目标位置。语法：move <源文件> <目标文件>。move 命令将文件从源位置删除，并将其移至目标位置，如示例 11-18 所示。

示例 11-18 move 命令

```
C:\Users\Admin\Documents> move myfile.txt MyFolder
        1 file(s) moved.

C:\Users\Admin\Documents>dir MyFolder
 Volume in drive C has no label.
 Volume Serial Number is 5A1B-98AA

 Directory of C:\Users\Admin\Documents\MyFolder

04/05/2019  11:31 AM    <DIR>          .
04/05/2019  11:31 AM    <DIR>          ..
04/02/2019  06:56 AM                22 myfile.txt
               1 File(s)             22 bytes
               2 Dir(s)  35,896,991,744 bytes free

C:\Users\Admin\Documents>
```

11.4.3 CLI 命令

使用 CLI 可以很好地替代使用基于 GUI 的磁盘管理工具。如果 Windows 遇到引导问题，CLI 尤其有用。

磁盘操作的命令

命令行可用于执行磁盘操作，这与 Windows 磁盘管理实用程序中的情况类似。

（1）chkdsk

chkdsk 命令检查文件系统是否存在错误，包括物理介质的错误，它可以修复某些文件系统错误。chkdsk 命令需要管理员权限。语法：chkdsk <volume> <path> <filename>。

chkdsk 命令可以与以下选项一起使用。

- /f：修复磁盘错误，恢复坏扇区，恢复可读信息。
- /r：与/f 相同，但可修复物理错误（如果可能）。

示例 11-19 显示了 chkdsk 命令的运行。

示例 11-19 chkdsk 命令

```
C:\Users\Admin\Documents> chkdsk e:
The type of the file system is NTFS.
Volume label is New Volume.

WARNING!  /F parameter not specified.
Running CHKDSK in read-only mode.

Stage 1: Examining basic file system structure ...
  256 file records processed.
File verification completed.
  0 large file records processed.
  0 bad file records processed.

Stage 2: Examining file name linkage ...
  278 index entries processed.
```

```
Index verification completed.
  0 unindexed files scanned.
  0 unindexed files recovered to lost and found.
  0 reparse records processed.
  0 reparse records processed.

Stage 3: Examining security descriptors ...
Security descriptor verification completed.
  11 data files processed.

Windows has scanned the file system and found no problems.
No further action is required.

  10238975 KB total disk space.
     17472 KB in 7 files.
        72 KB in 13 indexes.
         0 KB in bad sectors.
     17371 KB in use by the system.
     16384 KB occupied by the log file.
  10204060 KB available on disk.

     4096 bytes in each allocation unit.
   2559743 total allocation units on disk.
   2551015 allocation units available on disk.

C:\Users\Admin\Documents>
```

（2）format

format 命令为磁盘建立新的文件系统，还可以检查物理磁盘错误。format 命令需要管理员权限。语法：format <volume>。

format 命令只能用于新磁盘或使用其他文件系统的磁盘。

选项允许指定各种文件系统参数。

- /q：快速格式化，不扫描是否有坏扇区。
- /v：指定卷名（标签）。
- /fs：指定文件系统。

示例 11-20 显示了运行 format 命令的结果。

示例 11-20 format 命令

```
C:\Users\Admin\Documents> format e:
The type of the file system is NTFS.
Enter current volume label for drive E: New Volume

WARNING, ALL DATA ON NON-REMOVABLE DISK
DRIVE E: WILL BE LOST!
Proceed with Format (Y/N)? y
Formatting 9.8 GB
Volume label (32 characters, ENTER for none)?
Creating file system structures.
Format complete.
        9.8 GB total disk space.
```

```
        9.7 GB are available.

C:\Users\Admin\Documents>
```

（3）diskpart

diskpart 命令启动一个单独的命令解释器，其中包含处理操作磁盘分区的命令。此命令会打开自己的命令提示符，在其中可以执行 Windows 磁盘管理工具的许多功能。diskpart 命令需要管理员权限。可以使用 help 命令查看所有可用命令，如示例 11-21 所示。

示例 11-21　diskpart 命令

```
C:\Users\Admin\Documents> diskpart

Microsoft DiskPart version 10.0.17763.1

Copyright (C) Microsoft Corporation.
On computer: DESKTOP-34F7VBO

DISKPART> help

Microsoft DiskPart version 10.0.17763.1

ACTIVE      - Mark the selected partition as active.
ADD         - Add a mirror to a simple volume.
ASSIGN      - Assign a drive letter or mount point to the selected volume.
ATTRIBUTES  - Manipulate volume or disk attributes.
ATTACH      - Attaches a virtual disk file.
AUTOMOUNT   - Enable and disable automatic mounting of basic volumes.
BREAK       - Break a mirror set.
CLEAN       - Clear the configuration information, or all information, off the
              disk.
COMPACT     - Attempts to reduce the physical size of the file.
CONVERT     - Convert between different disk formats.
CREATE      - Create a volume, partition or virtual disk.
DELETE      - Delete an object.
DETAIL      - Provide details about an object.
DETACH      - Detaches a virtual disk file.
EXIT        - Exit DiskPart.
EXTEND      - Extend a volume.
EXPAND      - Expands the maximum size available on a virtual disk.
FILESYSTEMS - Display current and supported file systems on the volume.
FORMAT      - Format the volume or partition.
GPT         - Assign attributes to the selected GPT partition.
HELP        - Display a list of commands.
IMPORT      - Import a disk group.
INACTIVE    - Mark the selected partition as inactive.
LIST        - Display a list of objects.
MERGE       - Merges a child disk with its parents.
ONLINE      - Online an object that is currently marked as offline.
OFFLINE     - Offline an object that is currently marked as online.
RECOVER     - Refreshes the state of all disks in the selected pack.
                Attempts recovery on disks in the invalid pack, and
```

```
                resynchronizes mirrored volumes and RAID5 volumes
                that have stale plex or parity data.
REM           - Does nothing. This is used to comment scripts.
REMOVE        - Remove a drive letter or mount point assignment.
REPAIR        - Repair a RAID-5 volume with a failed member.
RESCAN        - Rescan the computer looking for disks and volumes.
RETAIN        - Place a retained partition under a simple volume.
SAN           - Display or set the SAN policy for the currently booted OS.
SELECT        - Shift the focus to an object.
SETID         - Change the partition type.
SHRINK        - Reduce the size of the selected volume.
UNIQUEID      - Displays or sets the GUID partition table (GPT) identifier or
                master boot record (MBR) signature of a disk.

DISKPART>
```

11.4.4　任务和系统 CLI 命令

本小节将介绍的命令用于从命令行界面，而不是图形 Windows 界面执行操作系统任务。

系统 CLI 命令

任务操作命令提供的功能类似于任务管理器中的功能。系统操作命令会影响 Windows 系统。

（1）tasklist

tasklist 命令用来显示当前正在本地或远程计算机上运行的进程列表，如示例 11-22 所示。选项包括命令输出的格式和过滤，以及连接到网络中的其他计算机。

正在运行的进程由其进程 ID（PID）标识。

示例 11-22　tasklist 命令

```
C:\Windows\System32> tasklist | more

Image Name                     PID Session Name        Session#    Mem Usage
========================= ======== ================ ==========  ============
System Idle Process              0 Services                   0          8 K
System                           4 Services                   0     12,112 K
Registry                       120 Services                   0     73,672 K
smss.exe                       476 Services                   0        328 K
csrss.exe                      792 Services                   0      2,100 K
csrss.exe                      912 Console                    1      2,848 K
wininit.exe                    936 Services                   0      1,032 K
winlogon.exe                   980 Console                    1      2,224 K
services.exe                   344 Services                   0      9,408 K
lsass.exe                      528 Services                   0     16,428 K
svchost.exe                    908 Services                   0      1,188 K
svchost.exe                    584 Services                   0     31,500 K
fontdrvhost.exe               1032 Console                    1      7,888 K
fontdrvhost.exe               1040 Services                   0      1,128 K
svchost.exe                   1124 Services                   0     21,480 K
svchost.exe                   1176 Services                   0      3,100 K
dwm.exe                       1240 Console                    1     90,168 K
```

```
svchost.exe                   1284  Services                   0      2,096 K
svchost.exe                   1356  Services                   0      2,276 K
svchost.exe                   1436  Services                   0      1,552 K
svchost.exe                   1476  Services                   0      4,648 K
svchost.exe                   1520  Services                   0      4,912 K
-- More --
```

（2）taskkill

taskkill 命令用于终止正在运行的进程，如示例 11-23 所示。语法：taskkill [/pid <ProcessID> | /im <ImageName>]。

taskkill 命令包括以下选项。

- /pid：按进程 ID 指定要终止的任务。
- /im：按映像名称（进程名称）指定要终止的任务。
- /f：强制终止进程。
- /t：终止进程以及由其启动的任何子进程。

示例 11-23　taskkill 命令

```
C:\Windows\System32> tasklist /fi "pid gt 45600" | more

Image Name                     PID Session Name        Session#    Mem Usage
========================= ======== ================ =========== ============
plugin-container.exe         51092 Console                    1      1,288 K
HPSupportSolutionsFramewo    55232 Services                   0     26,720 K
iCloudServices.exe           50832 Console                    1     16,660 K
APSDaemon.exe                50320 Console                    1      9,312 K
ApplePhotoStreams.exe        55236 Console                    1      9,876 K
secd.exe                     50836 Console                    1      4,516 K
iTunesHelper.exe             54376 Console                    1      2,384 K
filezilla.exe                53148 Console                    1      4,028 K
iTunes.exe                   48672 Console                    1     92,980 K
AppleMobileDeviceHelper.e    45740 Console                    1      1,324 K
conhost.exe                  53724 Console                    1        912 K
distnoted.exe                56836 Console                    1      1,032 K
SyncServer.exe               56448 Console                    1      1,224 K
conhost.exe                  47576 Console                    1        904 K
CodeSetup-stable-0f3794b3    57948 Console                    1      1,600 K
SystemSettingsBroker.exe     57560 Console                    1      9,320 K
svchost.exe                  54424 Services                   0      2,340 K
dllhost.exe                  65180 Console                    1     15,776 K
OfficeClickToRun.exe         69496 Services                   0     30,660 K
^C^C
C:\Windows\System32> taskkill /pid 50832
SUCCESS: Sent termination signal to the process with PID 50832.

C:\Windows\System32>
```

（3）dism

dism 命令用于在部署之前处理系统映像，如示例 11-24 所示。dism 代表部署映像服务和管理。使用 dism 命令创建将在企业的计算机上安装的自定义系统映像文件。

示例 11-24 dism 命令

```
C:\WINDOWS\system32> dism | more

Deployment Image Servicing and Management tool
Version: 10.0.18362.1

DISM.exe [dism_options] {Imaging_command} [<Imaging_arguments>]
DISM.exe {/Image:<path_to_offline_image> | /Online} [dism_options]
         {servicing_command} [<servicing_arguments>]

DESCRIPTION:

  DISM enumerates, installs, uninstalls, configures, and updates features
  and packages in Windows images. The commands that are available depend
  on the image being serviced and whether the image is offline or running.


GENERIC IMAGING COMMANDS:

  /Split-Image            - Splits an existing .wim file into multiple
                            read-only split WIM (SWM) files.
  /Apply-Image            - Applies an image.
  /Get-MountedImageInfo   - Displays information about mounted WIM and VHD
                            images.
  /Get-ImageInfo          - Displays information about images in a WIM, a VHD
                            or a FFU file.
  /Commit-Image           - Saves changes to a mounted WIM or VHD image.
  /Unmount-Image          - Unmounts a mounted WIM or VHD image.
  /Mount-Image            - Mounts an image from a WIM or VHD file.
  /Remount-Image          - Recovers an orphaned image mount directory.
  /Cleanup-Mountpoints    - Deletes resources associated with corrupted
                            mounted images.

WIM COMMANDS:
-- More --
```

（4）sfc

sfc 命令验证并修复 Windows 系统文件。它可以扫描重要的受保护系统文件是否发生了更改，并且可对其进行修复。它可验证单个文件或所有文件，可从缓存版本还原文件。sfc 命令需要管理员权限。sfc 命令包括以下选项。

- /scannow：扫描并修复，如示例 11-25 所示。
- /verifyonly：仅执行检查，不进行修复。

示例 11-25 用 sfc 扫描和修复

```
C:\WINDOWS\system32> sfc /scannow

Beginning system scan.  This process will take some time.

Beginning verification phase of system scan.
Verification 95% complete.
```

（5）shutdown

shutdown 命令可用于关闭本地或远程计算机的电源。选项包括命名远程计算机、使用关机模式，以及向用户发送消息。此命令需要关机权限和管理员权限。使用/? |more 开关以查看 shutdown 命令的各种选项，如示例 11-26 所示。其中一些关键选项如下。

- /m \\ComputerName：指定远程计算机。
- /s：关闭计算机。
- /r：重新启动计算机。
- /h：让本地计算机休眠。
- /f：强制关闭正在运行的应用程序，不向用户发出警告。

示例 11-26 shutdown 命令

```
C:\> shutdown /? | more
Usage: shutdown [/i | /l | /s | /sg | /r | /g | /a | /p | /h | /e | /o] [/hybrid]
  [/soft] [/fw] [/f] [/m \\computer][/t xxx][/d [p|u:]xx:yy [/c "comment"]]

  No args      Display help. This is the same as typing /?.
  /?           Display help. This is the same as not typing any options.
  /i           Display the graphical user interface (GUI).
               This must be the first option.
  /l           Log off. This cannot be used with /m or /d options.
  /s           Shutdown the computer.
  /sg          Shutdown the computer. On the next boot, if Automatic Restart Sign-On
               is enabled, automatically sign in and lock last interactive user.
               After sign in, restart any registered applications.
  /r           Full shutdown and restart the computer.
  /g           Full shutdown and restart the computer. After the system is rebooted,
               if Automatic Restart Sign-On is enabled, automatically sign in and
               lock last interactive user.
               After sign in, restart any registered applications.
  /a           Abort a system shutdown.
               This can only be used during the time-out period.
               Combine with /fw to clear any pending boots to firmware.
  /p           Turn off the local computer with no time-out or warning.
               Can be used with /d and /f options.
  /h           Hibernate the local computer.
               Can be used with the /f option.
  /hybrid      Performs a shutdown of the computer and prepares it for fast startup.
               Must be used with /s option.
  /fw          Combine with a shutdown option to cause the next boot to go to the
               firmware user interface.
  /e           Document the reason for an unexpected shutdown of a computer.
  /o           Go to the advanced boot options menu and restart the computer.
               Must be used with /r option.
  /m \\computer Specify the target computer.
  /t xxx       Set the time-out period before shutdown to xxx seconds.
               The valid range is 0-315360000 (10 years), with a default of 30.
               If the timeout period is greater than 0, the /f parameter is
-- More --
```

11.4.5 其他实用的 CLI 命令

熟悉正确命令的技术人员可以使用 Windows 命令提示符执行功能强大且有用的任务。本小节将继续介绍有用的 CLI 命令。

1. 其他实用命令

其他一些有用的命令包括 gpupdate、gpresult、net use 和 net user。

（1）gpupdate

gpupdate 命令可用于组策略更新。组策略可由管理员进行设置，并可从中心位置在网络上的所有计算机上进行配置。gpupdate 命令用于更新本地计算机和验证该计算机能否获取组策略更新，如示例 11-27 所示。其中的一些选项如下。

- /target:computer：强制更新其他计算机。
- /force：即使组策略未更改，也强制更新。
- /boot：更新后重新启动计算机。

示例 11-27 gpupdate 命令

```
C:\> gpupdate
Updating policy...

Computer Policy update has completed successfully.
User Policy update has completed successfully.


C:\>
```

（2）gpresult

gpresult 命令显示对当前登录用户有效的组策略设置。它适用于本地和远程计算机，有助于检查计算机是否已收到了分布式组策略。以下选项与系统和系统用户有关，要查看的报告的数量也是可配置的。

- /s：根据名称或 IP 地址显示要查看结果的系统。
- /r：显示摘要数据（尽管它较为冗长）。

要查看的报告类型也是可配置的。示例 11-28 演示了此命令的用法。

示例 11-28 gpresult 命令

```
C:\> gpresult /r | more

Microsoft (R) Windows (R) Operating System Group Policy Result tool v2.0
c 2018 Microsoft Corporation. All rights reserved.

Created on 4/8/2019 at 12:49:07 PM

RSOP data for DESKTOP-34F7VBO\Admin on DESKTOP-34F7VBO : Logging Mode
-----------------------------------------------------------------------
OS Configuration:            Standalone Workstation
OS Version:                  10.0.17763
Site Name:                   N/A
Roaming Profile:             N/A
Local Profile:               C:\Users\Admin
Connected over a slow link?: No
```

```
COMPUTER SETTINGS
------------------

    Last time Group Policy was applied: 4/8/2019 at 12:31:43 PM
    Group Policy was applied from:      N/A
    Group Policy slow link threshold:   500 kbps
    Domain Name:                        DESKTOP-34F7VBO
    Domain Type:

    Applied Group Policy Objects
    -----------------------------
        N/A

    The following GPOs were not applied because they were filtered out
    -------------------------------------------------------------------
-- More --
```

（3）net use

net use 命令可用于显示和连接网络资源。它是用于配置计算机在网络上工作方式的一系列 net 命令之一。您可以显示计算机连接的网络资源，也可以将计算机连接到共享驱动器等资源。示例 11-29 显示了 net use 命令的选项。

示例 11-29　net use 命令的选项

```
C:\> net use /?
The syntax of this command is:

NET USE
[devicename | *] [\\computername\sharename[\volume] [password | *]]
         [/USER:[domainname\]username]
         [/USER:[dotted domain name\]username]
         [/USER:[username@dotted domain name]
         [/SMARTCARD]
         [/SAVECRED]
         [/REQUIREINTEGRITY]
         [/REQUIREPRIVACY]
         [/WRITETHROUGH]
         [[/DELETE] | [/PERSISTENT:{YES | NO}]]

NET USE {devicename | *} [password | *] /HOME

NET USE [/PERSISTENT:{YES | NO}]


C:\>
```

（4）net user

net user 命令可用于显示和更改计算机用户的信息。它显示有关计算机上所有用户账户的信息。此外，您可以使用它来更改账户的许多设置以及创建新账户。

net user 命令包括以下选项。

- username：希望处理的用户名。
- /add：创建新用户（在 username 后）。
- /delete：删除用户（在 username 后）。

示例 11-30 显示了使用 net user 命令查看有关来宾用户的信息。

示例 11-30 net user 命令

```
C:\> net user

User accounts for \\DESKTOP-34F7VBO

-------------------------------------------------------------------------------
Admin                      Administrator            basic_user
DefaultAccount             Guest                    New_user
WDAGUtilityAccount
The command completed successfully.


C:\>net user guest
User name                      Guest
Full Name
Comment                        Built-in account for guest access to the computer/
                               domain

User's comment
Country/region code            000 (System Default)
Account active                 No
Account expires                Never

Password last set              4/8/2019 1:16:19 PM
Password expires               Never
Password changeable            4/8/2019 1:16:19 PM
Password required              No
User may change password       No

Workstations allowed           All
Logon script
User profile
Home directory
Last logon                     Never

Logon hours allowed            All

Local Group Memberships        *Guests
Global Group memberships       *None
The command completed successfully.

C:\>
```

2. 运行系统实用程序

通过按 Win+R 组合键并输入“Cmd”可以打开 Windows“Run”（运行）实用程序，如图 11-122 所示。

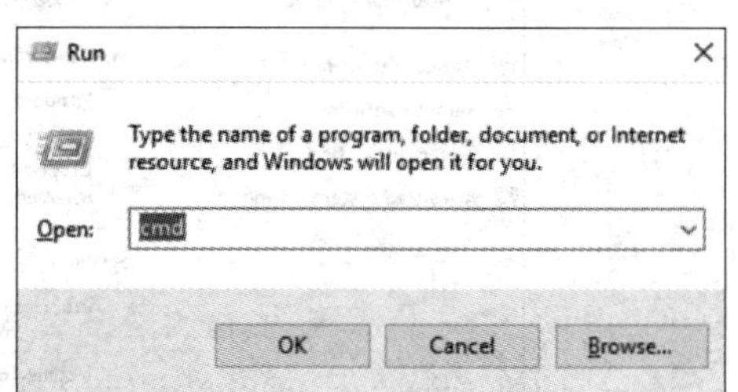

图 11-122 “Run”实用程序

下列 Windows 实用程序和工具也可以通过在“Run”实用程序中输入显示的命令来运行。

EXPLORER：打开文件资源管理器或 Windows 资源管理器。

MMC：打开 Microsoft 管理控制台（MMC）。指定路径和.msc 文件名以打开已保存的控制台。

MSINFO32：打开“System Information”（系统信息）窗口，其中显示系统组件的摘要信息，包括硬件组件和软件信息。

MSTSC：打开“Remote Desktop”（远程桌面）实用程序。

NOTEPAD：打开记事本基本文本编辑器。

11.5 Windows 网络

Microsoft Windows 具有内置的联网功能，用于连接两台或多台计算机以共享资源。

11.5.1 共享和映射驱动器

诸如文件之类的资源可以在网络上共享。在远程计算机上创建共享文件夹的快捷方式被称为映射驱动器。为该驱动器分配一个驱动器号以进行标识。映射驱动器只能从创建驱动器的用户账户中获得，并且不适用于同一 Windows 计算机上的所有用户。

1. 域和工作组

“Domain”（域）和“Workgroup”（工作组）是两种在网络中组织和管理计算机的方法，其定义分别如下。

- **域**：一个域是指使用一个通用规则和程序并作为一个单元进行管理的一组计算机和电子设备。一个域中的计算机可以位于世界上的不同位置。一个名为域控制器的专用服务器管理用户和网络资源与安全相关的所有方面，实现集中的安全和管理。例如在一个域中，轻型目录访问协议（LDAP）可允许计算机访问整个网络中分布的数据目录。
- **工作组**：工作组是 LAN 上的一组工作站与服务器，可以彼此通信和交换数据。每个独立工作站都可以控制自己的用户账户、安全信息以及对数据和资源的访问。

网络中的所有计算机都必须属于一个域或一个工作组。在计算机上首次安装 Windows 操作系统时，会自动将其分配到一个工作组，如图 11-123 所示。

2. 家庭组

“Home Group”（家庭组）是 Windows 7 中引入的一项功能，如图 11-124 所示，Windows 8 中也提供了这项功能，它可简化对家庭网络上文件夹、图片、音乐、视频和打印机等共享资源的安全访问。家庭组从 Windows 10（1803）版本起即已删除。

图 11-123 域和工作组

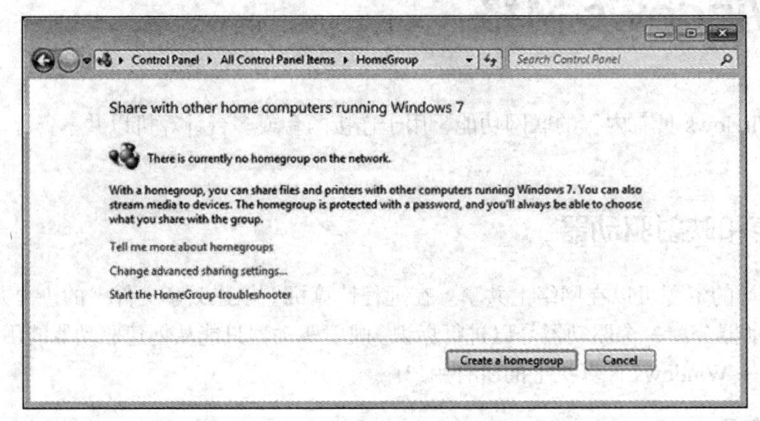

图 11-124 家庭组

所有属于同一工作组的 Windows 计算机也可以属于一个家庭组。网络中的每个工作组只能有一个家庭组。一台计算机一次只能是一个家庭组的成员。家庭组使用简单密码进行保护。家庭组可同时包含运行 Windows 7 和 Windows 8 的计算机。

工作组中只有一个用户能创建家庭组，其他用户如果知道家庭组密码，可以加入家庭组。家庭组是否可用取决于网络位置配置文件。

- 家庭网络：允许创建或加入家庭组。
- 工作网络：不允许创建或加入家庭组，但是可以查看其他计算机并与其共享资源。
- 公用网络：家庭组不可用。

当计算机加入一个家庭组时，计算机上除来宾账户外的所有用户账户都将成为该家庭组的成员。作为家庭组的一员，可以使该计算机与同一家庭组中的其他成员轻松共享图片、音乐、视频、文档、库和打印机。用户可以控制对其资源的访问。

注 意 如果一台计算机属于一个域，那么可以加入一个家庭组并访问其他家庭组计算机上的文件和资源，但不允许创建新的家庭组，或与一个家庭组共享自己的文件和资源。

3. 网络文件共享和映射驱动器

网络文件共享和映射驱动器是两种安全且便利的网络资源访问方法。当不同版本的 Windows 需要访问网络资源时尤其如此。接下来将介绍有关网络文件共享和映射驱动器的更多信息。

（1）网络文件共享

图 11-125 显示了共享文件夹和设置权限的对话框进程。

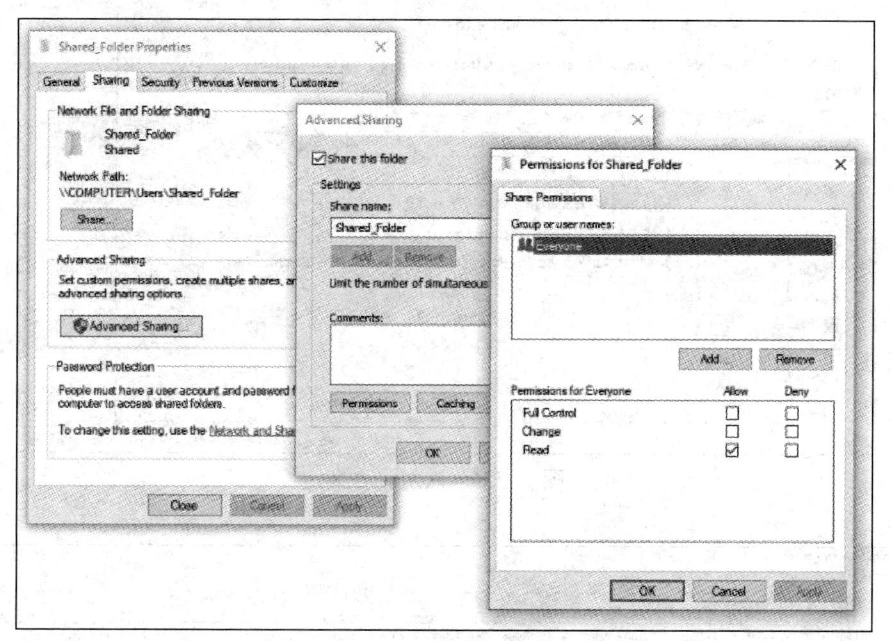

图 11-125　网络文件共享

您可以确定哪些资源将通过网络共享，以及确定用户对资源的权限类型。权限定义了用户对文件或文件夹的访问类型。

- 读取：用户可以查看文件和子文件夹名称、访问子文件夹、查看文件中的数据和运行程序文件。
- 更改：除读取权限外，用户还可以添加文件和子文件夹、更改文件中的数据以及删除文件和子文件夹。
- 完全控制：除读取和更改权限外，用户还可以更改 NTFS 分区中文件和文件夹的权限并且拥有文件和文件夹的所有权。

（2）映射驱动器

映射本地驱动器，是通过网络在不同操作系统之间访问单个文件、特定文件夹或整个驱动器的一种有效方式，如图 11-126 所示。映射驱动器可通过将字母（A 到 Z）分配给远程驱动器上的资源来完成，使您能够像使用本地驱动器一样使用远程映射驱动器。

4. 管理共享

管理共享也被称为隐藏的共享，通过在共享名末尾添加一个美元符号（$）来标识。默认情况下，Windows 会创建多个隐藏的管理共享，包括任何本地驱动器的根文件夹（C$）、系统文件夹（ADMIN$）和打印驱动程序文件夹（PRINT$）。管理共享对用户隐藏，仅限本地管理员组的成员访问。图 11-127 所示为 Windows 10 计算机上的管理共享。注意每个共享名称后面的$。

在任何本地共享名称的末尾添加$符号都将使其变为隐藏共享。隐藏共享在浏览时不可见，但可通过命令行将驱动器映射到共享名称来访问它。

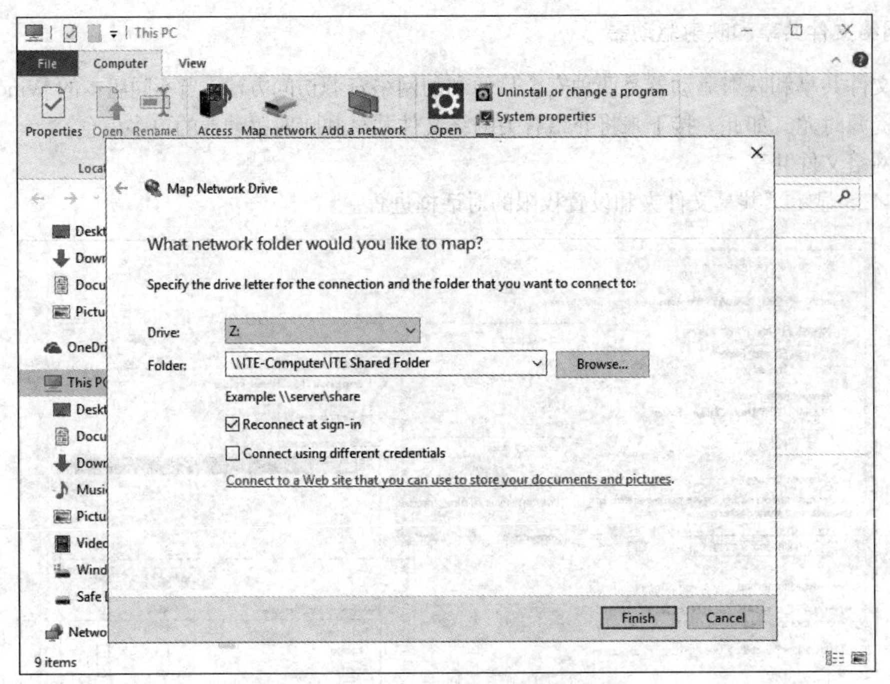

图 11-126 映射驱动器

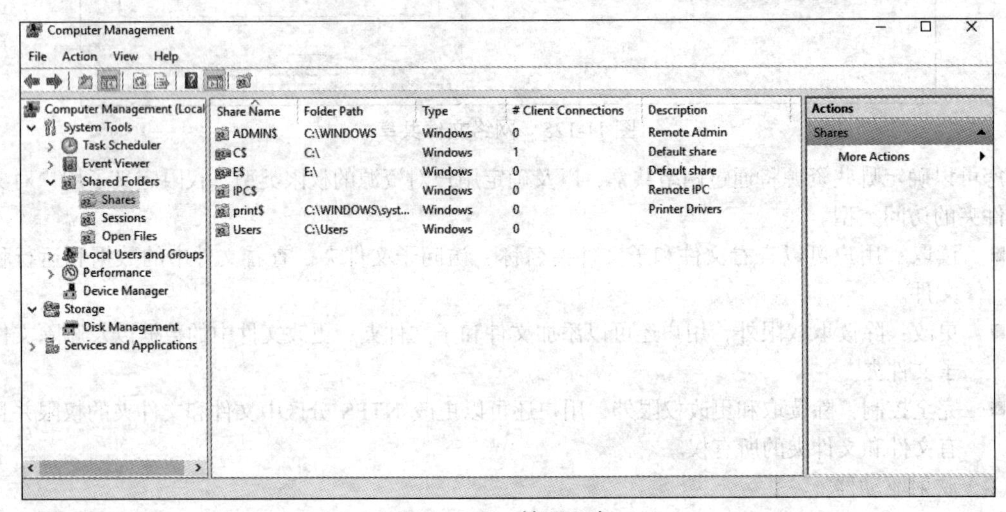

图 11-127 管理共享

11.5.2 与他人共享本地资源

Windows 10 允许您打开或关闭特定的共享功能，从而控制共享哪些资源以及如何共享资源。

1. 共享本地资源

“Advanced Sharing Settings”（高级共享设置）位于“Network and Sharing Center”（网络和共享中心）中，可针对 3 种网络配置文件对共享选项进行管理：专用、来宾或公用以及所有网络。可为每个配置文件选择不同的选项。您可以控制以下内容。

- 网络发现。
- 文件和打印机共享。
- 公共文件夹共享。
- 有密码保护的共享。
- 媒体流式处理。

访问“Advanced Sharing Settings”的路径：Start>Control Panel>Network and Internet>Network and Sharing Center（“开始>控制面板>网络和 Internet>网络和共享中心”）。如果要在连接到同一工作组的计算机之间共享资源，必须开启网络发现及文件和打印机共享，如图 11-128 所示。

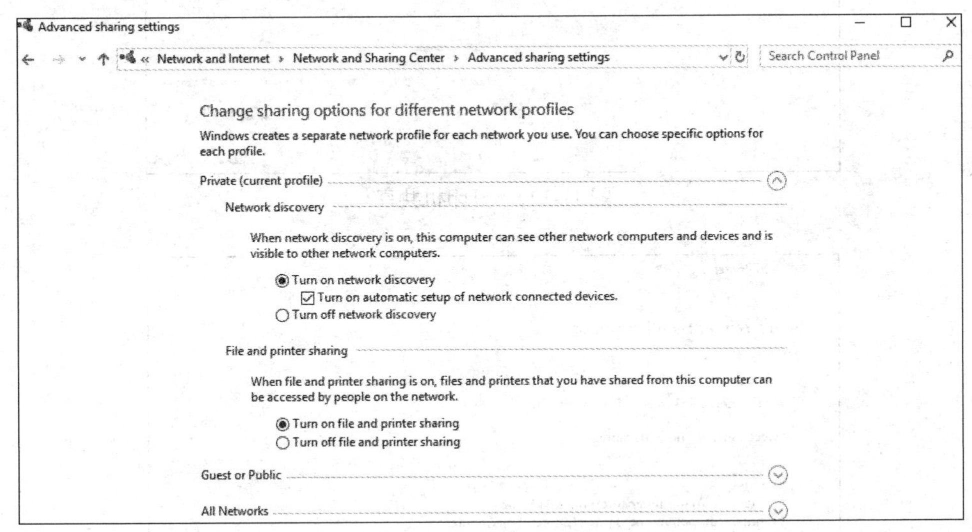

图 11-128 共享本地资源

操作系统供应商开发了简单的文件共享机制。Microsoft 开发的文件共享机制被称为就近共享。就近共享是在 Windows 10 中引入的机制，替换了之前的一部分家庭组功能。您可利用就近共享机制通过 Wi-Fi 和蓝牙与附近设备共享内容。

AirDrop 由 Apple iOS 和 macOS 提供支持，可使用蓝牙在设备之间建立 Wi-Fi 直接连接，以便实现文件传输。另外还有许多第三方和开源替代机制，但可能存在允许自发传输的安全漏洞。

2. 打印机共享与网络打印机映射

对于家庭和企业环境中的用户来说，打印是常见的任务之一。

（1）打印机共享

通过 USB 或直接网络连接可将打印设备直接连接到计算机，这种打印机会被视为“本地”打印机，其所连接的计算机则充当打印服务器。可以通过“Printer Properties”（打印机属性）对话框中的“Sharing”（共享）选项卡在网络上共享本地打印机，如图 11-129 所示。共享打印机后，具有正确权限的用户即可连接到网络共享打印机。打印设备的驱动程序可以安装在本地计算机上，以便客户端在连接到打印设备的共享时获取驱动程序。要查找网络共享打印机，用户可以使用文件资源管理器中的网络对象来浏览网络资源。

（2）网络打印机映射

打印设备可以带有集成的以太网或 Wi-Fi 适配器，并直接连接到网络。将打印设备连接到网络后，可以使用设备和打印机窗口中的“Add Printer”向导进行映射，如图 11-130 所示。将打印机映射到计算机可以使用户通过网络进行打印，而无须直接连接到打印设备。映射后，打印机将显示在计算机上的可用打印机列表中。

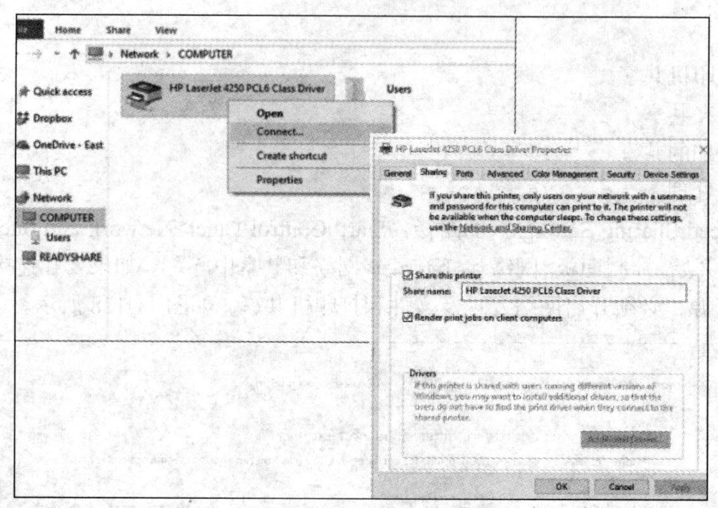

图 11-129　打印机共享

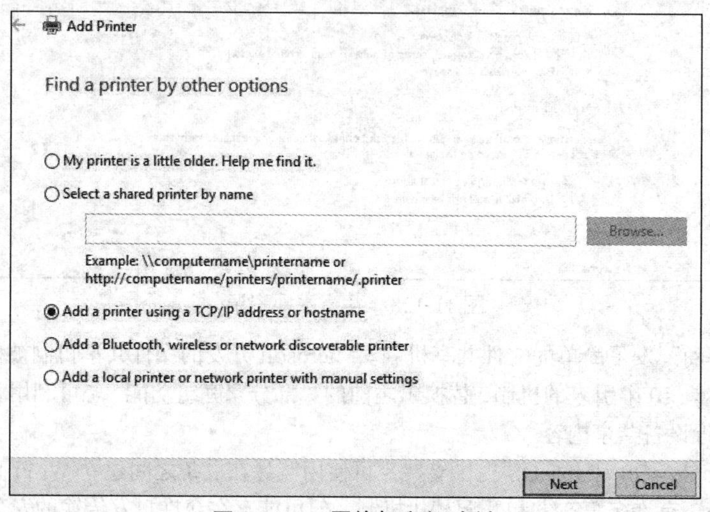

图 11-130　网络打印机映射

11.5.3　配置有线网络连接

Windows 操作系统能够联网，并在配置中完成大部分工作。配置有线网络连接是在家庭或企业网络上共享资源，甚至共享 Internet 连接的一种极好的方法。

1. 在 Windows 10 中配置有线网络接口

Windows 10 的网络设置通过“Settings”应用程序中的网络和 Internet 进行管理，如图 11-131 所示。在“Network and Internet”（网络和 Internet）窗口中，有查看网络属性及网络和共享中心的链接。要查看可用的有线和无线网络连接，请选择“Change Adapter Options”（更改适配器选项）链接。从那里，您可以配置每个网络连接。

网卡属性在适配器属性窗口的“Advanced”（高级）选项卡中配置。打开设备管理器，找到并用右键单击“Network Adapter”（网络适配器），选择“Properties”（属性），再选择“Advanced”（高级）选项卡。属性列表允许配置速度、双工、QoS 和 LAN 唤醒等功能，在属性下拉列表中单击所需的功能即可。每个属性在“Value”（值）下拉列表中都有可配置的值。

Windows Internet 协议版本 4（TCP / IPv4）的“Properties”窗口包括一个“Alternate Configuration”（备用配置）选项卡，管理员可以在无法联系 DHCP 服务器的情况下为 PC 配置备用 IP 地址。请注意，如果在“General”（常规）选项卡中配置了静态 IPv4 地址，则该选项卡不可见。

2. 配置有线网卡

安装网卡驱动程序后，必须配置 IP 地址设置。可采用以下两种方式之一为计算机分配 IP 配置。

- 手动：为主机静态配置一个特定 IP 配置。
- 动态：主机从 DHCP 服务器请求其 IP 地址配置。

在“Ethernet Properties”（以太网属性）窗口中，可以配置 IPv4 和 IPv6 地址以及默认网关和 DNS 服务器地址等选项，如图 11-132 所示。

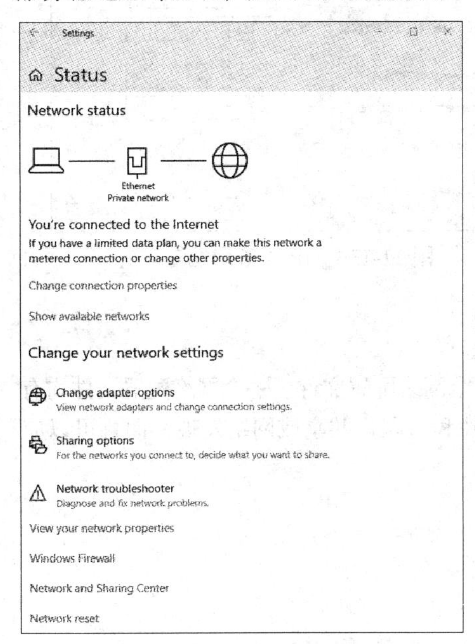

图 11-131 网络状态

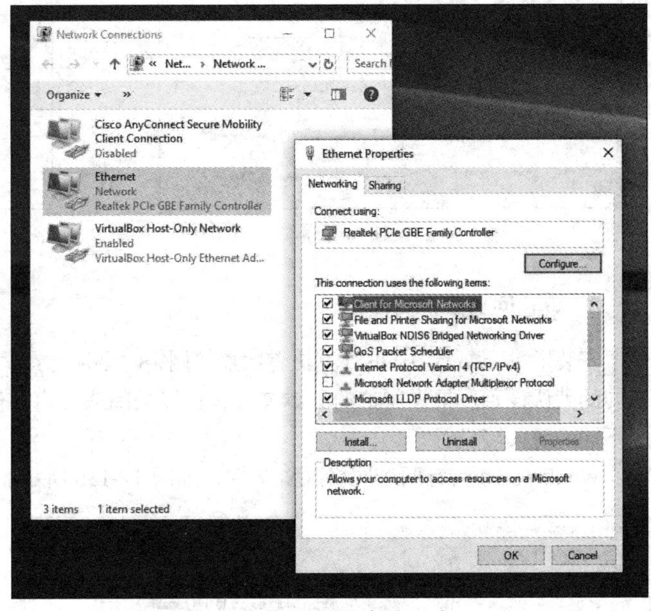

图 11-132 配置有线网卡

IPv4 和 IPv6 的默认设置是使用 DHCP（IPv4 情况下）和无状态地址自动配置（SLAAC）（IPv6 情况下）自动获取 IP 设置。

注 意 现在大多数计算机都配有板载网卡。安装新的网卡时，建议在 BIOS 设置中禁用板载网卡。

（1）IPv4 配置

要手动配置 IPv4 设置，请单击“Use the following IP address”（使用以下 IP 地址），然后输入适当的 IPv4 地址、子网掩码和默认网关，如图 11-133 所示。如果 Windows 计算机无法动态获取 IPv4 地址，它将使用 169.254.x.y 网络空间中保留范围内的自动专用 IP 寻址（APIPA）地址。

（2）IPv4 备用配置

如果 Windows 10 无法访问 DHCP 服务器并且 APIPA 不适合或不受欢迎，则 Windows 10 允许为计算机提供替代的 IPv4 地址配置，如图 11-134 所示。这对于在带有 DHCP 的网络与需要静态 IPv4 地址的另一个网络之间移动的移动设备很有用。

（3）IPv6 配置

要配置 IPv6 设置，请单击“Internet Protocol Version 6（TCP/IPv6）>Properties”，用于打开图 11-135

所示的“Internet Protocol Version 6 (TCP/IPv6) Properties”窗口。单击“Use the following IPv6 address”(使用以下 IPv6 地址)，输入适当的 IPv6 地址、前缀长度和默认网关。

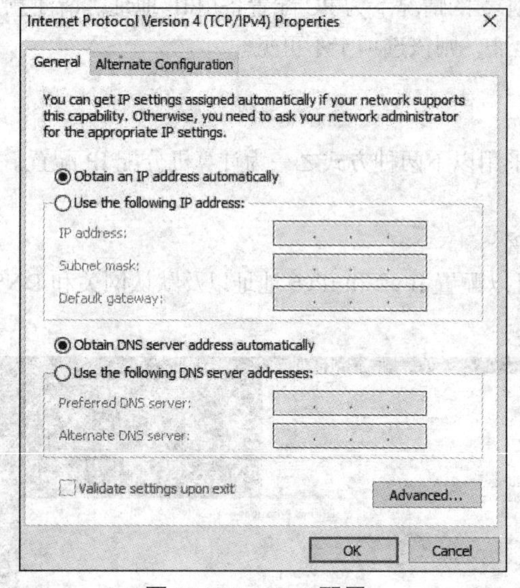

图 11-133　IPv4 配置

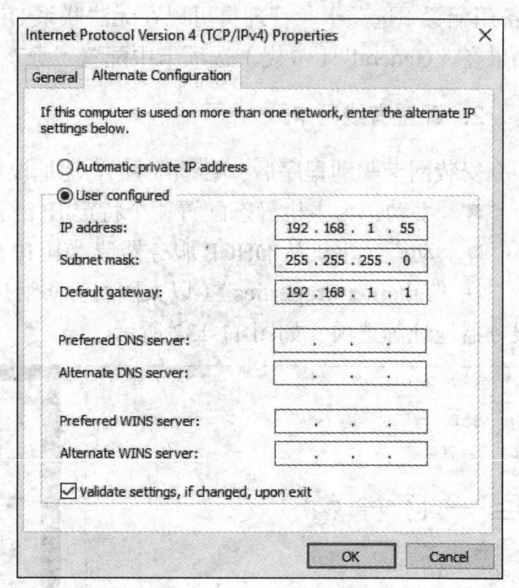

图 11-134　IPv4 备用配置

3. 设置网络配置文件

安装了 Windows 10 的计算机首次连接网络时必须选择一个网络配置文件。每个网络配置文件均有不同的默认设置。根据所选的配置文件，可以关闭或开启文件和打印机共享或网络发现，而且可以应用不同的防火墙设置。

Windows 10 具有两个网络配置文件，如图 11-136 所示。

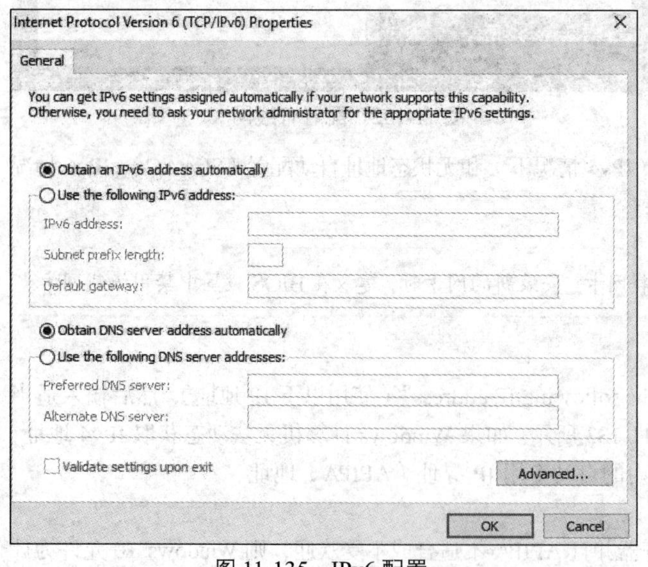

图 11-135　IPv6 配置

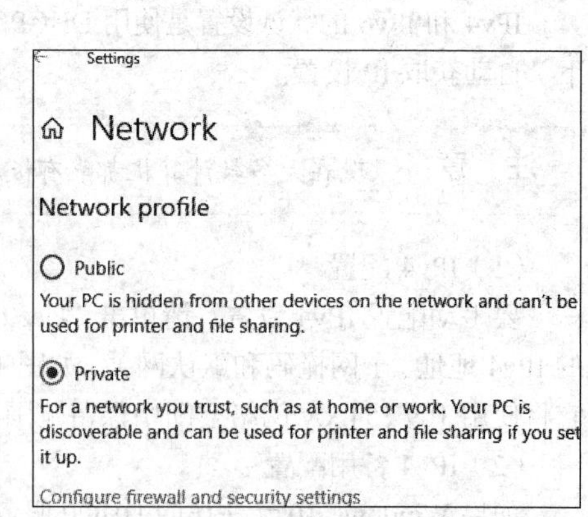

图 11-136　网络配置文件

- “Public”(公用)：公用配置文件会禁用链接上的文件和打印机共享或网络发现。对其他设备隐藏计算机。
- “Private”(专用)：专用配置文件允许用户自定义共享选项。此配置文件用于受信任的网络，因为计算机可以被其他设备发现。

4. 验证与 Windows GUI 的连接

测试是否有互联网连接的最简单方式是打开 Web 浏览器并查看是否连上了互联网。要排除连接故障，您可以使用 Windows GUI 或 CLI。

在 Windows 10 中，可以在“General”选项卡中查看网络连接的状态，如图 11-137 所示。单击“Details”（详细信息）按钮以查看 IP 寻址信息、子网掩码、默认网关、MAC 地址等信息。如果连接无法正常工作，请关闭“Details”窗口，然后单击“Diagnose”（诊断）以使 Windows 网络诊断疑难解答程序尝试排除并解决问题。

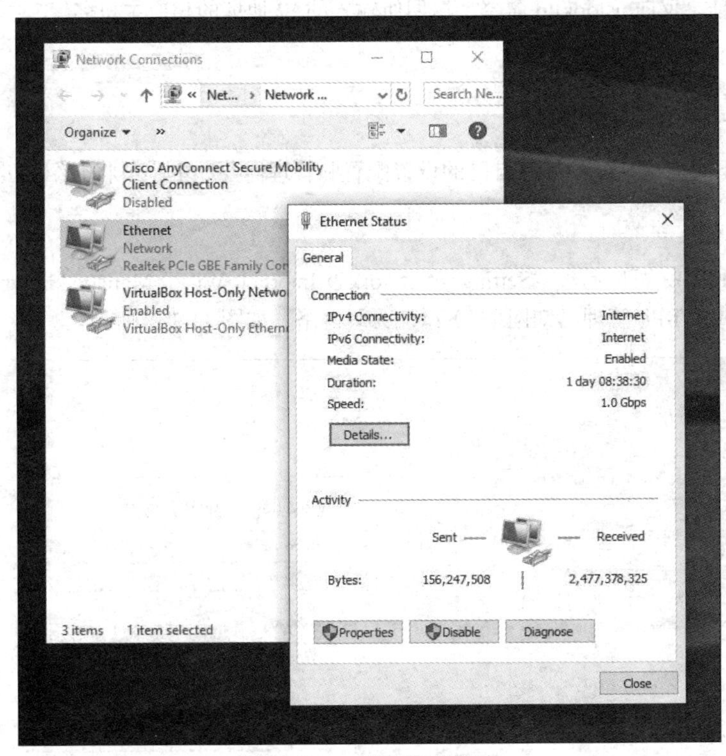

图 11-137 网络连接状态

5. ipconfig 命令

ipconfig 命令用来查看 IP 的基本配置信息，包括 TCP/IP 绑定到的所有网络适配器的 IP 地址、子网掩码和默认网关。表 11-8 显示了可用的 ipconfig 命令选项。要使用命令选项，请输入 ipconfig /option（如 ipconfig /all）。

表 11-8 命令选项

ipconfig 参数	描述
ipconfig/all	显示其他网络配置信息，包括 DHCP 和 DNS 服务器、MAC 地址、NetBIOS 状态以及域名
ipconfig /release	释放从 DHCP 服务器获悉的 IP 地址，导致网络适配器不再具有 IP 地址
ipconfig /renew	强制 DHCP 客户端从 DHCP 服务器更新其 DHCP 地址租期
pconfig /displaydns	显示 DNS 解析器缓存，其中包含最近查询过的主机和域名
ipconfig /flushdns	清除主机上的 DNS 解析器缓存

6. 网络 CLI 命令

在命令提示符下，可以执行一些 CLI 命令以测试网络连接。

- **ping**：该命令使用 ICMP echo request 和 reply 消息测试设备之间的基本连接。
- **tracert**：该命令会跟踪数据包从您的计算机传输到目的主机所采用的路由。在命令提示符下，输入 tracert 主机名，结果中的第一项就是您的默认网关。之后的每一项就是数据包到达目的地之前所经过的路由器。Tracert 将为您显示数据包在哪里停止，从而指示哪里出现了问题。
- **nslookup**：该命令用于测试 DNS 服务器并对其进行故障排除。它会查询 DNS 服务器以发现 IP 地址或主机名。在命令提示符下，输入 nslookup 主机名，nslookup 会返回所输入的主机名的 IP 地址。反向 nslookup 命令，返回所输入的 IP 地址的相应主机名。

11.5.4 配置无线网络接口

无线网络有不同类型，每种都有自己的设置配置和管理需要。本小节将介绍 Wi-Fi 网络配置。

无线设置

在 Windows 10 中，可以通过“Settings>Network & Internet>Wi-Fi>Manage known networks”（“设置>网络和 Internet>Wi-Fi>管理已知网络”）添加无线网络，如图 11-138 所示。

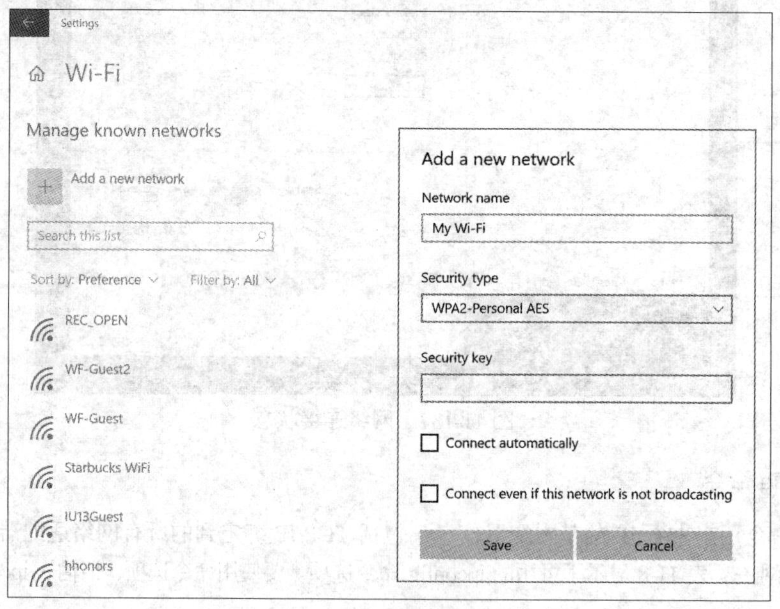

图 11-138 无线设置

输入网络名称，选择与无线路由器上的配置匹配的安全类型。安全类型有以下 4 种。

- No authentication (Open)：数据以未加密的方式发送，不进行身份验证。
- WEP：提供的安全性非常低，不适用于机密信息。
- WPA2-Personal：使用高级加密标准（AES）密码和预共享密钥（PSK）对通信进行加密。
- WPA2-Enterprise：身份验证从无线接入点传递到运行远程身份验证拨入用户服务（RADIUS）的集中式身份验证服务器。

通过 RADIUS 或终端控制器访问控制系统增强版（TACACS+）可利用可扩展的身份验证架构提供面向无线设备的远程身份验证。这两种技术都使用单独的服务器（身份验证、授权和记账[AAA]服务器）来代表网络设备执行身份验证。它们会将请求传送到 AAA 服务器并将响应转发给用户，而不是让网络设备直接存储和验证用户凭证。

11.5.5 远程访问协议

远程访问协议使系统在彼此不直接连接时可以相互访问。远程访问是通过软件、硬件和网络连接的组合来完成的。Windows 有不同的远程协议选项可供选择，哪个合适取决于许多因素，比如功能、安全性和系统配置等。本小节将提供技术人员可用于实现远程访问的信息。

1. Windows 中的 VPN 访问

如果要通过一个不安全的网络进行通信和共享资源，可以使用虚拟专用网络（VPN）。VPN 是一种将远程站点或用户通过公用网络（如互联网）连接在一起的专用网络。最常用的 VPN 是用于访问企业的专用网络。

VPN 使用专用的安全连接，通过 Internet 从企业的专用网络路由到远程用户。连接到企业的专用网络时，用户会成为该网络的一部分并拥有对所有服务和资源的访问权限，就像他们实际连接到该网络一样。

远程访问用户必须在其计算机上安装 VPN 客户端才能与企业的专用网络建立安全连接，还可以使用特殊路由器将与之连接的计算机连接到公司专用网络。VPN 软件会加密数据，然后通过 Internet 将其发送到位于企业专用网络中的 VPN 网关。VPN 网关会建立、管理并控制 VPN 连接，也称为 VPN 隧道。VPN 客户端软件如图 11-139 所示。

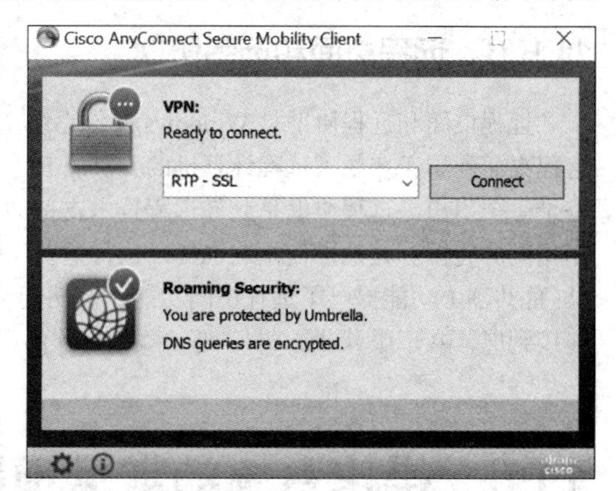

图 11-139 VPN 客户端软件

可以在“Network and Sharing Center”（网络和共享中心）设置 Windows 10 中的 VPN，如图 11-140 所示。

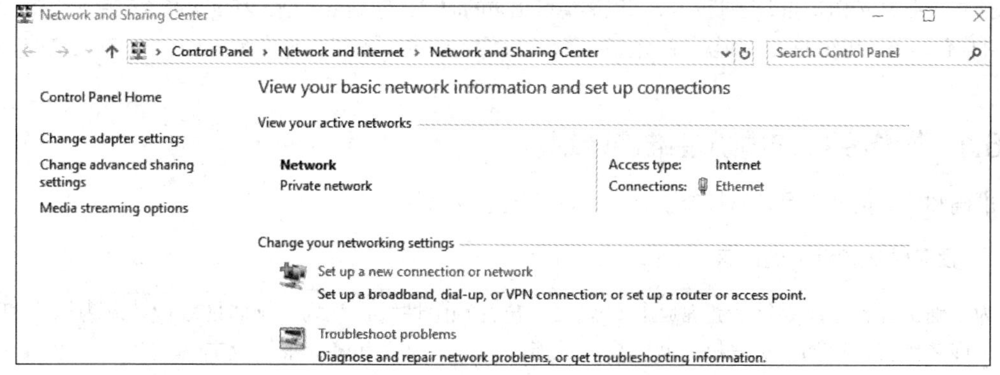

图 11-140 设置 Windows 10 中的 VPN

Windows 支持多种类型的 VPN，但有些 VPN 可能需要第三方软件。

2. Telnet 和 SSH

Telnet 是一种命令行终端仿真协议和程序。Telnet 守护程序可侦听 TCP 端口 23 上的连接。Telnet 有时用于故障排除服务或连接到路由器和交换机，以便输入配置。Windows 操作系统中默认不安装 Telnet，但可使用“Programs and Features”（程序和功能）予以添加。另外还有支持 Telnet 的第三方和免费终端仿真软件可供使用。Telnet 邮件以明文形式发送。拥有数据包嗅探器的任何人都可以捕获并查看 Telnet 消息的内容，因此建议使用安全连接而非 Telnet。

安全外壳（SSH）是 Telnet 和其他文件复制程序（如 FTP）的安全替代方案。SSH 通过 TCP 端口 22 进行通信，并使用加密来保护会话。客户端可通过以下方法对 SSH 服务器进行身份验证。

- 用户名/密码：客户端向 SSH 主机发送凭证，然后主机根据本地用户数据库对凭证进行验证，或将其发送到集中式身份验证服务器。
- 基于主机的身份验证：使用 kerberos 身份验证协议（如 Windows Active Directory）的网络允许单点登录（SSO）。SSO 允许用户只用一个用户名和密码登录多个系统。
- Kerberos：客户端请求使用公钥进行身份验证。服务器会生成一个包含此密钥的质询，客户端必须使用匹配的私钥对其解密才能完成身份验证。
- 公钥身份验证：这为基于主机的身份验证提供了额外保护。用户必须输入密码才能访问私钥，这有助于防止私钥被盗取。

11.5.6 远程桌面和远程协助

远程桌面和远程协助是 Windows 操作系统中的不同功能，但是它们都涉及对计算机的远程访问。远程桌面是用于登录到远程计算机的工具。有了它，所有进程都在远程计算机上运行，并且一次只能登录一个用户。远程协助是允许远程技术支持的工具，但仅在需要时才提供。有了它，两个用户都使用相同的凭据。其他操作系统也可以执行这些功能。例如，在 macOS 操作系统中，“Screen Sharing”（屏幕共享）功能提供了远程访问功能，该功能基于虚拟网络计算（VNC）。任何 VNC 客户端都可以连接到屏幕共享服务器。VNC 是一款免费软件产品，其功能与 RDP 相似，可在端口 5900 上运行。

11.6 操作系统的常见预防性维护技术

预防性维护技术应加以规划和实施，以避免可预防的问题。应制定计划，着重于对生产率影响最大的领域，并应包括关于组织的硬件和软件的详细信息，以及需要采取哪些措施来确保系统持续不断的最佳运行。

11.6.1 操作系统的预防性维护计划

准确和更新的文档是预防性维护计划中的关键组成部分。

1. 预防性维护计划的内容

为了确保操作系统始终能正常运行，您必须执行预防性维护计划。预防性维护计划为用户和组织提供了许多优势，比如缩短停机时间、提高性能、提高可靠性和降低维修成本。

预防性维护计划应包括所有计算机和网络设备维护的详细信息，该计划应该优先考虑在发生故障时对企业影响最大的设备。操作系统的预防性维护包括自动执行预定的更新任务。预防性维护还包括安装服务包，帮助确保系统保持更新并与新的软件和硬件兼容。预防性维护包括以下重要任务。

- 硬盘驱动器查错、碎片整理和备份。
- 更新操作系统、应用程序、杀毒软件和其他防护软件。

定期执行预防性维护计划并记录所采取的全部操作，同时进行观察。修复日志可帮助您确定哪台设备最可靠或最不可靠。它还提供了有关计算机上一次的修复时间、修复方法和问题所在的历史记录。

您应该在其对用户造成的干扰最低时执行预防性维护工作。这通常意味着应该在夜间、凌晨或周末期间安排各种任务。还有一些工具和技术可自动执行许多预防性维护任务。

（1）安全

安全是预防性维护计划的一个重要方面。在计算机上安装病毒和恶意软件的防护软件并定期对计算机进行扫描，确保计算机免受恶意软件的侵扰。可使用 Windows 恶意软件删除工具来检查计算机上是否存在恶意软件。如果发现存在恶意软件，此工具就会将其删除。每次 Microsoft 提供此工具的新版本时，请下载它并扫描您的计算机以检查计算机上是否有新的威胁。这应该是您的预防性维护计划中的一个标准项，另外还应定期更新您的防病毒工具和间谍软件清除工具。

（2）启动程序

有些程序，比如病毒扫描程序和间谍软件清除工具，在计算机启动时不会自动启动。为了确保每次计算机启动时也启动这些程序，请将这些程序添加到“Start”菜单的“Startup”（启动）文件夹中。许多程序都有多个开关，允许程序在不显示的情况下执行某些特定操作，比如启动。查看文档，确定您的程序是否允许使用这些特殊开关。

2. Windows 更新

“Windows Update”（Windows 更新）是一个网站，该网站提供维护更新、关键更新和安全补丁，以及 Windows 版本 7、8 和 10 的可选软件和硬件更新。还有一个名为“Microsoft Update”的程序，可以同时修补 Microsoft Office 软件。Windows 中安装的控件允许操作系统使用后台智能传输服务（BITS）协议浏览更新站点并选择要下载和安装的更新。

Microsoft 在每个月的第二个星期二发布更新，被非正式地称为补丁星期二。

Windows 10 会自动下载并安装更新，以确保您的设备安全且最新。这意味着您将收到最新的修补程序和安全更新，以帮助您的设备高效、安全地运行。在大多数情况下，唯一需要的用户交互是重新启动设备以完成更新。

您可以通过选择“Setting>Update&Security”（“设置>更新和安全”）在 Windows 10 中手动检查更新，如图 11-141 所示。您可以选择要应用的更新，并可以配置更新设置。

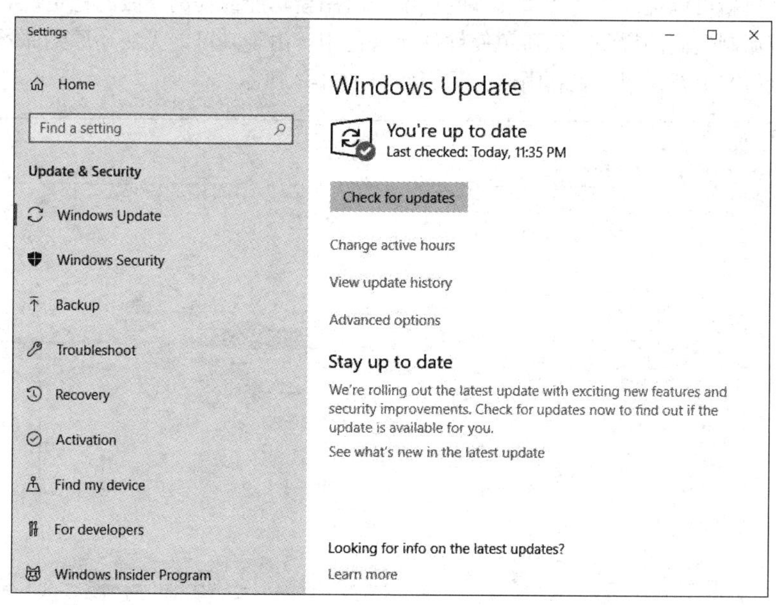

图 11-141 Windows 更新

存储在%SystemRoot%目录中的 Windowsupdate.log 文件包含更新活动的记录。如果更新无法正确安装，则可以检查日志文件中的错误代码，该错误代码可以在 Microsoft 知识库中引用。如果更新导致问题，则可以通过选择“Setting>Update&Security>Windows Update>View Update History”（“设置>更新和安全>Windows 更新>查看更新历史记录”）来将其卸载。

（1）设备驱动程序更新

制造商有时会发布新的驱动程序来解决当前驱动程序的问题。当您的硬件无法正常工作或防止将来出现问题时，请检查更新的驱动程序，如图 11-142 所示。更新修补程序或纠正安全问题的驱动程序也很重要。如果驱动程序更新无法正常工作，请使用“Roll Back Driver”（回滚驱动程序）功能还原为以前安装的驱动程序。

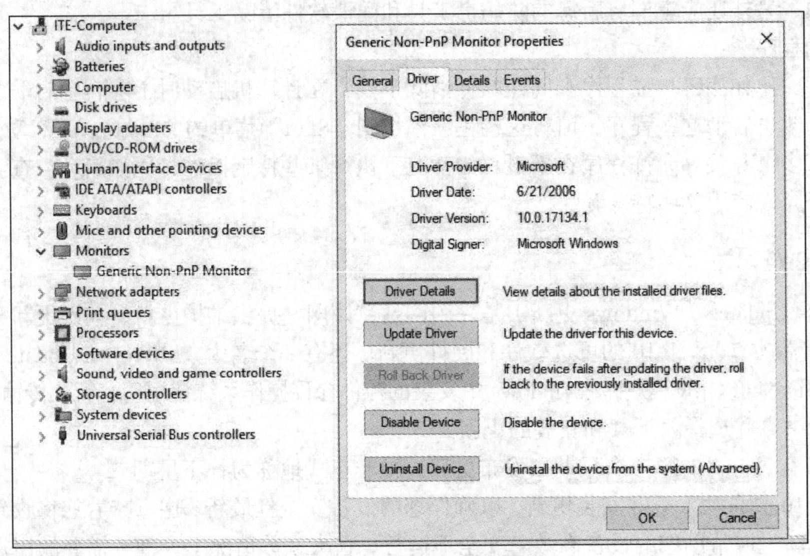

图 11-142 设备驱动程序更新

（2）固件更新

固件更新不如驱动程序更新常见。制造商发布了新的固件更新，以解决驱动程序更新可能无法解决的问题。固件更新可以提高某些类型硬件的速度、启用新功能或提高产品的稳定性。在执行固件更新时，请仔细遵循制造商的说明，以避免使硬件无法使用。由于其可能无法还原到原始固件，因此在更新前需要完全研究更新说明。更新固件的示例如图 11-143 所示。

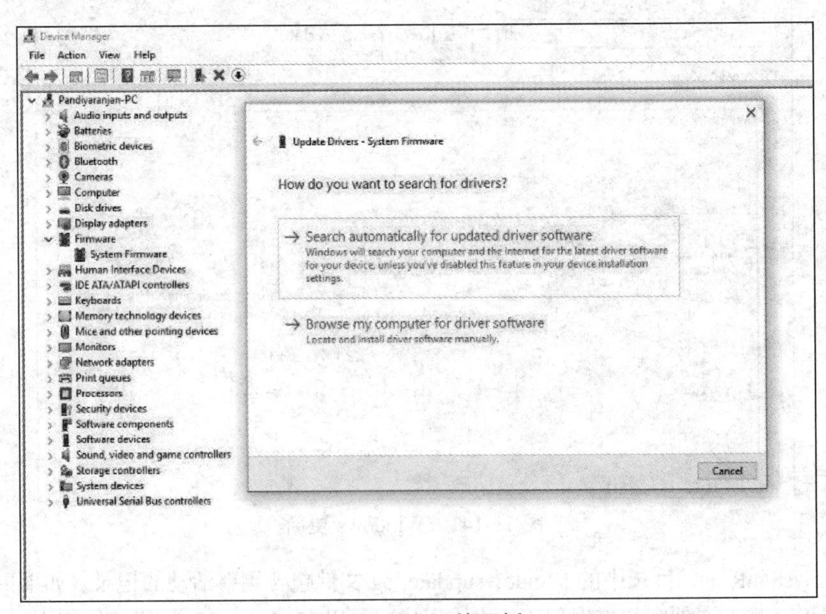

图 11-143 固件更新

11.6.2 备份和还原

备份和还原应该成为整体灾难恢复计划的一部分。备份是数据的副本，该副本存储在与原始数据不同的位置，有助于防止数据永久丢失。恢复前一段时间的数据时，需要先备份数据。

系统还原通常会在计算机的操作系统上自动进行。在计划的时间或操作系统确定的时间，计算机将创建还原点。当计算机出现问题时，可以使用还原点。

1. 还原点

有时安装某个应用程序或硬件驱动程序可能导致系统不稳定或产生意想不到的问题，通过卸载应用程序或硬件驱动程序通常可以解决这一问题。如果不能，您可以使用“System Restore”（系统还原）实用程序将计算机还原到安装前的某个时间的系统状态。

还原点包含有关操作系统、已安装的程序和注册表设置的信息。如果计算机崩溃或某个更新导致计算机出现问题，可以使用还原点将计算机回滚至先前的配置。系统还原不会备份个人数据文件，而且也无法恢复已被损坏或删除的个人文件。请务必使用磁带驱动器、光盘或 USB 存储设备等专用的备份系统来备份个人文件。

在以下情况下，技术人员对系统进行更改前始终应该创建还原点。

- 更新操作系统时。
- 安装或升级硬件时。
- 安装应用程序时。
- 安装驱动程序时。

要在 Windows 10 中打开“System Restore”实用程序（见图 11-144），请打开“System Properties”（系统属性），然后单击“System Restore”（系统还原）。

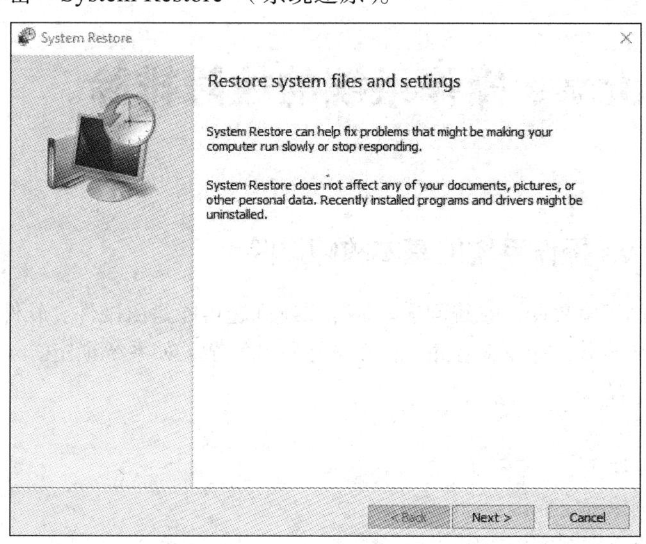

图 11-144 “System Restore”实用程序

2. 硬盘备份

制定一个包含个人文件数据恢复的备份策略非常重要。您可以根据需要使用 Microsoft 备份实用程序执行备份。计算机系统的使用方式和企业的需求，决定了备份数据的频率和要执行的备份类型。

备份任务的运行时间可能很长。如果认真遵循备份策略，则无须每次都备份所有文件，只需备份自上次备份后发生更改的文件。

Windows 7 附带的还原工具允许用户备份文件，或创建并使用系统映像备份或修复光盘。Windows 8

和 Windows 10 提供了文件历史记录功能，可用于备份“文档”“音乐”“图片”“视频”和“桌面”文件夹中的各种文件。随着时间的推移，文件历史记录会建立您的文件历史记录，使您能够返回并恢复文件的特定版本。如果文件出现损坏或丢失，这将是一个非常有用的功能。

如果要在 Windows 10 中打开文件历史记录，请选择“Setting>Update&Security>Backup”（“设置>更新和安全>备份”），如图 11-145 所示。

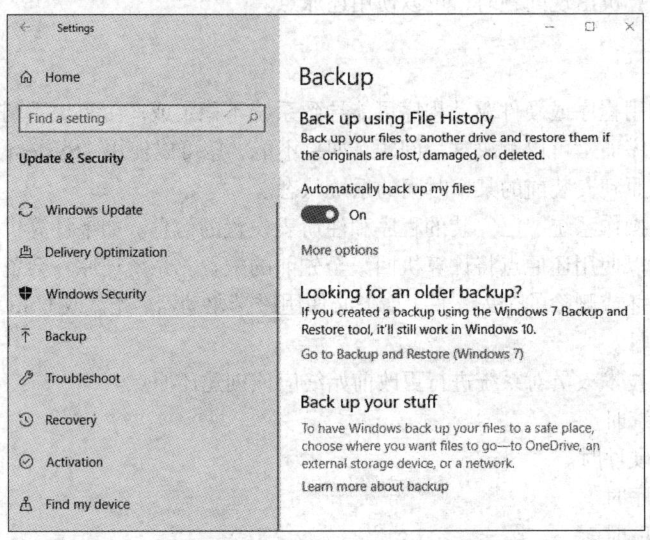

图 11-145 打开文件历史记录

11.7 Windows 操作系统的故障排除

11.7.1 Windows 操作系统的基本故障排除

故障排除过程有助于解决操作系统问题。操作系统问题可能是由硬件、软件和网络问题共同导致的。这些问题的范围从简单，如驱动程序无法正常运行到复杂，如系统锁定。

故障排除的 6 个步骤如下。

步骤 1 确定问题。

步骤 2 推测潜在原因。

步骤 3 验证推测以确定原因。

步骤 4 制定解决方案并实施方案。

步骤 5 验证全部系统功能并实施预防措施（如果适用）。

步骤 6 记录发现、行为和结果。

1. 确定问题

操作系统问题可能是由硬件、软件和网络问题综合导致的。计算机技术人员必须能够分析问题并确定错误原因才能修复计算机，此过程即为故障排除。

表 11-9 提供了向客户确定问题时询问的开放式问题和封闭式问题。

表 11-9 确定问题

开放式问题	封闭式问题
■ 您有什么问题？	■ 您能否启动操作系统？
■ 计算机上安装了什么操作系统？	■ 您能否在安全模式下启动操作系统？
■ 您最近执行了哪些更新？	■ 您最近是否更改了密码？
■ 您最近安装了哪些程序？	■ 您在计算机上是否看到了一些错误信息？
■ 发现问题时您正在执行什么操作？	■ 最近有其他人使用过您的计算机吗？
■ —	■ 最近是否添加过一些硬件？

2. 推测潜在原因

与客户交谈后，就可以推测问题的潜在原因。表 11-10 列出了一些导致操作系统出现问题的常见潜在原因。

表 11-10 推测潜在原因

导致操作系统出现问题的一系列常见原因	■ BIOS 设置有误 ■ 按下了 Caps Lock 键 ■ 计算机启动期间插入了不可启动的介质 ■ 密码发生更改 ■ 控制面板中的显示器设置有误 ■ 操作系统更新失败 ■ 驱动程序更新失败 ■ 恶意软件感染 ■ 硬盘驱动器发生故障 ■ 操作系统文件损坏

3. 验证推测以确定原因

推测出可能导致错误的一些原因后，便可以验证推测以确定问题原因。表 11-11 显示了一些可帮助您确定确切的问题原因，甚至可帮助纠正问题的方法。如果某个方法的确纠正了问题，您可以直接跳到检验完整系统功能的步骤。如果这些方法未能纠正问题，则需要进一步研究问题以确定确切的原因。

表 11-11 验证推测以确定原因

用于确定原因的方法	■ 以其他用户的身份登录 ■ 使用第三方软件 ■ 确认是否刚刚安装了新的软件或软件更新 ■ 卸载最近安装的应用程序 ■ 使用安全模式启动以确定问题是否与驱动程序有关 ■ 回滚最近更新的驱动程序 ■ 检查设备管理器中是否存在设备冲突 ■ 检查事件日志是否包含警告或错误 ■ 检查硬盘驱动器是否有错误并修复文件系统问题 ■ 使用系统文件检查器恢复损坏的系统文件 ■ 在已安装某项系统更新或服务包的情况下使用系统还原

4. 制定解决方案并实施方案

确定了问题的确切原因后，可制定行动计划来解决问题并实施解决方案。表 11-12 显示了一些可用于收集其他信息以解决问题的信息来源。

表 11-12　　制定解决方案并实施方案

收集信息的来源	■ 维修人员工作日志 ■ 其他技术人员 ■ 制造商常见问题解答网站 ■ 技术网站 ■ 新闻组 ■ 计算机手册 ■ 设备手册 ■ 在线论坛 ■ 互联网搜索

5. 验证全部系统功能并实施预防措施（如果适用）

纠正问题后，请验证全部系统功能并实施预防措施（如果适用）。表 11-13 列出了一些用于检验完整系统功能的方法。

表 11-13　　验证全部系统功能并实施预防措施（如果适用）

验证全部功能的方法	■ 关闭计算机并重启 ■ 检查事件日志以确保其中没有新的警告或错误 ■ 检查设备管理器以确保其中没有警告或错误 ■ 运行 DxDiag 以确保 DirectX 正常运行 ■ 确保应用程序运行无误 ■ 确保可访问网络共享 ■ 确定可访问互联网 ■ 再次运行系统文件检查器以确保文件正确 ■ 检查任务管理器以确保所有程序均处于运行状态 ■ 再次运行任何第三方诊断工具

6. 记录发现、行为和结果

在故障排除的最后一步，您必须记录您的发现、行为和结果。表 11-14 列出了记录问题和解决方案所需的任务。

表 11-14　　记录发现、行为和结果

记录发现、行为和结果	■ 与客户讨论已实施的解决方案 ■ 让客户确认问题已解决 ■ 为客户提供所有文书工作 ■ 在工作单和技术人员的日志中记录解决问题的步骤 ■ 记录维修工作中使用的所有组件 ■ 记录解决问题所花费的时间

11.7.2 Windows 操作系统的常见问题和解决方案

排除计算机故障是每个 PC 技术人员的工作之一。没有一台计算机能够始终保持完美运行，因此了解故障排除的技术、工具和常见问题是很重要的。

表 11-15 列出了 Windows 操作系统的常见问题、可能的原因以及可能的解决方案。

表 11-15　Windows 操作系统的常见问题和解决方案

常见问题	可能的原因	可能的解决方案
操作系统锁定	计算机过热	清洁内部组件 检查风扇连接以确保风扇正常运行 解决事件日志中的任何事件
	可能发生了未知事件并导致操作系统锁定	解决事件日志中的任何事件
	某些操作系统文件可能已损坏	运行系统文件检查器(SFC)以替换损坏的操作系统文件
	电源、RAM、硬盘驱动器或主板可能受损	使用第三方诊断软件测试电源、RAM、硬盘或主板，并根据需要进行更换
	BIOS 设置可能不正确	检查并调整 BIOS 设置
	可能安装了不正确的驱动程序	安装或回滚更新的驱动程序
键盘或鼠标不响应	计算机的驱动程序不兼容或已过期	重新启动计算机 安装或回滚驱动程序
	电缆已损坏或断开	更换或重新连接电缆
	设备有缺陷	更换设备
	正在使用 KVM 切换器，并且未显示活动的计算机	更改 KVM 切换器上的输入
	无线键盘或鼠标出现故障	更换电池
操作系统无法启动	硬件设备出现故障	重新启动计算机
	某些操作系统文件受损	使用系统还原工具还原 Windows 使用系统映像恢复工具恢复系统磁盘 对操作系统执行修复安装
	引导扇区已损坏	使用恢复环境修复引导扇区
	电源、RAM、硬盘驱动器或主板可能有缺陷	使用已知良好的组件更换有缺陷的电源、RAM、硬盘驱动器或主板
	未正确安装新硬件驱动程序	断开任何新连接的设备，并使用“最近一次的正确配置”选项启动操作系统
	Windows 更新已经损坏了操作系统	在安全模式下启动计算机并处理事件日志中的所有事件
计算机在 POST 操作后显示“Invalid Boot Disk”错误	在 BIOS 中未正确设置启动顺序	重新连接硬盘驱动器电缆。
	未检测到硬盘驱动器	使用系统修复光盘，运行 BOOTREC/FixMBR 来修复 MBR
	硬盘驱动器未安装操作系统	安装一个操作系统
	MBR 损坏	使用系统修复光盘，运行 bootrec/FixMbr 来修复 MBR
	GPT 损坏	使用系统修复光盘，运行 DISKPART 来修复 GPT 或 MBR
	计算机感染了引导扇区病毒	运行防病毒软件
	硬盘驱动器故障	更换硬盘驱动器

续表

常见问题	可能的原因	可能的解决方案
计算机在 POST 操作后显示“BOOTMGR is missing”错误	BOOTMGR 丢失或损坏	从安装介质还原 BOOTMGR
	启动配置数据丢失或损坏	从安装介质还原启动配置数据
	在 BIOS 中未正确设置启动顺序	在 BIOS 中设置正确的启动顺序
	MBR 损坏	从恢复环境运行 bootrec /FixMbr
	硬盘驱动器故障	从恢复环境运行 chkdsk /F/R
计算机启动时，有一项服务无法启动	该服务未启用	启用该服务
	该服务设置为“手动”	将该服务设置为“自动”
	启动失败的服务需要通过另一项服务才能启动	重新启用或重新安装所需的服务
计算机启动时，一台设备都没有启动	外部设备未通电	将外部设备通电
	数据电缆或电源电缆未连接到设备	将数据电缆和电源电缆连接到设备上
	已在 BIOS 设置中禁用了该设备	在 BIOS 中启用该设备
	该设备出现故障	更换设备
	设备与最新安装的某台设备发生冲突	删除最新安装的设备
	驱动程序损坏	重新安装或回滚驱动程序
计算机连续重新启动，不显示桌面	计算机被设置为出现故障时重新启动	按 F8 键打开“高级选项”菜单，并选择“Disable Automatic Restart on System Failure”
	某个启动文件已损坏	在恢复环境中运行 chkdsk /F /R
		使用恢复环境执行自动修复或系统还原
计算机显示黑屏或蓝屏死机(BSOD)	驱动程序与硬件不兼容	研究 STOP 错误和产生错误的模块的名称
	RAM 出现故障	执行内存检查
	电源出现故障	用已知良好的设备替换任何故障设备
计算机锁定，不显示任何错误消息	主板或 BIOS 中的 CPU 或 FSB 设置不正确	检查并按需重置 CPU 和 FSB 设置
	计算机过热	必要时检查并更换任何冷却装置
	更新损坏了操作系统	卸载软件更新或执行系统还原
	RAM 故障	在恢复环境中运行 chkdsk /F /R
	电源发生故障	用已知良好的设备替换任何故障设备
没有安装应用程序	下载的应用安装程序中包含病毒，病毒防护软件阻止其安装	获取新的安装磁盘或删除文件并重新下载安装文件
	文件的安装磁盘损坏	
	安装程序与操作系统不兼容	在兼容模式下运行安装程序
	硬件不符合应用程序的最低要求	安装满足最低安装要求的硬件
	未安装应用程序所依赖的软件	安装应用程序依赖的任何软件
安装了 Windows 7 的计算机无法运行 Aero	计算机不符合运行 Aero 的最低硬件要求	升级处理器、RAM、和显卡，以满足最低的 Microsoft Aero 要求

续表

常见问题	可能的原因	可能的解决方案
UAC 不再提示用户许可	UAC 已关闭	在控制面板中的 “User Account”（用户账户）小程序中打开 UAC
桌面上没有出现任何小工具	小工具从未安装或已卸载	用右键单击 “Desktop “（桌面），选择 “Gadgets”（小工具），再用右键单击 “Gadgets”（小工具），选择 “Add”（添加）
	呈现小工具所需的 XML 已破损、毁坏或未安装	在命令提示符下输入 regsvr32 msxml3.dll，以注册文件 msxml3.dll
计算机运行缓慢且响应延迟	一个进程占用了大部分 CPU 资源	使用服务控制台（services.msc）重启进程
		如果不需要此进程，请使用任务管理器将其终止
		重启计算机
计算机在启动时显示 “Boot Configuration Data missing” 错误	计算机未正确关闭	在 Windows 10 中，安装/恢复媒体启动并运行 Bootrec 工具
	Windows 更新不成功	

11.7.3 Windows 操作系统的高级问题和解决方案

操作系统问题可以归因于硬件、应用程序或配置问题，也可以归因于三者的某种组合。您可能需要比其他人更经常地解决某些类型的操作系统问题。

表 11-16 列出了 Windows 操作系统的高级问题、可能的原因以及可能的解决方案。

表 11-16 Windows 操作系统的高级问题和解决方案

高级问题	可能的原因	可能的解决方案
开机自检后，计算机显示 “Invalid Boot Disk”（无效的启动盘）错误	驱动器中没有操作系统的介质	从驱动器中删除所有介质
	在 BIOS / UEFI 中未正确设置启动顺序	在 BIOS / UEFI 中更改启动顺序为从启动驱动器开始
	未检测到硬盘驱动器	重新连接硬盘驱动器电缆
	硬盘驱动器未安装操作系统	安装操作系统
	MBR/GPT 已损坏	使用 Windows 7 或 Vista 的 “System Recovery”（系统恢复）选项中的 bootrec / fixmbr 命令
	该计算机感染了引导扇区病毒	使用 Windows 7 或 Vista 的恢复选项进行恢复 运行杀毒软件
	硬盘驱动器出现故障	更换硬盘驱动器 使用最新的正确配置启动计算机
开机自检后，计算机显示 “Inaccessible Boot Device”（无法访问的引导设备）错误	最近安装的设备驱动程序与启动控制器不兼容	以安全模式启动计算机，并在安装新硬件之前加载还原点
	BOOTMGR 已损坏	使用 Windows 恢复环境还原 BOOTMGR

续表

高级问题	可能的原因	可能的解决方案
开机自检后，计算机显示“BOOTMGR is missing”（BOOTMGR 丢失）错误	BOOTMGR 丢失或损坏	在 BIOS 设置中更改启动顺序为从启动驱动器开始
	在 BIOS / UEFI 中未正确设置启动顺序	在故障恢复控制台中运行 chkdsk / F / R
	MBR / GPT 已损坏	在故障恢复控制台中运行 chkdsk / F / R
	硬盘驱动器出现故障	
计算机启动时服务无法启动	该服务未启用	启用服务
		将服务设置为自动，然后重新启用所需的服务
	该服务设置为手动，失败的服务需要启用另一个服务	将服务设置为自动，然后重新启用所需的服务
	该设备已在 BIOS 设置中禁用	在 BIOS 设置中启用设备
计算机启动时，设备未启动	该设备与新安装的设备有冲突	拆卸新安装的设备
	驱动程序已损坏	重新安装或回滚驱动程序
	卸载程序无法正常运行	重新安装程序，然后再次运行卸载程序
找不到注册表中列出的程序	硬盘驱动器已损坏	运行 chkdsk / F / R 修复硬盘文件条目
	计算机感染了病毒	扫描并删除病毒
	计算机被设置为出现故障时重新启动	按 F8 键打开“Advanced Options”（高级选项）菜单，然后选择“Disable Automatic Restart on System Failure”
计算机连续重新启动，而不显示桌面	启动文件已损坏	在恢复环境中运行 chkdsk / F / R
		在 Windows 8 的恢复环境中运行自动修复
	驱动程序与硬件不兼容	研究 STOP 错误和产生该错误的模块名称
计算机出现黑屏或蓝屏	发生硬件故障	用已知良好的设备替换所有出现故障的设备
	主板或 BIOS 中的 CPU 或 FSB 设置不正确	检查并重置 CPU 和 FSB 设置
计算机锁定，没有任何错误消息	计算机过热	必要时检查并更换任何冷却设备
	更新损坏了操作系统	卸载软件更新或执行系统还原
	发生硬件故障	在恢复环境中运行 chkdsk / F / R
	计算机感染了病毒	用已知良好的设备替换所有出现故障的设备
		扫描并删除病毒
	安装应用程序与操作系统不兼容	在兼容模式下运行安装应用程序
应用程序未安装	索引服务未运行	使用 Services.msc 启动索引服务
搜索功能需要很长时间才能找到结果	索引服务未在正确的位置建立索引	在“高级选项”面板中更改索引服务的设置
	一个进程占用了大部分 CPU 资源	使用 Services.msc 重新启动进程

续表

高级问题	可能的原因	可能的解决方案
计算机运行缓慢且响应延迟	一个进程占用了大部分 CPU 资源	如果不需要进过程，请通过任务管理器结束该进程
		重新启动计算机
	卸载了一个或多个使用 DLL 文件的程序，并删除了另一个程序所需的 DLL 文件	重新安装缺少或损坏 DLL 文件的程序
运行程序时，会显示丢失或损坏的 DLL 消息	DLL 文件在错误的安装过程中被损坏	重新安装已卸载 DLL 的应用程序
		在安全模式下运行 sfc / scannow
	Windows 没有包括识别 RAID 的适当驱动程序	安装适当的驱动程序
安装期间未检测到 RAID	BIOS / UEFI 中的 RAID 设置不正确	更改 BIOS / UEFI 中的设置以启用 RAID
	计算机关机不正确	从“高级启动选项”菜单修复计算机
系统文件已损坏	计算机关机不正确	以安全模式启动计算机，然后运行 sfc/scannow
	已将计算机配置为以安全模式启动	使用 msconfig 调整程序的启动设置
计算机启动到安全模式	计算机感染了病毒	扫描并删除所有病毒
文件无法打开	该文件已损坏	从备份中还原文件
	文件类型与任何程序都不相关	选择一个程序来打开文件类型

11.8 总结

本章的重点是 Windows 7、Windows 8 和 Windows 10。每个版本都有数个版本，比如家庭版、专业版、旗舰版或企业版，并有 32 位和 64 位版本。Windows 版本是针对公司和个人用户的需求量身定制的。您浏览了 Windows 桌面、“Start”菜单和任务栏，并了解了如何使用任务管理器和文件资源管理器来监视系统性能以及在运行 Windows 操作系统的计算机上管理文件和文件夹。

您了解了用于配置 Windows 操作系统和更改设置的各种系统工具。您了解到控制面板提供了许多配置工具，可用于创建和修改用户账户、配置更新和备份、个性化 Windows 的外观、安装和卸载应用程序以及配置网络设置。

除使用控制面板 GUI 外，您还学习了如何使用 Windows CLI 和 PowerShell 命令行实用程序执行管理任务。您还学习了与任务管理器中的命令具有相同功能的系统命令，以及从 Windows CLI 运行系统实用程序的方法。

您还了解了在域和工作组中组织和管理网络上的 Windows 计算机的两种方法。您学习了如何在网络上共享本地计算机资源（如文件、文件夹和打印机），以及如何配置有限网络连接。

在本章的最后，您学习了预防性维护计划的重要性，比如缩短停机时间、提高性能、提高可靠性和降低维护成本。良好的预防性维护计划应包括所有计算机和网络设备维护的详细信息。您应该在其对用户造成的干扰最低时执行预防性维护工作。这通常意味着应该在夜间、凌晨或周末期间安排各种任务。

定期扫描病毒和恶意软件是预防性维护的重要组成部分。某些程序，比如病毒扫描程序和间谍软件清除工具，在计算机启动时不会自动启动。为了确保每次计算机启动时也启动了这些程序，可将其添加到“Start”菜单的“Startup”文件夹中。

最后，您学习了适用于 Windows 操作系统的故障排除的 6 个步骤。

11.9 复习题

请您完成此处列出的所有复习题，以测试您对本章主题和概念的理解。答案请参考附录。

1. 用户登录到工作站上的 Active Directory，并且用户的主目录不会重定向到文件服务器上的网络共享，技术人员怀疑组策略设置不正确。技术人员可以使用哪个命令来验证组策略的设置？

A. tasklist　B. gpresult　C. gpupdate　D. runas
E. rstrui

2. Windows 环境中的两个文件属性是什么？（双选）

A. 存档　B. 常规　C. 详细信息　D. 只读
E. 安全

3. 管理员为什么要使用 Windows 远程桌面和 Windows 远程助手？

A. 提供对另一个网络上资源的安全远程访问
B. 通过不安全的连接连接到企业网络并充当该网络的本地客户端
C. 为了支持在 Internet 上与一组用户共享文件和演示文稿
D. 通过网络连接到远程计算机以控制其应用程序和数据

4. 哪两个问题可能会导致 BSOD 错误？（双选）

A. 过时的浏览器　B. 电源故障
C. 缺少防病毒软件　D. 设备驱动程序错误
E. RAM 故障

5. 技术人员注意到一个应用程序没有响应命令，打开应用程序时计算机似乎响应缓慢。从无响应的应用程序强制释放系统资源的最佳管理工具是什么？

A. 系统还原　B. 添加或删除程序　C. 事件查看器　D. 任务管理器

6. 32 位程序的应用程序文件通常存储在 Windows 7 64 位版本的计算机上的哪个文件夹中？

A. C:\Program Files　B. C:\Program Files (x86)
C. C:\Users　D. C:\Application Data

7. 哪个实用程序将用于查找主机上配置的默认网关？

A. ipconfig　B. ping　C. nslookup　D. tracert

8. 服务台技术人员正在与用户交谈，以澄清用户遇到的技术问题。技术人员可能会用来帮助确定问题的两个开放式问题是什么？（双选）

A. 最近有人使用过计算机吗？　B. 您最近执行了哪些更新？
C. 您可以启动操作系统吗？　D. 可以在安全模式下启动吗？
E. 当您尝试访问文件时会发生什么？

9. 关于还原点，以下哪项是正确的？

A. 还原点备份个人数据文件
B. 还原点可恢复损坏或删除的数据文件
C. 还原点应始终在更改系统之前创建
D. 一旦使用系统还原来恢复系统，则更改是不可逆的

10. 用户发现在升级到 Windows 7 之前安装的某些程序不再正常运行。用户可以采取什么措施解决此问题?

A. 在“User Account”(用户账户)控制面板的“Change User Account Control Setting”(更改用户账户控制设置)对话框中降低 UAC 设置

B. 以兼容模式重新安装程序

C. 更新显卡驱动程序

D. 将文件系统更改为 FAT16

11. Windows 10 计算机从休眠状态被唤醒时,用户需要设置密码。用户在哪里可以设置?

A. 设置,隐私　　B. 控制面板,用户账户

C. 控制面板,电源选项　　D. 设置,账户

12. 一家公司已经扩展到包括全球各地的多个远程办公室。应该使用哪种技术允许远程办公室私下通信和共享网络资源?

A. 远程协助　　B. VPN　　C. 远程桌面　　D. 管理共享

13. 哪个 TCP 端口号将用于远程连接到网络服务器并使用未加密的连接对其进行配置?

A. 20　　B. 22　　C. 3389　　D. 443

14. 在新的 Windows 10 安装中,默认情况下为每个用户创建了多少个库?

A. 5　　B. 6　　C. 4　　D. 2

15. 哪个 Windows 实用程序可用于安排定期备份以进行预防性维护?

A. Windows 任务管理器　　B. Windows 任务计划程序

C. 磁盘清理　　D. 系统还原

16. 解决了计算机上的问题后,技术人员将检查事件日志,以确保没有新的错误消息。在故障排除过程的哪一步会执行此操作?

A. 记录发现　　B. 验证解决方案和完整的系统功能

C. 推测潜在原因　　D. 确定确切原因

17. 操作系统出现问题的 3 个常见原因是什么?(多选)

A. CMOS 电池问题　　B. IP 地址信息不正确

C. Service Pack 安装失败　　D. 注册表损坏

E. 电缆连接松动　　F. 病毒感染

18. 技术人员正在为一家公司设计硬件预防性维护计划,计划应包括哪种策略?

A. 安排并记录日常维护任务

B. 避免在操作系统控制的即插即用设备上执行维护操作

C. 避免在设备出现故障前对组件执行维护操作

D. 仅按客户要求清洁设备

第 12 章

移动、Linux 和 macOS 操作系统

学习目标

通过完成本章的学习，您将能够回答下列问题。

- 比较 Android 和 iOS 操作系统。
- 描述 Android 触控界面的特点。
- 描述 iOS 触控界面的特点。
- 描述移动设备上操作系统共有的特点。
- 说明如何配置各种类型的密码锁。
- 描述移动设备的支持云的服务。
- 描述移动设备的软件安全性。
- 描述 Linux 和 macOS 操作系统的工具和功能。
- 描述 Linux 和 macOS 最佳实践。
- 定义基本的 CLI 命令。
- 说明对其他操作系统进行故障排除的 6 个步骤。
- 描述其他操作系统的常见问题和解决方案。

内容简介

移动设备的使用率正在迅速增长，IT 技术人员和专业人员必须熟悉这些设备的操作系统。与台式机和便携式计算机类似，移动设备也使用操作系统与硬件进行交互，并运行软件。Android 和 iOS 是最常用的两种移动操作系统。还有除 Windows 以外的桌面操作系统，最常用的两种是 Linux 和 macOS。

在本章中，您将了解与移动、Linux 和 macOS 操作系统相关的组件、功能和术语。首先，您将了解 Android 和 iOS 移动操作系统之间的区别，Android 开源且可自定义，而 iOS 则是 Apple 专有的闭源操作系统。您还将了解常见的移动设备功能，比如屏幕方向、屏幕校准、Wi-Fi 通话、虚拟助理和 GPS。

移动设备的便携性使其面临被盗和丢失的风险。因此您将了解一些移动安全功能，比如屏幕锁定、生物身份验证、远程锁定、远程擦除以及修补和升级。您还将了解到，可将移动操作系统配置为在登录尝试失败次数过多的情况下禁止访问。这么做可杜绝他人尝试猜测密码。大多数移动设备还拥有远程锁定和远程擦除功能，设备被盗时则可激活这些功能。

最后，您将学习适用于移动、Linux 和 macOS 操作系统的故障排除的六个步骤。

12.1 移动操作系统

移动操作系统是专门为智能手机、平板电脑和可穿戴设备等移动设备上设计的操作系统。就像其

他操作系统一样，移动操作系统也可以管理设备上的硬件和软件。同样，与其他操作系统一样，设备提供商的硬件之间也没有互操作性。

12.1.1 Android 与 iOS

两种最受欢迎的移动操作系统是 Android 和 iOS。iOS 仅在 Apple 产品上运行。

1. 开源和闭源

与台式机和便携式计算机类似，移动设备也使用操作系统运行软件，如图 12-1 所示。这里着重介绍两个常用的移动操作系统：Android 和 iOS。Android 由 Google 开发，iOS 由 Apple 开发。

用户在分析和修改软件前，必须能够看到源代码。源代码是在转换为机器语言（0 和 1）之前以人类易读的语言编写的指令序列。源代码是免费软件的重要组成部分，因为它可以让用户分析代码并最终修改代码。开发者选择提供源代码时，该软件就被称为开源软件。如果程序的源代码未发布，该软件就被称为闭源软件。

Android 为开源系统，Linux 是基于智能手机/平板电脑的操作系统，这些操作系统主要是由 Google 推动的开放手机联盟开发的。Android 操作系统自 2008 年在 HTC Dream 上发布之后，已经被定制用于各种电子设备。由于 Android 的开源性和可自定义，程序员可以使用它操作便携式计算机、智能电视和电子书阅读器等设备。相机、导航系统和便携式媒体播放器等设备中甚至已经预装了 Android。图 12-2 显示了在平板电脑上运行的 Android。

图 12-1 移动操作系统

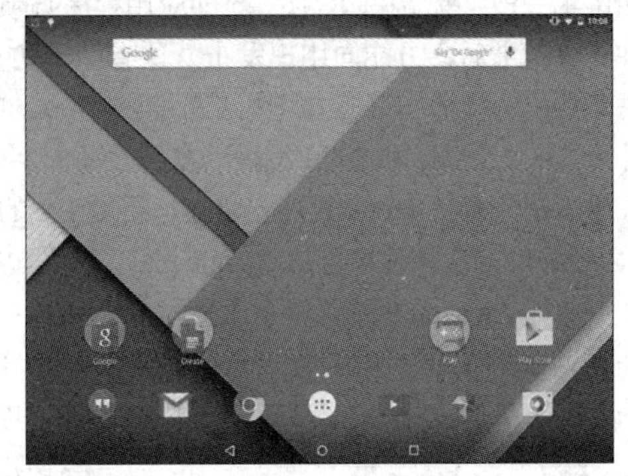

图 12-2 平板电脑上的 Android 图形界面

iOS 是一种基于 UNIX 的闭源操作系统，适用于 Apple 的 iPhone 智能手机和 iPad 平板电脑。2007 年在第一部 iPhone 上发布的 Apple iOS 源代码尚未向公众发布。要复制、修改或重新分发 iOS 需要获得 Apple 授权。图 12-3 显示了在 iPhone 上运行的 iOS。

iOS 并非移动设备唯一的闭源操作系统，Microsoft 还为其移动设备定制了移动版 Windows，包括 Windows CE、Windows Phone 7 和 Windows Phone 8。随着 Windows 10 移动版（见图 12-4）的不断发展，Microsoft 在其所有设备上都使用了非常相似的用户界面和代码。这些设备包括其在 Surface 名下开发的 Windows 10 移动手机和平板电脑。

2. 应用程序和内容源

应用程序是在移动设备上执行的程序。应用程序是为特定的移动操作系统（如 Apple iOS、Android 或 Windows）编写和编译的。移动设备上都预装了许多不同的应用程序，以提供基本的功能，如图 12-5 所示。这些功能包括拨打电话、收发邮件、听音乐、拍摄照片、播放视频或玩电子游戏。

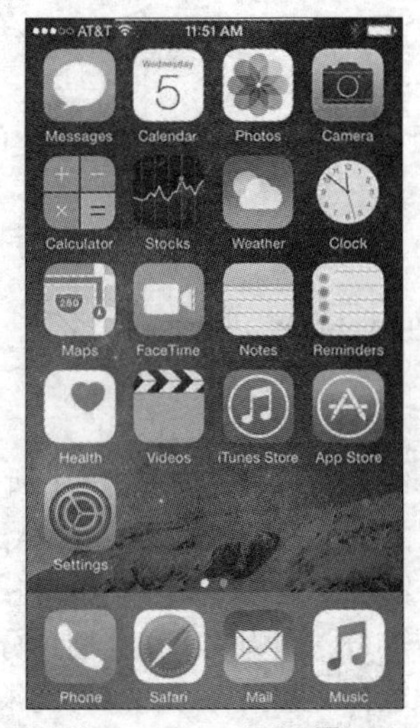

图 12-3 iOS 图形界面

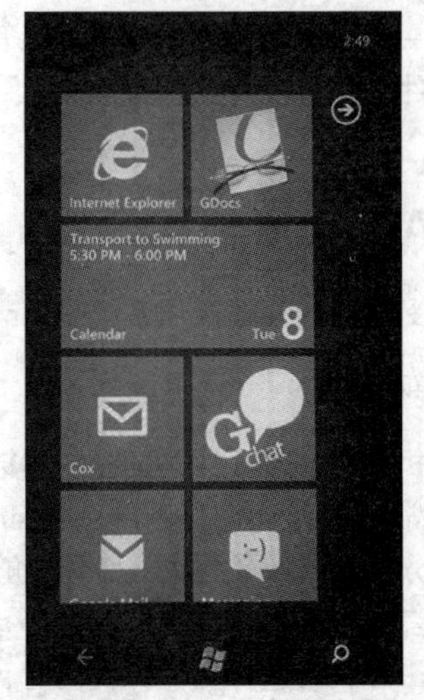

图 12-4 Windows 10 移动版

应用程序在移动设备上的使用方式与程序在计算机上的使用方式相同。应用程序不是从光盘上安装的，而是从内容源下载的。有些应用程序可免费下载，而有些应用程序必须付费购买。

图 12-5 应用

Apple iOS 移动设备的应用程序可以从应用商店免费获取，也可以付费购买，如图 12-6 所示。Apple 对其应用程序使用了一种“围墙花园”模式，即应用程序必须提交给 Apple 并经其批准后，方能向用户发布。这有助于防止恶意软件和恶意代码的传播。第三方开发者可通过 Apple 的软件开发套件（SDK）Xcode 和 Swift 编程语言开发面向 iOS 设备的应用程序。请注意，Xcode 只能安装在运行 OS X 的计算机上。

Android 应用程序可从 Google play（见图 12-7）和第三方站点（如 Amazon 的应用商店）获取。Android Studio 是一个基于 Java 的 SDK，适用于 Linux、Windows 和 DS X。Android 应用程序在沙盒中运行，且仅拥有用户授予的权限。在某应用程序需要获取权限时会弹出提示，可通过应用程序的“Settings”（设置）页面授予权限。

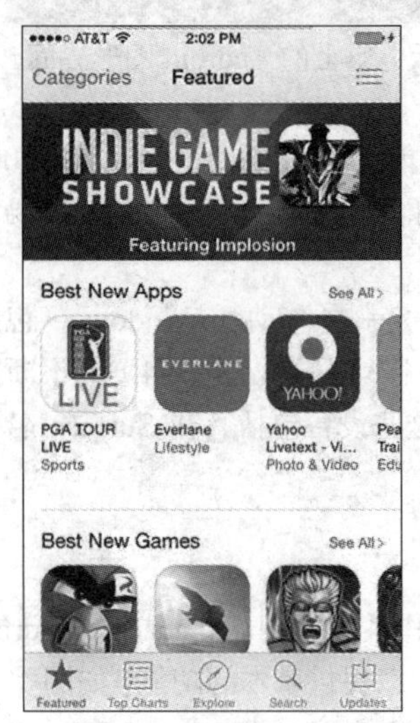

图 12-6 iOS 应用程序

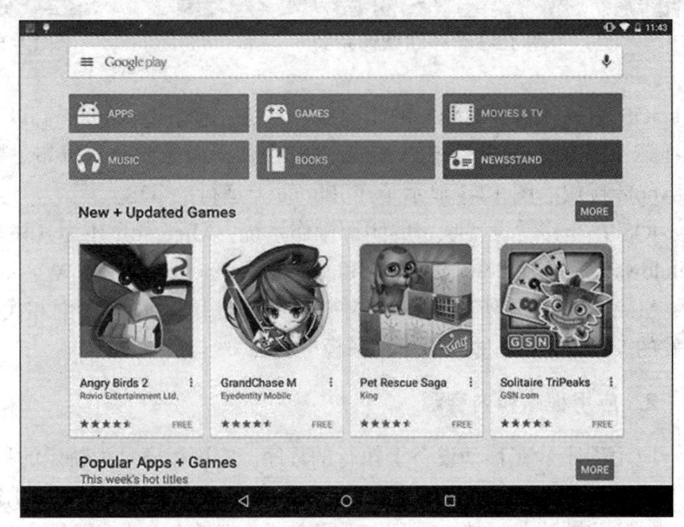

图 12-7 Google play 中的 Android 应用程序

第三方或自定义程序直接使用 Android 应用软件包（apk）文件来安装，这使用户能够直接安装应用程序，而无须前往店面界面，这一过程被称为旁加载。

12.1.2 Android 触控界面

Android 支持多种触摸屏。

主屏幕项目

与台式机或便携式计算机类似，移动设备将图标和小部件组织在多个屏幕上，以便用户轻松访问，如图 12-8 所示。

图 12-8 图标和小部件的组织

一个屏幕会被指定为主屏幕，向左或向右滑动主屏幕可以访问其他屏幕。每个屏幕都包含导航图标、访问图标和小部件的主要区域以及通知和系统图标。Android 主屏幕如图 12-9 所示。屏幕指示器显示当前活动的屏幕。

Android 操作系统使用系统栏导航应用程序和屏幕，如图 12-10 所示，系统栏始终显示在每个屏幕的底部。

图 12-9 Android 主屏幕

系统栏包含以下按钮。

- **返回**：返回上一个屏幕。如果显示了屏幕上的键盘，此按钮可将其关闭。继续单击“返回”按钮，可以在前面的屏幕中导航，直到显示主屏幕。
- **主屏幕**：返回至主屏幕。
- **最近的应用程序**：打开最近使用的应用程序的缩略图。要打开一个应用程序，请触摸其缩略图。轻扫缩略图可将其从列表中删除。

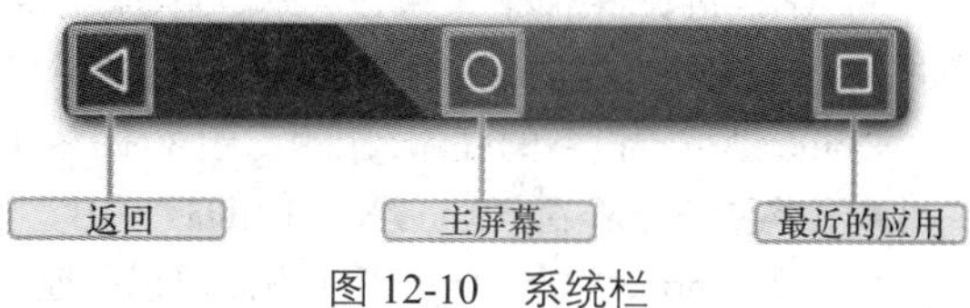

图 12-10 系统栏

- **菜单**：如果可用，显示当前屏幕的其他选项。

每个 Android 设备都有一个包含系统图标的区域，比如 Wi-Fi、时钟、电池状态和提供商网络的无线电信号状态。图 12-11 显示了通知和系统图标，这些图标指示电子邮件、短信和 Facebook 等应用程序的通信活动。

图 12-11 通知和系统图标

要在 Android 设备上打开此通知区域，请从屏幕的顶部向下轻扫。您可在显示通知时执行以下操作。

- 触摸通知予以响应。
- 将通知轻扫至另一侧予以消除。
- 关闭所有带有图标的通知。
- 切换常用设置。
- 调整屏幕亮度。
- 使用“Quick Settings”（快速设置）图标打开设置菜单。

12.1.3 iOS 触控界面

iOS 界面由围绕触摸屏设计的元素（如滑块、开关和按钮）组成。与 Android 操作系统一样，无须单击即可打开应用程序或访问程序，您只需触摸即可。

主屏幕项目

iOS 界面的工作方式与 Android 界面的基本相同，都是使用屏幕来组织应用程序（见图 12-12），然后轻触即可启动应用程序。但有以下几个非常重要的区别。

- **无须导航图标：**可能需要按下物理按钮而不是触摸导航图标。
- **没有小部件：**只能在 iOS 设备屏幕上安装应用程序和其他内容。
- **没有应用程序快捷方式：**主屏幕上的每个应用程序都是实际的应用程序，而不是快捷方式。

与 Android 设备不同，iOS 设备不使用导航图标来执行功能。在 iPhone X 之前的 iPhone 版本中，有一个被称为“Home”键的单个物理按钮执行的功能与 Android 导航按钮执行的功能相同，如图 12-13 所示。

Home 键位于设备的底部，可用于执行许多功能。以下是 iOS 中的一些常用功能。

- **唤醒设备：**在 iPhone X 之前的版本中，当设备屏幕关闭时，按一次 Home 键即可将其打开。在 iPhone X 上，您可以使用面部识别或举起手机并单击屏幕来唤醒设备（在 iPhone 6s 及以上版本中也有“唤醒”功能）。
- **返回主屏幕：**在 iPhone X 之前的版本中，在使用应用程序时，按下 Home 键即可返回到上一次使用的主屏幕。在 iPhone X 上，从底部向上滑动屏幕即可返回主屏幕。
- **启动 Siri 或语音控制：**在 iPhone X 之前的版本中，按住 Home 键可启动 Siri 或语音控制。Siri 是一款可理解高级语音控制的特殊软件。在 iPhone X 上，按住侧面按钮以启动 Siri。

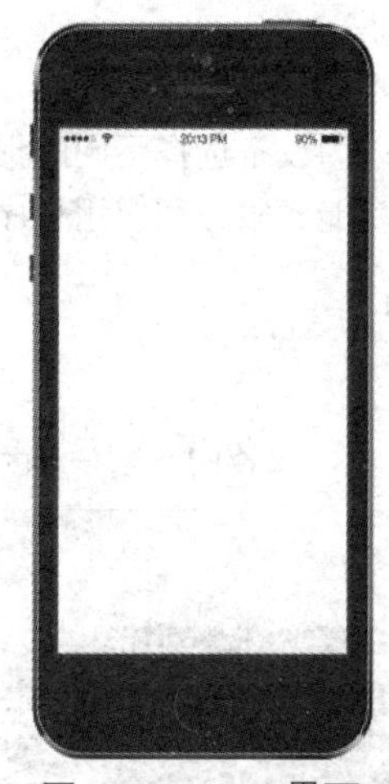

图 12-12　iOS 界面

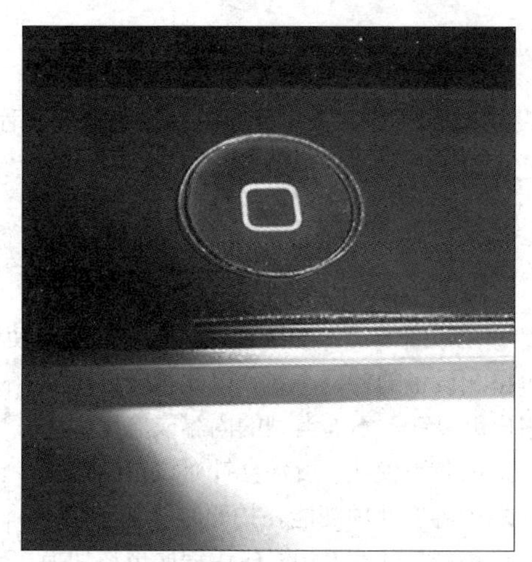

图 12-13　“Home”键

iOS 设备具有一个名为“通知中心”的通知区域，用于在一个位置显示所有警报，如图 12-14 所示。要在 iOS 设备上打开通知区域，请触摸屏幕顶部的中心并向下滑动。进入通知中心后，您可以浏览通知和警报，将其关闭、清除，或根据需要进行调整。

iOS 设备允许用户在锁定状态下快速访问常用设置和开关，如图 12-15 所示。要访问常用的设置菜单，请从任何屏幕的底部向上滑动。在常用的设置屏幕中，用户可以进行如下操作。

- 切换常用的设置，比如飞行模式、Wi-Fi、蓝牙、勿扰模式和屏幕旋转锁定。
- 调整屏幕亮度。
- 控制音乐播放器。
- 访问 AirDrop。
- 访问手电筒、时钟、日历和相机应用程序。

在 iOS 设备的任何屏幕上触摸屏幕（除顶部或底部以外的任何部分），然后向下拖曳以显示 Spotlight 搜索字段，如图 12-16 所示。显示 Spotlight 搜索字段时，输入您要查找的内容，iOS Spotlight 就会显示来自许多来源的建议，包括设备上的应用程序、Internet、iTunes、App Store 和附近的位置。Spotlight 也会在您输入时自动更新结果。

图 12-14　iOS 通知中心

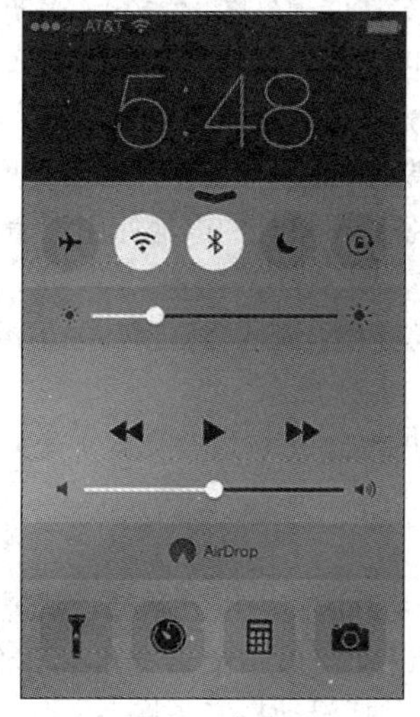

图 12-15　常用设置

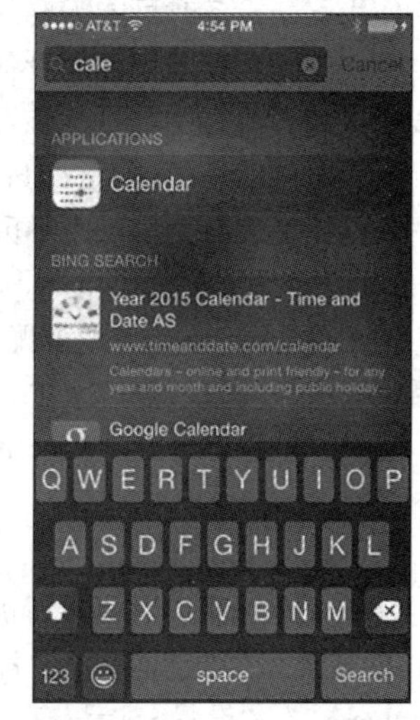

图 12-16　iOS Spotlight

12.1.4　移动设备的常见功能

移动设备向用户提供了一组功能、服务和应用程序，尽管用户可以为设备选择不同的提供商和型号，但是它们之间还是有共同的功能。本小节将介绍移动设备共有的功能、服务和应用程序，还将介绍不同提供商的设备独有的功能、服务和应用程序。

1. 屏幕方向

大多数移动设备既可以横屏使用，也可以竖屏使用，如图 12-17 所示。设备内置的传感器（被称为加速计）可检测设备的持握方式，以此相应更改屏幕方向。用户可以针对不同类型的内容或应用程序选择最为舒适的查看模式。设备会针对设备的位置自动旋转显示内容，此项功能在拍照时非常有用。当设备切换到横屏模式时，相机应用程序也将切换到横屏模式。此外，当用户编写文本并将设备切换到横屏模式时，系统会自动将应用程序切换到横屏模式，从而使键盘更大、更宽。

图 12-17　屏幕方向

有些设备还搭载了陀螺仪以提供更精确的移动读数。陀螺仪允许将设备用作操控游戏的控制机制，其中手机或平板电脑充当方向盘。

（1）Android 屏幕的自动旋转设置

使用 Android 设备时，要启用自动旋转，需要打开通知面板，然后通过单击屏幕旋转图标以开启自动旋转功能，如图 12-18 所示。

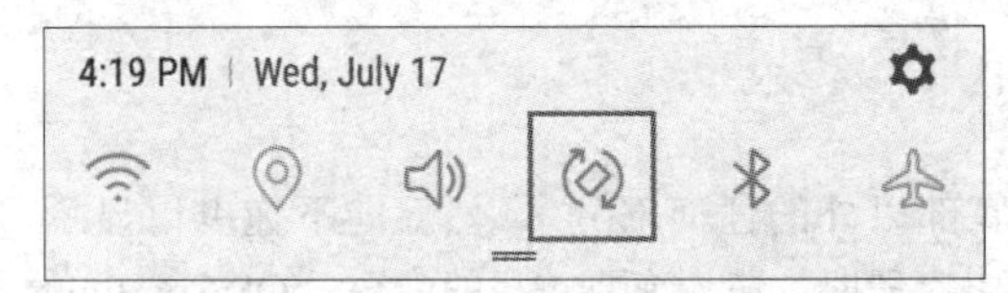

图 12-18　Android 屏幕的自动旋转设置

（2）iOS 屏幕的自动旋转设置

使用 iOS 设备时，要启用自动旋转，请从底部向上滑动或从顶部向下滑动（取决于您的设备）以打开控制中心。然后单击屏幕旋转锁定图标，如图 12-19 所示，直到将其关闭。

2. 屏幕校准

使用移动设备时可能需要调整屏幕亮度（见图 12-20）。当明亮的阳光使屏幕难以看清时，请调高亮度。相反，在夜间用移动设备阅读图书时，低亮度会很舒适。一些移动设备可以配置为根据周围的光线量自动调节亮度。设备必须配备光传感器才能使用自动调节亮度功能。

大多数移动设备的 LCD 屏幕耗费的电池电量最多。降低亮度或使用自动调节亮度有助于节省电池电量。将亮度设置为最低水平可让设备获得最长的电池使用寿命。

（1）Android 亮度菜单

使用 Android 设备时，要配置屏幕亮度，请从屏幕顶部向下滑动，选择路径“Display> Brightness”，然后将亮度滑动到所需的水平，如图 12-21 所示。

另外，也可以打开“Adaptive brightness”（自适应亮度）开关以允许设备基于环境光的量来确定最佳屏幕亮度。

（2）iOS 亮度菜单

使用 iOS 设备时，要配置屏幕亮度，请使用以下路径：从屏幕的最底部向上轻扫，然后向上或向下滑动亮度条以改变亮度。若要在设置菜单中配置亮度，请使用以下路径：“Settings>Display & Brightness”（“设置>显示与亮度”），然后滑动亮度条将亮度调节至满意水平，如图 12-22 所示。

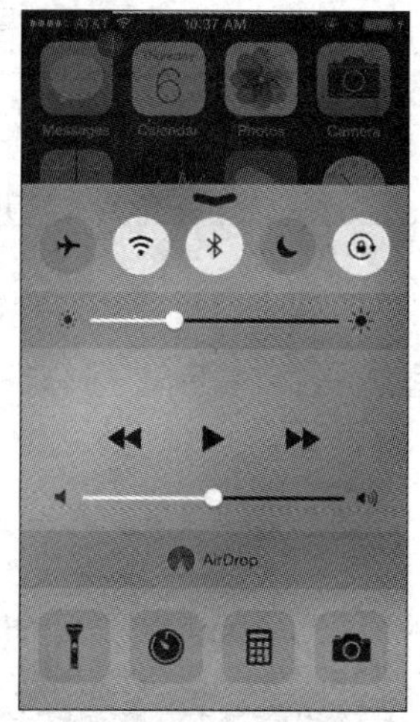

图 12-19 iOS 屏幕的自动旋转设置

图 12-20 屏幕校准

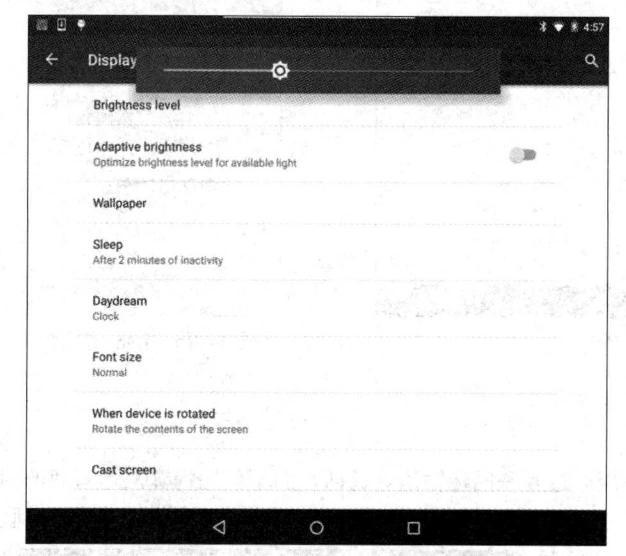

图 12-21 Android 亮度菜单

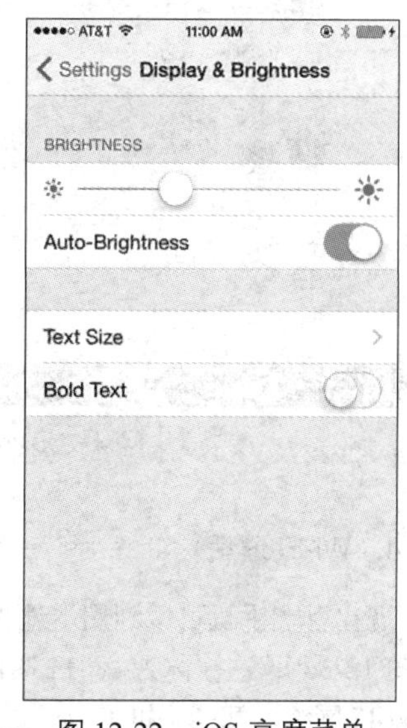

图 12-22 iOS 亮度菜单

3. GPS

移动设备的另一个常见功能是全球定位系统（GPS）。GPS 是一个利用太空中的卫星和地球上接收器的信息来确定设备的时间和地理位置的导航系统，如图 12-23 所示。GPS 无线接收器使用至少 4 颗卫星的消息来计算其位置，因此 GPS 非常准确，并且可在大多数天气条件下使用。但是，浓密的枝叶、隧道和高楼大厦可能中断卫星信号。GPS 接收器与 GPS 卫星之间必须有清晰的视线，而在室内则无法很好地运作。室内定位系统（IPS）可通过对设备与其他无线电信号（如 Wi-Fi 无线接入点）的邻近度进行三角定位来确定设备的位置。

图 12-23 GPS

GPS 服务使应用程序提供商和网站知道设备的位置，并提供特定于位置的服务（如当地天气和广告），这被称为地理跟踪。

（1）Android 定位服务

要在 Android 设备上启用 GPS，请使用以下路径：“Settings>Location”，然后轻触开关来打开定位服务，如图 12-24 所示。

（2）iOS 定位服务

要在 iOS 设备上启用 GPS，请使用以下路径：“Settings>Privacy>Location Services”，然后打开定位服务，如图 12-25 所示。

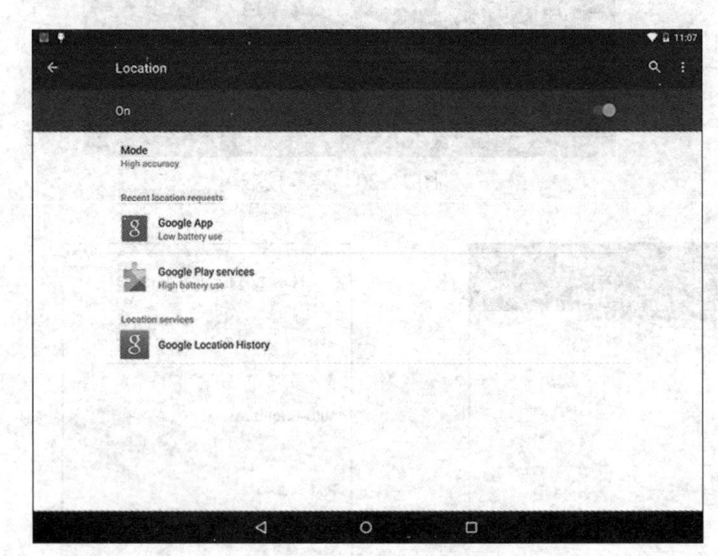

图 12-24　Android 定位服务

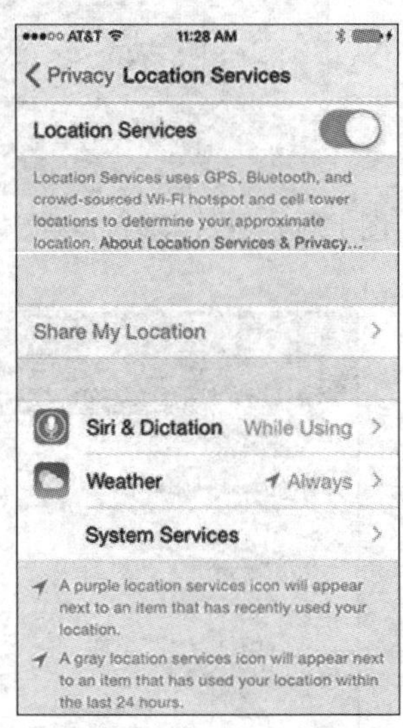

图 12-25　iOS 定位服务

4. Wi-Fi 通话

现在智能手机可以利用本地 Wi-Fi 热点通过互联网传输语音通话，而不使用蜂窝网运营商的网络（见图 12-26），这被称为 Wi-Fi 通话。咖啡馆、工作场所、图书馆或家庭等位置通常都有连接到互联网的 Wi-Fi 网络。智能手机可以通过本地 Wi-Fi 热点传输语音通话。如果没有 Wi-Fi 热点，则智能手机将使用蜂窝网运营商的网络传输语音通话。

图 12-26　Wi-Fi 通话

Wi-Fi 通话在蜂窝网信号较弱的区域非常有用，因为它使用本地 Wi-Fi 热点来填补空白。Wi-Fi 热点必须能够保证至少有 1 Mbit/s 的吞吐量，以实现优质通话。在语音通话中使用 Wi-Fi 通话时，智能手机将在运营商名称旁边显示“Wi-Fi”。

（1）在 Android 上启用 Wi-Fi 通话

要在 Android 上启用 Wi-Fi 通话，请使用以下路径：“Settings>More（位于“Wireless & Networks”部分）>Wi-Fi Calling”，如图 12-27 所示，然后轻触开关以打开该功能。

（2）在 iOS 上启用 Wi-Fi 通话

要在 iOS 上启用 Wi-Fi 通话，请使用以下路径：“Settings>Phone”，然后打开 Wi-Fi 通话，如图 12-28 所示。

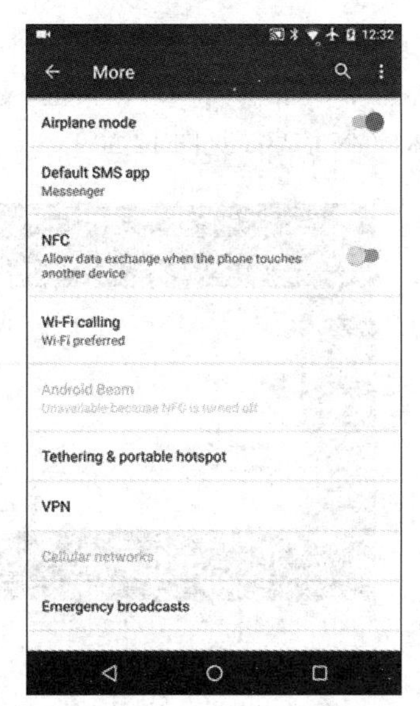

图 12-27 在 Android 上启用 Wi-Fi 通话

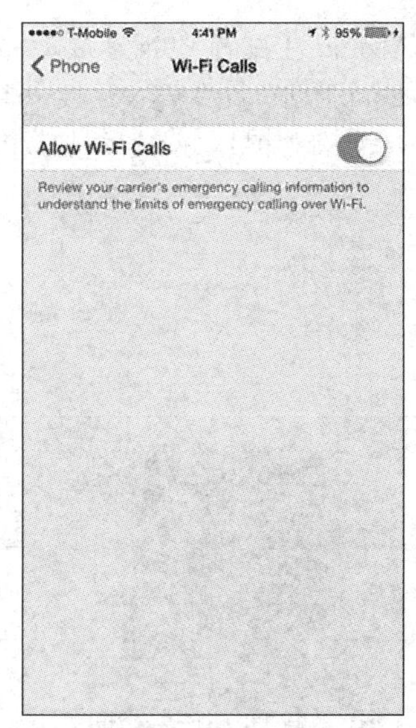

图 12-28 在 iOS 上启用 Wi-Fi 通话

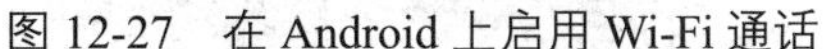

注 意 并非所有的蜂窝网运营商都支持 Wi-Fi 通话。如果无法在手机上启用 Wi-Fi 通话，则您的运营商或移动设备可能不支持此功能。

5. 移动支付

移动支付是指通过移动电话进行的任何支付。您可以通过以下几种方式进行移动支付。

- 基于高级 SMS 的交易支付：消费者将包含支付请求的 SMS 消息发送到运营商的特定电话号码。销售人员收到消费者付款完成的消息，然后进行发货，之后系统将费用添加到客户的电话费中。速度慢、可靠性差和安全性差是此种方法的缺点。
- 直接移动记账：在结账时使用移动记账选项，用户可以确认自己的信息（通常通过双因素身份验证）并允许将该费用添加到移动服务账单中。此种方法在亚洲非常普遍，并且具有以下优势：安全、便捷且无须银行卡或信用卡。
- 移动 Web 支付：消费者使用 Web 或专用的应用程序完成交易。此种方法依赖于无线应用协议（WAP），并且通常需要使用信用卡或预先注册的在线支付解决方案，如 PayPal。
- 非接触式 NFC（近场通信）：此种方法主要用于实体店交易。消费者通过在支付系统旁边挥动手机来支付商品或服务费。根据唯一的 ID，系统会直接从预付账户或银行账户收取其支付金额。NFC 还用于公共交通服务、公共停车服务和许多其他消费领域。

6. 虚拟专用网

虚拟专用网（VPN）是一种使用公共网络（通常是 Internet）将远程站点或用户连接起来的专用网络（见图 12-29）。VPN 不使用专有的租用线路，而是使用从公司的专用网络通过 Internet 路由到远程站点或员工的“虚拟”连接。

许多公司都创建了自己的 VPN，以满足远程员工和远程办公室的需求。随着移动设备的激增，将 VPN 客户端添加到智能手机和平板电脑已成为一种自然趋势。

从客户端到服务器建立 VPN 后，客户端访问服务器背后的网络时就像客户端直接连接到网络一样。由于 VPN 协议还支持数据加密，因此客户端和服务器之间的通信很安全。

将 VPN 信息添加到设备后，必须在通过设备进行发送和接收流量之前启动设备。

（1）在 Android 上配置 VPN 连接

要在 Android 上创建新的 VPN 连接，请使用以下路径：“Settings>More（位于“Wireless & Networks”部分）> VPN”，轻触加号“+”以添加 VPN 连接，然后输入 VPN 信息（见图 12-30）。

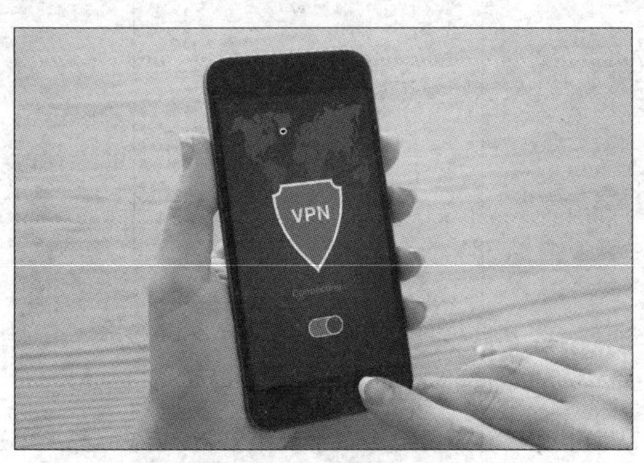

图 12-29 虚拟专用网

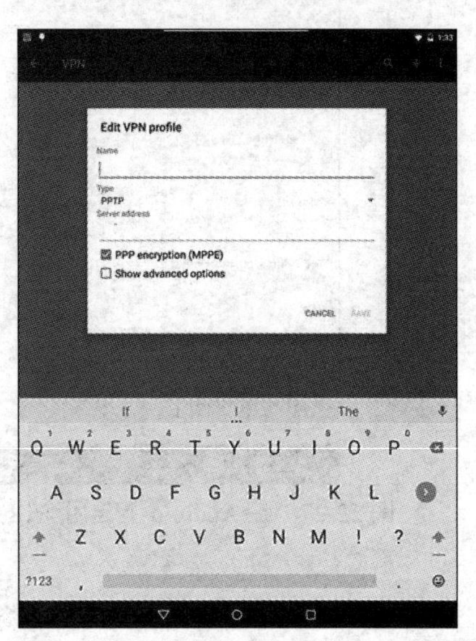

图 12-30 在 Android 上配置 VPN 连接

（2）在 Android 上启动 VPN 连接

要在 Android 上启动 VPN，请使用以下路径：“Settings>General>VPN”，选择所需的 VPN 连接，然后输入用户名和密码，最后轻触“CONNECT”（见图 12-31）。

（3）在 iOS 上配置 VPN 连接

要在 iOS 上创建新的 VPN 连接，请使用以下路径：“Settings>General>VPN>Add VPN Configuration”，然后填写图 12-32 中所需的信息。

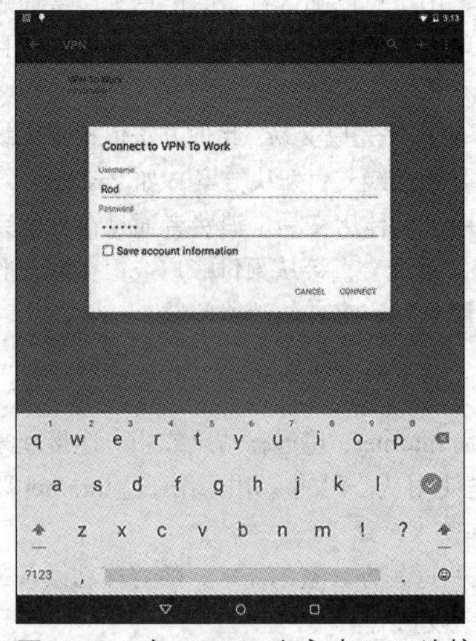

图 12-31 在 Android 上启动 VPN 连接

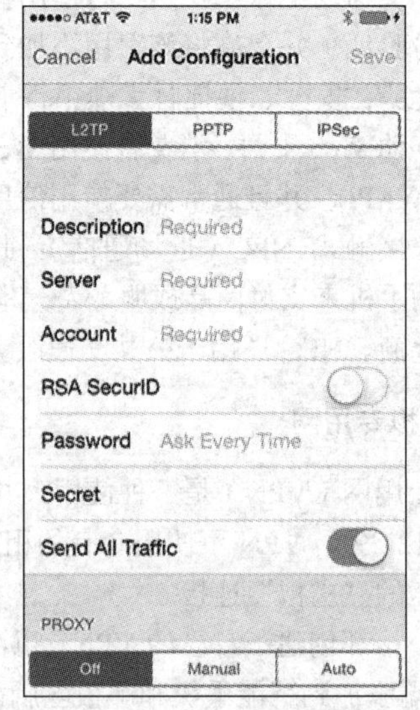

图 12-32 在 iOS 上配置 VPN 连接

（4）在 iOS 上启动 VPN 连接

要在 iOS 上启动 VPN，请打开“Settings”，然后开启 VPN 切换开关，如图 12-33 所示。

7. 数字助理

数字助理（有时被称为虚拟助理）是一种能够理解自然会话语言并为最终用户执行任务的程序。现代移动设备是功能强大的计算机，这使它们成为数字助理的理想平台。当前受欢迎的数字助理包括适用于Android 的 Google Now、适用于 iOS 的 Siri 和适用于 Windows Phone 8.1 和 Windows 10 Mobile 的 Cortana。

这些数字助理依靠人工智能、机器学习和语音识别技术来理解会话式语音命令，如图 12-34 所示。当最终用户与这些数字助理进行交互时，复杂的算法会预测用户的需求并完成请求。通过将简单的语音请求与其他输入，如 GPS 定位进行配对，这些助理可以执行多项任务，包括播放特定歌曲、执行 Web 搜索、做笔记或发送邮件等。

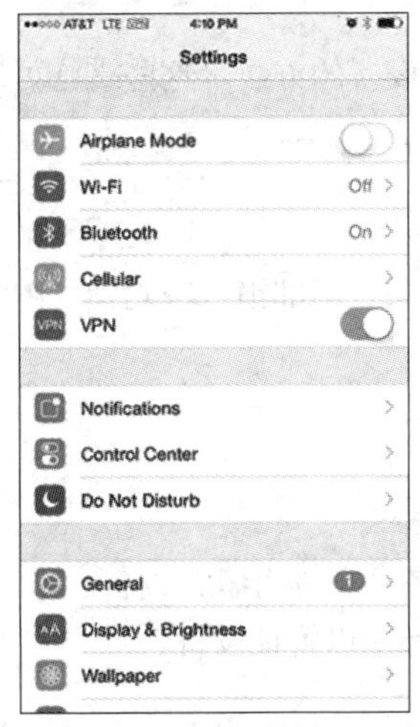

图 12-33 在 iOS 上启动 VPN 连接

图 12-34 虚拟助手

（1）Google Now

要访问 Android 设备上的 Google Now，只需说“Okay Google”，然后 Google Now 就会启动并开始倾听请求，如图 12-35 所示。

（2）Siri

要访问 iOS 设备上的 Siri，按住 Home 键，Siri 就会被激活并开始倾听请求，如图 12-36 所示。或者，可以将 Siri 配置为听到“Hey Siri”时开始倾听指令。要启用“Hey Siri”，请使用以下路径：“Settings>Siri & Search”，然后切换为倾听“Hey Siri”。

图 12-35 Google Now

图 12-36 Siri

12.2　保护移动设备的方法

保护移动设备涉及许多问题，从物理安全到数据加密。移动设备的脆弱性经常被忽视，但是它们的易用性和使用网络访问使其成为被威胁的目标。保护移动设备安全的方法有很多，了解这些方法可以帮助用户采取良好的安全措施，而不是由于不良的安全措施使移动设备受到攻击。移动设备受到的威胁不断增加，并可能导致数据丢失、安全漏洞和违反法规。

12.2.1　屏幕锁定和生物特征认证

设置屏幕锁定和使用生物特征认证是有助于防止未经授权者访问设备的方法。这些措施可以防止入侵者直接访问设备。

1. 屏幕锁定

通过屏幕锁定来保护移动设备是非常有必要的。屏幕锁有 5 种类型：面部锁、密码锁、图案锁、滑动锁和指纹锁。

阅读下列场景并选择每种情况下使用的锁。

场景

场景 1：此屏幕锁要求输入四位数或六位数的数字代码以解锁设备。

场景 2：此屏幕锁要求用户在设备屏幕中向预定义的方向滑动设备屏幕即可解锁设备。

场景 3：此屏幕锁要求用户将 4 个或更多的点以特定的图案连接起来以解锁设备。

场景 4：此生物识别锁可以通过扫描用户的指纹来解锁设备。

场景 5：此生物识别锁可以通过扫描用户的面部来解锁设备。

答案

场景 1：密码锁。这是锁定移动设备最常用的方法。密码选项还可以包括设置自定义数字代码或字母数字密码。

场景 2：滑动锁（在许多 Android 设备上也被称为“滑动解锁”）。虽然方便，但只有在安全性不重要时才应使用这种不太安全的方法。

场景 3：图案锁。在许多 Android 设备上都可以使用这种类型的锁。当您用手指绘制正确的图案时，屏幕将解锁。

场景 4：指纹锁。iOS 和 Android 的这项功能可将用户的指纹扫描转换为唯一的哈希。当用户触摸指纹传感器时，设备将重新计算哈希值。如果哈希值匹配，则设备将解锁。

场景 5：面部锁。iOS 和 Android 的这项功能使用用户的面部图片计算哈希值。

2. 对登录失败尝试次数的限制

正确设置密码后，要想解锁移动设备，需要输入正确的 PIN、密码、图案或其他密码类型才能解锁移动设备。理论上，如果有足够的时间和毅力，密码，如 PIN，是可以被猜出的。为了防止有人试图猜测密码，可将移动设备设置为在进行一定数量的错误尝试之后执行既定的操作。

图 12-37　登录失败尝试次数的限制

对于 Android 设备，如图 12-37 所示，锁定前的失败尝试次数取决于设备以及 Android 操作系统的版本。通常，Android 设备将在错误输入密码 4～

12 次时被锁定。设备被锁定后，您可输入用于设置设备的 Gmail 账户信息将设备解锁。

（1）iOS 清除资料

对于 iOS 设备来说，可以打开 “Erase Data” 选项，如图 12-38 所示。如果错误密码输入 10 次，屏幕将变黑，设备上的所有数据都将被删除。要恢复 iOS 设备和数据，请使用 iTunes 中的 “Restore and Backup” 选项或 iCloud 中的 “Manage Storage” 选项（如有备份）。

（2）iOS GUI

在 iOS 上，为了提高安全性，密码被用作整个系统加密密钥的一部分。由于密码并未存储在某个地方，因此没有人（包括 Apple）可以访问 iOS 设备上的用户数据。用户必须提供密码才能解锁和解密系统，从而使用该系统。忘记密码将导致用户数据无法被访问，如图 12-39 所示，用户需要从 iTunes 或 iCloud 保存的备份中执行完全还原。

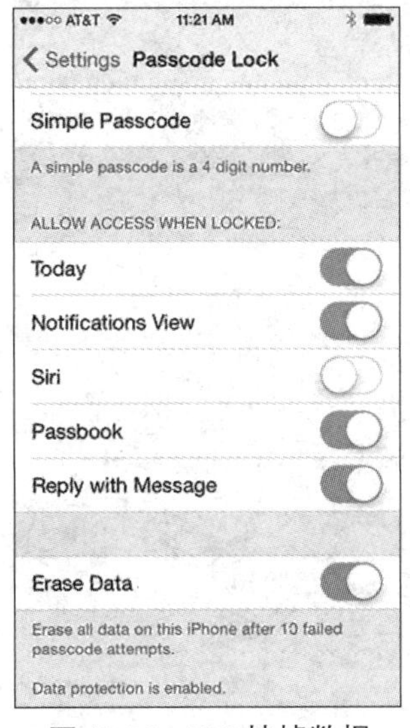

图 12-38 iOS 抹掉数据

图 12-39 iOS GUI

12.2.2 移动设备的支持云的服务

启用云的服务可随时随地提供对数据和应用程序的访问。对存储资源、应用程序和服务的按需访问减少了移动设备的某些限制。

1. 远程备份

由于设备故障、设备丢失或被盗可能导致移动设备的数据丢失，因此必须定期备份数据，确保在必要时恢复数据。移动设备的存储容量往往很有限而且不可移动，要克服这些限制，可以执行远程备份。远程备份是指设备通过备份应用程序将其数据复制到云存储。如果需要恢复数据，可以运行备份应用程序并访问网站，以检索数据。

大多数移动操作系统都具有与提供商云服务相关联的用户账户，比如 iOS 的 iClould（见图 12-40）、Android 的 Google Sync 和微软的 OneDrive。用户可以将数据、应用程序和设置自动备份至云。此外，还可使用第三方备份提供商（如 Dropbox）。另外，也可将移动设备备份到计算机上。iOS 支持在计算机上运行的 iTunes 上进行备份。还有一种方法是将移动设备管理（MDM）软件配置为自动备份用户设备。

2. 定位器应用程序

如果忘记移动设备的放置位置或移动设备被盗，可以使用定位器应用程序找到设备。在移动设备丢失前，应在每个移动设备上都安装和配置定位器应用程序。Android 和 iOS 都具有远程定位设备的应用程序。

与 Apple 的“查找我的 iPhone”类似，Android 设备管理器可使用户查找或锁定已丢失的 Android 设备或使其响铃，或者擦除设备上的数据。要管理已丢失的设备，用户必须访问 Google 上托管的 Android 设备管理器控制面板，并使用 Android 设备上所用的 Google 账户登录。Android 5.x 上默认配备并启用了 Android 设备管理器，并可在“Settings>Security>Device Administration”下找到该管理器。

iOS 用户可以在不同的 iOS 设备上使用“查找我的 iPhone”应用程序帮助查找已丢失的设备，如图 12-41 所示。安装应用程序后，启动应用程序并按照说明配置软件。

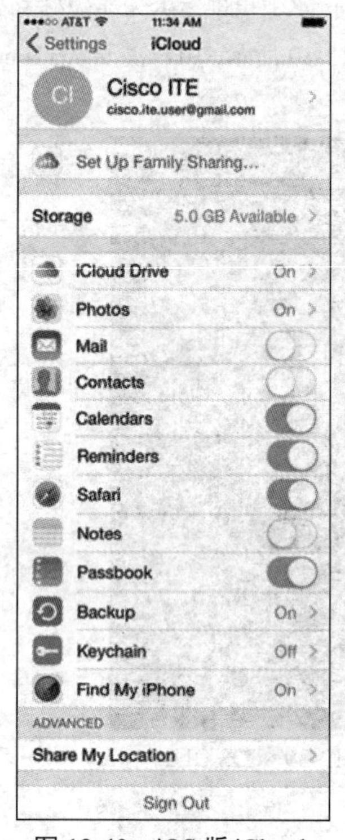

图 12-40　iOS 版 iCloud

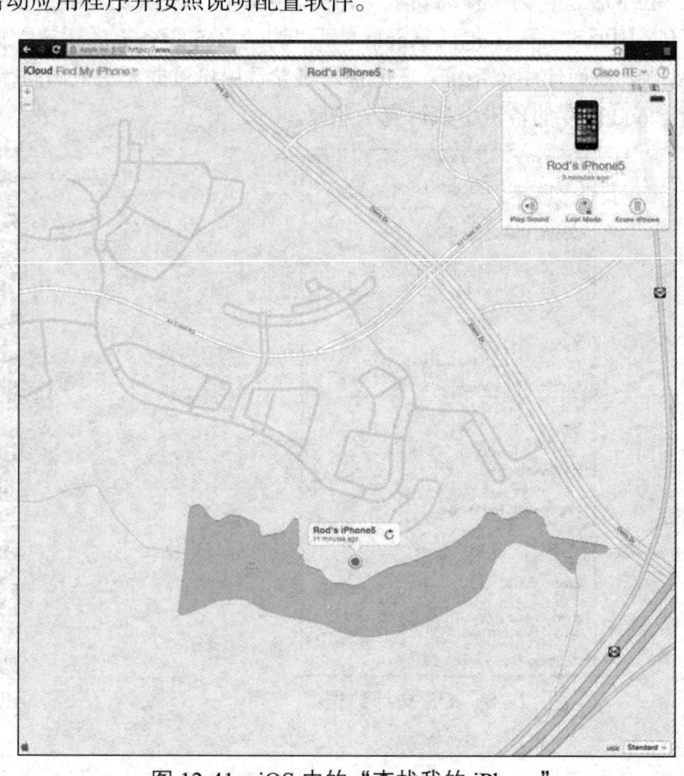

图 12-41　iOS 中的“查找我的 iPhone”

注　意　如果该应用程序无法找到已丢失的设备，说明设备可能已关机或断开连接。设备必须连接到蜂窝网或无线网络才能接收来自应用程序的命令或将定位信息发送给用户。

找到设备后，您可以执行其他功能，比如发送消息或播放声音。如果您忘记设备放在何处，这些选项将非常有用。如果设备就在附近，播放声音可精确指出设备的位置。如果设备在其他位置，将消息发送至屏幕可使找到它的人与您取得联系。

3. 远程锁定和远程擦除

如果无法找到移动设备，还有能够防止设备上的数据被泄露的其他安全功能，如图 12-42 所示。通常执行远程定位的应用程序都有安全功能。两种常用的远程安全功能是远程锁定和远程擦除。

图 12-42　远程锁定和远程擦除

注 意 为了使这些远程安全措施起作用，必须启动设备并将其连接到蜂窝网或 Wi-Fi 网络。

（1）远程锁定

iOS 设备的远程锁定功能被称为“Lost Mode”（丢失模式），如图 12-43 所示。Android 设备管理器将此功能称为“锁定”。它允许您用密码锁定设备，因此其他人无法访问设备上的数据。例如，用户可以显示自定义消息，或者使手机不会因拨入的电话或传入的短信而一直响铃。

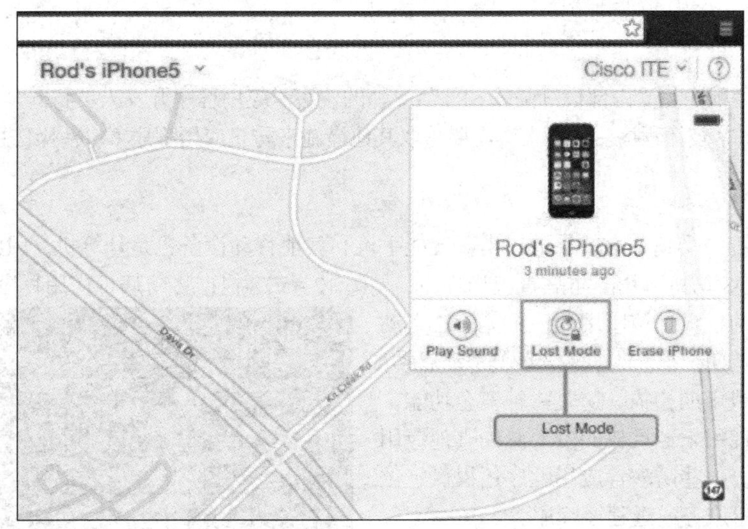

图 12-43 远程锁定

（2）远程擦除

iOS 设备的远程擦除功能被称为“Erase iPhone”（擦除 iPhone），如图 12-44 所示。Android 设备管理器将此功能称为“清除”。它将删除设备上的所有数据，并将其返回至出厂状态。要将数据恢复到设备，Android 用户必须使用 Gmail 账户设置设备，iOS 用户必须将设备同步到 iTunes。

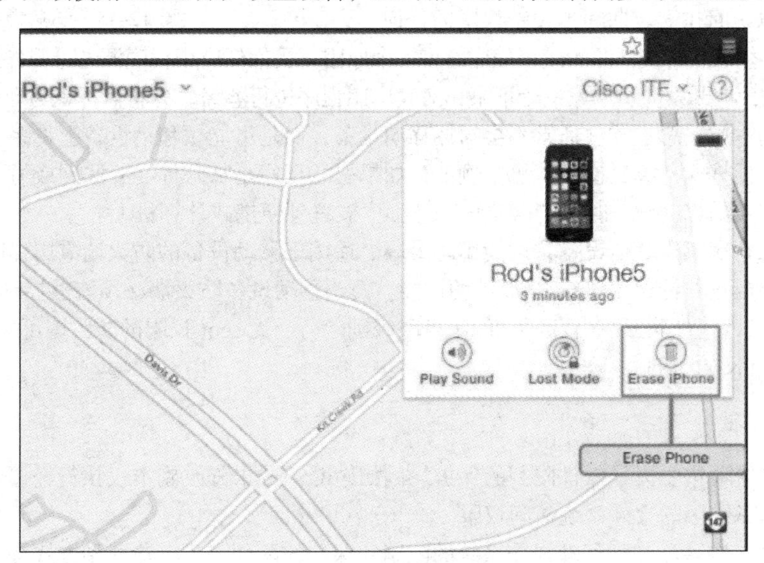

图 12-44 远程擦除

大多数移动操作系统都提供完整的设备加密功能。完整的设备加密可以防止拥有该设备的人绕过该设备的访问控制并读取存储在内存中的原始数据。

iOS 设备上的所有用户数据始终被加密，并且密钥存储在设备上。当使用擦除 iPhone 或擦除来“擦除”设备时，操作系统将删除密钥，并且数据将变得不可访问。在设备上配置了密码锁后，将自动启用数据保护加密功能。

在 Android 操作系统上，可通过“Settings>Security”启用加密功能。Android 使用带有密码派生密钥的全盘加密。

12.2.3　软件安全性

需要保护应用程序免受内部设计缺陷和外部威胁的侵害。应用程序开发人员将安全措施嵌入应用程序内部，以防止黑客破坏程序。技术人员需要采取其他措施来防止应用程序（包括操作系统）受到威胁。

1. 防病毒软件

所有计算机都易受到恶意软件的攻击。智能手机和其他移动设备也是计算机，因此它们也难以幸免。Android 和 iOS 均有可用的防病毒应用程序（见图 12-45）。根据将防病毒应用程序安装到 Android 设备上时被授予的权限，该应用程序可能无法自动扫描文件或运行定期扫描。文件扫描必须手动启动。iOS 不允许自动或定期扫描。这是一种安全功能，可防止恶意程序使用未经授权的资源感染其他应用程序或操作系统。一些防病毒应用程序还提供定位器服务、远程锁定服务或远程擦除服务。

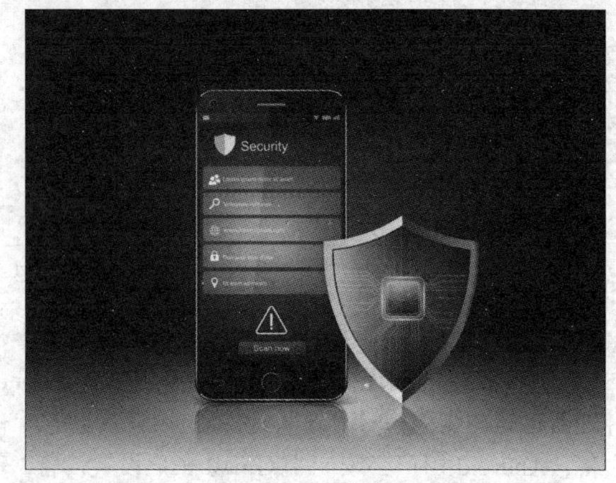

图 12-45　防病毒

移动设备应用程序在沙盒中运行。沙盒是操作系统中的一个位置，可保持代码与其他资源和其他代码隔离。正因为应用程序在沙盒中运行，所以恶意程序很难感染移动设备。安装 Android 应用程序后，该应用程序必须请求许可才能访问特定资源。恶意应用程序可以访问在安装期间被授予权限的任何资源，这也是必须下载可信来源的应用程序的另一个原因。受信任应用程序源经过服务提供商的验证和授权，服务提供商向开发人员颁发一个证书，对其应用程序进行签名，并将其标识为受信任应用程序。

由于沙盒的本质，恶意软件通常不会损坏移动设备，而是可能从移动设备上将恶意程序传送到另一台设备，比如便携式计算机或台式机。例如，如果恶意程序是从邮件、互联网或另一台设备上下载的，那么下次连接到移动设备时可能会将该恶意程序放置到便携式计算机上。

为防止恶意程序感染其他设备，可使用防火墙。适用于移动设备的防火墙应用程序可以监控应用程序的活动，并阻止与特定端口或 IP 地址的连接。由于移动设备防火墙必须能够控制其他应用程序，因此从逻辑上而言，它们必须在较高（root）权限级别运行。无 root 权限的防火墙可通过创建 VPN 控制应用程序对 VPN 的访问。

2. root 和越狱

移动操作系统通常受大量软件限制的保护。例如，iOS 的未修改副本仅执行经授权的代码，并且仅向用户授予非常有限的文件系统访问权限。

root 和越狱是删除添加到移动操作系统的限制和保护的两种方式。这两种方式绕过设备操作系统的常规运行获取超级用户或 root 管理员权限。在 Android 设备上使用 Rooting 来获得特权或根级别访问权限，以修改代码或安装不适合该设备的软件。

越狱通常用于 iOS 设备，以解除制造商的限制，使这些设备能够运行任何用户代码，并授予用户对文件系统和内核模块的完全访问权限（见图 12-46）。

对移动设备执行 root 或越狱通常会使制造商的保修失效，因此不建议您以此种方式修改客户的移动设备。但是，很多用户仍然会选择解除其设备的限制。对移动设备执行 root 或越狱后，即可对 GUI 进行大量自定义，也可对操作系统进行修改以提高设备的速度和响应能力，同时还可以安装来自二手或不受支持来源的应用程序。

越狱利用了 iOS 中的漏洞。当发现可用的漏洞时，即可编写相应的程序。该程序是实际的越狱软件，然后编写人会将其发布到互联网上。Apple 不鼓励越狱，并积极努力地消除使 iOS 越狱成为可能的漏洞。除了操作系统更新和漏洞修复外，新的 iOS 版本通常包括了多个补丁来消除允许越狱的已知漏洞。通过更新修复 iOS 漏洞后，黑客只能再次从头寻找其他漏洞。

注 意 越狱流程是完全可逆的。要删除越狱并将设备返回至其出厂状态，请将其连接到 iTunes 并执行恢复操作。

3. 修补和更新操作系统

与台式机或便携式计算机上的操作系统相似，您也可以更新或修补移动设备上的操作系统。更新可添加功能或提升性能。补丁可以修复安全问题或硬件和软件问题。

由于有多种 Android 移动设备，因此更新和补丁不会作为一个软件包的形式发布给所有设备。有时 Android 的新版本无法安装到硬件不符合最低规格要求的较旧设备上，这些设备可能会接受补丁以修复已知问题，但是无法实现操作系统的升级。

Android 的更新和补丁是通过一个自动化的过程交付的。当运营商或制造商对某设备进行更新时，设备上的通知会提示用户更新已就绪，如图 12-47 所示。然后触摸更新，开始下载和安装流程。

图 12-46 越狱

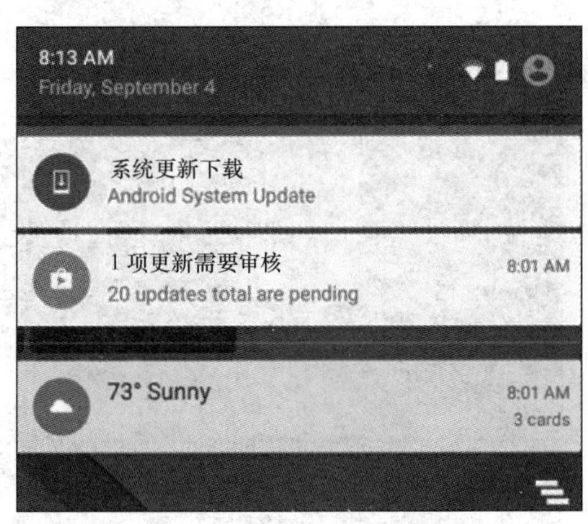

图 12-47 Android 上的系统更新通知

iOS 更新也使用自动化的流程进行交付，不符合硬件要求的设备会被排除在外。要检查 iOS 更新，请将设备连接到 iTunes。如果有可用更新，会出现一个下载通知。要手动检查更新，请单击 iTunes“Summary”窗格中的“Check for Update”按钮。

另外两种针对移动设备无线电固件的更新也很重要，这些被称为基带更新，包括优选漫游列表（PRL）和基群速率接口（PRI）。PRL 是移动电话在网络上（而不是其自身）进行通信所需的配置信息，这样可在运营商的网络之外进行通话。PRI 配置设备和手机信号塔之间的数据速率，这可确保设备能够以正确的速率与手机信号塔进行通信。

12.3 Linux 和 macOS 操作系统

除了 Microsoft Windows 操作系统之外，用户也很熟悉 Linux 和 macOS 操作系统。

12.3.1 Linux 和 macOS 工具和功能

每个操作系统在开发时都考虑了特定的工具和功能，这些工具和功能适用于运行它的系统以及使用它的人。本小节将介绍工具和功能，比如易用性、视觉美感、安全性、性能以及与硬件和软件的兼容性。

1. Linux 和 macOS 操作系统简介

大多数 Linux 操作系统都使用文件系统（见图 12-48）ext3（支持日志记录的 64 位文件系统）和 ext4（性能显著优于 ext3）。Linux 还支持 FAT 和 FAT32。此外，网络文件系统（NFS）可用于将远程存储设备装载到本地文件系统中。

Linux 的大多数安装也支持创建交换分区以用作交换空间。操作系统使用交换分区来弥补系统 RAM 的不足。如果应用程序或数据文件用尽了 RAM 中的所有可用空间，系统便会将数据写入磁盘上的交换空间，并将其视为已存储在 RAM 中。

Apple 的 Mac 工作站有自己的文件系统，即扩展分层式文件系统（HFS Plus）。此文件系统支持与 Windows NTFS 相同的功能，但不支持原生文件/文件夹加密。在 macOS High Sierra 及更高版本中，HFS Plus 已被更新到 Apple 文件系统中，并且支持原生文件加密。HFS Plus 的最大容量和文件大小为 8 字节。

（1）UNIX

UNIX 是使用 C 语言编写的一种专有操作系统，如图 12-49 所示。macOS 和 iOS 均基于 UNIX 的 Berkly Standard Distribution（BSD）版本。

图 12-48 文件系统

图 12-49 UNIX

GNU/Linux 是一种独立开发的开源操作系统，它兼容 UNIX 命令。Android 和许多操作系统的发行版本均依赖于 Linux 内核。

（2）Linux

Linux 操作系统用于各类嵌入式系统、可穿戴设备、智能手表、移动电话、上网本、PC、服务器和超级计算机等。Linux 有多种不同的发行版本（或称发行版），包括 SUSE、Red Hat、CentOS、Fedora、

Debian、Ubuntu（见图 12-50）和 Mint。各发行版本将特定软件包和接口添加到通用 Linux 内核中，从而提供不同的支持选项。大多数发行版本都提供 GUI 界面。

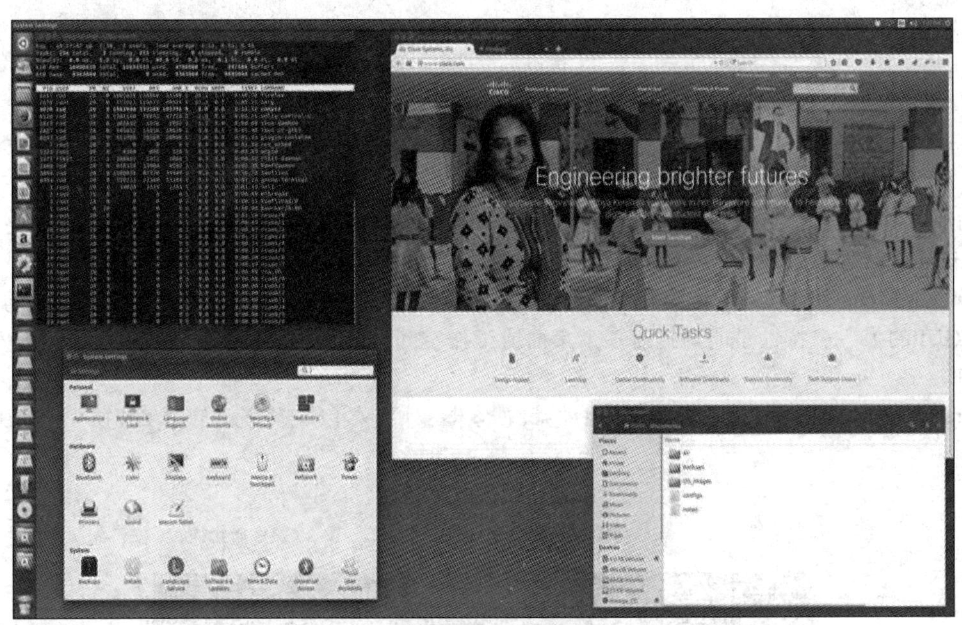

图 12-50　Ubuntu

在大多数情况下，一个发行版本是一个完整的 Linux 实施，包括内核、外壳、应用程序和实用程序。各大 Linux 发行版本提供商都会将安装介质打包并予以分发，同时提供支持。

（3）macOS

苹果电脑的操作系统 macOS（见图 12-51）是从 UNIX 内核开发的，但它是一个闭源操作系统。

图 12-51　macOS

自 2001 年发布以来，为了跟上 Apple Mac 硬件更新的步伐，macOS 经历了多次定期更新和修订。更新和新的操作系统版本则通过 App Store 免费重新分发。某些较早的 Mac 电脑可能无法运行最新版本的 macOS。

macOS 支持以被称为 NetBoot 的方式进行远程网络安装，类似于预启动执行环境（PXE）。

2. Linux GUI 概述

不同的 Linux 发行版本配备不同的软件包，但是用户可通过安装或删除软件包来决定其系统上的内容。Linux 中的图形界面是由用户可删除或更换的许多子系统组成的。尽管有关这些子系统及其交互的详细信息不属于本书的范围，但必须了解的是，作为一个整体的 Linux GUI 可以由用户轻松更换。由于 Linux 发行版本种类众多，因此本章将在介绍 Linux 时重点关注 Ubuntu。

Ubuntu Linux 使用 Unity 作为其默认 GUI。图 12-52 显示了 Ubuntu Unity 桌面主要组件的分类。Linux GUI 的另一个特性是能够拥有多个桌面或工作空间，这允许用户在特定的工作空间上安排各个窗口。

Ubuntu Unity 桌面有 5 个主要组件：启动器、搜索框、顶部菜单栏、系统通知菜单和镜头，如图 12-52 所示。

图 12-52　Ubuntu Unity 桌面

屏幕左侧有一个被称为启动器的扩展坞，用作应用程序的启动器和切换器。用右键单击启动器上托管的任何应用程序，以访问该应用程序可以执行的简短任务列表。

一个被称为搜索框的多功能菜单栏包含当前正在运行的应用程序、用于控制活动窗口的按钮以及系统控件和通知。

一个被称为顶部菜单栏的多功能菜单栏包含当前正在运行的应用程序、用于控制活动窗口的按钮以及系统控件和通知。

许多重要功能都位于屏幕右上角的指示器菜单中，其被称为系统通知菜单。使用系统通知菜单切换用户、关闭计算机、控制音量或更改网络设置。

镜头允许用户微调效果。

3. macOS GUI 概述

旧版本的 OS X 和 macOS 之间的主要区别是增加了 Aqua GUI。Aqua 是以水为主题而设计的，其成分类似于水滴，并故意使用反射和半透明。在撰写本节时，macOS 的最新版本是 10.1 Mojave。Apple Aqua 桌面有 8 个主要组件：Apple 菜单、应用程序菜单、菜单栏、状态菜单、Spotlight、通知中心图标、桌面区域和扩展坞，如图 12-53 所示。

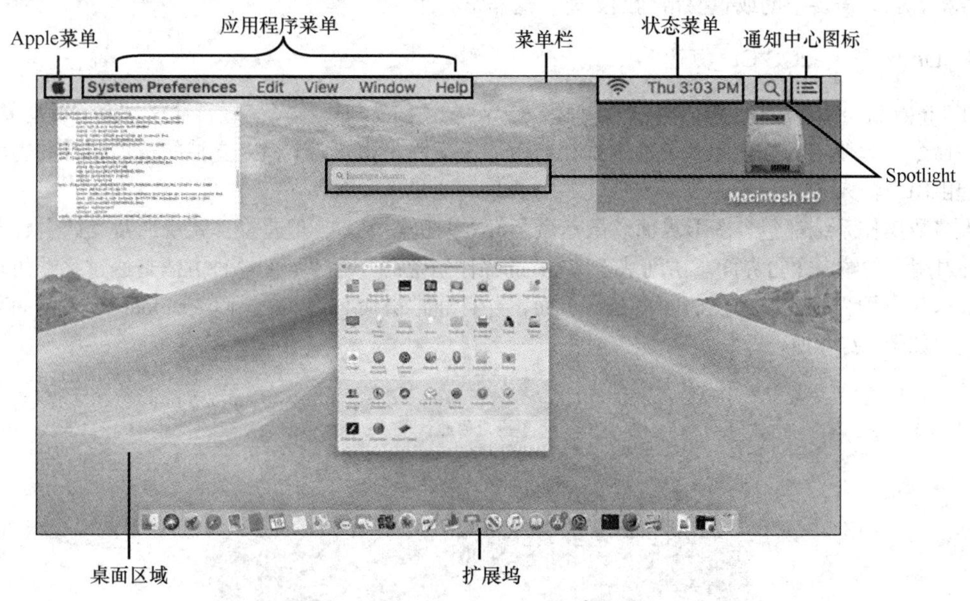

图 12-53　Apple Aqua 桌面

Apple 菜单允许用户访问系统偏好设置、软件更新、电源控制等。

应用程序菜单以粗体显示活动应用程序的名称和活动应用程序的菜单。

菜单栏包含 Apple 菜单、当前活动的应用程序菜单、状态菜单、Spotlight 和通知中心图标。

状态菜单显示计算机的日期、时间、状态以及蓝牙和无线等功能。

Spotlight 是 macOS 中的一个文件系统搜索功能。它可用于在 macOS 中查找几乎所有的内容。要开始新的搜索，请单击菜单栏中的放大镜或按 Command（或 Cmd）+空格键以显示搜索框。要更改要搜索的文档类型，请转到“Preferences”（首选项）。要专门从 Spotlight 搜索中排除位置，请单击“Privacy”（隐私）按钮以指定要排除的文件夹或驱动器。

执行大部分工作的桌面区域是可进行自定义的。应用程序窗口在桌面上打开，打开的窗口可能会覆盖这些窗口。通过 Mission Control，您可以轻松查看桌面上打开的所有内容。您还可以打开多个桌面空间并在其中工作。

扩展坞显示常用应用程序的缩略图和最小化的正在运行的应用程序。扩展坞中包含的一项重要功能是强制退出。通过用右键单击扩展坞中正在运行的应用程序，用户可以选择强制退出以关闭无响应的应用程序。用户也可以用右键单击图标以显示要执行的其他操作的菜单，比如打开或关闭应用程序、打开最近的文档等。

通知中心图标允许用户查看所有通知。

MacBook 的 Apple Magic Mouse 鼠标和 Magic Trackpad 均支持控制用户界面的手势。手势是指在触控板或鼠标上的手指移动，使用户可以滚动、缩放和浏览桌面、文档和应用程序内容。可以在“System Preferences>Trackpad”（“系统偏好设置>触控板”）下查看和更改可用手势。

使用 macOS 时，Mission Control 是查看 Mac 上当前打开的所有内容的快速方法。根据触摸板或鼠标的设置，可以使用三指或四指向上滑动手势来访问 Mission Control。Mission Control 允许用户在多个桌面上组织应用程序。为了浏览文件系统，macOS 包含 Finder，它与 Windows 文件资源管理器非常相似。

大多数 Apple 便携式计算机都没有光盘驱动器。要从光学介质安装软件，可以使用“Remote Disk”（远程磁盘），该应用程序允许用户访问另一台 Mac 或 Windows 计算机上的 CD/DVD 驱动器。要设置远程磁盘，请进入“System Preferences>Sharing”（“系统偏好设置>共享”），然后勾选“DVD or CD Sharing”（“DVD 或 CD 共享”）复选框。

macOS 还允许屏幕共享。屏幕共享功能使其他使用 Mac 的人可以查看您的屏幕，甚至可以控制您的计算机。当您需要帮助或想要帮助别人时，这非常有用。

4. Linux 和 macOS CLI 概述

在 Linux 和 macOS 中，用户可以使用命令行界面（CLI）与操作系统进行通信。为了提高灵活性，可以与命令一起使用的选项和开关通常都在前面加短横线（-）。某个命令支持的选项和开关也同该命令一起由用户输入。

大多数操作系统都包含图形界面。虽然命令行界面仍然存在，但是操作系统通常默认引导至 GUI 中，并对用户隐藏命令行界面。访问基于 GUI 的操作系统命令行界面的一种方法是通过终端仿真应用程序。这些应用程序允许用户访问命令行界面，并且通常被命名为“终端（terminal）”一词的某种变化形式，如图 12-54 所示。

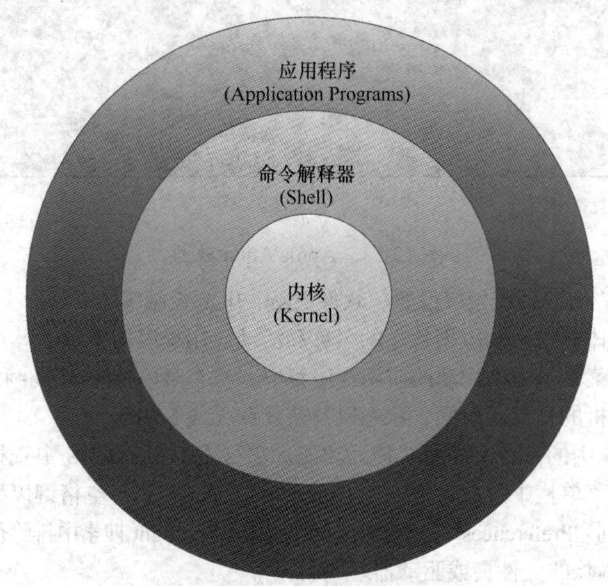

图 12-54　操作系统组件

一个被称为 Shell 的程序会解释来自键盘的命令，并将它们传递到操作系统。当用户登录系统时，登录程序检查用户名和密码，如果凭证正确，登录程序将启动 Shell。从这时起，经授权的用户便可以开始通过基于文本的命令与操作系统交互。

用户通过 Shell 与内核交互。换句话说，Shell 充当用户和内核之间的接口层。内核负责将 CPU 时间和内存分配给各个进程。它还管理文件系统以及为响应系统呼叫而进行的通信工作。

在 Linux 上，受欢迎的终端仿真软件有 Terminator、eTerm、XTerm、Konsole、gnome-terminal。图 12-55 所示为 gnome-terminal。

macOS 包含名为 Terminal 的终端仿真软件，但是还有许多第三方仿真软件可用。图 12-56 所示为 Terminal。

5. Linux 备份和恢复

备份数据是指为了安全创建数据的一个或多个副本。当备份过程完成后，其副本就被称为备份。

备份的主要目的是在出现故障时能够恢复数据。访问数据的早期版本通常被视为备份过程的次要目标。

```
rod@desktop: ~
rod@desktop:~$ uname -a
Linux desktop 3.13.0-32-generic #57-Ubuntu SMP Tue Jul 15 03:51:08 UTC 2014 x86_
64 x86_64 x86_64 GNU/Linux
rod@desktop:~$
rod@desktop:~$
rod@desktop:~$ ls -l Documents/
total 12
drwxrwxr-x 3 rod rod 4096 Dec  8  2013 air
drwxrwxr-x 3 rod rod 4096 Aug 13 13:24 backups
-rw-rw-r-- 1 rod rod    0 Aug 13 13:27 configs
-rw-rw-r-- 1 rod rod    0 Aug 13 13:27 notes
drwxrwxr-x 2 rod rod 4096 Aug 13 13:26 OS_images
rod@desktop:~$
rod@desktop:~$
rod@desktop:~$ ls -l Documents/ | grep OS
drwxrwxr-x 2 rod rod 4096 Aug 13 13:26 OS_images
rod@desktop:~$
rod@desktop:~$
rod@desktop:~$ 
```

图 12-55 gnome-terminal 终端仿真软件

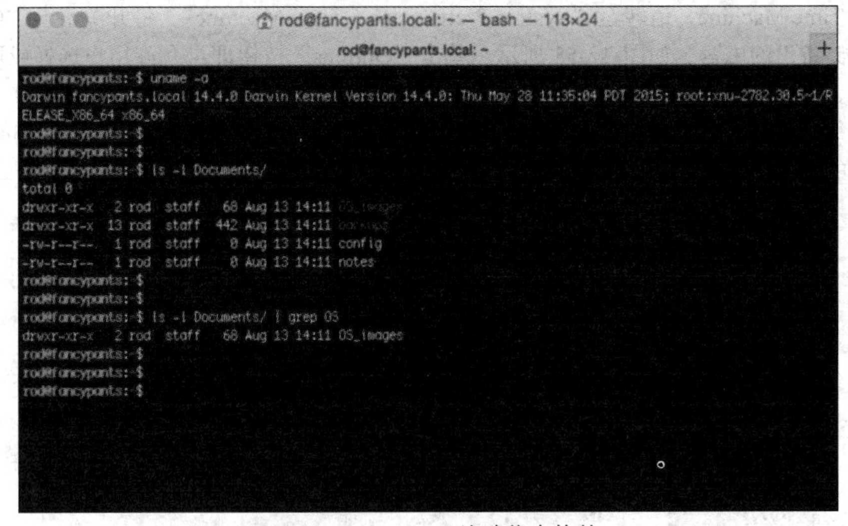

图 12-56 Terminal 终端仿真软件

虽然可以通过简单的复制命令来实现备份，但是有许多工具和技术可使用户的这一过程实现自动化和透明化。

Linux 没有内置的备份工具，但有面向 Linux 的多种商业和开源备份解决方案，比如 Amanda、Bacula、Fwbackups 和 Déjà Dup。Déjà Dup 是一款简单、高效的数据备份工具，如图 12-57 所示。Déjà Dup 支持多种功能，包括本地、远程或云备份位置、数据加密压缩、增量备份、定期备份以及 GNOME 桌面集成。它还可以从任何特定备份进行恢复。

6. macOS 备份和恢复

macOS 包括一款名为 Time Machine 的备份工具。借助 Time Machine，用户可选择一个外置驱动器作为备份目标设备，并通过 USB、FireWire 或 Thunderbolt 将其连接到 Mac。Time Machine 为磁盘接收备份做好准备，磁盘准备就绪时，它定期执行增量备份。

如果用户尚未指定 Time Machine 目标磁盘，Time Machine 将询问是否将最新连接的外部磁盘用作目标备份磁盘。Time Machine 会在 Mac 上存储一些备份，因此当 Time Machine 的备份磁盘不可用时，便可直接从 Mac 上恢复某个备份，这种备份类型被称为本地快照。

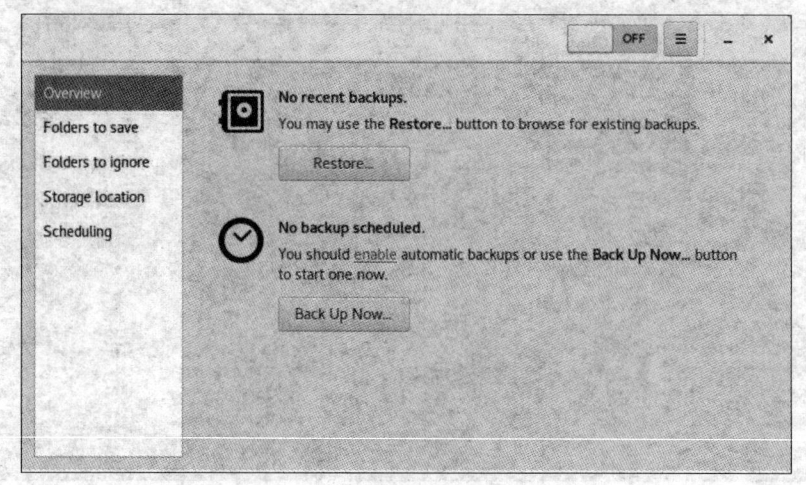

图 12-57 Déjà Dup

要启用 Time Machine，请转至“System Preferences > Time Machine”，将开关滑至“ON”，然后选择用于存储备份的磁盘，如图 12-58 所示。单击“Options”按钮即可允许用户选择或取消选择要备份的文件、文件夹或磁盘。默认情况下，Time Machine 会为过去 24 小时执行每小时备份，为过去一个月执行每日备份，并为过去所有月份执行每周备份。当目标备份磁盘被装满时，Time Machine 会删除最早的备份以释放空间。

图 12-58 Time Machine

要从 Time Machine 恢复数据，请确保目标备份磁盘已连接到 Mac，并单击“Time Machine”菜单上的“Enter Time Machine”。屏幕右侧的时间轴显示了可用的备份。Time Machine 允许用户将数据恢复到目标备份磁盘中当前可用的任何以前的版本。

7. 磁盘实用程序概述

为了帮助您诊断和解决与磁盘有关的问题，大多数操作系统都包含了磁盘实用程序工具。Ubuntu Linux 包括一个名为 Disks 的磁盘实用程序。借助磁盘，用户能够执行与磁盘相关的最常见任务，包括分区管理，安装或卸载，磁盘格式化以及自我监测、分析和报告技术（S.M.A.R.T.）。macOS 包括磁盘实用程序。除了支持主要的磁盘维护任务，Disks 实用程序还支持验证磁盘权限和修复磁盘权限。修复磁盘权限是 macOS 中常用的故障排除步骤。Disks 实用程序也可用于将磁盘内容备份到映像文件，并通过映像文件对磁盘执行映像恢复。这些文件包含磁盘的全部内容。

以下是可以使用 Disks 实用程序软件执行的几种常见的维护任务。

- **分区管理：**使用计算机磁盘进行工作时，可能需要创建分区、删除分区或调整分区大小。
- **安装或卸载磁盘分区：**在类 UNIX 系统中，安装分区涉及将磁盘分区或磁盘映像文件（通常为.iso）绑定到文件夹位置。
- **磁盘格式化：**用户或系统使用分区之前必须对其进行格式化。
- **坏扇区检查：**当某个磁盘扇区被标记为坏扇区时，它不会损坏操作系统，因为系统不会用它存储数据。但出现大量的坏扇区可能意味着磁盘发生了故障。“磁盘”实用程序可通过将坏扇区中存储的数据移至正常的磁盘扇区来抢救这些数据。
- **S.M.A.R.T.：**S.M.A.R.T.可以检测并报告有关磁盘运行状况的属性。S.M.A.R.T.的目标是预测磁盘故障，使用户在故障磁盘无法访问之前将数据移到正常磁盘上。

12.3.2 Linux 和 macOS 最佳实践

计算机系统需要定期进行预防性维护，以确保最佳性能。应当安排维护任务并经常执行维护任务，以预防或及早发现问题。为了避免由于人为错误而错过维护任务，可以对计算机系统进行编程以自动执行任务。

1. 定期任务

应安排和自动执行的两项任务是备份和磁盘检查，如图 12-59 所示。

备份和磁盘检查通常是非常耗时的任务。定期执行维护任务的另一个好处是，它允许计算机在没有用户使用系统时执行这些任务。CLI 实用程序也被称为 Cron，可以将这些任务安排到非高峰时段来执行。

在 Linux 和 macOS 中，Cron 服务负责安排各种任务。作为一项服务，Cron 在后台运行并在特定的日期和时间执行任务。Cron 使用一种名为“Cron 表格”的安排表，使用 crontab 命令可编辑该表格。

（1）Cron 表格格式

Cron 表格是一个具有六列的明文文件，格式如图 12-60 所示。要安排任务，用户可在该表格中添加一行。新的行指定 Cron 服务执行任务的时间，包括分钟、小时、日期以及星期。到达特定日期与时间时，系统就会执行该任务。

图 12-59 计划任务

Cron table format
分钟
小时
天
月
平日
命令

图 12-60 Cron 表格格式

（2）Cron 表格字段

Cron 表格的中心列显示了这些字段可接受的数据类型，如图 12-61 所示。

Cron table fields

命令执行的分钟	0-59	The minute the command executes.
命令执行的小时	0-23	The hour the command executes.
命令执行的日期	1-31	Day of the month the command executes.
命令执行的月份	1-12	The month the command executes.
一周中命令执行的某一天	0-6	The day of the week the command executes. 0 = Sunday, 1 = Monday, and so forth.
多种命令，命令或命令集。	varies	The command or set of commands. This must be compatible with the shell and use.

图 12-61　Cron 表格字段

（3）crontab 示例

Cron 表格中有两个条目，如图 12-62 所示。第一个条目告知 Cron 服务在每月的第 1 天和第 15 天以及每周一的凌晨（00:00）执行位于/myDirectory/处的 myFirstTask 脚本。第二个条目显示 Cron 服务将在每周四凌晨的 02:37 执行位于/myDirectory/处的 mySecondTask 脚本。

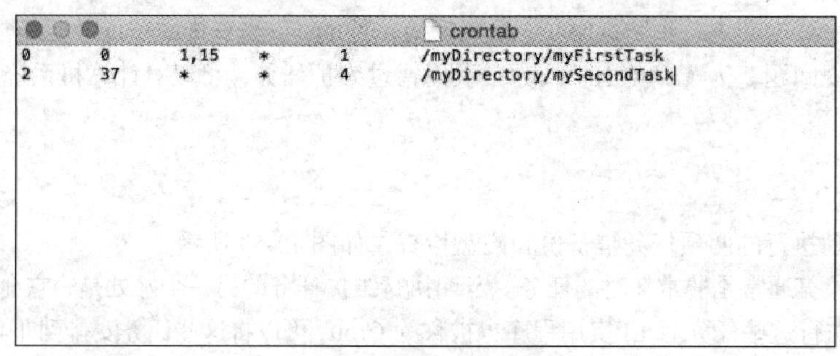

图 12-62　crontab 示例

要创建或编辑 Cron 表格，请从终端执行 crontab -e 命令。

要列出当前的 Cron 表格，请执行 crontab -l 命令。

要删除当前的 Cron 表格，请执行 crontab -r 命令。

2. 保护操作系统

尽管不断努力创建一个非常安全的操作系统，但漏洞仍然存在。当发现漏洞时，病毒或其他恶意软件可能会利用它。

可以采取措施来防止恶意软件感染计算机系统。常见的措施为操作系统更新、固件更新、防病毒软件和反恶意软件。

（1）操作系统更新

操作系统公司定期发布操作系统更新（也被称为补丁），以解决其操作系统中所有的已知漏洞问题。虽然操作系统公司拥有更新时间表，但是在操作系统代码中找到主要漏洞时，不定期地发布操作系统更新也很常见。操作系统会在有可供下载和安装的更新时警告用户，但是用户可以随时检查更新。图 12-63 显示了 Apple macOS 的更新警告窗口。

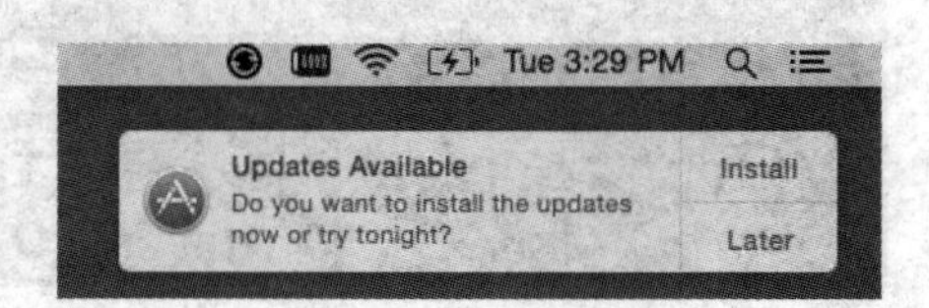

图 12-63　macOS 中的软件更新警报

（2）固件更新

固件通常保存在非易失性存储器（如 ROM 或闪存）中，是旨在为设备提供低级别功能的一种软件类型。检查制造商的固件，如果有新版本可用，请立即更新系统。

（3）防病毒和反恶意软件

一般来说，防病毒和反恶意软件依赖代码签名来运行。签名或签名文件是包含病毒和恶意软件所用代码示例的文件。根据这些签名文件，防病毒和反恶意软件会扫描计算机磁盘的内容，将磁盘上存储的文件内容与签名文件中存储的示例进行比较。如果找到匹配项，防病毒和反恶意软件将警告用户可能出现的恶意软件。

每天都有新的恶意软件被创建并发布，因此，防病毒和反恶意软件程序的签名文件必须尽可能经常更新。

3. 安全

数字资产非常宝贵，盗窃这些资产是对用户和组织的主要威胁。安全的做法是保护允许访问这些资产的凭证。

用户名、密码、数字证书和加密密钥是与用户相关的几种安全凭证。由于必要的安全凭证数量日益增加，因此操作系统中包含了一个管理这些凭证的服务。应用程序和其他服务可以请求并使用通过安全凭证管理器服务存储的凭证。

（1）Ubuntu 上的安全凭证服务

Gnome-Keyring 是 Ubuntu Linux 中的安全凭证管理器，如图 12-64 所示。要在 Ubuntu Linux 上访问 Gnome-Keyring，请单击短横线，然后搜索“Key”（密钥），最后单击“Passwords and Keys”（密码和密钥）。

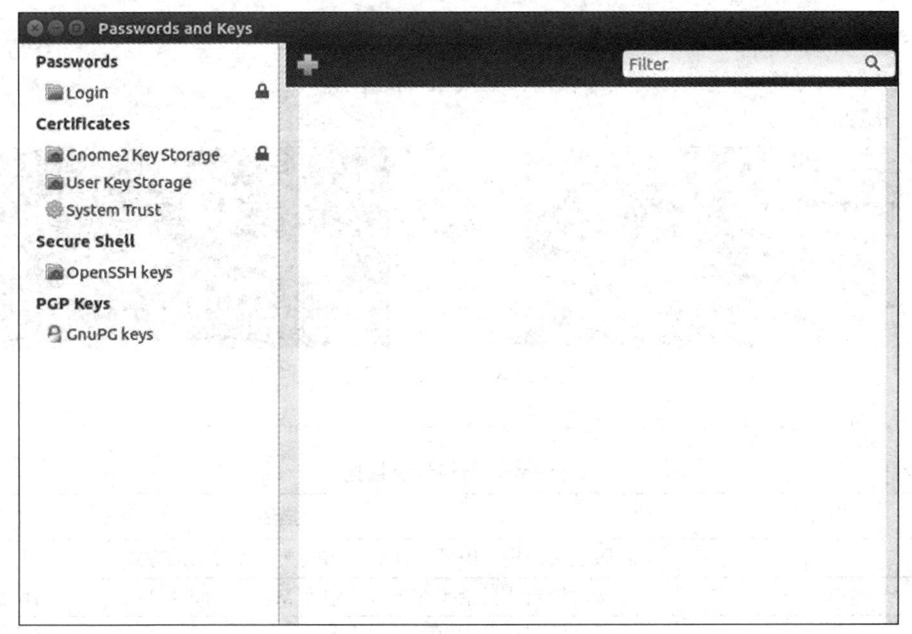

图 12-64　Gnome-Keyring

（2）macOS 上的安全凭证服务

钥匙串访问是 macOS 的安全凭证管理器，如图 12-65 所示。要访问 macOS 上的钥匙串访问，请使用以下路径：“Applications>Utilities>Keychain Access”。

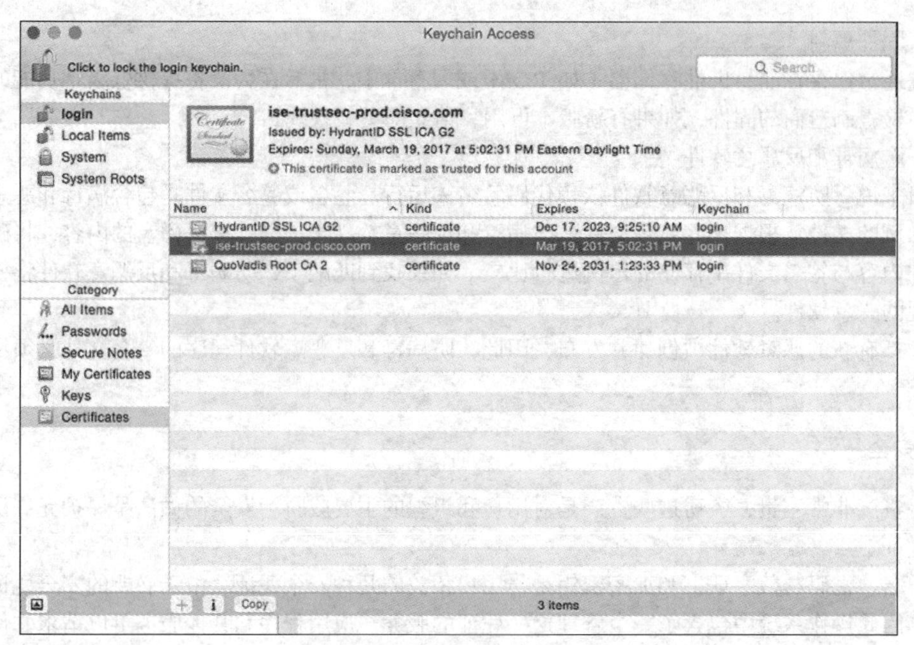

图 12-65　钥匙串访问

12.3.3 基本 CLI 命令

CLI 是一种用户界面，用于在提示符下输入文本，而不是使用鼠标指向并单击 GUI Shell 中的图标来执行命令。对 CLI 命令有基本的了解可以使您在 Shell 中导航。

1. ls -l 命令输出

在以下部分中，您将检查 ls –l 命令输出，如图 12-66 所示。

图 12-66　ls -l 命令输出

表 12-1 描述了该输出的每个组件。

表 12-1　ls -l 命令输出组件及描述

组件	描述
权限	权限定义用户、组及其他对象访问文件和目录的方式
连接	连接数量或此目录（在本示例中为 My_Private_Folder）中的目录数量
用户	显示文件或目录所有者的用户名
组	显示文件或目录所属组的名称
文件大小	以字节为单位显示文件大小
时间和日期	上次修改的日期和时间
文件名称	显示文件或目录的名称

2. 基本 UNIX 文件和目录权限

为了管理系统和强化系统内的边界，UNIX 使用了文件权限。文件权限内置于文件系统结构中，所提供的机制可定义每个文件和目录的权限。UNIX 系统中的每个文件和目录都具有各自的权限，该文件权限定义了所有者、组和其他人可以利用该文件或目录执行的操作。

能够在 UNIX 中覆盖文件权限的唯一用户是根用户。拥有覆盖文件权限的权利意味着根用户可以对任何文件执行写入操作。由于 UNIX 中的所有内容都被作为文件来对待，因此根用户可以完全控制 UNIX 操作系统。在执行维护和管理任务之前通常需要根访问权限。

注　意　由于 Linux 和 macOS 都基于 UNIX，因此这两个操作系统完全符合 UNIX 文件权限的要求。

查看图 12-67 所示的不同权限值。注意文件和目录访问在权限的影响下有何差异。

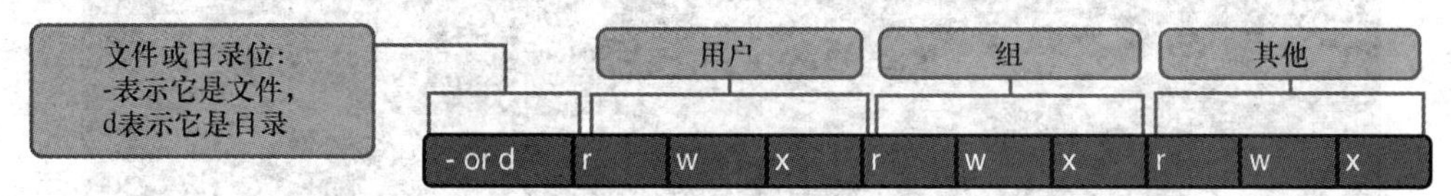

图 12-67　基本 UNIX 文件和目录权限

表 12-2 提供了 UNIX 文件权限的摘要。

表 12-2　UNIX 文件权限摘要

权限	描述
777 -rwxrwxrwx	对权限没有限制。任何人都可以做任何事情：读取、写入或执行文件。这通常不是理想的设置
755 -rwxr-xr-x	拥有此权限，只有文件所有者才可以读取、写入和执行文件，其他所有人只能读取和执行文件。此设置对于系统上所有用户使用的程序是通用的
700 -rwx------	文件所有者可以读取、写入和执行文件，其他人没有任何权利。此设置适用于只有所有者可以使用并且必须对他人保密的程序
666 -rw-rw-rw-	所有用户都可以读取和写入文件，但是没有用户可以执行文件
644 -rw-r--r--	只有文件所有者可以读取和写入文件，而系统上的其他所有人只能读取文件。这是所有用户都可以读取但只有所有者可以更改的数据文件的通用设置
600 -rw-------	文件所有者可以读取和写入文件，其他所有人都无法读取、写入或执行文件。当所有者想要保持数据文件私有时，使用此设置
777 drwxrwxrwx	对权限没有限制，任何人都可以列出、添加或删除目录中的内容。这通常不是理想的设置
755 drwxr-xr-x	目录所有者具有完全访问权限。其他所有人可能会列出目录，但无法创建文件或将其删除。通常可以与其他用户共享的目录可以使用此设置
700 drwx------	目录所有者可以列出、添加或删除目录中的内容，其他所有人都没有访问权限，因此目录所有者可以将目录保留为私有

表 12-3 提供了 UNIX 目录和文件权限的摘要。

表 12-3　目录和文件权限摘要

字节	八进制	权限	描述
000	0	---	无法进入
001	1	--x	只能执行
010	2	-w-	只能写入
011	3	-wx	写入和执行
100	4	r--	只能读取

续表

字节	八进制	权限	描述
101	5	r-x	读取和执行
110	6	rw-	读取和写入
111	7	rwx	读取、写入和执行

3. Linux 管理命令

管理员使用图 12-68 所示的终端监视和控制用户、进程和 IP 地址，并执行其他任务。某些命令可以由用户执行而无须任何特殊特权，而其他命令则需要更高的特权。

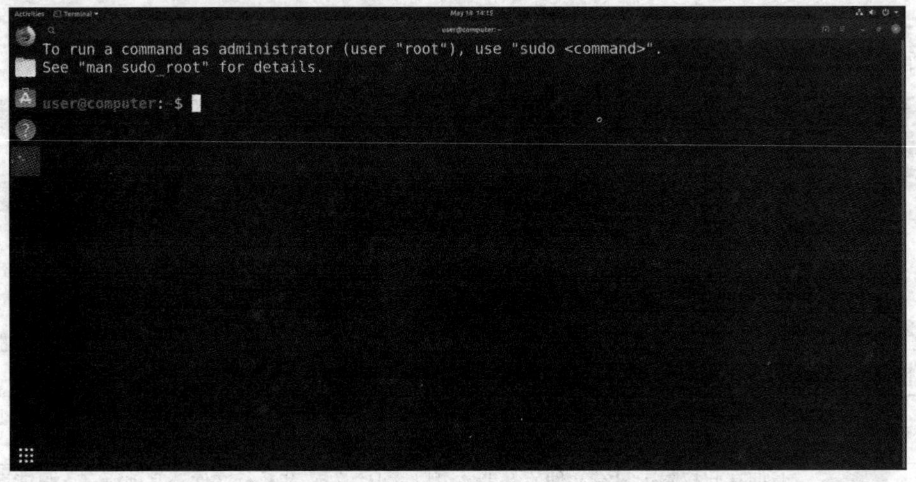

图 12-68　终端

要访问 Ubuntu 发行版的终端，请单击左上角的“Activities”（活动），然后输入“terminal”。在其他 Linux 发行版中，如何打开终端取决于界面。

（1）passwd 命令

passwd 命令允许用户在终端上更改自己的密码，如图 12-69 所示。要更改密码，用户必须知道当前密码。出于安全原因，输入密码时不会显示字符或星号。passwd 命令经常与 pwd 命令混淆，pwd 是打印工作目录的首字母缩写。

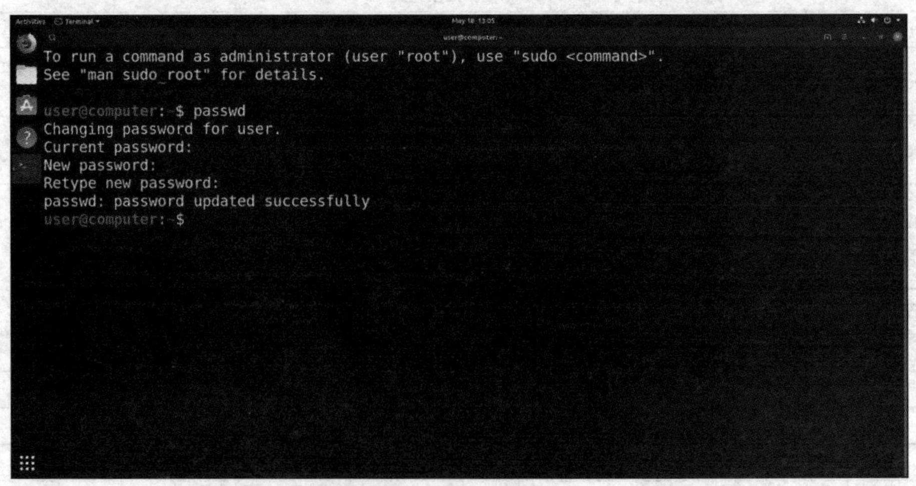

图 12-69　passwd 命令

(2) ps 命令

ps 命令允许用户监控自己的进程，如图 12-70 所示。在不指定任何选项的情况下，ps 命令仅向用户显示当前终端中正在运行的程序。在本示例中第二次使用 ps 命令时，使用-e 选项表示显示所有正在运行的程序。该命令的输出通过管道输送到 grep 命令中，以搜索与单词 gnome（发音为 Gee-Nome）匹配的输出行。

```
user@computer:~$ ps
  PID TTY          TIME CMD
24022 pts/2    00:00:00 bash
25502 pts/2    00:00:00 ps
user@computer:~$ ps -e | grep gnome
  791 ?        00:00:00 gnome-keyring-d
  811 tty2     00:00:00 gnome-session-b
 1307 tty2     00:00:16 gnome-shell
 1411 ?        00:00:00 gnome-shell-cal
 2394 ?        00:00:00 gnome-terminal-
 2396 ?        00:00:03 gnome-software
 2908 ?        00:00:02 gnome-control-c
15038 ?        00:00:00 gnome-keyring-d
15201 tty3     00:00:00 gnome-session-b
16758 tty3     00:00:19 gnome-shell
17997 ?        00:00:00 gnome-shell-cal
23852 ?        00:00:02 gnome-terminal-
23854 ?        00:00:01 gnome-software
user@computer:~$
```

图 12-70 ps 命令

(3) kill 命令

kill 命令允许用户终止已启动的进程，如图 12-71 所示。在本示例中，Firefox 是使用&在后台启动的。kill 命令用于突然中止 Firebox 进程。使用“man kill”可查看 kill 命令的实用选项。

```
user@computer:~$ firefox&
[1] 26187
user@computer:~$ kill 26187
user@computer:~$ Exiting due to channel error.
[GFX1-]: Receive IPC close with reason=AbnormalShutdown
[Child 26341, Chrome_ChildThread] WARNING: pipe error (3): Connection reset by peer: file /build
/firefox-kqTGhi/firefox-66.0.5+build1/ipc/chromium/src/chrome/common/ipc_channel_posix.cc, line
357
Exiting due to channel error.
Exiting due to channel error.
Exiting due to channel error.

[1]+  Terminated              firefox
user@computer:~$
```

图 12-71 kill 命令

(4) ifconfig 命令

ifconfig 命令与 Windows ipconfig 命令的使用方式基本相同，如图 12-72 所示。虽然它在 CompTIA A+目标中被引用，但此命令已被弃用，应改为使用“ip address”命令。

(5) iwconfig 命令

iwconfig 命令是众多以“iw”开头的无线命令之一，如图 12-73 所示。iwconfig 命令允许用户设置和查看自己的无线设置。图 12-73 中未使用任何无线连接。

(6) chmod 命令

chmod 命令允许用户更改其拥有文件的权限，如图 12-74 所示。在本示例中，使用八进制模式使脚本可执行，并使用参考模式将其还原。

```
user@computer:~$ ifconfig
enp0s3: flags=4163<UP,BROADCAST,RUNNING,MULTICAST>  mtu 1500
        inet 10.0.2.15  netmask 255.255.255.0  broadcast 10.0.2.255
        inet6 fe80::62dd:5fa0:1ec4:d753  prefixlen 64  scopeid 0x20<link>
        ether 08:00:27:6b:f6:ca  txqueuelen 1000  (Ethernet)
        RX packets 237718  bytes 204581429 (204.5 MB)
        RX errors 0  dropped 0  overruns 0  frame 0
        TX packets 111305  bytes 6950644 (6.9 MB)
        TX errors 0  dropped 0 overruns 0  carrier 0  collisions 0

lo: flags=73<UP,LOOPBACK,RUNNING>  mtu 65536
        inet 127.0.0.1  netmask 255.0.0.0
        inet6 ::1  prefixlen 128  scopeid 0x10<host>
        loop  txqueuelen 1000  (Local Loopback)
        RX packets 719  bytes 66588 (66.5 KB)
        RX errors 0  dropped 0  overruns 0  frame 0
        TX packets 719  bytes 66588 (66.5 KB)
        TX errors 0  dropped 0 overruns 0  carrier 0  collisions 0

user@computer:~$ ip address | grep 10.0.2.15
    inet 10.0.2.15/24 brd 10.0.2.255 scope global dynamic noprefixroute enp0s3
user@computer:~$
```

图 12-72　ifconfig 命令

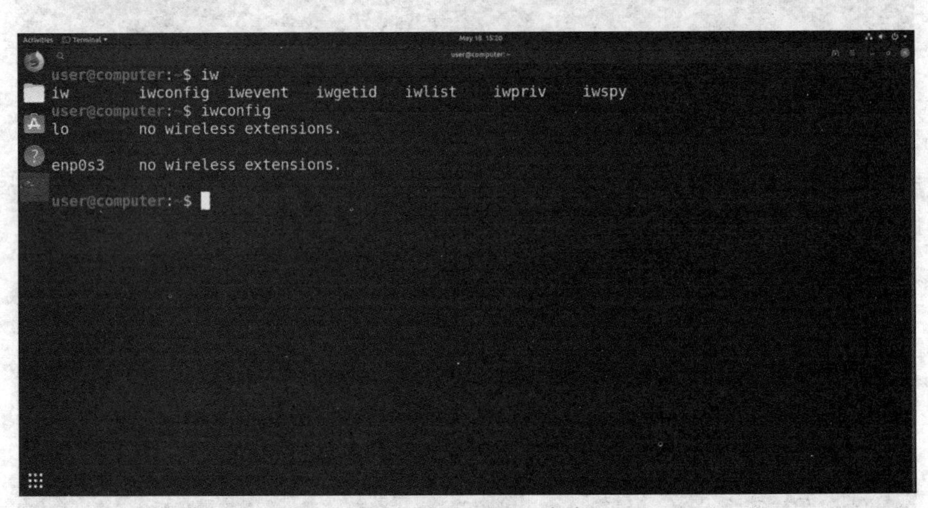

图 12-73　iwconfig 命令

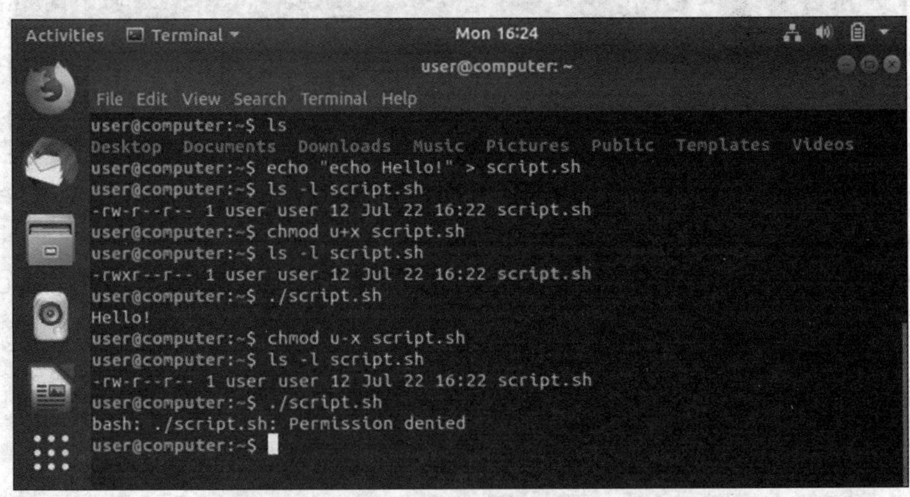

图 12-74　chmod 命令

4. 需要 root 访问权限的 Linux 管理命令

有些命令可在无特殊权限的情况下使用，而有些命令则有时或始终需要 root 访问权限，如图 12-75 所示。通常情况下，用户可操作其自身主目录中的文件，但若要操作整个服务器上的文件和设置，则需要 sudo（超级用户执行）或 root 访问权限。

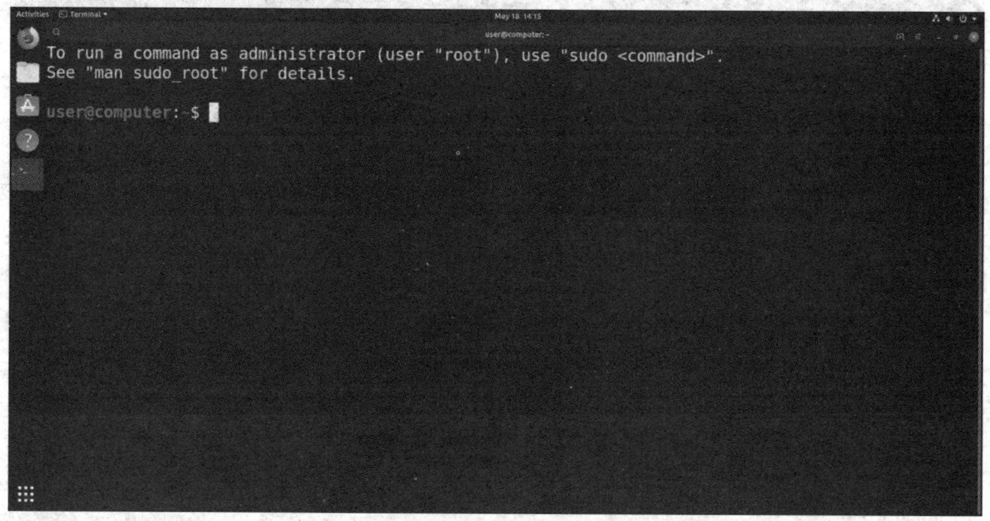

图 12-75　需要 root 访问权限的命令

（1）sudo 命令

sudo 命令可以在不更改用户配置文件的情况下授予用户 root 访问权限，如图 12-76 所示。只有当用户列在/etc/sudoers 文件中时，才会在有限时间内授予访问权限。在本示例中，需要使用 sudo 命令来结束进程。

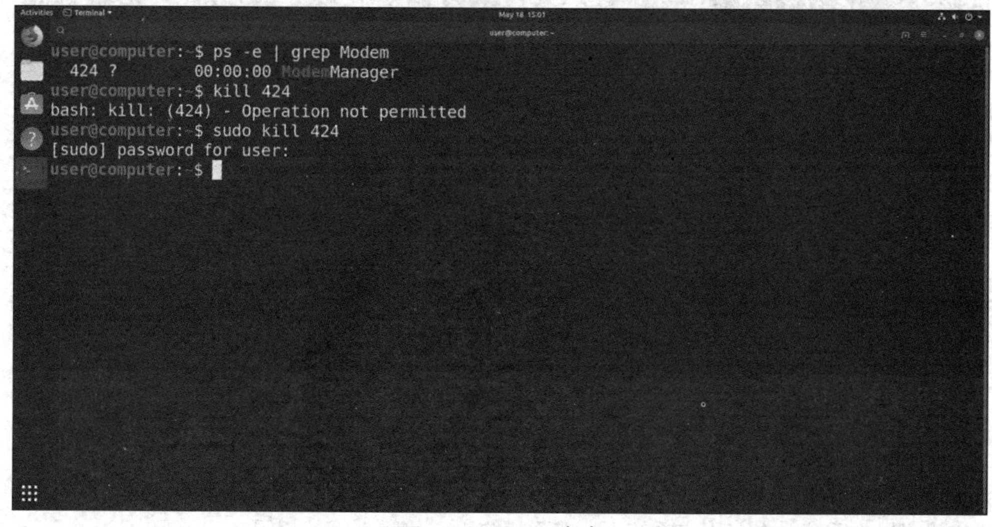

图 12-76　sudo 命令

（2）chown 命令

chown 命令允许用户切换一个或多个文件的所有者和组，如图 12-77 所示。使用 su 或 sudo 命令后，用户可能会在自己的主目录中看到不属于自己的文件。在 chown 命令中使用-R(recursive)选项时可将用户主目录中所有文件的所有权交还给该用户。

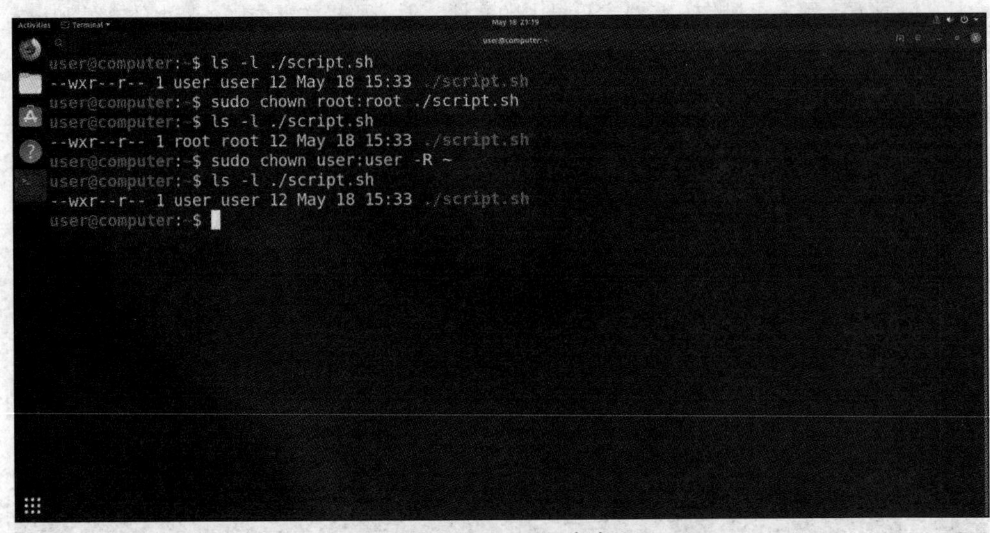

图 12-77 chown 命令

（3）apt-get 命令

apt-get 命令用于在基于 Debian 的 Linux 发行版上安装和管理软件，如图 12-78 所示。此命令有许多可用选项，输入“apt”即可进行查看。apt-get 命令已被弃用，使用“apt”即可。

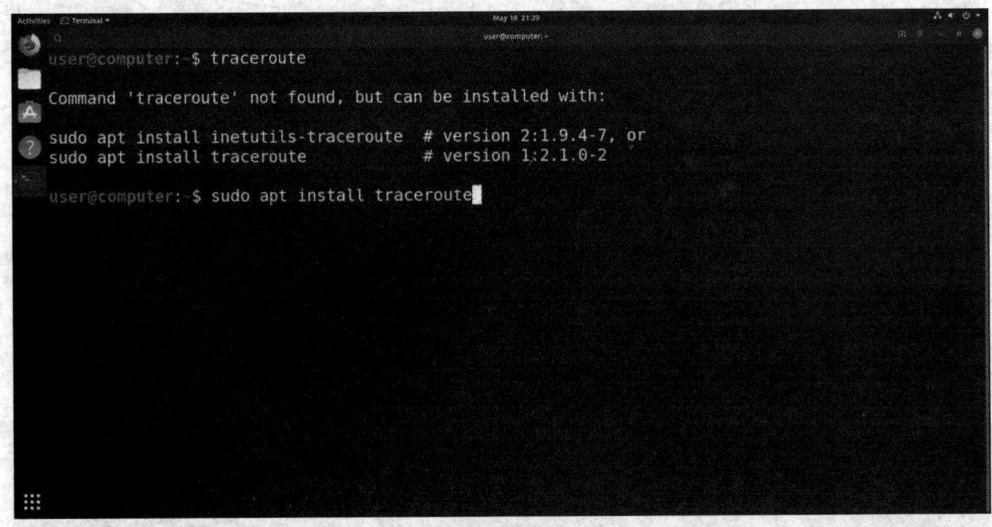

图 12-78 apt 命令

（4）shutdown 命令

shutdown 命令用于中断和重新启动操作系统，如图 12-79 所示，还可用于警告用户即将关闭或计划在未来关闭操作系统。在多用户系统中，普通用户没有关闭系统的权限。

（5）dd 命令

dd（磁盘复制）命令用于复制文件和分区，并创建临时交换文件，如图 12-80 所示。使用 dd 命令时应非常谨慎。

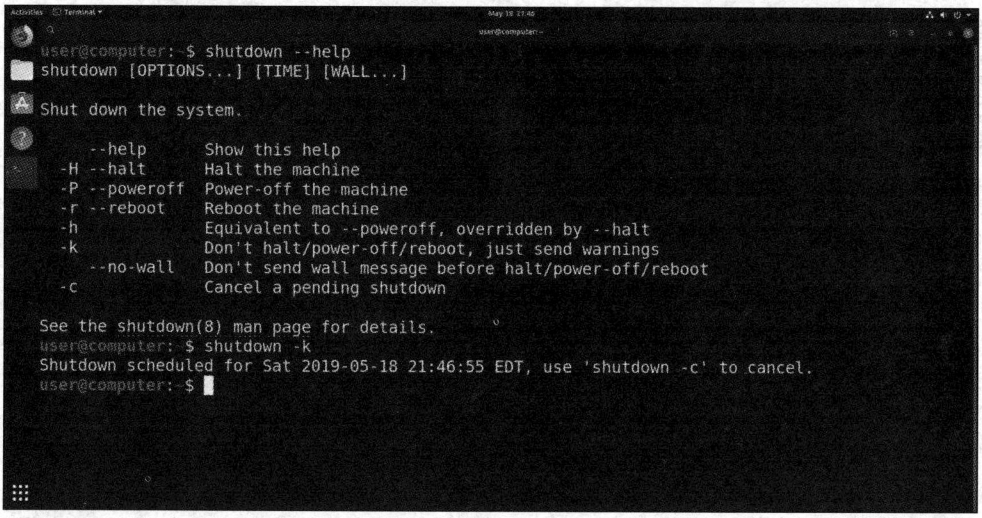

```
user@computer:~$ shutdown --help
shutdown [OPTIONS...] [TIME] [WALL...]

Shut down the system.

     --help      Show this help
  -H --halt      Halt the machine
  -P --poweroff  Power-off the machine
  -r --reboot    Reboot the machine
  -h             Equivalent to --poweroff, overridden by --halt
  -k             Don't halt/power-off/reboot, just send warnings
     --no-wall   Don't send wall message before halt/power-off/reboot
  -c             Cancel a pending shutdown

See the shutdown(8) man page for details.
user@computer:~$ shutdown -k
Shutdown scheduled for Sat 2019-05-18 21:46:55 EDT, use 'shutdown -c' to cancel.
user@computer:~$
```

图 12-79　shutdown 命令

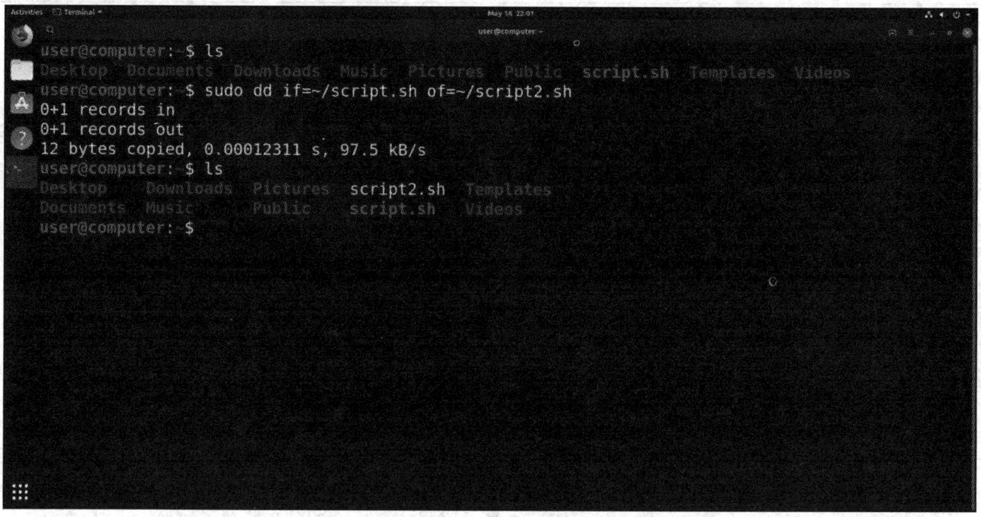

```
user@computer:~$ ls
Desktop  Documents  Downloads  Music  Pictures  Public  script.sh  Templates  Videos
user@computer:~$ sudo dd if=~/script.sh of=~/script2.sh
0+1 records in
0+1 records out
12 bytes copied, 0.00012311 s, 97.5 kB/s
user@computer:~$ ls
Desktop    Downloads  Pictures  script2.sh  Templates
Documents  Music      Public    script.sh   Videos
user@computer:~$
```

图 12-80　dd 命令

12.4　移动、Linux 和 macOS 操作系统的故障排除

所有操作系统都容易出现错误、冻结和其他意外行为。了解基本的故障排除方法对于帮助纠正常见的操作系统问题至关重要。

12.4.1　移动、Linux 和 macOS 操作系统的故障排除过程

故障排除的 6 个步骤如下。

步骤 1　确定问题。

步骤 2 推测潜在原因。

步骤 3 验证推测以确定原因。

步骤 4 制定解决方案并实施方案。

步骤 5 验证全部系统功能并实施预防措施（如果适用）。

步骤 6 记录发现、行为和结果。

1. 确定问题

排除移动设备故障时，请确定设备是否在保修期内。如果在保修期内，通常可将其送回进行维修或更换。如果不在保修期内，请确定维修是否划算。为了确定最佳做法，请将维修成本与移动设备的更换成本进行比较。由于许多移动设备在设计和功能方面变化迅速，因此它们的维修成本通常比更换它们的成本还要高。因此，人们通常选择更换移动设备。

移动设备问题可能是由硬件、软件和网络问题综合导致的。移动设备技术人员必须能够分析问题并确定错误原因才能维修移动设备，此过程即为故障排除。

表 12-4 显示了需要向移动设备、Linux 和 macOS 客户询问的开放式问题和封闭式问题。

表 12-4 确定问题

移动设备	
开放式问题	■ 您遇到了什么问题？ ■ 您正在使用什么版本的移动操作系统？ ■ 您的服务提供商是什么？ ■ 您最近安装了哪些应用程序？
封闭式问题	■ 这个问题以前发生过吗？ ■ 还有其他人使用过移动设备吗？ ■ 您的移动设备是否在保修期内？ ■ 您是否在移动设备上修改了操作系统？ ■ 您是否安装了未经批准的应用程序？ ■ 移动设备是否可以连接到互联网？
Linux 或 macOS	
开放式问题	■ 您遇到了什么问题？ ■ 您计算机的品牌和型号是什么？ ■ 您的计算机运行的是什么版本的 Linux 或 macOS？ ■ 您最近安装了哪些程序或驱动程序？ ■ 您最近安装了哪些操作系统更新？ ■ 您最近更改了哪些系统配置？
封闭式问题	■ 这个问题以前发生过吗？ ■ 还有其他人使用过计算机吗？ ■ 您的计算机是否在保修期内？ ■ 计算机可以连接到互联网吗？

2. 推测潜在原因

与客户交谈后，就可以推测问题的潜在原因。表 12-5 列出了一些导致 Linux 和 macOS、移动设备出现问题的常见潜在原因。

表 12-5 推测潜在原因

Linux 或 macOS 出现问题的常见原因	■ 计算机无法发送或接收电子邮件 ■ 应用程序已停止工作 ■ 安装了恶意应用程序 ■ 计算机已停止响应 ■ 操作系统不是最新的 ■ 用户忘记了自己的登录凭证
移动设备出现问题的常见原因	■ 移动设备无法发送或接收电子邮件 ■ 应用程序已停止工作 ■ 恶意应用程序已被侧加载 ■ 移动设备已停止响应 ■ 移动设备软件或应用程序不是最新的 ■ 用户忘记了密码

3. 验证推测以确定原因

推测出可能导致错误的一些原因后，可以验证推测以确定问题原因。确认推测后，即可确定解决问题的步骤。表 12-6 显示了可帮助您确定确切的问题原因，甚至可帮助纠正问题的方法。如果某个方法的确纠正了问题，您可以直接开始检验完整系统功能的步骤。如果这些方法未能纠正问题，则需要进一步研究问题以确定确切的原因。

表 12-6 验证推测以确定原因

确定 Linux 或 macOS 问题原因的方法	■ 强制关闭正在运行的程序 ■ 重新设置电子邮件账户 ■ 重新启动计算机 ■ 从备份中还原计算机 ■ 更新计算机的操作系统
确定移动设备问题原因的方法	■ 强制关闭正在运行的应用程序 ■ 重新设置电子邮件账户 ■ 重新启动移动设备 ■ 从备份中还原移动设备 ■ 将 iOS 设备连接到 iTunes ■ 更新操作系统 ■ 将移动设备重置为出厂默认设置

4. 制定解决方案并实施方案

确定了问题的确切原因后，可制定行动计划来解决问题并实施解决方案。表 12-7 显示了一些可用于收集其他信息以解决问题的信息来源。

表 12-7 制定解决方案并实施方案

收集信息的来源	■ 维修人员工作日志 ■ 其他技术人员 ■ 制造商常见问题解答网站 ■ 技术网站 ■ 设备手册 ■ 在线论坛 ■ 互联网搜索

5. 验证全部系统功能并实施预防措施（如果适用）

纠正问题后，请验证全部系统功能并实施预防措施（如果适用）。表 12-8 显示了一些用于检验完整系统功能的方法。

表 12-8　验证全部系统功能并实施预防措施（如果适用）

验证 Linux 和 macOS 全部系统功能的方法	■ 重新启动计算机 ■ 使用 Wi-Fi 访问 Internet ■ 使用有线连接访问 Internet ■ 发送测试电子邮件 ■ 打开不同的程序
验证移动设备全部系统功能的方法	■ 重新启动移动设备 ■ 使用 Wi-Fi 访问 Internet ■ 使用 4G、3G 或其他运营商网络访问 Internet ■ 打个电话 ■ 发一条短信 ■ 打开不同类型的应用程序

6. 记录发现、行为和结果

在故障排除的最后一步，您必须记录您的发现、行为和结果。表 12-9 列出了记录问题和解决方案所需的任务。

表 12-9　记录发现、行为和结果

记录发现、行动和结果	■ 与客户讨论已实施的解决方案 ■ 让客户确认问题已解决 ■ 为客户提供所有文书工作 ■ 在工作单和技术人员的日志中记录解决问题的步骤 ■ 记录维修工作中使用的所有组件 ■ 记录解决问题所花费的时间

12.4.2 操作系统的常见问题和解决方案

为了制定出针对移动操作系统的解决方案，您需要理解移动操作系统的功能。本小节将帮助您确定与移动设备及其操作相关的常见问题。

1. 移动操作系统的常见问题和解决方案

表 12-10 描述了如何利用故障排除的第一步（确定问题）来确定针对移动操作系统常见问题可能的解决方案。

表 12-10 移动操作系统的常见问题和解决方案

常见问题	可能原因	可能的解决方案
移动设备无法连接到 Internet	Wi-Fi 已关闭	打开 Wi-Fi
	Wi-Fi 设置不正确	重新配置 Wi-Fi 设置
	飞行模式已打开	关闭飞行模式
应用程序无法响应	该应用程序无法正常运行	强制关闭应用程序
	该应用程序无法关闭	重新启动移动设备
	内存不足	重新安装该应用程序
		如有可能，请取出并重新插入电池
		重置移动设备
	移动设备的存储空间不足	删除不必要的文件
		卸载不必要的应用程序
移动设备无法响应	操作系统遇到错误	重新启动移动设备
	应用程序导致操作系统无响应	如有可能，请取出并重新插入电池
		重置移动设备
	移动设备的内存不足	如有可能，请插入存储卡或将存储卡换成更大的存储卡
	移动设备的存储空间不足	删除不必要的文件
		卸载不必要的应用程序
移动设备无法发送或接收电子邮件	移动设备未连接到 Internet	将设备连接到 Wi-Fi 或蜂窝数据网络
	电子邮件账户设置不正确	重新配置电子邮件账户设置
移动设备无法安装其他应用程序或无法保存照片	移动设备的存储空间不足	如果可能，请插入存储卡或将存储卡换成更大的存储卡
		删除不必要的文件
		卸载不必要的应用程序
移动设备无法与蓝牙设备连接或配对	在移动设备上未启用蓝牙	在移动设备上启用蓝牙
	蓝牙设备超出了移动设备的范围	将蓝牙设备移动到移动设备的范围内
	蓝牙设备未打开	打开蓝牙设备
	PIN 码不正确	输入正确的 PIN 码
移动设备的显示屏看起来很暗	在显示设置中亮度设置得太低	在显示设置中调高亮度
	自动亮度在光线充足的地方效果不佳	关闭自动亮度
	未正确校准自动亮度	重新校准光传感器
移动设备无法广播到外部监视器	没有可用的无线显示设备	安装具有无线显示功能的设备。如果有可用的设备，请将其打开
	未启用 Miracast、Wi-Fi、AirPlay 或其他无线显示技术	启用无线显示功能

续表

常见问题	可能原因	可能的解决方案
移动设备的运行缓慢	GPS 应用程序正在运行	关闭 GPS 应用程序
	一个或多个耗电的应用程序正在运行	关闭所有不必要的应用程序
	移动设备内存不足	重新启动设备
移动设备无法解密电子邮件	电子邮件客户端未设置为解密电子邮件	配置电子邮件客户端为对加密后的电子邮件进行解密
	解密密钥不正确	从加密电子邮件的发件人处获取解密密钥
移动设备操作系统已冻结	应用程序与设备不兼容	卸载不兼容的应用程序
	网络连接不良	移至网络覆盖范围更好的区域
	设备的硬件出现故障	更换所有出现故障的硬件
移动设备无法从扬声器发出声音	在音频设置或应用程序中，设备的音量设置过低	在音频设置或应用程序中调高音量
	移动设备被静音	取消静音
	扬声器发生故障	更换扬声器
移动设备的触摸屏响应不灵活	未在显示设置或应用程序中校准触摸屏	在显示设置或应用程序中重新校准触摸屏
	触摸屏脏了	清洁触摸屏
	触摸屏由于损坏或进水而短路	更换触摸屏

2. 移动操作系统的安全性问题和解决方案

表 12-11 描述了如何利用故障排除的第一步（确定问题）来确定移动操作系统安全性问题可能的解决方案。

表 12-11　移动操作系统的安全性问题和解决方案

安全性问题	可能原因	可能的解决方案
移动设备的信号较弱，或者信号已丢失	该区域没有足够的手机信号塔	移至人口更多、信号塔更多的区域
	该区域位于运营商的覆盖区域之间	将设备移动到信号覆盖范围内的区域
	您所在的建筑物屏蔽了信号	移至建筑物内或室外的其他区域
	您紧握移动设备的手挡住了信号	改变您对移动设备的控制
移动设备的电源消耗比正常情况下更快	该设备正在手机信号塔或覆盖区域之间漫游	将设备移动到信号覆盖范围内的区域
	显示器被设置为高亮度	将显示器设置为较低的亮度
	应用程序使用太多资源	关闭所有不必要的应用程序
	使用了太多的收音机	关闭所有不必要的收音机
		重新启动设备

续表

安全性问题	可能原因	可能的解决方案
移动设备的数据传输速度较慢	连接的手机信号塔距离太远，无法高速传输数据	靠近手机信号塔
	移动设备正在漫游	将设备移动到信号覆盖范围内的区域
	数据传输已超出设备的使用限制	提高设备的数据限制
	设备资源利用率很高	关闭设备的数据使用情况
		关闭所有不必要的应用程序
		重新启动设备
移动设备无意间连接到 Wi-Fi 网络	设备被设置为自动连接到未知的 Wi-Fi 网络	设置设备，使其仅连接到已知的 Wi-Fi 网络
移动设备无意间与蓝牙设备配对	设备被设置为自动与未知设备配对	将设备设置为默认关闭蓝牙配对
		关闭蓝牙
移动设备泄漏了个人文件和数据	设备已丢失或被盗	远程锁定或远程擦除设备
	该设备已被恶意软件入侵	扫描并从设备中删除恶意软件
未经授权的人员访问了移动设备的账户	默认情况下将存储凭据	将设备设置为默认情况下不存储凭据
	没有使用 VPN	使用 VPN 连接
	设备上未设置密码	在设备上设置密码
	设备上的密码被发现	将密码更改为更强的密码
	该设备已被恶意软件入侵	扫描并从设备中删除恶意软件
	存储账户凭据的提供者数据库已被破坏	提供者需要加强安全措施
应用程序取得了未经授权的 root 权限	该设备已被恶意软件入侵	扫描并从设备中删除恶意软件
移动设备在未经允许的情况下被跟踪	GPS 已开启，但没有应用程序使用它	不使用时请关闭 GPS
	一个应用程序被允许连接到 GPS	关闭或删除所有不需要的、可允许与 GPS 连接的应用程序
	该设备已被恶意软件入侵	扫描并从设备中删除恶意软件
移动设备的相机或麦克风被非法访问	一个应用程序被允许连接到相机或麦克风	关闭或删除所有不需要的、可允许连接到相机或麦克风的应用程序
	该设备已被恶意软件入侵	扫描并从设备中删除恶意软件

3. Linux 和 macOS 操作系统的常见问题和解决方案

表 12-12 描述了如何利用故障排除的第一步（确定问题）来确定针对 Linux 和 macOS 操作系统常见问题可能的解决方案。

表 12-12 Linux 和 macOS 操作系统的常见问题和解决方案

<table>
<tr><th>常见问题</th><th>可能原因</th><th>可能的解决方案</th></tr>
<tr><td rowspan="2">自动备份操作无法启动</td><td>在 macOS 中 Time Machine 已被关闭</td><td>在 macOS 中打开 Time Machine</td></tr>
<tr><td>在 Linux 中 DéjàDup 已被关闭</td><td>在 Linux 中打开 DéjàDup</td></tr>
<tr><td rowspan="4">目录显示为空</td><td rowspan="2">该目录是另一个磁盘或分区的安装点</td><td>使用适用于 macOS 的磁盘实用程序，使用正确的目录重新挂载磁盘</td></tr>
<tr><td>在 Linux 的磁盘空间中使用正确的目录重新挂载磁盘</td></tr>
<tr><td>文件被意外删除</td><td>使用 Time Machine 或 DéjàDup 从备份中还原已删除的文件</td></tr>
<tr><td>文件被隐藏</td><td>选择文件浏览器中的“显示隐藏的文件”选项</td></tr>
<tr><td rowspan="2">应用程序在 macOS 中停止响应</td><td>该应用程序已停止工作</td><td>使用强制退出来终止该应用程序</td></tr>
<tr><td>该应用程序正在使用的资源变得不可用</td><td>使用强制退出来终止该应用程序</td></tr>
<tr><td rowspan="3">使用 Ubuntu 无法访问 Wi-Fi</td><td rowspan="3">无线网卡驱动程序未正确安装</td><td>如果可用，请从制造商的网站上安装 Linux 驱动程序</td></tr>
<tr><td>如果可用，请从 Ubuntu 存储库安装 Linux 驱动程序</td></tr>
<tr><td>查看 Linux 发行版的无线网卡硬件兼容性列表</td></tr>
<tr><td rowspan="2">macOS 无法使用“远程光盘”功能读取远程光盘内容</td><td>Mac 已经安装了光盘驱动器</td><td>将介质放入本地光盘驱动器中</td></tr>
<tr><td>请求允许使用光盘驱动器的选项已启用</td><td>接受允许使用驱动器的请求</td></tr>
<tr><td rowspan="2">Linux 无法启动，并且收到了“Missing GRUB”或“Missing LILO”的消息</td><td>GRUB 或 LILO 已损坏</td><td rowspan="2">在安装介质中运行 Linux，打开终端,然后使用命令 sudo grub-install 或 sudo lilo-install 安装引导管理器</td></tr>
<tr><td>GRUB 或 LILO 已被删除</td></tr>
<tr><td rowspan="2">Linux 或 macOS 停止运行，并在屏幕显示停止处显示内核错误</td><td>驱动程序已损坏</td><td>从制造商的网站更新所有设备驱动程序</td></tr>
<tr><td>硬件出现故障</td><td>更换所有出现故障的硬件</td></tr>
</table>

12.5 总结

在本章中，您了解到，与台式机和便携式计算机类似，移动设备也使用操作系统与硬件进行交互并运行软件。Android 和 iOS 是两种常用的移动操作系统。您了解到 Android 是一种可定制的开源操作系统，而 iOS 则是未经 Apple 授权时无法对其进行修改或重分发的闭源操作系统。这两种平台均通过应用程序来提供功能。

移动设备容易丢失或被盗，因此身为 IT 专业人员，您需要熟悉各种移动安全功能，比如屏幕锁定、生物身份验证、远程锁定、远程擦除，以及修补与升级。您了解到可使用面部识别、密码、图案、滑动和指纹解锁移动设备。您还了解到，可将移动操作系统配置为在登录失败尝试次数过多的情况下禁止访问，以防止他人试图猜测密码。远程锁定和远程擦除是面向丢失或被盗设备的另一种安全措施。

这两种功能允许远程锁定或擦除设备，以防止设备上的数据被泄露。

您了解了 Linux 和 macOS 操作系统以及二者之间的一些区别。Linux 支持 ext3、ext4、FAT 和 NFS 文件系统，而 macOS 则支持 HFS 和 APFS。此外，macOS 还包括了一种名为 Time Machine 的备份工具，而 Linux 则没有内置的备份工具。另一个主要区别是，用户可以轻松更换 Linux 的 GUI。

最后，您学习了适用于移动、Linux 和 macOS 操作系统故障排除的 6 个步骤。

12.6 复习题

请您完成此处列出的所有复习题，以测试您对本章主题和概念的理解。答案请参考附录。

1. Android 或 iOS 移动设备的哪些功能有助于防止恶意程序感染设备？
   A. 手机运营商阻止移动设备应用程序访问某些智能手机的功能和程序
   B. 密码限制了移动设备应用程序访问其他程序
   C. 移动设备应用程序在沙盒中运行，使其与其他资源隔离
   D. 远程锁定功能可防止恶意程序感染设备
2. 以下哪些是 Android 操作系统的功能？（双选）
   A. Android 是开源的，任何人都可以为它的开发和发展做出贡献
   B. Android 已在相机、智能电视和电子书阅读器等设备上实现
   C. 所有可用的 Android 应用程序都已经过 Google 的测试和批准，可以在开源操作系统上运行
   D. Android 的每种实现都需要向 Google 支付版权费
   E. Android 应用程序只能从 Google Play 下载
3. 使用 iOS 设备的“Home”键可以完成以下哪些任务？（多选）
   A. 唤醒设备　B. 响应警报　C. 显示导航图标　D. 返回主屏幕
   E. 打开音频控制　F. 将应用程序放入文件夹
4. 以下哪两种移动设备支持云的服务类型？（双选）
   A. 定位器应用程序　B. 远程备份　C. 密码配置　D. 屏幕校准
   E. 屏幕应用程序锁定
5. 一家公司正在创建一个要在 Linux 服务器上托管的新网站，系统管理员创建 Webteam 组并为其分配团队成员，然后管理员创建用于存储文件的目录网页。当天晚些时候，一名团队成员报告无法在网页目录或子目录中创建文件。管理员使用 ls -l 命令查看文件权限，显示的结果是 drwxr-xr--。管理员应该怎么做才能允许团队成员添加和编辑文件？
   A. 将用户添加到 webteam 组　B. 发出命令 chmod 775-R webteam
   C. 发出命令 chmod 775-R webpages　D. 使用户成为目录和子目录的所有者
6. 以下哪两个术语描述了解锁 Android 和 iOS 移动设备，以允许用户完全访问文件系统和完全访问内核模块？（双选）
   A. 补丁　B. root　C. 远程擦除　D. 沙盒
   E. 越狱
7. 一个使用 Android 移动设备的用户按住电源键和音量调低键，直到设备关闭。然后，该用户重新打开设备。这个用户对设备做了什么？
   A. 正常关机　B. 恢复出厂设置
   C. 完整备份到 iCloud　D. 设备的标准重置
   E. 操作系统更新

8. 可以使用以下哪几种方法来解锁智能手机?(多选)

A. NFC　B. 密码　C. 加密　D. 图案

E. QR码扫描　F. 生物特征信息

9. 用户在Android智能手机上单击“Recent Apps”图标就可以查看最近使用的应用程序列表。用户应怎么做才能从列表中删除应用程序?

A. 向上滑动应用程序　B. 双击该应用程序

C. 向下滑动应用程序　D. 将应用程序向任一侧滑动

10. 用户拥有一部iOS设备。如果用户忘记了解锁设备的密码会怎么样?

A. 用户必须致电Apple公司重置密码

B. 用户可以访问Apple网站以发起密码重置请求

C. 用户必须从保存在iTunes或iCloud中的备份执行完全还原

D. 用户可以使用iCloud网站上的“查找我的iPhone”服务来重置密码

11. 哪个Linux CLI命令可以删除文件?

A. rm　B. man　C. ls　D. cd

E. mkdir　F. moves

12. 移动设备上的GPS功能可以提供以下哪些特定于位置的服务?(双选)

A. 播放本地歌曲　B. 投放本地广告

C. 显示本地天气信息　D. 规划两个地点之间的路线

E. 驾驶时显示目的地城市的地图

13. 系统管理员正在Linux服务器上使用crontab命令编辑条目。管理员在做什么?

A. 编辑Shell脚本以在服务器启动时运行　B. 在可用时安装新的BIOS更新

C. 安排任务在特定的时间和日期运行　D. 在网络浏览器关闭后删除缓存和Cookie

14. 以下哪两项预防性维护任务应该被安排为自动发生?(双选)

A. 执行定期备份　B. 扫描签名文件

C. 更新操作系统　D. 恢复出厂设置

E. 检查磁盘坏扇区

15. 判断正误:Android和macOS都基于UNIX操作系统。

A. 正确　B. 错误

第 13 章

安全

学习目标

通过完成本章的学习，您将能够回答下列问题。

- 有哪些不同类型的恶意软件？
- 防范恶意软件的措施有哪些？
- 有哪些不同类型的网络攻击？
- 有哪些不同的社交工程攻击？
- 什么是安全策略？
- 什么是物理安全措施？
- 保护数据的措施有哪些？
- 如何保护工作站的安全？
- 如何使用 Windows 本地安全策略工具进行安全配置？
- 如何管理用户和组？
- 如何使用 Windows 防火墙进行安全配置？
- 如何配置浏览器以实现安全访问？
- 如何在 Windows 中配置安全维护？
- 如何配置无线设备以实现安全通信？
- 安全故障排除有哪 6 个步骤？
- 安全的常见问题及解决方案是什么？

内容简介

本章将介绍威胁计算机及其所含数据安全的攻击类型。IT 技术人员在组织中负责保护数据和计算机设备的安全。为了成功保护计算机和网络，技术人员必须了解对物理设备（如服务器、交换机和接线）和数据（如授权访问、被盗或丢失）的威胁。

在本章中，您将了解针对计算机和网络的多种威胁，其中规模最大、最常见的是恶意软件。您将学习常见计算机恶意软件的类型，比如病毒、木马、广告软件、勒索软件、Rootkit、间谍软件和蠕虫，以及针对它们的技术。同时，您还将了解各类 TCP/IP 攻击，比如拒绝服务、欺骗、SYN 泛洪攻击和中间人攻击。网络犯罪分子经常使用社交工程欺骗和戏弄不知情的个人，以泄露机密信息或账户登录凭证。您将了解多种形式的社交工程攻击，比如网络钓鱼、假托、引诱和垃圾搜寻，并将了解防范此类攻击的方法。

您还将了解制定安全策略的重要性。安全策略是一系列安全目标，用于确保组织中的网络、数据和计算机的安全。您将了解到，良好的安全策略应指定授权访问网络资源的人员、密码的最低要求、网络资源的可接受用途、远程用户访问网络的方式以及安全事件的处理方式。您将了解基于主机的防火墙，以及如何对其进行配置以允许或拒绝对特定程序或端口的访问。

最后，您将学习适用于确保安全性的故障排除的 6 个步骤。

13.1 安全威胁

本节将介绍威胁计算机及其所含数据安全的攻击类型。技术人员负责一个组织中数据和计算机设备的安全。您将学会如何与客户合作，以确保提供最佳的保护。

13.1.1 恶意软件

本小节将讨论各种类型的恶意软件。恶意软件已成为一个综合性的术语。恶意软件可以损害和摧毁计算机系统及其存储的数据。

1. 恶意软件的来源及影响

许多类型的威胁都是为了破坏计算机和网络而产生的。对计算机及其所含数据最大且最常见的威胁是恶意软件。恶意软件是由网络犯罪分子开发的用于执行恶意行为的软件。实际上，单词 malware（恶意软件）是 malicious software 的缩写。

恶意软件通常在用户不知情的情况下安装到计算机上。一旦主机被感染，恶意软件便会造成下列影响。

- 篡改计算机配置。
- 删除文件或损坏硬盘驱动器。
- 在未经用户许可的情况下收集计算机上存储的信息。
- 在计算机上打开多余窗口或重定向浏览器。

恶意软件为何会出现在计算机上？网络犯罪分子利用各种方法来感染主机，而用户的系统因如下原因有被感染的风险。

- 访问受感染的网站。
- 使用过时的杀毒软件。
- 没有为新漏洞打补丁的网络浏览器。
- 下载了一个“免费”程序。
- 打开了不请自来的电子邮件。
- 在文件共享网站上交换了文件。
- 被另一个受感染的主机感染。
- 插入在公共区域发现的 U 盘。

网络犯罪分子会根据他们的目标使用不同类型的恶意软件。

不合规系统和传统系统极易遭受软件漏洞的攻击。不合规系统是指没有更新操作系统或应用程序补丁，或者缺少防病毒和防火墙安全软件的系统。传统系统是提供商不再为漏洞提供支持或修复的系统。

2. 恶意软件的区别

恶意软件可以有许多不同的来源。您必须知道 7 种主要恶意软件之间的区别：间谍软件、广告软件、Rootkit、勒索软件、病毒、蠕虫和木马。

请阅读每个场景并选择每个场景中的恶意软件类型。

场景

场景 1：您刚刚下载并安装了一个免费游戏，但浏览器中突然出现一个新的“搜索”工具栏。

场景 2：您启动了计算机，系统显示了一个页面，声称您的文件已被加密，而您必须提供比特币才能解密您的硬盘驱动器。

场景 3：网络犯罪分子在您的计算机上安装了某种很难检测到的恶意软件以获取系统级别的权限，现在可以远程控制您的计算机。

场景 4：每当您在计算机上访问安全站点时，某个程序就会私下捕获登录凭证并将其发送给网络犯罪分子。

场景 5：在访问了一个免费游戏网站后，您的计算机会弹出一个窗口，显示它发现了几个病毒，要想修复必须下载并运行免费的杀毒软件。当您下载软件并用软件扫描计算机时，它会报告所有病毒都已被清除。但是，这个免费的杀毒软件却安装了一个后门程序，让网络犯罪分子可以进入您的主机。

场景 6：您打开了一个电子邮件附件，突然您的计算机关机了。您试图重新启动它，但它一直关机。

场景 7：企业网络突然变得非常缓慢，而且反应迟钝。

答案

场景 1：广告软件。这种恶意软件可以使用 Web 浏览器弹出窗口、新工具栏显示未经请求的广告或意外地将网页重定向到其他网站。

场景 2：勒索软件。这种恶意软件会对目标设备上的文件进行加密，然后要求支付赎金才能解密文件。

场景 3：Rootkit。这种恶意软件会被网络犯罪分子用来获取计算机管理员账户级别的访问权限并远程控制计算机。

场景 4：间谍软件。这种恶意软件和按键记录器监控用户活动并将信息发送给网络犯罪分子。

场景 5：木马。这种恶意软件与合法软件一起打包，当用户安装合法应用程序时就会被激活。

场景 6：病毒。这种恶意软件需要人为操作才能传播并感染其他主机。病毒会主动尝试复制自己并进行传播。

场景 7：蠕虫。这种恶意软件利用网络应用程序消耗带宽，使设备崩溃或安装其他恶意软件。

3. 病毒和木马

最常见的计算机恶意软件类型是病毒。病毒需要人为操作才能传播和感染其他计算机。例如，当受害者打开邮件附件、USB 驱动器上的文件或下载文件时，病毒就可能会感染计算机。

病毒通过将自身依附于计算机上的计算机代码、软件或文档中来隐藏自己。当这种文件被打开时，病毒就会执行程序并感染计算机。以下是病毒感染主机后可能产生的后果。

- 更改、损坏或删除文件或清除整个计算机驱动器。
- 导致计算机启动出现问题和破坏应用程序。
- 捕捉并向攻击者发送敏感信息。
- 访问并使用电子邮件账户进行传播。
- 在被攻击者召唤之前处于休眠状态。

现代病毒出于特定的邪恶原因被开发出来。表 13-1 列出了一些主要的病毒类型。

表 13-1 病毒的类型

病毒的类型	描述
启动扇区病毒	攻击启动扇区、文件分区表或文件系统
固件病毒	攻击设备的固件
宏程序病毒	恶意使用微软 Office 宏功能
程序病毒	将自己插入另一个可执行程序中
脚本病毒	攻击用于执行脚本的操作系统解释器

网络犯罪分子还会使用木马来侵害主机。木马是一种看似有用但携带恶意代码的程序。木马经常与免费在线程序，如计算机游戏捆绑在一起。不知情的用户下载并安装游戏时，也就安装了木马恶意软件。

木马有几种类型，如表 13-2 所示。

表 13-2　　木马的类型

木马的类型	描述
远程访问木马	启用未经授权的远程访问
数据发送木马	向攻击者提供敏感数据，如密码
破坏性木马	破坏或删除文件
代理木马	利用受害者的计算机作为源设备发动攻击和进行其他非法活动
FTP 木马	启用终端设备上未经授权的文件传输服务
安全软件禁用木马	阻止杀毒软件或防火墙的运行
拒绝服务（DoS）木马	减慢或停止网络活动
键盘记录器木马	通过记录输入网络表格的按键试图窃取机密信息，如信用卡号码

被网络犯罪分子利用的恶意软件不只病毒和木马这两种，还有为达成特定企图而设计出来的多种其他类型的恶意软件。

要解决由病毒造成的一些问题，可能需要使用 Windows 产品光盘启动计算机，然后使用 Windows 恢复控制台替换 Windows 2000 的恢复控制台，以便在“干净”模式的命令环境中运行命令。恢复控制台能够执行一些功能，比如修复引导文件和写入新的主引导记录或卷引导记录。

4. 恶意软件的类型

恶意软件的类型如下所述。

- 广告软件。
  - 广告软件通常通过下载在线软件来实现分发。
  - 广告软件可以使用 Web 浏览器弹出窗口、新工具栏显示未经请求的广告，或意外地将网页重定向到其他网站。
  - 弹出窗口可能难以控制，因为这些新窗口的弹出速度远远超过用户关闭它们的速度。
- 勒索软件。
  - 勒索软件通常会对文件进行加密，然后显示一条信息，要求用户为解密密钥支付赎金，从而拒绝用户访问其文件。
  - 未做最新备份的用户必须支付赎金才能解密自己的文件。
  - 支付赎金通常通过电汇或加密数字货币，如比特币来完成。
- Rootkit。
  - Rootkit 由网络犯罪分子用来获取对计算机管理员账户级别的访问权限。
  - 它们的检测难度很高，因为它们可以篡改防火墙、防病毒保护、系统文件，甚至操作系统命令以将自身隐藏起来。
  - 它们可以为网络犯罪分子提供后门，使其能够访问计算机和上传文件，并可安装用于 DDoS 攻击的新软件。
  - 必须使用 Rootkit 专杀工具才能将其清除，否则就有可能需要重装系统才能解决问题。
- 间谍软件。
  - 间谍软件类似于广告软件，但它会在未征得用户同意的情况下，收集用户的相关信息并将其发送给网络犯罪分子。

- 间谍软件在收集浏览数据方面威胁较低，在收集个人或财务信息方面威胁较高。

■ 蠕虫。

- 蠕虫是一种通过利用合法软件中的漏洞自动传播而无须用户操作的自我复制程序。
- 它会利用网络搜寻具有相同漏洞的其他受害者。
- 蠕虫的目的通常是拖慢或妨碍网络运行。

13.1.2 预防恶意软件

计算机系统和网络必须受到保护，以防被入侵。技术人员需要了解恶意软件、应采取的预防措施以及可用于减轻攻击的技术。

1. 防恶意软件程序

恶意软件的目的是侵犯隐私、窃取信息、损坏操作系统，或允许黑客控制计算机。使用信誉良好的防病毒软件来保护计算机和移动设备很重要。

以下是清除恶意软件最佳实践流程的 7 个步骤。

步骤 1 识别和研究恶意软件的症状。

步骤 2 隔离被感染的系统。

步骤 3 禁用 Windows 中的系统还原。

步骤 4 修复被感染的系统。

步骤 5 安排扫描并运行更新。

步骤 6 启用 Windows 中的系统还原并创建还原点。

步骤 7 为终端用户提供指导。

如今，防病毒程序通常被称为防恶意软件程序，因为其中许多程序还可以检测和阻止木马、Rootkit、勒索软件、间谍软件、按键记录器和广告软件，如图 13-1 所示。

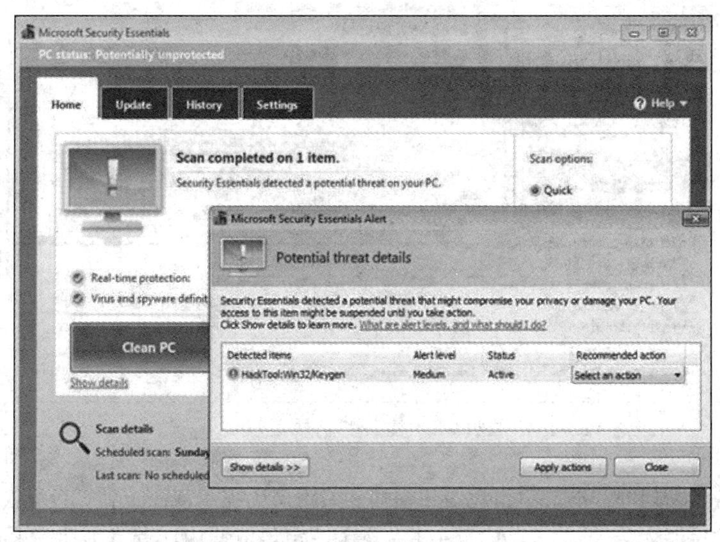

图 13-1 防恶意软件程序

防恶意软件程序是抵御恶意软件的最强防线，因为它们会针对已知恶意软件签名的数据库不断地查找已知模式。它们还能运用启发式恶意软件识别技术，这种技术可以检测与某些类型的恶意软件相关的特定行为。

防恶意软件程序在计算机启动时启动，用于检查系统资源、驱动器和内存中是否存在恶意软件。

然后，它会继续在后台运行，扫描恶意软件签名。当检测到病毒时，防恶意软件程序会显示类似图 13-1 所示的警告。根据软件设置的不同，它会自动隔离或删除恶意软件。

许多知名的安全组织为 Windows、Linux 和 macOS 提供了防恶意软件程序，这些组织包括 McAfee、Symantec (Norton)、Kaspersky、Trend Micro、Bitdefender 等。

注　意　同时使用两个或多个防恶意软件程序可能会对计算机性能造成负面影响。

邮件是最常见的恶意软件传送途径。邮件过滤器是抵御邮件威胁，如垃圾邮件、病毒和其他恶意软件的一道防线，可在邮件到达用户的收件箱之前对邮件消息进行过滤，也可在文件附件被打开之前对其进行扫描。

大多数邮件应用程序均提供邮件过滤功能，也可在组织的邮件网关上安装该功能。除可检测和过滤垃圾邮件以外，邮件过滤器还允许用户创建已知垃圾邮件发送者域的黑名单，并将已知受信任或安全域列入白名单。

恶意软件也可通过已安装的应用程序进行传送。安装不受信任来源的软件可能会导致木马等恶意软件的传播。为了规避这种风险，提供商实施了各种方法限制用户安装不受信任软件的能力。Windows 使用管理员和标准用户账户系统以及用户账户控制（UAC）和系统策略来帮助避免安装不受信任的软件。

在浏览互联网时谨防可能出现的恶意伪装的防病毒软件。大多数伪装的防病毒软件都会显示一个看起来像 Windows 警告窗口的弹出窗口，如图 13-2 所示。它们通常声称计算机被感染，必须进行清理。在窗口中单击任意位置就会开始恶意软件的下载和安装。

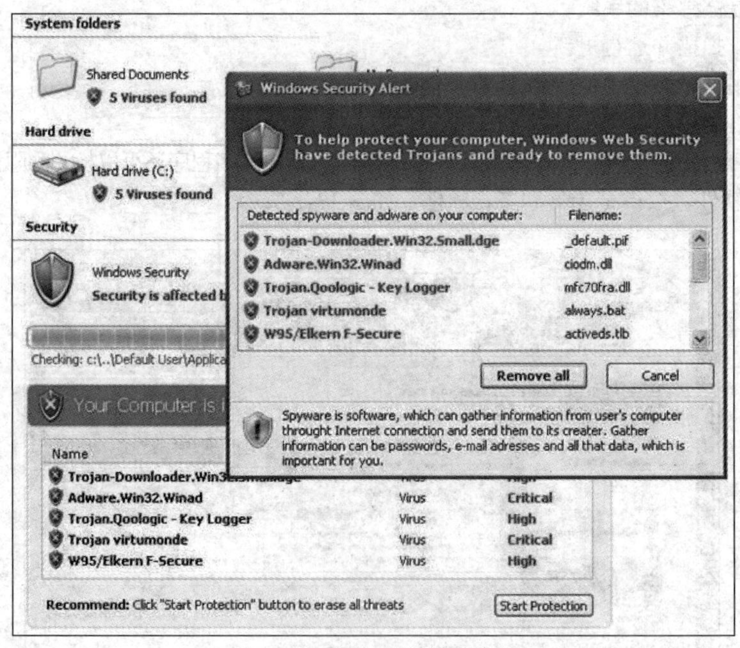

图 13-2　伪装的防病毒软件

出现可疑的警告窗口时，不要单击此警告窗口。关闭该选项卡或浏览器，查看警告窗口是否消失。如果该选项卡或浏览器无法关闭，按 Alt+F4 组合键关闭窗口或使用任务管理器结束程序。如果警告窗口没有消失，请使用已知运行良好的杀毒软件或广告软件防护程序扫描计算机，确保计算机不受感染。

在 Linux 中，如果用户尝试安装不受信任的软件，系统会发出提示。软件使用加密的私钥进行签名，并且需要存储库的公钥才能安装软件。

移动操作系统提供商使用“围墙花园”模式来防止安装不受信任的软件。在此模式下，应用程序通过获得批准的商店进行分发，比如 Apple 的 App Store 或 Microsoft 的 Windows 应用程序商店。

2. 签名文件更新

新的恶意软件始终层出不穷，因此，必须定期更新防恶意软件。更新过程通常在默认情况下启用，但技术人员应了解如何手动更新防恶意软件签名。

要手动更新签名文件，请按照以下步骤进行操作。

步骤 1 如果您加载的文件已损坏，请创建 Windows 还原点。设置还原点可使您返回先前的状态。

步骤 2 打开防恶意软件程序。如果程序被设置为自动更新或自动获取更新，您可能需要关闭自动功能，然后手动执行。

步骤 3 单击 "Update"（更新）按钮。

步骤 4 更新程序后，请使用它扫描计算机，然后检查报告中是否存在病毒或其他问题。

步骤 5 将防恶意软件程序设置为自动更新其签名文件，并定期扫描您的计算机。

请始终从制造商的网站上下载签名文件，以确保更新是可信的并且未被恶意软件损坏，特别是在新恶意软件出现时，这可能会给制造商的网站上带来很大的需求。为了避免在一个网站上产成太多流量，有些制造商将他们的签名文件分发到多个下载站点，这些下载站点被称为镜像站点。

警 告 从镜像站点下载签名文件时，请确保镜像站点的合法性。请始终从制造商的网站链接到镜像站点。

3. 修复已感染的系统

恶意软件防护程序检测到计算机被感染后，会删除或隔离该威胁程序。但是，计算机很可能仍存在危险。

在家庭计算机上发现恶意软件时，应更新防恶意软件并对所有介质进行全面扫描。可将许多防恶意软件程序设置为在开始加载 Windows 之前在系统中运行。这允许该程序访问磁盘的所有区域，而不会受操作系统或任何恶意软件的影响。

在企业计算机上发现恶意软件时，则应从网络中删除这台计算机，以防止其他计算机受到感染。从计算机上拔去所有网络电缆并禁用所有无线连接，然后遵照现行的事件响应策略进行操作即可。这可能包括通知 IT 人员、将日志文件保存到可移动介质或关闭计算机。

删除恶意软件可能需要重新启动计算机进入安全模式，这可以防止系统加载大多数驱动程序。一些恶意软件可能需要防恶意软件提供商提供的特殊工具才能应对。请确保从合法网站下载这些工具。

对于特别顽固的恶意软件，可能需要与专家联系才能确保计算机已被完全清理。否则，可能需要重新格式化计算机并重新安装操作系统，并且从最新的备份中恢复数据。

操作系统还原服务可能在还原点包含受感染的文件。因此，在计算机清除了所有恶意软件后，应删除系统还原文件，如图 13-3 所示。

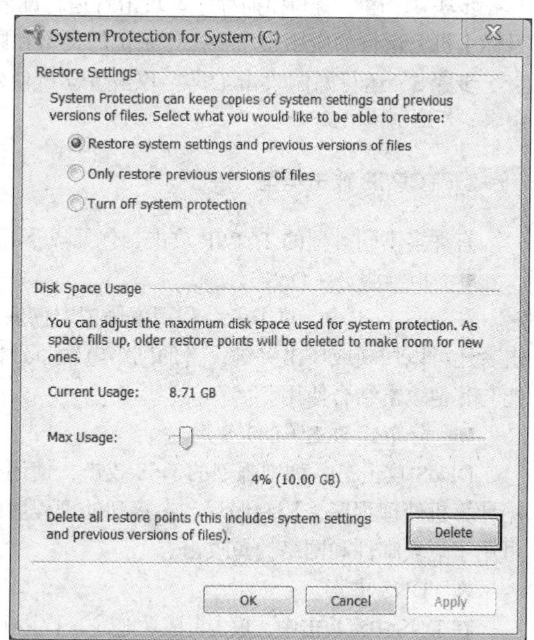

图 13-3 删除系统还原文件

在完成修复之后，您可能需要解决由病毒造成的一些问题，可能有必要使用 Windows 产品光盘启动计算机，然后使用 Windows 恢复控制台替换 Windows 2000 的恢复控制台，以便在“干净”模式的命令环境中运行命令。恢复控制台可以执行一些功能，例如修复引导文件和写入新的主引导记录或卷引导记录。

13.1.3 网络攻击

网络攻击有不同的形式和不同的阶段。它们的共同主题是，网络攻击是对网络基础设施的攻击，其目的是损害或破坏网络系统，不用获取授权即可访问数据和系统。

1. 攻击目标

为了控制在 Internet 上的通信，网络需要使用 TCP/IP 协议簇。因为 TCP/IP 协议簇是事实上的协议簇，它被广泛瞄准，并且有一些已知的漏洞，使得使用它的网络成为了攻击者的主要目标。

攻击者会寻找可利用的 TCP/IP 漏洞。漏洞用于攻击网络，并使其或设备无法做出响应，或帮助攻击者获得内部资源的访问权限。许多 TCP/IP 都以明文形式传输信息，这使它们容易受到多种攻击。

攻击者通常会对目标网络执行一些侦察操作。侦察，也被称为足迹探测，是攻击者尝试尽可能多地了解目标网络的一个攻击阶段。为此，攻击者可能会按照下列步骤采取行动。

步骤 1 对目标执行信息查询。攻击者使用包括 Google 搜索、组织网站、Whois 等工具查找有关目标的网络信息。

步骤 2 对目标网络发起 ping 扫描。攻击者对所发现目标的公共网络地址进行 ping 扫描，以确定哪些 IP 地址处于活动状态。

步骤 3 对活动 IP 地址发起端口扫描。攻击者使用 Nmap、SuperScan 等工具确定活动端口上可用的服务。

步骤 4 运行漏洞扫描程序。攻击者运行漏洞扫描程序，以使用 Nipper、Secunia PSI 等工具发现目标主机上运行的应用程序和操作系统的类型和版本。

步骤 5 运行漏洞攻击工具。攻击者尝试使用 Metasploit 和 Core Impact 等工具发现易受攻击的服务。

2. TCP/IP 攻击类型

有许多不同类型的 TCP/IP 攻击，包括以下几种。

- 拒绝服务（DoS）。

在 DoS 攻击中，攻击者会利用虚假请求彻底击垮目标设备，让设备无法为合法用户提供服务。攻击者还可以切断或拔出关键设备的网络电缆，致使网络中断。DoS 攻击可能是恶意原因导致的，也可能与其他攻击结合使用。

- 分布式 DoS（DDoS）。

DDoS 攻击是一种增强型的 DoS 攻击，使用被称为僵尸的许多受感染主机来击垮目标。攻击者使用计算机处理程序来控制僵尸。在接到处理程序的指示之前，僵尸网络将保持休眠状态。僵尸网络也可用于垃圾邮件和网络钓鱼攻击。

- DNS 中毒。

在 DNS 中毒攻击中，攻击者成功地感染了主机，让主机接受指向恶意服务器的虚假 DNS 记录。随后，流量将转移到这些恶意服务器以捕获机密信息。接着，攻击者会从该位置检索数据。

■ 中间人攻击（MITM）。

在 TCP/IP MITM 攻击中，攻击者会截获两台主机之间的通信。成功之后，攻击者便可捕获数据包并查看其内容，并可执行操纵数据包等操作。MITM 攻击可通过 ARP 中毒欺骗攻击来实现。

■ 重播攻击。

重播攻击是一种欺骗攻击，其中攻击者捕获了经身份验证的数据包，更改了数据包的内容，将其发送至原目标，其目的是让目标主机相信已被篡改的数据包真实可靠。

■ 欺骗攻击。

在 TCP/IP 欺骗攻击中，攻击者会伪造 IP 地址。例如，攻击者伪造受信任主机的 IP 地址，以获取对资源的访问权限。

■ SYN 泛洪攻击。

SYN 泛洪攻击是一种利用 TCP 三次握手的 DoS 攻击。攻击者会向目标连续发送错误的 SYN 请求。目标会不堪重负，无法建立有效的 SYN 请求，最终引发 DoS 攻击。

3. 零日攻击

以下两个术语通常用于描述检测到威胁的时间。

- **零日：**有时也被称为零日攻击、零日威胁或零日漏洞攻击等，是未知漏洞被提供商发现的那一天。该术语是对提供商应对漏洞所需时间的参照。
- **零时：**发现攻击的时刻。

在零日到提供商制定解决方案的这段时间内，网络处于易受攻击的状态。

在图 13-4 所示的示例中，软件提供商已获知出现了新的漏洞。在应对漏洞的补丁发布之前，攻击者都可以对该软件发起攻击。请注意，在该示例中，需要数日时间和若干软件补丁更新来缓解威胁。

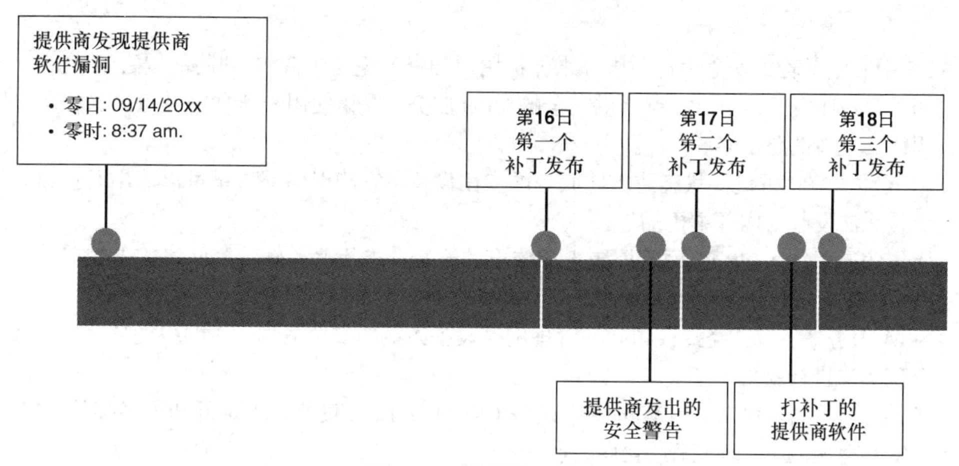

图 13-4 缓解零日攻击

4. 防范网络攻击

许多网络攻击来势迅猛，因此网络安全专业人员必须采用更复杂的网络架构视图。没有一种解决方案可以防范所有 TCP/IP 或零日攻击。

一种解决方案是使用纵深防御方法（也称为分层方法）来实现安全。这需要网络设备和服务相互配套以协同工作。图 13-5 显示了防范网络攻击的示例。

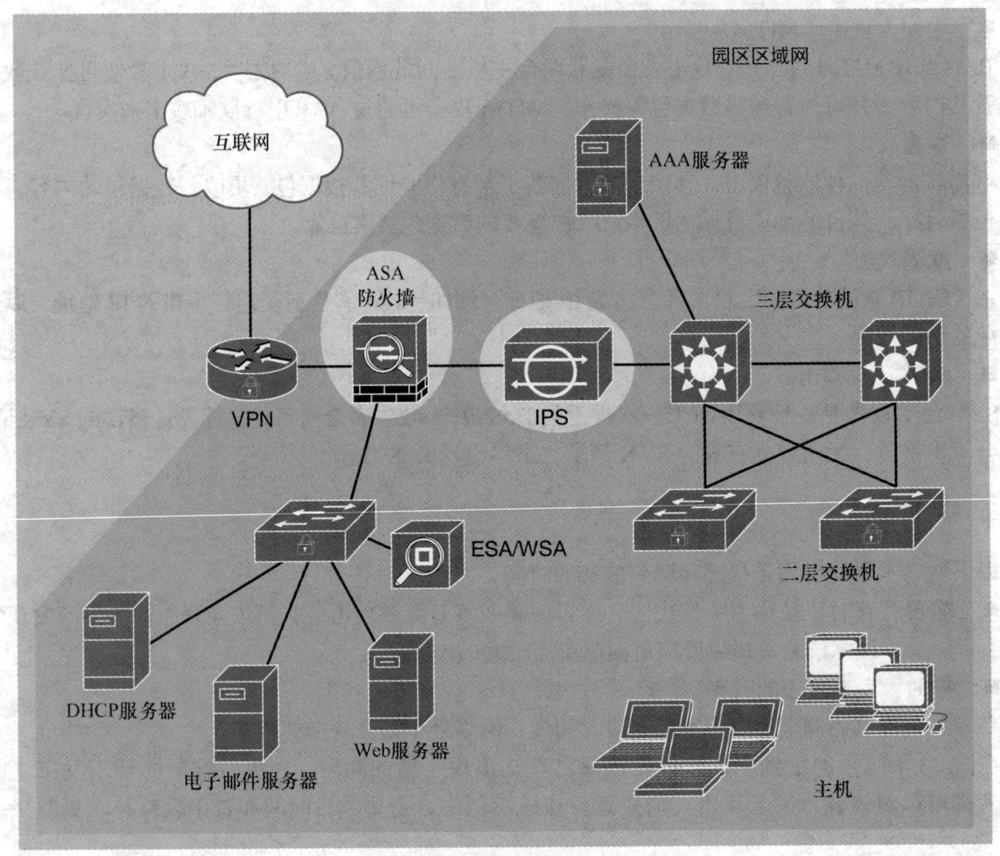

图 13-5 防范网络攻击

图 13-5 中实施了若干安全设备和服务来保护用户和资产免受 TCP/IP 威胁的侵害。

- VPN：一种用于为公司站点提供安全的 VPN 服务，并为使用安全加密隧道的远程用户提供远程访问支持的路由器。
- ASA 防火墙：可提供状态防火墙服务的专用设备。它确保内部流量可以流出并返回，但外部流量无法发起与内部主机的连接。
- 入侵防御系统（IPS）：可监控传入和传出的流量，查找恶意软件、网络攻击签名等。如果识别到威胁，它会立即阻止此威胁。
- AAA 服务器：包含经授权访问和管理网络设备人员的安全数据库。网络设备使用该数据库对管理用户进行身份验证。
- 邮件安全设备（ESA）和 Web 安全设备（WSA）：ESA 过滤垃圾邮件和可疑邮件。WSA 过滤已知和可疑的 Internet 恶意软件站点。

所有网络设备，包括路由器和交换机都可以经过强化以防止攻击者对其进行篡改。

13.1.4 社交工程攻击

社交工程是通过人与人之间的互动实现的恶意活动。它是一门艺术，能够获得信任，并利用说服力操纵人们在不知不觉中泄露可能导致安全漏洞的信息，这正是社交工程攻击的发生方式。利用人类的意识而不是使用技术手段，往往是规避安全障碍的成功方法。

1. 社交工程攻击

为了保护网络和主机的安全，组织通常会为其主机部署网络安全解决方案和最新的防恶意软件解决方案，但这些组织仍未妥善处理最薄弱的环节，即用户。

社交工程可能是对配置良好、保护良好的网络的一种最严重的威胁。网络犯罪分子会使用社交工程技术欺骗和戏弄未设防的目标泄露机密信息或违反安全收益信息。社交工程攻击是一种尝试诱导个人执行操作或泄露机密信息的访问攻击。

社交工程攻击者会针对人们的弱点发起攻击，往往利用人类本性和人们乐于助人的意愿。

注　意　社交工程通常与其他网络攻击结合使用。

2. 社交工程技巧

社交工程技术有很多类型：假冒、诱饵、假托、垃圾搜寻、网络钓鱼、垃圾邮件、肩窥、尾随、鱼叉式网络钓鱼和以物换物。

阅读下面的场景，选择每个场景中的社交工程技术。

场景

场景 1：您在停车场中发现了一个 U 盘并将其插入您的便携式计算机，不经意间在您的计算机上安装了恶意软件。

场景 2：攻击者从垃圾桶中寻回了最近被废弃的设备配置文件的硬拷贝。

场景 3：某个声称是您的供暖和通风系统承包商的人询问您能否让其进入某个安全区域。

场景 4：您收到了"银行"的邮件，该邮件声称您的账户有危险，让您单击邮件中的链接来纠正此问题。单击链接后，您便会在不知情的情况下将恶意软件安装到您的设备上。

场景 5：您的"银行"打电话给您，声称您的账户可能有危险，并希望通过获取您的个人和财务数据来确认您的身份。

场景 6：您注意到一名同事在您的领导输入其登录凭证时有意越过其肩头偷看。

场景 7：您收到了一封问卷调查邮件，声称只需提供个人身份信息即可获取一件免费的超酷 T 恤衫。

场景 8：攻击者将包含有害链接、恶意软件或欺骗内容的大量恶意邮件随机发送给个人。

场景 9：攻击者专门针对某大型组织的首席执行官创建了有针对性的钓鱼攻击。

场景 10：某个素未谋面的人以很快的速度跟随您通过某个安全设施的入口，声称他忘记带安全工卡了。

答案

场景 1：诱饵。这种社交工程技巧是指攻击者将感染了恶意软件的闪存驱动器留在公共场所（如公司洗手间），期望有受害者发现这个驱动器，并在毫无防备的情况下将它插入其公司的便携式计算机中，最终在无意间安装了恶意软件。

场景 2：垃圾搜寻。这种社交工程技巧是指攻击者翻寻垃圾桶以搜寻机密文档或废旧介质。

场景 3：假冒。这种社交工程技术是指攻击者以冒名顶替的方式，比如冒充新员工、同事、提供商或合作伙伴公司员工等，以博取受害者的信任。

场景 4：网络钓鱼。这种社交工程技巧是指攻击者将伪装成来自合法可信来源的欺诈邮件发送给收件人，欺骗他们安装恶意软件，或者共享个人或财务信息。

场景 5：假托。这种社交工程技巧是指攻击者设计一场骗局，假称需要个人或财务信息来确认与之通信者的身份。

场景6：肩窥。这种社交工程技巧是指攻击者在无人察觉的情况下越过他人肩头以窃取他人的密码。

场景7：以物换物。这种社交工程技巧也被称为“交换条件”，攻击者要求受害者交换物品（如礼品），借此要求受害者提供个人信息。

场景8：垃圾邮件。这种社交工程技巧是指攻击者将未经请求的垃圾邮件发送给数千或数百万收件人，企图欺骗他们单击受感染的链接或下载受感染的文件。

场景9：鱼叉式网络钓鱼。这种社交工程技巧是针对特定个人（如主管）或组织的网络钓鱼攻击。

场景10：尾随。这种社交工程技巧也被称为捎带，攻击者会利用这种技巧获得进入安全区域的机会。

3. 社交工程技巧的详细介绍

利用社交工程技巧的方式多种多样。某些社交工程技巧是以面对面的形式实施的，而其他技巧则可借助电话或互联网予以实施。例如，黑客可能会致电某位授权员工，声称有紧急问题需要立即访问网络。黑客会利用员工的虚荣心，借政府部门之名狐假虎威，或者利用员工的贪欲。

以下是社交工程技巧的详细信息。

- 假托：攻击者冒称需要个人或财务数据以便确认收件人的身份。
- 网络钓鱼：攻击者将伪装成来自合法可信来源的欺诈邮件发送给收件人，欺骗他们在其设备上安装恶意软件，或者共享个人或财务信息（如银行账号和存取码）。
- 鱼叉式网络钓鱼：攻击者创建专门针对个人或组织的有针对性的网络钓鱼攻击。
- 垃圾邮件：通常包含有害链接、恶意软件或欺骗性内容的未经请求的邮件。
- 以物换物：有时被称为“交换条件”，攻击者要求当事人提供个人信息以作为某物（如免费礼品）的交换。
- 诱饵：攻击者将已感染恶意软件的闪存驱动器留在公共位置（如公司洗手间）。受害者发现了驱动器，并在毫无防备的情况下将其插入便携式计算机，不经意间便安装了恶意软件。
- 假冒：这种攻击是指攻击者假冒他人，比如新员工、同事、提供商或合作伙伴公司员工等，以博取受害者的信任。
- 尾随：这是一种面对面的攻击类型，攻击者会以很快的速度跟随获得授权的人员通过安全位置以获得进入安全区域的机会。
- 肩窥：这是一种面对面的攻击类型，攻击者会在无人察觉的情况下越过他人的肩头窃取他人的密码或其他信息。
- 垃圾搜寻：这是一种面对面的攻击类型，攻击者会翻寻垃圾桶以搜寻机密文档。

4. 防范社交工程攻击

企业必须就社交工程风险对员工进行培训，并制定通过电话、邮件和面对面沟通时验证身份的策略。以下是所有用户应遵循的推荐做法。

- 切勿将用户名/密码凭证透露给任何人。
- 切勿将用户名/密码凭证存放在易被发现的地方。
- 切勿打开来自不受信任来源的邮件。
- 切勿在社交媒体网站上透露与工作相关的信息。
- 切勿重复使用与工作相关的密码。
- 无人看管您的计算机时，务必将其锁定或注销。
- 务必举报形迹可疑的个人。
- 务必根据组织策略销毁机密信息。

13.2 安全程序

安全程序是建立在一个组织的安全策略基础上的，是安全策略中规定的实施和执行安全规则的详细说明和步骤。

13.2.1 安全策略

安全策略就像公司安全计划的蓝图。它是一个概述高层管理部门制定的安全目的、目标和规则的计划。该计划旨在确立一个组织的安全方针和态度。

1. 安全策略定义

安全策略是一组安全目标，用于确保组织中的网络、数据和计算机的安全性。安全策略是一个根据技术、业务和员工需求的改变而不断发展的文档。

安全策略通常由管理人员和IT人员组成的委员会制定。这些人员共同制定并管理可回答下列问题的文档。

- 需要保护哪些资产？
- 可能存在哪些威胁？
- 出现安全漏洞该怎么办？
- 应该为最终用户提供哪些培训？

2. 安全策略类别

安全策略中包括的典型项目如下。

- 标识和认证策略：指定可以访问网络资源的授权人员并规定认证程序。
- 密码策略：确保密码符合最低要求，并且定期更改。
- 可接受的使用策略：确定组织可接受的网络资源和用途。它还可以确定违反此策略时适用的分支策略。
- 远程访问策略：确定远程用户访问网络的方式以及可通过远程连接访问的资源。
- 网络维护策略：指定网络设备操作系统和最终用户应用程序的更新。
- 事件处理策略：描述安全事件的处理方式。

此外，安全策略还应包括与特定组织的运作相关的其他项目。IT人员负责在网络中实施安全策略规范。例如，为了在Windows主机上实施建议，IT人员可利用本地安全策略功能。

3. 保护设备和数据

实施安全策略的目标是确保网络环境安全和保护资产。组织的资产包括数据、员工和物理设备（如计算机和网络设备）。

安全策略应确定哪些硬件和设备可用于防止被盗、蓄意损毁和数据丢失。

13.2.2 保护物理设备

本小节将讨论信息系统安全中经常被忽视的一个方面：物理安全。物理安全包括人员、建筑物和设备的安全，是所有安全计划的重要组成部分，也是所有安全努力的基础。

1. 物理安全

物理安全与数据安全同样重要。例如，如果从组织中拿走某台计算机，数据便会遭到窃取甚至丢失。

物理安全涉及保护以下项目。

- 组织现场的访问权限。
- 受限区域的访问权限。
- 计算和网络基础设施。

实施的物理安全程度取决于组织，因为某些组织对物理安全的要求比其他组织更严格。例如，请思考如何保护数据中心、机场及军事设施的安全。这些组织会使用边界安全，包括派驻了保安人员的围栏、出入口和检查站。建筑场所和受限区域的入口处会通过一种或多种锁定装置加以保护。建筑出入口通常使用自闭和自锁机制。根据所需的安全级别，需要采用的锁定装置也有所不同。访问安全建筑的人员可能需要通过由保安人员把守的安检口。保安人员可能会对您的身体和所带物品进行扫描，并要求您在出入建筑时在访客登记簿上签字。

安全要求更高的组织则会要求全体员工佩戴贴有照片的身份识别卡。这些卡片可能是智能卡，其中包含访问受限区域所需的用户信息和安全权限。对于更高的安全要求，还可配套使用 RFID 门卡和感应读卡器以监控人员所在位置。

2. 安全锁的类型

安全锁有以下几种类型。

- 传统锁：通过在门把手机构中插入所需的钥匙来解锁（见图 13-6）。
- 门栓锁：通过将所需的钥匙插入与门把手机构分开的锁中来解锁（见图 13-7）。

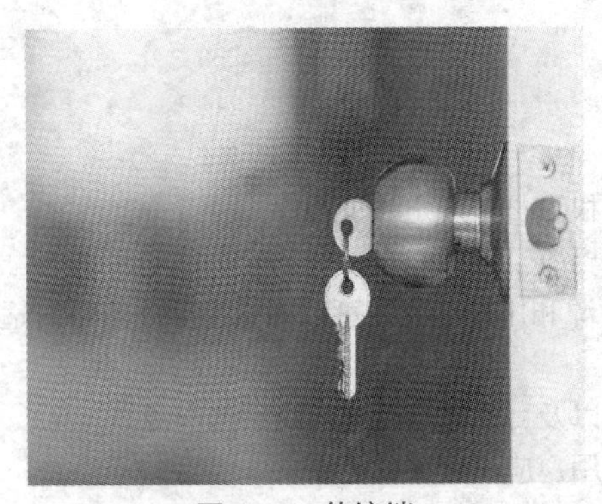

图 13-6 传统锁

图 13-7 门栓锁

- 电子锁：通过在小键盘中输入密码组合代码或 PIN 来解锁（见图 13-8）。
- 基于令牌的锁：通过刷安全卡或通过使用近距离感应读卡器检测智能卡或无线密钥卡来解锁（见图 13-9）。

图 13-8 电子锁

图 13-9 基于令牌的锁

- 生物识别锁：使用生物识别扫描仪（如指纹读取器）来解锁（见图 13-10）。其他生物识别扫描仪包括声纹或视网膜扫描仪。
- 多因素锁：使用上述机制组合的锁。例如，用户需要输入 PIN 码，然后扫描大拇指（见图 13-11）。

图 13-10 生物识别锁

图 13-11 多因素锁

3. 陷阱

在对安全性要求很高的环境中，陷阱常用于限制对受限区域的访问，以杜绝近距尾随的发生。陷阱是一个有两扇门的小房间，只有当一扇门关闭后另一扇门才会打开。

通常情况下，人员可通过解锁一扇门以进入陷阱。一旦人员进入陷阱内部，第一扇门便会关闭，接下来，该用户必须解锁第二扇门才能进入受限区域。

图 13-12 显示了如何通过陷阱保护对受限区域的访问。

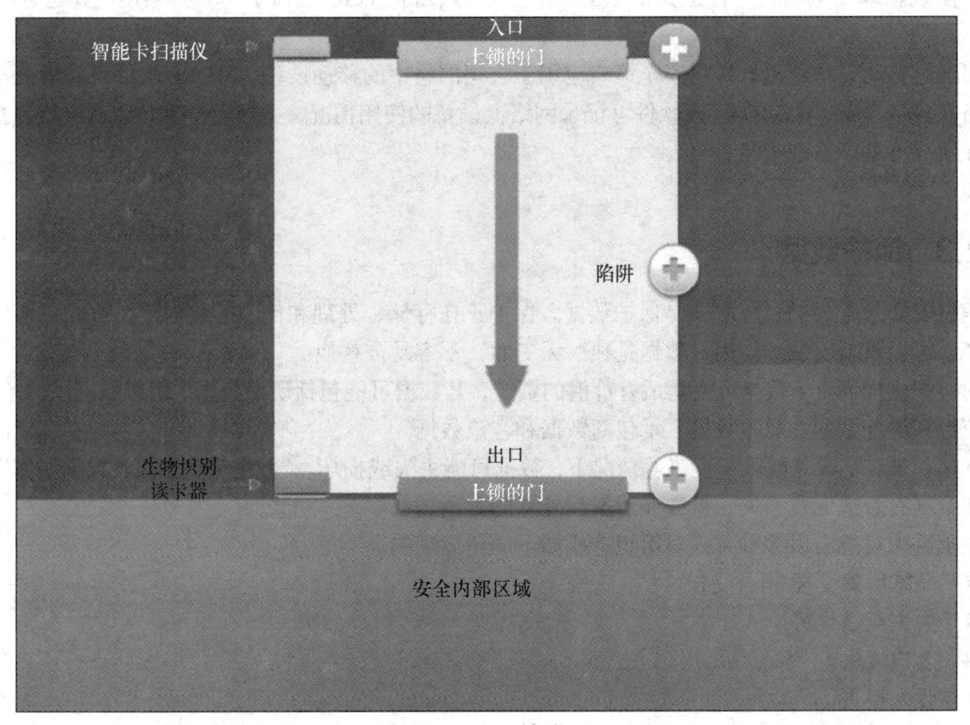

图 13-12 陷阱

4. 保护计算机和网络硬件

组织必须保护自身的计算和网络基础设施。这些基础设施包括布线、电信设备和网络设备。

物理保护计算机和网络设备有多种方法。

- 使用带有运动检测和监控软件的网络摄像头。
- 安装由运动检测传感器触发的物理警报。
- 在设备上标记并安装 RFID 传感器。
- 在设备周围使用锁定机柜或防盗笼。
- 为设备安装安全螺丝。
- 给通信机房上锁。
- 对设备使用电缆锁。

网络设备只应安装在安全区域内。同时，所有布线均应封闭在管道中或布线在墙体内，防止未经授权的访问或篡改。管道是保护基础设施介质免受损坏和未经授权访问的外壳。

为了限制授权人员访问物理交换机端口和交换机硬件，组织可以使用安全的服务器机房并锁好硬件机柜。为防止连接恶意或未经授权的客户端设备，应通过交换机管理软件禁用交换机端口。

要确定使用哪些安全设备来最大程度上保护设备和数据的安全，需考虑的因素包括以下几种。

- 如何使用设备。
- 计算机设备的位置。
- 需要什么类型的用户数据访问。

例如，位于人流量较多的公共场所（如图书馆）的计算机需要额外的保护，使其免于被盗和蓄意损毁。在人流量较多的呼叫中心，服务器可能需要放置在上锁的设备间中来确保安全。服务器锁可通过限制对电源开关、可移动驱动器和 USB 端口的访问来保护物理机箱的安全。当必须在公共场所使用便携式计算机时，安全硬件保护装置和密钥卡可确保在用户和便携式计算机分开时锁定计算机。实现物理安全的另一种工具是 USB 锁，该工具可将 USB 端口上锁，必须使用钥匙才能将其打开。

可通过移动设备管理软件将安全策略应用于公司网络中的移动设备。MDM 软件可管理公司拥有的设备和自带设备（BYOD）。该软件可记录网络上设备的使用情况，并确定是否允许其进行连接（称为自注册或不基于管理策略）。

13.2.3 保护数据

信息安全最重要的目标之一是保护数据。保护正在存储、处理和传输的数据至关重要。如果程序被破坏，可以重新安装，但用户数据是独一无二的，不容易被替换。

对组织机构而言，数据可能是最有价值的资产，其数据可能包括研发数据、销售数据、财务数据、人力资源和法务数据、员工数据、承包商数据和客户数据。

在诸如被盗、设备故障或灾难等情况下，数据可能丢失或损坏。“数据丢失”或“数据泄露”是用于描述数据有意或无意丢失、被盗或泄露到外界的术语。

数据丢失可能会以多种方式对组织造成如下的负面影响。

- 品牌形象受损/信誉受损。
- 失去竞争优势。
- 客户流失。
- 收入损失。
- 导致罚款和民事处罚的法律诉讼。

- 需要耗费巨大的财力和人力去通知受影响的各方。
- 需要耗费巨大的财力和人力从数据丢失事件中恢复。

不论在何种情况下，丢失数据都可能会对组织造成不利甚至灾难性的损害。可以通过数据备份、文件和文件夹权限、文件和文件夹加密来防止数据丢失。

数据丢失防御（DLP）可防止数据丢失或泄露。DLP 软件运用词典数据库或算法来识别机密数据，并阻止这些数据在不符合预定义策略的情况下被传输到可移动介质或邮件。

1. 数据备份

数据备份是防止数据丢失最有效的方式之一。数据备份可将计算机上的信息副本存储到可放在安全地方的可移动备份介质中。如果计算机硬件发生故障，可以通过备份将数据还原到正常的硬件中。

应根据安全策略中的规定定期执行备份。数据备份通常存储在非现场位置，在主要设施发生任何问题时都能保护备份介质。Windows 主机提供了备份和还原实用程序，用户可利用该实用程序将其数据备份到其他驱动器或基于云的存储提供商。macOS 提供了 Time Machine 程序，用于执行备份和还原功能。

与数据备份相关的一些注意事项很重要。

- 频率：根据安全策略中的规定定期执行备份。完整备份可能非常耗时，因此每周或每月才会执行完整备份，同时以较高频率对发生更改的文件进行部分备份。
- 存储：应根据安全策略的要求每天、每周或每月将备份传输到批准的非现场存储位置。
- 安全：应使用强密码保护备份。恢复数据需要提供密码。
- 验证：务必对备份进行验证，以确保数据的完整性并验证文件恢复过程。

2. 文件和文件夹权限

权限是配置为限制个人或一组用户访问文件或文件夹的规则。Windows 环境中的文件和文件夹有以下权限。

- 完全控制：查看文件或文件夹的内容、更改和删除现有文件或文件夹、创建新文件或文件夹以及运行文件夹中的程序。
- 修改：更改和删除现有文件或文件夹。用户无法创建新的文件或文件夹。
- 读取和执行：查看现有文件或文件夹的内容，并可运行文件夹中的程序。
- 读取：查看文件夹的内容，并可打开文件或文件夹。
- 写入：创建新文件或文件夹，并可对现有文件或文件夹进行更改。

要在所有版本的 Windows 中配置文件或文件夹级别的权限，请用右键单击文件或文件夹，然后选择“Properties > Security > Edit”（“属性>安全>编辑”）。

应在计算机或网络中限制用户仅访问他们需要的资源。例如，如果他们只需访问一个文件夹，则不能允许他们访问服务器上的所有文件。允许用户访问整个驱动器可能更轻松，但限制用户只能访问执行任务所需的文件夹会更安全，这被称为最小权限原则。如果用户的计算机已被感染，限制对资源的访问还能防止恶意程序访问这些资源。

拥有管理权限的用户可通过文件夹重定向将本地文件夹的路径重定向到网络共享上的文件夹。这样，当用户登录到网络共享所在的网络上的任何计算机时，便可使用该文件夹。通过将用户数据从本地存储重定向到网络存储后，管理员即可在网络数据文件夹备份时对用户数据进行备份。

可将文件和网络共享权限授予个人或组中的所有成员。这些共享权限与文件和文件夹级别的 NTFS 权限不同。如果拒绝了某个人或某个组对网络共享的权限，则该拒绝会覆盖任何其他已授予的权限。例如，如果您拒绝了某用户的网络共享权限，则该用户将无法访问该共享，即使用户是管理员或属于管理员组也是如此。本地安全策略必须列出允许每个用户或组访问哪些资源和访问的类型。

更改文件夹权限后会提供选项，允许对所有子文件夹应用相同的权限，这被称为权限传播。权限传播是一种将权限快速应用到许多文件和文件夹的简单方式。设置父文件夹权限后，创建于父文件夹中的文件夹和文件可继承父文件夹的权限。

此外，数据的位置和对数据执行的操作也决定了权限的传播方式。

- 它将保留原始权限的数据移至同一卷。
- 它将继承新权限的数据复制到同一卷。
- 它将继承新权限的数据移至不同的卷。
- 它将继承新权限的数据复制到不同的卷。

3. 文件和文件夹加密

加密通常用于保护数据。加密是指使用复杂的算法使数据变为不可读，必须使用特殊密钥将不可读的信息转变回可读的数据中。通常使用软件程序来加密文件、文件夹，甚至整个驱动器。

加密文件系统（EFS）是可以加密数据的 Windows 功能。EFS 直接关联到特定的用户账户。使用 EFS 加密数据后，只有对数据进行加密的用户才能访问该数据。要在所有 Windows 版本中使用 EFS 加密数据，请执行以下步骤。

步骤 1 选择一个或多个文件或文件夹。

步骤 2 用右键单击所选数据，然后选择“Properties”（属性）。

步骤 3 单击“Advanced”（高级）。

步骤 4 选中“Encrypt contents to secure data”（加密内容以便保护数据）复选框，然后单击“OK”。Windows 将显示一条正在应用属性的信息性消息。

已经使用 EFS 加密的文件和文件夹显示为绿色，如图 13-13 所示。

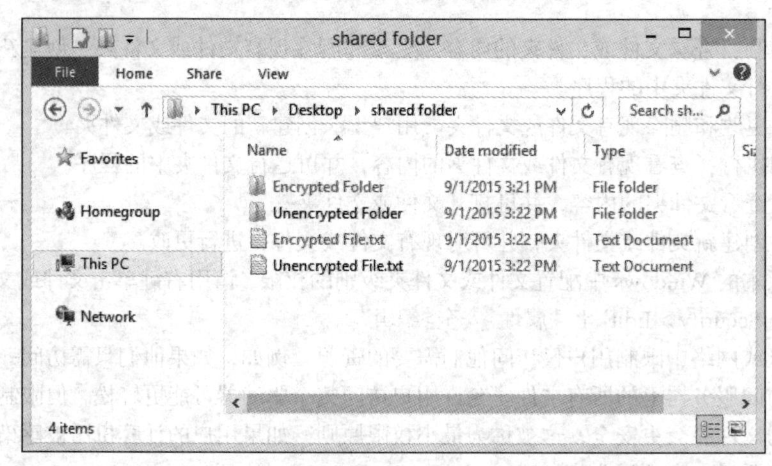

图 13-13

4. Windows BitLocker 和 BitLocker To Go

您还可以使用名为 BitLocker 的功能加密整个硬盘驱动器。要使用 BitLocker，一个硬盘上至少要有两个卷。系统卷不加密，并且必须至少有 100 MB。此卷包含启动 Windows 所需的文件。

注 意 Windows 企业版、Windows 7 旗舰版、Windows 8 专业版和 Windows 10 专业版均内置了 BitLocker。

使用 BitLocker 之前，必须在 BIOS 中启用可信平台模块（TPM）。TPM 是在主板上安装的一个专用芯片。TPM 存储特定于主机的信息，比如加密密钥、数字证书和密码。使用加密功能的应用程序（如 BitLocker）时可以使用 TPM 芯片。以下是在联想便携式计算机上启用 TPM 的步骤。

步骤 1 启动计算机，并进入 BIOS 配置界面。

步骤 2 在 BIOS 配置界面中查找 TPM 选项。查阅主板手册可以找到正确的屏幕。

步骤 3 选择“Enable”或“Activate”安全芯片。

步骤 4 保存对 BIOS 配置的更改。

步骤 5 重新启动计算机。

要在所有版本的 Windows 中打开 BitLocker 全盘加密，请按照下列步骤进行操作。

步骤 1 单击“Control Panel>BitLocker Drive Encryption”。

步骤 2 在“BitLocker Drive Encryption”界面中，单击操作系统卷上的“Turn On BitLocker”。（如果 TPM 未进行初始化处理，则按照向导的说明初始化 TPM）。

步骤 3 您可以在“Save the recovery password”界面上将密码保存到 USB 驱动器、网络驱动器或其他位置，或者输出密码。保存恢复密钥后，单击“Next”。

步骤 4 在“Encrypt the selected disk volume”界面中，选中“Run BitLocker System Check”复选框，然后单击“Continue”。

步骤 5 单击“Restart Now”。

完成这些步骤后，便会显示“Encryption in Progress”状态栏。重新启动计算机后，便可以验证 BitLocker 是否处于活动状态，如图 13-14 所示。

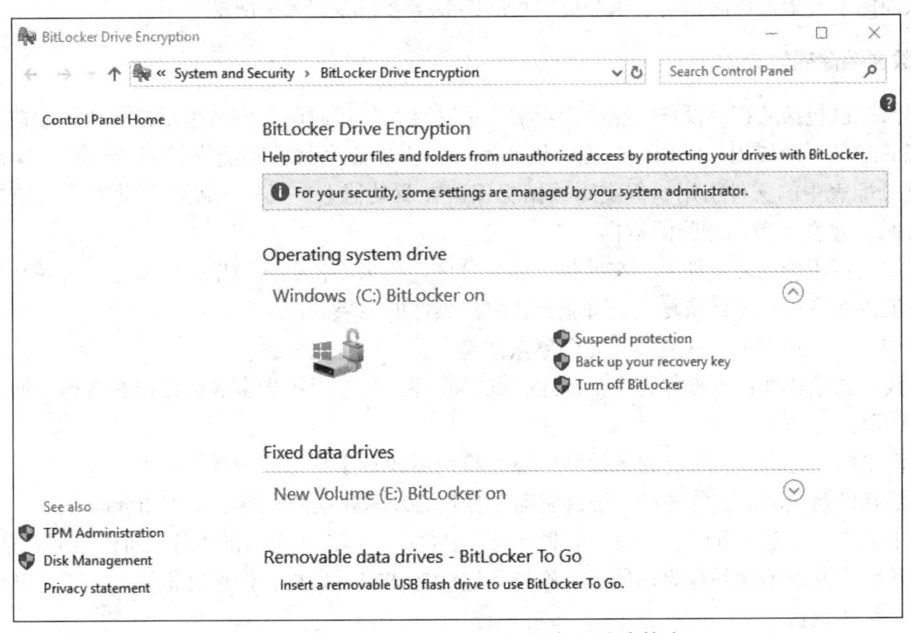

图 13-14 验证 BitLocker 是否处于活动状态

您可以单击“TPM Administration”查看 TPM 的详细信息，如图 13-15 所示。

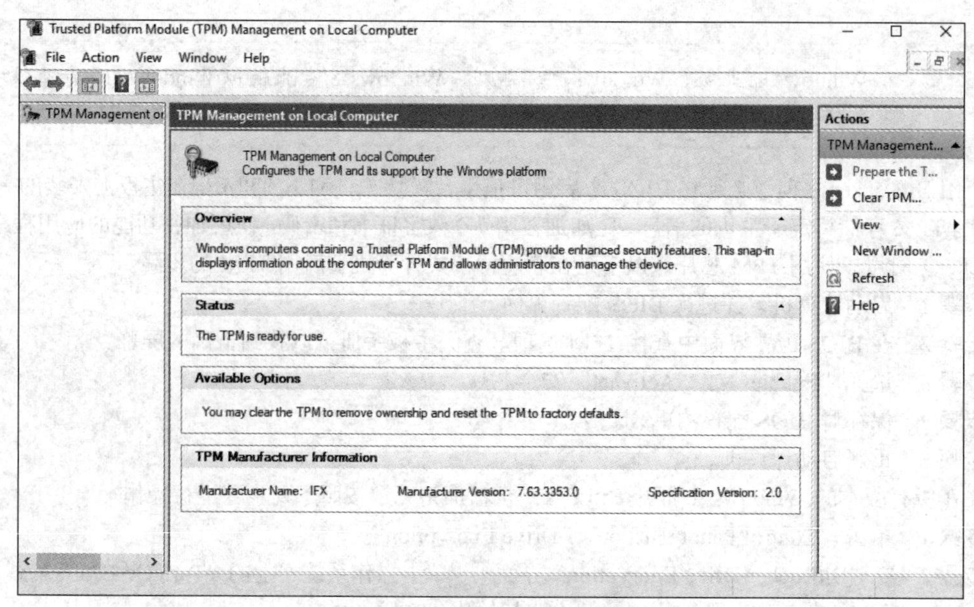

图 13-15　查看 TMP 的详细信息

BitLocker To Go 使 BitLocker 加密可同可移动驱动器搭配使用。BitLocker To Go 不使用 TPM 芯片，但仍然提供数据加密，并且需要密码。

13.2.4　数据销毁

数据销毁或数据处置是所有安全计划的关键部分。对于不再需要的数据，有必要制定适当的处置策略，以确保不希望被访问和用于未经授权目的的数据被删除和无法恢复。

1. 数据擦除磁性介质

数据保护也包括从存储设备中删除不再需要的文件，但仅删除文件或重新格式化驱动器可能不足以确保您的隐私不受侵犯。例如，从磁性硬盘驱动器上删除文件并不能将其完全删除。操作系统会删除文件分配表中的文件引用，但实际数据仍保留在驱动器上。只有当硬盘驱动器将新数据存储在同一位置时，才会覆盖已删除的数据。

软件工具可用于恢复文件夹、文件甚至整个分区。如果不慎删除数据，这将是一种挽救措施。但是如果数据由恶意用户进行恢复，也可能会造成灾难性的后果。

应使用下列方式中的一种或多种完全擦除存储介质。

- 数据擦除软件：也被称为安全擦除。此类软件工具专门用于多次覆盖现有数据，使数据不可读取。
- 消磁棒：包含一个带有强大磁性的棒，将消磁棒置于暴露的硬盘驱动器盘片上方，以中断或消除硬盘驱动器上的磁场。硬盘驱动器盘片必须暴露在消磁棒下大约 2min。
- 电磁消磁设备：可用于擦除多个驱动器，包含一个施加了电流的磁体，可产生非常强的磁场，从而中断或消除硬盘驱动器上的磁场。这种方法非常昂贵，但速度很快，几秒内就可以擦除一个驱动器。

注　意　数据擦除和消磁技术是不可逆的，并且数据无法恢复。

2. 擦除其他介质数据

SSD 由闪存组成，而不是由磁盘片组成。用于擦除数据的常用技术，如消磁，对闪存没有效果。要完全确保无法从 SSD 和混合 SSD 恢复数据，请执行安全擦除。

其他存储介质和文档，如光盘、eMMC、U 盘也必须销毁。使用切碎机或焚化设备来销毁文档和各种类型的介质。对于必须保留的敏感文档，如含机密信息或密码的文档，请始终将其锁在一个安全位置。

在考虑必须擦除或销毁哪些设备时，请记住除了计算机和移动设备外，其他设备也存储数据。打印机或多功能设备可能包含了会缓存打印或扫描文档的硬盘驱动器。此缓存功能在一些情况下可以关闭，否则就需要定期擦除设备，确保数据隐私。如有可能，在设备上设置用户身份验证是很好的安全做法，可以防止非授权人员更改有关隐私的任何设置。

3. 硬盘驱动器的回收和销毁

有敏感数据的公司应始终建立明确的存储介质处理策略。当不再需要存储介质时，可以通过以下方式处理。

- **回收**：擦除后的硬盘驱动器可在其他计算机中重复使用。可以重新格式化驱动器并安装新操作系统。
- **销毁**：销毁硬盘驱动器可完全确保无法从硬盘驱动器恢复数据。专门设计的设备，如硬盘驱动器压碎器、硬盘驱动器切碎机、焚化设备，以及更多设备可处理大量的驱动器。此外，用锤子损毁驱动器也是有效的方法。

可以进行以下两种类型的格式化。

- 低级格式化：磁盘的表面标有扇区标记，用于识别磁盘上实际存储数据的磁道。制作好硬盘驱动器后，通常会在出厂时执行低级格式化。
- 标准格式化：也被称为高级格式化，此进程会创建引导扇区和文件系统。只有完成低级格式化后，才能执行标准格式化。

企业可以选择一个外部承包商销毁其存储介质。这些承包商通常是有担保的，并严格遵守政府的规定。他们还可能会提供销毁证书来证明介质已被完全销毁。

13.3 保护 Windows 工作站

确保工作站的安全应该是一个组织安全战略的重要组成部分。许多组织存储的敏感信息可作为网络系统其他部分的访问点。

13.3.1 保护工作站

为了保证工作站的安全，您需要考虑其暴露的所有方面。物理安全、确保用户访问、用户权利和权限将是本小节讨论的几个方面。

1. 保护计算机

应保护计算机和工作站以防止其被盗。这是一项公司的标准实践，计算机通常会被保管在上锁的房间中。

当您离开时，如果要防止未经授权的用户窃取或访问本地计算机和网络资源，则请锁定工作站、便携式计算机或服务器。这包括物理安全和密码安全。如果必须将计算机置留在开放的公共区域，则应使用电缆锁防止被盗。

计算机屏幕上显示的数据也应受到保护。在公共场所，如机场、咖啡店或客户站点使用便携式计算机时更应该如此。使用防窥屏保护屏幕上显示的信息免遭窥探。防窥屏是安装于计算机屏幕上的透明塑料面板，只有位于屏幕正前方的用户才能看到显示的信息。

计算机的访问权限也应受到保护。有3种可在计算机上使用的密码保护级别。

- BIOS：可防止操作系统启动和更改BIOS设置。
- 登录：可阻止对本地计算机未经授权的访问。
- 网络：可阻止未经授权的人员访问网络资源。

2. 保护BIOS

恶意用户可以绕过Windows、Linux或Mac的登录密码从具有不同操作系统的CD或闪存驱动器启动您的计算机。启动后，恶意用户可以访问或删除您的文件。

设置BIOS或UEFI密码可以阻止他人启动计算机，还可以阻止他人更改已配置的设置。例如，用户需要输入已配置的BIOS密码才能访问BIOS配置，如图13-16所示。

无论登录哪个用户账户，所有用户均使用同一BIOS密码。可为每个用户设置单独的UEFI密码，但需要使用身份验证服务器。

注 意 相对而言，BIOS或UEFI密码较难重置，因此请务必将其记住。

3. 保护Windows登录

最常见的密码保护是计算机登录。通常情况下，您需要输入密码，有时也需要输入用户名，如图13-17所示。

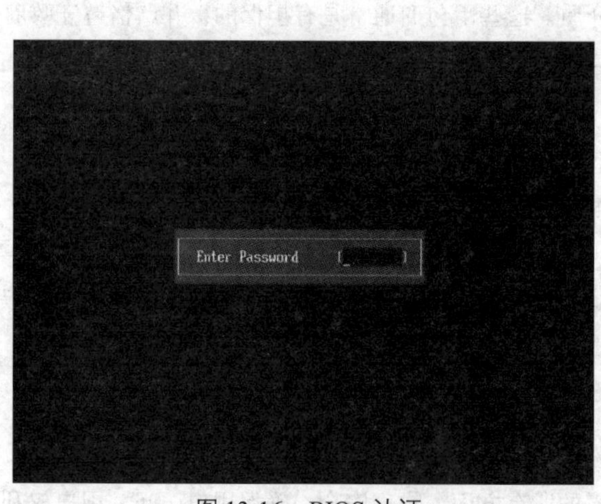

图13-16 BIOS认证

图13-17 Windows 10登录

Windows 10可能还支持其他登录选项，这取决于您使用的计算机系统。具体而言，Windows 10支持以下登录选项。

- **Windows Hello**：使Windows能够使用面部识别或使用您的指纹访问Windows的功能。
- **PIN**：输入预配置的PIN号码以访问Windows。
- **图片密码**：选择一张图片，再设置手势来与图片一起使用以创建一个唯一的密码。
- **动态锁定**：可在预配对设备（如手机）超出PC范围时锁定Windows的功能。

图 13-18 所示为 PIN 身份验证屏幕的示例，而非密码登录选项。在本示例中，用户可以将登录选项更改为密码、指纹或面部识别。

如果用户选择使用其指纹进行身份验证，他们就会扫描自己的手指，如图 13-19 所示。

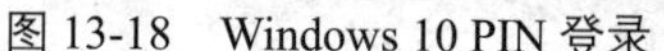

图 13-18　Windows 10 PIN 登录

图 13-19　便携式计算机指纹识别器

要更改 Windows 10 计算机上的登录选项，请使用“Start > Settings > Accounts > Sign-in options”，如图 13-20 所示。在此窗口中，您还可以更改密码、设置 PIN 号码、启用图片密码和动态锁定。

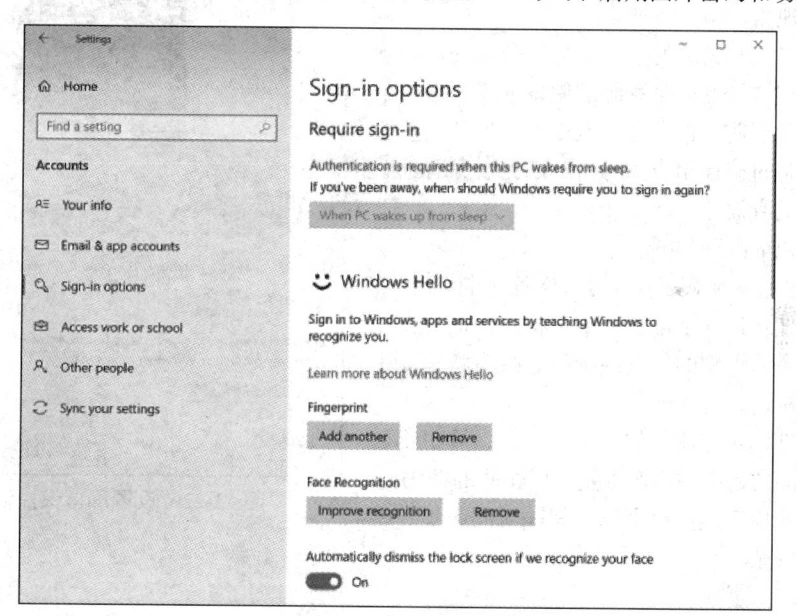

图 13-20　Windows 10 登录选项

4. 管理本地密码

可以使用 Windows 用户账户工具在本地设置独立 Windows 计算机的密码管理。要在 Windows 中创建、删除或修改密码，请使用“Control Panel > User Accounts”，如图 13-21 所示。

确保计算机在用户离开后仍是安全的也很重要。安全策略应包含一个规则，即在屏幕保护程序开启时锁定计算机。这样可以确保在短时间离开计算机后，屏幕保护程序将启动，然后计算机将无法使用，直到用户登录为止。

在所有的 Windows 版本中，使用“Control Panel > Personalization > Screen Saver”，选择一个屏幕保护程序和等待时间，然后选中“On resume, display logon screen”复选框，单击“OK”，如图 13-22 所示。

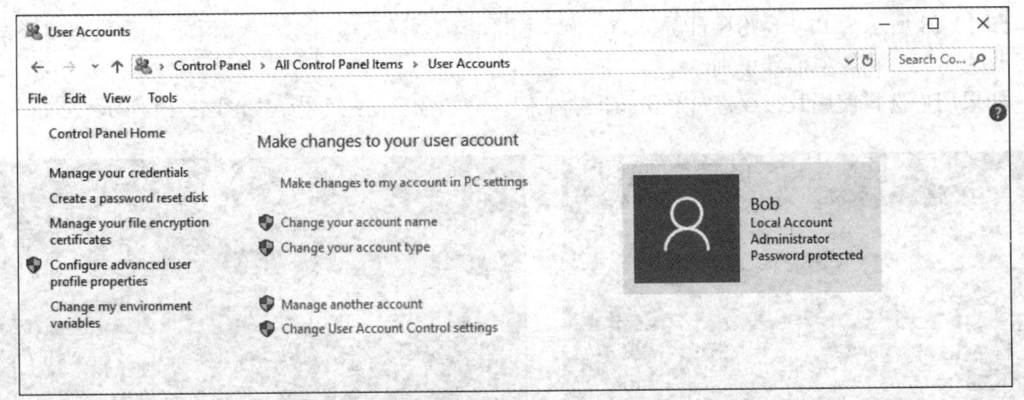

图 13-21　用户账户工具

5. 设置用户名和密码

创建网络登录时，系统管理员通常会定义用户名的命名约定。用户名的常见示例是人员名字的首字母加上整个姓氏。保持简单的命名规范，这样不会给人们记忆用户名带来不便。用户名和密码一样是重要信息，不应将其泄露。

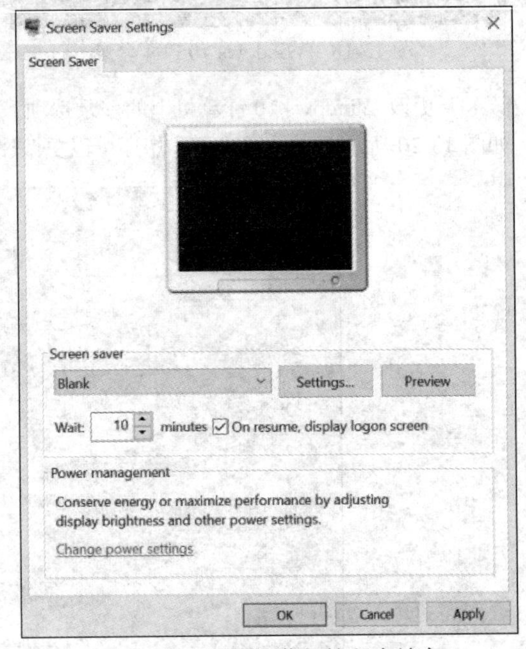

图 13-22　设置屏幕保护程序锁定

密码指南是安全策略的重要组成部分。任何必须登录到计算机或连接到网络资源的用户都需要有一个密码。密码有助于防止他人窃取数据和其他的一些恶意行为。密码通过确保用户的身份准确无误，有助于确保事件记录的有效性。

创建强密码的准则如下。

- 最小长度：密码长度不小于 8 个字符。
- 复杂性：包括字母、数字和符号。避免使用基于容易识别的信息的密码。故意将口令中的词拼错。
- 多样性：对您使用的每个站点或计算机都使用不同的密码。切勿重复使用相同的密码。
- 到期：应定期更改密码。间隔时间越短，密码越安全。

13.3.2 Windows 本地安全策略

通过 Windows 本地安全策略工具，可以管理许多系统、用户和安全设置，如本地计算机上的密码策略、审计策略和用户权限。本地安全策略允许您控制和维护与组织策略统一标准化的安全策略。

1. Windows 本地安全策略工具

在使用 Windows 计算机的大多数网络中，已在 Windows Server 上使用域配置了 Active Directory。Windows 计算机是域的成员。管理员配置适用于所有加入该域的计算机的域安全策略。用户登录 Windows 时，将自动设置账户策略。

对于不属于 Active Directory 域的独立计算机，Windows 本地安全策略可用于执行安全设置。

要访问 Windows 7 和 Vista 中的本地安全策略，请使用“Start > Control Panel > Administrative Tools > Local Security Policy”。在 Windows 8、Windows 8.1 和 Windows 10 中，使用“Search > secpol.msc”，然后单击“secpol”，打开本地安全策略工具，如图 13-23 所示。

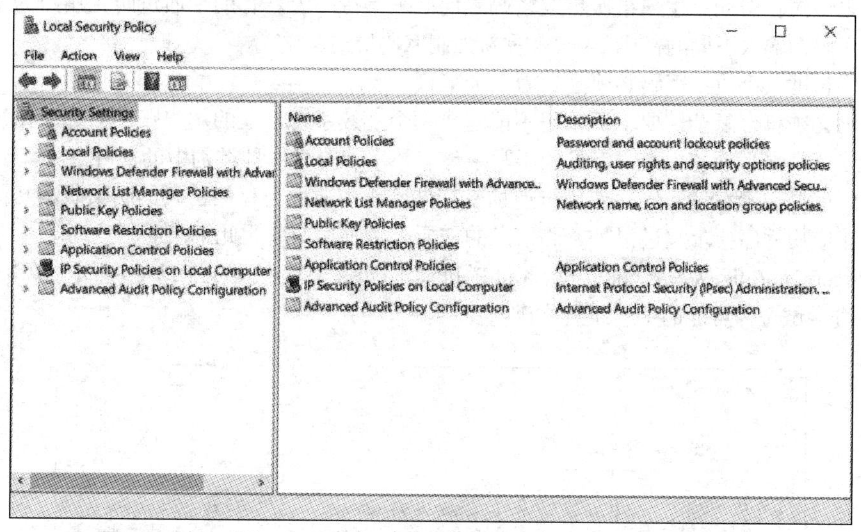

图 13-23 Windows 本地安全策略工具

注 意 在 Windows 的所有版本中，您都可以使用命令 secpol.msc 打开本地安全策略工具。

2. 账户策略安全设置

安全策略应该包括密码策略。Windows 本地安全策略可用于设置和实施密码策略。指定密码时，密码的控制级别应与所需的保护级别相符。

注 意 应尽可能使用强密码。

使用“Account Policies > Password Policy”实施密码规定，如图 13-24 所示。

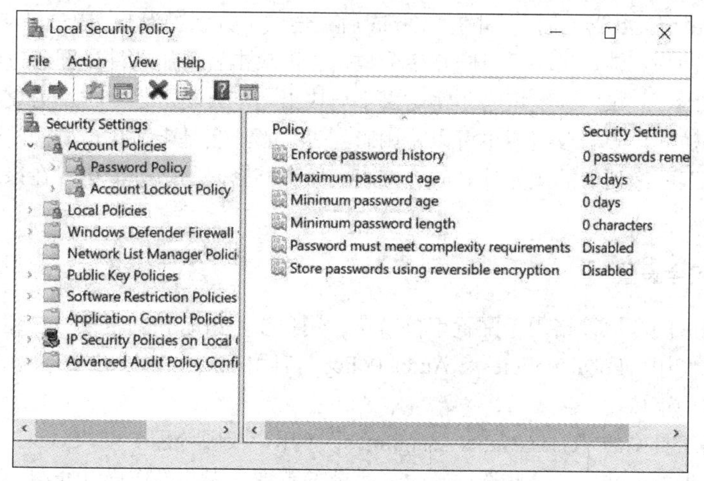

图 13-24 实施密码规定

图 13-24 中密码策略设置的准则如下。

- 强制密码历史：用户可以在保存 24 个唯一密码后重复使用密码。
- 密码最长存留期：用户必须在 90 天后更改密码。
- 密码最短存留期：用户再次更改密码之前必须等待一天。有助于通过防止用户为了使用之前的密码而输入不同的密码 24 次来重新强制密码历史。
- 密码长度最小值：密码必须至少为 8 个字符。
- 密码必须符合复杂性要求：密码不能包含两个连续字符以上的用户账户名称或用户全称的一部分。密码必须包含大写字母、小写字母、数字和符号 4 种类别中的 3 种。
- 使用可逆加密存储密码：使用可逆加密存储密码本质上与存储密码的明文版本相同。因此，除非应用程序要求超过保护密码信息的需要，否则切勿启用此策略。

使用“Account Policies > Account Lockout Policy”防止暴力攻击，如图 13-25 所示。在暴力攻击中，软件试图通过尝试每种可能的字符组合来破解密码。

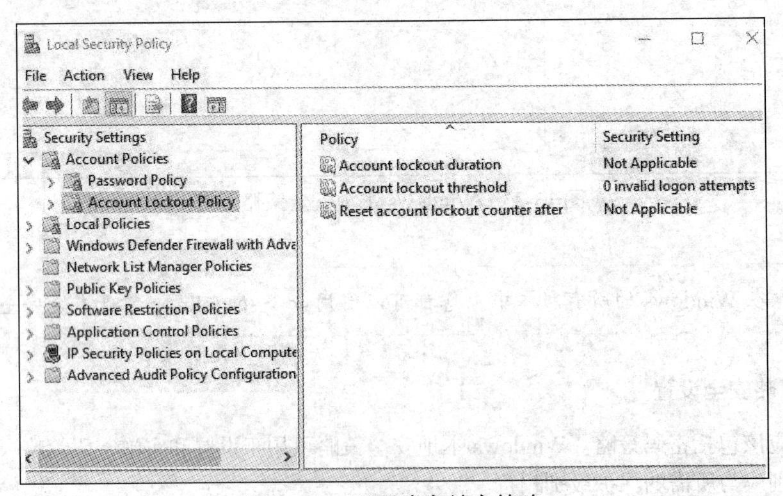

图 13-25 配置账户锁定策略

图 13-25 中的账户锁定策略设置说明如下。

- 账户锁定持续时间：如果用户超出账户锁定阈值（5 次尝试），则该账户会锁定 30 分钟。
- 账户锁定阈值：允许用户输入错误的用户名或密码 5 次。
- 重置账户锁定计数器的时间间隔：30min 后，尝试次数重置为 0，用户可以尝试重新登录。

图 13-25 所示的账户锁定策略可以防止蛮力攻击，即攻击者使用软件试图通过尝试每一个可能的字符组合来破解密码。此账户锁定策略还将防御字典攻击。字典攻击是一种暴力攻击，尝试字典中的每个单词以期获得访问权限。攻击者也可以使用彩虹表。彩虹表是字典攻击方法的改进，涉及所有可能的明文密码及其匹配散列值的预先计算的查询表。所存储密码的散列值可以在该表以及所发现的相应明文中查找。

3. 本地策略安全设置

本地安全策略中的本地策略用于配置审核策略、用户权限策略和安全策略，还可用于记录成功和失败的登录尝试。使用“Local Policies > Audit Policy”启用审核，如图 13-26 所示。在本示例中，将为所有登录事件启用审核。

本地安全策略工具中的“User Rights Assignment”（用户权限分配）和“Security Options”（安全选项）部分提供了多种安全选项，这些选项超出了本节的范围，因此不作详细介绍。

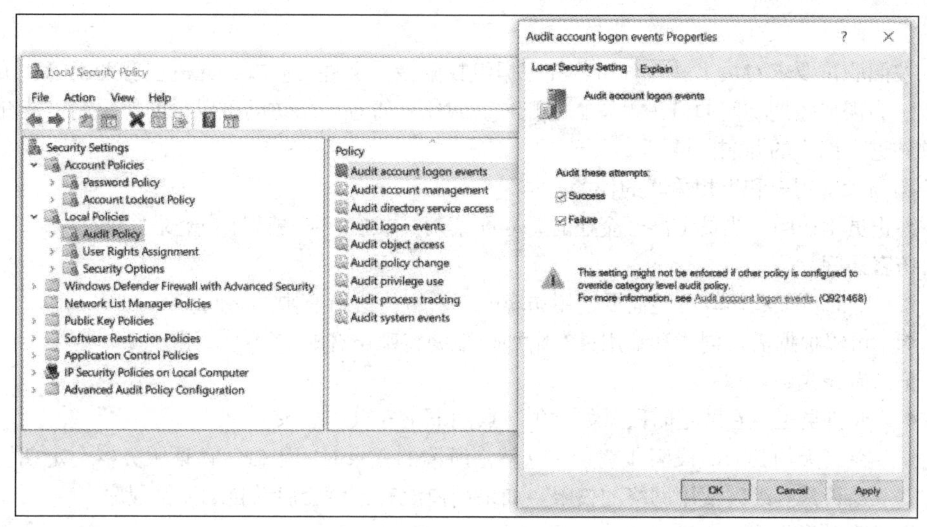

图 13-26 启用审核

4. 导出本地安全策略

管理员可能需要针对用户权限和安全选项实施广泛的本地策略，也很可能需要在每个系统上复制此策略。为了帮助简化此流程，可以导出并将其复制到其他 Windows 主机。

在其他计算机上复制本地安全策略的步骤如下。

步骤 1 使用图 13-27 所示的“Action > Export Policy”功能导出安全主机的策略。

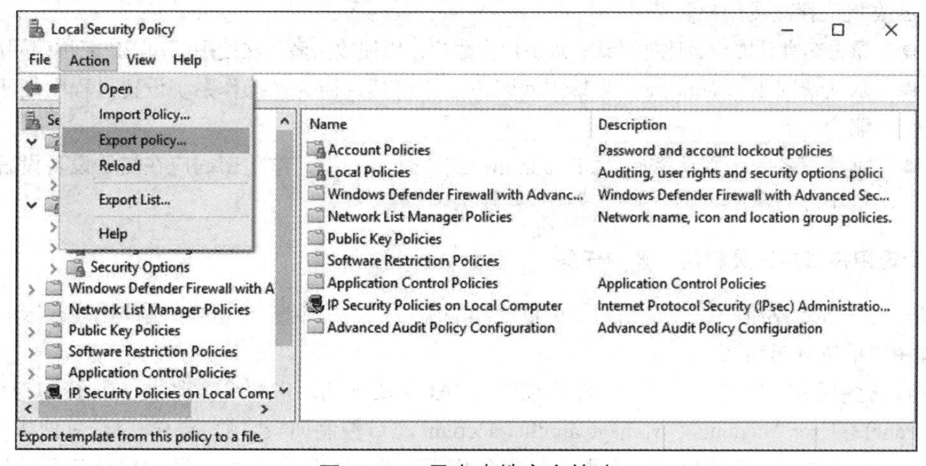

图 13-27 导出本地安全策略

步骤 2 用诸如 workstation.inf 的名称将策略保存至外部介质。

步骤 3 将本地安全策略文件导入其他独立计算机。

13.3.3 维护用户和群组

管理可以访问计算机的人员以及他们的访问级别是安全的一个重要部分。在管理用户和组时，可以通过分配权利和权限来限制或允许用户和组执行某些操作。

1. 维护账户

企业内的员工通常需要不同的数据访问级别。例如，可能只有经理和会计是企业中拥有工资文件访问权的员工。

可以按照职位要求对员工进行分组，并根据组权限授予文件访问权，此流程有助于管理员工的网络访问权。为需要短期访问的员工设置临时账户。封闭式管理网络访问可以帮助您限制可能允许病毒或恶意软件进入网络的漏洞区域。

有几项与管理用户和组相关联的任务。

- 终止员工访问：当员工离开企业时，立即禁用其账户，或更改账户登录凭证。
- 访客访问。
    - 临时员工和访客可能需要使用访客账户对网络进行有限的访问。
    - 可以根据需要创建和禁用具有附加权限的特殊访客账户。
- 记录登录次数。
    - 允许员工仅在特定时段（如上午7点到下午6点）登录。
    - 在当天的其余时段阻止登录，这就是所谓的登录时间限制。认证服务器会定期检查用户是否具有继续使用网络的权限。如果用户没有，就会启动自动注销程序。
- 记录失败登录尝试次数。
    - 配置允许用户尝试登录次数的阈值。
    - 在 Windows 中，默认情况下失败登录尝试次数设置为0，因此更改此设置之前不会拦截该用户。
- 空闲超时和屏幕锁定。
    - 配置将在指定的时间段后自动注销用户并锁定屏幕的空闲计时器。
    - 用户必须重新登录才能解锁屏幕。
- 更改默认管理员用户凭证。
    - 重命名默认账户，比如默认管理员用户账户，以便攻击者无法使用已知账户名称访问计算机。
    - 默认情况下，Windows 会禁用此账户，并将其替换为在操作系统设置过程中创建的命名账户。
    - 某些设备附带默认密码，如“admin”或“password”。这些密码应在初始设备设置期间进行更改。

2. 管理用户账户工具和用户账户任务

管理员的一项定期维护任务是在网络中创建和删除用户、更改账户密码或更改用户权限。您必须拥有管理用户的管理员特权。

要完成这些任务，您可以使用用户账户控制（UAC）或本地用户和组管理器。要访问 UAC，选择“Control Panel > User Accounts > Manage another account”（“控制面板>用户账户>管理其他账户”）。您可以使用 UAC 添加、删除或更改个人用户属性。当以管理员身份登录时，请使用 UAC 来配置各种设置，以防止恶意代码获取安全管理特权。

如果要使用本地用户和组管理器，选择“Control Panel > Administrative Tools > Computer Management > Local Users and Groups”（“控制面板>管理工具>计算机管理>本地用户和组”）。本地用户和组管理器可用于创建和管理在计算机本地存储的用户和组。

通过管理用户账户任务，您可以创建账户、重置账户密码、禁用或激活账户、删除账户、重命名账户、将登录脚本分配到账户，以及将主文件夹分配到账户。

3. 本地用户和组管理器

本地用户和组管理器工具可以限制用户和组的功能，通过指定权利和权限来执行某些操作。

- 权利：权利可授权用户在计算机上执行某些操作，比如备份文件和文件夹或关闭计算机。

■ 权限：权限是与对象（如文件、文件夹或打印机）相关联的规则，规定哪些用户可以访问该对象，以及以什么方式访问。

要使用本地用户和组管理器工具配置计算机上的所有用户和组，请在“Search”（搜索）框中输入“lusrmgr.msc”，或使用“Run”实用程序。

“Local Users and Groups(Local)”中的“Users”窗口显示计算机上当前的用户账户，包括内置管理员和内置访客账户，如图 13-28 所示。

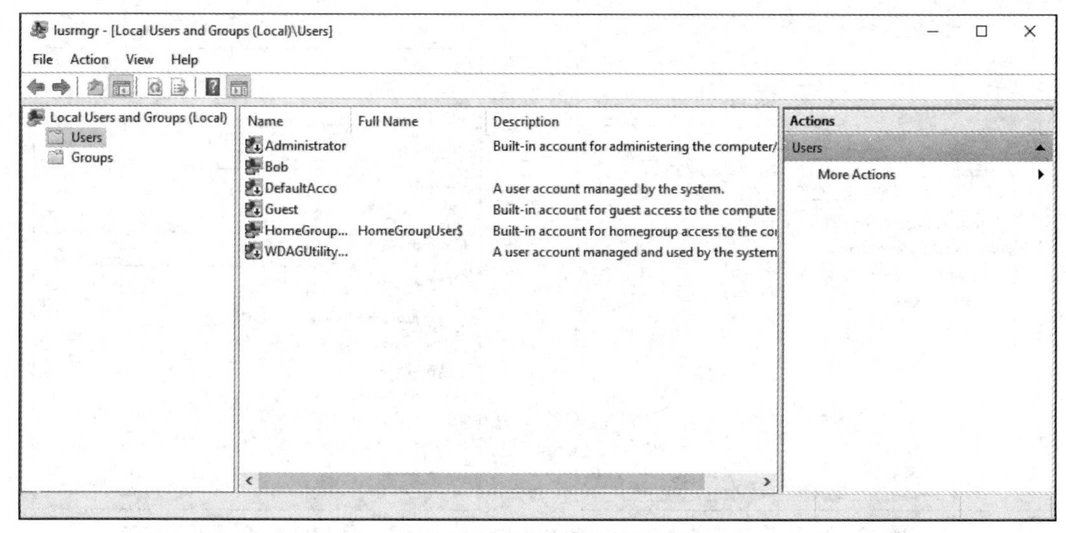

图 13-28 “Users”窗口

图 13-28 中的管理员账户具有以下特点。

■ 拥有对计算机的完全控制权，并且是管理员组的成员。

■ 可以分配用户权限和访问控制权限。

■ 可以重新命名或禁用，但永远不会从管理员组中删除或移除。

■ 默认为禁用。

图 13-28 中的访客账户具有以下特点。

■ 没有计算机上所分配账户的用户可使用此账户。

■ 它是默认 Guests 组的成员，允许用户登录计算机。

■ 默认情况下，该账户不需要密码。

■ 默认为禁用。

双击“用户”或用右键选择“Properties”，打开用户属性窗口，如图 13-29 所示。创建用户后，此窗口允许您更改已定义的用户选项。此外，它还允许您锁定账户，并允许您使用“Member of”选项卡将用户分配到组，或使用“Profile”选项卡控制用户可以访问的文件夹。

要添加用户，单击“Action > New User”打开“New User”窗口，如图 13-30 所示。您可在此窗口中指定“User name”“Full name”“Description”等选项。

注 意 某些 Windows 版本还内置高级用户账户，此账户拥有管理员的大多数权利，但出于安全原因，此账户缺少管理员的某些权限。

4. 管理组

为了简化管理，可以将用户指定到组。用于管理本地组的任务包括以下几种。

- 创建本地组。
- 将成员添加到组。
- 确定本地组中的成员。
- 删除组。
- 创建本地用户账户。

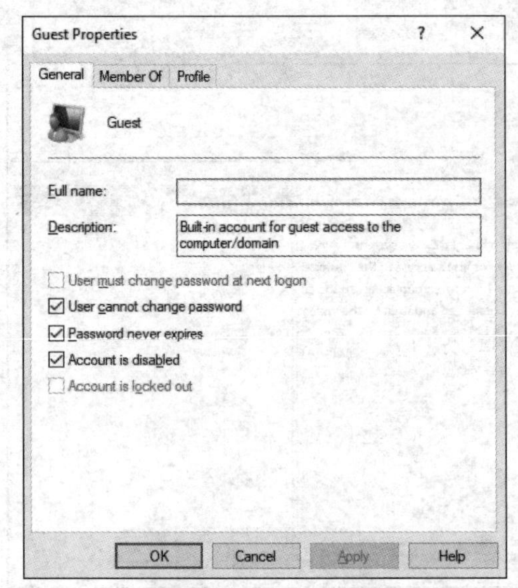

图 13-29 用户属性

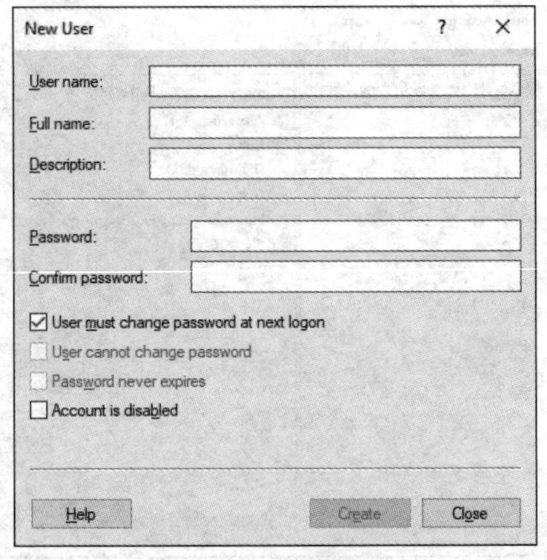

图 13-30 创建新用户

本地用户和组管理工具用于管理 Windows 计算机上的本地组。使用“Control Panel > Administrative Tools > Computer Management > Local Users and Groups”（“控制面板>管理工具>计算机管理>本地用户和组”）中的图标打开本地用户和组管理器。

在“Local Users and Groups”选项中，双击“Groups”以列出计算机上的所有本地组，如图 13-31 所示。

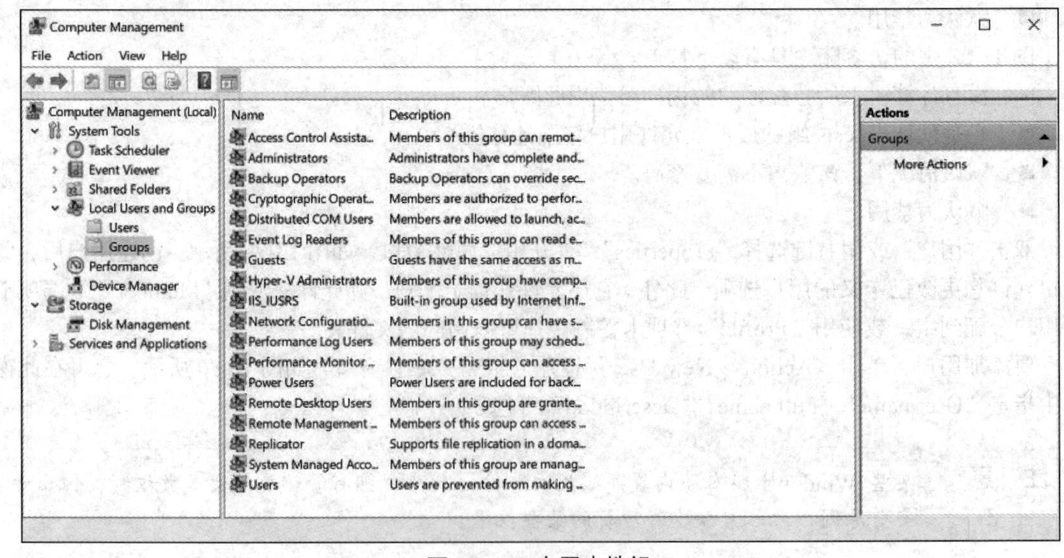

图 13-31 内置本地组

内置的可用组有许多。其中，3 个常用的组如下。

- 管理员：完全控制计算机并能分配用户权限和访问控制权限的组成员。管理员账户是该组的默认成员。将用户添加到该组时，请谨慎使用。

- 访客：此组成员会在登录时创建一个临时配置文件，同时在成员注销时会删除该配置文件。访客账户（默认情况下已禁用）也是此组的默认成员。
- 用户：此组的成员可执行常见的任务，比如运行应用程序、使用本地和网络打印机以及锁定计算机。但成员不能共享目录或创建本地打印机。

需要注意的是，以管理员组成员的身份运行计算机会使系统易受木马和其他安全漏洞的攻击。建议您仅将域用户账户添加到用户组（而非管理员组）以执行日常任务，包括运行程序和访问 Internet 网站。需要在本地计算机上执行管理任务时，请使用“Run as Administrator”（以管理员身份运行），使用管理凭证启动程序。

双击组即可查看其属性。例如，图 13-32 显示的是访客组的属性。

要创建新组，请单击“Action > New Group”以打开“New Group”窗口，如图 13-33 所示。您可以在此处创建新组并将用户分配到新组。

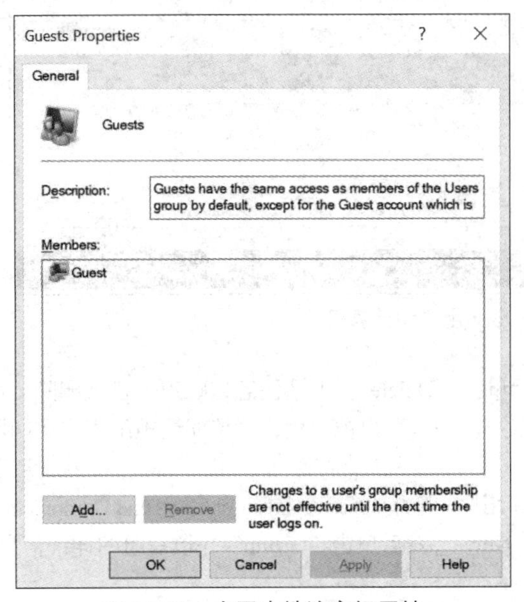

图 13-32　内置本地访客组属性

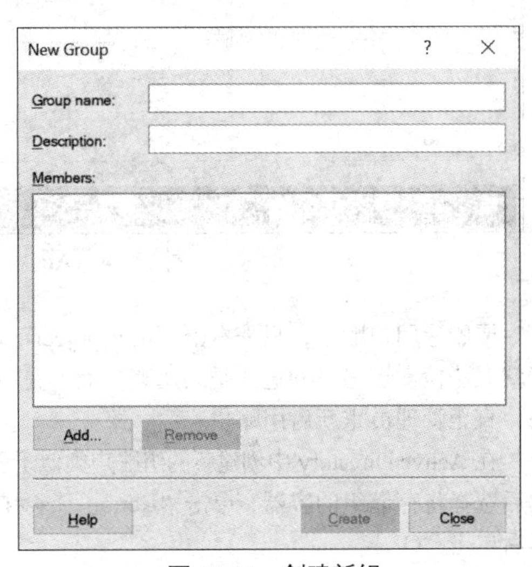

图 13-33　创建新组

5. Active Directory 用户和计算机

当本地账户存储在本地计算机的本地安全账户数据库中时，域账户存储在 Windows 服务器域控制器（DC）上的 Active Directory 中，可以从加入域的任何计算机访问。只有域管理员可以在域控制器上创建域账户。

Active Directory 是 Active Directory 域中所有计算机、用户和服务的数据库。Windows 服务器上的“Active Directory Users and Computers”（Active Directory 用户和计算机）控制台用于管理 Active Directory 用户、组和组织单位（OU），如图 13-34 所示。组织单位提供了一种将域细分为更小管理单元的方法。通过 Active Directory 用户和计算机，管理员可以创建更多 OU 以将账户置于或添加到现有 OU 中。

要创建新的用户账户，请右击将包含此账户的容器或 OU，然后选择“New User”。输入用户信息，如姓名、姓氏和登录名，单击“Next”，然后为用户设置初始密码。默认选中强制用户在首次登录时重置密码的选项。如果用户因密码尝试次数过多而锁定了自己的账户，管理员可以打开“Active Directory Users and Computers”，右击“user object”，选择“Properties”，然后选中“Unlock account”。

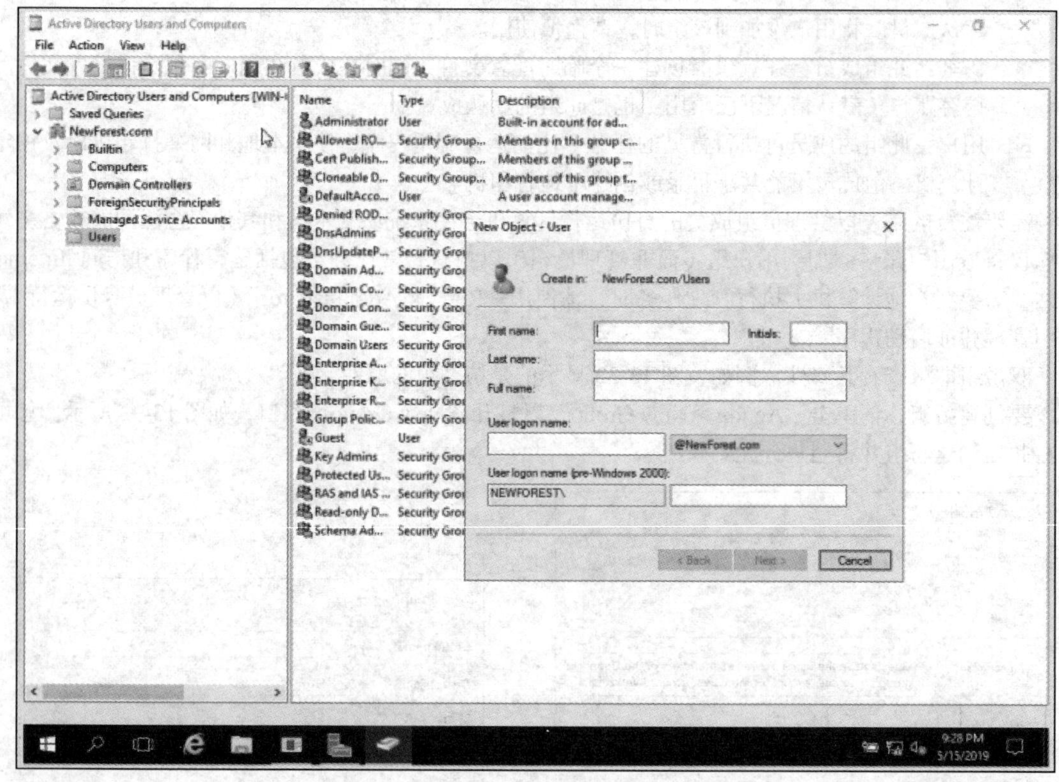

图 13-34　Active Directory 用户和计算机

要删除用户账户，只需右击“user object”，然后单击“Delete”。但请注意，账户一旦被删除，可能就无法检索。另一种选择是禁用账户而不是删除账户。一旦账户被禁用，系统就会拒绝用户访问网络，直至管理员重新启用账户。

在 Active Directory 中创建新的组账户类似于创建新用户。打开“Active directory Users and Computers”，然后选择将存储组的容器，单击“Action”，再单击“New”，然后单击“Group”并填写组的详细信息，然后单击“OK”。

13.3.4　Windows 防火墙

防火墙有选择地拒绝向计算机或网段传输信息。防火墙一般通过打开和关闭各种应用程序使用的端口来工作。通过在防火墙上只打开所需的端口，您就实施了一个限制性的安全策略。任何没有明确允许的数据包都会被拒绝。相反，宽松的安全策略允许通过所有端口进行访问，但明确拒绝的端口除外。

1. 防火墙

防火墙可通过阻止不必要的流量进入内部网络来保护计算机和网络。例如，图 13-35 中顶部的拓扑说明防火墙如何使来自内部网络主机的流量退出网络并返回内部网络。底部拓扑说明系统如何拒绝外部网络（Internet）发起的流量访问内部网络。

防火墙可以允许外部用户控制对特定服务的访问。例如，外部用户可访问的服务器通常位于名为隔离区（DMZ）的特殊网络中，如图 13-36 所示。

DMZ 使网络管理员能够为连接到该网络的主机应用特定策略，比如 Web、FTP 和邮件服务（SMTP

和 IMAP）。防火墙只允许访问这些服务器服务，而拒绝所有其他外部请求，如来自外部地址的服务器流量、入站的 ICMP echo 请求流量、入站的 Microsoft Active Directory 查询流量或入站的 Microsoft SQL Server 查询流量。

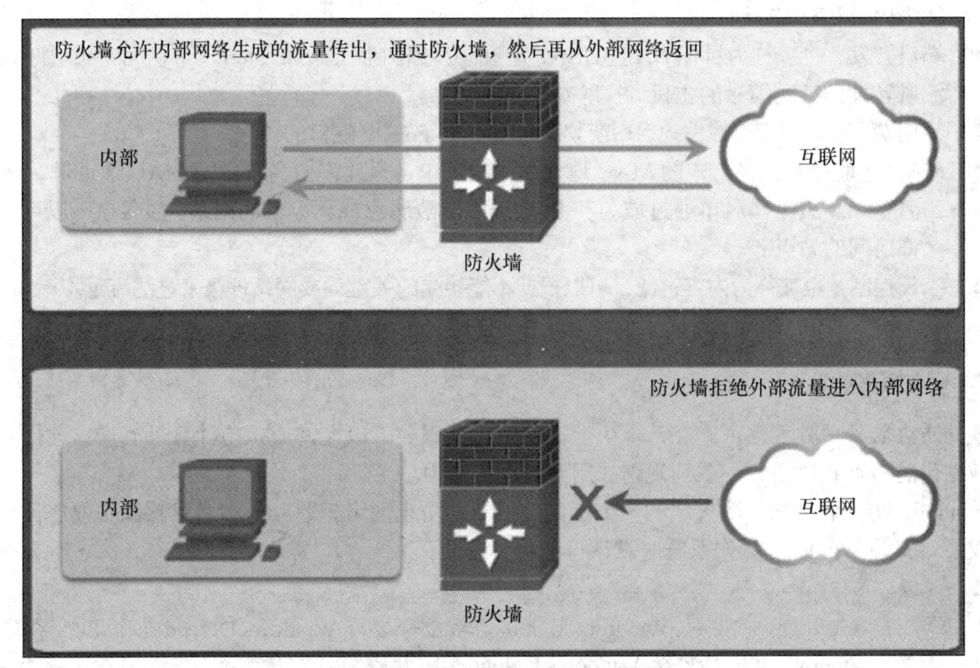

图 13-35　防火墙控制和网络访问

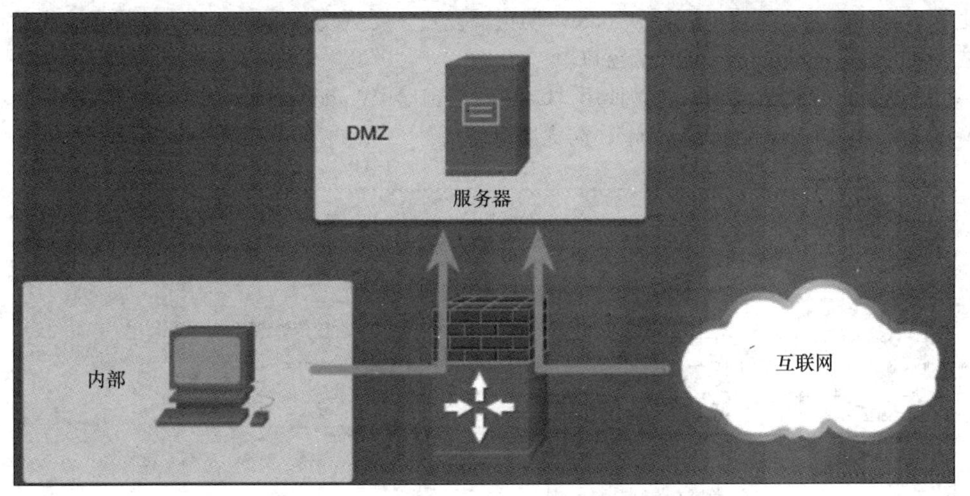

图 13-36　访问 DMZ

可以按如下方式提供防火墙服务。

- **基于主机的防火墙：**使用 Windows Defender 防火墙等软件。
- **小型办公室/家庭办公室（SOHO）：**这种基于网络的解决方案使用家庭或小型办公室无线路由器。这些设备不仅提供路由和 Wi-Fi 服务，还提供 NAT、DHCP 和防火墙服务。
- **中小型组织：**使用专用设备，如思科自适应安全设备（ASA）或在思科集成服务路由器（ISR）上启用的基于网络的解决方案。这些设备使用访问控制列表（ACL）和高级功能根据数据包的报头信息（包括源和目标 IP 地址、协议、源和目标 TCP/UDP 端口等）过滤数据包。

路由器还可以提供以下许多设置。

- 端口地址转换（PAT）：一种用于重载路由器分配的公共 IP 地址的 NAT 版本。启用具有私有 IP 地址的内部主机，以使用路由器的公共地址来遍历 Internet。将返回到路由器的流量重新转换为内部私有 IP 地址。
- 端口转发：也被称为目标 NAT（DNAT）。在小型路由器上添加 Internet 可访问主机。将 Internet 流量转发到特定编号的主机/端口。
- 禁用端口：可以有选择性地启用或禁用对特定 TCP/UDP 端口的访问。
- MAC 地址过滤：将已知的 MAC 地址加入白名单，只允许白名单中的 MAC 地址进行连接。
- 白名单/黑名单：黑名单通过域名和 IP 地址来屏蔽恶意或不可信的网站。白名单可以用来识别允许访问的站点。
- 家长控制：也被称为内容过滤，可以根据不能接受的关键词或网站评级来过滤流量。

本节重点介绍使用 Windows 防火墙的基于主机的防火墙解决方案。

2. 软件防火墙

软件防火墙是一种程序，它在计算机上提供防火墙服务，以允许或拒绝计算机流量。软件防火墙通过数据包的检查和过滤将一系列规则应用到数据传输中。

Windows 防火墙是软件防火墙的一个示例，可帮助防止网络犯罪分子和恶意软件获取您计算机的访问权限。安装 Windows 操作系统时默认也会将其安装。

注 意 在 Windows 10 中，Windows 防火墙已被重命名为 Windows Defender 防火墙。在这里，Windows 防火墙包含 Windows Defender 防火墙。

使用 Windows 防火墙窗口配置 Windows 防火墙设置。要更改 Windows 防火墙设置，您必须具有管理员权限才能打开 Windows 防火墙窗口。

要打开 Windows 防火墙窗口，请使用“Control Panel > Windows Firewall”。图 13-37 中的示例显示了 Windows 10 中的 Windows Defender 防火墙窗口。

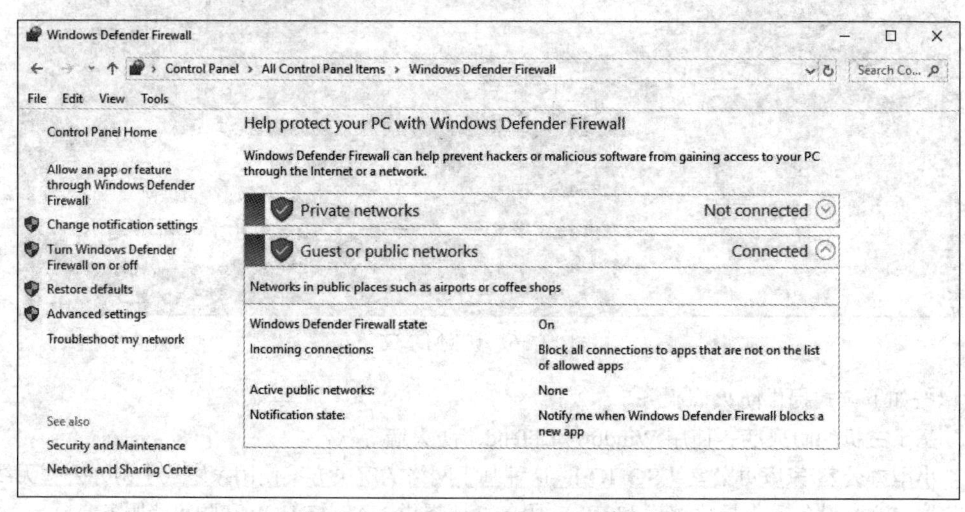

图 13-37 Windows Defender 防火墙

3. Windows 防火墙

软件防火墙功能应用于网络连接。软件防火墙具有一组标准的入站和出站规则，这些规则根据已连接网络的位置予以启用。

在图 13-38 所示的示例中，为专用网络、来宾或公用网络，或公司域网络启用防火墙规则。由于专用网络是当前已连接的网络，因此该窗口显示其设置。要显示域网络，或来宾或公用网络的设置，请单击“Not connected”标签旁边的下拉箭头。

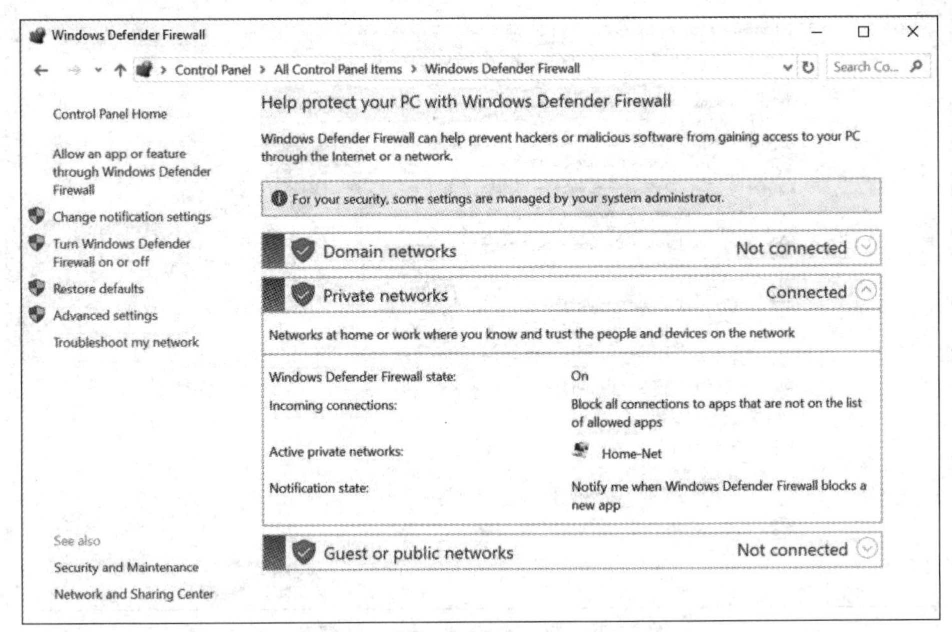

图 13-38 为专用网络启用了防火墙规则

在此 Windows 防火墙窗口中，您可以启用或禁用 Windows 防火墙、更改通知设置、允许应用程序通过防火墙、配置高级设置或恢复防火墙默认值。

如果要禁用或重新启用 Windows 防火墙或更改网络通知，请单击“Change notifications settings”或“Turn Windows Defender Firewall on or off”以打开“Customize Settings”窗口，如图 13-39 所示。

如果您想使用不同的软件防火墙，则需要禁用 Windows 防火墙。如果要在 Windows 10 中禁用 Windows 防火墙，请按照下列步骤执行操作。

- **步骤 1** 依次选择“控制面板> Windows Defender 防火墙>启用或关闭 Windows Defender 防火墙”。
- **步骤 2** 选中“关闭 Windows Defender 防火墙（不推荐）”。
- **步骤 3** 单击“OK”。

如果要在 Windows 7 或 Windows 8 中禁用防火墙，请按照下列步骤执行操作。

- **步骤 1** 依次选择“控制面板> Windows 防火墙>启用或关闭 Windows 防火墙”。
- **步骤 2** 单击“关闭 Windows Defender 防火墙（不推荐）”。
- **步骤 3** 单击“OK”。

注 意 默认情况下，Windows 防火墙处于启用状态。除非已启用另一个防火墙软件，否则请勿在 Windows 主机上禁用 Windows 防火墙。

4. 配置 Windows 防火墙的例外情况

您可以在 Windows 防火墙窗口中允许或拒绝对特定程序或端口的访问。如果要配置例外情况并允许或阻止应用程序或端口，请单击“Allow an App or Feature Through the Windows Firewall”以打开“Allowed apps”窗口，如图 13-40 所示。

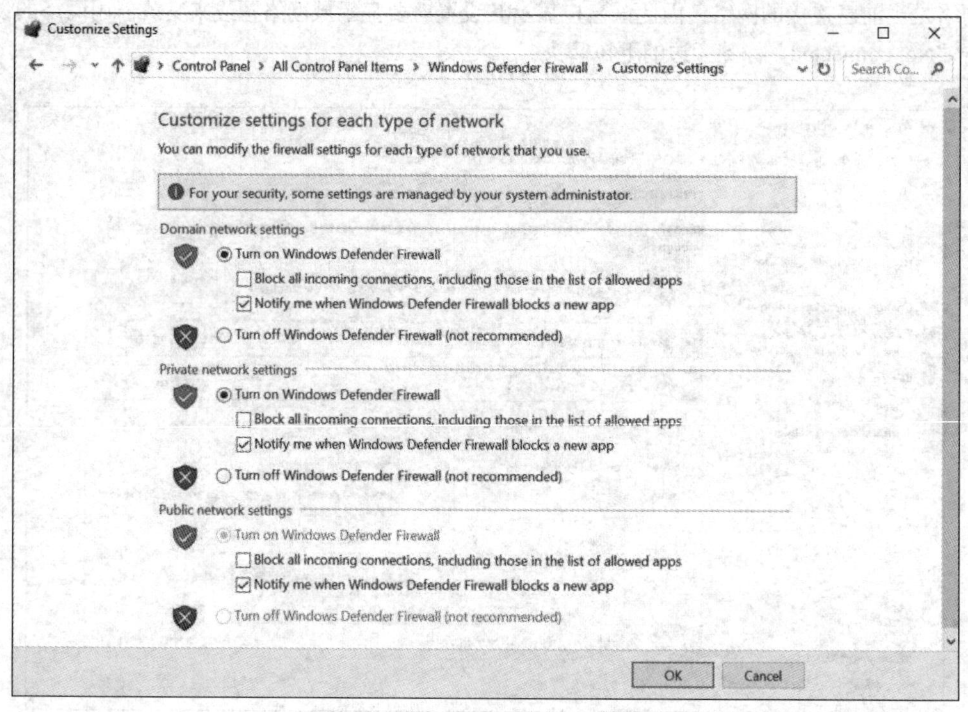

图 13-39 “Customize Settings”窗口

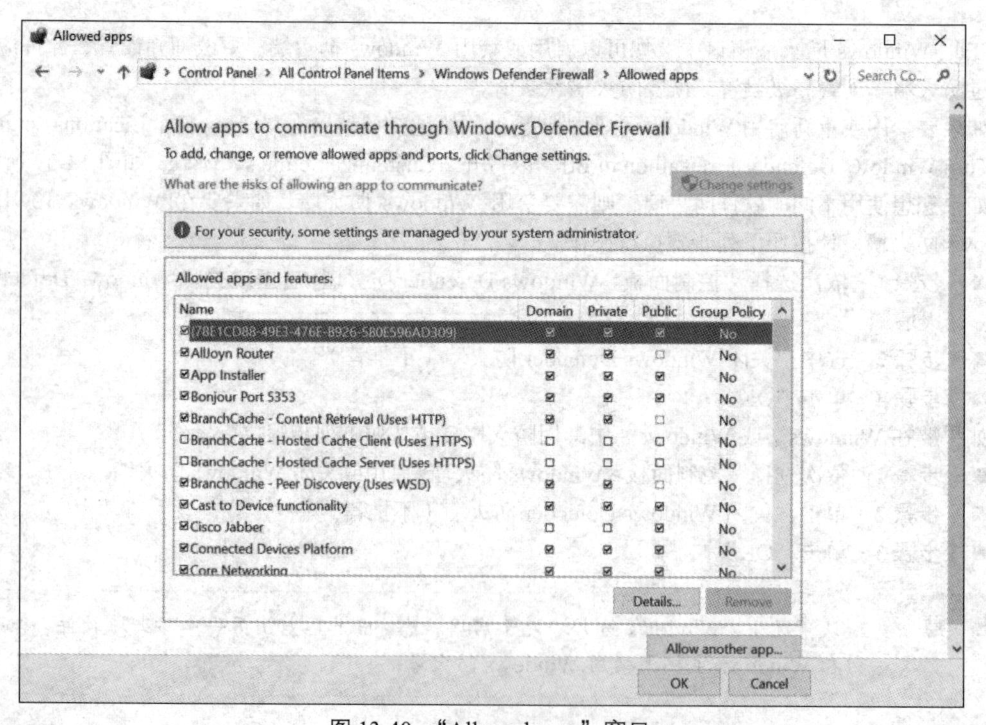

图 13-40 “Allowed apps”窗口

在此窗口中，您可以添加、更改或删除不同网络上允许的程序和端口。

如果要在 Windows 10 中通过 Windows Defender 防火墙添加程序，请按照下列步骤进行操作。

- **步骤 1** 依次选择“Control Panel>Windows Defender Firewall>Allow an App or Feature Through the Windows Firewall”。
- **步骤 2** 选中列出的应用程序的复选框，如果程序未列出，则使用“Allow Another Program”命令。
- **步骤 3** 单击“OK”。

如果要在 Windows 7 和 Windows 8 中通过 Windows 防火墙添加程序，请按照下列步骤进行操作。

- **步骤 1** 依次选择“Control Panel> Windows Defender Firewall> Allow an App or Feature Through the Windows Firewall”。
- **步骤 2** 依次选择“Change settings>Allow another app”。
- **步骤 3** 单击“OK”。

5. 高级安全 Windows 防火墙

另一种通过 Windows 防火墙策略提供更大访问控制的 Windows 工具是“高级安全 Windows 防火墙”。在 Windows 10 中，它被称为“Windows Defender Firewall with Advanced Security”(高级安全 Windows Defender 防火墙)，如图 13-41 所示。要打开此工具，请在“Windows 防火墙”窗口中单击“Advanced settings”。

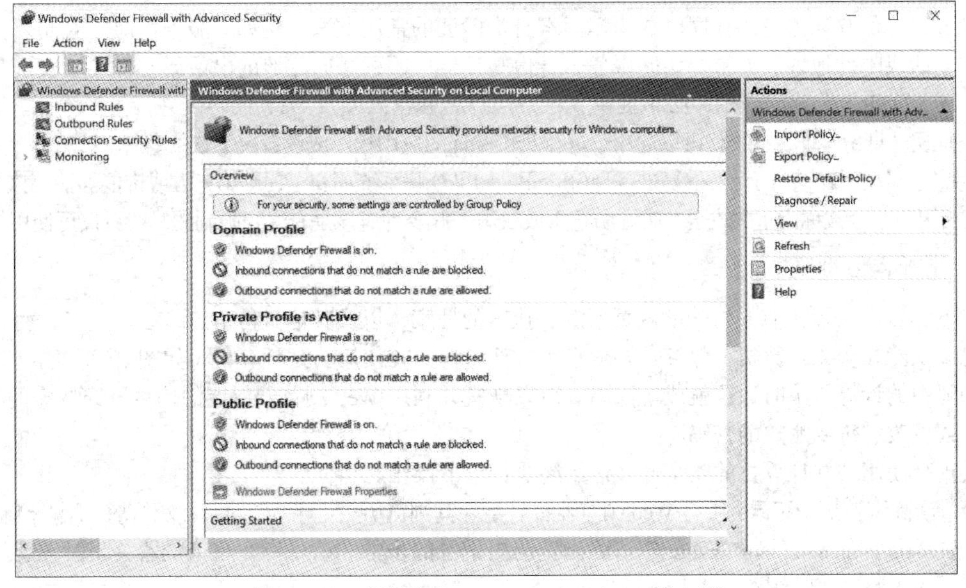

图 13-41 高级安全 Windows Defender 防火墙

注 意 另外，您也可以在“Search”框中输入“wf.msc”，然后按 Enter 键。

高级安全 Windows Defender 防火墙提供以下功能。

- **入站和出站规则**：您可以配置应用于传入 Internet 流量的入站规则和应用于让您的计算机进入网络的流量的出站规则。这些规则可以指定端口、协议、程序、服务、用户或计算机。
- **连接安全规则**：连接安全规则保护两台计算机之间的流量。它要求两台计算机都已被定义并启用相同的规则。
- **监控**：您可以显示防火墙入站或出站活动规则或任何活动连接安全规则。

13.3.5 Web安全

攻击者可以利用各种网络工具在计算机上安装恶意程序。网络安全试图减轻来自互联网的威胁，Internet主要是一种不安全的数据交换手段。Web安全需要对安全漏洞有清晰的认知，并积极主动地进行防御。本小节将解释一些常见的网络漏洞，以及减轻它们带来的威胁的方法。

Web浏览器不仅用于Web浏览，现在还用于运行其他应用程序，包括Microsoft 365和Google Docs、并作为远程访问SSL用户的接口等。为了帮助支持这些附加功能，浏览器使用插件来支持其他内容。但是，其中一些插件也可能会引起安全问题。

浏览器往往是攻击的目标，因此应加以保护。确保网络浏览器安全的一些功能包括以下几点。

- InPrivate浏览。
- 弹出窗口阻止程序。
- SmartScreen筛选器。
- ActiveX过滤。

浏览时，许多网站和服务都需要使用身份验证进行访问。最近，已普遍要求通过传统用户名和密码进行多因素身份验证。多因素身份验证涉及结合使用不同的技术（如密码、智能卡和生物识别）来对用户进行身份验证。例如，双因素身份验证结合使用用户拥有的事物（如智能卡）和用户知道的密码或PIN等信息。三因素身份验证结合使用以下3个因素：用户知道的事物、用户拥有的事物以及某种类型的生物识别组件，比如拇指或视网膜扫描。

最近，身份验证器应用程序已成为多因素身份验证的常用方法。例如，服务可能同时需要密码和注册的电话或邮件地址。如果要访问服务，身份验证器应用程序向注册的电话或邮件地址发送名为一次性密码（OTP）的代码。用户必须提供其账户用户名和密码以及OTP代码以进行身份验证。

一旦经过身份验证，系统就可以向用于进行身份验证的应用程序或设备授予软件令牌。该软件令牌允许用户在系统上执行操作，而无须重复进行身份验证。如果令牌系统不安全，则第三方或许能够捕获该令牌系统并充当用户，这被称为重放攻击。为了防止重放攻击，此令牌应该是有时间限制的，或者仅可使用一次。

1. InPrivate浏览

Web浏览器会保留有关访问的网页信息、执行的搜索，以及其他身份信息，如用户名、密码及更多信息。虽然在个人计算机上保存这些信息很方便，但是在使用公共计算机（如图书馆、酒店商务中心或网吧中的计算机）时，这就成了隐患。可以恢复并利用Web浏览器保留的信息以窃取您的身份、资金，或更改您重要账户的密码。

要提高使用公共计算机的安全性，请始终执行以下操作。

- **清除浏览历史记录：**所有Web浏览器都有清除其浏览历史记录、Cookie、文件等的方法。图13-42列出了在Microsoft Edge中清除浏览历史记录的步骤。请注意，当浏览器关闭时，您还可以选择始终清除浏览数据。
- **使用InPrivate模式：**所有Web浏览器都提供匿名浏览Web的能力，而无须保留信息。当您使用InPrivate模式时，浏览器会临时存储文件和Cookie，并在InPrivate会话结束时将其删除。

图13-43列出了在Microsoft Edge中打开InPrivate窗口的步骤。请注意，新窗口使用浏览器左上角的InPrivate标签进行标识。

对于Internet Explorer 11，请使用“Tools > InPrivate Browsing”将其打开，如图13-44所示。

注 意 作为替代方法，您可以按Ctrl+Shift+P组合键打开InPrivate窗口。

2. 弹出窗口阻止程序

弹出窗口是在另一个Web浏览器窗口上打开的Web窗口。有些弹出窗口在浏览时启动，比如在网页上打开弹出窗口，以提供额外信息或图片特写的链接。其他弹出窗口由网站或广告商启动，并且这些弹出窗口经常是不被需要的或令人讨厌的，尤其是当网页上同时打开多个弹出窗口时。

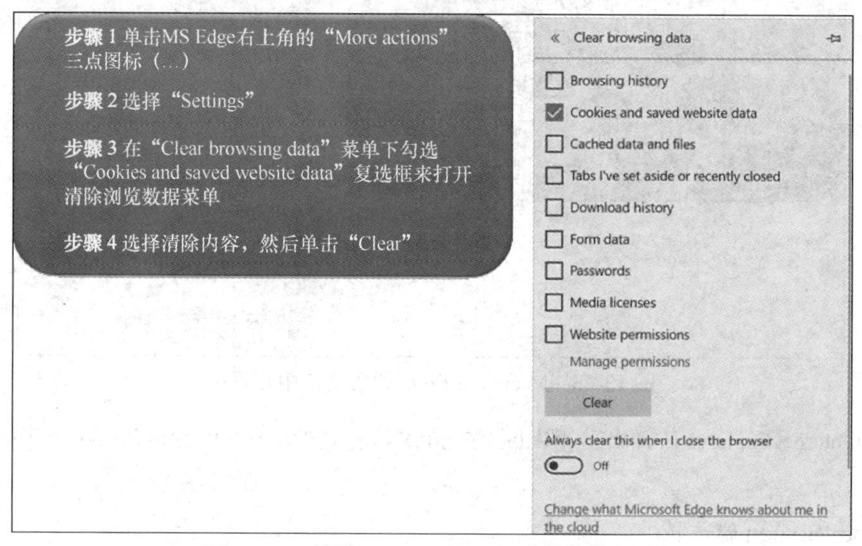

图 13-42 清除 Microsoft Edge 中的浏览历史

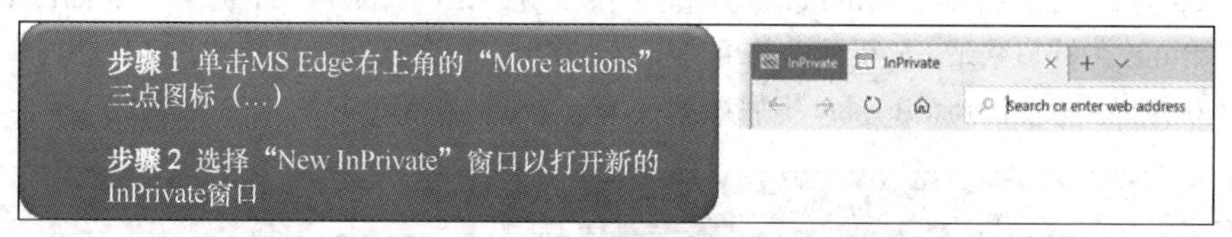

图 13-43 在 Microsoft Edge 中打开 InPrivate 窗口

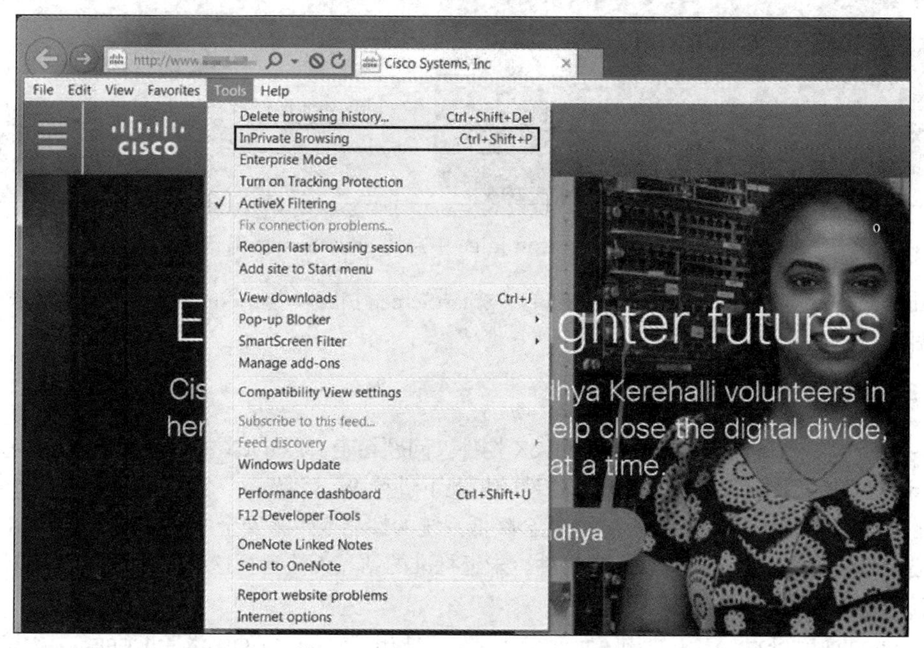

图 13-44 从 Internet Explorer 11 中启动 InPrivate 浏览

大多数 Web 浏览器都能够阻止弹出窗口。这让用户可以限制或阻止大多数在浏览网页时出现的弹出窗口。

图 13-45 列出了启用 Internet Edge 弹出窗口阻止程序功能的步骤。

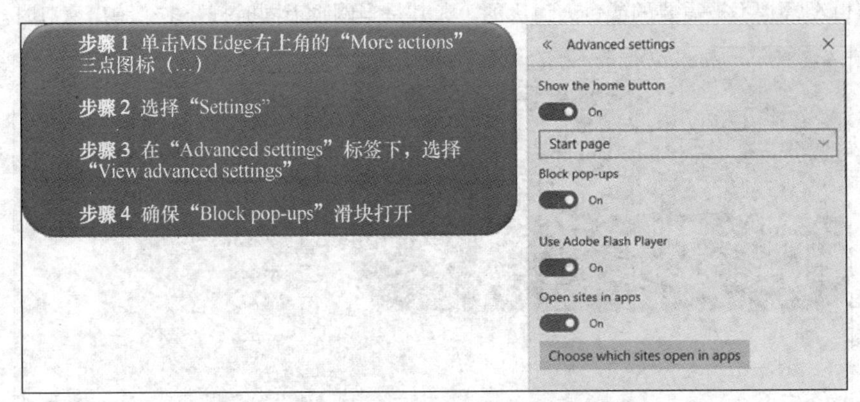

图 13-45 Microsoft Edge 弹出窗口阻止程序

要启用 Internet Explorer 11 弹出窗口阻止程序功能，请使用“Tools > Pop-up Blocker > Turn on Pop-up Blocker”。

3. SmartScreen 筛选器

一些 Web 浏览器提供额外的 Web 过滤功能。例如，Internet Explorer 11 提供了 SmartScreen 过滤器功能。此功能可检测钓鱼网站、分析网站的可疑项目，并根据包含已知恶意网站和文件的列表检查下载。

图 13-46 列出了在 Microsoft Edge 中启用 SmartScreen 筛选器的步骤。

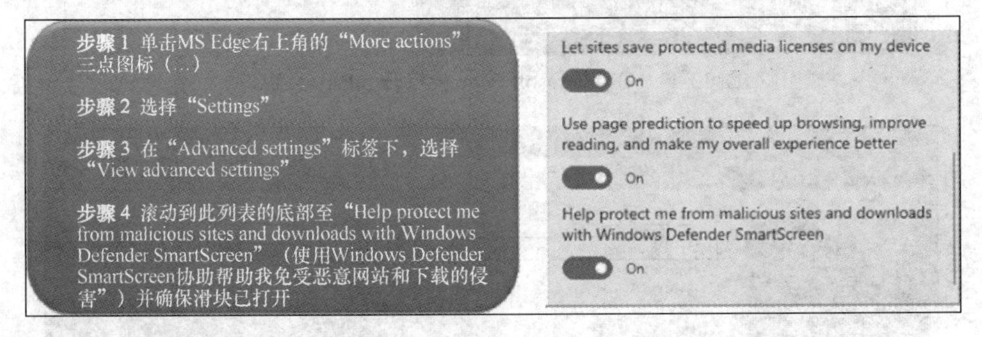

图 13-46 在 Microsoft Edge 中启用 SmartScreen 筛选器

在 Internet Explorer 11 中，请使用“Tools > SmartScreen Filter > Turn on SmartScreen Filter”将其启用，如图 13-47 所示。

4. ActiveX 过滤

某些 Web 浏览器可能需要您安装 ActiveX 控件。问题在于，ActiveX 控件可用于恶意用途。

ActiveX 过滤允许在不运行 ActiveX 控件的情况下进行 Web 浏览。为某个网站安装 ActiveX 控件后，也能在其他网站上运行该控件，这可能会降低系统的性能或带来安全风险。启用 ActiveX 过滤时，您可以选择允许哪些网站运行 ActiveX 控件。未经批准的站点无法运行这些控件，并且浏览器不会显示您安装或启用这些控件的通知。

要在 Internet Explorer 11 中启用 ActiveX 过滤，请使用“Tools > ActiveX Filtering”。图 13-48 中的示例显示了 ActiveX 过滤已被启用。再次单击“ActiveX Filtering”将禁用 ActiveX。

要在 ActiveX 过滤已启用时查看包含 ActiveX 内容的网站，请单击地址栏中的蓝色“ActiveX Filtering”图标，然后单击“Turn off ActiveX Filtering”。

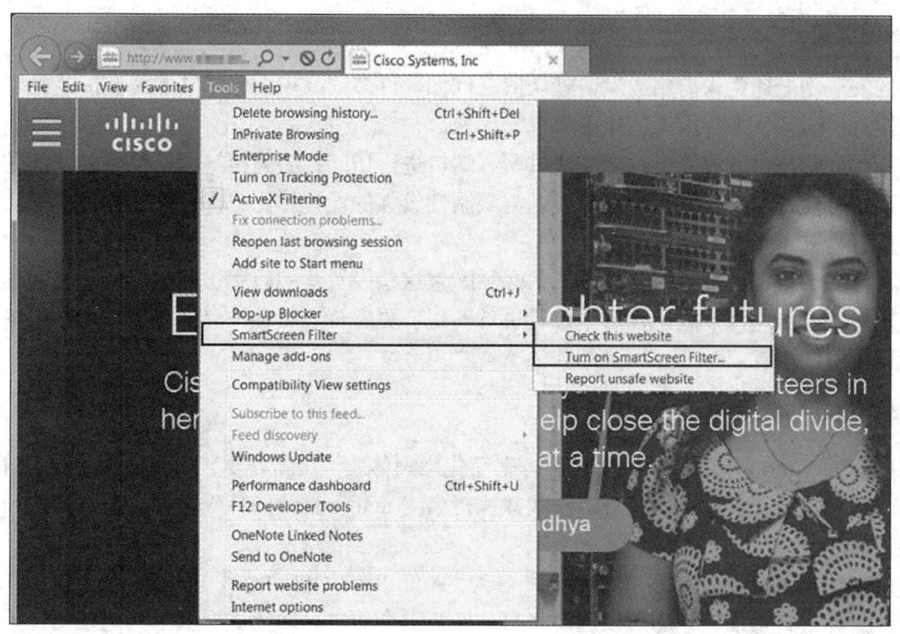

图 13-47 启用 SmartScreen 筛选器功能

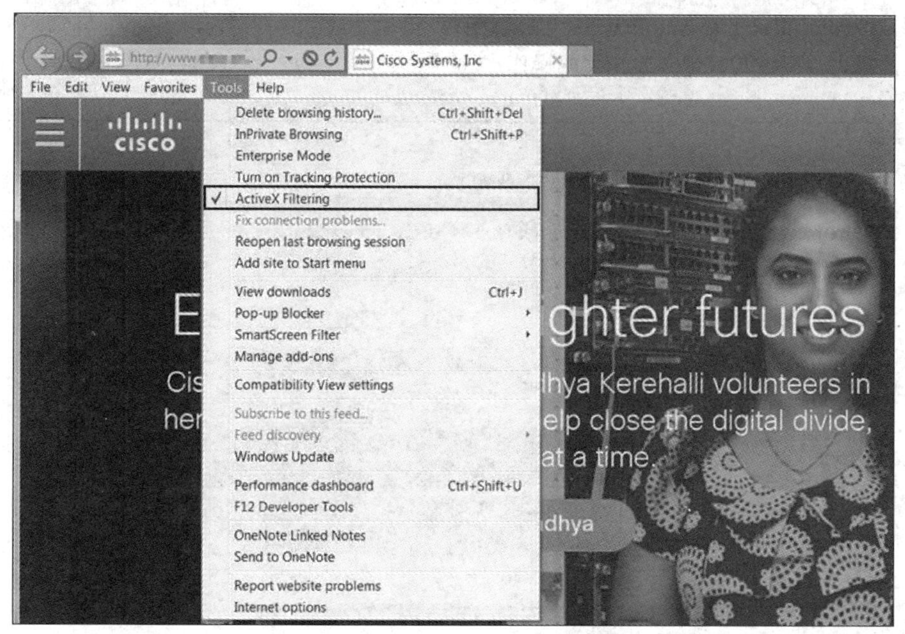

图 13-48 启用 ActiveX 过滤功能

查看内容后，您可以通过执行相同的步骤重新启用网站的 ActiveX 过滤。

注 意 Microsoft Edge 不支持 ActiveX 过滤。

13.3.6 安全维护

保持积极主动的安全实践对于保持设备和网络的平稳及正常运行至关重要。安全维护是一个需要规划和安排的持续过程。

1. 限制设置

设备的安全功能通常未启用或保留默认值。例如，许多家庭用户保持其无线路由器的默认密码和开放式无线身份验证状态，因为这样更简单。

某些设备随附许可性设置。这允许通过所有端口进行访问，明确拒绝的端口除外。问题在于，默认的许可设置会使许多设备暴露给攻击者。与限制性较强的设置相比，许可性设置更容易实现、安全性更低、更容易被黑客攻击。

如今，许多设备都随附了限制性设置，必须配置这些设置才能启用访问。任何未经明确允许的数据包都将被拒绝。限制性设置比许可性设置更难实现、更安全、更难被黑客攻击。您必须尽可能保护设备并配置限制性设置。

2. 禁用自动播放

较旧版本的 Windows 主机使用自动运行来简化用户体验。将新介质，如闪存驱动器、CD 或 DVD 驱动器插入计算机时，自动运行将自动查找并执行名为 autorun.inf 的特殊文件。恶意用户利用此功能快速感染主机。

较新版本的 Windows 主机现在使用一种名为“AutoPlay”（自动播放）的功能，类似于“AutoRun”（自动运行）。通过自动播放，您可以确定将自动运行的介质。自动播放提供了其他控制，可以提示用户根据新介质的内容选择操作。

使用“Control Panel > AutoPlay”（“控制面板>自动播放”）打开“AutoPlay”窗口，如图 13-49 所示，在这里可以配置与特定介质相关的操作。

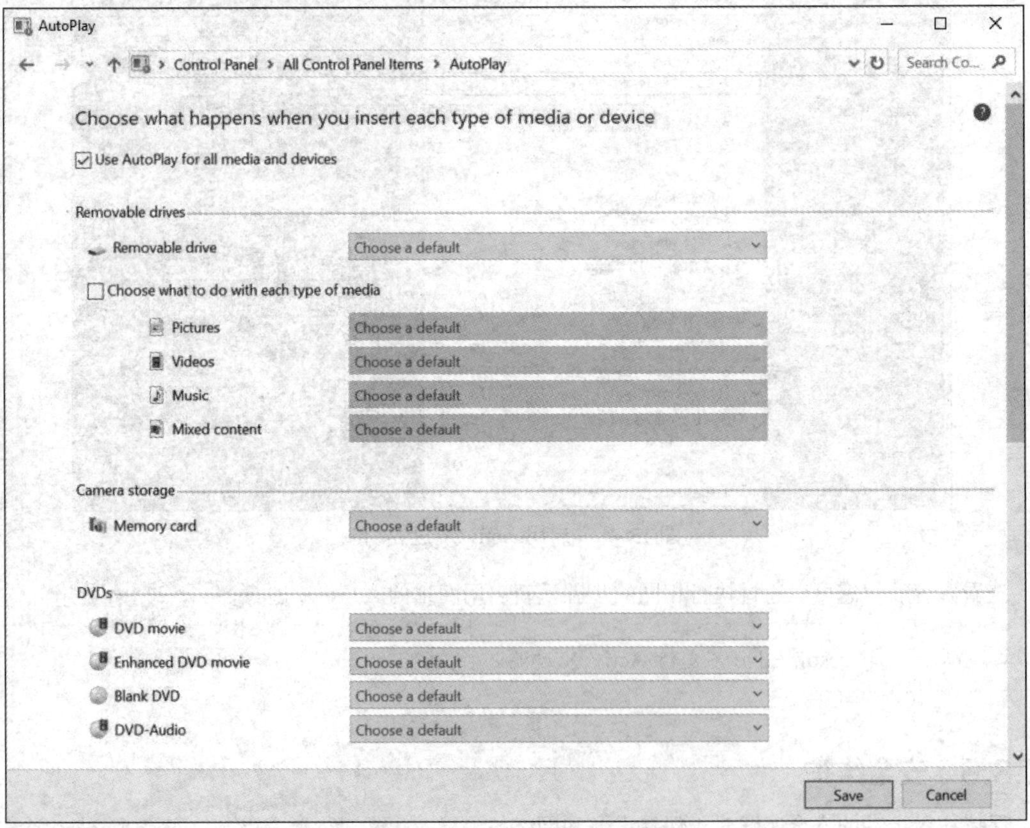

图 13-49　配置自动播放设置

请记住，您只需单击一下，就可以在“自动播放”窗口中不知不觉地运行恶意软件。因此，最安全的解决方案就是关闭自动播放。图 13-50 列出了禁用自动播放的步骤。

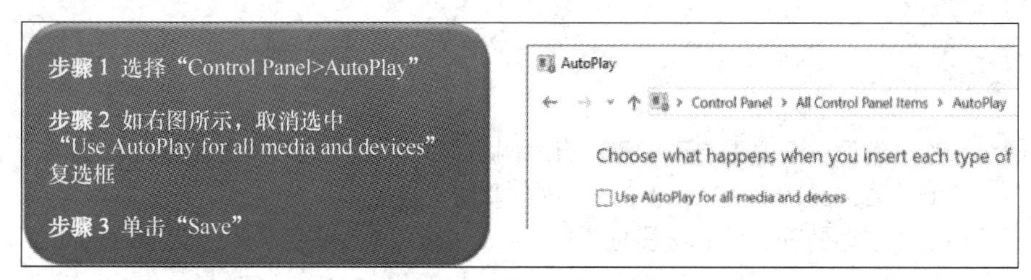

图 13-50 禁用自动播放

3. 操作系统的服务包和安全补丁

补丁是制造商提供的代码更新，可防止新发现的病毒或蠕虫成功攻击您的系统。有时，制造商将补丁和升级组合到一个名为“服务包”的全面更新应用程序中。

尽可能应用安全补丁和操作系统更新至关重要。如果有更多用户下载并安装了最新的服务包，那么许多毁灭性的病毒攻击可能就不会造成严重的后果。

Windows 会定期检查 Windows 更新网站是否有高优先级的更新，帮助您保护计算机免遭最新安全威胁的影响。这些更新包括安全更新、关键更新和服务包。根据您选择的设置，Windows 会自动下载并安装计算机所需的任何高优先级更新，或在这些更新可用时通知您（见图 13-51）。

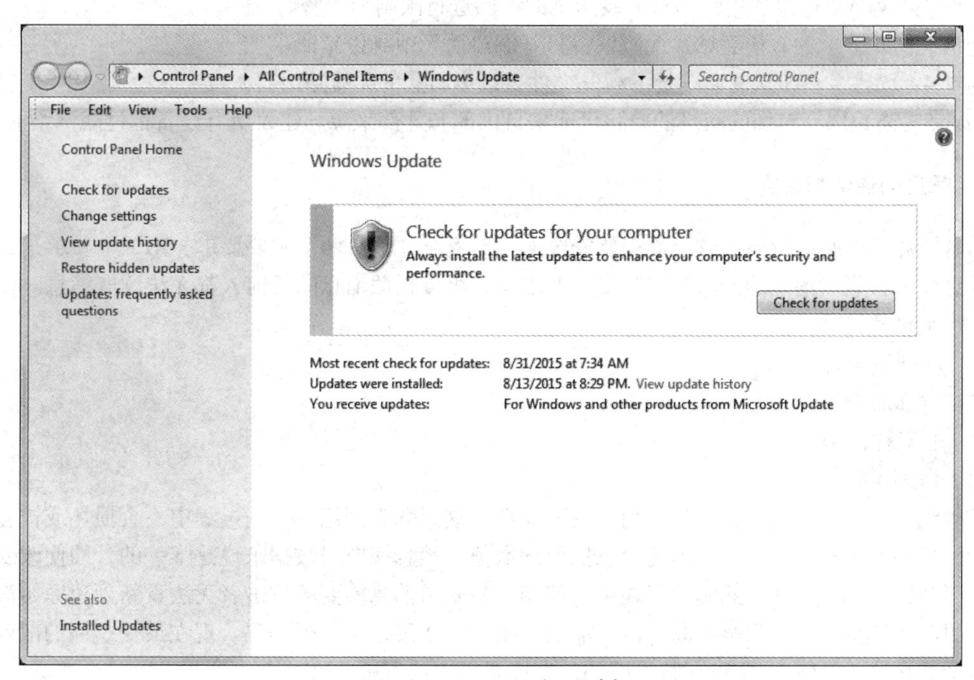

图 13-51 Windows 更新

13.4 无线安全

由于无线网络比以往任何时候都更容易实现和获得，成本也更低，因此，在家庭和企业环境中的部署正在增加。技术人员需要了解如何保护无线网络的安全，以防止未经授权和恶意的访问。

无线网络的部署给网络基础设施带来了新的、不同的安全风险，某些无线通信特有的安全问题需要特别关注。

1. 无线安全术语

保护网络和连接的设备至关重要。不仅对有线网络如此，对无线网络也是如此。您需要了解以下与无线安全有关的术语：SSID、WPA、UPnP、固件和防火墙。

阅读下列场景并选择最适合每个场景的术语。

场景

场景 1：在一家当地餐厅，您会看到一个标有“免费 Wi-Fi”的标志。查看您的手机，便会看到一个名为“供访客使用”的网络。

场景 2：您会看到一个名为“仅供员工使用”的无线网络，其中包含锁定符号。当您尝试连接时，会出现密码提示。

场景 3：网络犯罪分子已请求针对您的内部网络打印机进行端口转发。

场景 4：来自您的无线路由器制造商的邮件警告发现漏洞，并建议您更新设备。

场景 5：在了解了远程漏洞之后，您决定安装一种仔细监控和过滤网络流量的设备。

答案

场景 1：SSID。可以将无线网络的名称配置为广播以供所有设备查看。

场景 2：WPA。可以使用密码对无线网络的访问进行限制和加密。

场景 3：UPnP。为方便起见，此协议将打开端口而无须身份验证。

场景 4：固件。直接从制造商处下载此文件，以更新您的无线路由器。

场景 5：防火墙。对您的网络的威胁可能来自内部和外部来源。建议所有设备都过滤网络流量。

2. 常见的通信加密类型

两台计算机之间进行通信时可能需要安全通信。安全通信有两个主要要求。第一个要求是，所接收的信息尚未被拦截消息的人修改；第二个要求是，可以拦截消息的任何人都无法读取消息。以下技术可以满足这些要求。

- 散列编码。
- 对称加密。
- 非对称加密。

（1）散列编码

散列编码（或散列算法）可确保消息的完整性。这意味着消息在传输过程中不会损坏或被篡改。散列编码使用数学函数创建一个名为消息摘要的数值。消息摘要对数据来说是唯一的，即使改变一个字符，函数输出都会不同。此函数只能单向使用。只知道消息摘要的攻击者无法重新创建原始消息，并且已更改的消息将具有完全不同的散列输出。图 13-52 展示了散列编码。现在最受欢迎的散列算法是安全散列算法（SHA），它正在替换旧的消息摘要算法第五版（MD5）。

（2）对称加密

对称加密可确保消息的机密性。如果加密消息被拦截，也无法理解此消息。只能使用一同加密的密码（或密钥）来解密（或读取）该消息。对称加密需要加密会话的双方都使用加密密钥才能对数据进行加密和解密。发送方和接收方必须使用相同的密钥。图 13-53 展示了对称加密。高级加密标准（AES）和较旧的三重数据加密算法（3DES）都是对称加密的示例。

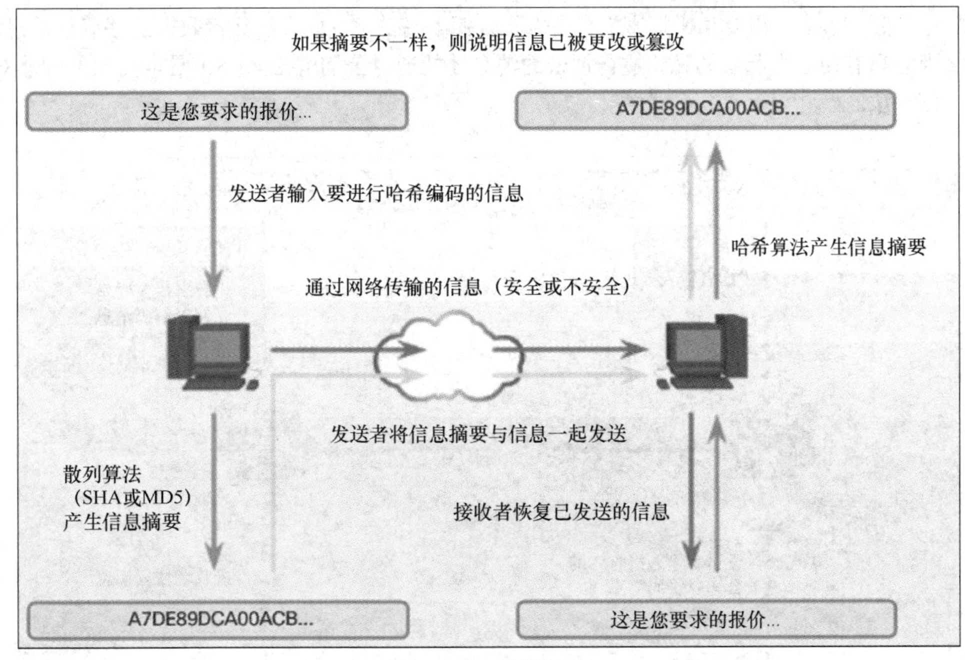

图 13-52 散列编码

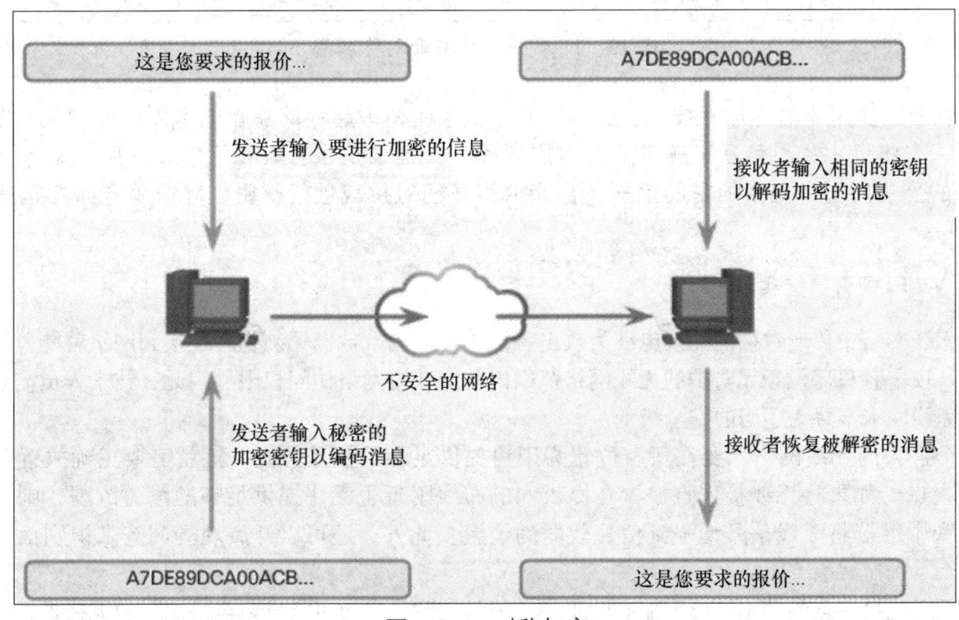

图 13-53 对称加密

（3）非对称加密

非对称加密也可确保消息的机密性。它需要两个密钥，即公钥和私钥。公钥可广泛分发，如以明文形式通过邮件发送或发布在网站上。私钥由个人保留且不能透露给其他任何各方。可以用以下两种方式使用这些密钥。

■ 一个组织需要从多个源获取加密文本时，使用公钥加密。公钥可广泛分发并用于加密消息。预期的接收方是唯一拥有私钥的一方，该私钥用于解密消息。图 13-54 展示了使用公钥的非对称加密。

- 至于数字签名，需要私钥加密消息，需要公钥解密消息。此方法让接收方能够确信消息来源，因为只有使用发起者的私钥进行加密的消息才能通过公钥解密。RSA 是最受欢迎的非对称加密算法。

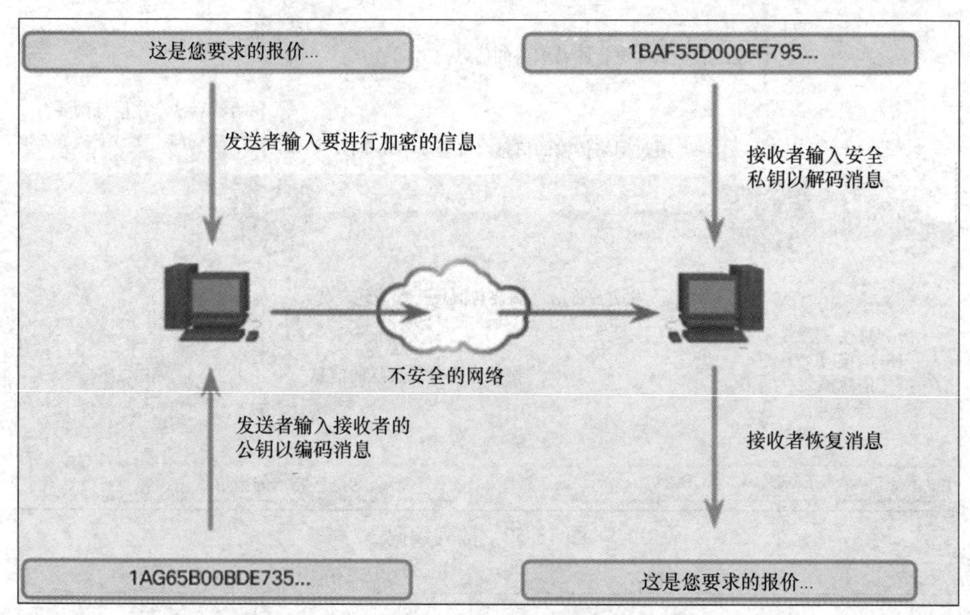

图 13-54 使用公钥的非对称加密

智能卡也使用非对称加密技术。数字证书与私人密钥一起存储在智能卡硬件令牌上。为了进行认证，卡将证书提供给认证服务器，由服务器检查证书是否有效和可信。然后，服务器使用证书中的公钥向用户发出加密的挑战。智能卡用私钥对挑战进行解密，并向服务器发送适当的响应。

3. Wi-Fi 配置最佳实践

在无线网络中传输数据的无线电波为攻击者提供了便利，他们无须物理连接到网络就能监控和收集数据。攻击者只需位于无防护的无线网络范围内就能获得网络访问权限。因此，技术人员需要将接入点和无线网卡配置为适当的安全级别。

一个强大的无线网络，要在所有位置为用户提供足够的覆盖范围，这就需要正确放置天线和无线接入点。如果将无线接入点放置在提供商的布线附近也无法提供足够的覆盖范围，则可使用扩展器和中继器将无线信号增强到信号较弱的位置。此外，还可以开展现场调查来识别信号失效区域。

降低无线接入点的功率输出可能有助于防止战争驾驶，但也可能导致合法用户的无线覆盖范围不足。增加无线接入点的功率输出可能会扩大覆盖范围，但也会增加信号反弹和干扰的概率。无线功率级别也可能存在法律限制。由于这些潜在问题，通常最好将功率级别设置为自动协商。

安装无线服务时，请立即应用无线安全技术，以防止未经许可的网络访问。应该为无线接入点配置与现有网络安全兼容的基本安全设置。当在 Wi-Fi 网络上设置无线接入点时，管理软件将提示输入新的管理员密码。同时，可以选择更改管理员账户的默认用户名，使用配置的默认名称在一定程度上更安全。此外，在小型网络中，您可以静态分配 IP 地址，而不是使用 DHCP。除非配置了正确的 IP 地址，否则这可以防止任何计算机连接到无线接入点。

像家长控制或内容过滤等额外的安全措施也是无线路由器中可能提供的服务。可将 Internet 访问时间限制为一定的小时数或天数，可以拦截特定 IP 地址，还可以拦截关键字。这些功能的位置和深度因制造商和路由器型号的不同而有所不同。

在 Wi-Fi 网络上提供安全级别的一种方法是更改默认服务集 ID（SSID）并禁用 SSID 广播，如图 13-55 所示。无线接入点供应商根据设备的品牌和型号为其使用默认 SSID。这些应该被更改为用户能够识别的内容，不会与附近的其他网络混淆。默认情况下，大多数无线接入点都会广播 SSID。通过禁用 SSID 广播，可以获得隐私级别。除非无线网络适配器专门配置了网络 SSID 的名称，否则这将阻止它们查找网络。禁用 SSID 广播只能提供很低的安全性。知道该网络 SSID 的人只需手动输入即可。无线网络还将在计算机扫描期间广播 SSID，并且 SSID 在传输过程中很容易被拦截。

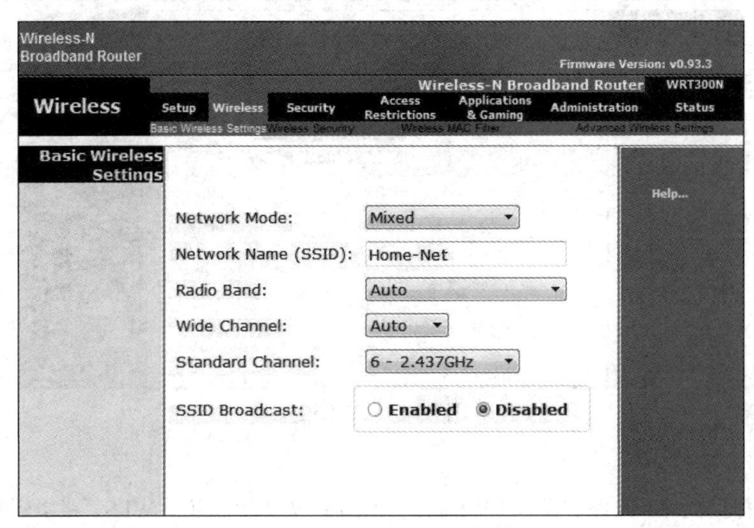

图 13-55 开启 SSID 广播

4. 身份验证方式

在无线网络中，有两种基本的认证方式。

- 开放：任何无线设备都可以连接到无线网络。这种方法只应在不考虑安全性的情况下使用。使用开放身份验证，不需要密码，所有客户端只要愿意都可以关联。开放身份验证是提供免费互联网接入的理想之选。
- 共享密钥：在无线客户端和 AP 或无线路由器之间提供身份验证和加密数据的机制。
  - 有线等效保密（WEP）：这是保护 WLAN 的原始 802.11 规范，但是在交换数据包时加密密钥永远不会改变，因此易于被破解。
  - Wi-Fi 保护访问（WPA）：此标准使用 WEP，但采用更为强大的临时密钥完整性协议（TKIP）加密算法来保护数据。TKIP 将更改每个数据包的密钥，使其更难以被破解。
  - IEEE 802.11i/WPA2：这是目前保护 WLAN 的行业标准。Wi-Fi 联盟版被称为 WPA2。802.11i 和 WPA2 均使用高级加密标准（AES）进行加密。AES 目前被视为最强的加密协议。自 2006 年以来，任何带有 Wi-Fi 认证徽标的设备都是经过 WPA2 认证的。因此，现代 WLAN 应始终采用 802.11i/WPA2 标准。

5. 无线安全模式

Wi-Fi 保护设置（WPS）和 WPA 是不同的技术。WPS 可以简化连接到无线家庭网络上的设备的过程，并为用户自动完成设置密码的过程。WPA 可以和很多不同的协议一起使用，包括 WPA 和 WPA2。它是一种安全和访问控制技术。用户使用 WPA 或 WPA2 创建和加密密码。WPA2 是最安全的选择，因为它比 WPA 增加了安全功能。它还提供了企业选项。

（1）WPA2

WPA2 使用无线加密系统对正在发送的信息进行编码，可防止未经许可的数据捕获和使用。大多数无线接入点都支持多种不同的安全模式。如前面所述，在可能的情况下，应该始终实施最强的安全模式（WPA2），如图 13-56 所示。

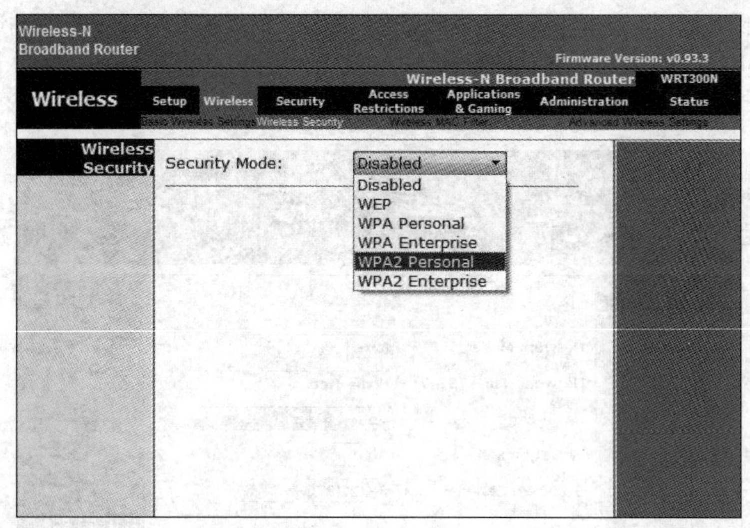

图 13-56　WPA2

（2）WPS

许多路由器都提供 Wi-Fi 保护设置（WPS），如图 13-57 所示。有了 WPS，路由器和无线设备都将有一个按钮，同时按下两个按钮，会在设备之间自动配置 Wi-Fi 安全。使用 PIN 的软件解决方案也很常见。务必注意 WPS 并不是完全安全的，因为它很容易受到暴力破解攻击。作为安全最佳实践，应关闭 WPS。

图 13-57　WPS

6. 固件更新

大多数无线路由器都提供可升级的固件。新发布的固件可能包含针对客户报告的常见问题以及安全漏洞的修复内容。您应该定期检查制造商的网站，以更新固件。下载固件后，您可以使用 GUI 将固件加载到无线路由器，如图 13-58 所示。用户要断开 WLAN 和 Internet，直到升级完成。无线路由器可能需要多次重启才能恢复网络的正常运行。

7. 防火墙

硬件防火墙是一个物理过滤组件，可在来自网络的数据包到达计算机和其他网络设备之前对其进行检查。硬件防火墙是一个独立设备，不使用所保护的计算机上的资源，因此不会影响处理性能。可将防火墙配置为阻止单个端口、一系列端口，甚至特定于应用程序的流量。大多数无线路由器还包括集成的硬件防火墙，如图 13-59 所示。

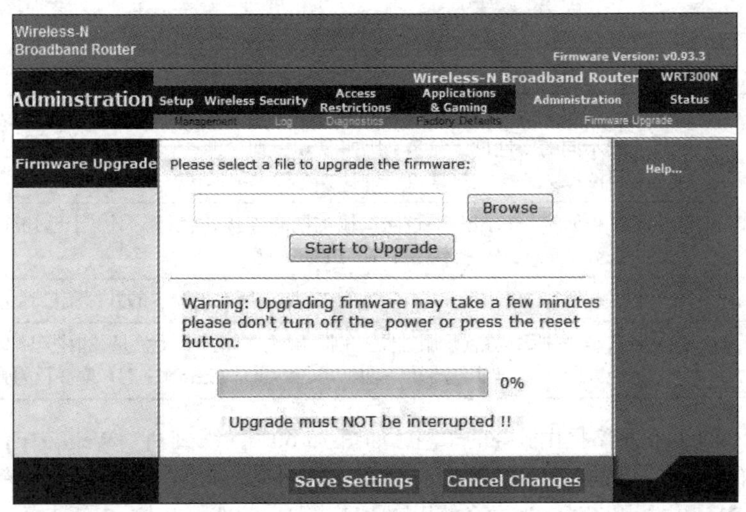

图 13-58 固件更新

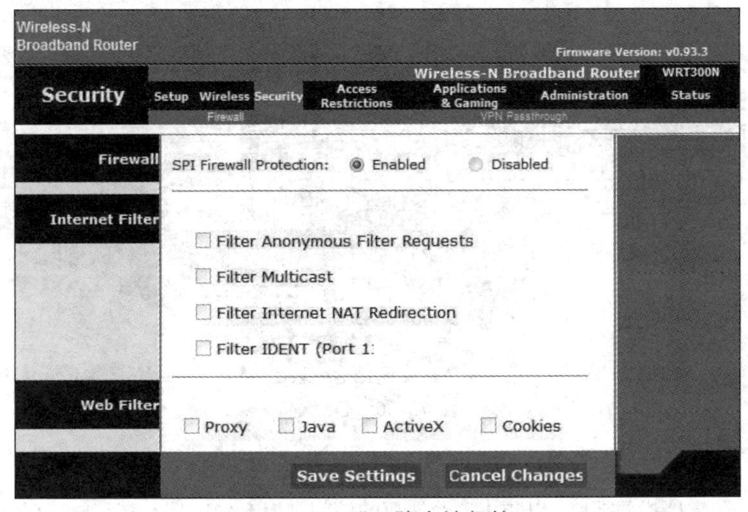

图 13-59 SPI 防火墙保护

硬件防火墙可将两种不同类型的流量传入您的网络。

- 对来自网络内部的流量的响应。
- 进入您有意保持开放的端口的流量。

硬件防火墙和软件防火墙可以保护网络中的数据免遭未经授权的访问。除了安全软件，还应该使用防火墙。表 13-3 比较了硬件防火墙和软件防火墙。

表 13-3 硬件防火墙和软件防火墙的比较

硬件防火墙	软件防火墙
专用硬件组件	作为第三方软件提供，成本各不相同
硬件和软件更新的最初成本可能会非常高	Windows 操作系统包括免费版本
可以保护多台计算机	通常仅保护安装了防火墙的计算机
不影响计算机性能	使用计算机资源，因而可能影响性能

表13-4描述了不同的防火墙配置。

表13-4 防火墙配置

类型	描述
数据包过滤器	数据包无法通过防火墙，除非它们符合防火墙中已配置的既定规则集要求。可根据不同的属性过滤流量，比如源IP地址、源端口或目的IP地址或端口，还可根据目的服务或协议过滤流量，比如WWW或FTP
全状态数据包检测（SPI）	这种防火墙可跟踪通过防火墙的网络连接的状态。不属于已知连接的数据包将被丢弃。图13-59中就启用了SPI防火墙
应用层	拦截所有进出应用程序的数据包。防止所有不需要的外部流量到达受保护的设备
代理	这是一种安装在代理服务器上的防火墙，可检测所有流量并根据已配置的规则允许或拒绝数据包。代理服务器是一种服务器，它是Internet上客户端和目的服务器之间的中继

DMZ是一种为不可信网络提供服务的子网，如图13-60所示。邮件、Web或FTP服务器通常位于DMZ中，这样使用服务器的流量就不会进入本地网络内部。这可保护内部网络免受此流量的攻击，但是却无法保护DMZ中的服务器。通常会使用防火墙或代理管理进出DMZ的流量。

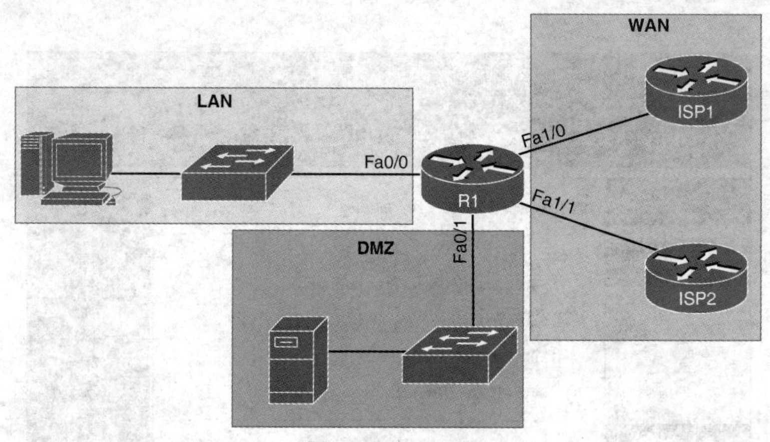

图13-60 DMZ

8. 端口转发和端口触发

您可使用硬件防火墙拦截端口，以防止未经授权的访问进出LAN。但是在有些情况下必须打开特定端口，以便某些程序和应用可以和不同网络中的设备通信。端口转发是一种基于规则的方法，在不同网络的设备之间引导流量，如图13-61所示。

当流量到达路由器时，路由器根据流量的端口号来决定是否应该将流量转发到特定设备。端口号与特定服务相关，比如FTP、HTTP、HTTPS和POP3。规则决定了将哪些流量发送到LAN。例如，可将路由器配置为转发与HTTP相关的端口80的流量。路由器接收到目的端口为80的数据包时，会将该流量转发到提供网页服务的网络中的内部服务器。例如，对端口80启用端口转发并与IP地址192.168.1.254的Web服务器关联。

端口触发允许路由器临时将数据从入站端口转发到特定的设备，如图13-62所示。只有在使用指定的端口范围执行出站请求时，才能使用端口触发将数据转发到计算机。例如，一个电子游戏可能使用端口27000~27100连接到其他玩家，这些是触发端口。聊天客户端可能使用端口56连接相同玩家，以便他们可以互动。在这种情况下，如果触发端口范围内的出站端口上有游戏流量，端口56上的入站聊天流量将被转发到人们正在玩电子游戏和与朋友聊天的计算机上。游戏结束且不再使用触发端口时，将不再允许端口56发送任何类型的流量到此计算机。

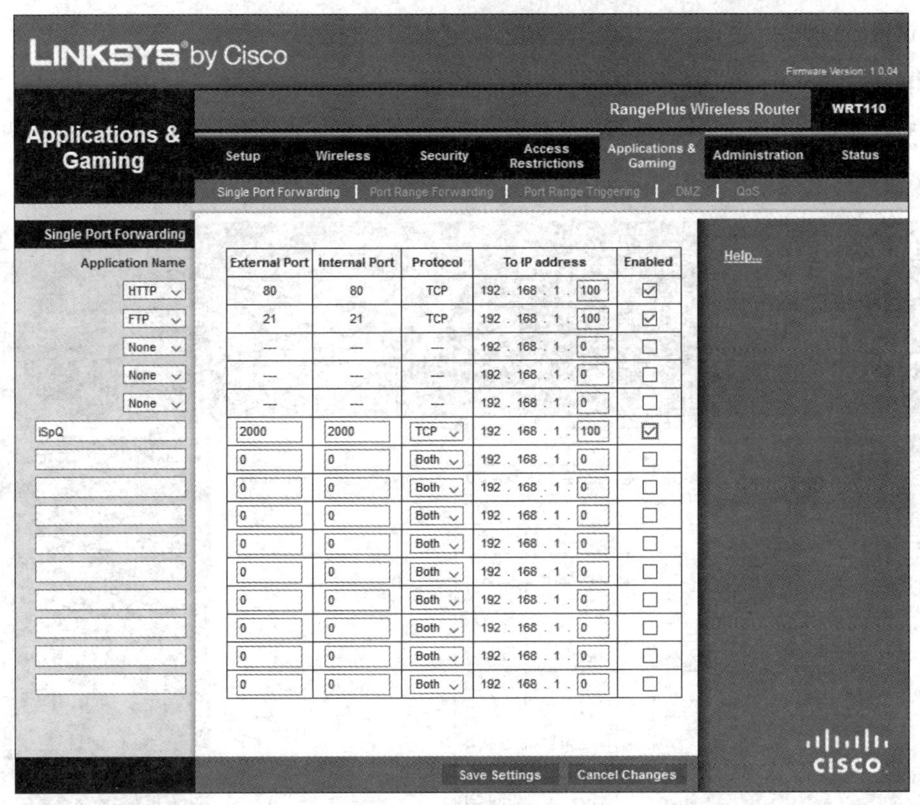

图 13-61 端口转发

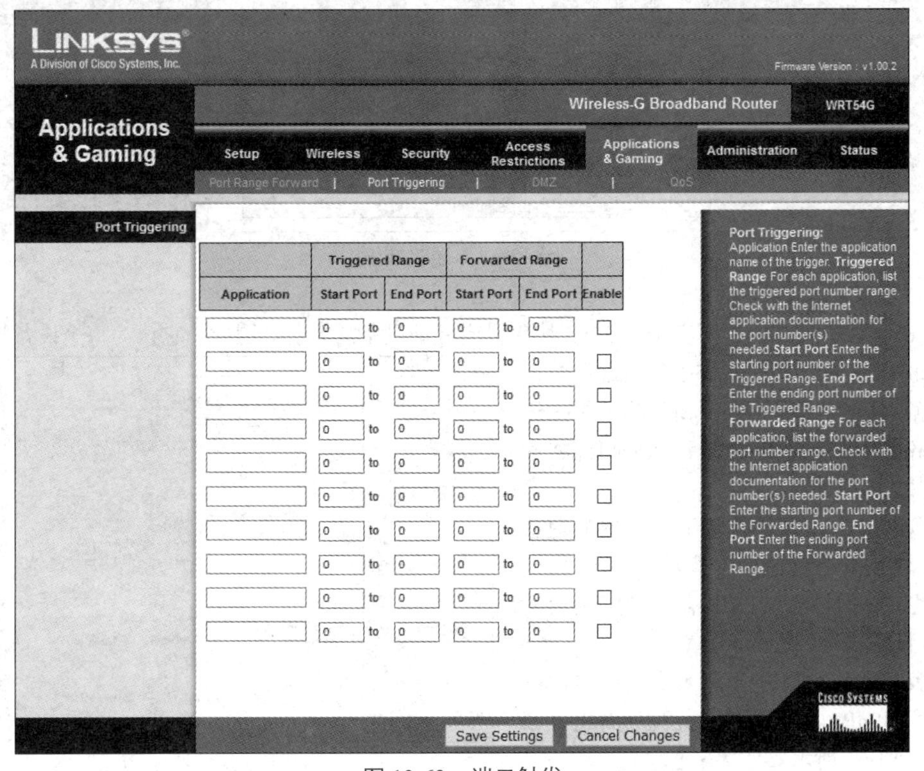

图 13-62 端口触发

9. 通用即插即用

通用即插即用（UPnP）是一种协议，使设备能够通过网口动态地转发流量，而无须用户干预或配置。端口转发通常用于串流媒体、托管游戏或从家庭和小型企业计算机向 Internet 提供服务，如图 13-63 所示。

cisco　Firmware Version: 1.0.30

Applications & Gaming　Linksys EA3500　EA3500

Setup　Wireless　Security　Storage　Access Restrictions　Applications & Gaming　Administration　Status

Single Port Forwarding | Port Range Forwarding | Port Range Triggering | DMZ | IPv6 Firewall | QoS

Single Port Forwarding　Help...

Application Name	External Port	Internal Port	Protocol	To IPv4 Address	Enabled
HTTP	80	80	TCP		☑
FTP	21	21	TCP		☑
SMTP	25	25	TCP		☑
None	---	---	---		☐
None	---	---	---		☐
	8080	8080	Both		☑
	6000	6000	Both		☑
	873	873	Both		☑
	13131	13131	Both		☑
	22	22	Both		☑
	443	443	Both		☑
	445	445	Both		☑
	3306	3306	Both		☑
	9000	9000	Both		☑
	20	20	Both		☑
	8081	8081	Both		☑
	1723	1723	Both		☑
	1194	1194	Both		☑
	0	0	Both		☐
	0	0	Both		☐

图 13-63　端口转发

UPnP 虽然方便，但并不安全。UPnP 协议没有验证设备的方法。因此，它认为每个设备都是可信赖的。此外，UPnP 协议有许多安全漏洞。例如，恶意软件可能使用 UPnP 协议将流量重定向到网络之外的不同 IP 地址，从而可能将敏感信息发送给黑客。

许多网站都托管各种基于浏览器的免费漏洞分析工具。在互联网上搜索“UPnP 路由器测试”，并扫描您的路由器以确定是否有 UPnP 漏洞。

许多家庭和小型办公室无线路由器都默认启用了 UPnP。因此请选中此配置并将其禁用，如图 13-64 所示。

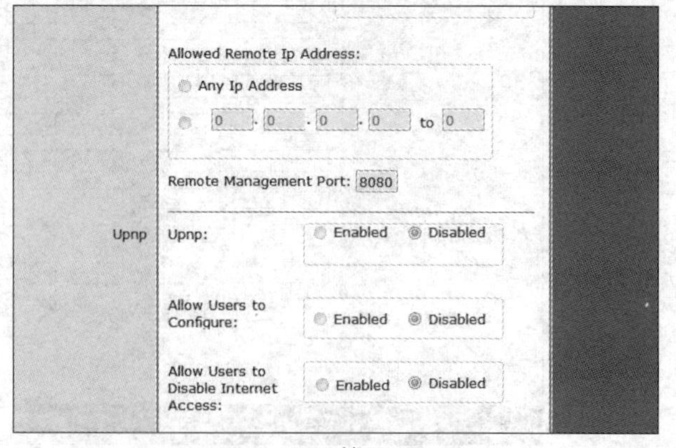

图 13-64　禁用 UPnP

13.5 基本故障排除

技术人员必须能够有效地排除安全问题。利用故障排除流程来识别和纠正安全问题，有助于技术人员以一致的方式管理和减轻对数据和设备的威胁。

13.5.1 安全的故障排除过程

通过故障排除过程来帮助解决安全问题。

故障排除的 6 个步骤如下。

- **步骤 1** 确定问题。
- **步骤 2** 推测潜在原因。
- **步骤 3** 验证推测以确定原因。
- **步骤 4** 制定解决方案并实施方案。
- **步骤 5** 验证全部系统功能并实施预防措施（如果适用）。
- **步骤 6** 记录发现、行为和结果。

1. 确定问题

与安全相关的问题可以像肩窥一样很简单，也可以很复杂，比如必须从多台联网的计算机中删除受感染文件。使用故障排除步骤作为指导，帮助您诊断和修复与安全相关的问题。

计算机技术人员必须能够分析安全威胁并找到适当的方法来保护资产和修复损坏。表 13-5 显示了需要向客户询问的开放式问题和封闭式问题。

表 13-5 确定问题

开放式问题	■ 故障是从什么时候开始的？ ■ 您遇到了什么故障？ ■ 您最近访问过什么网站？ ■ 您的计算机上安装了哪些安全软件？ ■ 最近还有谁使用过您的计算机？
封闭式问题	■ 您的安全软件是否为最新的？ ■ 您最近是否扫描过计算机病毒？ ■ 您是否打开过来自可疑邮件的任何附件？ ■ 您最近是否更改了您的密码？ ■ 您是否共享了您的密码？

2. 推测潜在原因

与客户交谈后，就可以推测问题的潜在原因。您可能需要根据客户的描述来开展其他内部或外部的研究。表 13-6 显示了一些导致安全问题的常见潜在原因。

表 13-6 推测潜在原因

安全问题的常见原因	■ 病毒 ■ 木马 ■ 蠕虫 ■ 间谍软件 ■ 广告软件

续表

安全问题的常见原因	■ 灰色软件或恶意软件 ■ 网络钓鱼方案 ■ 密码被破解 ■ 未受保护的设备间 ■ 不安全的工作环境

3. 验证推测以确定原因

推测出可能导致错误的一些原因后，可以验证推测以确定问题原因。表13-7显示了可帮助您确定确切的问题原因，甚至可帮助纠正问题的方法。如果某个方法的确纠正了问题，您可以直接开始检验完整系统功能的步骤。如果这些方法未能纠正问题，则需要进一步研究问题以确定确切的原因。

表13-7 验证推测以确定原因

确定原因的方法	■ 断开网络连接 ■ 更新病毒和间谍软件签名 ■ 使用保护软件扫描计算机 ■ 检查计算机的最新操作系统补丁和更新 ■ 重新启动计算机或网络设备 ■ 以管理用户的身份登录，更改用户密码 ■ 确保设备间的安全 ■ 确保工作环境的安全 ■ 实施安全策略

4. 制定解决方案并实施方案

确定了问题的确切原因后，可制定行动计划来解决问题并实施解决方案。表13-8显示了一些可用于收集其他信息以解决问题的信息来源。

表13-8 制定解决方案并实施方案

收集信息的来源	■ 维修人员日志 ■ 其他技术人员 ■ 制造商常见问题解答网站 ■ 技术网站 ■ 新闻组 ■ 计算机手册 ■ 设备手册 ■ 在线论坛 ■ 互联网搜索

5. 验证全部系统功能并实施预防措施（如果适用）

纠正问题后，请验证全部系统功能并实施预防措施（如果适用）。表 13-9 显示了一些用于检验完整系统功能的方法。

表 13-9 验证全部系统功能并实施预防措施（如果适用）

验证全部系统功能的方法	■ 重新扫描计算机，确保没有病毒 ■ 重新扫描计算机，确保没有间谍软件 ■ 检查安全软件日志，确保没有故障 ■ 检查计算机的最新操作系统补丁和更新 ■ 测试网络和互联网连接 ■ 确保所有应用程序都能正常工作 ■ 检验到授权资源（如共享打印机和数据库）的访问 ■ 确保入口安全 ■ 确保实施了安全策略

6. 记录发现、行为和结果

在故障排除的最后一步，您必须记录您的发现、行为和结果。表 13-10 显示了记录问题和解决方案所需的任务。

表 13-10 记录发现、行为和结果

记录发现、行为和结果	■ 与客户讨论已实施的解决方案 ■ 让客户确认问题已解决 ■ 为客户提供所有书面材料 ■ 在工单和技术人员的日志中记录解决问题所采取的措施 ■ 记录修复工作中使用的所有组件 ■ 记录解决问题所用的时间

13.5.2 与安全相关的常见问题和解决方案

了解一些与安全相关的常见问题和解决方案，可以加快故障排除过程。

安全问题可以归结为多种原因。您将更经常地解决某些类型的安全问题。表 13-11 列出了与安全相关的常见问题和解决办法。

表 13-11 与安全相关的常见问题和解决方案

常见问题	可能原因	可能的解决方案
系统显示了一条安全警报	■ Windows 防火墙已被禁用 ■ 病毒定义已过时 ■ 检测到恶意软件	■ 启用 Windows 防火墙 ■ 更新病毒定义 ■ 扫描恶意软件
一个用户每天都会收到数百封或数千封垃圾邮件	网络无法为邮件服务器提供检测或 SPAM 保护	安装/更新防病毒软件或反垃圾邮件软件

续表

常见问题	可能原因	可能的解决方案
在网络上发现了授权的无线接入点	为了增加公司网络的无线覆盖范围，用户添加了一个无线接入点	■ 断开并没收未经授权的设备 ■ 对负责安全漏洞的人员采取措施，实施安全策略
发现身份不明的打印机维修人员在键盘下和桌面上查看内容	没有适当地监控访客或用来进入建筑物的用户凭证被盗取	■ 联系保安或警察 ■ 教育用户切勿将密码藏在工作区域附近
系统文件被重命名、应用程序崩溃、文件消失或文件权限发生更改	计算机有病毒	■ 使用防病毒软件删除病毒 ■ 从备份中还原计算机
携带闪存驱动器的用户使网络中的计算机感染病毒	当网络计算机访问闪存驱动器时，它不会被防病毒软件扫描	设置防病毒软件，使其在访问数据时扫描可移动介质
您的邮件联系人报告来自您的垃圾邮件	您的邮件已被黑客攻击	■ 更改您的邮件密码 ■ 请与邮件服务支持人员联系，并重置该账户
尽管使用了128位WEP加密，您的无线网络还是遭到了攻击	WEP能够被常用的黑客工具解密	■ 升级到WPA加密 ■ 使用MAC地址过滤旧版无线客户端
用户将被重定向到恶意网站	域名解析已受损或正在发生DNS欺骗	■ 使用ipconfig/flushdns刷新本地DNS缓存以清除恶意条目 ■ 检查HOSTS文件中是否存在欺骗条目 ■ 检查域名解析服务的优先级顺序 ■ 验证在客户端IP配置中设置为主解析器和辅助解析器的DNS解析器
尝试打开文件时，用户收到“拒绝访问”的错误	恶意软件已更改文件的权限	隔离受感染的系统并开展密切调查
浏览器打开的页面不是用户试图访问的页面	间谍软件	检查主机文件中是否存在恶意条目。另外，验证客户端使用的DNS服务器是否正确

13.6 总结

在本章中，您了解了许多类型的威胁是为了破坏计算机和网络而产生的，其中规模最大、最常见的是恶意软件。恶意软件是由网络犯罪分子开发的用于执行恶意行为的软件。它通常在用户不知情的情况下安装到计算机上。您学习了常见类型的计算机恶意软件，如病毒、木马、广告软件、勒索软件、Rootkit、间谍软件和蠕虫，以及针对它们投射的缓解技术。同时，您还学习了TCP/IP攻击的类型，如拒绝服务、欺骗、SYN泛洪攻击和中间人攻击。

组织通常会部署网络安全解决方案和最新的防恶意软件解决方案来保护其网络。但是，这并不能解决一个配置良好、保护良好的网络（社交工程）所面临的最严重威胁。您了解到网络犯罪分子使用社交工程技术欺骗和戏弄不知情的个人泄露机密信息或账户登录凭证。社交工程攻击采用多种形式，如网络钓鱼、假托、引诱和垃圾搜寻。

您学习了安全策略在定义安全目标方面的重要性。安全目标用于确保组织中网络、数据和计算机的安全性。您了解了策略应指定有权访问网络资源的人员、密码的最低要求、网络资源的可接受用途、远程用户访问网络的方式以及安全事件的处理方式。部分安全策略涉及保护物理设备。您学习了不同类型的安全锁和陷阱，可用于限制对受限区域的访问并防止近距尾随。

在被盗、设备故障或灾难等情况下，数据很容易丢失或损坏。通过使用数据备份、文件和文件夹权限以及文件和文件夹加密，可以降低数据丢失的风险。BitLocker 加密可用于对可移动 USB 数据驱动器和 Windows PC 操作系统驱动器上的数据进行加密。

您学习了如何通过以下方式来保护 Windows 工作站：在 BIOS 上设置密码以防止操作系统启动和更改 BIOS 设置；设置登录密码以防止访问本地计算机；设置网络密码以防止访问网络资源。同时，您还学习了如何在 Windows 中设置本地安全策略。

您学习了关于 Windows 10 附带的基于 Windows Defender 主机的防火墙以及如何配置 Windows Defender 以允许或拒绝对特定程序或端口的访问。您还学习了高级安全 Windows Defender 防火墙，通过 Windows 防火墙策略，如入站和出站规则、连接安全规则和监控提供更大的访问控制。

无线网络特别容易受到攻击，因此必须受到适当保护。在无线网络中传输数据的无线电波为攻击者提供了便利，他们无须物理连接到网络就能监控和收集数据。在 Wi-Fi 网络上提供安全级别的一种方法是更改默认 SSID 并禁用 SSID 广播。通过身份验证和加密，可以获得更高级别的安全性。

最后，您学习了故障排除的 6 个步骤，因为它们适用于确保安全性。

13.7 复习题

请您完成此处列出的所有复习题，以测试您对本章主题和概念的理解。答案请参考附录。

1. 哪种类型的安全威胁使用看似来自合法发件人的电子邮件，并要求电子邮件收件人访问网站以输入机密信息？

A. 网络钓鱼　　B. 隐形病毒　　C. 蠕虫　　D. 广告软件

2. 一名技术员最近加入了一个组织，在工作的第一周他发现了一个安全漏洞。在安全漏洞发生后，该技术人员应该执行什么政策？

A. 可接受使用政策　　B. 识别和认证政策　　C. 事件处理政策　　D. 远程访问政策

3. 一名技术人员发现，一名员工将一个未经授权的无线路由器连接到公司网络，以便该员工在外面休息时可以获得 Wi-Fi 覆盖，该技术人员立即将此情况报告给了主管。针对这种情况，公司应该采取以下哪两项行动？（双选）

A. 为该员工创建一个访客账户，供其在大楼外使用

B. 确保无线路由器没有广播 SSID

C. 立即将设备从网络中移除

D. 在网络中添加一个授权的无线接入点，以扩大对员工的覆盖范围

E. 参考公司安全政策，决定对该员工采取的行动

4. 当技术支持人员对系统上的安全问题进行故障排除时，在记录调查结果并关闭票据之前，技术人员应采取哪些操作？

A. 询问客户遇到的是什么问题　　B. 以安全模式启动系统

C. 确保所有的应用程序都在工作　　D. 断开系统与网络的连接

5. 某公司高管要求 IT 部门提供一种解决方案，以确保被带离办公场所的可移动硬盘的数据安全。应该推荐哪种安全解决方案？

A. TPM　　B. VPN　　C. BitLocker　　D. BitLocker To Go

6. 一名公司员工最近参加了规定的安全意识培训，希望其使用正确的安全术语。在浏览互联网时会出现哪种问题，而且往往是由目的网站发起的？

A. 自动运行　　B. 弹出式　　C. 网络钓鱼　　D. 隐私屏风

7. 配置 Windows 安全性时，哪个术语用来表示与文件夹或打印机等对象相关联的规则？

A. ActiveX　　B. 权限　　C. 权利　　D. 防火墙

8. 如果网络技术人员将公司防火墙配置成数据包过滤器，那么网络流量的哪些特征将被监控？（双选）

A. 数据包速度　　B. 端口　　C. MAC 地址　　D. IP 地址数据

E. 数据包大小

9. 一个小型企业的技术人员正在为一台计算机配置本地安全策略。该技术人员将使用哪种配置设置来要求用户在 90 天后更改密码？

A. 强制执行密码历史记录　　B. 密码必须满足复杂度要求

C. 最大密码年龄　　D. 最小密码长度

10. 哪种操作可以用来判断一台主机是否被入侵，并将流量泛滥到网络上？

A. 检查主机上的设备管理器是否存在设备冲突

B. 检查主机的硬盘驱动器是否有错误和文件系统问题

C. 卸下主机上的硬盘驱动器连接器，然后重新连接

D. 断开主机与网络的连接

11. 由于数据被存储在本地硬盘上，哪种方法可以保证数据不被未经授权者访问？

A. 数据加密　　B. 双因素认证　　C. 敏感文件的删除　　D. 硬盘副本

12. 哪种类型的硬盘格式通常在组装硬盘的工厂进行？

A. 标准　　B. 低级　　C. EFS　　D. 多因素

13. 以下哪项是社会工程的例子？

A. 由木马病毒携带的病毒感染计算机

B. 计算机显示未经授权的弹出窗口和广告软件

C. 一个自称是技术人员的身份不明的人向员工收集用户信息

D. 一个匿名程序员对数据中心进行 DDoS 攻击

14. 一名技术员最近从一家小公司跳槽到一家大公司的安全组工作。大公司可以使用以下哪两种类型的密码来确保工作站的安全？（双选）

A. 同步　　B. BIOS　　C. 多因素　　D. 登录

E. 隐性

15. 当用户在周三打开计算机时，计算机显示一条信息，表明所有的用户文件都已经被锁定。为了让文件解密，用户应该发送一封电子邮件，并在邮件标题中包含一个特定的 ID。消息中还包括购买和提交比特币作为文件解密的支付方式。在检查了该邮件后，技术人员怀疑发生了安全漏洞。这是什么类型的恶意软件？

A. 木马病毒　　B. 勒索软件　　C. 间谍软件　　D. 广告软件

第14章

IT 专业人员的职业能力与素养

学习目标

通过完成本章的学习，您将能够回答下列问题。

- 良好的沟通技巧、故障排除和专业行为之间是什么关系？
- 与客户合作时适当的沟通技巧和专业行为是什么？
- 为什么工作中的职业行为很重要？
- 通话时良好的客户沟通是什么？
- IT 和业务文档之间有什么区别？
- 在 IT 环境中如何管理变更？
- IT 组织为减少计划外中断或数据丢失的影响采取了哪些措施？
- IT 行业中的道德和法律问题是什么？
- 处理不当内容的程序是什么？
- 不同类型的呼叫中心技术人员的职责是什么？
- 在不同环境中脚本的基本命令和操作是什么？

内容简介

IT 专业人员必须熟悉此行业中固有的道德和法律问题。当您与每个客户在现场、办公室或电话中进行交流时，必须考虑到隐私和保密性问题。如果您成为了一名维修中心的技术人员，尽管可能不会直接与客户进行交流，但您会访问其私人和机密数据。本章将讨论一些常见的道德和法律问题。

呼叫中心技术人员完全通过电话与客户沟通。本章将介绍一般的呼叫中心工作过程以及与客户交流的流程。

作为 IT 专业人员，您需要排除计算机故障并对其进行修复，而且您将与客户和同事经常进行沟通。实际上，故障排除不仅需要了解如何修复计算机，还要了解如何与客户沟通。在本章中，您会学习如何像使用螺丝刀那样自信地使用良好的沟通技能。

您还将学习如何编写脚本以在各种操作系统上自动执行进程和任务。例如，脚本文件可能用于自动执行客户数据备份的过程或在损坏的计算机上运行标准诊断列表。脚本文件可以为技术人员节省大量时间，尤其是需要在许多不同的计算机上执行相同的任务时。您将学习脚本语言和一些基本的 Windows 和 Linux 脚本命令。您还将学习条件变量、条件语句和循环等重要的脚本术语。

14.1 IT 专业人员的沟通技巧

本节将介绍与客户合作的适当沟通技巧。作为一名技术人员，有必要探讨这些话题，因为它们会影响客户服务。与客户建立融洽和专业的关系将有助于您收集信息和解决问题。

14.1.1 沟通技巧与客户计算机故障排除

与企业中各个级别的人员（从 IT 人员到 CEO）进行良好的沟通至关重要，并且在面对客户的岗位（如在 IT 服务台或呼叫中心的岗位）中同样重要。无论您是要对计算机问题进行故障排除还是管理团队，了解如何与组织中各个级别的人进行良好的互动和沟通都非常重要。您需要熟练地解释问题，通过解决方案与他人交谈以及有效地管理团队。本小节将介绍与组织内部和外部客户合作时的适当沟通技巧。

1. 沟通技巧和客户计算机的故障排除之间的关系

想一想您需要打电话请维修人员修理东西时的情景。对您来说这是不是就像一个突发事件？假如您和维修人员有过不好的沟通，您会打电话再请同一个人来解决问题吗？在与您沟通时，维修人员可以完成什么独立事项？您对维修人员的印象好吗？那位维修人员有没有听您解释问题，然后向您询问了几个问题以获取更多信息？您会打电话再请那位维修人员来解决问题吗？

直接与客户交谈通常是修复计算机问题的第一步。要排除计算机故障，您需要从客户那里了解问题的详细信息。需要修复计算机问题的大多数人可能都会感到紧张。如果您与客户建立了良好的关系，客户可能就会放松一些。放松的客户更容易提供您所需要的信息，以确定问题的来源并解决问题。

请遵循以下原则来提供优质的客户服务。

- 设置并完成预期目标，遵守商定的时间表，并与客户沟通进展状态。
- 必要时提供其他修复或更换选项。
- 提供所提供服务相关的文档。
- 在提供服务后跟进客户和用户，验证其满意度。

2. 沟通技巧和专业的自我表现

无论您是在电话里与客户沟通还是见面沟通，良好的沟通技巧和专业的自我表现都至关重要。

如果您与客户当面沟通，客户可以看到您的肢体语言。如果您使用电话与客户沟通，客户可以听到您的语气和音调变化。客户还可以感觉到您与他们进行电话沟通时是否在微笑。许多呼叫中心技术人员都会在桌子上放一面镜子，以查看自己的面部表情。

成功的技术人员在面对不同的客户时会控制他们的反应和情绪。每接到一个新的客户来电就是一个新的开始，这是所有技术人员都需要遵循的“金科玉律”。不要让一次呼叫的挫败感影响到下一次呼叫。

14.1.2 与客户合作

寻求计算机技术人员支持的客户通常是因为他们遇到了问题。技术人员负责确定问题，同时通过考虑、尊重和同情提供积极的客户体验。倾听是沟通的重要组成部分。本小节将讨论如何识别客户类型并与客户建立联系以提供质量支持。

1. 了解、关联和理解

作为技术人员，您的首要任务是确定客户的计算机问题。表 14-1 列出了与客户交谈的 3 个通用规则：了解、关联和理解。

表 14-1 了解、关联和理解的客户服务规则

规则	定义	示例
了解	按客户姓名称呼客户。询问客户是否有特别希望别人使用的昵称	如果客户告诉您她的姓名是约翰逊夫人，请询问她是否希望您按此姓名称呼她。她可能会说是，或者她可能会告诉您她的名字。在任何情况下，只能使用您的客户喜爱的姓名
关联	在您与您的客户之间创建一对一的连接	找到你们的共同点（不会给出太多信息）。如果您在通话背景中听到狗叫声并且您也有只狗，请简要询问他们的狗的情况。如果客户不得不因自己的计算机致电客户支持，请指出您理解这可能多么令人沮丧并且将尽最大可能帮助他们。不要失去对通话的控制
理解	确定客户对计算机的了解程度，以帮助您与其进行最佳通话	对计算机不熟悉的客户不太可能知道您每天使用的所有行话，因此您应该使用您可以想到的最常用的字词来描述其计算机的各个方面。对计算机更有经验的客户很可能知道您使用的其中一些行话

2. 积极倾听

为了更好地帮助您确定客户的问题，请练习积极倾听技能。让客户把情况描述完整。在客户说明问题时，时不时地插入一些词语或短语，比如“我懂了”“是的”“我明白了”或“没问题”。这么做会让客户觉得您会帮助他，而且您正在仔细聆听。

但是，技术人员不应该用问题或陈述打断客户。这是不礼貌的、失礼的，并且会让气氛变紧张。在谈话中，有许多时候您可能会发现别人话还没讲完自己就已经考虑要说的话了。这样做时，您将没有办法做到积极倾听。相反，在客户讲话时要细心聆听并让他们讲完自己的想法。

您请求客户向您说明他们的问题，这被称为开放式问题。开放式问题很少有简单的答案。它通常涉及客户正在做什么、尝试做什么以及为何感到沮丧的信息。

听客户解释完整个问题后，请对其描述进行总结。这有助于让客户确信您已听明白客户的陈述并了解了情况。理清问题的一个最佳做法是开门见山地说“我想您的意思是……”来解释客户的话。这是一种非常有效的手段，可向客户表明您已听取并了解了情况。

让客户确信您了解了问题后，您可能需要追问一些问题。确保这些问题是相关的。不要提问客户在说明问题时已经给出答案的问题。这么做只会让客户感到不快，并显示出您没有认真听。

追加问题应该是根据您已收集到的信息而提出的有针对性的封闭式问题。封闭式问题应该侧重于获取特定信息。客户应该能够以简单的“是”或“否”或者以实际的回应（如“Windows 10”）来回答封闭式问题。

使用您从客户那里收集到的所有信息来完成一个工作订单。

14.1.3 体现专业性的沟通行为

在工作场所总是期望有礼貌和尊重的行为，这是成为专业人士的一部分。仪容整洁、态度积极是职业行为的其他特征。客户对表现出专业素养的人感到放心，并更喜欢与他们打交道。

1. 与客户沟通时体现专业性

与客户交流时要积极。告诉客户您能做些什么，不要侧重于您不能做什么。随时准备向客户介绍可供其选择的帮助方式，比如用邮件发送信息和分步说明，或使用远程控制软件解决问题等。

与客户交流时，记住您不应该做的事有时会容易得多。下面列出了与客户交谈时不应该做的事。

- 不要轻视客户的问题。
- 不要使用行话、缩写、首字母缩略词和俚语。
- 不要使用消极的态度或语调。
- 不要与客户争论，也不要变得很有防备心。

- 不要在沟通中忽视文化差异。
- 不要在社交媒体上公开与客户的任何经历。
- 不要对客户妄下判断或横加污蔑，也不要直呼其名。
- 与客户交谈时，避免干扰并且不要打断客户的谈话。
- 与客户交谈时，不要接打私人电话。
- 与客户交谈时，不要与同事谈论无关的话题。
- 避免不必要的或突然的通话中断。
- 不要在没有解释转接原因和未经客户同意的情况下转接呼叫。
- 不要向客户谈论对其他技术人员的负面评价。

如果技术人员无法准时就位，则应尽快通知客户。

2. 保留通话和转接的提示

与客户交流时，有必要在您所扮演的角色的各方面都表现出专业性。您必须给予客户尊重和及时的关注。在打电话时，您务必要了解如何让客户等候呼叫，以及如何在不错过这次呼叫的情况下转接客户呼叫，具体操作如表 14-2 和表 14-3 所示。

表 14-2　　如何让客户持机等待

允许	禁止
让客户解释完问题	打断客户
说您必须让客户持机等待并解释原因	不加说明地搁置客户
询问客户是否允许保留呼叫	未经客户同意将客户搁置
当客户同意时，请感谢客户并说明您希望在短时间内回来	假设或表现得您的时间比客户的时间更有价值
解释一下您在这段时间内会做什么	
如果在将呼叫置于保留状态后，返回的时间比预期的要长，请迅速恢复呼叫以向客户说明情况	
在解决问题时，请始终感谢客户的耐心	

表 14-3　　如何转接呼叫

允许	禁止
让客户解释完问题	打断客户
如果您必须转接呼叫并简要说明原因	没有说明就转接呼叫
告诉客户与他或她交谈的人的姓名和号码	未经客户同意就转接呼叫
询问客户是否允许转接呼叫	假设或表现得您的时间比客户的时间更有价值
如果客户同意，请感谢客户并开始转接	
将您的姓名、票号和客户姓名告诉将接受转接的新技术人员	

3. 网络礼节

作为技术人员，您应该在与客户的所有沟通中保持专业，即尊重他人的时间和隐私、原谅他人的错误以及分享您的专业知识。对于电子邮件和文本通信，有一套名为“网络礼节”的个人和商务礼仪规则。下面将描述一些常见的礼节注意事项。

- 即使有人对您不愉快或不礼貌，也要保持愉快和礼貌。
- 即使在线程中，电子邮件的开头也要有适当的问候语。
- 在发送电子邮件或文本之前，请检查语法和拼写。这是一种发现可能忽视的严重错误的方式。
- 要有道德。对于电子邮件和文本来说是如此，就像您与人的所有其他互动中一样。
- 不要通过电子邮件发送或转发连锁信。
- 请勿发送充满愤怒、控告性的电子邮件。
- 请勿在电子邮件中全部使用大写字母。全部使用大写字母被认为是喊叫。
- 不要用电子邮件或发短信的方式说您不想当面说的话。这样做不仅不道德，而且您的电子邮件和短信也可以追踪到您身上。

14.1.4 与客户通话

确保客户的良好体验对您、客户和公司都至关重要，因为您是客户与公司之间的最初纽带。在回答问题并帮助解决客户的问题时，良好的倾听和沟通技巧对于增强客户的体验至关重要。

保持客户通话不偏离重点

在通话过程中让客户保持专注是您的职责。当客户专注于问题时，您就可以掌控通话。下面的做法可以充分利用您和客户的时间。

- **使用正确的语言：**请避免使用客户可能无法理解的技术语言。
- **倾听和提问：**仔细倾听客户并让他们讲话。使用开放式和封闭式问题了解客户问题的详细信息。
- **提供反馈：**让客户知道您了解了问题，并采用一种积极友好的对话方式。

正如计算机问题多种多样，客户的类型也是多种多样。通过使用积极的倾听技巧，您可能会收到一些关于与您通话的客户的提示，比如此人是否不太熟悉计算机？此人是否非常熟悉计算机？您的客户是否生气？不要做任何个人评价，也不要对评论或批评进行反驳。如果您冷静面对客户，寻找问题的解决方案仍将是通话的焦点。识别某些客户特质有助于您对通话进行相应的管理。

14.2 操作规程

操作规程是公司为员工提供的指南，以向他们提供如何完成任务的细节。它们可帮助员工了解公司对需要发生的事情的期望，以确保高效且可预测地完成工作。

14.2.1 文档

文档具有多种用途，包括但不限于提供一种将信息中继给同事的机制。它可以用于法律事务，它是记录问题和解决方案以备将来使用的一种方式。文档是提供良好沟通渠道的另一种方法。

1. 文档概述

不同类型组织的运营程序和业务功能管理流程不同。文档是向员工、客户、供应商和其他人传达这些流程和程序的主要方式。

文档的用途包括以下几种。

- 通过使用图表、描述、手册页面和知识库文章来提供有关产品、软件和硬件功能的描述。
- 实现程序和实践的标准化，以便将来可以准确地重复使用。
- 建立有关组织资产的使用规则和限制，包括适用于互联网、网络和计算机使用的可接受使用策略。
- 减少混淆和错误，以节省时间和资源。
- 遵守政府或行业法规。
- 培训新员工或客户。

实时更新文档与创建文档一样重要。策略和程序的更新是不可避免的，在不断变化的信息技术环境中尤为如此。制定用于查看文档、图表和合规性策略的标准时间范围可确保在需要时提供正确的信息。

2. IT 部门文档

实时更新文档是一项挑战，即使是最好的托管 IT 部门也是如此。IT 文档可以采用多种不同的形式，包括图表、手册、配置和源代码。通常，IT 文档分为四大类：策略文档、操作和规划文档、项目文档和用户文档。

- 策略文档。
  - 可接受使用策略，说明应如何在组织内使用技术。
  - 安全策略，概述信息安全的所有方面，包括密码策略和安全事件响应方法。
  - 合规性策略，描述适用于组织的所有联邦、州立、本地和行业法规。
  - 灾难恢复策略和程序，提供详细的计划，说明在发生故障时必须采取哪些措施来恢复服务。
- 操作和规划文档。
  - 概述部门近期和长期目标的 IT 战略和规划文档。
  - 对未来项目和项目审批方案的建议。
  - 会议演示和记录。
  - 预算和采购记录。
  - 资产管理，包括硬件和软件资产、许可证和管理方法，如资产标签和条形码的使用。
- 项目文档。
  - 用户对更改、更新或新服务的请求。
  - 软件设计和功能要求，包括流程图和源代码。
  - 逻辑和物理网络拓扑图、设备规格和设备配置。
  - 更改管理表单。
  - 用户测试和验收表单。
- 用户文档。
  - IT 部门提供的软件、硬件和服务的特性、功能和操作。
  - 硬件和软件的最终用户手册。

- 服务台申请单数据库（含申请单剖析）。
- 可搜索的知识库文章和常见问题解答。

3. 合规性要求

联邦、州立、本地和行业法规可能会有超出公司常规记录的文档要求。监管和合规性策略通常指定必须收集的数据及其必须保留的时间长度。一些法规可能对公司内部流程和程序有影响。一些法规要求保留大量有关数据的访问和使用情况的记录。

未能遵守法律法规可能会造成严重的后果，包括对违法者处以罚款、解雇甚至监禁。了解法律法规如何适用于您的组织以及您所开展的工作至关重要。

14.2.2 变更管理

本小节中的变更管理是指 IT 变更管理。 IT 变更事件是 IT 基础架构的常规功能，这不是由于计划外的停机、问题或为提高效率和性能而进行的强制性设计调整，而是由于基础架构中所有系统的依赖性。需要进行仔细的规划，以便使更改对网络服务或业务运营的影响最小。

在 IT 环境中控制变更可能很困难。变更可以像替换打印机一样微不足道，也可以像将所有企业服务器升级至最新操作系统版本一样至关重要。大多数大规模的企业和组织都制定了变更管理程序，确保安装和升级的顺利进行。

良好的变更管理流程可以防止业务功能受到通常作为 IT 运作组成部分的更新、升级、替换和重新配置的负面影响。变更管理通常从利益相关者或 IT 组织本身的变更请求开始。大多数变更管理流程包括以下内容。

- **确定：**变更内容是什么？变更原因是什么？利益相关者是谁？
- **评估：**受此变更影响的业务流程是什么？实施的相关成本和所需资源是什么？与执行（或不执行）此变更相关的风险是什么？
- **规划：**实施此变更需要多长时间？是否涉及停机？如果变更失败，回滚或恢复流程是什么？
- **批准：**谁必须授权此变更？是否已获得继续进行变更的批准？
- **实施：**如何通知利益相关者？完成变更的步骤是什么？如何测试结果？
- **验收：**验收标准是什么？谁负责验收变更结果？
- **文档：**由于此变更，需要执行哪些更新来更改日志、实施步骤或 IT 文档？

此流程的所有结果都被记录在作为 IT 文档一部分的变更请求或变更控制文档中。在开始工作之前，可能需要变更委员会批准会影响必要业务功能的一些昂贵或复杂的变更。

图 14-1 是变更控制工作表的示例。

变更控制工作表

项目名称	Windows 10升级	创建日期	06.01.2019
专案经理	IT经理	批准日期	06.02.2019
技术员	PC支持技术员	开始日期	
利益相关者	工资部门经理 工资管理助理 工资单文员	日期已完成并接受	

图 14-1 变更控制工作表示例

项目介绍	
建议的变更	拟议变更的详细说明 将6台Windows 7 PC升级到Windows 10专业版
变更目的	需要进行此变更的原因的详细概述 Windows 7已停产，并且在2020年1月14日之后具有有限的支持可用性
变化范围	受此变更影响的所有部门或服务的描述。 工资部门目前有6台运行自定义工资应用程序的Windows 7 PC。 这些PC将在一个周末内升级到Windows 10，以最大程度地减少停机时间
预期结果	变更带来的好处概述 薪资部门的PC将具有最新、最安全的操作系统版本。当前所有程序将正常运行
预计时间框架	包含准备、通知、实施和批准的时间框架 从开始到结束的一个星期。实际的停机时间将在一个周末内发生
风险分析	详细分析与此变更相关的潜在风险 重大风险： ● 升级后，自定义薪资应用程序无法正常运行，并且薪资交付受到影响 ● 升级失败并且PC无法使用 ● 软件包无法加载或运行 次要风险： ● 系统运行速度比升级之前慢 ● 外围设备无法识别或无法正常运行

项目介绍	
退回或恢复	如果更改失败，则将系统返回到操作状态所需的详细步骤 如果升级后测试在所有PC上由于某原因失败： •从升级前的映像恢复受影响的系统 •通知涉众并重新安排升级 •继续研究和测试以确定问题

项目实施计划	
准备所需的步骤	准备变更所需的步骤 升级准备步骤： 1）验证所有薪资部门PC上的硬件规格，以确保它们符合Windows 10规格 2）如果需要，获取Win10映像和许可证密钥 3）获取薪资部门的用户名、计算机名称和已安装软件的列表 4）研究软件，以确保与Windows 10兼容。请注意任何需要升级或要在Windows 10下运行的新版本的软件。如果需要，请订购软件 5）与用户安排升级时间
计划的实施步骤	计划变更的步骤 现场升级步骤： 1）制作要升级系统的备份映像 2）执行Windows 10就地升级 3）验证PC的运行情况，包括软件和外围设备 4）与用户一起查看变更 5）获得升级的用户认可
执行的实际步骤	实际执行变更的详细信息。如果需要任何计划外的步骤来完成变更，或者由于某些原因而无法完成某些步骤，请在此处进行说明。 执行以下步骤： 1）为所有薪资部门PC制作的备份映像 2）已验证每台PC的软件清单 3）经过验证的硬件兼容性 注意：需更换附在Payroll PC 118上的签名板。供应商停业，没有可用的驱动程序 4）执行就地升级到Windows 10 5）将打印机驱动程序更新为最新版本 6）经过测试的已安装软件 注意：薪资部门将继续测试和监视自定义薪资应用程序 7）与薪资人员一起检查了变更 8）获得薪资部门用户的接受

项目实施计划	
文档和跟进	提供由于此变更需要更新的当前文档的列表： 1）用新信息更新帮助台数据库 2）通过操作系统变更来更新库存 3）使用操作系统版本升级用户配置文件 4）安排一周内与部门进行跟进

图 14-1 变更控制工作表示例（续）

授权和批准		
请求者	请求变更的人的签名	签署日期
专案经理	项目经理的签名	签署日期
程序员/技术员	进行变更的人的签名	签署日期
FIANL批准	具有最终批准权限的人的签名	签署日期

图 14-1 变更控制工作表示例（续）

14.2.3 灾难预防与恢复

企业越来越依赖信息系统来运作。IT 灾难恢复计划（IT DRP）应该描述保护业务 IT 基础架构免受任何类型的负面事件影响的策略。应该有遵循的流程，以使 IT 基础架构和操作能够快速恢复并运行。

1. 灾难恢复概述

灾难通常被认为是某些具有灾难性后果的情况，比如地震、海啸或野火造成的破坏。在信息技术方面，灾难的范围很广，包括影响网络结构的自然灾害和网络本身遇到的恶意攻击等。因硬件故障、人为错误、黑客攻击或恶意软件导致的意外中断造成的数据丢失或损坏的影响可能较大。

灾难恢复计划是一份综合文档，说明在灾难发生时或发生后如何快速恢复工作并使关键 IT 功能保持运行。灾难恢复计划可以包括以下信息：服务可以迁移到的外部位置、网络设备和服务器的更换信息、备份连接选项等。

某些服务甚至可能需要在灾难期间可用，以便为 IT 人员提供信息，并为组织内的其他人员提供更新。灾难期间或灾难后可能需要提供的服务包括以下几种。

- Web 服务和互联网连接。
- 数据存储和备份文件。
- 目录和身份验证服务。
- 数据库和应用服务器。
- 电话、邮件和其他通信服务。

除了具备灾难恢复计划之外，大多数组织都会采取措施来确保在发生灾难的情况下他们已做好准备。这些预防措施可以降低意外中断对组织运作的影响。

2. 防止停机和数据丢失

有些业务应用程序不能容忍任何停机。它们使用多个能够处理所有数据处理需求的数据中心，这些数据中心之间数据的镜像或同步并行运行。这些企业通常会从云服务器上运行应用程序，以最大程度地降低对其站点造成的物理损坏的影响。

（1）数据和操作系统备份

如果没有数据和操作系统环境的当前备份，即便是最佳的灾难恢复程序也无法快速恢复服务。从可靠的备份中恢复数据比重新创建数据要容易得多。通常有两种类型的备份用于灾难恢复：映像备份和文件备份。映像备份记录系统创建映像时存储在计算机上的所有信息，而文件备份仅存储系统运行备份时指示的特定文件。无论进行哪种类型的备份，都必须频繁地测试恢复流程，以确保它在需要时起作用。

在发生意外中断后，备份文件需可供负责恢复和还原系统的人员使用。可以将备份介质安全地存储在异地，也可以将备份文件存储于在线位置，如云服务提供商。如果通信服务中断导致无法访问 Internet，则可访问本地存储的文件。在线存储备份文件的优势是可以从任何有 Internet 的地方访问。表 14-4 中显示了云备份和本地备份的优点和缺点。

表 14-4　云备份和本地备份的比较

备份存储方式	优点	缺点
云备份	可靠性：云提供商使用最新技术，并可以提供其他相关服务，如压缩和加密 可扩展性：云备份易于扩展，因此，如果数据文件增大，企业无须担心它没有存储容量或介质 可访问性：可以访问 Internet 的任何地方都可以使用云备份文件	时间：备份数据和还原文件取决于 Internet 连接的速度和可靠性。如果发生区域性自然灾害，网络拥塞可能会导致间歇性的连接中断 服务中断或价格上涨
本地备份	本地控制数据文件的驻留位置以及谁可以访问它们 可访问性：如果灾难影响网络连接，本地存储的备份介质可能会更易于访问 文件还原的速度：本地连接的介质还原时间通常比 Internet 上要快	可伸缩性：保留本地备份通常需要手动干预和处理介质。介质本身具有存储限制，随着数据文件大小的增加，可能会引起问题 异地存储要求，防火和环境控制

（2）电力和环境控制

保持数据中心或关键通信基础设施通电可以防止供电中断或尖峰导致的数据丢失。有时，即使是微不足道的自然灾难也可能导致持续时间超过 24 小时的断电故障。小型电涌保护器和不间断电源（UPS）可防止因较小的电力问题造成的损坏，但对于较大规模的中断，则可能需要发电机。数据中心不仅需要为计算设备供电，还需要为空调和灭火设备供电。大型 UPS 装置可以保持数据中心运行，直至燃油发电机联机。

3. 灾难恢复计划的要素

创建灾难恢复计划的第一步是确定需要快速恢复的最重要的服务和应用程序，这些信息应该用于创建灾难恢复计划。创建和实施灾难恢复计划分为 5 个主要阶段，如图 14-2 所示，并在下面进行描述。

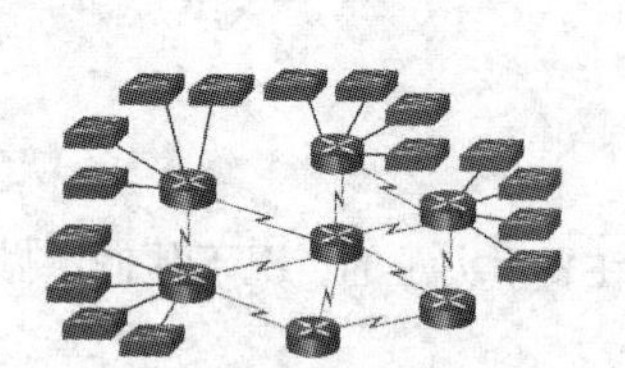
网络设计恢复策略

目录和文档

验证

批准与实施

评审

图 14-2　灾难恢复计划的元素

- **阶段 1 网络设计恢复策略：**分析网络设计。灾难恢复应包括网络设计的以下几个方面。
  - 网络设计能否承受重大灾难？网络设计中是否有备份连接选项和冗余性？
  - 支持邮件和数据库服务等应用程序的外部服务器或云提供商的可用性。
  - 备份路由器、交换机及其他网络设备的可用性。

- 网络所需服务和资源的位置。它们是否分布于广泛的地域范围？备份是否可在紧急情况下轻松访问？

- **阶段 2 目录和文档：**创建一个目录，其中包括所有地点、设备、厂商、使用的服务和联系人姓名。验证在“风险评估”步骤中做出的成本预估。
- **阶段 3 验证：**创建验证程序，证明灾难恢复策略行之有效。进行灾难恢复演习，确保计划能适应最新状况并且切实可行。
- **阶段 4 批准与实施：**获取高级管理层的批准，并且制订实施和维护灾难恢复计划的预算。
- **阶段 5 评审：**灾难恢复计划实施一年之后，对计划进行评审。计划中的信息必须保持最新状态，否则在发生灾难的情况下可能无法恢复关键服务。

14.3 道德与法律

当公司在业务的各个方面都使用计算机和计算机网络时，就会出现许多道德和法律问题。收集并存储有关业务流程以及客户和员工的所有类型的数据，在进行刑事调查、审计和诉讼期间，可能需要将这些数据作为法律诉讼的一部分。本节将讨论出于法律目的处理数据的不同方式。

IT 人员通常可以访问有关个人和公司网络与系统的机密数据和知识。IT 专业人员的工作使其处于一个涉及许多道德决策和挑战，特别是涉及隐私和保密性问题的位置。

14.3.1 IT 行业中的道德与法律

对于信息技术专业人员来说，研究道德和法律问题与学习技术技能同样重要。技术人员应该认识到访问客户的个人和专业信息所产生的责任和道德义务。

1. IT 行业的道德和法律注意事项

与客户交流并处理其设备问题时，您应遵循某些通用的传统道德和法律规定。这些道德和规定通常会重复。

您应始终尊重您的客户及其财产。计算机和显示器就是财产，但财产还包括所有可访问的信息和数据，比如以下几项。

- 邮件。
- 电话列表和联系人列表。
- 计算机上的记录或数据。
- 桌面上的文件、信息或数据的硬拷贝。

访问计算机账户（包括管理员账户）前，要获得客户的许可。在故障排除时，您可能收集到了一些个人信息，比如用户名和密码。如果您要记录此类个人信息，就必须做好保密工作。将客户信息泄露给其他人不仅是不道德的，而且可能会违法。不要向客户发送未经请求的消息。不要向客户发送未经请求的群发邮件或连锁信件。不要发送伪造的或匿名的邮件。客户信息中的法律细节通常包含在服务级别协议（SLA）中。SLA 是客户与服务提供商之间的合同，定义了客户将获得的服务或商品以及提供商必须遵守的标准。

2. 个人身份信息

要特别注意对个人身份信息（PII）的保密性。PII 是可以识别个人身份的数据。NIST 特别出版物 800-122 将 PII 定义为“由代理机构保管的有关个人的所有信息，包括可用于辨别或跟踪个人身份的信息，比如姓名、社会安全号、出生日期和出生地、母亲的娘家姓或生物特征记录，以及任何其他关联的或可与个人产生关联的信息，比如医疗、教育、财务和就业信息”。

PII 的示例包括但不限于以下几点。

- 姓名，比如全名、婚前姓、母亲的娘家姓或别名。
- 个人识别码，比如社会安全号（SSN）、护照号码、驾照号码、纳税人识别号、财务账户或信用卡号、地址信息（如街道地址或邮箱地址）。
- 个人特征，包括照片图像（尤其是面部或其他识别特征）、指纹、笔迹或其他生物特征辨识数据（如视网膜扫描、语音签名、人脸识别）。

PII 违规行为受美国多家组织监管，具体取决于数据类型。欧盟通用数据保护条例（GDPR）还规定了如何处理个人数据，包括财务和医疗信息。

3. 支付卡行业

支付卡行业（PCI）信息被视为个人信息，需要加以保护。您可能经常听到大量信用卡信息泄露的新闻，这些新闻会影响数百万用户。通常几天或几周后，商家才意识到信息泄露。因此，所有大型或小型的企业和组织都需要遵守严格的标准，以保护消费者信息。

PCI 安全标准委员会于 2005 年由 5 家大型信用卡公司成立，致力于保护全球范围内交易的账号、到期日期、磁条和芯片数据。与组织（包括 NIST）合作的 PCI 理事会合作伙伴将围绕这些交易制定标准和安全流程。

在一件历史上较为严重的泄露事件中，恶意软件感染了主要零售商的销售点系统，给数百万名消费者带来了影响。如果已使用充分的软件和防止数据泄露的政策，就有可能避免这种情况的发生。作为一名 IT 专业人员，您应了解 PCI 合规性标准。

4. 受保护的健康信息

受保护的健康信息（PHI）是另一种形式的需要保护的 PII。PHI 包括患者姓名、地址、就诊日期、电话和传真号码以及邮件地址。随着从纸质记录转向电子记录，受保护的电子健康信息（ePHI）也受到了管制。对泄露 PHI 和 ePHI 的行为的处罚非常严厉，受到《健康保险可携带性和责任法案》（HIPAA）的管制。

通过互联网搜索可以轻松找到违反 ePHI 的示例。遗憾的是，在数月内可能都无法检测到泄露。一些泄露发生在一人向未经授权的人员分发信息的过程中。人为错误可能会导致违规行为。例如，意外地将健康信息传真给错误的一方便属于违规行为。复杂的攻击也会导致违规行为。在意识到并告知 37000 名患者其数据已被泄露之前，在约一个月的时间内都未检测到加利福尼亚州健康计划的网络钓鱼攻击。作为一名 IT 专业人员，您应该了解如何保护 PHI 和 ePHI。

5. IT 行业的法律注意事项

不同国家/地区和不同法律管辖区的法律有所不同，但以下行为通常都被视为违法。

- 在未得到客户允许的情况下，对系统软件或硬件配置进行了随意的更改。
- 在未经允许的情况下，访问了客户或同事的账户、私人文件或邮件消息。
- 违反了版权、软件协议或适用法律来安装、复制或共享数字内容（包括软件、音乐、文本、图像和视频）。版权和商标法因州、国家/地区和区域的不同而有所不同。
- 将客户公司的 IT 资源用于商业用途。
- 将客户的 IT 资源提供给未经授权的用户。
- 故意将客户的公司资源用于非法活动。犯罪或非法用途通常包括淫秽、儿童色情、威胁、骚扰、版权侵犯、互联网盗版、大学商标侵犯、诽谤、盗窃、身份盗窃和未经授权的访问。
- 共享了敏感的客户信息。

这里列出的并不详尽。所有企业及其员工必须了解并遵循其运营区域的所有适用法律。

6. 许可

作为一名 IT 技术人员，您可能会遇到非法使用软件的客户。因此一定要了解常见软件许可证的用途和类型，这样能确定其犯罪行为。您的职责通常包含在您公司的最终用户策略中。在所有情况下，您都必须遵循最佳安全做法，包括文档记录和监管链过程。

软件许可证是概述此软件合法使用或重新分发的合同。大多数软件许可证都允许最终用户使用软件的一个或多个副本。它们还指定最终用户的权利和限制，这样可以确保软件所有者的版权得到保护。在没有适当许可证的情况下使用许可软件是违法的。

（1）个人许可证

大多数软件都是被授予许可，而不是进行出售。某些类型的个人软件许可证规定了可以运行软件副本的计算机数量，其他许可证则指定了可访问软件的用户数。大多数个人软件许可证都只允许您在一台计算机上运行该软件。另外，也有允许您将软件复制到多台计算机上的私人软件许可证。这些许可证通常会规定不能同时使用该软件的副本。

个人软件许可证的一个示例是最终用户许可协议（EULA）。EULA 是软件所有者和单个最终用户之间的许可证。最终用户必须同意接受 EULA 的条款。有时接受 EULA 就像打开软件的 CD 包一样简单，或像下载并安装软件那样简单。在平板电脑和智能手机上更新软件时会出现同意 EULA 的常见示例。更新操作系统或安装、更新设备上的软件时，最终用户必须通过单击图 14-3 所示的“我接受许可证条款”，然后单击“接受”。

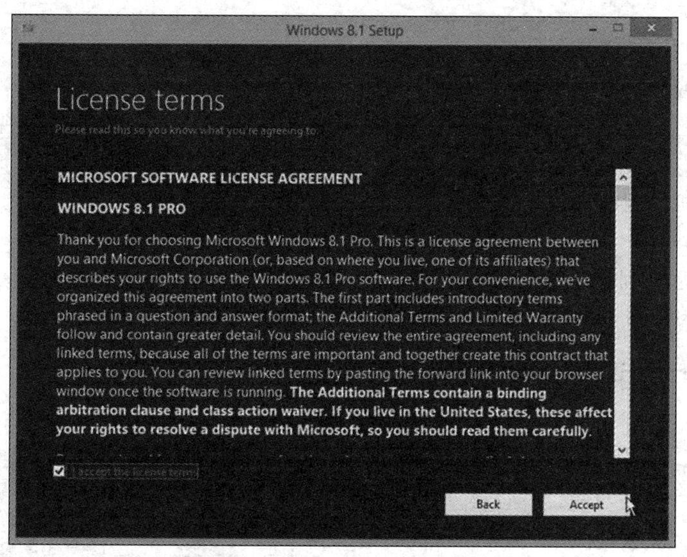

图 14-3 Windows 8.1 许可协议

（2）企业许可证

企业许可证是企业拥有的软件站点许可证。通常拥有企业许可证的企业会为员工支付款项来使用软件。此软件无须每次安装到另一个员工的计算机上时都进行注册。有时，员工可能需要使用密码激活许可证的每个副本。

（3）开源许可证

开源许可证是软件的版权许可，允许开发人员修改和共享运行该软件的源代码。有时，开源许可证意味着软件对所有用户都是免费的。在其他情况下，这意味着您可以购买此软件。在这两种情况下，用户都有权访问源代码。开源软件的一些示例包括 Linux、WordPress 和 Firefox。

如果软件由不以盈利为目的的个人使用，此人将拥有此软件的个人许可证。个人软件许可证通常是免费或价格低廉的。

（4）商业软件许可证

如果一个人使用软件盈利，那么此人需购买商业许可证。商业软件许可证比个人许可证要贵。

（5）数字版权管理

除了许可，还有帮助您控制非法使用软件和内容的软件。数字版权管理（DRM）软件旨在防止他人非法访问数字内容和设备。DRM供硬件和软件制造商、发布方、版权所有者和个人使用。他们使用DRM的目的是防止有版权的内容被随意复制。这有助于版权所有者保持对内容的控制，并在他人访问时向其支付费用。

14.3.2 法律程序概述

不同国家/地区或司法管辖区的法律有所不同，但是有许多非法的问题存在一些共同点。了解您所在司法管辖区的法律对于正确执行工作至关重要。

1. 计算机取证

在刑事调查中，可能需要收集和分析来自计算机系统、网络、无线通信和存储设备的数据。为此目的而对数据进行的收集和分析工作被称为计算机取证。计算机取证的过程包含IT和特定法律，以确保收集的所有数据都可作为证据被法庭采纳。

根据国家/地区的不同，计算机或网络的非法使用可能包括以下几种。

- 身份盗窃。
- 使用计算机销售假冒商品。
- 在计算机或网络上使用盗版软件。
- 使用计算机或网络制作未经授权的受版权保护的材料副本，如电影、电视节目、音乐和电子游戏等。
- 使用计算机或网络销售未经授权的受版权保护的材料副本。
- 色情。

这不是一个详尽的列表。熟悉非法计算机或网络使用情况的符号可以帮助您识别怀疑非法活动并将其报告给相关机构的情形。

2. 计算机调查分析过程中收集的数据

执行计算机取证程序时，要收集两种基本类型的数据。

- **持久数据**：持久数据存储在本地驱动器，如内部或外部硬盘驱动器或光驱中。计算机关闭时，此数据保留。
- **易失性数据**：RAM、缓存和注册表包含易失性数据。在存储介质和CPU之间传输的数据也是易失性数据。如果您将报告非法活动或作为事件响应小组的一员，就必须了解如何捕获此数据，因为计算机关闭后此数据就会消失。

在图14-4中，计算机法证专家正在检查硬盘驱动器是否损坏，然后再检查硬盘是否存在持久性数据。

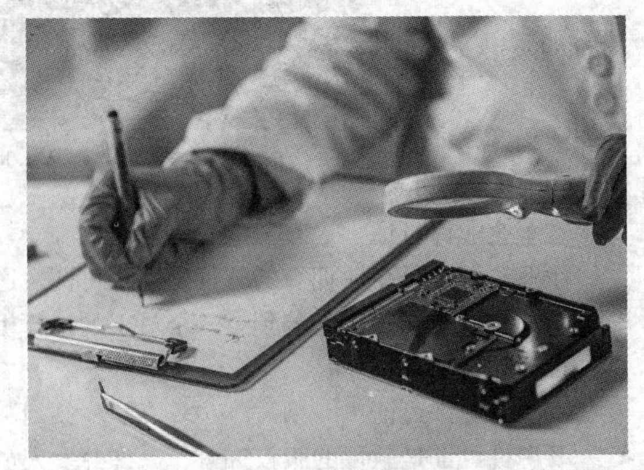

图14-4 计算机取证

3. 网络法

没有一条法律被称为网络法。网络法是一个用来描述影响计算机安全专业人员的国际、国家、地区和州法律的术语。IT 专业人员必须了解网络法，以便他们了解自己的责任以及与网络犯罪相关的责任。

网络法解释了从计算机、数据存储设备、网络和无线通信中收集数据（证据）的情况。它还可以指定收集数据的方式。在美国，网络法有以下 3 个基本要素。

- 窃听行为。
- 录音笔/信息存储设备和追踪法规。
- 存储电子通信法。

4. 第一响应

第一响应是一个术语，描述那些有资格收集证据的人员所采用的官方程序。像执法人员一样，系统管理员通常是犯罪现场的第一响应者。如果有明显的非法活动，计算机取证专家就会介入。

例行的管理任务可能会影响取证流程。如果未正确执行该取证流程，那么所收集的证据可能不会被法庭采纳。

作为现场或实验室的一名技术人员，您可能是发现非法计算机或网络活动的人。如果发生这种情况，请勿关闭计算机。有关计算机当前状态的易失性数据可能包括正在运行的程序、开放的网络连接和已登录到网络或计算机的用户。这些数据可帮助您确定安全事件的逻辑时间。它还有助于确定从事非法活动的人。计算机关闭时，此数据可能会丢失。

熟悉公司关于网络犯罪的政策。知道给谁打电话，要做什么，同样重要的是，知道什么不该做。

5. 记录

系统管理员和计算机取证专家需要记录得非常详细。他们不仅要记录收集到了什么证据，还要记录证据是如何收集的，以及用到了哪些工具。事件记录应与取证工具取得的取证结果使用一致的命名约定。为日志加盖时间、日期和执行取证收集人员身份的印章。尽可能多地记录有关安全事件的信息。这些最佳做法为信息收集流程提供了审核线索。

即使您不是系统管理员或计算机取证专家，创建所有工作的详细文档也是一种良好的习惯。如果您在工作的计算机或网络中发现了非法活动，至少要记录以下内容。

- 访问计算机或网络的初始原因。
- 时间和日期。
- 连接到计算机的外围设备。
- 所有网络连接。
- 计算机所在的物理区域。
- 您找到的非法材料。
- 您目击的（或您怀疑已发生的）非法活动。
- 您在计算机或网络上执行的操作流程。

第一响应者想要知道您做了什么和没做什么。您的记录可能成为起诉犯罪的证据的一部分。如果您要对此记录进行添加和更改，请务必通知所有利益相关方。

6. 监管链

要使证据在法律程序中被采纳，就必须通过验证。系统管理员可以就收集的证据进行作证，但从收集了证据到证据进入法庭审理程序之间的这段时间里，还必须能够证明此证据的收集方式、它储存在哪里，以及谁有权访问它，这被称为监管链。为了证明监管链，第一响应者首先会以书面形式跟踪收集证据的步骤，如证据袋，如图 14-5 所示。这些步骤还可以防止证据被篡改，以确保证据的完整性。

将计算机取证步骤与您的计算机和网络安全方法相结合，以确保数据的完整性。这些步骤会在网络出现漏洞的情况下帮助您捕获必要的数据。确保捕获数据的可用性和完整性有助于您起诉入侵者。

图 14-5　证据袋

14.4　呼叫中心技术人员的职责与脚本编写基础

除技术和技能外，呼叫中心技术人员还必须具有较强的书面和口头交流能力。本节将介绍呼叫中心的环境以及呼叫中心技术人员的职责。

14.4.1　呼叫中心及呼叫中心技术人员的职责

呼叫中心技术人员主要负责接听客户电话，为客户分析、排除故障并解决技术问题。不同类型的呼叫由不同级别的技术人员处理，提供从基础级别到中级级别的技术支持。

1. 呼叫中心

呼叫中心环境通常是非常有组织和专业的。客户来电是要寻求特定计算机问题的帮助。呼叫中心的典型工作流程始于显示在呼叫台上的客户呼叫。一级技术人员按照呼叫顺序接听这些来电。如果一级技术人员无法解决问题，则问题会上报给二级技术人员。在所有情况下，技术人员必须提供给客户服务水平协议（SLA）中概述的支持水平。

呼叫中心可能位于公司内，并向该公司的员工以及该公司产品的客户提供服务。或者，呼叫中心可能是一个向外部客户出售计算机支持服务的独立公司。无论是哪种情况，呼叫中心都是一个繁忙、快节奏的工作环境，通常每天 24 小时都会提供服务。

呼叫中心往往有大量的隔间，如图 14-6 所示。每个隔间都有一把椅子、至少一台计算机、一部电话和一副耳机。在这些隔间中工作的技术人员对计算机有不同程度的经验，并且有些技术人员专注于研究特定类型的计算机、硬件、软件或操作系统。

图 14-6　呼叫中心图示

当呼叫进入呼叫中心时，必须确定它们的优先级，以便最紧急的呼叫首先得到解决。表 14-5 是呼叫优先级系统的示例。

表 14-5 呼叫优先级

名称	定义	优先级
向下	公司无法运行其任何计算机设备	1（最紧急）
硬件	一台（或多台）公司计算机无法正常运行	2（紧急）
软件	一台（或多台）公司计算机出现软件或操作系统错误	2（紧急）
网络	一台（或多台）公司计算机无法访问网络	2（紧急）
增强功能	公司要求增加更多的计算机功能	3（重要）

呼叫中心中的所有计算机均具有支持软件。技术人员使用该软件来管理其许多工作功能。技术人员使用支持软件来完成以下任务。

- 记录和跟踪事件：该软件可能管理呼叫队列、设置呼叫优先级、分配呼叫和上报呼叫。
- 记录联系信息：该软件可能会在数据库中存储、编辑和重新调用客户姓名、电子邮件地址、电话号码、位置、网站、传真号码和其他信息。
- 研究产品信息：该软件可能为技术人员提供有关受支持产品的信息，包括功能、限制、新版本、配置限制、已知错误、产品可用性、在线帮助文件的链接以及其他信息。
- 运行诊断实用程序：该软件可能具有多个诊断实用程序，包括远程诊断软件，技术人员可以坐在呼叫中心的办公桌旁接管客户的计算机。
- 研究知识库：该软件可能包含一个知识数据库，该数据库已针对常见问题及其解决方案进行了编程。随着技术人员添加自己的问题和解决方案记录，该数据库可能会扩大。
- 收集客户反馈：该软件可能会收集客户对呼叫中心产品和服务满意度的反馈。

2. 一级技术人员的职责

呼叫中心有时对一级技术人员的称呼有所不同，这些技术人员可能被称为一级分析师、调度员或事件分级人员。无论使用什么头衔，不同呼叫中心的一级技术人员的职责都非常相似。

一级技术人员的主要职责是从客户那里收集有关的信息。技术人员必须将所有信息准确地输入工单或工作单中。一级技术人员必须获得的信息类型示例如下。

- 联系人信息。
- 计算机的制造商和型号是什么？
- 计算机使用什么操作系统？
- 计算机是插入插座还是使用电池运行？
- 计算机是否连接了网络？如果是，它使用的是有线还是无线连接？
- 出现故障时，是否使用了特定应用程序？
- 最近是否安装了新驱动程序或更新？如果安装了，安装的是什么？
- 问题描述。
- 问题优先级。

某些问题非常容易解决，一级技术人员就可以处理这些问题，而无须将工单上报给二级技术人员。

当解决某个问题需要用到二级技术人员的专业知识时，一级技术人员必须使用一个或两个简洁的句子在工单上描述客户的问题。准确描述非常重要，因为它有助于其他技术人员快速了解情况，而无须再询问客户同样的问题。

3. 二级技术人员的职责

与一级技术人员一样，呼叫中心有时对二级技术人员的称呼也有所不同。这些技术人员可能被称为产品专家或技术支持人员。在不同的呼叫中心，二级技术人员的职责通常是相同的。

与一级技术人员相比，二级技术人员通常拥有更丰富的知识和经验，或者在公司工作的时间更长。无法在预定的时间内解决问题时，一级技术人员会准备图 14-7 所示的上报工单。二级技术人员收到包含问题说明的上报工单后回叫客户，以询问其他问题并解决该问题。

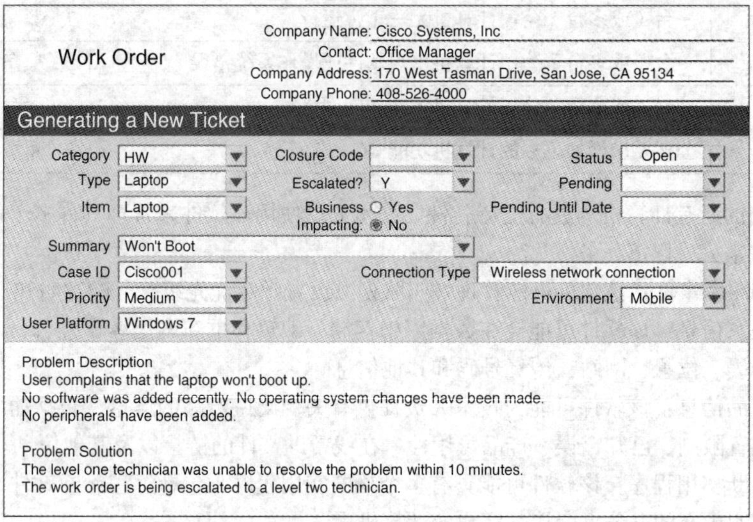

Work Order

Company Name: Cisco Systems, Inc
Contact: Office Manager
Company Address: 170 West Tasman Drive, San Jose, CA 95134
Company Phone: 408-526-4000

Generating a New Ticket

Category: HW
Type: Laptop
Item: Laptop
Closure Code:
Escalated?: Y
Business Impacting: ○ Yes ◉ No
Status: Open
Pending:
Pending Until Date:
Summary: Won't Boot
Case ID: Cisco001
Priority: Medium
User Platform: Windows 7
Connection Type: Wireless network connection
Environment: Mobile

Problem Description
User complains that the laptop won't boot up.
No software was added recently. No operating system changes have been made.
No peripherals have been added.

Problem Solution
The level one technician was unable to resolve the problem within 10 minutes.
The work order is being escalated to a level two technician.

图 14-7 工单示例

二级技术人员还可以使用远程访问软件连接到客户的计算机以更新驱动程序和软件、访问操作系统、检查 BIOS，并收集其他诊断信息来解决问题。

14.4.2 脚本编写基础

本小节将介绍如何编写脚本文件，这些文件可以自动执行各种任务以节省技术人员或管理员的时间。

1. 脚本示例

作为一名 IT 专业人员，您将接触到许多不同类型的文件，其中非常重要的一种文件类型是脚本文件。脚本文件是以脚本语言编写的简单文本文件，可在各种操作系统上自动执行进程和任务。在该字段中，脚本文件可能用于自动执行客户数据备份的过程，或在损坏的计算机上运行标准诊断列表。脚本文件可以为技术人员节省大量时间，特别是需要在许多不同的计算机上执行相同的任务时。您还应能够识别许多不同类型的脚本文件，因为脚本文件可能会在启动或在特定事件期间导致问题。通常，阻止脚本文件的运行可能会避免即将发生的问题。

脚本文件中的命令可能会在命令行上写入，一次只写入一个命令，但在脚本文件中可更有效地完成。脚本旨在使用命令行解释器逐行执行，以便执行各种命令。脚本可以使用文本编辑器（如记事本）创建，但集成开发环境（IDE）通常用于编写和执行脚本。Windows 批处理脚本如示例 14-1 所示。

示例 14-1 Windows 批处理脚本

```
@echo off
echo My first batch script!!
echo My hostname is: %computername%
pause
```

此 Windows 批处理脚本的 4 行执行以下操作。

（1）关闭终端上的自动回显输出。

（2）回显“我的第一批脚本！”到终端。

（3）在终端上回显“我的主机名是:”，后跟变量%computername%。

（4）暂停脚本，提示“按任意键继续...”

示例 14-2 显示了一个 Linux Shell 脚本。

示例 14-2　Linux Shell 脚本

```
#!/bin/bash
echo My first batch script!!
echo My hostname is: $(hostname)
sleep 2
```

此 Linux Shell 脚本的 4 行执行以下操作。

（1）确定脚本将使用的外壳。

（2）回显“我的第一批脚本！”到终端。

（3）在终端上回显“我的主机名是:”，后跟变量$（hostname）。

（4）暂停脚本 2 秒。

2. 脚本语言

脚本语言与编译性语言的区别在于，运行脚本时，每一行都需要先解释再执行。脚本语言的示例包括 Windows 批处理文件、PowerShell、Linux Shell 脚本、VBScript、JavaScript 和 Python。C、C++、C#和 Java 等编译性语言需要使用编译器转换为可执行代码。可执行代码由 CPU 直接读取，而脚本语言由命令解释器或操作系统解释为 CPU 可以读取的代码，一次读取一行。这使得脚本语言不适用于对系统性能要求高的应用场景中。表 14-6 显示了脚本语言及其扩展名的列表。

表 14-6　脚本类型

脚本语言	扩展	描述
Windows 批处理文件	.bat	Windows 命令行解释语言
PowerShell	.ps1	基于 Windows 任务的命令行 Shell 和脚本语言
Linux Shell 脚本	.sh	Linux Shell 解释性语言
VBScript	.vbs	Windows Visual Basic 脚本
JavaScript	.js	在浏览器中运行的客户端脚本语言
Python	.py	一种解释型、面向对象的高级语言

表 14-7 显示了各种脚本语言中使用的注释样式。

表 14-7　注释样式

脚本语言	注释样式
Windows 批处理文件	REM comment
PowerShell	# comment or <# comment #>
Linux Shell 脚本	# comment
VBScript	' comment
JavaScript	// comment
Python	# comment

3. 基本脚本命令

在每个操作系统的终端上都可以使用各种命令。某些 Windows 命令基于 DOS，可通过命令提示符进行访问，其他 Windows 命令可通过 PowerShell 进行访问。表 14-8 中的 Windows 命令是从 DOS 继承的，可以在 Windows 命令提示符以及批处理脚本中使用。

表 14-8　Windows 基本命令

命令	输出
dir	查看当前目录的内容
cd	变更目录
mkdir	创建目录
cls	清除屏幕
date	显示/设置日期
copy	复制一个或多个文件

Linux 命令是为与 UNIX 命令兼容而编写的，并且通常通过 BASH（Bourne Again shell）进行访问。表 14-9 中的 UNIX 兼容命令在大多数 Linux 发行版中都可用。请注意，其中一些命令与 DOS 命令相同。

表 14-9　基本的 Linux 命令

命令	输出
ls	查看当前目录的内容
cd	变更目录
mkdir	创建目录
clear	清除屏幕
date	显示/设置日期
cp	复制一个或多个文件

4. 变量和环境变量

变量和环境变量是程序占用唯一内存的位置。

（1）变量

变量是在计算机中存储信息的指定位置。计算机的主要功能是操纵变量。示例 14-3 显示了一个脚本，其中提示用户输入其姓氏（LNAME），并提示其来自哪里（PLACE）。然后，脚本显示脚本的执行和输出。

示例 14-3　脚本和使用变量

```
User@Linux:~$ cat ./script1.sh
#1/bin/bash
echo -n "What is your last name? "
read LNAME
echo -n "Where are you from? "
read PLACE
echo Hello, $LNAME from $PLACE
User@Linux:~$ ./script1.sh
What is your last name? Smith
Where are you from? Michigan
Hello, Smith from Michigan
```

表 14-10 显示了变量使用的常见数据类型。某些脚本语言要求将变量定义为整数（数字）、字符、字符串或其他形式。在代码中，字符串通常包含多个字符，但也可以使用数字和空格。通常，在定义字符串时，引号用于表示字符串的开头和结尾（如“Dan 昨天卖了 3 辆汽车”）。

表 14-10　　变量使用的通用数据类型

数据类型	描述	示例
整型	整数	−1、0、1、2、3
浮点型	带有小数位的数字	1234.5678
字符型	单个字符	S
字符串型	多个字符	He77o!
布尔型	正确或错误	正确

（2）环境变量

有些变量是环境变量，这意味着操作系统使用它们来跟踪重要的详细信息，比如用户名、主目录和语言。示例 14-4 显示了带有环境变量的 Shell 脚本。

示例 14-4　调用环境变量

```
User@Linux:~$ cat ./script2.sh
#1/bin/bash
echo The current directory is $PWD
echo The language used is $LANGUAGE
echo The shell being used is $SHELL
User@Linux:~$ ./script1.sh
The current directory is /home/User
The language used is en_US
The shell being used is /bin/bash
```

当用户登录此终端时，将预先设置 Linux 变量 PWD、LANGUAGE 和 SHELL。要查看所有环境变量的列表时，请使用 env 命令。一些有用的 Windows 环境变量是%SystemDrive%（系统文件夹所在的驱动器）和%WinDir%（Windows 文件夹所在的驱动器）。

5. 条件语句

脚本需要条件语句才能做出决定。这些语句通常采用 if-else 或 case 语句的形式。为了让这些语句做出决定，必须使用运算符进行比较。这些命令的语法会有所不同，具体取决于运算符语言。

表 14-11 列出了各种脚本中的关系运算符。在进行数学比较时，请使用关系运算符。其他类型的运算符包括算术运算符（+、−、*、/、%），逻辑运算符（与、或、非），赋值运算符（+=、−+、*=）和按位运算符（&、|、^）。

表 14-11　　关系运算符

运算符	批处理	PowerShell	BASH	Python
等于	== EQU	-eq	-eq	==
不等于	!= or NEQ	-ne	-ne	!=
小于	< or LSS	-lt	-lt	<
大于	> or GTR	-gt	-gt	>
小于等于	<= or LEQ	-le	-le	<=
大于等于	>= or GEQ	-ge	-ge	>=

（1）If-Then 语句

示例 14-5 是确定当前是上午还是下午的 Shell 脚本。

示例 14-5 If-Then 脚本

```
User@Linux:~$ date | cut -f 4 -d ' '
09:36:24
User@Linux:~$ cat ./script3.sh
#!/bin/bash
TIME=$(date | cut -f 4 -d ' ' | cut -f 1 -d ':')
declare NOON=12
if [ $TIME -ge $NOON ]
  then echo "Afternoon"
  else echo "Morning"
fi
User@Linux:~$ ./script3.sh
Morning
```

在此脚本中，通过管道将 date 命令剪切，直到仅剩小时，然后将结果放置在变量中。if 语句使用 -ge 运算符比较变量$ TIME 和$ NOON，以确定输出是显示“下午”还是“上午”。

（2）case 语句

示例 14-6 是一个确定使用元音还是辅音的 Shell 脚本。

示例 14-6 case 语句脚本

```
User@Linux:~$ cat ./script4.sh
#!/bin/bash
read -p "Give me a letter. " LETTER
case $LETTER in
a|e|i|o|u)  echo "$LETTER is a vowel." ;;
*)  echo "$LETTER is a consonant." ;;
esac
User@Linux:~$ ./script4.sh
Give me a letter. e
e is a vowel.
User@Linux:~$ ./script4.sh
Give me a letter. b
b is a consonant.
```

case 语句可以将各种比较归为一类。请注意脚本中未提及字母 b。

6. 循环

循环可用于重复命令或任务。脚本中使用的 3 种主要循环类型是 for 循环，while 循环和 do-while 循环。

for 循环将一段代码重复指定的次数。while 循环在重复一段代码之前检查变量，以验证其是否为 true（或 false），这被称为预测试循环。最后，do while 循环会重复一段代码，然后检查一个变量以验证它是否为 true（或 false），这被称为测试后循环。

（1）for 循环

示例 14-7 是一个 Shell 脚本，它输出 5 个随机生成的二进制数。

示例 14-7 for 循环脚本

```
User@Linux:~$ cat ./script5.sh
#!/bin/bash
for COUNT in 'seq 1 5'; do
  let NUMBER1 = "$RANDOM % 256"
  let NUMBER2 = "$(echo "obase=2; $NUMBER1" | bc)"
  echo $NUMBER1 = $NUMBER2
done
User@Linux:~$ ./script5.sh
160 = 10100000
71 = 1000111
43 = 101011
187 = 10111011
7 = 111
```

此脚本中的 for 循环重复一个序列正好 5 次。随机生成的变量 NUMBER1 介于 0 和 255 之间。变量 NUMBER2 是 NUMBER1 的二进制转换。在某些语言中，for 和 done 命令之间的间隔是可选的，但是它可以帮助程序员理解循环中包含哪些代码。

（2）while 循环

示例 14-8 是一个 Shell 脚本，该脚本运行到随机选择的数字大于 8 为止。

示例 14-8 while 循环脚本

```
User@Linux:~$ cat ./script6.sh
#!/bin/bash
NUMBER=1
while [ $NUMBER -le 8 ]; do
  let NUMBER="$RANDOM % 10+1"
  echo -n "$NUMBER "
done
  echo "> 8 .. loop broken."
User@Linux:~$ ./script6.sh
5 7 9 > .. loop broken.
```

在此脚本中，循环一直运行，直到随机选择的数大于 8。请注意，在循环开始之前，变量 NUMBER 设置为 1，这样做是为了防止下一行中的测试[$ NUMBER -le 8]失败。

（3）do-while 循环

示例 14-9 是一个确定使用元音还是辅音的 Shell 脚本。

示例 14-9 do-while 循环脚本

```
User@Linux:~$ cat ./script7.sh
#!/bin/bash
while true ; do
  let NUMBER="$RANDOM % 10+1"
  echo -n "$NUMBER "
  if [ $NUMBER -gt 8 ]; then break; fi
done
  echo "> 8 .. loop broken."
User@Linux:~$ ./script7.sh
3 7 4 1 5 7 6 7 1 7 9 > 8 .. loop broken.
```

与大多数编译语言不同，一些脚本语言缺少 do-while 循环。此类语言通过在循环内使用 if 语句，然后使用 break 语句来模拟测试后功能。

14.5 总结

在本章中，您了解了沟通技能和故障排除技能之间的关系。要想成为一名合格的 IT 技术人员，需要将这两种技能相结合。您了解了关于处理计算机技术和客户财产的道德和法律问题。

您了解了应始终在客户和同事面前表现出专业性。专业行为会增加客户的信心并提高您的可信度。您学习了如何识别难应付客户的特征，并学习在接到此类客户呼叫时该做什么和不该做什么。

您必须了解和遵守客户的 SLA。如果问题超出了 SLA 的参数范围，请以积极的方式告知客户您能提供的帮助，而不是告知客户您无法做什么。除了 SLA，您必须服从公司的业务政策。这些政策包括公司的优先呼叫方式、将呼叫上报给管理人员的方式和时间，以及休息和吃午饭的时间。

您了解了有关从事计算机技术工作的道德和法律方面的知识。您应该了解公司的政策和做法。此外，您可能需要熟悉当地或国家/地区的商标法和版权法。软件许可证是概述此软件的合法使用或重新分发的合同。您了解了不同类型的软件许可证，包括个人许可证、企业许可证、开源许可证和商业许可证。

网络法解释了可在哪些情况下从计算机、数据存储设备、网络和无线通信中收集数据（证据）。第一响应是一个术语，描述那些有资格收集证据的人员所采用的官方程序。您了解到即使您不是系统管理员或计算机取证专家，创建所有工作的详细文档也是一种良好的习惯。可以证明证据如何收集，以及从收集完证据到证据进入法庭审理程序之间的这段时间里证据在哪里，这被称为监管链。

最后，您学习了有关脚本文件的知识。脚本文件是以脚本语言编写的文件，可在各种操作系统上自动执行进程和任务。脚本文件可以为技术人员节省大量时间，需要在不同的计算机上执行相同的任务时尤为如此。您学习了脚本语言和一些基本的 Windows 和 Linux 脚本命令。您学习了作为指定位置在计算机内存储信息的变量、脚本做出决定所需的条件语句，以及重复命令或任务的循环。

14.6 复习题

请您完成此处列出的所有复习题，以测试您对本章主题和概念的理解。答案请参考附录。

1. 一位程序员正在编写一个脚本，以计算保留两个小数位的公司银行账户余额。脚本中将使用哪种数据类型来表示余额？

   A. Bool　　B. int　　C. float　　D. char

2. 哪类技术人员使用远程访问软件来更新属于客户的计算机？

   A. 一级技术人员　　B. 二级技术人员　　C. 现场技术人员　　D. 台式技术人员

3. 通过电话解决计算机问题的正确方法是什么？

   A. 提出个人问题，以更好地了解客户

   B. 始终保持职业行为

   C. 说明每个步骤，以帮助客户了解故障排除过程

   D. 始终从客户那里收集信息并升级问题

4. 一名主管收到一份投诉，称某技术人员粗鲁无礼。技术人员的哪种行为最有可能引起客户投诉？

A. 客户被提升为二级技术人员
B. 技术人员多次打断了提问
C. 技术人员偶尔会确认对问题的理解
D. 技术人员结束通话时未说“祝您今天愉快”

5. 技术员在接到压力较大的客户的电话时应采取什么方法?
A. 将客户转接给二级技术人员,该技术人员将要求客户再次说明问题
B. 尝试与客户建立融洽的关系
C. 当客户压力较小时,再请客户回电
D. 让客户稍等,然后等待五分钟,让客户冷静下来

6. 哪种说法最能描述呼叫中心?
A. 这是一个服务台环境,客户可以在此环境中使用计算机进行维修
B. 这是向客户提供计算机支持的地方
C. 这是一个服务台,客户可以用来预约以报告其计算机问题
D. 这是一个繁忙、快节奏的工作环境,用于记录计算机问题,并由技术人员对其进行解决

7. 在哪种情况下,技术人员从属于客户的计算机中备份个人和机密数据比较合适?
A. 如果技术人员认为有必要进行备份
B. 如果客户忘记签署工作单
C. 如果在客户计算机上发现非法内容
D. 如果客户允许

8. 哪种编程语言使用运行脚本时逐行解释和执行的脚本?
A. C ++
B. Java
C. PowerShell
D. C #

9. 以下哪两项是与客户交谈时展示专业沟通技巧的示例?(双选)
A. 积极倾听,偶尔插入“我看到”或“我了解”等词
B. 询问客户问题以收集更多信息
C. 要求客户重复他们的解释
D. 专注于您无法做的事情以使客户了解问题的严重性
E. 在客户完成解释后简要阐述他们所说的话

10. 一旦技术人员理解了客户的问题,通常会提出封闭式问题。下列哪个问题是封闭式的?
A. 发生错误时会显示什么错误消息?
B. 这是第一次发生错误吗?
C. 错误发生后发生了什么?
D. 错误发生前发生了什么?

11. 在计算机上工作的技术人员发现了可疑的非法活动,其应立即记录哪些信息?(多选)
A. 计算机所有以前用户的详细信息
B. 计算机的位置
C. 计算机的技术规格
D. 为什么技术人员可以访问计算机
E. 涉嫌非法活动的证据
F. 涉嫌非法活动的持续时间

12. 客户正在向技术人员解释计算机的问题。在客户完成说明之前,技术人员已发现了问题。这时技术人员应该怎么做?
A. 要求客户重复问题,以便技术人员可以记录下来并验证所有事实
B. 打断客户,让客户知道技术人员已经知道问题所在
C. 礼貌地等待客户完成问题的解释
D. 在倾听客户的同时开始在计算机上工作

13. 客户很沮丧,想与特定的技术人员交谈以立即解决问题。1 小时后,但被要求的技术人员暂时不在办公室。处理此电话的最佳方法是什么?
A. 通过与客户一起逐步执行过程来让其忽略对特定技术人员的要求,以尝试重新定位客户并解决问题
B. 告知客户所要求的技术人员不在办公室,并坚持尝试为其解决问题
C. 将生气的客户转接给主管
D. 立即向客户提供帮助,并告知客户如果客户愿意等,他要求的技术人员将在两小时内给客户回电

14. 技术人员与客户沟通时的道德行为是什么？
    A. 技术人员可以将大量电子邮件发送给客户
    B. 技术人员只能发送请求的电子邮件
    C. 技术人员可以将伪造的电子邮件发送给客户
    D. 技术人员将连锁电子邮件发送给客户
15. 在哪种情况下，服务台将来电的优先级排到最高？
    A. 有几台计算机有操作系统错误
    B. 某些计算机无法登录到网络
    C. 公司由于系统故障而无法运营
    D. 两名用户正在请求增强应用程序
    E. 用户正在请求升级 RAM 内存
16. 技术人员与健谈的客户交流时应避免采取什么行动？
    A. 介入并尝试重新定位客户
    B. 提出封闭式问题以重新控制对话
    C. 问一些社会问题，比如“你今天好吗？”
    D. 给客户一分钟的时间谈话
17. 下列哪些角色或任务与二级技术人员相关联？（双选）
    A. 编辑 Shell 脚本以在服务器启动时运行
    B. 在可用时安装新的 BIOS 更新
    C. 安排任务在特定时间和日期运行
    D. 在网络浏览器关闭后删除缓存和 Cookie
18. 程序员使用运算符来比较程序中的两个变量值。变量 A 的值是 5，有价值的 B 的值是 7。哪种条件测试语法可以提供真实的结果？
    A. A == B
    B. A > B
    C. A! = B
    D. A > = B

附录

复习题答案

第 1 章

1. A 和 B。

解析：BIOS、硬盘驱动器和扩展槽等组件通过南桥芯片组与 CPU 进行通信。

2. C。

解析：高端台式机和高端游戏计算机都使用 EPS 12V 电源外形尺寸，这种电源还在服务器中使用。

3. C。

解析：增强现实（AR）实时将图像和音频叠加在现实世界中。它允许环境光，并且不需要一直使用头戴设备。

4. D。

解析：生物特征识别设备是可以基于唯一的物理特征（如指纹或语音）识别用户的输入设备。扫描仪用于数字化图像或文档。KVM 切换器可以将多台计算机连接到一套键盘、显示器和鼠标中。数字化仪与手写笔一起使用，以设计和创建图像或蓝图。

5. D。

解析：Mini-ITX 主板外形尺寸是最小的外形尺寸（17 厘米×17 厘米或 6.7 英寸×6.7 英寸），用于瘦客户机和机顶盒。

6. D。

解析：一个 6/8 引脚 PCIe 电源连接器用于为计算机的各个组件供电。

7. B。

解析：非易失性快速存储器（NVMe）规范在兼容的 SSD、PCIe 总线和操作系统之间提供了标准接口。

8. C。

解析：当一个表面上的电荷（静电）积累到一定程度时，就会发生静电放电（ESD）。通过将计算机的内部组件接地到机箱上可以减轻这种情况。

9. E。

解析：KVM（Keyboard, vedio, and mouse）切换器是一种硬件设备，可以使用一套键盘、显示器和鼠标来控制多台计算机。KVM 切换器使用一套键盘、显示器和鼠标就可以经济高效地访问多台服务器。

10. C。

解析：HDMI 到 VGA 转换器用于将数字信号转换为模拟信号。

11. D。

解析：为防止 ESD 被损坏，请在工作台上使用接地垫，并在工作区域内使用接地垫。另外，除在电源或 CRT 显示器内部进行操作外，还可以使用防静电腕带来避免 ESD 撞击。

12. C。

解析：Thunderbolt 端口允许使用 DisplayPort 协议传输高清视频。

13. C 和 D。

解析：北桥芯片组允许最快的组件（如 RAM 和显卡）以前端总线速度与 CPU 交互。

14. A、B 和 F。

解析：耳机、显示器、打印机、扬声器、扫描仪、传真机和投影仪均被视为输出设备。

15. A。

解析：固态混合驱动器（SSHD）将磁性 HDD 与板载闪存结合在一起，并用作非易失性高速缓存，但其成本低于 SSD 的成本。

16. C 和 E。

解析：指纹扫描仪、键盘和鼠标都被认为是输入设备，但是最常见的两种是鼠标和键盘。

第 2 章

1. B 和 E。

解析：可能已完成网络接口卡（NIC）升级，以提供无线连接或增加带宽。

2. D。

解析：550W 描述了电源的输出功率。

3. C。

解析：内置 SATA 硬盘驱动器使用的两种外形尺寸分别为 8.9 厘米（3.5 英寸）和 6.4 厘米（2.5 英寸），其中大多数为 8.9 厘米。

4. C。

解析：技术人员的职位描述中通常有能够举起 18kg 物体的要求。抬起重物时，弯曲膝盖以避免背部受伤很重要。

5. C。

解析：在操作设备之前，请取下所有手表和手饰，并保护好贵重物品。

6. D。

解析：RAID 卡（或 RAID 控制器）控制内部和外部驱动器的数据扩展，并为存储设备提供容错功能。I/O 卡允许将其他 I/O 端口添加到计算机。SD 卡是可移动存储的一种形式，被广泛应用于便携式设备中。采集卡将视频信息导入计算机，并将其记录到存储设备中。

7. A 和 D。

解析：总线的数据部分（被称为数据总线）在计算机组件之间承载数据。地址部分（被称为地址总线）承载 CPU 读取或写入数据的位置的内存地址。

8. A。

解析：购买声卡时要考虑的因素包括插槽类型、数字信号处理器（DSP）、端口和连接类型以及信噪比（SNR）。

9. B。

解析：CompactFlash 卡由于其高速度和高容量而仍在摄像机中使用。

10. A 和 B。

解析：组建计算机时，请选择功率足以为所有组件供电的电源。计算机内部的每个组件都会消耗一定量的电量。从制造商的文档中获取组件的功率信息。在选择电源时，请确保选择的电源电量足以容纳当前组件。计算机机箱的形状通常由主板、电源和其他内部组件所决定。

11. A。

解析：在安装内存模块之前，确认没有兼容性问题很重要。DDR3 RAM 模块无法插入 DDR2 插槽。因此最好通过查阅主板文档或在制造商的网站上进行检查来完成验证。

12. C。

解析：由于智能手机的尺寸较小，因此需要非常小的存储设备，比如 MicroSD 卡。CompactFlash 是一种较旧的存储设备，对于手机来说太大了，但是在相机和录像机中被广泛使用，因为其容量大且访问速度快。同样，USB 闪存驱动器和硬盘驱动器对于智能手机来说也太大了。

13. A。

解析：前端总线（FSB）是 CPU 和北桥之间的路径。它用于连接各种组件，比如芯片组、扩展卡和 RAM。数据可以在 FSB 上双向传播。

14. B。

解析：缓冲内存是专门用于使用大量 RAM 的服务器和高端工作站的内存。无缓冲内存是计算机的常规内存。使用无缓冲内存，计算机可以直接从存储库读取数据，这使其速度比缓冲内存快。缓冲存储芯片具有内置于模块中的控制芯片。控制芯片可协助内存控制器管理大量 RAM。避免为游戏计算机和普通工作站缓冲 RAM，因为额外的控制器芯片会降低 RAM 速度。

15. 正确。

解析：安装硬盘驱动器时，请用手拧紧所有螺钉，以使所有螺钉的安装更加容易。使用螺丝刀时，请勿过分拧紧螺钉。

第 3 章

1. D。

解析：不间断电源（UPS）通过向计算机或其他设备提供一致水平的电源来帮助避免潜在的电源问题。使用 UPS 时，电池会不断地充电。发生断电和停电时，UPS 提供一致的电源质量。许多 UPS 设备可以直接与计算机操作系统进行通信。通过这种通信，UPS 可以在 UPS 失去所有电池电源之前安全地关闭计算机并保存数据。

2. A。

解析：电路对电流的电阻以欧姆（O）为单位。伏特（V）衡量将电荷从一个位置移动到另一个位置所需的功。瓦特（W）衡量将电子移动通过电路所需的功。安培（A）衡量流经电路的电子数量。

3. A。

解析：BIOS 配置数据保存到名为互补金属氧化物半导体（CMOS）的特殊存储芯片中。

4. D。

解析：RAID 0 和 RAID 1 都至少需要 2 个磁盘，但是，RAID 0 不提供容错功能。RAID 5 和 RAID 6 的最小磁盘数量分别为 3 个和 4 个。

5. A。

解析：瘦客户端设备通常是一种低端计算机，它不在本地执行任何处理或数据存储。瘦客户端依靠网络连接来访问执行计算任务和操作软件所需的任何资源。

6. D。

解析：组装用于音频和视频编辑的计算机需要用于记录和回放设备的专用输入和输出。这需要一个音频和视频卡，可以处理所需的各种输入和输出。

7. B。

解析：超频是一种用于使处理器以比其原始规格更快的速度工作的技术。超频不是提高计算机性能的可靠方法，并且可能导致 CPU 损坏。

8. A。

解析：通过超线程，一个内核可以同时处理两段代码，而双内核是单个 CPU 内的两个内核，两个内核可以同时处理信息。

9. A。

解析：快速 RAM 将帮助处理器使所有数据保持同步，因为可以在需要时检索需要计算的数据。计算机拥有的 RAM 越多，计算机需要从较慢的存储设备（如硬盘驱动器或 SSD）读取数据的频率就越低。

10. A 和 E。

解析：如果添加了内存模块、存储设备和适配器卡，BIOS 设置程序将用于更改设置。大多数制造商都具有修改引导设备选项、安全性和电源设置以及调整电压和时钟设置的功能。

11. B。

解析：安全数据表（SSD）总结了有关材料的信息，包括危险成分、火灾隐患和急救要求。

12. D。

解析：计算机的时间和日期保存在 CMOS 中，这需要用小电池供电。如果电池电量不足，则系统的时间和日期可能会变得不正确。

13. D。

解析：访问主板制造商的网站以获取正确的软件来更新 BIOS。

14. D。

解析：本机分辨率确定特定显示器的最佳显示器分辨率。在 Windows 10 中，使用显示器分辨率旁边的关键字（推荐）来标识显示器的本机分辨率。

15. A 和 D。

解析：提高计算机功能的一种方法是提高处理速度，这可以通过升级 CPU 来实现。但是，CPU 必须满足以下要求。

- 新 CPU 必须与现有主板和电源一起使用。
- 新 CPU 必须与主板芯片组兼容。
- 新 CPU 必须与现有主板和电源一起使用。

新的 CPU 可能需要不同的散热器和风扇组件。该部件必须在物理上适合 CPU，并且必须与 CPU 插槽兼容。它还必须足以消除速度较快的 CPU 的热量。

16. D。

解析：Lightning 连接器是苹果移动设备（如 iPhone、iPads 和 iPods）用于充电和数据传输的小型专有 8 针连接器。它的外观类似于 USB C 型连接器。

第 4 章

1. C。

解析：机箱正面的每个灯都由主板通过连接在主板上某处的电缆供电。如果该电缆松动，则机箱正面的特定灯将不起作用。

2. B。

解析：故障排除的流程如下。

步骤 1 确定问题。

步骤 2 推测潜在原因。

步骤 3 验证推测以确定原因。

步骤 4 制定解决方案并实施方案。

步骤 5 验证全部系统功能并实施预防措施。

步骤 6 记录发现、行动和结果。

3. A。

解析：在关闭电源的情况下旋转风扇叶片，尤其是使用压缩空气可能会损坏风扇。确保风扇正常工作的最佳方法是在通电的情况下对其进行目视检查。

4. B。

解析：电源故障也可能导致计算机意外重启。如果电源电缆未正确连接，则可能是使用了错误类型的电源电缆。

5. C。

解析：确定问题的原因之后，技术人员应研究可能的解决方案，有时可访问各种网站和咨询手册。

6. C。

解析：CMOS 电池保持 CMOS 设置，包括正确的日期和时间。如果 CMOS 电池电量耗尽或未正确连接，则这些设置可能会丢失。

7. D。

解析：尽管通常将便携式计算机制造为可在很大的温度范围内运行，但较低的温度仍低于冰点，并非最佳环境。

8. C。

解析：预防性维护包括诸如清洁设备之类的任务，这可以延长设备的使用寿命。

9. A。

解析：要清除计算机内部的灰尘，请使用一罐压缩空气。

10. B。

解析：在升级故障单之前，请记录已执行的每个测试。如果需要将问题上报给其他技术人员，则有关测试的信息至关重要。

11. C 和 D。

解析：制定预防性维护计划可以提高 IT 基础架构的可靠性、性能和效率。没有适当的预防性维护计划可能会导致问题，从而导致基础设施停机和维修成本较高。预防性维护计划有助于确保这些代价高昂的问题在变成问题之前得到处理。

12. B。

解析：在用压缩空气清洁计算机内部时，请将风扇叶片固定到位，以避免使转子过度旋转或使风扇向错误的方向转动。

13. C。

解析：存储设备问题通常与电缆连接松动或连接不正确有关。

14. D。

解析：在开始任何故障排除之前，请始终执行备份。即使在这种情况下将数据备份到其他分区，数据仍位于同一硬盘驱动器上。如果驱动器崩溃，则数据可能无法恢复。

15. D。

解析：硬件维护任务包括以下过程。

- 清除风扇通气口上的灰尘。
- 清除电源上的灰尘。

■ 清除计算机内部组件中的灰尘。

■ 清洁鼠标和键盘。

■ 检查并固定所有松动的电缆。

诸如磁盘碎片整理和扫描硬盘驱动器的错误等维护任务是软件维护例行程序的一部分。

16. A。

解析：完成所有维修后，故障排除过程的最后一步是向客户确认问题和解决方案，并演示解决方案如何解决问题。

第5章

1. A和B。

解析：T568A和T568B是用于以太网LAN电缆的接线标准。IEEE 802.11n和802.11ac是无线LAN标准。ZigBee和Z-Wave是智能家居标准。

2. B。

解析：个人局域网（PAN）连接设备，比如鼠标、键盘、打印机、智能手机和平板电脑。这些设备通常使用蓝牙技术连接。蓝牙允许设备进行短距离通信。

3. D。

解析：WAN连接位于不同地理位置的多个LAN。WLAN覆盖相当小的地理区域。一个MAN可以连接大型校园或城市中的多个LAN。

4. A、D和E。

解析：802.11b和802.11g在2.4GHz的频率范围内运行，802.11n可以在2.4GHz和5GHz的频率范围内运行，而802.11a和802.11ac仅在5GHz的频率范围内运行。

5. B。

解析：ZigBee协调器是一种设备，它管理所有ZigBee客户端设备，以在868MHz~2.4GHz范围创建一个ZigBee无线个人局域网（PAN）。

6. A。

解析：集线器有时被称为中继器，因为它们会重新生成信号。连接到集线器的所有设备共享相同的带宽（不像为每个设备分配专用带宽的交换机）。

7. B。

解析：IDS是一种被动监视网络流量的设备。当先前定义的安全标准都匹配时，IPS和防火墙都可以主动监视网络流量并立即采取措施。代理服务器在充当防火墙的同时，还主动监视通过它的流量并立即采取措施。

8. A。

解析：动态主机配置协议（DHCP）可用于允许终端设备自动配置IP信息，比如其IP地址、子网掩码、DNS服务器和默认网关。Traceroute是用于确定数据包经过网络时所采用的路径的命令。Telnet是一种用于远程访问交换机或路由器的CLI会话的方法。DNS用于提供域名解析，将主机名映射到IP地址。

9. B和E。

解析：TCP/IP模型包括4个层：数据链路层、网络层、传输层和应用层。每层包含不同的协议，传输层包含TCP和UDP。

10. A。

解析：HTTP 使用 TCP 端口 80，而 HTTPS 使用 TCP 端口 443。HTTP 和 HTTPS 是通常用于访问网页的协议。

11. B 和 D。

解析：网络中使用的常见媒体包括铜、玻璃或塑料光纤以及无线。

12. C。

解析：交换机维护一个交换表，该表包含网络上可用的 MAC 地址的列表。交换表通过检查每个传入帧的源 MAC 地址来记录 MAC 地址。

13. D。

解析：有线电视公司和卫星通信系统都使用铜或铝同轴电缆连接设备。

第 6 章

1. B 和 C。

解析：技术人员可以使用其 IP 地址访问 Web 服务器的事实表明该 Web 服务器正在运行，并且工作站和 Web 服务器之间存在连接。但是，Web 服务器域名无法正确解析为其 IP 地址，这可能是由于工作站上的 DNS 服务器 IP 地址配置错误或 DNS 服务器中的 Web 服务器输入错误而引起的。

2. A。

解析：如果计算机配置了 DHCP，但无法与 DHCP 服务器通信以获得 IP 地址，则 Windows 操作系统会自动在 169.254.0.0~169.254.255.255 范围内分配一个本地链接 IP 地址。该计算机只能与连接到同一 169.254.0.0/16 网络的其他计算机通信，而不能与另一个网络中的计算机通信。

3. B。

解析：强制计算机释放其 DHCP 绑定，允许进行新的 DHCP 请求操作。net 命令、tracert 命令和 nslookup 命令对 DHCP 配置没有任何影响。

4. B。

解析：端口转发使用转发规则在网络之间定向流量。WPA 加密无线信息。MAC 过滤可防止未经授权的用户访问 WLAN。端口触发是用于 NAT 配置的一种技术。

5. B。

解析：无线路由器通常带有默认出厂设置，IP 地址通常被设置为 192.168.0.1。默认的用户名和密码通常是 admin。IP 地址、用户名和密码均应修改，以帮助保护路由器。

6. E。

解析：白名单和黑名单分别指定在网络上允许和拒绝哪些 IP 地址。通常使用访问列表或访问策略来完成此操作。

7. D。

解析：ping 命令使用 Internet 控制消息协议（ICMP）测试网络主机之间的连接。地址解析协议（ARP）用于将 IP 地址映射到 MAC 地址。动态主机配置协议（DHCP）用于为网络主机动态分配 IP 地址。传输控制协议（TCP）被认为是对应用层数据进行分段以进行传输的可靠协议。

8. A。

解析：当计算机自动在 169.254.x.x 范围内配置 IP 地址时，表明 DHCP 服务器无法访问或关闭。

9. A。

解析：制造商将维护最新的驱动程序。

10. A。

解析：如果将工作站配置为自动获取 IP 地址，但 DHCP 服务器无法响应请求，则工作站可以为其自身分配来自 169.254.0.0/16 网络的 IP 地址。

11. B。

解析：无线路由器使用 NAT 将内部或私有地址转换为 Internet 的路由或公用地址。

12. C。

解析：地址的前缀长度为 64。前 64 位代表网络部分，后 64 位代表 IPv6 地址的主机部分。在此示例的网络位是 2001：0db8：cafe：4500。

13. B。

解析：nslookup 命令允许用户手动查询 DNS 服务器来解析给定的主机名。ipconfig/displaydns 命令只显示以前解析的 DNS 条目。tracert 命令是为了检查数据包在跨越网络时所经过的路径，并可以通过自动查询 DNS 服务器来解析主机名。net 命令用于管理网络计算机、服务器、打印机和网络驱动器。

14. D。

解析：工作站的用户可以使用网络打印机打印的事实表明 TCP / IP 堆栈可以工作。但是，工作站无法与外部网络通信，表明最可能的问题是默认的网关地址不正确。如果将工作站配置为自动获取 IP 地址，则无须配置 DHCP 服务器地址。

第 7 章

1. B。

解析：任何便携式计算机的默认显示器都是便携式计算机显示器。若要输出到外部视频端口（比如当便携式计算机连接到外部显示器或投影仪时），请使用 Fn 键将输出更改为外部视频端口，或者同时在便携式计算机显示器和投影仪上显示。

2. D。

解析：客户可更换部件（CRU）是可以由不具有高级技能的人员安装的部件。CRU 的示例包括便携式计算机电池和内存。

3. A。

解析：蓝牙是一种低功率、短距离的无线技术，可为扬声器、耳机和麦克风等配件提供连接。

4. A。

解析：故障排除过程的前 3 个步骤分别是确定问题、推测潜在原因、验证推测以确定原因。在第 3 步中，技术人员将对可能是问题原因的原因采取措施，例如将交流电源适配器与便携式计算机配合使用。当技术人员向用户提问时，该技术人员就是在尝试找出问题。如果技术人员怀疑电池没有电、无法充电或电缆连接可能松动，则技术人员正在考虑便携式计算机的常见问题。

5. D。

解析：读卡器通常连接到 USB 端口或集成到便携式计算机中，它用于读取或写入各种大小的闪存介质，包括 SD。

6. B。

解析：便携式计算机使用专有的形状因子，因此，其主板的形状因制造商而异。

7. D。

解析：移动设备通常使用蜂窝网络或 Wi-Fi 网络连接到互联网，但首选 Wi-Fi 连接，因为它消耗的电量更少，并且在许多地方都是免费的。

8. C。

解析：使用 POP，邮件从服务器下载到客户端，然后在服务器上删除。SMTP 用于发送或转发电子邮件。与 POP 不同，当用户通过 IMAP 连接时，邮件的副本会下载到客户端应用程序，原始邮件会保留在服务器上，直到手动删除为止。HTTP 用于网络流量数据，被认为是不安全的。

9. C。

解析：小型双列直插式内存模块（SODIMM）是为限制便携式计算机的空间而设计的。

10. B。

解析：液晶显示器（LCD）比发光二极管（LED）或有机 LED（OLED）显示器消耗更多的功率。LCD 和 LED 都使用背光，但是 LCD 屏幕可以使用冷阴极荧光灯（CCFL）或 LED 背光。

11. A。

解析：全球定位系统（GPS）是一种基于卫星的导航系统，可将信号发送回地球上的 GPS 接收器。

12. C。

解析：为降低功耗和热量，可以使用 CPU 节流。CPU 节流会降低 CPU 速度。

13. C 和 D。

解析：移动设备经常装有 GPS 无线电接收器，使它们能够计算其位置。某些设备没有 GPS 接收器，而是它们使用来自 Wi-Fi 和蜂窝网络的信息。

14. C。

解析：高级配置和电源接口（ACPI）标准提供对便携式计算机等移动设备非常重要的电源状态的支持，其中在 S1 状态下，CPU 和 RAM 仍在接收电力，但未使用的设备已断电。

15. A。

解析：取下 SODIMM 时，请确保先拆卸交流电源适配器和电池，然后向外按压固定夹以将其从内存插槽中释放。

第 8 章

1. B。

解析：打印输出的结构越复杂，打印时间就越长。照片质量的草稿、高质量的文本和草稿文本都比数码彩色照片简单。

2. C 和 D。

解析：使用制造商不推荐的组件，虽然价格可能更低，而且也更容易获得，但可能会导致打印质量较差并使制造商的保修无效。此外，清洁要求可能也会有所不同。

3. B 和 C。

解析：激光打印机的缺点是高昂的启动成本、昂贵的碳粉盒以及高水平的维护。

4. C。

解析：硬件打印服务器允许多个用户连接到一台打印机，而无须计算机共享打印机。USB 集线器、LAN 交换机和扩展坞都无法共享打印机。

5. B。

解析：一些打印机具有执行双面打印的能力，即双面打印。红外打印是使用红外技术进行无线打印的一种形式。缓冲是使用打印机内存存储打印作业的过程。假脱机将打印作业放入打印队列。

6. D。

解析：如果打印机连接到了错误的计算机端口，则打印作业将出现在打印队列中，但是打印机将不打印文档。

7. D。

解析：喷墨打印机的打印头通常无法通过物理方式进行有效清洁。建议使用供应商提供的打印机软件实用程序进行清洁。

8. B。

解析：常见的虚拟打印选项包括打印到文件、打印到 PDF、打印到 XPS 或打印到图像。虚拟打印通过打印软件将信息传输到云中的远程目的地进行打印。使用谷歌云打印之类的应用程序将打印机连接到 Web 可以从任何位置进行虚拟打印。

9. A。

解析：启用打印共享可以使计算机通过网络共享打印机。安装 USB 集线器可允许多个外围设备连接到同一台计算机。打印驱动程序不提供共享打印机的功能。

10. D。

解析：在对打印机、任何计算机或外围设备进行维护之前，请务必断开电源，以免暴露于危险电压下。

11. C 和 D。

解析：不需要将其他计算机直接连接到打印机是打印机共享的优势。要共享打印机，计算机不需要运行相同的操作系统，并且多台计算机可以同时将打印作业发送到共享打印机。但是，即使未使用直接连接到打印机的计算机，也需要打开电源。它使用自己的资源来管理所有进入打印机的打印作业。

12. A。

解析：由于打印机在忙于打印其他文档时可以接收多个作业，因此必须暂时存储这些作业，直到打印机可以自由打印它们为止，此过程被称为打印缓冲。

13. B。

解析：每英寸的点数越多，图片的分辨率越好，因此打印质量也越好。

14. C。

解析：配置软件允许用户设置和更改打印机选项。打印机驱动程序是允许计算机和打印机相互通信的软件。固件是存储在打印机上的一组指令，用于控制打印机的操作方式。字处理应用程序用于创建文本文档。

15. C 和 E。

解析：封闭式问题只需要客户回答是或否就可以证实事实。开放式问题则要求客户详细地描述问题。

第 9 章

1. D。

解析：路由器、交换机和防火墙都是可在云中提供的基础设施设备。

2. D。

解析：每台虚拟机都运行自己的操作系统。可用的虚拟机数量取决于主机的硬件资源。与物理计算机类似，虚拟机也易受威胁和恶意攻击。要连接到 Internet，虚拟机使用虚拟网络适配器，该适配器就像物理计算机中的物理适配器那样工作，通过主机上的物理适配器建立与 Internet 的连接。

3. C。

解析：Microsoft Virtual PC 属于类型 2（托管）Hypervisor，该 Hypervisor 由操作系统托管。

4. A。

解析：云计算涉及实际放置于远程位置的计算机、软件、服务器、网络设备和其他服务。云计算供应商会使用虚拟化，因此他们可以向客户端提供多个服务器、网络、应用程序和操作系统等，而不必为每个客户端都购买设备。例如，服务器虚拟化允许多台服务器处于同一物理服务器上。如果需要，每台服务器可以供不同的客户端使用。

5. B。

解析：组织使用基于云的应用程序来提供按需的软件交付。当用户请求应用程序时，极少的应用程序代码会被转发到客户端。客户端根据需要从云服务器提取其他的代码。

6. D。

解析：在 Windows 8 上运行 Hyper-V 需要至少 4GB 的系统 RAM。

7. B。

解析：IT 即服务（ITaaS）可扩展 IT 服务的能力，使公司无须投资新的基础设施。ITaaS 提供商还为新员工提供培训，为公司所需的新软件提供许可。这些服务均按需提供，并以经济的方式提供给世界上任何地方的任何设备，而且不会影响安全性或功能。

8. A 和 D。

解析：类型 1 Hypervisor（即裸机虚拟机监视器）直接安装在主机硬件上。因此，类型 1 Hypervisor 可以直接访问主机硬件资源，也因此抽象层较少。效率更高。但是，类型 1 Hypervisor 确实需要有管理控制台软件来管理虚拟机实例。

9. A 和 D。

解析：OneDrive 和 Google Drive 是基于云的文件存储解决方案。Exchange Online 和 Gmail 是基于云的邮件服务。虚拟桌面解决方案从数据中心的服务器到客户端，部署组织的整个桌面环境。

10. D。

解析：云计算用于从硬件分离应用程序或服务。虚拟化将操作系统与硬件分离。

11. C 和 D。

解析：任务关键型服务应使用服务器虚拟化技术和类型 1 Hypervisor。VMWare vSphere 和 Oracle VM Server 是典型的类型 1 Hypervisor。Windows 10 Hyper-V、VMWare Workstation 和 Oracle VM VirtualBox 是典型的类型 2 Hypervisor。

12. A 和 C。

解析：Gmail 和 Exchange Online 是基于云的邮件服务。Dropbox 和 OneDrive 是基于云的文件存储解决方案。虚拟桌面解决方案从数据中心的服务器到客户端，部署组织的整个桌面环境。

13. D。

解析：没有 BaaS。基础设施即服务（IaaS）是指从提供商租用关键网络设备（如路由器和防火墙）。无线即服务（WaaS）是指提供商按月支付费用提供无线连接。

14. A。

解析：云计算允许用户访问应用程序、备份和存储文件以及执行相关任务，无须使用额外的软件或服务器。云用户只需要使用一个 Web 浏览器，即可通过基于订阅或按次计费的服务来实时访问各类资源。

15. A。

解析：云服务提供商使用一个或多个数据中心来提供数据存储等服务和资源。数据中心是位于公司内部的数据存储设施，由 IT 员工进行维护，或是从主机代管提供商处租赁的数据存储设施，由提供商或其 IT 员工进行维护。

第 10 章

1. A。

解析：标记为活动的主分区必须带有 2 个操作系统的引导文件。在这种情况下，数据可以存储在扩展分区创建的 3 个逻辑驱动器中，剩下 1 个额外的主驱动器用于其他存储。

2. B。

解析：MBR 包含有关硬盘驱动器分区组织方式的信息。BOOTMGR 是从卷启动记录（VBR）加载的一小段软件。CPU 是计算机中的电子电路，用于执行计算机程序。注册表是一个包含有关计算机所有信息的数据库。

3. A。

解析：在硬盘上最多可以创建 4 个主分区，或者，最多可以创建 3 个主分区以及 1 个扩展分区，并且如果需要，可以将扩展分区进一步划分为多个逻辑驱动器。任何时候都只能使 1 个主分区成为活动分区，它是操作系统用来引导 PC 的活动分区。

4. A。

解析：在 Windows 8.1 的安装过程中，将自动创建管理员账户，其他所有账户必须手动创建。

5. B。

解析：硬盘驱动器由几种物理和逻辑结构组织。分区是磁盘的逻辑部分，可以对其进行格式化以存储数据。分区由磁道、扇区和集群组成。磁道是磁盘表面上的同心环。磁道分为多个扇区，并且多个扇区在逻辑上进行组合以形成集群。

6. E。

解析：主启动记录（MBR）是支持最大 2 TB 主分区的引导扇区标准。MBR 允许每个驱动器都有 4 个主分区。全局唯一标识符（GUID）分区表（GPT）可以支持巨大的分区，其理论最大值为 9.4 ZB（9.4×10^{21} 字节）。GPT 的每个驱动器最多支持 128 个主分区。

7. A。

解析：NTFS 允许存储最大 16 TB 的文件。文件系统 exFAT，也被称为 FAT64，用于解决 FAT32 的一些缺点，主要用于 USB 闪存驱动器。CDFS 用于光盘驱动器。FAT32 允许存储最大 4 GB 的文件。

8. A。

解析：32 位操作系统不能升级到 64 位操作系统。Windows XP 和 Windows Vista 无法升级到 Windows 10。

9. A。

解析：在启动过程中按 F8 键将打开“Advanced Boot Options”界面，用户可以从中选择最后一个已知的正确配置。

10. C。

解析：术语 32 位和 64 位是指操作系统一次可以寻址的内存空间量。32 位操作系统可以寻址 232 字节的内存，即 4 GB。64 位操作系统可以寻址 264 字节的内存。

11. C。

解析：管理员账户用于管理计算机，功能非常强大。建议只在需要时使用它，以免意外地对系统进行重大更改。

12. B 和 D。

解析：文件系统无法控制驱动器的访问或格式化速度，并且配置的简便性与文件系统无关。

13. C。

解析：NFS（网络文件系统）用于通过网络访问其他计算机上的文件。Windows 操作系统支持多个文件系统。CDFS、NTFS 和 FAT 用于访问存储在计算机驱动器上的文件。

14. C 和 D。

解析：计算机操作系统的两种用户界面是 CLI 和 GUI。CLI 代表命令行界面。在命令行界面中，用户使用键盘在提示符下输入命令。第二种类型是 GUI，即图形用户界面。使用这种类型的用户界面，用户可以通过使用图标和菜单来与操作系统进行交互。鼠标、手指或手写笔可用于与 GUI 交互。PnP 是一个进程的名称，操作系统通过该进程将资源分配给计算机的不同硬件组件。其他答案是应用程序编程接口（API）的示例。

第 11 章

1. B。

解析：列出的命令的功能如下。

- tasklist：显示当前正在运行的应用程序。
- gpresult：显示组策略设置。
- gpupdate：刷新组策略设置。
- runas：以不同的权限运行程序或工具。
- rstrui：启动系统还原实用程序。

2. A 和 D。

解析：文件属性为只读、存档、隐藏和系统。详细信息、安全和常规是文件属性小程序上的选项卡。

3. D。

解析：Windows 远程桌面和 Windows 远程助手允许管理员通过网络将本地计算机与远程计算机连接，并像与本地计算机进行交互一样与它进行交互。管理员可以看到并与远程计算机的桌面进行交互。借助远程桌面，管理员可以使用现有用户账户登录到远程计算机，并开始新的用户会话。在远程计算机上不需要用户来允许此访问。远程助手允许技术人员在远程用户的协助下与远程计算机进行交互。远程用户必须允许远程访问当前用户会话，并且能够观察技术人员正在做什么。

4. D 和 E。

解析：设备驱动程序错误是导致 BSOD 错误最可能的原因。内存不足也会造成 BSOD 错误。软件问题，如浏览器和防病毒软件不会造成 BSOD 错误。电源故障会阻止机器启动。

5. D。

解析：使用任务管理器的“性能”选项卡查看 CPU 和 RAM 利用率的直观表示，这有助于确定是否需要更多的内存。使用“应用程序”选项卡可暂停没有响应的应用程序。

6. B。

解析：C:\USers 文件夹包含所有的用户配置文件。C:\Application Data 文件夹包含与所有用户相关的应用程序数据。32 位程序文件位于 C:\Program Files(x86)文件夹下，64 位程序文件位于 C:\Program Files 文件夹下。

7. A。

解析：列出的命令的功能如下。

- ipconfig：查找主机上配置的默认网关。
- ping：确定与目标 IP 地址或主机名的基本连接。
- nslookup：查找主机名的成功名称解析。
- tracert：查找数据包采用的路由。

8. B 和 E。

解析：封闭式问题通常具有有限或固定的答案，比如“是”或“否”。开放式问题意味着没有有限或固定的答案，而是通常提示响应者提供更有意义的反馈。

9. C。

解析：系统还原中的任何更改都是可逆的。还原点仅包含有关系统和注册表设置的信息，因此不能用于备份或恢复数据文件。

10. B。

解析：UAC 用于在将文件系统转换为 FAT16 时更改用户账户设置。更新显卡驱动程序将无法解决题目中的问题。Windows 7 中的兼容模式允许运行为 Windows 环境的早期版本创建的程序。

11. D。

解析：在 Windows 10 中，可以在“设置>账户”中设置从休眠或睡眠状态唤醒的计算机的密码配置。

12. B。

解析：虚拟专用网络（VPN）用于通过公用网络将远程站点安全地连接在一起。

13. C。

解析：服务器在 TCP 端口 3389 和 UDP 端口 3389 上侦听远程连接。

14. B。

解析：安装 Windows 10 后，它将为每个用户创建 6 个默认库。

15. B。

解析：Windows 任务计划程序是一种工具，可以帮助计划重复性任务，比如备份、防病毒扫描等。

16. B。

解析：在这种情况下，已经确定了可能的原因，并已采取了确切的措施。记录发现是过程中的最后一步，在检查问题是否已由所实施的解决方案解决后，它才会发生。

17. C、D 和 F。

解析：操作系统问题的典型原因包括：系统文件损坏或丢失、设备驱动程序错误、更新或 Service Pack 安装失败、注册表损坏、硬盘驱动器故障、密码错误、病毒感染和间谍软件。

18. A。

解析：需要安排的任务类型包括操作系统和防病毒软件的更新以及硬盘驱动器例程。

第 12 章

1. C。

解析：由于移动设备应用程序确实在沙盒（一个被隔离的位置）中运行，因此恶意程序难以感染设备。运营商可以根据服务合同禁用某些功能和程序，但这是商业功能，而不是安全功能。密码和远程锁定功能可以保护设备以防止未经授权者使用。

2. A 和 B

解析：Android 是开源操作系统，允许任何人为其开发和发展做出贡献。Android 已在相机、智能电视和电子书阅读器等设备上实现。

3. A、D 和 E。

解析：iOS 设备上的 Home 键可以执行许多功能，这取决于它的使用方式。在设备屏幕关闭时按下该键将唤醒设备；当应用程序被使用时，按下 Home 键会返回到主屏幕；在屏幕锁定的情况下，双击 Home 键可以显示音频控制，这样就可以在不输入密码的情况下调节音量。

4. A 和 B。

解析：定位器应用程序和远程备份是两种面向移动设备的云服务。密码配置、屏幕校准和屏幕应用程序锁定是由用户直接在设备上执行的，而不是作为云服务。

5. C。

解析：drwxr-x-r--表示目录的所有者可以读取、写入和执行目录中的文件，组成员可以读取并执行目录中的文件，但无法创建文件，并且所有用户都可以读取目录中的文件。通过发出命令 chmod 775 -R webpages，组成员可以在目录和子目录中创建和修改文件。因为用户可以在目录和子目录中导航，所以用户已是组中的成员。

6. B 和 E。

解析：root 和越狱是描述 Android 和 iOS 移动设备，让用户能完全访问文件系统和内核模块的术语。补丁、远程擦除和沙盒是与设备安全性相关的移动操作系统特征和功能的示例。

7. D。

解析：如果 Android 设备出现故障，并且无法通过正常的关机和开机来解决该故障，用户便可以尝试重置设备。对大多数 Android 设备进行重置的一种方法是，按住电源键和音量调低健，直到设备关闭，然后重启设备。

8. B、D 和 F。

解析：智能手机应该使用屏幕锁定功能来保护敏感信息，如果要解锁设备，则应输入一个密码。智能手机也支持图案锁定或滑动锁定。图案锁定可以减少输入密码或 PIN 的时间，只需绘制设置好的图案即可解锁设备。许多现代智能手机都具有生物特征认证功能，如指纹传感器和面部识别。

9. D。

解析：通过单击系统栏上的“Recent Apps”图标，系统将会显示最近使用的应用程序列表。用户可以通过将应用程序滑动至任一侧来移除应用程序。

10. C。

解析：在 iOS 设备上，密码被用作整个系统加密密钥的一部分。密码不会存储在任何地方，因此没有人（包括 Apple）可以访问 iOS 设备上的用户数据。忘记密码将导致用户无法访问数据，迫使用户从 iTunes 或 iCloud 保存的备份中执行完全还原。

11. A。

解析：rm 删除文件；man 显示特定命令的文档；ls 显示目录中的文件；cd 更改当前的目录；mkdir 在当前目录下创建一个目录；moves 将文件移至不同的目录。

12. B 和 C。

解析：GPS 功能使应用程序提供商和网站能够了解设备的位置，并提供特定于位置的服务，如本地天气和广告。

13. C。

解析：在 Linux 和 OS X 中，Cron 服务负责安排各种活动，作为一项服务，Cron 在后台运行并在特定的时间和日期执行任务。Cron 使用一种名为“Cron 表格”的安排表，crontab 命令可编辑该表格。

14. A 和 E

解析：为了避免不可替代信息的丢失，执行定期备份和定期检查硬盘驱动器是至关重要的。签名文件被反恶意软件不断扫描。更新操作系统应该在必要时进行，但不应该自动进行。因为恢复设备的出厂设置会删除所有用户设置和数据，所以只有在出现重大问题时才应该恢复出厂设置。

15. 正确。

解析：Android 和 macOS 操作系统都使用 UNIX 操作系统软件为基础。

第 13 章

1. A。

解析：网络钓鱼利用社会工程来获取用户的个人信息。病毒携带在目标机器上运行的恶意可执行代码。蠕虫通过网络传播，消耗带宽资源。广告软件导致弹出窗口，将用户引向恶意网站。

2. C。

解析：公司的安全策略通常包含当安全漏洞发生时应遵循的事件处理程序。

3. C 和 E。

解析：在公司网络中添加未经授权的无线路由器或接入点是一个严重的潜在安全威胁，因此应立即将该设备从网络中移除，以减轻威胁。此外，还应该对该员工进行惩戒。员工同意的公司安全政策应说明对威胁公司安全的行为的处罚。

4. C。

解析：在记录调查结果之前的最后一步是验证全部系统功能。确保所有的应用程序都在工作就是验证功能的一个例子。询问用户遇到的问题是流程中的第一步：确定问题。在安全模式下重启和断开网络连接都是第三步的例子：确定确切原因。

5. D。

解析：BitLocker To Go 支持加密可移动驱动器，但不需要 TPM 芯片。但是，它确实需要一个密码。

6. B。

解析：大多数网络浏览器都提供了一个弹出窗口阻止程序。在 Internet Explorer 中，使用“工具”图标来启用它。

7. B。

解析：权限是与文件、文件夹或打印机等特定对象相关联的规则。权限授权用户执行某项操作，如在计算机上执行备份。

8. B 和 D。

解析：硬件防火墙可以配置为数据包过滤器、应用层防火墙或代理。应用层防火墙读取所有的流量数据并查找不需要的流量。代理商作为中继，扫描流量并根据建立的规则允许或拒绝流量。包过滤器只关心端口数据、IP 地址数据和目的服务。

9. C。

解析：最大密码年龄的设置定义了必须更改密码前的最长天数。

10. D。

解析：如果一个网络出现了极高的流量，则将主机与网络断开连接可以让您确认该主机是否受到了损害，并将流量涌入网络。其他选项是硬件问题，通常与安全无关。

11. A。

解析：数据加密是将数据转换为一种形式的过程，只有受信任的、有秘钥或密码的授权人员才能对数据进行解密并访问原始形式。

12. B。

解析：机械硬盘可以进行的格式化有低级格式和标准格式两种。低级格式化通常在工厂进行。标准格式只是重新创建启动扇区和文件分配表。

13. C。

解析：社会工程师试图获得员工的信任，并说服其泄露机密和敏感信息，如用户名和密码。病毒、弹出窗口和 DDoS 攻击都是基于软件的安全威胁的例子，而不是社会工程。

14. B 和 D。

解析：可用于保护工作站安全的 3 种密码保护方式是：通过 BIOS 设置程序设置的 BIOS 密码；PIN、Windows 或图片密码等登录密码；保存在服务器上的网络密码。

15. B。

解析：勒索软件需要付费才能访问计算机或文件。比特币是一种数字货币，不经过特定的银行。

第 14 章

1. C。

解析：脚本中使用的基本数据类型包括表示整数的 int；表示字符的 char；表示十进制数的 float；表示字母数字字符的 string；表示真或假的布尔。

2. B。

解析：维修中心技术人员通常在中心维修站或维修点进行计算机保修服务。一级和二级技术人员主要在呼叫中心工作，但只有二级技术人员使用远程访问软件。现场技术人员在现场、私人住宅、企业和学校工作。

3. B。

解析：通过电话与客户交谈时，技术人员必须保持专业的态度。此外，拥有良好的沟通技巧也能增加客户的信任度。

4. B。

解析：与客户交谈时，技术人员应该让客户陈述全部情况。技术人员不应该打断客户，这种行为会让人觉得粗鲁无礼，并有可能在客户和技术人员之间制造紧张氛围。

5. B。

解析：计算机出现问题时客户可能会感到焦虑不安，技术人员应该与客户建立融洽的关系，这可能会让客户稍微放松一点。客户不紧张的话就可以提供更多的信息来帮助解决问题。

6. B。

解析：呼叫中心可能存在于公司内，并向该公司的员工及该公司的客户提供服务。或者，呼叫中心可能是一个向外部客户出售计算机支持服务的独立公司。无论是哪种情况，呼叫中心都是一个繁忙的、快节奏的工作环境，通常每天 24 小时都会提供服务。

7. D。

解析：从客户的计算机中备份任何数据前，务必要获取客户的书面许可。

8. C。

解析：脚本语言与编译性语言的区别在于，运行脚本时，每一行都需要先解释再执行。脚本语言包括 Windows 批处理文件、PowerShell、Linux Shell 脚本、VBScript、JavaScript 和 Python。

9. A 和 E。

解释：让客户觉得有人倾听他们非常重要。与他们交流并插话让他们知道您在听，或者向他们复述问题，都能表示您在听他们讲话。打断客户或者让他们重复刚刚说过的话，以及将重点放在做不到的事情上都只会激怒客户。

10. B。

解析：在故障排除过程中，当技术人员听完客户陈述并了解了计算机问题之后，可能需要提出更多问题来进一步收集信息。这些跟进问题应该是基于客户已经提供的信息而提出的针对性的封闭式问题。封闭式问题应该更关注具体细节，而且客户只需使用“是”或“否”或者事实性答复就能回答此类问题。

11. B、D 和 E。

解析：访问计算机的最初原因、可疑的非法事件或操作以及计算机的位置对技术人员来说是显而易见的，并且应该是记录在案的第一个细节。过去计算机用户的详细信息和非法活动的持续时间是相关调查人员将确定的事项，计算机的技术规格可能与其非法使用关系不大。

12. C。

解析：让客户完成现有问题的解释非常重要，您应该始终保持专注并积极倾听客户的想法，不要打断客户，并且要偶尔回应客户，表明您正在积极倾听客户的解释。

13. D。

解析：如果客户要与特定的技术人员通话，应该尝试联系该技术人员，看看该技术人员能否接听电话。如果该技术人员无法接听，则应该试着提出帮助客户，并告知客户如果客户愿意等的话，他中意的技术人员稍后会与客户联系。

14. B。

解析：发送未经请求、连锁和仿冒的电子邮件都是不道德的行为，并且可能是违法的行为，因此技术人员不得向客户发送这些电子邮件。

15. C。

解析：确定呼叫优先级是呼叫中心的一项非常重要的任务。确定呼叫优先级能使最重要的问题首先获得解决，从而节省时间。中断公司运营的故障应被视为最高优先级。

16. C。

解析：面对健谈的客户时，技术人员不应该鼓励进行与问题无关的对话。相反，技术人员应该尝试让客户重新关注当前问题。

17. A 和 C。

解析：一级技术人员的主要任务是从客户那里收集相关信息，然后将这些信息准确地输入故障单或工单。有时，如果解决问题需要更高级别的专业知识，则一级技术人员必须将任务或问题上传给二级技术人员。

18. C。

解析：==表示等于；!=表示不等于；<表示小于；>表示大于；<=表示小于等于；>=表示大于等于。因为 5 不等于 7，所以 A!=B。